中国航天技术进展丛书

吴燕生　总主编

旋转防空导弹总体设计

张宏俊　张铁兵　著

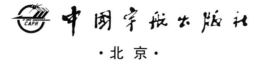

中国宇航出版社

·北京·

图书在版编目(CIP)数据

旋转防空导弹总体设计 / 张宏俊，张铁兵著 . -- 北
京：中国宇航出版社，2018.11

ISBN 978 - 7 - 5159 - 1547 - 0

Ⅰ.①旋… Ⅱ.①张… ②张… Ⅲ.①旋转—防空导
弹—总体设计 Ⅳ.①TJ761.102

中国版本图书馆 CIP 数据核字(2018)第 258776 号

责任编辑　舒承东　　　封面设计　宇星文化

出 版 发 行	**中国宇航出版社**		
社　址	北京市阜成路 8 号　邮　编　100830	版　次	2018 年 11 月第 1 版
	(010)60286808　　(010)68768548		2018 年 11 月第 1 次印刷
网　址	www.caphbook.com	规　格	787×1092
经　销	新华书店	开　本	1/16
发行部	(010)60286888　　(010)68371900	印　张	30
	(010)60286887　　(010)60286804(传真)	字　数	730 千字
零售店	读者服务部　　　(010)68371105	书　号	ISBN 978 - 7 - 5159 - 1547 - 0
承　印	河北画中画印刷科技有限公司	定　价	148.00 元

本书如有印装质量问题，可与发行部联系调换

总　序

中国航天事业创建 60 年来，走出了一条具有中国特色的发展之路，实现了空间技术、空间应用和空间科学三大领域的快速发展，取得了"两弹一星"、载人航天、月球探测、北斗导航、高分辨率对地观测等辉煌成就。航天科技工业作为我国科技创新的代表，是我国综合实力特别是高科技发展实力的集中体现，在我国经济建设和社会发展中发挥着重要作用。

作为我国航天科技工业发展的主导力量，中国航天科技集团公司不仅在航天工程研制方面取得了辉煌成就，也在航天技术研究方面取得了巨大进展，对推进我国由航天大国向航天强国迈进起到了积极作用。在中国航天事业创建 60 周年之际，为了全面展示航天技术研究成果，系统梳理航天技术发展脉络，迎接新形势下在理论、技术和工程方面的严峻挑战，中国航天科技集团公司组织技术专家，编写了《中国航天技术进展丛书》。

这套丛书是完整概括中国航天技术进展、具有自主知识产权的精品书系，全面覆盖中国航天科技工业体系所涉及的主体专业，包括总体技术、推进技术、导航制导与控制技术、计算机技术、电子与通信技术、遥感技术、材料与制造技术、环境工程、测试技术、空气动力学、航天医学以及其他航天技术。丛书具有以下作用：总结航天技术成果，形成具有系统性、创新性、前瞻性的航天技术文献体系；优化航天技术架构，强化航天学科融合，促进航天学术交流；引领航天技术发展，为航天型号工程提供技术支撑。

雄关漫道真如铁，而今迈步从头越。"十三五"期间，中国航天事业迎来了更多的发展机遇。这套切合航天工程需求、覆盖关键技术领域的丛书，是中国航天人对航天技术发展脉络的总结提炼，对学科前沿发展趋势的探索思考，体现了中国航天人不忘初心、不断前行的执着追求。期望广大航天科技人员积极参与丛书编写、切实推进丛书应用，使之在中国航天事业发展中发挥应有的作用。

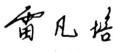

2016 年 12 月

前　言

单通道旋转弹体防空导弹，是 20 世纪 50 年代以后出现的一类防空导弹，这类导弹在弹体旋转基础上采用相位控制，用一个控制通道即可实现对导弹的操纵，从而简化了弹上设备，极大降低了研制和装备成本，具有简单有效、可靠耐用、效费比高的特点，因而在便携式防空导弹、兵组和轻型车载防空导弹、舰载自卫防空导弹等末端近程防空领域得到了较为广泛的应用，是装备数量最大的防空导弹，得到了世界各国的重视，技术上也不断得到创新和发展。

本书主要面向从事旋转弹设计的总体设计人员。针对旋转弹体防空导弹在弹体设计、制导控制系统、引战系统等方面的技术特点，结合工程研制过程中的实践经验，分析和给出了该类导弹总体设计的流程、技术方法、计算算法以及相应的注意事项，讨论了工程设计中会遇到的实际技术问题，同时也介绍了主要分系统的实现方案、指标要求、特点等，以利于总体设计人员能够有一个全面的认识，并方便其开展具体设计和技术协调工作。本书在编写过程中力求重点突出、深入浅出，适于从事本专业工作的设计人员使用和参考。

本书原则上不涉及过多的武器系统总体设计的内容，但便携式防空导弹武器系统与导弹结合较为紧密，书中会论述其地面设备的设计。同样地，对于导弹相关的技术支援设备也会加以简单介绍。

通过本书的内容，读者可以对旋转弹体防空导弹的特点、组成、各分系统设计等有一个概貌性的了解，初步掌握导弹总体设计的基本方法和步骤，了解总体设计计算的基本算法，并弄清研制过程中可能会遇到的技术问题。本书力求全面地反映旋转导弹总体设计所涉及的各个技术环节，书中列出的各种算法、表格、曲线和数据，可供相关设计人员在工作过程中参考应用。

本书的编写，得到了上海航天技术研究院、上海机电工程研究所、上海航天控制技术研究所等单位专家的帮助和指导，他们提出了很多宝贵意见，对本书的完成给予了很大的支持，在此一并表示感谢。

尽管作者从事专业工作多年，但导弹技术日新月异，涉及的专业面也十分广泛，不可能面面俱到，限于水平，不当之处请读者批评指正。

作　者

2018 年 3 月于上海

目　录

第 1 章　概　论

1.1　概述

防空导弹是拦截空中目标的导弹武器系统的统称，多指面对空（地空、舰空等）导弹。防空导弹的出现始于二战期间，战后逐步趋于成熟，并渐渐取代火炮，目前已成为防空作战的主力武器装备。

防空导弹种类很多，分类方式多样。按射程可分为远、中、近程和末端；按作战高度可分为高、中、低、超低空；按发射平台可以分为空空、地空、舰空、潜空；按制导体制可分为自主制导、寻的制导、遥控制导，以及多种制导体制复合制导等；按控制方式可分为三通道、双通道、单通道、倾斜转弯（BTT）、直接侧向力控制等。

单通道控制的旋转导弹（本书亦简称为旋转弹）是一种按控制方式分类的防空导弹，最早在防空导弹领域得到应用是在 20 世纪 50 年代。1954 年，美国陆军招标研制一种可供单兵使用的防空导弹，由于体积和重量的限制，传统的控制体制难以实现作战需求，为此，采用了一套舵机控制，应用相位控制原理，依靠导弹自身旋转的合力效果实现对导弹方位控制的单通道旋转导弹方案。1960 年，红眼睛导弹试射成功，1966 年正式装备部队；同阶段，苏联也研制了同类导弹 SAM‑7（箭‑2M）；自此，开创了单通道防空导弹的作战使用历程。

从第一代便携式旋转弹体防空导弹诞生起，至今半个多世纪，旋转弹体防空导弹的家族日益庞大，新技术不断得到应用，导弹性能逐步提高，应用范围日渐广泛，已扩展到了末端近程防空导弹领域，成为防空导弹一个十分重要的发展方向。目前各国装备的防空导弹中，有近三分之一数量的旋转防空导弹在服役，在近程末端和低空防空领域起到了十分重要的作用。

1.2　旋转弹体导弹综述

1.2.1　便携式红外寻的防空导弹

单通道旋转控制方式在防空导弹的首次使用就是在便携式防空导弹上，除了部分采用驾束制导和指令制导的便携式防空导弹（如瑞典 RBS‑70 系列和英国的标枪、星光等）外，采用寻的制导体制、发射后不管的便携式防空导弹均采用了单通道控制方式。迄今为止，采用单通道控制方式的便携式寻的防空导弹已发展了三代，并已成为便携式防空导弹最主要的一种类型。

1.2.1.1　第一代便携式防空导弹

第一代便携式防空导弹的典型代表，是 20 世纪 60 年代开始服役的美国红眼睛（Red Eye）和苏联的箭-2M（西方称为 SAM-7）。

这两种导弹外形相似，都采用了鸭式气动布局，半球形头部，四片后掠尾翼在弹体后端。两种导弹都采用了近红外波段的红外导引头，红眼睛采用单推力固体火箭发动机，箭-2M 采用双推力固体火箭发动机。

由于其导引头使用了常温硫化铅（PbS）探测器，工作在 1～3 μm 近红外波段，主要探测飞机发动机尾喷口的高温辐射能量，因此只能进行尾追攻击，不具备全向攻击能力，这是第一代便携式防空导弹的主要标志。

1.2.1.2　第二代便携式防空导弹

为了扩展便携式防空导弹作战效能，在第一代基础上，在 20 世纪 70 年代开始出现第二代便携式防空导弹，这些型号通过采用制冷的锑化铟（InSb）或硒化铅（PbSe）探测器，工作在 3～5 μm 的中红外波段，使导引头具备了探测飞机发动机喷口后部的尾流场红外辐射的能力，因而具备了较强的前向探测目标能力和全向攻击能力。其典型代表为美国的毒刺（Stinger）和苏联的箭-3（SAM-14）。

除此以外，在制导回路设计、发动机设计上，第二代便携式防空导弹也采用了诸如弹着点前向偏移技术、发射发动机分离技术等，在一定程度上提高了命中精度、过载能力和射程。

1.2.1.3　第三代便携式防空导弹

随着对抗技术的发展，各种红外干扰措施在飞机上得到广泛应用，此时第二代便携式防空导弹的作战效果受到很大影响，为此，各国开始研制第三代便携式防空导弹。

第三代便携式防空导弹的最大特点是采用了多种抗人工和背景红外干扰的措施，一方面是开始采用多波段探测器，利用干扰和目标在不同波段的特性差异进行抗干扰，另一方面是引入了信息处理技术，利用信息处理来区分干扰和目标的信号，从而具备了良好的抗干扰能力。

第三代便携式防空导弹的典型代表有：

（1）美国的毒刺改进型（Stinger Post，后续还有 RMP 和 RMP Block 1）导弹

采用了红外/紫外双色探测器，引入了玫瑰线扫描准成像、数字处理技术，不仅具有较强的前向探测能力，而且具备较强的抗人工红外诱饵干扰能力，如图 1-1 所示。该型号大量装备西方各国，在苏联阿富汗战争中取得了极佳的战绩，成为阿富汗游击队对抗苏联空中力量的利器，据称在阿富汗战场用 340 枚毒刺击落了 269 架飞机。

（2）俄罗斯的针（SAM-18，又称 IGLA）导弹

采用脉冲体制、中红外/近红外双波段探测器，气动外形设计上在头部增加了一根针状减阻杆；最新改进型号还配备了激光近炸引信，其抗红外诱饵干扰能力和作战效能得到大幅度提高，如图 1-2 所示。

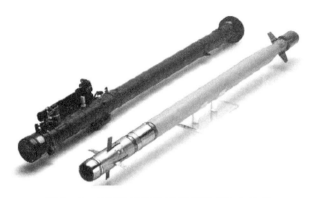

图 1-1 美国的毒刺改进型便携式防空导弹

图 1-2 俄罗斯的针（SAM-18）便携式防空导弹

（3）法国的西北风（Mistral）导弹

这是一种兵组架设的防空导弹，弹径由通常的 70 mm 增大到了 92.5 mm，重量由通常 10 kg 左右增加到了 19 kg。该导弹采用了八棱锥头部外形，减小了气动阻力。导引头采用四元探测器和数字处理技术，也具备了一定的抗干扰能力，并采用了激光近炸引信和钨珠预制破片战斗部。

（4）日本的凯科（91 式）导弹

凯科是世界上第一种成像体制的便携式防空导弹，弹径 80 mm，弹长 1.4 m，重量 12 kg，射程 5 km，最大速度 1.7 Ma。主要技术特点是采用了红外和可见光双模成像导引头，数字化信息处理技术，如图 1-3 所示。

图 1-3 日本的凯科便携式防空导弹

1.2.1.4　便携式防空导弹的扩展使用

随着作战使用范围的扩展和技术的进步，便携式防空导弹除了单兵或兵组携带的基本型外，也逐步发展出了车载型、舰载型、机载型等多种形式的武器系统，也有与自行高炮结合的弹炮一体武器系统，作战效能和应用范围得到进一步扩展。

美国的复仇者（Avenger）系统就是在悍马多功能车底盘上安装转塔，搭载两个四联装毒刺导弹发射箱、三光观瞄设备、大口径机枪，构成了可随机械化部队行军作战的火力单元。

毒刺、西北风等型号也发展了空空型号，可以由 AH-64 等武装直升机携带，用于空中格斗和自卫防御。

此外，西北风也发展了舰空型，采用八联装发射装置，可用于小型舰艇和辅助舰船自卫防空作战。

表 1-1 列出了典型的红外寻的便携式防空导弹的主要战技性能参数。

表 1-1　典型的红外寻的便携式防空导弹性能参数

参数 ＼ 型号	红眼睛	箭-2M	毒刺	箭-3	毒刺改	针	西北风	凯科
弹长/m	1.28	1.44	1.52	1.42	1.52	1.7	1.86	1.4
弹径/mm	70	70	70	72	70	72	92.5	80
弹重/kg	8.17	9.85	10.1	10.3	10.1	10.6	19	12
射程/km	5.5	4.2	4	4.5	4.8	5.2	6	5
射高/km	2.7	2.3	3.5	3	3.8	3.5	3	—
速度/Ma	1.6	1.7	2.2	1.4	2.2	1.8	2.6	1.7
工作波段/μm	1～3	1～3	3～5	3～5	3～5 0.3～0.5	3～5 1～3	3～5	3～5 0.4～0.8
发射发动机	不分离	不分离	发射后分离	发射后分离	发射后分离	发射后留筒	不分离	发射后分离
服役时间	1965	1966	1972	1983	1984	1983	1991	

1.2.2　近程末端防空导弹

单通道控制的导弹，起初均为单兵或兵组携带的小型导弹，例如便携式防空导弹和近程反坦克导弹。随着技术的发展和作战使用的特殊需求，这一控制体制也推广到射程更远、体积重量更大的导弹上。20 世纪 80 年代，美德联合研制的 RAM（拉姆，Rolling Airframe Missile，编号 RIM-116）舰空导弹，就是这方面的一个典范，如图 1-4 所示。

RAM 项目的初衷是为水面舰艇提供高效率、低成本、轻量化的自卫系统，用于补充从海麻雀近程防空导弹到密集阵高炮间的火力空白。它是一种可以不依赖外部信息系统的独立的反导系统，可大大增强舰艇对抗反舰导弹的能力。

RAM 采用了 AIM-9 响尾蛇空空导弹的战斗部、发动机以及毒刺的双色导引头（作为红外末制导），并新研制了被动微波导引头作为初制导。RAM 导弹基本型 Block 0 的初

图 1-4　RAM 导弹武器系统

始导引采用被动微波制导，靠来袭反舰导弹主动雷达导引头的信号进行初始制导，一旦红外导引头捕获了目标，则导弹转为红外制导模式。

为提高 RAM 导弹对抗各种辐射特性目标及复杂背景条件下的作战能力，1993 年 4 月，RAM 导弹改进型（RAM Block 1）服役。改进工作主要从制导系统着手。RAM Block 1 红外导引头采用了线列扫描红外成像体制以提高红外对抗能力，并在 Block 0 基础上增加了一种全程红外导引模式。

RAM Block 1 在飞行试验中，模拟实战条件下拦截并摧毁了反舰导弹和 $2.5\ Ma$ 的超声速靶弹，包括掠海飞行、俯冲飞行和大角度机动等复杂任务剖面。RAM Block 1 导弹在实弹射击中总共发射了 180 发以上，其命中率超过 95%。

RAM 导弹全长 2.79 m，弹体直径 127 mm，翼展 262 mm，导弹重 70.9 kg。导弹最大飞行速度超过 $2\ Ma$，机动过载大于 $20\ g$，射程 9.6 km。

弹体内部从前到后的部件为红外导引头、被动微波接收机、舵机、引信、安全保险装置、战斗部、固体火箭发动机。

目前 RAM 导弹正在进行第二阶段改进（Block 2），在这一轮的改进中全弹都进行了全新设计。

1.3　旋转弹体防空导弹的特点

作为一类按控制体制分类的防空导弹，单通道控制旋转弹体防空导弹的应用有以下一些特殊要求和技术特点：

（1）一般应用于轻小型战术导弹

旋转弹体防空导弹最早应用于 70 mm 弹径的单兵便携式防空导弹，后来扩展到 90 mm 弹径的兵组架射防空导弹，再后来又进一步扩展到 127 mm 弹径的近程末端防御导弹。除非有特殊需要，一般情况下都应用于轻小型防空导弹。

这主要是因为单通道控制的优点在于可以使用一个舵机实现控制，从而节省弹上设备占用的空间和重量，降低成本。而轻小型战术导弹对空间和重量的要求较为苛刻，因此会考虑采用单通道控制方式。但是，单通道控制是依靠舵面一周作用的合力来产生控制力，舵偏瞬间产生的控制力并不能全部起到有效的控制作用，因而旋转弹的舵面效率会低于非旋转弹，一般在 0.5～0.64 之间，机动能力也受到一定影响。在弹上空间足够的情况下，通常防空导弹仍然会考虑采用常规三通道控制或其他控制方式。

当然，在某些特殊情况下，较大型导弹也可能会考虑单通道控制方式，例如 RAM 导弹，其被动微波导引系统采用了两根天线的相干接收体制，如果弹体不旋转，存在测角模糊，无法得到目标的空间方位，此时就需要导弹旋转，因此也采用了单通道旋转控制方式。

（2）适用于采用发射后不管的寻的制导体制导弹

寻的制导体制的最大特点是发射后不管，即不需要地面再提供信息参与导弹制导，导弹发射后完全由弹上的导引头接收目标辐射（或反射）的信号，解算弹目相对运动关系，并控制导弹飞向目标。

旋转弹体防空导弹由于弹体以较高速度自旋，弹体本身也无法安装大体积、大量程、高精度的惯性仪器，因此依靠弹上设备测量导弹自身在空间惯性坐标系的位置等参数存在较大困难和误差，此时，如果地面设备发送控制指令，对导弹而言很难转换到弹体坐标系并准确执行。而寻的制导体制，只需要知道弹目相对运动关系即可进行制导，对弹上测量设备没有太高要求，这也是旋转弹绝大多数采用寻的制导体制的原因。

（3）筒式发射，发射过程中筒内快速起旋，飞行过程中气动稳旋

旋转弹体防空导弹由于射程近，对近界指标要求也很高，而旋转弹的控制效率与转速有一定的相关性，因而要求导弹在短时间内能迅速起旋。因此，旋转导弹均采用筒式发射技术，并且在筒内发射段就要将转速迅速提升到位。在飞行过程中则依靠有一定的安装角的气动面来获得一定的气动导旋力矩，维持导弹稳定旋转。

在发射筒内快速起旋一般有两种方式：一种是靠发射发动机起旋，多用于便携式防空导弹。此时设计一个单独的发射发动机，只在筒内段工作，并有多个喷口周向按一定角度扭转安装，发射发动机工作时，同时产生向前的推力和滚动力矩，使导弹发射出筒并旋转。出筒后飞出一定的安全距离（保证射手安全）时主发动机再点火。另一种是螺旋导轨起旋方式，常用于较大的旋转导弹和火箭弹，依靠发射筒内一条或者多条螺旋型导轨，弹体上设计配合面或配合销与导轨接触，在发射出筒过程中配合面沿导轨运动，从而使弹体快速起旋。

（4）采用鸭式气动布局

旋转弹体防空导弹都采用了鸭式布局，这是因为鸭式布局本身的优缺点正好与旋转导弹的特点相适应。

鸭式布局舵面在弹体前部，较大的固定尾翼在弹体后部，这种布局控制舵的舱室在前方，有利于小型导弹的布局安排。鸭式布局舵面产生的升力和尾翼升力同向，操纵性好，且舵面下洗产生有利的控制力矩，控制效率高，对舵面积和舵系统功率要求也可降低。

鸭式布局导弹的最大缺点是对滚动通道难以实现有效控制，因为舵面差动产生下洗在尾翼上的效果可能是反向的，因此滚动通道控制效率受到很大影响，有时甚至出现反作用。而旋转导弹不需要进行滚动通道控制，正好避免了鸭式布局的缺点。

（5）制导精度高

旋转弹体防空导弹采用的寻的制导体制属于精确制导范畴，而其采用最多的红外制导由于导引头探测角分辨率高，动力陀螺解耦能力强，加上小型导弹本身具有的弹体时间常数小、控制刚度高等特点，使这类防空导弹都具有很高的制导精度。一般而言，便携式防空导弹的精度指标都达到了 1.5 m 以内，从试验和实战的情况看，这类导弹在很多情况下都可以实现直接命中目标，因此可以以较小的战斗部实现对目标的有效毁伤，很多便携式防空导弹都只安装了触发引信，仍然可以满足作战使用需求。

（6）效费比高，装备数量大

旋转弹体防空导弹由于弹上设备简单，研制和采购成本易于得到控制，加上制导精度高、杀伤概率大和作战效能强，因此这类导弹的效费比很高。通常便携式防空导弹的采购成本都在几万美元量级，便于大量采购，并装备到基层级作战部队。

近程末端防空导弹也同样如此，由于其自卫防御的特点，在装备海军舰艇时，装备对象大到航母，小到轻型作战舰艇，还包括各种辅助舰船；装备陆军时，可以适应多军兵种装备需求，实现不同底盘通用模块换装，因此装备数量很大，成本也可以得到有效控制。

1.4 旋转弹体防空导弹武器系统构成和功能

1.4.1 便携式防空导弹武器系统组成和功能

便携式防空导弹由单兵或兵组携带，一般区分为战斗装备、训练装备、保障设备等部分。其典型组成如图 1 - 5 所示。

1.4.1.1 战斗装备

战斗装备，是指部队作战时直接使用的装备，按部队配置和使用的情况，又可区分为基本战斗装备和选用装备（扩展装备）两大类。

基本战斗装备包括装筒导弹（含导弹和发射筒）、地面能源、发射机构，这三者构成的装备自成体系，可以直接作战。

导弹是武器系统的主要部件，便携式导弹的构成与其他防空导弹类似，都包括制导系统、引战系统、动力系统、电气系统等分系统。

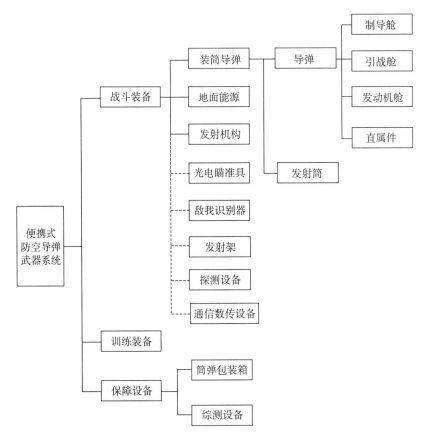

图 1-5　便携式防空导弹武器系统组成

发射筒在武器贮存、运输、携带时作为导弹的包装；在作战时作为发射装置发射导弹，同时也保护射手不受发射时发动机尾焰和燃气的伤害。

地面能源在作战时安装到发射筒上，用于在导弹发射前的准备阶段为武器系统提供所需的用电，导引头须致冷时，还提供初始的制冷用高压气体。地面能源一般均为一次性使用，因此一发筒弹配 2～3 个地面能源。

发射机构在作战时安装到发射筒上，用于保证武器系统按预定程序和射手的意图完成发射准备和正常发射。发射机构可重复使用，一般 2～3 发筒弹配备一个发射机构。

为了提高武器系统作战效能，还可根据需要配备一些选用设备供作战时使用。这些设备通常有：

1）敌我识别器。可用于识别要攻击的目标是否是敌方目标，避免误伤友机；敌我识别器包括主机和天线，天线可架设在发射筒上。

2）光电瞄准具。发射筒自带机械瞄准具，但为了增大远距离以及夜间等条件下目视发现目标的能力，可在发射筒上加装光学或者红外瞄准具，通常部分告警信息、目标指示信息也可在瞄准具视场内（或屏幕上）显示。

3）发射架。兵组架设的便携式导弹自带轻型发射架，在发射时可支撑筒弹，并可集成安装其他设备。为了便于使用，增强火力，部分单兵便携式防空导弹也可配备多联装的发射架，有的发射架还设计有集中供电供气设备，可延长系统作战时间和次数。

4）探测设备。包括步兵用轻型雷达、光电搜索设备等，便携式防空导弹可与之结合，提高对全空域各方位目标的发现概率。

5）通信数传设备（空情收信机）。随着电子化战场的发展，通信数传设备逐步普及到单兵，针对这些设备，便携式防空导弹将预留接口，可以接收防空火力网传输的空情信息，指导便携式防空导弹进行作战，并将其纳入整个防空体系。

1.4.1.2　训练装备

用于训练射手和指挥员，使其熟练掌握武器系统作战使用的装备。训练设备种类繁多，可根据使用方的实际需求进行配置。

常见的训练设备有：

模拟作战系统，包括一套目标模拟器（目前常见的是投影装置、球幕、环境和目标生成计算机等）、一套或多套战斗装备模拟装置、监控评定装置等，可用于室内训练。

瞄准训练弹，安装真实的导引头，可用于外场作战训练和目标跟飞。

发射训练弹，安装真实的发射发动机和配重导弹，可进行实弹发射，用于射手感受真实的导弹发射过程。

1.4.1.3　保障设备

保障设备用于日常对武器系统的保障和维护，通常包括筒弹包装箱、测试设备、运输设备等。

筒弹包装箱用于库房和野外条件下为筒弹提供良好的贮存环境条件，在运输时提供载体和适当的防护，一般可放置 2 发以上筒弹。通常要求包装箱有一定的密封能力，至少能做到水密，并安装可替换的防潮剂。

测试设备用于战斗装备在贮存寿命期内的检测、保养和维护。通常测试设备有两类，一类为便携式简易监测设备，用于基层连队进行基本的性能测试，判定武器是否可用。另一类为综合测试设备（通常设计在一个方舱内，可通过车载运输），用于中继级，配备到旅营，可对武器系统进行较全面的测试及维护，可初步定位故障源，并进行简单维修。

随着产品可靠性的提高和部队对武器装备免维护、免测试要求的提升，目前有一种发展趋势是简化甚至取消在部队配置测试设备。

1.4.2　便携式防空导弹的扩展使用

便携式防空导弹典型的扩展使用包括陆基扩展（车载、弹炮结合）、空基扩展（直升机载、无人机载）、海基扩展（舰载、潜载）。其中有的扩展只是简单地将武器系统搬到不同的平台上，有的扩展项目则比较复杂，涉及到研制新的系统设备，或者对设备进行改造。本书对典型的扩展使用项目进行简单介绍。

1.4.2.1　车载防空导弹武器系统组成和功能

为适应作战部队机械化、信息化的需求，实现对机械化部队行进间掩护的功能，可在便携式防空导弹基础上研制车载的防空导弹武器系统。

这类武器系统国内外有多个型号，搭载的底盘也各不相同，有采用多用途越野车（军用吉普）为底盘的，典型代表是美国的复仇者系统，如图 1-6 所示；也有使用轻型装甲车作为底盘的，典型代表是德国的阿特拉斯系统。

图 1-6　美国复仇者车载防空导弹武器系统

车载防空导弹武器系统（发射车）通常由筒弹、底盘、发射架（或发射转塔）、发射箱、发控设备、火控设备、目标指示设备（雷达或者三光设备）、车载电源、平台罗经、车载电台等组成。作为一个连套配置时，通常另配指挥车和搜索雷达。

1.4.2.2　弹炮结合防空武器系统组成和功能

在防空火力配置中，高炮的作用日渐下降，但由于其具有反应快、成本低、火力密度大、备弹量大、近界纵深小等特点，作为末端防空仍有应用，将便携式防空导弹与高炮相结合，在空域和作战使用上可互相弥补，增加武器系统的作战效能。

弹炮结合武器系统有两种，一种称为"软结合"，即高炮和导弹各自独立地自成装备，在使用时结合；另一种称为"硬结合"，即高炮和导弹共用平台、目标指示设备、火控设备等，这类武器的典型代表有德国的猎豹弹炮结合系统，俄罗斯的通古斯卡弹炮结合防空系统（如图 1-7 所示）。

1.4.2.3　便携式空空导弹武器系统组成和功能

空空导弹由于其作战使用的特殊性，一般是专门研制的，但是，空空导弹的体积重量等要求都是为适应战斗机的使用而设计，并不能满足某些特殊情况下空中作战的要求，典型的如直升机空战用空空导弹、无人机用空空导弹等，而为这种小众用途单独研制空空导弹在效费比上也不高，因此，将便携式防空导弹移植为空空导弹就成为一种可行的选择。

图 1-7 俄罗斯通古斯卡弹炮结合武器系统

便携式防空导弹移植为空空导弹，通常会进行改装，主要包括增加挂架、开盖机构、尾抛物控制机构等。

便携式空空导弹武器系统通常由筒弹、挂架、开盖机构、发控设备、火控设备、地面能源等组成，如图 1-8 所示。

图 1-8 机载的毒刺导弹和针导弹

1.4.2.4 便携式舰空导弹武器系统组成和功能

便携式防空导弹也可以移植到舰上，作为舰空导弹用于末端防御，典型代表是法国的西北风导弹，主要安装在小型作战舰艇上。

作为舰空导弹，武器系统的目标远距探测功能主要依靠舰面雷达，系统自备光电跟踪装置用于给出精确指向，引导导弹截获目标。

以西北风舰空导弹武器系统为例，主要由筒弹、发射架、开盖机构、地面气源、发控设备、火控设备、光电跟踪装置等组成，如图 1-9 所示。

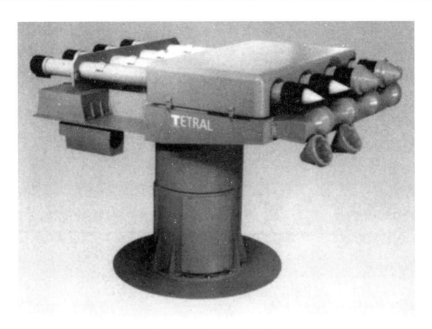

图 1-9　西北风舰空导弹

1.4.3　近程末端防空导弹系统组成和功能

目前最典型的近程末端防空导弹武器系统是 RAM 导弹武器系统，这里以之为例介绍其系统组成和功能。

舰载近程末端防空导弹武器系统典型组成如图 1-10 所示。

装备地面部队的车载轻型防空导弹武器系统与舰载型相比，主要区别是地面设备的不同，可参见车载便携式防空导弹系统。

1.4.3.1　导弹

导弹是武器系统的主要部件，近程末端防空导弹的构成与便携式防空导弹类似，都包括制导、引战、动力、电气等分系统；其布局也基本相同，略有差异之处在于便携式防空导弹由于体积小，舱段分离面设计得比较少，一般全弹划分为三个主要舱段，而末端防御导弹为便于加工、组装和调试，导引头和控制舱、引信和战斗部之间都增加了分离面，各自独立成舱段。

1.4.3.2　发射筒

末端防御导弹的发射筒也是一种集贮存和发射于一体的部件，产品出厂后以筒弹的形式贮存和使用。与便携式导弹不同的是，发射筒与发射架进行机械连接和电气连接，除必要的单元如高压气瓶外，筒上不再附加其他设备。由于导弹体积、重量较大，采用了螺旋导轨式发射方式，前后盖在发射前涨破或者通过其他措施吹落。

在舰面环境条件使用时，为满足长期使用要求，发射筒通常采用气密设计。

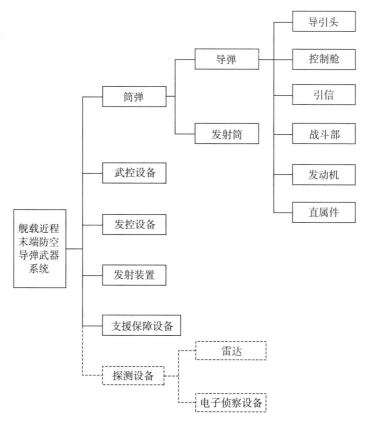

图 1-10 舰载近程末端防空导弹武器系统组成

1.4.3.3 发射装置

考虑到末端防御对近界的要求,武器系统都采用倾斜发射方式,采用密集装填的多联装发射集装箱保证火力密度和持续作战能力。由于配置的平台不同,一般都会设计不同联装数的发射装置。

RAM 导弹就设计了 21 联装、8 联装两种发射装置,还有一种改型(海 RAM)则直接借用了密集阵近程防御火炮的发射装置。车载武器系统根据底盘的载重能力和作战使用需求确定发射架联装数。

发射装置应具有大角度、高速调转的能力,能够缩短反应和转火时间。

1.4.3.4 发控设备

发控设备主要用于导弹的发射控制,发控设备一般分为两个部分,一部分是集成在发射架上的发控单元,一个发控单元对应控制一枚筒弹;另一部分是在舱室内的发控机柜(或车体内的发控组合),用于实现供配电等需要集中控制的功能。

1.4.3.5 武控设备(火控设备)

武控设备(也有称为火控设备)主要用于接收载舰探测设备提供的目标信息,也可接收上一级指挥控制系统的作战控制命令和目标信息,并完成信息融合、威胁判断、射击诸元解算、射击通道组织等工作。

舰载型的武控设备基本配置是一个通用的武控台，根据需要，可以增加配置供电、对外接口等独立机柜。车载型的武控台可以进一步简化设计。

1.4.3.6　支援保障设备

主要用于武器系统作战使用配套的支援和保障，常见的支援保障设备包括以下几种。

1）筒弹包装箱，用于筒弹库房贮存和运输的包装，通常为多发筒弹共用一个包装箱，材料选择有铝合金、复合材料等。

2）装填装置（车辆），用于在舰面、地面向发射架上装填导弹，有人工和自动两种形式。人工装填设备简单，占用空间小，但较为费时，也不适用于大中型导弹的装填；自动装填需要专门研制配备在舰面/车辆上的自动装填机，同时需配备弹库，能够保证装填效率，但占用空间大，系统复杂。RAM 导弹采用了人工装填形式。

3）训练设备，包括训练弹等，用于平时的训练，也可协助进行系统的维护检查。

4）测试设备，用于对筒弹和舰面设备进行故障测试，并进行简单的维修。

1.4.3.7　探测设备

舰艇一般都装备有各种探测设备，包括雷达、光电告警装置、电子侦察设备等，这些设备提供的信息可供全舰各种设备和装备使用，因此舰载近程末端防空导弹不专门配备探测设备，而是利用现有的探测设备提供信息进行作战。

近程末端导弹采用了被动微波/红外复合制导模式，需要的信息来源包括目标的位置信息和目标辐射的微波特征信息，因此，需要提供信息的探测设备包括两类：雷达和电子侦察设备。

为能够充分发挥末端防御导弹的作战效能，对探测设备的性能指标有一定的要求，如不能满足这些指标，则整个武器系统的能力将受到影响，此时，需要对探测设备进行适当的改进。

第 2 章　战术技术要求

2.1　概述

每一个导弹武器型号的研制，都是由对战术技术要求的论证和提出开始的。

战术技术要求（后文简称为战技要求或战技指标），是武器装备的使用方（一般指军方）在总结了战场的需求和特点，分析了战场威胁和典型目标的情况，预测了未来战术和技术发展方向，考虑了本国实际情况，借鉴了以往型号的使用经验及国际同类先进型号的优点，综合提出的对研制型号的各种作战性能、使用、维护、成本等方面要求的总和。

防空导弹的战术技术要求，是型号进行研制工作的最基本、最原始的依据。研制方的全部设计工作，都围绕实现战术技术要求这个目的展开。

原则上，战术技术要求应该是使用方根据其自身的作战需求提出的，但是，战术技术要求实际上是由作战任务的需要和技术上的可实现性两方面综合权衡的结果。考虑到研制方对于先进技术及其发展趋势的把控程度更加深入，对技术上可实现性更有发言权，相关配套计算分析也可以更加细化，因此实际上围绕战术技术要求的论证是一个使用方和研制方共同研究、充分论证、最终达成一致的过程，研制方在战术技术要求的提出和论证过程中也起到了十分重要的作用。

由于国内的防空导弹型号已经过多年的发展，各种规范、标准日渐成熟，一些普遍性的要求已有相应的国军标、行业标准和企业标准予以规范，通常涉及这些方面的内容在战技要求提出时都会直接给出标准，不会再具体细化。本章在涉及到这些内容时也将给出常用的规范和标准。

我国防空导弹战术技术要求论证的军用标准有：GJBz 20221—94《武器装备论证通用规范》；GJBz 20442—97《地空导弹武器系统论证规范》。

由于旋转弹体防空导弹都是近程或者末端防空武器装备，因此，本章将围绕这类导弹战术技术要求的内容进行介绍和讨论。重点介绍常见战技指标的来源、论证方法、范围等。

战术技术要求内容涉及面很广，通常分为战术要求、技术要求、使用维护要求三大类，本章就这三个方面开展论述。本书针对旋转导弹自身的特点，提出了一些常见的指标要求，但针对具体型号，书中提出的指标并不是必需的，也不可能包含所有的指标，还需要根据型号自身的特点加以剪裁和补充。要注意的是，战术技术要求应当尽量量化，具备可考核性，应当考虑实施考核的条件是否具备，在此基础上确定指标的具体量值。

战技指标的具体考核方法包括飞行试验、地面试验、仿真试验、理论评估等，考核方法应在要求中加以明确。

2.2　战术要求

（1）导弹的类别和作战使命

旋转防空导弹包括便携式防空导弹和近程末端防空导弹，这类武器也可以与其他防空兵器一起组成防空体系。

便携式防空导弹装备到步兵基层单位，主要作战使命是拦截从低空、超低空进入的战斗机、攻击机和直升机。随着技术的发展，敌方目标种类和性能也在发生变化，新一代便携式防空导弹的作战对象中都增加了巡航导弹、无人机类目标作为典型目标。

便携式防空导弹进行扩展使用改进时，根据搭载平台的不同，其作战使命也会有所调整，例如作为舰空导弹使用时会增加舰面目标指示以及把反舰导弹作为典型目标；作为空空导弹使用时要适应载机要求等。

近程末端防空导弹可以装备各种车载平台，以及大多数水面舰艇。以舰载型号为例，其主要作战使命是自卫防御，拦截各种对本舰造成威胁的反舰导弹。根据军方需要和技术实现方案的不同，其典型目标也可以由反舰导弹扩展到反辐射导弹、制导炸弹、飞机等。必要时可以实现对海面小型舰艇的攻击。以车辆为平台时，可以执行野战伴随防空和要地末端防空任务。

导弹的类别和作战使命主要是根据军方的作战需求确定的，但是除了主要作战使命外，一些特殊的作战使用需求是否提出，还要考虑到武器装备本身的技术实现方案能否满足，以及为了满足这些特殊需求所付出的代价是否值得。

（2）系统组成和功能

本书在1.4节已经简述了便携式防空导弹和近程末端防空导弹武器系统的基本组成及功能。由于采用的技术方案存在细节差异，具体的组成还需要根据实际需求进行调整、删减或者增加。

此外，从通用性角度出发，武器系统配套组成中，也不是所有的分系统都需要重新研制，现有装备可以满足要求的，可以且应当使用现有装备，并且在要求中加以明确。同时，要明确接口要求。

（3）载体、发射方式和发射条件

便携式防空导弹最常见的载体是作战人员，也有简易发射架形式。其扩展使用的载体包括车辆、舰艇、飞机等，对这些载体需要提出相应的指标需求，通常包括种类、车辆底盘类型、载重量、安装空间、火控和探测设备接口、供电体制和能力等。

近程末端防空导弹的载体是水面舰艇，一般对其种类、吨位、探测设备、安装空间和结构布局有细化的要求，并应明确主要装载对象。

便携式防空导弹及其扩展使用都是采用筒式倾斜发射方式，扩展使用时常常采用多联装发射装置发射。

便携式防空导弹考虑到人员使用的安全性、作战隐蔽性和人机工程等因素，一般使用两级发动机体制，同时对发射时的火焰、光亮、噪声、压力场、温度、分离物，以及发射筒口盖在发射时的状态等发射条件视情提出指标需求。

舰空导弹有倾斜发射和垂直发射两种方式，目前舰载近程末端防空导弹考虑到近界空域的需求，都采用发射架随动、密集装填倾斜发射的发射方式。但也不排除未来采用垂直发射方式的可能性。为了提高拦截概率，近程末端防空导弹允许采用多发射架齐射、单发射架连射的发射方式，也可以明确连射的时间间隔要求。

舰载近程末端防空导弹针对载舰的布局需求，从安全性等角度出发，可视情对发射筒口盖打开/分离方式、抛射物及其飞散距离、发动机火焰和压力场等发射条件提出指标需求。

（4）典型目标及其特性

战技要求中都会列出一些作战中可能遇到的目标作为导弹的典型目标，同时，战技要求中应当对典型目标的特性进行归纳，从而得出一些具有普遍性的性能指标要求，作为武器系统设计、计算、验证的依据。同时这些指标要求，也是后续选用或者研制考核用靶标的依据。

典型的如俄罗斯的针式导弹，规定的典型目标是美国的 F－16 战斗机、A－10 攻击机、AH－64 武装直升机和战斧巡航导弹。

根据典型目标归纳的普遍性的指标要求通常包括：

目标的运动特性，包括速度、高度（重点是最低飞行高度、巡航导弹类目标还包括巡航高度）、机动能力、机动方式、典型攻击方式和轨迹等。

目标的反射、辐射特性，常见的包括 RCS 反射面积、红外辐射能量等；采用被动微波接收体制的，需要提出目标主动雷达辐射的功率、频段、典型工作方式和指标（捷变频、间断开关机等）；采用激光制导体制的，需要提出激光反射特性等相关指标。

目标的主动干扰特性，包括红外干扰特性（干扰机、干扰弹等）和微波干扰特性等。

由于典型目标大多是国外较新的主力武器装备，这些相关性能指标很难直接获得，往往需要使用方通过情报资料搜集整理和分析估算等方法进行归纳，必要时研制方也可参与相关工作。

其他一些目标特性，如目标的外形尺寸、结构特点、易损性、近炸引信对其的探测性能等，通常不在战技要求中明确，但在研制过程中研制方应当进行搜集和分析，并作为理论计算和试验的依据。

本书第 3 章列出了一些常见的典型目标及其基本特性，可供开展论证和研制时参考。

（5）飞行性能

导弹的飞行性能包括速度特性、射程特性、过载特性等。这些性能与导弹在作战空域内对目标的拦截能力和目标的过载能力相关，与对多目标的拦截能力也有一定关系。例如比例导引对弹目的速度比有一定要求，通常迎攻不小于 0.7，尾追不小于 1.3；同时，要求可用过载比大于 3。多目标拦截时，如导弹发射后仍会占用火力通道，则为了缩短转火时间，较高的速度特性是有利的。

在导弹的飞行性能中，速度和射程特性主要取决于动力系统和气动外形设计，过载特性主要取决于气动外形和控制系统设计，最终表现为对典型目标的拦截能力和综合作战效能，而这些能力还取决于制导、引战等方面的设计。因此战技要求中对导弹的飞行性能不需要作过于详细的规定，便于研制方根据制导、引信、动力等分系统的设计进行综合考虑和调整。

战技要求中规定的导弹飞行性能主要包括：

导弹的最大飞行速度　通常便携式防空导弹最大飞行速度不超过 $2.5\,Ma$，近程末端防空导弹最大飞行速度不超过 $3\,Ma$。

导弹的巡航段（或主动段）平均飞行速度　便携式防空导弹平均飞行速度一般不超过 $2\,Ma$，近程末端防空导弹平均飞行速度一般不超过 $2.5\,Ma$。

导弹射程　便携式防空导弹一般在 $4\sim6\,km$，近程末端防空导弹一般不超过 $12\,km$。

导弹的最大可用过载　便携式防空导弹一般不超过 $25\,g$，近程末端防空导弹一般不超过 $30\,g$。

便携式导弹有时还需要规定出筒速度等指标，主要是从安全性的角度考虑，避免导弹发射出筒后因速度不足而坠地。

（6）作战空域

作战空域包括杀伤区和发射区，两者也统称为作战区。该指标反映了导弹保卫空域的大小，与作战使用和火力配置密切相关，是武器系统最重要的指标之一。

导弹的杀伤区主要取决于导弹本身的性能，与目标特性也有一定关系，一般是比较固定的。导弹的发射区在杀伤区确定的前提下，主要取决于目标参数，以及探测设备对目标的发现距离，实际作战中不确定的因素很多。由于两者中杀伤区是前提，因此战技要求中一般只规定杀伤区的指标。

杀伤区通常包括远界、近界、高界、低界、航路捷径、最大高低角、最大航路角，迎攻和尾追的区域应分别给出。本类导弹由于采用被动红外寻的，而大多数目标发动机在尾部，正前方受到机体本身遮挡红外辐射特性很弱，造成导弹无法截获，因此还会增加一个迎攻限制角指标。

杀伤区实际是和目标速度相关的，如果目标速度特性比较单一，都是亚声速目标，可只规定一个杀伤区指标，必要时也可规定两个杀伤区（例如低速 $100\,m/s$、高速 $300\,m/s$）指标；如果目标速度跨度很大，从亚声速到超声速都有，就需要规定两个甚至两个以上杀伤区指标。

杀伤区还和目标飞行高度相关，主要是因为超低空目标会影响探测距离，因此目标高度跨度很大时，也需要分别规定杀伤区指标。

此外，如果目标飞行特性有特殊性（例如拦截大俯冲角攻顶的目标），也需要视情单独明确作战空域。

杀伤区远界　远界主要取决于导弹速度特性和对目标探测能力，便携式防空导弹采用目视发现目标，迎攻时远界在 $5\sim6\,km$，尾追时在 $3\sim4\,km$。近程末端防空导弹只有迎攻模式，远界在 8～10 km。进一步扩展受到探测系统性能和导弹性能的影响，余量很小，对作战效能的提升也不明显。如果是超声速目标，则远界指标还会进一步缩小。

杀伤区近界 使用上当然是越小越好，但受到导弹加速特性、控制刚度限制以及消除初始误差的需要等限制，通常便携式防空导弹指标在 600 m 以上，近程末端防空导弹指标在 800 m 以上。对于超声速目标，近界指标还需进一步放宽。

杀伤区高界 本类导弹近程防空的特点决定了导弹本身的能力限制，最多能够拦截中空空域的目标，而现代作战条件下，威胁目标都尽量避免中空进入，因此高界指标无论从使用上还是导弹性能限制上都没有太大的意义。便携式防空导弹高界指标一般在 3.5～4.5 km，近程末端防空导弹指标在 3～6 km。

杀伤区低界 主要取决于典型目标的最低飞行高度，对于便携式防空导弹，拦截的最低高度目标是巡航导弹、直升机等，可达到 10 m 左右；对于近程末端防空导弹，拦截目标是反舰导弹，其掠海飞行的最低高度在 2.5～3 m。特别要注意的是，由于受到探测设备探测能力的影响，有时低界和远界是有矛盾的，无法同时达到极限，此时需要在战技要求中加以明确。

航路捷径 与高界有类似之处，航路捷径对于组网防空作战是有实用意义的，航路捷径大时，单套武器系统的控制空域会增大，可以减少或者避免防御区域出现空隙。通常航路捷径的取值与高界相当或者略大。

最大高低角 拦截大高低角甚至过顶的目标时，目标的视线角速度大大增加，导弹导引头跟踪的能力受到限制，同时，大高低角弹道交会时弹目交会角很大，给引战配合也带来很大影响，而且本类导弹采用倾斜发射，发射高低角也受到射手和发射架的限制，因此需要对最大高低角做出限制。便携式防空导弹的最大高低角在迎攻时为 70°～80°，尾追时为 60°～70°；近程末端防空导弹在 70°左右。目标超声速飞行时，角度会进一步缩小。

最大航路角 与最大高低角的限制有类似之处，主要受目标过航时的大视线角速度影响。便携式防空导弹不限制航路角；近程末端防空导弹在 70°左右。目标超声速飞行时，角度会进一步缩小。

迎攻限制角 对于红外制导、在发射筒内截获目标并发射的便携式导弹，探测的是目标发动机的红外热源，对于采用喷气式发动机的飞机、导弹类目标，在正前方及前方很小的夹角范围内，发动机尾喷口和加热的尾喷流完全被机体遮挡，此时无法实现导引头截获和发射。这个角度一般取 10°～30°。对于螺旋桨飞机和直升机则没有这个限制。

（7）制导体制

红外制导是本类旋转导弹最常见的制导体制，但具体到型号上，会有所区分和细化，也需要在战技要求中加以规定。制导体制的选择很大程度上决定了装备的成本以及作战效能，与目标特性、作战空域要求等也密切相关，因此在论证时要进行综合考虑。

例如：毒刺导弹采用的是红外/紫外双色玫瑰扫描体制；西北风导弹采用的是红外四元探测器圆扫描体制；RAM 导弹采用被动微波/红外复合制导体制等。

在战技要求中对制导体制的规定不宜过于具体和细化，以免对研制方开展工作造成限制，例如不明确红外是采用调制盘扫描还是四元十字叉扫描，或者是玫瑰扫描。但对于红外制导体制，应规定波段范围；成像制导可规定成像器件规模；微波制导也需规定波段范围。

（8）导引方式

导引方式指采用比例导引或者三点式导引、追踪式导引等；也可以是几种导引方式综合。本类导弹均采用寻的制导，因此基本都采用比例导引或者修正比例导引方式，具有较高的导引精度。RAM 导弹在初制导时采用了追踪法，然后交班到比例导引。便携式防空导弹一般还规定进行末端前向修正。

如有特殊要求，在战技要求中可对导引方式加以明确规定。

（9）制导精度

制导精度是反映导弹制导控制回路品质和准确度的主要参数，一般用制导误差——即实际弹道相对于理论弹道的偏差来描述。

制导误差包含了系统误差和随机误差两部分，系统误差是由系统设计原理和参数本身造成的固定偏差，随机误差是由产品本身偏差和环境变化造成的随机偏差。最终对制导精度的考核用脱靶量 R 来度量。

对于红外制导导弹而言，脱靶量是指通过目标红外辐射中心并垂直于弹目相对速度平面（也称为脱靶平面）上，实际交会点与红外中心的距离。

战技要求对制导精度的一般提法，是规定在脱靶平面上给定半径 R 的脱靶圆内的落入概率不小于给定值（通常是 95%）。

由于目标红外中心与其几何中心并不重合，而便携式防空导弹大多采用直接命中摧毁的方式，需要命中目标的本体，因此有些便携式防空导弹采用了末端前向偏移修正以增加命中概率的措施，此时的指标需要适当调整。一种给定指标的方式如下：即规定导弹进入目标红外中心沿目标速度方向前方 $L_1 \sim L_2$，半径 r_1 的圆柱内的概率不小于给定值（95%）。

对于便携式防空导弹，一般脱靶量 R 取值为 1.5 m；前向偏移取值 L_1 取 1~2 m，L_2 取 11~12 m，r_1 要大于 R，一般取 2 m。

对于近程末端防空导弹，通常只规定脱靶量 R，由于其战斗部威力较大，同时弹体加大后控制刚度降低，系统误差会大于便携式防空导弹，脱靶量也要相应放大，一般取 3~4 m。

随着技术水平的提高和作战使用要求的提升，脱靶量指标也会逐步加严。

需要注意的是，便携式防空导弹大多没有近炸引信，需要直接命中战斗部才会爆炸并击毁目标，且在靶场考核时很多靶标的体积较实际的典型目标小很多，此时难以考核其杀伤概率指标，往往用精度指标来考核其最终性能，因此对脱靶量及其测量要求较高。而杀伤概率的考核用能够模拟飞机的靶机进行，试验数量有限，还需要结合理论计算、半实物仿真等方法共同给出结论。近程末端防空导弹与常规导弹类似，除遥测弹外，均用杀伤概率指标考核其最终性能，对脱靶量的考核及其测量要求可以放宽。

（10）杀伤概率

导弹武器系统的杀伤概率，是指系统正常工作、导弹正常发射的前提下，杀伤目标的可能性。这是导弹武器系统最重要的、最能代表性能优劣的主要战术指标。

杀伤概率指标的论证通常由导弹配置数量结合作战效能分析进行，并参考国内外同类产品的指标以及技术可实现性论证确定。

战技要求一般只规定导弹的单发杀伤概率。如有特殊要求，也可以规定对同一目标双发连射/齐射的杀伤概率（如果连射时前后发导弹工作无相关性，此时可以简单计算得到双发概率，不需要给定；如果有相关性，则需要考虑关联系数后给出确定值）。

杀伤概率指标可以包含或不包含导弹的飞行可靠度，但需要加以注明。

杀伤概率指标对不同类型目标很难做到一致，通常是分类给出的。

便携式防空导弹通常对飞机类目标和巡航导弹类目标区分给出两个单发杀伤概率指标，一般对飞机类目标应达到 0.6 以上，对巡航导弹类目标应达到 0.4 以上。随着技术的进步，每一代导弹的杀伤概率指标都会提高，但便携式防空导弹受限于重量，战斗部威力不可能很大，其提升空间是有限的，需要使用方在确定指标时加以注意。另外对于便携式防空导弹，在靶场飞行试验考核时，往往不能直接利用飞试结果考核杀伤概率。

近程末端防空导弹的拦截对象比较单一（反舰导弹），单发杀伤概率指标应达到 0.7 以上。

此外需要注意，单发杀伤概率指标通常是一个较为理想的值，而不同的空域、不同环境条件等都会对目标实际拦截能力造成影响，因此，在计算和论证作战空域的同时，会给出空域中的高概率区域和低概率区域，并应有所区别，在进行试验考核时，也需要考虑到这一环节。

（11）战斗部和引信的类型及特性

战斗部按种类分为爆破式、杀伤式等，本类导弹均为杀伤式战斗部。

按杀伤元素类型，可区分为预制破片、半预制破片、离散杆、连续杆等，便携式导弹均采用破片式战斗部，近程末端防空导弹则上述类型都可以选择。

战技要求中通常可规定战斗部重量（或者装药重量）、破片类型、材料的特殊要求、战斗部威力半径等，但考虑到战斗部指标属于中间指标，在设计过程中可能会改变方案、重新优选，因此不宜规定过细。

引信包括近炸和触发两大类。触发引信通常包含安全执行机构，近炸引信种类有无线电、激光、红外、电容等体制。便携式导弹由于空间所限，原来只安装触发引信，近年来随着引信小型化技术的发展也有型号开始采用近炸引信，以提高对小目标的杀伤概率。但考虑到战斗部威力有限，近炸引信的指标要求也应与之适应。

战技要求中通常对引信可规定其种类、作用距离等指标。引信指标同样属于中间指标，也不宜规定过细。

（12）动力装置类型及特性

本类导弹都采用固体火箭发动机作为动力，便携式导弹采用两级动力体制，近程末端防空导弹采用单级动力体制。固体火箭发动机有单室单推力、单室双推力等类型，根据作战需求进行选择。

战技要求中可规定发动机的总冲、工作时间等指标。发动机指标与速度特性相关，同样属于中间指标，也不宜规定过细。

（13）抗干扰能力

由于现代干扰技术的发展，导弹武器系统作战时面临着日益复杂的战场环境和干扰环境。抗干扰指标已成为导弹武器系统的最关键指标。武器系统性能的提高，更多的也是体现在抗干扰能力的提高上面。

抗干扰能力指标应该是与当前作战环境相适应并有一定前瞻性的，对抗干扰能力的考核也由过去的定性考核为主逐步转向定量考核为主。

武器系统的抗干扰能力可分为抗背景干扰和人工干扰两个方面。按照干扰的对象，又可分为目标探测系统抗干扰、导引头抗干扰和引信抗干扰三个主要类别，本节主要涉及后面两种。

①抗背景干扰

对导引头而言，抗背景干扰是指作战条件下导引头对各种环境引起的干扰的耐受能力。

对于红外导引头，可能引起干扰的背景包括地物、地面、地平线、海面、海天线、亮云、战场的火光烟雾等，同时还需要明确太阳禁区，海面使用时还需明确太阳在海面反射引起的海面亮带禁区。

对于常规的地物、地面、海面、海天线等背景，导引头应该能够适应，不专门提出抗干扰指标；对于复杂的战场背景，实际上也很难量化并考核，在必要时也可明确抗干扰的成功概率，一般不应低于0.8。

太阳以及太阳的海面反射是一个全波段的强干扰源，任何红外目标进入这一区域，其红外信号都将被湮没，无法探测，因此，对于太阳和海面亮带，通常规定一个禁区，在作战时对这一区域的目标无法确保拦截概率。常规中红外导引头的太阳禁区的半锥角在 $10° \sim 20°$，海面亮带是随时间和环境条件变化的，可规定一个平均值，一般取水平夹角为 $\pm (15° \sim 25°)$。

对于微波导引头，干扰源主要是各种外部设备产生电磁波，可归于抗人工干扰或者电磁兼容的范畴。

近炸引信也会受到环境的影响，尤其是激光、红外等光学体制的引信，受环境影响较大，一般也需要明确其抗干扰能力，应能够对抗阳光、烟雾、云雾、雨雪等的干扰。对于超低空目标进行拦截时，无线电引信和光学引信都需要考虑引信对地面、地物、海面背景的抗干扰能力。

引信的抗环境干扰指标在战技要求中通常是定性提出，不单独设概率指标，而是统一包含在虚警概率等指标内。

②抗人工干扰

对红外导引头的人工干扰方式有很多，常见的有红外调制干扰机、红外干扰弹（诱饵弹）、烟幕、拖曳式红外干扰以及激光致盲等，其中最为常见的是红外干扰弹，其常用作战模式是短时间内多组连续投放。目前对红外制导导弹提出的抗红外干扰指标主要也是针对红外诱饵弹的，一般是按能够对抗多少组、每组含多少个干扰弹以及投射间隔来规定对抗指标，并给定要求达到的对抗成功概率。

红外干扰弹都装备在飞机类目标上，对于无人驾驶目标（导弹、无人机等），尚未见到装备红外干扰弹的报道，因此目前也不提出此类要求。未来出现作战需求后，可以增加相应的指标要求。

微波体制导引头面临的干扰形势更为复杂，按干扰源的载体可分为自卫式干扰、随行干扰、防区外掩护式干扰，按干扰种类可分为有源干扰（欺骗式干扰、压制式干扰等）、无源干扰（箔条干扰、拖曳式干扰等）。本书只针对被动微波导引头提出一些指标上的考虑。

被动微波导引头由于是接收目标的主动雷达辐射信息进行工作的，其抗干扰机理与常规微波导引头存在很大差异，通常以干扰和目标的微波辐射信号特征差别来区分干扰，可以按频段、微波特征分为带内干扰、带外干扰、同频异步干扰等，并针对干扰特征提出抗干扰的量级。

由于引信作用距离很短，因此针对引信的人工干扰措施很难起到效果，一般也不单独提出引信的抗人工干扰要求。

防空导弹抗微波干扰要求的提出可参考 GJB 4431—2002《地空导弹武器系统抗干扰技术要求》。

干扰和抗干扰是一对永恒的矛盾，抗干扰措施不可能对抗所有的干扰，因此，抗干扰指标也是一个结合实际作战态势以及当前技术水平，并考虑对抗效果后综合提出的量值，其指标的最终确定可能会经历多轮反复。

（14）攻击多目标能力

便携式防空导弹是单兵武器，独立作战，因此不要求明确攻击多目标能力的指标（或者间接体现在战斗准备时间指标内）。

在舰空导弹面临的作战态势中，反舰导弹类目标饱和攻击是一种较为常见的攻击模式，因此，都会明确舰空导弹攻击多目标的能力，而对近程末端防空导弹，抗多目标饱和攻击的要求和指标会更加严酷。

使用方应针对常见作战模式、装备舰艇的作战态势，以及本舰装备的防空火力情况，通过作战效能分析、攻防对抗仿真等手段，结合导弹本身的技术特点，确定合理的攻击多目标能力指标。

针对不同速度特性的目标，武器系统抗多目标饱和攻击的能力是不同的，一般以亚声速目标攻击模式和密度作为论证计算的依据，在此基础上确定对超声速目标的多目标拦截能力指标。

（15）系统反应时间/战斗准备时间

系统反应时间是确定武器系统多目标拦截能力的主要因素，也是影响系统作战效能的一个重要影响因素。系统反应时间一般定义为武器系统接收到目标指示到导弹弹动的时间；对于便携式防空导弹而言，这一指标通常定义为发射准备时间（激活地面能源到导弹可以发射的时间）和发射时间（按下发射按钮到弹动的不可逆时间）之和。

从作战使用而言，系统反应时间当然是越短越好。但系统反应时间实际上受到火控系统解算、发控设备加电、导弹完成作战准备、导弹发射不可逆过程等一系列因素的影响，特别是采用红外制导体制的旋转弹，导弹完成作战准备过程中，通常有两个环节是耗时较多的，即导引头位标器陀螺的起转时间，以及导引头探测器致冷的时间。目前对于点源探测器，其致冷时间可控制到 3 s 以内，而焦平面成像导引头时间更长。其他耗时的还包括弹上能源激活及转换、发动机点火的不可逆时间等。此外，导引头截获时间是一个不确定量，考虑反应时间应以最理想条件为准。同时，系统反应时间越短，带来的效能增加的收益也越小，因此确定系统反应时间指标需综合考虑这些因素的影响。

通常便携式防空导弹的系统反应时间在 5～7 s（如果导弹采用发射后截获，则陀螺起转和供气致冷环节可以和不可逆环节并行，此时可以缩短系统反应时间）。

便携式防空导弹武器系统通常会提出一个更加宽泛的指标——战斗准备时间，包括系统展开时间（或称为行军-战斗转换时间）和系统反应时间两部分。其中系统展开时间是射手将行军状态的筒弹（背于肩后）取下，并安装地面能源、发射机构，去除前后盖（如必要），扛在肩头后，组成完整的可以待发的战斗装备的过程，系统展开时间指标通常在 10～15 s，取决于射手的熟练操作程度和武器系统的人机工程设计水平。

（16）可持续工作时间

指导弹武器系统完成发射准备后，处于待发射状态能够持续的时间，本类导弹由于要提前激活地面能源进行供电/供气，而地面能源一般设计为一次性使用的，因此存在这一指标。在可持续工作时间内导弹没有发射，就必须更换地面能源。

较长的可持续工作时间对作战是有利的，如果激活地面能源后，失去了对首个目标的发射时间，在持续工作时间内导弹可以转移火力对其他目标完成射击。另外对于便携式防空导弹，持续工作时间较长也便于射手掌握更好的发射时机进行作战。

为延长这一时间，近程末端防空导弹可以采用并联多个气瓶作为地面气源的方式。

2.3　技术要求

（1）尺寸和重量

导弹及筒弹的尺寸和重量会影响整个武器系统的布局、地面设备的尺寸和随动装置的设计等。对于便携式防空导弹，由于是单兵携行和作战，尺寸和重量的要求会更加严格。

①外形尺寸

常见的外形尺寸指筒弹的长度、直径（或者长、宽、高的外廓尺寸）和导弹的长度、直径。技术要求规定筒弹的长度和导弹的直径。如果有适应通用发射装置的要求，则会另行规定尺寸和接口要求。

便携式防空导弹的筒弹长度一般在 1.5 m 左右，近程末端防空导弹的筒弹长度需经综合论证确定，现有装备一般在 3 m 左右。对于筒弹长度，战技要求可规定一个最大值。

从装备通用性考虑，导弹直径一般在通用序列中选取，这样有利于使用以往研制的同直径成熟产品，或者在其基础上改进。我国防空导弹常见的直径序列有 70 mm、127 mm、180 mm、340 mm 等。便携式防空导弹通常在 70 mm 左右。

②重量

重量指筒弹（战斗装备）和导弹的重量，战技要求一般规定重量的最大限制。

便携式防空导弹考虑到射手携带行军的负担，不超过体重的 1/3，因此战斗装备的总重不宜超过 20 kg，目前常见的不超过 17 kg。兵组导弹一般把战斗装备分开由多人携带，单人携带的筒弹部分可略超过 20 kg。

近程末端防空导弹的筒弹重量需经综合论证确定，RAM 导弹的筒弹总重在 100 kg 左右。

此外，便携式防空导弹由于功能增强，重量和尺寸也在逐步扩展，可能会给携行使用带来不便，俄罗斯最新的"针-S"便携式防空导弹为解决这一问题，将筒弹和导弹设计为可拆卸的两截，使用时对接在一起。这种思路可能是后续便携式导弹的一个发展方向，此时对系统的尺寸重量要求就需要随之调整。

武器系统其他地面/舰面设备也应明确相应的尺寸、重量要求。

（2）对外接口要求

包括机械接口、电气接口、气路接口等，武器系统与外部设备有机械配合安装关系，且外部设备已有现成产品或者有通用接口要求的，应当在战技要求中规定机械接口要求。

武器系统与外部设备有电气配合对接关系的，应当明确电气接口要求（接插件规格型号等）；有标准或通用通信协议要求的，应当在战技要求或相关文件中加以明确。

（3）环境要求

广义的环境要求范围很广，但针对导弹武器系统的战技要求而言，环境要求特指武器系统适应自然环境条件和载体机械环境的要求。

通常环境条件又可分为系统能够正常工作并满足性能要求的环境条件，以及系统贮存状态能够耐受而不损坏的环境条件。此外还有一种环境条件是导弹在飞行过程中出现的、弹上设备承受的力学、温度等环境条件，这一条件根据导弹自身特点确定，不在系统的战技要求中规定，后文会展开论述。

战技要求中规定的环境要求主要有：

①温度

指武器系统在使用和贮存中可能遇到的极限温度。使用时遇到的极限高低温范围应当小于贮存时的极限温度范围。

温度的确定主要取决于武器系统可能装备和作战的地域范围，地空导弹的低温条件要严于舰空导弹，而舰空导弹的高温条件要严于地空导弹。

我国地空导弹的使用温度范围一般为 $-40 \sim +50$ ℃，贮存温度范围为 $-50 \sim +60$ ℃。舰空导弹的使用温度范围一般为 $-30 \sim +60$ ℃，贮存温度范围为 $-40 \sim +70$ ℃。

②盐雾、霉菌、湿度

根据武器系统使用和存放的环境提出，作为系统进行三防设计的依据。其中海军型号对盐雾要求会更加严格。

③风速、淋雨

根据武器系统使用和运输的环境提出。风速一般明确在几级风速下可以作战，实际风速限制还要叠加载体的速度。淋雨一般分两种，一种是运输、携行、值班状态下的淋雨强度要求，指标要求高；另一种是导弹飞行条件下的淋雨强度，由于淋雨条件对红外导引头截获目标影响较大，因此本类导弹作战时的淋雨强度指标不宜过高。

④低气压

近程的旋转导弹无高空作战能力，低气压指标的提出主要是满足两种条件，一是高原作战的要求，通常人员在高原作战的极限在 5 000 m 左右；二是空运的要求，空运的高度一般在 10 000 m 以上，可以综合上述指标确定低气压耐受要求。

⑤砂尘、太阳辐射

地空导弹需考虑沙漠、戈壁环境作战的砂尘要求。如武器系统长期在暴露情况下使用，需考虑耐受太阳辐射的要求。

⑥装载对象的机械环境要求

对于车载、机载、舰载的导弹，如武器系统不包括载体，需明确载体的机械环境要求，常见的包括振动、冲击、过载、摇摆等。

此外，可能还有一些特殊的环境条件需要视情提出，例如邻近导弹发射和火炮射击的火焰、冲击等影响。

对于舰空导弹，有以下标准规定了一些附加的使用环境条件要求，如武器系统没有特殊的加严指标需求，则在战技要求中可以直接引用其条目。

1）GJB 1060.1—91《舰船环境条件要求：机械环境》；

2）GJB 1060.2—91《舰船环境条件要求：气候环境》；

3）导弹的贮存环境要求，可参见 GJB 2770—96《军用物资贮存环境条件》；

4）导弹的运输环境要求，可参见 GJB 3493—98《军用物资运输环境条件》。

本类导弹常见的典型综合作战环境条件可参见本书第 3 章。

（4）可靠性

指武器系统在规定贮存期内、正常贮存和维护条件下，完成规定功能的概率。

对于地/舰面设备等长期、反复使用的装备，可靠性指标一般规定平均无故障工作时间 MTBF、等效任务时间和任务可靠度。

对于导弹这类一次性使用的装备，可靠性指标一般规定为发射飞行可靠度，也可区分为发射可靠度（一般不小于 0.99，目标值，下同）和飞行可靠度（一般不小于 0.9）。同时，也可规定导弹长期贮存的可靠性要求——贮存可靠度，规定在满足贮存寿命条件时，导弹的可靠性指标（一般不小于 0.8，最低可接受值）。

可靠性指标是武器系统十分重要和关键的指标，也受到使用方越来越多的关切和重视。可靠性指标的确定与武器装备的复杂度、生产工艺、元器件水平等密切相关，与装备的经济性成非线性的反比关系。因此，确定可靠性指标需要综合考虑各种影响因素，保证整个系统有较佳的效费比。

此外，作战可靠性需求很高时，地面设备如单套设备可靠性无法满足，也可明确进行冗余设计和配置。

防空导弹可靠性要求的提出可参见：GJB 450A—2004《装备可靠性工作通用要求》；GJBz 20213—94《地空导弹武器系统可靠性要求和验证》。

可靠性要求的论证可参见：GJB 1909A—2009《装备可靠性维修性保障性要求论证》。

（5）安全性

安全性要求是指保证装备在贮存、运输、测试、使用等正常条件下以及在意外情况下，对武器装备本身、周边设施和人员的安全所提出的要求。

在战技要求中提出的常见安全性量化指标有：

自毁时间　一般以导弹速度降低到声速以下，或转速降低到控制系统可有效控制以下的时间，作为导弹能够工作的最长时间，在此基础上，考虑一定余量和自毁机构能够工作的最长时间限制后确定自毁时间；或者在弹目交会过靶后一定时间自毁。

安全执行机构解保　可规定安全执行机构的多重解保要求。

跌落安全高度　考虑武器装备在运输、吊装、使用过程中可能达到的最大相对高度，确定跌落安全高度，通常跌落安全高度有 1.8 m、3 m、12 m 等。

便携式防空导弹的主发动机点火距离　考虑主发动机在出筒后空中点火，尾焰不能伤及射手及周边人员，视发动机工作情况而定，一般不小于 10 m。

导弹安全性要求可参见：GJB 900—90《系统安全性通用大纲》。

海军导弹安全性要求可参见：GJBz 20296—95《海军导弹及其设备安全性要求》。

（6）电磁兼容性要求

当前作战条件的电磁辐射环境特性越来越复杂，系统涉及的电子设备越来越多，因此电磁兼容性也成为一个影响系统作战能力的重要指标，得到广泛重视。

电磁兼容性包括系统内部的自兼容，以及与其他系统之间的互兼容。由于更多涉及到体系的需求，因此电磁兼容性要求通常按国军标相关要求执行。

规定电磁兼容性的国军标可参见：GJB 1389A—2005《系统电磁兼容性要求》；GJB 151A—97《军用设备和分系统电磁发射和敏感度要求》。

（7）通用化、系列化、组合化（模块化）要求

这是指对武器装备的通用性和扩展性的相关要求，通常称为"三化"要求。

三化的要求一般只是定性地提出，如确实需要（例如对于在基本型基础上的改进型

号，需要良好的继承性），可以规定标准化系数等量化指标。

（8）生产条件和要求

通常定性地提出一些有利于批量生产的要求。如有需要，可对产品的生产条件提出相关要求，一般包括生产批量和规模要求。

（9）对材料、元器件要求

考虑到战时禁运等情况，在战技要求中或相关文件中会规定元器件、原材料的国产化率要求等。

（10）研制周期和经费

如有需要，也可在技术要求中明确型号的研制周期和研制经费。目前已有型号要求进行限价设计，今后也会逐步在型号设计中贯彻这一思路。

2.4　使用维护要求

（1）维修性及维修制度

维修性和可靠性、保障性一起统称为 RMS（Reliability、Maintainability、Supportablity），是武器装备的重要性能之一，已越来越受到各方的高度重视。

对于武器系统的地（舰）面设备，都要求具有良好的可维修性，通常用平均故障修复时间（MTTR）进行量化考核。

对于导弹/筒弹这类一次性使用产品，目前的一种发展趋势是简化维修过程和要求，另一种是要求免维修，即故障弹直接返修理厂。

在战技要求中通常还规定维修的体制（一级、二级或三级维修），对于旋转导弹，由于系统构成较简单，维修级别通常不超过二级，免维修产品的维修级别为一级。

维修性设计的具体要求可参见以下相关标准：GJB 368B—2009《装备维修性工作通用要求》；GJB 1909A—2009《装备可靠性维修性保障性要求论证》。

地空导弹还可参见：GJB 1135.1—91《地空导弹武器系统维修性要求》。

舰空导弹还可参见：GJB 1563—92《海军导弹武器系统维修性通用要求》。

（2）保障性

武器装备的综合保障能力是当前十分关注的要求，对保障性要求的趋势是逐步降低保障需求，减少保障人员和保障设备、简化保障程序、逐步实现免维护等需求。

保障性要求可参见：GJB 1909A—2009《装备可靠性维修性保障性要求论证》。

（3）人机工程

便携式防空导弹是人员直接操作作战装备，因此对人机工程有着比较高的要求，但人机工程的指标较难量化给出，通常在战技要求中以定性要求的方式明确。也可规定进行相关的人机兼容性试验项目，例如动物试验等。

对于近程末端防空导弹及其他扩展使用的旋转导弹，人机工程设计上着重点是人员操作界面的设计。

人机工程的相关标准如下：GJB 3207—98《军事装备和设施的人机工程要求》；GJB 1062A—2008《军用视觉显示器人机工程设计通用要求》。

（4）互换性

互换性是通用化的主要特征，也是一个和维修性相关的指标，与产品的可生产性也有密切关系，目前所有本类导弹都要求舱段间可互换，通常零件也需要满足互换性要求，在实际设计和生产中也都是按此要求进行的，不一定在战技要求中明示。

（5）贮存条件和期限

国军标中规定了导弹类武器对贮存库房的通用要求，导弹应当满足标准规定的库房要求，或者适当放宽并规定相应的温度、湿度等指标。对于便携式防空导弹，除标准库房贮存外，一般还有野外贮存的需要，此时可明确野外贮存需要满足的条件和期限。

导弹的贮存期限取决于使用的元器件、原材料性能，目前本类导弹的贮存寿命指标在8～10 年；在恶劣条件下贮存，寿命会有较大影响，是正常寿命的一半以下。超期服役需要进行延寿。

库房条件可参见：GJB 2770—96《军用物资贮存环境条件》。

（6）使用寿命

指导弹在非库房贮存条件、实际使用环境下的寿命，例如在舰面战斗值班条件下的寿命。由于使用环境条件比库房贮存条件严酷得多，因此使用寿命会大大低于库房贮存寿命。该寿命可通过典型使用条件下的环境因子换算得到。

（7）包装运输条件

旋转导弹通常以包装箱的形式进行包装，可在战技要求中加以规定。

旋转导弹尺寸重量都相对有限，因此应当满足公路、铁路、水运、航空运输的要求，如有特殊需要的，也应在战技要求中加以明确，例如空运时必须使用增压舱的要求等。通常公路运应明确运输里程数（一般 1 000 km 左右）；其他运输方式里程数不限。

运输装载尺寸要求参见：GJB 2948—97《运输装载尺寸与重量限值》。

运输环境要求参见：GJB 3493—98《军用物资运输环境条件》。

航空运输要求参见：GJB 3369—98《航空运输性要求》。

铁路运输要求参见铁道工业总公司等相关部门的危险品运输要求。

（8）可测试性及测试设备要求

对于产品的可测试性要求，通常应明确故障定位级别（定位到单机级、板级或者元器件级，不同维修体制定位基本不同），这决定了测试设备的基本要求。同时对地面/舰面设备，一般要求明确故障定位是本机机内测试定位（BIT）还是用外部测试设备测试进行定位。

本类导弹通常故障定位级别要求达到舱段级（基层级维修）。地面/舰面设备通常故障定位级别要求达到单机级或可更换单元级（基层级维修）。

战技要求中可量化规定测试性相应指标，包括故障检测率、检测时间、故障隔离率、隔离时间等。

同时，战技要求中也可规定基层级、基地级测试用的测试设备的相关要求，包括设备组成、功能、结构、人员要求等。

测试性要求可参见：GJB 2547—95《装备测试性大纲》。

（9）标志

产品及包装应有明确的标志，具体要求可参见：GJB 1765A—2008《军用物资包装标志》；GJB 471A—95《通用军械装备标志》。

第3章 作战环境及典型目标

3.1 概述

随着气球、飞艇、飞机等载人飞行器的逐步出现，20世纪初，空中打击成为一种新的作战模式登上人类战争的舞台，并伴随着技术的发展逐步成为攻击的主要手段。1991年爆发的海湾战争中，空中力量第一次作为独立的作战力量走上军事舞台，并起到了决定性的作用。由此，对空防御作战也成为采取防御态势的各国高度重视的领域。

防空作战总体上是一个被动的行为，是针对空袭行动的一种反制措施，是与矛对抗的盾。要研制一型防空导弹，首先应当对其面临的作战环境，包括作战的模式、作战使用的环境条件，以及典型目标有所了解，这样才能有针对性地提出对应的技术措施。

对作战环境和典型目标的研究，不仅是确定防空导弹战技指标的重要依据，是防空导弹设计人员完成高质量设计工作的基础，也是对最终设计出的武器系统进行有效考核的依据。同时，空袭作战本身的模式及其武器装备是不断发展、进步的，与之相对应，防空导弹设计人员也应当把对作战环境和威胁目标的研究当做一项长期的工作，探索出其中的发展规律，这样才能更好地研制出能够作战的防空武器。

本书所涵盖的是用于近程和末端防空作战的旋转防空导弹，主要针对这类导弹面临的作战环境和典型目标进行介绍。

3.2 作战模式

3.2.1 空中威胁模式

通过对历次战争的分析，空袭模式可以区分为战略空袭和战役战术空袭，其中战略空袭是集中大量空袭力量对敌方能够影响战争全局的方面进行全方位打击，以敌方核武器基地，政治经济中心，重要工业区，指挥中心，交通枢纽和电力设施等为目标进行集中突击、同时突击和连续突击，是试图削弱敌方军事实力和战争潜力、改变战略态势和夺取战略主动权的空中打击模式。战役战术空袭则是针对一定区域内的防空系统、机场和作战部队、舰艇进行的空中打击，以取得局部的优势，实现战役战术目的。

不管何种空袭模式，除了战略打击中的弹道导弹远程核打击外，基本上所有空袭模式都需要本类导弹开展对空防御作战。

现代空袭作战具有以下一些特点，需要针对性地加以对抗。

（1）全空域多目标突防

现代空袭作战为达成突然性，往往采用全空域多目标突防的方式，从各个方位、各个高度层次进行全方位的攻击。这一特点在对舰攻击时尤其突出，俄罗斯反舰导弹在对航母编队进行攻击的作战模式中，会一次性发射几十枚导弹进行饱和攻击。美国的鱼叉反舰导弹的一种工作模式，就是采用"同时到达"设计，不同时刻不同平台发射的反舰导弹，通过航路规划，从不同方位对同一个目标攻击，可以做到基本同时到达。此外，在攻击的进入高度上，也基本摈弃了有利于防空火力拦截的中空空域，广泛采用低空和超低空突防，或者采用高空突防后俯冲攻击的模式，增加了探测和拦截的难度。图 3-1 为鱼叉反舰导弹攻击模式。

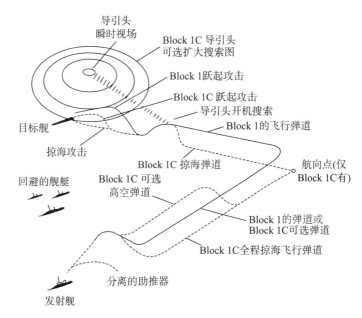

图 3-1　鱼叉反舰导弹攻击模式

（2）软硬结合，各种干扰措施和硬杀伤交互进行

雷达等远程探测设备的出现，给对空防御提供了十分重要的手段，同时各种干扰措施也随之出现并得到应用。空袭行动往往首先由大规模电子干扰和压制开始，空袭作战中，电子干扰已成为十分重要的一环，不仅有专门的电子战飞机，作战飞机自身也配备了自卫电子干扰设备和干扰吊舱；在红外对抗方面也大多配置了干扰弹和红外告警装置，可自动实施对防空导弹的干扰；此外，反辐射导弹也成为一种十分有效的硬杀伤武器，用于摧毁地面雷达。

（3）利用空地战术武器、巡航导弹、TBM 等进行远程精确打击

为保护作战人员的安全，空袭往往以防区外打击为主进行，由飞机携带战术空地导弹、滑翔制导炸弹，由海基、空基发射巡航导弹，由陆基发射地对地战术弹道导弹（TBM）进行远距离精确打击。攻击的首要目标就是各级防空火力、机场、雷达基地、防御指挥中心等。在摧毁了敌方的防空力量后，再进行大规模的空中近距火力支援和轰炸。

（4）广泛采用隐身技术，提高突防能力

最新研制的各种战机都或多或少采用了隐身技术，并已向战术导弹领域扩展，隐身技术使防御方对空中目标的探测距离缩短，拦截空域大幅度缩小，拦截概率降低，组网间隙增大，空袭方的突防空间和能力增强。

（5）大量采用无人机进行侦察并参与作战

无人机已成为空中打击中一个迅速发展的技术领域，并由最初的主要执行侦察任务扩展到携带空地武器进行对地火力打击，其能力和威胁越来越大。目前，无人机已成为低烈度空中打击、反恐作战的主要兵器。

（6）多信息源、多平台、多机种协同作战

空袭作战中，信息来源可以从多渠道获得，包括卫星、预警机、电子战飞机等，空袭平台也包括了陆海空各种平台，使用远近、高低、多体制、多模式的作战方式，各个机种协同作战，使反空袭作战面临十分复杂的态势。

3.2.2　防空作战模式

防空导弹的作战模式可区分为国土和要地防空、野战防空、海上防空、反导反卫等模式。对于便携式防空导弹，可以作为辅助力量担负国土和要地防空任务，也可担负野战防空任务，重点是后者；对于近程末端防空导弹，主要担负陆地、海上的末端防御作战任务及野战伴随防空任务，也可以用于要地防空。

（1）国土和要地防空作战模式

这种防空作战模式，需要保护的对象一般是固定的，或者相对固定。国土防空作战要求的防御区域很广，因此这种模式的防空火力是以远程防空导弹为主，但是考虑到火力体系的完整性，一般都采取多武器组网作战的模式，也会配置便携式防空导弹及其扩展型号、近程末端防空导弹等作为辅助防御力量，用于要害部位的近距防空，火力结合部的补防，以及对远程防空导弹进行自卫防御等。

在这种模式下，便携式防空导弹、近程末端防空导弹等应配置在被保护的目标附近，采用固定发射阵地或者定期巡逻的模式，应保证需要时能够处于长期警戒值班状态，或者与其他预警系统保持不间断的通信联系。应当参与组网作战，并从防空火力网接收目标信息，按火力网统一调度进行作战，必要时临机进行作战。

由于便携式防空导弹系统十分便于部署，因此需要时也可将系统前出布置，可有效对抗巡航导弹类低空威胁目标。

国土和要地防空面临的最大威胁是 TBM 和巡航导弹，此时本类导弹的主要作战对象是巡航导弹。此外，便携式防空导弹装备数量大，作战隐蔽性和生存能力远高于固定阵地的防空导弹，在战役后期可能会成为对空防御的主要兵器。

（2）野战防空作战模式

野战防空的典型模式是爆发战争地区的区域防空、陆军地面部队的伴随跟进防空保障、作战前沿防空保障，以及反侦察、反干扰、支援作战，便携式防空导弹在必要时还可执行敌后方的特种作战任务。

野战防空作战的主要特点是机动、快速，遭遇战多。常见的敌方攻击模式有战术飞机的轰炸和对地攻击、侦察、干扰、无人机攻击和侦察、直升机反装甲攻击、防区外发射的空地武器攻击等。这些攻击具有多批次、全方位、高密度、随机突然性强的特点。

便携式防空导弹及其扩展型号具有体积小、反应灵活、发射后不管、作战隐蔽性强的特点，是野战防空的主力装备之一，除便携式防空导弹外，车载、弹炮结合的近程末端防空导弹在作战时应当根据火力范围和保护地域进行火力部署，在设计上应具备行进间或者短停作战的能力。地面车辆应具备快速定位定向、通过无线电上报作战情况并迅速形成联合作战态势的能力。

野战防空作战的武器系统应具有单车独立作战能力，火力单元应集中在单车上，且应具备与防护对象相同的越野机动能力。

（3）海上防空作战模式

海上防空作战通常按空域划分为远、中、近程和末端防空作战。近程末端防空导弹主要承担海上防空作战中的末端自卫防御任务。

海上防空作战中，反舰导弹是最主要的空中威胁目标，飞机类目标直接临空打击的模式已经基本绝迹。在这一作战态势下，舰艇编队应尽早获取敌方舰艇编队、航空兵的活动情况，进行早期预警。这些工作由上级空情系统、舰载预警机、远程搜索警戒雷达等完成。

反舰导弹都采用超低空突防的模式，限制了舰面雷达对其的探测距离，一般情况下可以满足舰载自卫防空的需要，但作战空域纵深相对较小。因此，近程末端防空导弹系统必须具备快速反应能力、自动化作战能力，尽量在远界拦截目标。反舰导弹往往采用饱和攻击和全方位打击的方式，防空系统面临的攻击目标很多，为此，应当具备发射后不管能力和快速转移火力能力。为保证较高的杀伤概率，确保本舰的安全，可以采用多发导弹拦截目标的作战方式。

3.3　作战使用环境

3.3.1　陆地环境

（1）陆地防空作战环境的主要特点

陆地防空作战环境的主要特点是地域广，环境参数变化大。我国的疆域辽阔，纬度变化从最南面的海南岛、南海诸岛，到最北边的漠河，跨越了热带、亚热带和温带；经度变化则横跨了3个时区；海拔高度从海平面到世界屋脊——青藏高原；地形地貌包括城市、平原、水网稻田、森林、湖泊、河流、丘陵、盆地、沙漠、戈壁、山地、高原、沼泽、冰川，可以说除极地地貌外，基本覆盖了所有可能的典型地貌。

在陆地环境下进行防空作战，既要解决陆地环境给防空带来的困难，又要利用其有利条件。陆地环境的困难主要是地形地物对敌方目标的遮挡和对目标探测设备工作的影响，巡航导弹在采用地形匹配技术后，可以设计利用地形规避的迂回作战路线；武装直升机也常常采用突然跃升的方式发动进攻；此外，地物背景对导引头和引信工作也会带来不利的干扰。陆地环境的有利之处在于可以给防空导弹自身的隐蔽提供有利条件，此外也可以利用高地等地貌增大探测距离，提高发现目标的概率。

（2）陆地环境的设计要求

我国的陆地环境特点，给防空导弹装备提出了很高的环境适应性要求。尤其是对于便携式防空导弹而言，由单兵使用作战，能够达到的地域范围更广，不仅要适应常规防空导弹可能作战的区域，而且还需适应一些特殊的作战条件，例如城市、山地等。

便携式防空导弹在设计中必须考虑我国环境条件的特点，例如温湿度等条件，既要面临南方高温高湿的气候环境（温度 40℃ 以上，湿度 98% 以上），也要考虑高原的寒冷干燥的气候，还要考虑沙漠作战的大温差、大风砂尘影响。在高原作战时，要考虑海拔对气密设计和真空电子器件的影响。

复杂的地貌特征会影响超低空情况下的光电反射、散射特性，使地面的多路径效应在不同地点发生变化，并与海上环境存在很大差异。同时，地物背景也会形成假目标，影响对真实目标的探测跟踪，这些都要在设计时加以考虑。

在复杂地形条件作战时，对于车载防空导弹，需要考虑底盘的通过性；为适应行进间作战要求，还需考虑车载定位定向设备的指标匹配性。

3.3.2   海上环境

（1）海上防空作战环境的主要特点

我国有广阔的海上疆域，海上防空作战的环境也有其自身的特点。

我国的海军建设正从黄水海军向蓝水海军转变，适应全球作战的要求已提上了议事日程，这也意味着海军装备需要适应的条件会更加严格。海上使用，面临着十分严重的高温高湿气象环境，影响光电设备的作用距离和电子设备的正常工作；而盐雾对装备的材料可能会造成十分严重的腐蚀影响。

舰艇有长时间在海上执行任务的需求，需要考虑适应海上补给、导弹长时间暴露在外进行值班等的特殊要求。

舰空导弹以军舰为装载平台，需要考虑这一平台的特殊性，这里面又包括：导弹系统需要适应船舶运动这一动基座平台的特性；舰空导弹系统往往需要利用舰面其他设备提供的信息进行作战，要接受舰指的指令进行作战，因此存在大量的接口协调和匹配问题；导弹的射界受到舰面上层建筑影响，存在射击禁区；舰面各种设备密集，存在很多兼容性问题，特别是电磁兼容性问题需要考虑。

舰空导弹在海上作战，海面具有很强的反射特性，对雷达会带来多路径影响，同时会带来明显的阳光反射——海面亮带、闪烁现象，对红外探测也会产生影响。

海上作战受风浪影响很大，高海情作战时对装备会带来很不利的影响。

海上防空作战的典型目标是反舰导弹，其最低掠海飞行高度可达 3 m 甚至更低，在设计上需要考虑。

此外，近程末端防空导弹装载舰艇型号众多，不同的舰型之间对产品要求不尽相同，可能都需要进行适应性更改，这也给生产调试带来了很多的工作量。

（2）海上环境的设计要求

考虑到海上环境，近程末端防空导弹的设计应考虑以下要求：

作战条件对海情的适应能力应达到 5 级或以上，在 9 级海情下系统不应有损伤；应满足盐雾、霉菌、湿热三防设计的要求；应满足导弹长时间舰面值班的需要，有较强的火力储备和持续作战能力；应适应舰面复杂电磁环境，极限情况时，应提出电磁兼容管理的要求；应适应舰面探测设备、定位定向设备等的指标，或者根据需要提出合理详细的指标需求以进行必要的改进；应适应动基座发射的要求，发射架具备消摇或抗摇能力；应满足对超低空掠海反舰导弹进行探测和拦截的要求；应考虑本舰的火力兼容性设计以及编队作战的火力兼容性设计，最大限度发挥出导弹的作战能力。

3.3.3　空中环境

（1）直升机空战的主要特点

武装直升机在现代反装甲作战中作用明显，随之而来的也出现了直升机之间的空战，并把便携式防空导弹移植为直升机载空空导弹。

武装直升机的空战有以下一些主要特点：

直升机的飞行速度不超过 300 km/h、高度一般不超过 5 000 m、过载能力也不强，但直升机能够悬停、原地转向、直升直降，这些都是与固定翼飞机不同的。直升机作战对象大多为低空飞行的直升机，也具有陆上防空作战的一些特点。

直升机旋翼会产生高速的下洗气流，对离架的空空导弹在初始弹道段会产生影响，同时，直升机后部可能有高速旋转的尾桨等机构，对导弹的发射产物有限制。

直升机作战高度可能很低，地物可能对导弹飞行造成影响。

直升机的振动特性等力学环境与地面车辆存在较大不同，同时直升机也属于动基座发射，且其运动速度远高于地面车辆和舰艇。

（2）直升机载环境对便携式空空导弹的设计要求

便携式防空导弹移植成为直升机载空空导弹，其改进设计上应考虑以下需求：

应从空空导弹使用的角度考虑导弹的设计问题；考虑到旋翼下洗以及低空发射时弹道初始下沉可能引起导弹触地，应设计合适的初始发射角；应考虑发动机喷射产物的遮挡机构设计；应考虑具备导引头外部指向条件下的随动跟踪功能设计。

3.4　典型目标及特性

3.4.1　目标特性研究内容

从前文可以看出，进攻方的空袭威胁和应当拦截的空中目标是多种多样的，为了使研制的防空武器装备具备良好的实战能力，必须深入开展对目标特性的研究工作。

目标特性本身是一项长期的、持续性的研究工作，往往不局限于一个或者一类型号，也应当有专门的机构或者人员进行系统性的分析和跟踪。针对某个具体型号而言，由于有其特殊的典型目标，也需要开展相应的工作，并应当利用目标特性专业研究的成果。

旋转防空导弹作战使用中，常见的空袭目标有以下几类：

1）有人驾驶固定翼飞机类目标，包括战斗机、战斗轰炸机、攻击机等；

2）巡航导弹，包括对地攻击的巡航导弹和反舰导弹；

3）直升机，主要是武装直升机；

4）无人机，包括无人侦察机、无人攻击机等；

5）战术空地武器，包括空地导弹、反辐射导弹、制导炸弹等。

对于型号研制，进行目标特性分析时，首先应规定特定型号的典型目标，这样才能据此开展一些有针对性的仿真和计算工作。特定典型目标的特性一般需要考虑以下方面的内容：

1）目标的名称、类型、装备国家、部署地区、服役和退役计划等；

2）目标的外形和几何尺寸；

3）飞行性能，包括速度、高度、机动能力等；

4）辐射散射特性，包括光、电等不同波段的特性，也包括远场和近场特性；

5）目标易损性，包括其结构特性、要害部位、损伤机理等；

6）目标组成分系统特性，如其导航、控制、火控、弹头特性等；

7）战术运用方式，如机动方式和时机、速度变化特性、典型弹道等；

8）目标的主动干扰特性，如携带的雷达干扰机、红外干扰机、诱饵弹特性，释放干扰的模式和强度等。

除了对典型目标性能的研究外，由于在研制过程中，无法直接对典型目标进行射击和考核验证，此时也需要明确试验用靶标的类型，并研究其相关特性，还可进行实物的地面试验和测试，以及安排跟飞试验等。如现有靶标无法较真实地模拟典型目标的特性，还可提出新研靶标的需求。

另一个需要研究的是我方的合作目标的特性，包括多发导弹同时发射时本型导弹之间的相互干扰特性，协同作战时我方其他类型导弹及空中、地面、海面目标的相关特性等。

目标特性包括的范围很多，重点要研究的是上述提到的飞行性能、辐射散射特性、易损性、主动干扰特性，并应根据型号自身的特点明确研究重点。

3.4.1.1　目标的飞行性能

目标的飞行性能包括其飞行速度范围、飞行高度范围、机动能力、攻击模式、弹道特性、航程等。

防空导弹的很多设计指标和设计方案是与目标飞行性能相关的，例如目标的飞行速度提高，导弹就必须跟着提高；目标的机动能力提高，导弹也必须成倍地提高可用过载。再比如采用超低空攻击的目标和采用大俯冲角攻击的目标，需要的应对措施和策略也有很大差异。

3.4.1.2　目标的雷达散射/辐射特性

防空导弹通常最关注的是目标的雷达散射特性，但是像 RAM 导弹采用的被动微波导引头依靠接收目标主动雷达辐射进行工作，就要研究其主动辐射特性。

目标的雷达散射特性包括频率、幅度、相位特性、时延特性、极化特性、近场和远场散射特性、多普勒频谱特性等，远场散射特性还包括单基散射和双基散射等方面。

目标的远场雷达散射特性主要影响搜索雷达和雷达导引头对目标的发现、跟踪和截获。最主要的表征指标为雷达反射面积 RCS。目前隐身目标的 RCS 已降低到 $0.01 \sim 0.1 \ m^2$ 量级。

目标的近场雷达散射特性主要影响无线电近炸引信的工作距离和性能。

目标的雷达辐射特性包括频率、功率、极化特性、捷变频特性等，主要针对采用主动雷达导引头的反舰导弹类目标。

3.4.1.3　目标的光学特性

目标的光学特性包括辐射特性和反射特性，涵盖了紫外、可见光和红外波段。防空导弹制导上应用最多的是红外波段，地面光学探测设备常用的是可见光和红外波段，紫外波段应用较少，有个别情况应用于导引头抗干扰（例如毒刺导弹）。

激光引信需要研究目标对激光的近场反射特性。

利用光学特性对目标进行探测和跟踪具有隐蔽性好、超低空多路径影响小、探测精度高的特点。光学特性的探测事实上并不完全取决于目标辐射强度的大小，而是很大程度取决于目标与背景辐射的差别，即信噪比。

本类导弹常用的红外探测所关注的是红外辐射特性，目标的红外辐射主要来源于两个方面，一个是目标发动机燃烧的喷焰和高温燃气尾流，另一个是高速飞行气流对目标机体产生的气动加热。由于大气传输对红外辐射有不同程度的衰减，一般红外探测只能选择衰减较少的三个窗口谱带，即近红外（波长 $1 \sim 2.5 \ \mu m$）、中红外（波长 $3 \sim 5 \ \mu m$）和远红外（波长 $8 \sim 12 \ \mu m$）。因目标的近红外波段特性有明显的方向性限制，而远红外波段特性受环境影响明显，所以目前在防空导弹红外制导上应用最多的是中红外波段。

由于信噪比对光学探测至关重要，因此必须将目标的光学特性与特定作战环境下的背景光学辐射特性、典型气象条件下的大气衰减特性联系起来共同研究。

目标对激光的反射特性主要取决于激光功率、波长和目标机体本身的材料、表面处理特性或外部涂层特性，可以通过地面试验进行测试得到相关数据。

3.4.1.4　目标的易损性

目标的易损性表示目标抵抗攻击造成的损害的能力。易损性研究通常包括目标组成部件的功能研究和关键部件定位、目标结构特性研究、目标对不同破坏模式的损伤机理研究等。

目标的易损性主要影响防空导弹对其的杀伤效果，因此也是需要研究的内容。对目标的易损性研究是一个花费较大的项目（国外都是开展专项研究工作），型号可以直接使用研究所取得的成果。

本类防空导弹常见的拦截目标中，无人机、巡航导弹类目标一般属于高易损性目标，攻击机、武装直升机等带有装甲防护的目标属于低易损性目标。

3.4.1.5　目标的主动干扰特性

目标的主动干扰特性包括雷达干扰特性、光学干扰特性以及激光致盲特性等，由机载设备和干扰弹投放装置实施干扰，载人固定翼作战飞机和直升机大都带有干扰设备，而无人机一般较少携带此类装备，导弹类一次性使用的武器基本都不携带干扰设备。

机载干扰机或者自卫式干扰吊舱的工作模式有压制式、欺骗式等。

红外干扰弹投放装置可携带几十发红外干扰弹，采用齐射、连射的模式可同时或者连续投放。干扰弹的红外能量远大于目标本身的红外辐射，防空导弹需要研究其红外特性、投射模式等。

3.4.2　作战飞机类目标

作战飞机类目标的种类很多，包括战斗机、攻击机、轰炸机、预警机、电子战飞机等，便携式导弹最常见的攻击目标是进行前沿直接攻击的战斗机和攻击机。近程末端防空导弹遭遇飞机直接攻击的可能性不大，但应具备对其进行拦截的能力。从技术和战术应用发展趋势看，载人的作战飞机目标进入近程和末端防空空域已逐步减少，其重要程度正在下降。

（1）飞行性能

除 A - 10 等个别专用攻击机外，战术飞机大多都能做超声速飞行，现役战斗机的最大飞行速度一般在 $2 \sim 2.5\ Ma$ 之间，但需要发动机加力工作才能短时间以最大马赫数飞行，第四代战斗机开始具有超声速巡航能力，其巡航速度在 $1.5\ Ma$ 以上。飞机达到最大速度是有一定的高度条件的，在低空条件下由于阻力、气动加热等限制，特别是在飞机携带外部载荷的情况下，飞行速度会大大降低。因此，飞机类目标的最大速度一般在 $300 \sim 400\ \mathrm{m/s}$ 之间。

飞机的升限都是远远超过近程和末端拦截空域范围的，因此对飞机类目标的高度主要关注其最低飞行高度。目前飞机以低空模式突防时，最低高度在 $50\ \mathrm{m}$ 左右，海面可以更低。

飞机的机动能力一般都取决于飞行员人体能够承受的极限，现代战斗机的极限过载指标都在 $9\ g$ 左右。但在载弹情况下其最大过载能力会大大下降，最多能达到 $5 \sim 6\ g$。第四代战机由于采用了矢量喷管、直接力控制及先进的气动外形设计，可以完成一些非常规机动动作，但其过载极限并无明显变化。

（2）雷达散射特性

现役的第三代战机在设计中并未考虑隐身措施，因此其雷达反射面积均较大，不同方位上可达到平方米级甚至几十平方米。第四代战机采用的隐身技术可以大大降低其在分米、厘米波段的雷达反射截面，RCS 在 $0.01 \sim 0.1\ \mathrm{m}^2$ 量级。但米波频段的散射特性仍然较强。

（3）红外辐射特性

战术飞机均采用喷气式发动机，安装在机体后部，发动机数量一般为单发或者双发，发动机及其尾喷流是飞机上最强的热源。如果飞机以加力状态飞行，则红外能量更强。此外，飞行速度越高，飞机表面的气动加热所产生的红外辐射也会随之提高。通常情况下，尾追状态的目标红外辐射中心在其尾喷口处，迎攻状态其红外辐射中心在其尾喷流的能量中心处（一般可按尾喷口后 2 m 进行计算）。

飞机的红外辐射有很强的方向性，正前方被机体遮挡而能量很低。第四代隐身战斗机采用了红外抑制技术，其他方向的红外能量也在一定程度上被抑制。

对于常规的战术飞机，其前向红外能量在 10 W/sr 以下，侧向在几十 W/sr，后向可达到百 W/sr，飞机加力飞行时，能量会增大 2～3 倍。

隐身飞机的红外辐射约为常规飞机的 20%～50%。

（4）易损性

飞机类目标体积较大，其长度在 12～24 m 之间，翼展在 10～20 m，相对比较容易被命中。飞机是一个复杂的综合体，其常见的结构材料包括铝合金、合金钢、钛合金和复合材料等。对飞机进行易损性分析要建立比较复杂的模型，通常，可以认为驾驶员、控制系统、发动机、油路等为致命性的要害部位，飞机为了提高其生存力，一般也都会采取一些冗余设计的措施。由于便携式防空导弹战斗部装药量很少，对飞机类目标造成致命损伤的概率难以提高。

专用的对地攻击机在驾驶舱周围的机腹部位设置装甲，其抗打击能力会大大加强。便携式导弹击落这类目标的概率较低。

（5）主动干扰特性

很多现代作战飞机内置电子干扰设备，但由于其机内体积等的限制，干扰能力有限，一般以欺骗式干扰为主。必要时部分飞机也可携带电子干扰吊舱，此时其电子干扰能力会大大加强。

飞机对红外防空导弹进行干扰的方式有很多，包括迎着太阳飞行等。其主动干扰模式有：

红外干扰机，由强红外干扰源经调制后释放出红外干扰信号，使导引头探测的信息紊乱。

红外干扰弹，其辐射强度大于飞机的红外辐射，且波段能够覆盖飞机的波段范围。可以单枚或多枚、断续或连续投射。

喷油延燃，飞机向空中喷射燃料并适时点燃，形成红外源干扰防空导弹。

此外，今后可能会出现机载激光武器，其能量很强，可以使红外导引头致盲甚至烧毁。

（6）常见典型目标

目前，美国是全球空中力量最强大的国家，研制装备的战术飞机有 F-15E、F-16、F/A-18、F-22 战斗机、A-10 攻击机，近期装备部队的有 F-35 战斗机（如图 3-2 所示），这些飞机也大多出口到各个国家，其总数有几千架。

图 3-2　美国 F-16 和 F-35 战斗机

俄罗斯研制装备的战术飞机有米格-29、苏-27 系列，苏-25 等（如图 3-3 所示），俄制飞机也广泛出口。

图 3-3　俄罗斯苏-27 战斗机和苏-25 攻击机

欧洲各国装备的战术飞机有幻影 2000、阵风、JAS-39、台风、美洲虎等。

印度主要是引进了法国幻影 2000 和俄罗斯苏-27 系列、米格-29 系列战斗机，自身也研制了 LCA 战斗机。

日本主要装备美制 F-15 等战斗机，自身也研制了 F-2 战斗机。

我国台湾地区装备了美制 F-16 战斗机和法国幻影 2000 战斗机，自身研制了 IDF 经国号战斗机。

3.4.3　巡航导弹/反舰导弹类目标

巡航导弹是一种用于杀伤重要地面/海上目标的无人驾驶飞行器，可以从地面、飞机、水面舰艇和潜艇上发射，采用低空/超低空巡航的方式。可以携带核弹头作为战略武器使用，也可以携带常规弹头作为战术武器使用。

反舰导弹是攻击水面舰艇的导弹的统称，也属于广义上的巡航导弹，反舰导弹绝大多数采用掠海攻击的模式。

巡航导弹和反舰导弹已经成为便携式防空导弹和近程末端防空导弹的主要作战对象。

反舰导弹已经有超声速的型号服役，今后可能出现以高超声速进行攻击的新型巡航导弹。

（1）飞行性能

巡航导弹射程较远，可达 2 500～5 000 km，目前巡航导弹均为亚声速飞行，飞行速度在 0.8 Ma 左右。巡航导弹采用惯导、GPS 制导及地形匹配制导等体制，可以按照实现规划的路线进行攻击，其飞行高度很低，最低在 50 m 左右。巡航导弹过载能力不高，不超过 3 g，也不会主动机动规避拦截。

反舰导弹射程范围从几十公里到几百公里不等，亚声速反舰导弹的速度在 300 m/s 以下，超声速反舰导弹速度可达 2～3 Ma。目前反舰导弹绝大多数采用超低空突防模式，亚声速反舰导弹最低飞行高度可达 2.5～5 m，超声速反舰导弹最低飞行高度可达 7 m。部分反舰导弹在末端可进行跃起俯冲机动或者蛇形机动。亚声速反舰导弹机动过载不超过 5 g，超声速反舰导弹机动过载不超过 15 g。

（2）雷达散射/辐射特性

巡航导弹和反舰导弹都属于低散射特性目标，其雷达反射面积在 0.1～0.5 m² 之间。新研制的巡航导弹开始采用隐身措施，其反射面积可降低一个数量级。

反舰导弹大多数都采用了主动雷达制导模式，其频段均为 X 波段或者 Ku 波段。今后可能会出现 Ka 波段的毫米波导头。反舰导弹主动雷达导引头均已广泛采用捷变频体制，有的还采用了脉冲压缩、相参、参差、编码、间断开关机等新的体制和工作模式。

（3）红外辐射特性

巡航导弹主要使用小推力的涡喷发动机或者涡扇发动机，其红外辐射特性很弱，前向小于 5 W/sr，侧向和后向小于 20 W/sr。

反舰导弹发动机有几种类型，采用固体火箭发动机和冲压发动机的能量很强，最强可超过 100 W/sr，采用涡喷发动机和涡扇发动机能量很弱，前向不超过 10 W/sr。

（4）易损性

巡航导弹和反舰导弹体积较小，巡航导弹长度在 6 m 以内，直径在 0.6 m 以下，反舰导弹在 2～5 m 之间，直径在 0.5 m 以下，因此较难命中，但命中后摧毁的概率相对较大，这类目标的战斗部壳体很厚，防空导弹战斗部很难击穿并引爆，然而其导引头、控制系统和发动机都是相对薄弱的位置。由于这类目标飞行高度低，一旦命中较容易偏航并坠地或坠海。

（5）常见典型目标

对地攻击的战术巡航导弹最为著名且在实战中使用最多的是美国研制的战斧巡航导弹（如图 3-4 所示），目前在美国发动的局部战争中，已经成为主力的空袭兵器。俄罗斯、欧洲各国也有少量型号，但在实战中应用不多。

反舰导弹种类繁多，亚声速反舰导弹的典型型号有美国的鱼叉、法国的飞鱼、中国台湾的雄风-2、日本的"88 式"等。超声速反舰导弹的典型型号有俄罗斯的马斯基特（如图 3-5 所示）、CLUB、台湾的雄风-3、日本的 ASM-3 等。

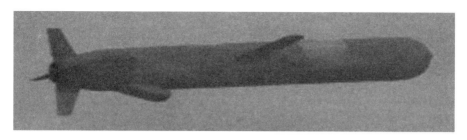

图 3 - 4　美国战斧巡航导弹

图 3 - 5　俄罗斯马斯基特反舰导弹

3.4.4　直升机类目标

直升机是一类广泛使用的战术飞行器，其中的武装直升机已被证明是最有效的反装甲武器之一，并在战争中得到广泛使用。水面舰艇也大多配置了直升机用于反潜作战，也具有反舰作战的能力。直升机作战不依赖于机场，机动灵活，适用范围十分广泛。

（1）飞行性能

直升机的速度不高，不超过 110 m/s，最低速度可为 0，且其最低飞行高度基本无限制，其升限在 4 000～6 500 m，最大过载约 3～4 g。武装直升机在对装甲目标进行攻击时，常常采用隐蔽在地物背后，突然跃升并发射反坦克导弹进行攻击，然后迅速脱离的攻击模式，其暴露时间可小于 20 s。

（2）雷达散射特性

直升机的雷达反射面积与战斗机在同一量级，但由于其飞行高度很低，经常湮没在地物背景中，实际探测的难度较大。直升机飞行速度低，但其有高速旋转的旋翼，有较强的多普勒特性，可以此区分、探测直升机类目标。

（3）红外辐射特性

现代直升机都使用涡轮轴式发动机，武装直升机往往还采用了红外抑制措施，因此其红外辐射特性不强，一般在 20～50 W/sr，但其红外辐射在各个方向的均匀性较好。

（4）易损性

一般的直升机属于比较容易被击毁的目标，其发动机、旋翼、尾桨、控制系统等都是要害目标。武装直升机在乘员舱安装了装甲，抗打击能力得到较大加强。

（5）主动干扰特性

直升机通常采用超低空飞行的方式规避打击，也会携带红外干扰弹等红外干扰设备。

（6）常见典型目标

目前装备各国的武装直升机种类很多，典型型号有：

美国研制和装备了 AH-1 眼镜蛇和 AH-64 阿帕奇两种武装直升机（如图 3-6 所示），并大量出口。

图 3-6　美国 AH-64 阿帕奇武装直升机

俄罗斯研制装备了米-24、米-28 和卡-50 武装直升机。

欧洲各国研制装备了虎、A129 武装直升机。

日本、中国台湾都引进了美国的武装直升机，日本自身还研制了 OH-1 武装直升机。

印度引进了俄罗斯的武装直升机。

3.4.5　无人机类目标

无人机出现较早，但以往多用作靶机，直到 20 世纪末，信息处理技术取得巨大进步后，才在战争中得到推广使用。现役的无人机大多采用遥控＋程控方式，有人参与在回路中进行控制。无人机的用途目前已越来越广泛，除了较为常见的侦察功能，用作干扰机、进行自杀式攻击或者携带空地导弹和制导炸弹进行攻击的无人机都已出现，将来还可能出现可用于空战的无人机。无人机中还有一类超小型的型号，难以探测且价格十分低廉，这类无人机一般不使用防空导弹进行拦截。

（1）飞行性能

目前大部分无人机都是亚声速飞行，速度在 50～200 m/s 不等。大型无人机的航程很远，例如全球鹰可以飞行 2 万多千米或连续飞行 40 小时。无人机的过载能力不高，不超过 5 g ，但无人机在提高过载能力方面潜力很大。

美国新一代超声速无人机目前已在研制中，据说其最大速度可达到 Ma 5 以上。

（2）雷达散射特性

无人机体积小，雷达反射面积也很小，通常小于 1 m²，现在已出现了隐身无人机，其 RCS 值在 0.01 m² 量级。

（3）红外辐射特性

无人机采用活塞式或者小型的涡轮喷气发动机，红外能量很低，最大不超过 10 W/sr。

（4）易损性

无人机体积小，比较难以命中，但无人机本身结构薄弱，一旦命中后很容易摧毁。

（5）常见典型目标

进入 21 世纪以来，各国研制的无人机种类繁多，且不断有新型号出现，这里只列出几种典型的无人机型号。

美国的 MQ - 1 捕食者无人机，是第一种大规模用于实战的无人机，其改进型号为 MQ - 9 死神（如图 3 - 7 所示）。全球鹰无人机是一种远程侦察无人机。

图 3 - 7　美国死神无人机

以色列也是无人机研制和实战经验丰富的国家，研制了哈比、搜索者等无人机。

3.4.6　战术空地导弹/反辐射导弹类目标

战术空地导弹是战术攻击机和轰炸机执行战术打击任务的主要武器之一，射程在 10～200 km，大多采用固体火箭发动机或冲压发动机，制导体制多样，有毫米波、红外、激光半主动、电视、指令等体制。现在还有一种滑翔制导炸弹，没有动力，依靠高空投掷滑翔飞行直至命中目标。

反辐射导弹是用于对地面雷达进行攻击的武器装备，采用宽带被动微波制导体制，一般使用固体火箭发动机。

（1）飞行性能

空地导弹的速度从 300 m/s 到 3.5 Ma 不等，采用直线或者抛物线弹道攻击，也可采用大俯冲角攻击，最大俯冲角可超过 60°。

反辐射导弹的射程可达 70～150 km，最大速度可达 Ma 3.5，具有记忆外推能力。最大俯冲角可达 70°。

（2）雷达散射特性

空地导弹和反辐射导弹体积很小，雷达反射面积不超过 0.1 m²。

（3）红外辐射特性

这类导弹使用的固体火箭发动机的红外辐射特性较强，可达几十 W/sr，但在一定射程以外空地导弹主发动机将停止工作，以被动段攻击，此时红外辐射能量会大幅下降甚至消失。

（4）易损性

空地导弹弹径很小，其战斗部外壳又较厚，较难命中和给予致命杀伤。

（5）常见典型目标

这类目标种类繁多，简单列举一些典型装备如下：

空地导弹，典型代表是美国的幼畜导弹，如图 3-8 所示。

图 3-8　美国幼畜空地导弹

反辐射导弹，典型代表是美国的哈姆（HARM）反辐射导弹，如图 3-9 所示。

滑翔制导炸弹，典型代表是美国的联合防区外发射武器（JSOW）。

图 3 - 9　美国 HARM 反辐射导弹

3.4.7　空袭武器的发展趋势

随着技术的进步，空袭武器在今后还将维持高速发展的趋势，基本特点有：

（1）导弹、无人机类无人驾驶飞行器占空袭目标的比重增大

美国在上个世纪率先提出了"零伤亡战争"的概念，就是尽量减少战争中己方的伤亡和其他附加伤亡，要实现"零伤亡"目标，就必须大大增加无人驾驶飞行器在战争中的使用。实际上从近年历次局部战争的情况来看，目前各国的载人飞机的数量在不断减少，使用上也更加谨慎，而战争中巡航导弹、无人机等武器装备的使用日渐广泛，未来的空袭模式，正在朝着无人作战的方向发展。

（2）精确制导武器将取代传统的常规武器

为尽量减少战争中的附加伤亡，提高作战的效果，精确制导武器已在现代空袭中占据最重要的位置，据统计，1991 年海湾战争期间，精确制导武器使用的比例在 50％左右，到了 1999 年的科索沃战争，空袭中使用的精确制导武器比例已高达 98％。显然，未来作战中精确制导武器取代常规武器的趋势已不可避免。

（3）高超声速目标的出现

现有的空袭兵器最大速度都在 4 Ma 以下，随着材料等技术的进步，在解决了气动加热、控制等一系列技术难题后，超过 6 Ma 的高超声速导弹和飞机已经出现端倪，这类武器可以采用临近空间打击等模式进行攻击，可以实现全球快速打击，目前已成为下一个技术和装备的发展热点。

（4）隐身目标比重增大

自隐身飞机出现后，隐身性已成为新一代作战飞机的基本功能要求，同时，各种无人机、战术导弹也开始采用隐身性设计，隐身能力的提高可以大幅度改善空袭武器的突防能力，增加了未来防空作战的难度。

（5）干扰强度、密度的大幅度增加

干扰与抗干扰，已经成为现代战争的一个焦点领域，今后的空袭武器装备都将逐步增加各种干扰设备，预测今后的干扰设备，有源干扰的功率将增大 50～100 倍，干扰模式也将更加多变。

3.4.8　空袭作战的战术特点

现代空袭作战可能有大规模的集群作战，也可能有少量飞机进行的"外科手术"式的精确打击，战术运用方式多样灵活。

"外科手术"式的空袭经常用于反恐作战，或者大国对小国进行的常规低烈度局部战争，其打击的特点是突然性、隐蔽性、精确打击，采取定点清除的方法，重点是攻击具有最大威胁的地面目标或高价值目标，现在也发展到对特定人员的消灭。

进行外科手术式打击，往往事先要进行周密的侦察和精心准备，选派精干的空袭力量，使用合适的精确制导武器进行空袭，力求一击致命，迅速脱离，同时要避免产生附加伤亡。常用的作战模式是无人机进行侦察，确认目标后，使用小编队战斗机远距离发射空地导弹进行打击；或者无人机直接进行打击。

大规模集群作战意味着国家之间的全面战争，空袭的发起方式仍然具有突然性和隐蔽性，但打击一旦开始，需要在短时间内集结大量空袭兵器进行高密度、全方位的大规模打击，力求在短时间内瘫痪敌方的主要反击能力，为最终取得战争的胜利打下基础。第一波打击的对象往往是敌方的地面防空火力、指挥中心、机场、弹道导弹基地等。参与打击的武器装备包括电子战飞机、战术飞机、精确制导武器、巡航导弹、弹道导弹和无人机等。

为保证空袭的隐蔽性和突然性，空袭中往往采取以下措施：

1）从几个方向同时组织攻击，或者对不同远近的目标同时进行攻击；

2）采用超低空进入的攻击模式；

3）采用隐身飞行器、巡航导弹等进行先期打击；

4）进行大规模、高强度的电子干扰，以及进行假目标欺骗攻击。

现代空袭的特点，给今后旋转防空导弹武器系统的研制提出了新的更高的需求。

1）系统应具备联网获取空情信息或者具有较强的多信息源信息融合的能力，能够与其他武器系统一起协同作战，发挥最大的作战效能；

2）系统应具备在各种复杂战场环境下全天时作战的能力；

3）系统应具备良好的抗干扰能力；

4）系统应具备良好的战场隐蔽性和快速反应能力；

5）系统应具备良好的战场机动性，达到快速补防的目的，同时增加在战场上的生存能力。

第4章 旋转弹体导弹总体设计

4.1 概述

导弹总体设计，是在用户方提出的武器系统战术技术指标要求的基础上，进行导弹总体方案论证，选择导弹总体设计参数，提出弹上分系统的研制要求，确定导弹工作流程；进行电气、信息、机械结构、接口等的协调设计，进行总体相关计算（包括气动、弹道、重量、载荷等），进行导弹的可靠性、维修性、保障性、环境适应性、电磁兼容性总体设计等，最终确定导弹的总体技术方案。同时，开展相应的仿真策划和研制试验的方案设计。

目前国内的导弹总体设计工作主要由总体设计所（研究所）承担。

本章将介绍旋转导弹总体设计及所属专业的主要设计工作，包括导弹外形设计、部位安排、推力特性设计、结构和电气系统设计等。本章最后给出了弹体的数学模型。总体设计相关的其他内容，将在后续章节展开介绍。

导弹总体设计是导弹武器系统研制的主要内容和关键阶段，总体设计的主要工作往往在方案阶段就已基本完成，由于总体设计阶段基本确定了 70% 以上的设计内容和 85% 以上的产品成本（如图 4-1 所示），对后续的细化设计工作和分系统设计起到了决定性的作用，因此，对总体设计必须高度重视。

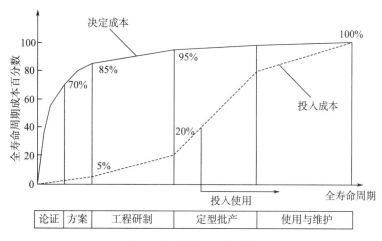

图 4-1 设计成本关系图

在导弹研制的后续过程中，可以根据地面试验和飞行试验的结果，对导弹总体设计进行修正和完善，但此时进行的修改通常是有限的，较大程度的修改会付出很大的经费和时间成本。

4.2　导弹总体设计的内容、方法和流程

4.2.1　导弹总体设计内容

旋转防空导弹的总体设计工作与其他类型防空导弹类似，但又有其自身的特点，主要包括以下内容：

（1）开展新型旋转防空导弹的预先研究和新技术、新概念应用探索研究

防空导弹设计作为一门随时应用新技术的学科，不断创新和发展是永恒的课题，为此，在开展具体型号设计工作的同时，必须时刻跟踪国内外相关领域的技术发展，需要根据作战使用需求和技术发展的实际水平，进行有前瞻性的预研工作，包括新技术及其应用研究、新概念武器装备研究、新材料新器件新软件的应用、主要分系统的最新技术成果及其应用等。同时，作为总体专业，还需要对本国、本行业的相关分系统的发展方向进行引领和推动。

（2）旋转防空导弹气动外形设计

旋转防空导弹作为一种大气层内低高度飞行的飞行器，其气动外形设计十分重要，需要完成旋转防空导弹的气动布局设计、弹体构型设计、翼面外形及尺寸设计、翼面布局和部位安排、旋转弹特殊流场特性分析、气动弹性分析、气动参数的计算、常规和特种风洞试验以及参数辨识等工作。

（3）旋转防空导弹总体参数选择

旋转防空导弹总体参数包括导弹几何参数（外形）、重量参数、推力参数、转速、速度特性、发射参数等。在导弹设计中引入优化设计方法、特别是多学科综合优化方法，以求实现总体参数趋于最优。

（4）旋转防空导弹总体布局设计

旋转防空导弹总体布局包括动力系统的布局（发射方式及分离方式）、弹上设备的总体布局、舱间结构布局，以及弹上传感器的合理布局、重量合理分配等。

对于旋转弹，总体布局设计的大模式是基本固定的，但仍然可以通过适当的优化实现性能的提升，特别是要考虑导弹重心特性变化与压心特性变化的适应性。同时，应考虑导弹的装配工艺性、维修方便性、生产简便性。

（5）弹道设计和制导规律选择

针对旋转导弹的战技要求、作战使命、典型目标，以及导弹采用的制导体制等特点，设计合理的拦截弹道，比如对于超低空目标的高抛弹道设计等，进而确定合适的制导规律和导引参数，例如比例导引或者修正比例导引规律等。

（6）弹上分系统方案选择，确定分系统研制要求

在完成外形设计、部位安排的基础上，根据总体战术技术指标要求，进行合理分解，确定制导、引战、动力、能源、结构等弹上分系统的方案，确定弹上分系统的主要功能、体制、工作流程和信息流程，确定机械、电气等接口关系。在上述工作基础上，确定分系

统研制要求（任务书）。

（7）发射方案设计

旋转导弹都采用筒式倾斜发射方式，在发射筒内完成起旋，但具体起旋的实现方法有多种。发射方案选择包括确定具体发射起旋方案、发射加速方案，确定发射过程中电气分离和结构分离技术方案。进行发射动力学、发射散布等问题的研究。

（8）环境适应性、电磁兼容性总体设计

环境适应性，是指导弹对所承受的自然环境、飞行环境、贮存运输环境和战场环境的适应和耐受能力。环境适应性设计主要包括根据具体环境条件进行耐环境的设计，并确定进行检验的试验方法和项目。

电磁兼容性，是指导弹对各种电磁环境的耐受能力和导弹本身电磁辐射对环境的影响能力；电磁兼容性设计主要包括：分析确定导弹工作的电磁环境条件，确定电磁兼容指标，进行弹上设备、系统间的电磁兼容设计，进行导弹和武器系统之间的电磁兼容设计，设计并策划电磁兼容相关试验。

（9）可靠性、安全性、维修性、测试性、保障性设计

可靠性设计是针对用户提出的可靠性指标，确定保证产品满足可靠性要求所要采取的技术措施。建立导弹及其分系统可靠性模型，进行可靠性分配和预计，进行失效模式影响和致命性（FMECA）分析，确定可靠性薄弱环节，按照可靠性设计原则进行产品设计，并拟订可靠性试验方案。

安全性设计是针对用户提出的安全性要求，对可能的安全影响环节和风险源进行分析，确定安全性设计准则、要求和指标，采取必要的设计措施确保产品贮存、运输、使用过程安全，确保在正常和各种意外情况下的安全。必要时，拟订相应的安全性试验方案。

维修性设计是针对用户对于导弹产品的维修要求（或者免维修要求），拟订维修性准则；进行必要的维修性分配和预计；确定相应级别的维修体制和维修内容；拟订导弹的维修要求和维修设备需求。或者确定满足免维修要求的设计措施和验证措施。必要时，拟订维修性试验方案。

测试性设计是根据产品的特点，从测试覆盖性角度出发，确定合理的测试内容和范围，确定测试的相关标准，满足产品可测试的要求，满足通过测试完成产品故障定位的需求。拟订测试方案，并明确测试设备研制的基本需求。

保障性设计是根据用户需求和使用特点，确定产品保障相关环节的方案和需求，提出导弹及分系统保障性设计要求，并开展相应的保障流程的制定，提出保障设备的研制要求。

（10）旋转导弹总体性能评估计算

在完成上述各项设计工作后，需对设计的旋转导弹的总体性能进行综合评估，从而确定导弹的总体性能是否满足战术技术指标的要求，同时，为后续详细工作的开展提供必要的配套数据。综合性能评估计算的工作内容包括：导弹空气动力特性计算评估、动力特性

计算、飞行弹道计算、导弹控制特性分析、导弹结构模态特性分析、导弹动态特性分析、导弹制导回路特性分析、导弹制导精度分析计算、引战配合和杀伤效能分析计算、载荷和强度分析计算、导弹理论杀伤空域分析计算、导弹系统综合效能及效费比计算等。

通过评估计算，可以得到以下的配套计算参数：气动力系数、重量重心转动惯量、推力参数、载荷参数、弹体动态特性参数、结构模态参数、气动加热参数、结构强度参数、制导系统参数、杀伤概率参数、导弹理论杀伤区参数、作战效能参数等。

（11）旋转导弹试验设计

考虑到试验组织实施的复杂性和高花费，导弹试验设计在总体设计之初就应开展，应明确各个研制阶段的试验内容和要求，确定试验的目的和需要验证的问题。试验设计主要包括实验室试验方案设计、地面试验方案设计、仿真试验方案设计、飞行试验方案设计，以及对试验结果的分析和评定方案开展研究。要协调好各种类型试验的关系，达到用最经济的方法和最短的研制周期完成导弹系统研制的目的。

4.2.2 导弹总体设计方法

防空导弹出现之初，总体设计的思路是参照传统的飞行器设计方案开展的，而且由于国内技术基础薄弱，在研制过程中往往采用仿制到改型的方法。近年来，随着信息技术的不断发展，研制经验的逐步积累，以及技术基础水平的提高，防空导弹逐步采用系统工程及优化设计方法来开展，提高了导弹总体综合性能，减少了研制后期的反复，降低了研制成本。

系统工程方法是防空导弹在总体设计中一种十分有效的方法，也是总体在系统设计、系统分解、系统分析和综合所必须应用的方法。

（1）系统工程的概念

系统工程方法论，是以旋转导弹总体作为研究对象，从导弹总体的整体目标出发，研究其论证、设计、试验、生产、使用和保障，把战术技术指标需求转变为系统构成和参数的描述，通过构成和参数的调整，实现总体设计优化的方法。

系统工程将科学和工程技术成果应用于以下几个方面：

1）通过定义、综合、分析、设计、试验与评价的反复迭代过程，将战术技术指标转换为对总体功能参数和技术状态的描述；

2）综合有关的技术参数，确保所有的物理、功能和程序性接口相容，使整个系统的论证和设计达到最佳状态；

3）将可靠性、安全性、维修性、保障性等相关因素综合到整个工程中去，使研制进度、费用和技术性能达到总目标。

系统工程本身是一个技术过程，也是一个管理过程，从设计角度而言，主要是一个技术过程。

（2）系统工程的方法和步骤

系统工程的方法较多，最具代表性的是贝尔研究中心提出的三维结构，是一种由时间进程维、逻辑步骤维、专业知识维所构成的空间结构，对于导弹总体专业，常用的三维结构如图 4 - 2 所示。

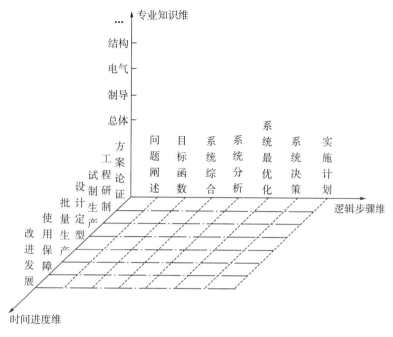

图 4 - 2　导弹总体系统工程三维结构图

时间进度维也称为工作阶段，可以分为方案论证、工程研制、试制生产、设计定型、批量生产、使用保障、改进发展等阶段。

逻辑步骤维也称为思维过程，是运用系统工程方法进行思考、分析、处理系统问题时应遵循的一般程序。通常这一程序由明确问题、选择目标、形成方案、建立模型、方案优化、做出决策、付诸实施等步骤组成。

专业知识维是为完成上述各阶段、各步骤工作所需要的各种专业技术，导弹总体设计所涉及的专业范围十分广泛，需要各个专业协同工作才能取得成果。当然在不同时间进程，不同专业所起到的作用也会各有侧重。

系统工程方法在整个导弹总体设计过程中都在运用，也可以将其应用于某个分系统或者某个阶段性目标的研究，典型的例子如导弹总体优化设计。

（3）总体优化设计内容

优化设计，又称为最优化设计，是一种随着计算机技术发展而逐步得到重视并日益广泛应用的设计方法。优化设计是在满足规定战术技术要求的情况下，对多个可能方案或者设计参数进行对比取舍。所得到的方案只能是局部最优的。

优化设计一般用于解决没有精确的解析解，且方案的优劣具有不确定性的工程问题。此外，现代的工程优化计算量很大，对计算机技术有很大的需求和依赖性。

防空导弹总体优化设计一般是多变量、多学科的，是有约束的优化，其优化设计主要工作包括：

1）选择优化的独立变量（设计变量），包括变量的含义、变量的空间；

2）确定目标函数和综合目标函数；

3）确定约束条件；

4）选择优化方法；

5）建立优化算法和系统的模型，使优化算法与系统仿真模型一起运行；

6）迭代计算，得到最优解。

4.2.3　导弹总体设计流程

防空导弹设计是一个复杂的系统工程，经过多年的研制经验积累，国内在旋转防空导弹领域已有了较为成熟、固定的设计流程。

4.2.3.1　方案可行性论证

严格意义上的防空导弹总体设计，是从接到用户方下达的研制要求开始的，但是从国内研制的实践来看，研制要求本身是建立在完成一定的方案初步设计，对导弹总体性能有了基本把控的基础上的，因此，这里从最初的方案可行性论证阶段给出导弹总体设计的流程。

作为导弹总体设计，其前提是要明确导弹的作战使命，在此基础上，可以明确的指标有典型目标、大致的作战空域范围、系统的配置、装载平台、主要作战环境、初步的杀伤概率指标等。

接下来，根据典型目标选择，可确定目标的主要特性，包括光电特性、运动特性、易损性等。根据作战空域范围，可以大致确定导弹的尺寸范围、重量范围、动力系统的类型等。

根据目标的主要特性分析和作战空域，结合以往的研制经验和成果，可以确定一到三个制导体制方案作为选项，同时，可以大致确定导弹的速度特性、过载特性指标范围。此时，对于控制、引战系统，也可以提出不同的候选方案。

针对不同的制导体制方案，可以提出不同的弹体外形、气动布局、弹上设备布局、尺寸、重量等，从而确定导弹的气动参数、重量重心参数、发动机推力参数；建立制导回路的模型和弹道模型。以上述计算模型为基础，开展多方案的对比和初步的参数优化工作。同时，组织开展分系统的方案可行性论证和初步优化工作。

在上述优化计算结果完成后，经过对结果的对比，可以确定导弹的初步方案，特殊情况下，也可以提出两个或两个以上的设计方案备选。在此基础上，可以确定导弹总体较为全面的战术技术指标要求，同时确定弹上设备的基本设计要求和设计指标。至此，导弹总体方案可行性论证的工作基本完成。

4.2.3.2　方案设计

在完成可行性论证，并获得用户方认可，确定开展研制工作后，导弹总体要在前述工作成果的基础上，开展进一步深化的设计。

首先，根据设计要求和设计指标，开展细化的设计和试验验证工作。主要包括：

确定导弹气动外形和气动布局，并开展详细的气动参数计算，以及必要的风洞试验验证。这一过程可能需要几轮反复。最终确定导弹的理论外形图。

结合弹上设备的方案设计，给出设备的尺寸、重量，进而对总体布局和重量重心转动惯量参数进行修正。同时，通过动力系统方案的细化设计，确定推力参数。最终确定导弹的部位安排图。

完成典型弹道计算，确定导弹的载荷，作为结构设计的依据，必要时，需进行导弹的热载荷计算。

在上述工作完成基础上，进一步开展弹体数学模型和制导控制回路数学模型的建模工作，包括：弹体动力学模型、弹体运动学模型、空气动力学模型、制导系统模型、引战系统模型等。

开展弹体结构设计，进行弹体结构强度校核，弹体模态参数计算，结合产品研制开展必要的试验。

建立系统综合评估的模型，包括杀伤概率计算模型、作战空域计算模型、作战效能评估模型等，进行导弹性能的综合计算和评估，并对主要设计参数进行优化设计工作，确定最优参数。

开展弹上电气系统（包括信息回路、能源系统）的设计，确定相应的设计要求和指标。

在上述工作开展的同时，对各下级分系统（导引头、引信、发动机等）提出方案要求并分解指标，由分系统开展方案论证，并提供技术方案和实现的性能指标。总体根据反馈的性能指标进行迭代，直至总体性能指标满足要求。

完成上述工作后，就基本完成了导弹总体的方案设计工作，并可据此确定分系统的研制要求和指标，下达分系统研制任务书。

上述工作在方案阶段应基本完成。

方案阶段防空导弹总体设计流程如图 4-3 所示（未包含分系统方案的迭代）。

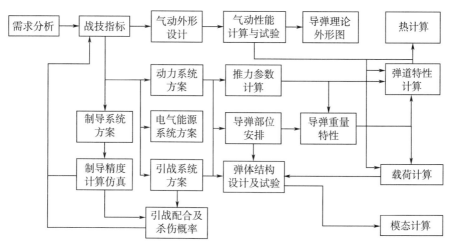

图 4-3　防空导弹总体设计流程

4.2.3.3　工程研制和定型阶段工作

导弹总体设计工作（除了制导控制系统、引战系统的详细设计，以及部分涉及硬件的验证试验外）理论上在方案和初样设计阶段应当全面完成，但实际上由于无法避免后续研制过程中，分系统出现反复而对总体产生影响；或者通过硬件研制和试验，发现原方案中存在错误或不合理环节，需要改正。因此在工程研制阶段甚至设计定型阶段仍然会有大量的协调、复核复算乃至设计更改等工作需要开展。主要工作有：

1）制导控制系统、引战系统的详细设计；

2）飞行试验数据分析与模型辨识；

3）总体试验设计；

4）分系统指标和要求的协调；

5）总体技术状态控制；

6）总体复核复算。

4.3　气动外形设计

气动外形设计是导弹总体设计的主要内容之一，其主要工作是优选导弹的气动布局，包括弹体各部件（弹身、翼面、舵面等）的相对位置，以良好的气动特性为目标，综合导弹部位安排、制导系统特性、结构特性、动力特性等因素，确定弹体各部件的外形参数和几何尺寸。

由于气动外形涉及面广，且各个环节的变化都有可能会影响气动布局和外形参数，因此，导弹气动外形设计是导弹总体设计中最复杂和难度最大的工作之一。需要设计师具有全面的知识积累，同时要有扎实的理论基础和实践经验。

在实际设计过程中，导弹气动外形设计往往与部位安排、重量重心定位计算、推力分配计算、弹道计算等工作紧密联系，交叉进行。一次计算得到的导弹速度、过载等特性不满意时，需要修改外形重新计算，而弹上分系统实际产品无法满足总体要求时，也需要更改总体设计进行重新计算，因此，气动外形设计是一个反复迭代的过程。近年来，随着气动分析计算手段的提升和优化技术的成熟，气动外形设计迭代过程也在逐步实现自动化。

4.3.1　气动布局

气动布局指弹体各部件相对位置布置方案的选择和确定。具体来说，主要研究两个方面的问题：一是确定气动面沿弹身纵向配置的方案，另一个是确定径向气动面的数量和在弹身周向上的布置方案。

4.3.1.1　气动面纵向布置方案

气动面纵向布置方案种类很多，在导弹上常用的有五种：正常式、鸭式、全动弹翼式、无翼式、无尾式，如图 4-4 所示。首先明确一个概念，即起主升力作用的升力面一般称为翼面，可以整体偏转的起控制作用的升力面称为舵面。旋转导弹上最常用的是鸭式。有些在飞机上已经采用的新型气动布局形式，例如三翼面布局等，由于控制过于复杂，在防空导弹上尚未得到使用。

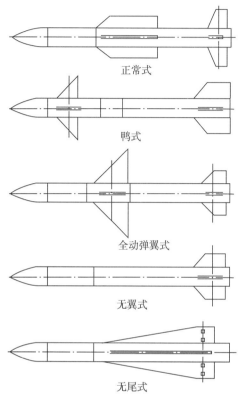

图 4 - 4　几种典型的气动布局形式

（1）正常式布局

正常式布局又称为尾舵控制式布局，其弹翼配置在弹身中部，舵面配置在弹身尾部（故又称为尾舵）。有的导弹为了满足飞行静稳定性要求，还会在头部配置小前翼作为升力配平。

对正常式布局导弹的受力情况分析可知，由于舵面在重心之后，舵面负偏角产生的是使弹体头部上抬的正向力矩，弹体出现正攻角，从而全弹产生的是正向升力。全弹的法向力是攻角产生的力减去舵偏产生的力，舵面力会减小升力。因此，这种布局的升力特性和响应特性略差。

正常式布局的优点是舵面距离重心较远，其面积可以小些，给舵系统设计带来便利，且舵面的合成攻角要小于弹体攻角，舵面的负载和铰链力矩也较小，且舵面不容易失速，可以实现导弹在较大攻角下飞行，利用大攻角条件下的升力特性，导弹的过载能力较高。而且目前部分导弹采用静不稳定控制，其过载可以更高。由于弹翼是固定不偏转的，其下洗及对尾舵的影响较小，不同攻角下气动线性度较高。因此，正常式布局在防空导弹上应用较为广泛。

　　目前采用正常式布局的典型防空导弹型号有美国的标准系列、AIM - 120 空空导弹系列；俄罗斯的布克系列等。图 4 - 5 为采用正常气动布局的导弹。

图 4 - 5　采用正常气动布局的导弹

　　但是，旋转弹一般不使用这一布局形式。主要是因为这一布局的控制系统需要安装在尾部，而旋转弹都是小型导弹，很难进行布局安排。此外，由于弹上设备的限制和弹体旋转带来的影响，正常式布局的优点很难在旋转弹上体现。

　　（2）鸭式布局

　　鸭式布局又称为前舵控制式布局。其控制舵面位于弹体前部（故又称为前舵），主翼面位于弹体尾部（又称为尾翼）。这是一种与正常式布局完全相反的配置。有时为了改善舵面的大攻角气动特性，并减小舵面对尾翼的诱导滚动力矩，会在舵面前部安装小的固定翼，与舵面形成近距耦合的布局。图 4 - 6 为采用鸭式气动布局的导弹。

　　对鸭式气动布局的受力分析可知，由于前舵在重心之前，其偏角和产生攻角的方向是相同的，舵面产生的升力与全弹升力方向也相同（实际上舵面产生的升力在尾翼上被舵面下洗产生的力所抵消，对总升力没有太大贡献）。因此，这种布局的弹体响应快，而且由于舵面远离重心，对舵系统的设计也较为有利，且便于全弹静稳定度的调整。综合上述优点，鸭式布局在近程导弹上应用较多。

　　鸭式布局的主要缺点是很难进行滚动控制。因为鸭式舵在进行差动偏转作滚动控制时，舵面后缘产生的涡流在尾翼处会产生不对称的下洗流场，在尾翼上会诱导出一个与舵面滚动力矩方向相反的滚动力矩，通常称为诱导滚动力矩。这个力矩会削弱甚至完全抵消前舵的副翼效率，严重时会产生相反的滚动力矩。为了解决这一问题，有的导弹采用了两通道控制加陀螺舵稳定转速方案（典型的如美国响尾蛇空空导弹系列）；有的导弹采用了前舵＋主翼上安装副翼的方式；现在还有一种自由旋转尾翼的形式，尾翼可以绕弹轴自由旋转，来克服诱导滚动力矩（如法国的玛特拉 R550 空空导弹），并通过舵面差动实现滚转稳定。

鸭式布局的另一个缺点是攻角受限，因为舵面的实际攻角是舵偏角加上弹体攻角，因此，舵面会早于弹体出现失速，从而限制了全弹的大攻角能力。上文提到的舵面前固定小前翼设计，也在某种程度上可以改善这一问题。

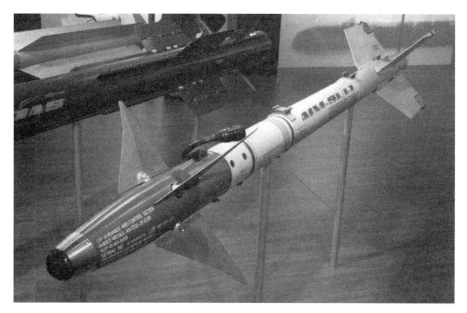

图 4 - 6　采用鸭式气动布局的导弹

对于旋转导弹，鸭式气动布局是一种主流的布局形式，因为旋转导弹本身无须进行滚动控制，正好避免了鸭式布局带来的缺陷；同时，前舵布置在弹体前部，也十分有利于小型导弹的舱体部位安排。

（3）全动弹翼式布局

全动弹翼式布局又称为主翼控制式布局。其弹翼为主升力面（又称为主翼），位于导弹重心附近，同时弹翼本身是控制面，可以偏转。固定的尾翼面积较小，位于弹体尾部，起稳定作用。图 4 - 7 为采用全动弹翼气动布局的导弹。

全动弹翼式布局的控制机理与其他布局不同，这种布局主要是依靠主翼的偏转产生主要升力，因此，其响应速度是最快的，具有动态特性好、过渡过程振荡小等优点。但是，主翼控制的方式对舵机要求高，且由于主翼布置在重心附近，产生的攻角小，也难以利用弹体产生的升力，而且翼面产生的阻力较大，下洗对尾翼的影响严重，空气动力具有较明显的非线性，因此，现代防空导弹已很少采用这种布局。

采用这种布局的典型型号有美国的麻雀导弹。

旋转导弹没有采用这种布局的型号，且由于控制设备设计困难，这种布局形式也不适用于旋转弹。

图 4 - 7　采用全动弹翼气动布局的导弹

（4）无翼式布局

是正常式布局的一个变种，将翼面取消，只保留了尾舵。

由于缺少了主升力面，无翼式布局主要依靠大攻角下弹体产生的升力来控制飞行，其最大可用攻角可由通常的 $10°\sim15°$ 提高到 $30°$ 以上。由于没有主升力面，可以大大减小零升阻力，提高小攻角下导弹的速度特性。传统的正常布局在大攻角情况下，会产生较为严重的非对称气动力特性，而无翼布局可以大大改善这一问题。此外无翼布局在结构、生产等方面都会带来好处，也减小了弹体尺寸，便于发射系统设计。

采用这种布局的典型型号有美国的爱国者防空导弹，如图 4 - 8 所示。

图 4 - 8　采用无翼气动布局的导弹

与正常布局类似，旋转弹一般也不采用这种布局。

（5）无尾式布局

无尾式布局也是正常式布局的一种变形，即将翼面后移到和舵面形成一体，这种布局的特性也与正常式布局类似，但是这种布局的气动面难以确定合适的位置，弹翼靠后时，整个弹体稳定性过大，难以付出过载，靠前时，又会降低舵面效率和气动阻尼，因此在早期的中远程防空导弹中有过应用，现代防空导弹已基本没有这种布局方式。

采用这种布局的典型型号有美国的霍克防空导弹，如图 4 - 9 所示。

图 4 - 9　采用无尾气动布局的导弹

与前面类似，这种布局也不适合旋转弹采用。

综上分析，可以发现，虽然导弹纵向气动布局种类繁多，但是真正适用于旋转导弹的只有鸭式气动布局。归纳起来，有以下几点：

1）舵面和尾翼产生的升力方向相同，导弹机动对舵偏响应快，操纵性好；

2）舵面偏转产生的升力对尾翼的下洗可以产生同等量级的控制力矩，控制效率较高，舵面面积和舵系统功率要求小；

3）舵面小，下洗影响较小，对导弹纵向稳定性影响不严重，较容易实现导弹的静稳定性要求；

4）舵面、尾翼远离导弹重心，外形设计上容易满足静稳定性和动态特性的要求；

5）舵系统位于导弹前部，避开了后部的发动机，有利于导弹部位安排，且导弹可以按前后分为电子舱段和火工品舱段，提高了调试装配的方便性和安全性。

4.3.1.2 气动面周向布置方案

气动面周向布置的数量和可选择方案很多，如图4-10所示，这里只重点介绍旋转导弹常用的布局方式。

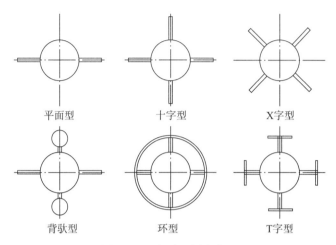

图4-10 气动面周向布局

（1）平面型

平面型又称为"一"字型，类似于飞机的机翼形式，由一对翼面布置在弹身两侧所构成，由于翼面数量少，因此具有重量轻、阻力小的特点。但是这种布置形式只能产生一个方向的升力，因此对于传统的导弹，在非机翼垂直面内转弯时，需要先滚转再转弯，响应时间较慢，多用于长时间巡航的巡航导弹。

目前新型的采用BTT（倾斜转弯）控制技术的防空导弹使用这一布置方式。

旋转弹由于依靠旋转合力效应进行控制，因此对平面型布局的使用没有太大限制，前舵可以采用这种布局。

（2）十字型和X字型

这两种翼面布局在弹体结构上是相同的，主要差异是在控制主方向上。这两种布局，两对翼面十字交叉，在各个方向都能产生最大的机动过载，而且在任何方向产生的升力都具有快速响应的特性，简化了制导系统的设计。但是这种布局也会带来重量较大、阻力增加的特性。在大攻角情况下，两对翼面间会产生耦合效应，引起较大的滚动干扰。

旋转弹由于弹体是旋转的，也希望气动面是轴对称的，因此这一布局形式最为常见。

（3）其他类型

除了上述类型，还有一些周向布局应用范围较窄，采用的导弹不多，这里简单作一介绍。

背驮型布局，就是在翼尖外安装助推发动机的一种布局，主要是动力系统设计特殊需求的结果。

环形布局，在翼尖外侧有一圈环形翼包裹，可以减小鸭式气动布局引起的反滚力矩，但这种布局附加重量大、结构复杂、阻力特性差，且尾部升力的效果不均匀，还存在滚动发散现象，因此很少应用。

T 型翼，在翼尖安装有横向的翼，效果类似于环形翼布局。

（4）旋转导弹的周向布置方案及其特点

对于采用常规轴对称布局的导弹，前升力面和后升力面的周向位置可以有"十十"型、"XX"型、"十X"型、"X十"型四种，风洞试验结果表明，这四种布局方式的升力特性和压心特性并不相同。采用前后翼面在周向位置相同的布局形式较为常见，这种形式有利于发射架的设计，在大攻角气动特性上也有优势。

但是，对于旋转导弹，特别是超声速飞行的旋转防空导弹，最常见的是前后升力面周向错开的布局，即前升力面（前翼）采用十字或平面布局，后升力面（尾翼）采用 X 字布局。出现上述设计的主要原因为：旋转导弹采用单通道控制，因此只需要一对舵面进行控制，前升力面另一对一般是固定翼，主要起调节全弹压心的作用。而为了提高舵面效率，进而提高机动性，通常舵面的尺寸都会略大于前翼。必要时，也可以去掉前翼，成为一字型布局。

旋转导弹尾翼布局与前翼错开，成为类似"一 X"布局或者"十 X"布局，原因如下。

旋转导弹在飞行中的滚动运动，通常是由尾翼的差动安装角 δ 产生的滚动力矩来维持的。而前升力面在滚动情况下，会引起流过的气流在左右升力面上产生大小相等、方向相反的附加升力 ΔY，如图 4-11 所示。使流过前升力面后气流方向发生改变。当尾翼处于前升力面的下洗气流区域内时，会引起使导弹滚转角速度增大的滚转力矩。这一影响因素的大小取决于尾翼在下洗流场中的位置，即相对于前升力面的位置。

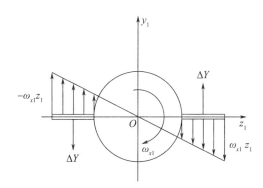

图 4-11　气动面绕 Ox_1 轴转动时的附加速度

图 4-12 给出了三种尾翼差动安装角 δ 时，导弹转速随 Φ 角（前气动面和后气动面之间的周向位置角，定义见图 4-13）变化而变化的风洞试验结果。可以看出，在接近 40°时，转速最低，在 80°左右转速最高。Φ 角在 10°～60°范围内，转速变化较为平稳。因为这个原因，一般旋转弹采用 Φ 角 45°左右的"一 X"布局或者"十 X"布局。

但是，在实际设计中，导弹的 Φ 角不一定严格取 45°。这是因为，影响下洗气流与尾翼关系的，除了上述的 Φ 角，还有一个因素是气流从前升力面流到尾翼所用的时间 Δt 和这一时间内导弹转过的角度 $\Delta \Phi$，这一数值取决于转速 n（r/s）、导弹飞行速度 v_m（m/s），

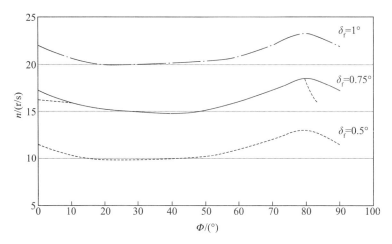

图 4-12　全弹转速 n 随周向角 Φ 变化曲线（$\alpha = 0°$，$Ma = 1.8$）

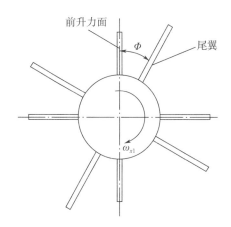

图 4-13　Φ 角定义示意图

以及前升力面后缘到尾翼压心的距离 l（m），显然，有

$$\Delta t = l / v_{\text{m}} \tag{4-1}$$

$$\Delta \Phi = 360 \times n \times \Delta t \tag{4-2}$$

　　从实际气动效果看，由于 $\Delta \Phi$ 的存在，实际上改变了前升力面和尾翼在弹体周向的角度，这一角度一般情况下，需要在设计上进行补偿，即在 $45°$ 基础上补偿 $\Delta \Phi$ 的影响。

　　例如，对于导弹顺航向作顺时针旋转的导弹（即转速 $\omega_{x1} > 0$），其理论 Φ 角可由下述公式计算得到

$$\Phi \approx 45° - \Delta \Phi = 45° - 360° \times n \times l / v_{\text{m}} \tag{4-3}$$

　　计算时，n 和 v_{m} 取值均选择巡航段的平均值。

　　当然，如果计算得到的 $\Delta \Phi$ 较小，考虑到工艺性等方面的影响，且 Φ 角本身有较大的平滑范围，因此有的导弹也忽略了 $\Delta \Phi$，在设计上仍然取 Φ 角为 $45°$。典型的如美国的毒刺导弹。

　　需要指出的是，旋转弹很多并不是轴对称的气动外形，有的前升力面采用了一对舵；

有的虽然采用了一对舵加一对前翼的设计，然而舵面和前翼面积并不相等。因此，在飞行过程中瞬态条件下，导弹的气动力是不对称的，但由于导弹的自旋频率一般均大于 3 倍的导弹固有频率，因此这种不对称力不会引起弹体的大幅度扰动（会有弹旋两倍频的高频小幅扰动）。当然，如果能够尽量采取对称设计，会降低这种小幅扰动，仍然是有益的。

4.3.2　外形与几何参数的确定

导弹外形通常可区分为弹身、气动面两大类。旋转导弹的外形设计，除了常规防空导弹设计中需要考虑的问题外，还应考虑其特殊的使用要求。

4.3.2.1　弹身外形与几何参数设计

防空导弹弹身绝大多数都采用了圆截面，虽然近来一些新型导弹开始考虑采用异形截面弹体，提高弹体的气动性能，但是，对于旋转导弹而言，这种方案是没有意义的，因此，本类导弹全部都是采用圆柱体弹身的形式。

通常，弹身可以分为头部、中段和尾部三大部分。下面介绍弹身主要参数的确定方法。

（1）弹身直径

弹身直径（定义符号 D）的选取，从性能设计上主要取决于导弹的射程、战斗部威力、导引头位标器设计等方面的需要。但是，从通用性标准化角度出发，一般一个国家的防空导弹直径都形成了一定的序列，除非设计的导弹是一个新领域的基本型号，否则通常情况下，最好在这一序列内选择，或基本接近这些序列，可以借用相应序列型号的研制成果，或者直接使用其部件和配件。

便携式导弹，基本的弹径序列为 70 mm；兵组架设的防空导弹，基本弹径序列为 90 mm；更大一个级别的直径序列为 127 mm 和 157 mm，用于末端防御和近程防空。再大的导弹，通常已无须采用旋转弹体制。

（2）头部外形和几何参数

导弹的头部外形是影响导弹阻力特性的最大因素，最大可超过全弹阻力 50% 以上，同时，导弹的头部外形又很大程度上取决于制导体制的选择。

头部外形的主要几何参数有头部长度和头部长细比。

从减小阻力的角度看，导弹的头部长细比越大越好，头部外形越尖锐，超声速飞行的波阻系数越小。

旋转防空导弹大多采用红外制导体制，头部安放了红外导引头的位标器，头部正中是红外光学头罩的位置。从红外光学系统设计的角度出发，一般供选择的头部外形有半球形和多棱锥形两大类，如图 4 - 14 所示。

半球形头部　　　　　　　　　　　　　八棱锥头部

图 4 - 14　典型头部外形

①半球形头部

从红外光学系统角度看，半球形头部对于光路设计是最为有利的，光路损失最小，其工艺性也较好，占用导弹长度小，因此是红外制导导弹最常用的头部外形，如图4-15所示。半球形头部的最大缺点是气动阻力特性较差，特别是超声速飞行条件下，波阻系数很大。为了减轻这一影响，在内部结构许可情况下，有一种修饰改进措施，是在球头和弹体圆柱段之间增加锥形过渡段，等于加大了头部外形的长细比，也称为球锥形头部，例如俄罗斯的箭系列。

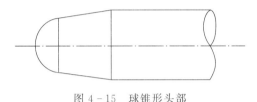

图4-15 球锥形头部

半球形头部的直径主要取决于其内部位标器的结构设计，同时应满足导引头跟踪视场及视场边缘仍能保证一定入射光线孔径的需求。从气动角度来看，头部直径减小对减小阻力是有利的。

②多棱锥头部

多棱锥头部由多块平面拼合得到，综合气动、结构、光学、内部空间等各个环节的考虑，一般采用八棱锥头部，如图4-16所示。

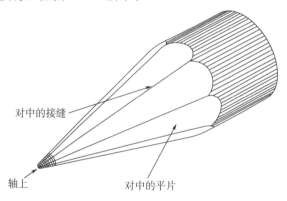

对中的接缝

轴上 对中的平片

图4-16 典型八棱锥头罩

八棱锥头部在超声速条件下的减阻效果十分明显，图4-17给出了不同形状头部波阻系数C_{XB}的对比曲线，可以看出，在进入超声速阶段后，锥形头部的波阻系数是随马赫数增加而降低的，因此速度越大，其优势越明显。同时，从曲线也可以看出，锥顶角越小，其波阻系数越小。

但是，从红外光学系统设计的角度来看，多棱锥头部是不利的，因为光线以一定角度穿过棱锥头罩，有部分能量会在表面发生反射，棱锥角越小，反射的光线越多。图4-18给出了反射率和锥顶角的关系曲线。同时，当背景辐射尤其是太阳光处于视场范围内时，在头罩内会发生多次反射，形成杂散光，增加了背景噪声。

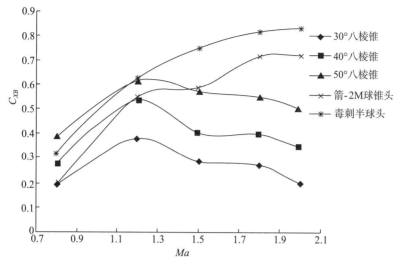

图 4 - 17　不同形状头部波阻系数

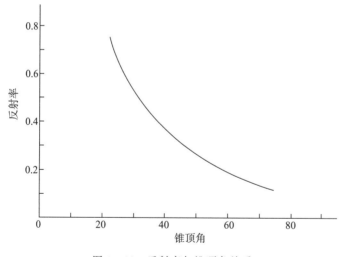

图 4 - 18　反射率与锥顶角关系

此外，多棱锥头罩的工艺性也差于半球头罩，且占用空间较大，使导弹长度增加。综合来看，多棱锥头罩的实际应用型号较少，典型的有法国的西北风导弹。

③其他外形

除了上述两种常见的头部外形，还有一些异形的外形，这里也简单作一介绍。

第一种是 RAM 导弹这类复合制导导引头的外形，这类导弹采用两种制导模式，因此头部外形比较复杂，其头部中间仍然是红外头罩，而两侧增加了两根微波接收天线。

这种头部外形在设计时，除了要考虑不同导引头自身的需求外，还要考虑两者之间的相互影响，例如 RAM 导弹为了避免红外遮挡微波，将微波天线伸出到红外顶面之前。同时，对于突出弹体的微波天线，还需要设计过渡外形，减小气动阻力。

第二种是带激波针的头部外形，激波针也称为减阻杆，如图 4 - 19 所示。钝头外形飞行器在高速飞行时，头部产生强烈的弓形激波，产生很大的阻力，此时在飞行器头部安装针状结构（即激波针），由于激波首先在针尖顶处激发，可以改变激波状态，使弓形激波变为斜激波，以达到减阻的目的，如图 4 - 20 所示。目前采用这种方式的导弹有俄罗斯的 SA - 16 和 SA - 18，激波针的结构也有不同，SA - 16 是三根支撑脚构成的激波针，而 SA - 18 直接在头罩中心伸出了激波针。

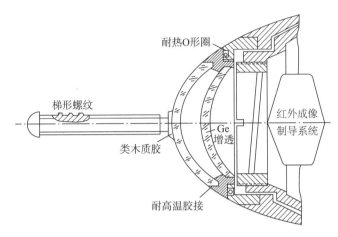

图 4 - 19　带激波针的红外头罩

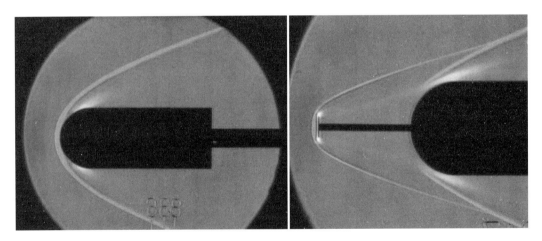

图 4 - 20　激波针带来的流场形态变化

采用激波针形式减阻，在小攻角情况下最为明显，通过合理设计激波针头部外形（钝头效果更好）和长度，在零攻角情况下最大减阻效果可超过 50%。但是激波针外形也存在缺点，首先是随着攻角增大减阻效率明显降低，且大攻角时激波相互作用形成交叉，如图 4 - 21 所示，可能使头部局部位置出现高压和热斑，使结构出现烧蚀危险，同时也增加了对红外的干扰。

第二种是综合考虑气动力设计和光学系统设计的流线型头罩外形，也称为共形头罩，如图 4 - 22 所示，这种外形主要问题是加工困难，由此带来的像差问题使光路设计上存在

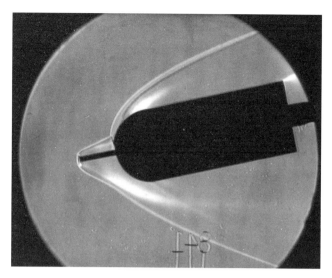

图 4 - 21　大攻角激波针流场干扰

较大的难度，但随着加工工艺和技术的发展进步，今后这种外形也可能是一种可行的
选项。

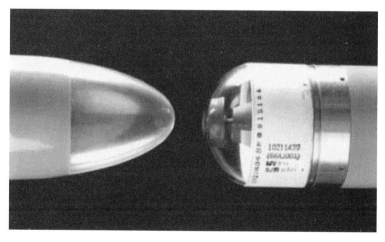

图 4 - 22　共形头罩和半球形头罩

（3）中段外形

传统的旋转导弹，中段外形都是圆柱段，从减小阻力、便于制造以及适应筒式发射方
面看是较为合适的一种外形。其设计参数是圆柱段的长度，主要取决于弹上各个舱段的
长度。

随着对本类导弹射程要求的提高，近来有的新型号开始采用变截面设计，即将发动机
等舱段加粗，增加装药。变截面设计弹体的阻力会有所增加，同时大攻角情况下的气动特
性会更加复杂，但总的来说其特性还是比较正常，用传统方法进行分析也没有大的困难。

中段外形实际是隶属于全弹身设计的，具体可参见后文对弹身长细比的分析。

（4）尾部外形和几何参数

旋转弹的发动机都安装在弹身后部，底部即为发动机尾喷口，本类导弹的弹身尾部外形通常有三种，如图 4-23 所示。

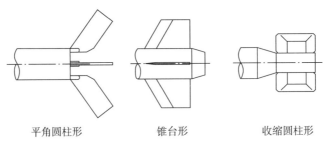

平角圆柱形   锥台形   收缩圆柱形

图 4-23 典型尾部外形

第一种是平直圆柱形，即与弹身直径相同的圆柱形直通到底部。通常适用于发射发动机与主发动机不分离的便携式防空导弹，典型的有美国的红眼睛和俄罗斯的箭-2M。由于超声速飞行时，在底部会产生气流分离和膨胀波，形成低压区，从而产生底阻，底阻和底部面积直接相关，因此这种外形的底阻是比较大的。同时，这种结构给尾翼设计和安放带来一定困难，早期便携式防空导弹采用了狭长的折叠在弹体之后的尾翼，但这种尾翼无法利用翼身之间的有益气动干扰，气动特性不好。另一种解决方案是将尾翼放置在发射筒前部，在发射出筒过程中尾翼套接到位。

第二种是锥台形，底部直径收缩，收缩程度一般和主发动机喷口相配合。这种类型的底部缓和了底部压力降低的程度，因而减小了底阻。但是需要注意，尾部收缩产生的升力效果是负的，需要在设计时通盘考虑。

第三种是收缩圆柱形，即在收缩段后部还有一段圆柱体，内部是发动机喷口，外部安装尾翼。采用这种结构形式主要是提供尾翼折叠后安放的空间，保证尾翼在折叠后不超过弹径，从而保证了发射筒的尺寸，典型的型号有美国的毒刺、俄罗斯的针等。这种设计方案给尾翼设计带来了便利，且尾翼可以在一定程度上利用翼身干扰。但是，由于尾翼所处的位置是在弹身收缩段的激波影响区内，尾翼根部的气动效率会受到一定程度的影响，需要在设计时进行适当补偿。

尾部外形的主要几何参数有：

L_t ——尾部长度；

D_t ——尾部直径；

λ_t ——尾部长细比，$\lambda_t = L_t / D_t$；

η_t ——尾部收缩比，$\eta_t = D_t / D$。

在明确尾部外形的类型后，尾部外形的具体参数确定往往受限于发动机结构设计和喷口设计、尾翼的尺寸和布局等。导弹尾部外形参数通常为：λ_t 取值 2～3，η_t 取值 0.4～1。

（5）弹身长细比

导弹弹身的全长定义为弹长（符号 L_B）。弹长与弹径的比值定义为弹身长细比：$\lambda_B =$

L_B/D 。

在弹径一定的情况下，弹长主要取决于弹上设备的安装需求。另外，从气动特性上讲，弹身的长细比是与阻力特性相关的。λ_B 越大，弹身的摩擦阻力系数越大，同时其波阻系数越小。因此会有一个最佳的弹身长细比 λ_{BOT} ，使得合成阻力系数最小。这个 λ_{BOT} 在不同 Ma 下是不同的，Ma 增大，λ_{BOT} 也增大。通常 λ_{BOT} 在 20～30 之间。

但是，长细比过大的导弹，可能会带来结构和刚度方面的问题，因此实际导弹设计不能只考虑气动影响。防空导弹一般取值范围是 12～20，旋转弹由于弹体小，结构刚度上的余量较大，再考虑到便携式防空导弹还要适应人员携行的要求，弹长不宜超过 1.5 m，因此，根据实际应用的经验，λ_B 可以取到 20 左右。

4.3.2.2 气动面外形与几何参数设计

气动面（含固定的翼面和控制的舵面）对全弹空气动力特性有重要影响。本节主要讨论鸭式气动布局情况下，气动面外形的设计参数确定。

（1）气动面的主要几何参数

表征气动面的几何参数是由平面形状参数和剖面形状参数组成的。

气动面平面形状参数如图 4 - 24 所示，简单形状的参数包括展长（翼展）L ，弦长（翼弦）b ，展弦比 λ 、根梢比（或称收缩比、梯形比）η 、后掠角 Λ（下标代表百分比弦线位置处）。

上述参数的一些定义如下：

1）翼弦 b ：翼型前后缘之间的连线，其根部为根弦 b_{RO} ，尖部为尖弦 b_{TP} ，展向压心处翼弦为平均气动弦 b_A ；

2）翼展 L ：气动面左右翼尖之间的展向距离（不包括弹身为净翼展 l ），如果包括弹身直径，则为毛翼展 l_W 。

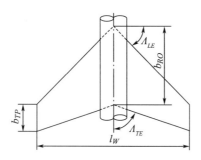

图 4 - 24   气动面平面形状参数

3）后掠角 Λ ：气动面前缘与弹身纵轴垂直线之间的夹角，称为前缘后掠角 Λ_{LE} ，还有中线后掠角 $\Lambda_{0.5}$ ，最大厚度线后掠角 Λ_c ，后缘后掠角 Λ_{TE} ；

4）展弦比 λ ：翼展与平均弦长之比，是气动面的最重要参数之一，$\lambda = \dfrac{1}{b_{av}} = \dfrac{l^2}{S}$ ，其中 S 为翼面积；

5）根梢比 η ：为根弦和尖弦之比，$\eta = b_{RO}/b_{TP}$ 。

气动面剖面形状参数如图 4-25 所示，包括翼型，最大厚度 $C_{\max}$、相对厚度 $\overline{C} = C_{\max}/b$、最大厚度位置 x_c、最大厚度相对位置 $\overline{x}_c$、弯度 f、前缘半径 r、后缘角 τ 等。

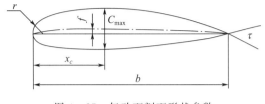

图 4-25　气动面剖面形状参数

超声速的防空导弹一般使用对称翼型，尖锐前缘（$r=0$），常见翼型剖面有棱形、六边形、双弧形、钝后缘形等，如图 4-26 所示。本类导弹由于尺寸较小，气动面均采用金属整体加工结构。

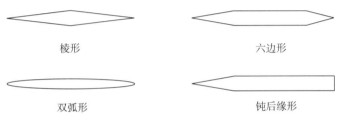

图 4-26　翼型剖面

（2）气动面几何参数的影响和选型

气动面参数中，对气动面气动特性有影响的主要参数为展弦比、后掠角、根梢比、相对厚度、翼型等。

①展弦比 λ

展弦比 λ 是一个十分重要的参数，对气动面的升力、阻力、压心位置等都有影响。

展弦比增大，会使翼面的升力线斜率 C_y^α 增加，而且这种影响在低速时十分明显，随着 Ma 增大，这种影响会削弱，特别是到 $Ma > 4$ 时，由于小展弦比翼面的"翼端效应"，这种影响已十分微弱。

展弦比增大，同样会使翼面的阻力增大，这种增大也是在小 Ma 的时候更加明显。

正因为展弦比和升力、阻力都正相关，而导弹设计追求的是有良好的升阻特性，因此，展弦比有一个比较好的取值范围，且对于不同类型的导弹，这一取值范围是不同的。

②后掠角 Λ

翼面的后掠角 Λ 主要影响阻力特性，采用后掠翼的目的有两个，一是提高弹翼临界 Ma 数，延缓激波的出现，使阻力系数随 Ma 数提高的变化较为平缓；二是降低阻力系数的峰值。因此，对于飞行 Ma 数不高的导弹，大多采用了后掠翼；对于高速导弹，延缓激波出现对降低波阻的意义不大，因而可不需要采用大后掠角设计。

对于旋转导弹，由于弹体结构的限制，需要考虑舵面收折的要求，有时还会采用平直翼的设计。

③根梢比 η

根梢比 η 相对而言是对空气动力特性影响较小的一个参数，根梢比最大的是三角翼（ $\eta = \infty$ ），小到平直翼（ $\eta = 1$ ），特殊情况下，也有导弹采用 $\eta < 1$ 的倒梯形翼面，但较大的根梢比对于翼面的受力和结构设计是比较有利的，也利于减轻结构重量，因此，一般情况下，都设计为梯形翼。

④相对厚度 $\overline{C}$

翼型的相对厚度主要影响阻力系数，厚度越大，阻力越大，且高 Ma 下影响更明显，同时考虑到结构强度设计的要求，一般超声速导弹取值较小，亚声速导弹由于弹翼展弦比较大，强度要求更苛刻，可以适当取大一些。

对于超声速导弹，$\overline{C} = 0.02 \sim 0.05$；对于亚声速导弹，$\overline{C} = 0.08 \sim 0.12$。

⑤翼型

超声速导弹的翼型一般有四种，其各自特点和应用情况如下：

菱形　波阻最小，但结构工艺性和刚度略差。

六边形　又称为修正菱形，其波阻稍大，但结构工艺性和刚度较好，因此应用较为广泛。

双弧形　与六边形类似，波阻更小一些，但加工工艺性较差，小型导弹很少采用。

钝后缘形　其后缘底阻略高，主要用于强度、刚度有特殊要求的小弹翼上。

（3）尾翼几何参数的选择

对于鸭式布局的旋转导弹，尾翼是主升力面，是导弹外形设计中的一个重要内容。

①尾翼面积 S_T

由于尾翼是固定不动的，其面积是首先要确定的参数。

尾翼面积 S_T 的大小和导弹的机动性、静稳定性、全弹重量重心变化情况、最大作战高度、飞行速度等因素有关，初步设计时，可按式（4 - 4）进行

$$S_T = \frac{\xi \cdot n \cdot mg}{C_{NTB} \cdot q}(\mathrm{m}^2) \tag{4 - 4}$$

其中

$$\xi = C_{NTB}/C_N \quad \text{估算时取 } 0.4 \sim 0.5$$

式中　q ——动压，$q = \frac{1}{2}\rho V_m^2$；

n ——导弹可用过载；

m ——导弹重量，kg；

C_{NTB} ——翼身组合体以翼面为参考面积的法向力系数；

C_N ——全弹法向力系数。

由式（4 - 4）可以看出，尾翼面积大小与导弹可用过载、质量成正比，与翼身组合体法向力系数、动压成反比。

旋转导弹都为超低空常规超声速导弹，其空域高低范围和速度范围都跨度不大，因此，通常情况下，可以用高空中远界空域点的相应参数来进行估算。

②尾翼几何参数

本类导弹都为小型导弹，翼面都采用实心设计，结构强度、刚度较高，相对厚度较小，翼前缘可以做得较为尖锐，减小了翼面占全弹阻力的比例。

从易于加工的角度出发，本类导弹的翼型都采用菱形、六边形或者钝后缘形等简单外形。

由于本类旋转导弹最大速度不超过 $3Ma$，导弹从气动设计的角度考虑，尾翼的展弦比、后掠角、根梢比等参数都有其理想区间。但是，考虑到本类导弹实际飞行时间有限，且处于巡航段飞行的区间更小，因此，从气动参数最优角度进行选择带来的好处并不明显，而更多的是要考虑其他方面的影响。

例如，苏联的箭-2M导弹，尾翼安装在发动机喷管底座上，中间有发动机主喷管，尾翼之间还有发射发动机喷管，尾翼在发射前向后折叠，该尾翼设计时，就需要考虑其弦长在折叠后能够收拢在发射筒内。又例如美国的毒刺导弹，尾翼采用周向折叠，在翼展上也需要考虑折叠后能够收拢在发射筒内。

③尾翼差动安装角 φ

旋转导弹在飞行中要维持稳定的转速，其旋转力矩就来自尾翼的固定的差动安装角。

差动安装角的大小和导弹在可控飞行段的允许滚动速率范围、尾翼外形几何参数、导弹飞行速度 V_m 等因素有关。初步选择时可按式（4-5）进行

$$\varphi = -m_x^{\overline{\omega}_x} / (2m_x^{\varphi}) \tag{4-5}$$
$$\overline{\omega}_x = 2\pi n l / V_m$$

式中　　$m_x^{\overline{\omega}_x}$——全弹滚动阻尼系数；

m_x^{φ}——尾翼差动副翼效率（一对尾翼）；

n——导弹滚动速率，r/s；

l——导弹参考长度，计算时取弹体长度，m；

V_m——导弹飞行速度，m/s。

上述公式是假定导弹巡航段某一时刻飞行速度不变，尾翼差动安装角产生的滚动力矩与全弹滚动阻尼力矩平衡条件下得到的。通常预估值与实际值会有一定差异，从以往型号研制经验来看，风洞试验的数据准确度也不高，一般需要通过飞行试验结果进行验证，并确定最终的尾翼差动安装角数值。

（4）前翼（舵）几何参数的选择

采用鸭式布局的旋转弹，其前升力面为舵面，有的还有固定前翼。其中重点要确定的是舵的几何参数。

前舵由于离全弹重心较远，因此只要较小的面积就可实现既定功能——偏转后操纵导弹产生攻角，并使全弹产生合力进行机动。全弹产生的合力主要通过弹身和尾翼获得。

①前舵面积 S_{wd}

前舵面积的确定，主要是考虑前舵产生的控制力矩在平衡全弹由攻角产生的气动力矩后，全弹的可用过载满足设计要求；考虑到舵面大攻角条件下可能失速，舵面的实际最大

攻角（$\alpha + \delta_{\max}$）通常应小于 $30°$。

计算舵面积的公式为

$$S_{wd} = \frac{m_z^{\delta} \cdot S_{sh}}{C_{Nwd}^{\delta} \cdot k_{fx}(\overline{x}_{zx} - \overline{x}_{yx \cdot wd})}$$

$$m_z^{\delta} = -\frac{\alpha_b}{\frac{2}{\pi}\delta_{\max}}\left(\frac{m_z^{\alpha} + m_y^{\beta}}{2}\right) = -\frac{\pi}{4} \cdot \frac{\alpha}{\delta_{\max}} \cdot (m_z^{\alpha} + m_y^{\beta})$$

$$(4-6)$$

式中　$k_{fx}C_{Nwd}^{\delta}$——舵面法向力效率（考虑了缝隙系数 k_{fx}）；

$\overline{x}_{zx}$——全弹重心无量纲值；

$\overline{x}_{yx \cdot wd}$——舵面压力中心无量纲值；

m_z^{δ}——舵面效率；

m_z^{α}——全弹纵向静稳定度；

m_y^{β}——全弹侧向静稳定度；

α_b——平衡攻角〔周期等效值，（°）〕；

$\delta_{\max}$——舵面最大偏角，（°）；

S_{sh}——弹身截面积，作为参考面积，m^2。

②前舵几何参数

前舵几何参数选取的原则与尾翼有类似之处，但是为了获得更大的法向力系数，一般前舵的展弦比取值较大。相应地，由于前舵实际攻角大，相对受力情况要比尾翼严酷，且前舵根部的截面尺寸还会缩小，因此前舵的相对厚度要满足强度和刚度要求，一般取值要大些。

本类导弹前舵的形状更大程度上取决于结构设计的需要，对于向后折叠收于弹体内部的舵面，一般使用矩形舵，且舵面弦长应能保证其收入弹体后不发生结构干涉。当然，通过结构上采取一些特殊措施，也可以采用其他形式，例如 RAM 导弹的前舵就设计为三角舵，向前折叠收入弹体内。

③舵面铰链力矩设计

前舵是围绕舵轴进行偏打的，舵轴受到的力和力矩是进行舵面结构设计的主要依据，其中舵面受到的负载力矩是舵系统设计的重要输入参数。

舵面的负载力矩 M_D 包括铰链力矩 M_h、摩擦力矩 M_f 和操纵机构的惯性力矩 M_I。可以用下式表示

$$M_D = M_h + M_f + M_I$$

上述三个力矩中，M_f、M_I 取决于舵系统的结构设计，基本是恒定的，且占比较小，只有铰链力矩是和气动相关的，是一个主要项，因此，在舵面设计中，应正确计算铰链力矩，并根据总体要求，设法将铰链力矩控制在一定范围内。

铰链力矩实际上是与舵面压力中心到舵轴的距离（力臂）成正比关系。如果压心在舵轴之后，为正操纵；在舵轴之前，就会形成反操纵。不同类型的舵系统和传动机构设计，对铰链力矩的大小和反操纵适应能力也不同。例如对于气动舵机，在反操纵情况下可能出

现控制系统发散，因此就要严格控制在各种飞行条件下避免处于反操纵区域。

由于亚声速情况下压心靠前，超声速情况下压心靠后，因此，对反操纵控制要求不严时，可将舵轴位置取在两者之间靠近超声速压心处，以尽量减小最大铰链力矩；反之，如果要控制反操纵，则需将舵轴位置安排到亚声速压心位置附近。

单纯从铰链力矩控制角度而言，大根梢比的翼面外形是更为有利的。因为大根梢比外形在不同马赫数下的压心变化范围要小于小根梢比的外形。

④前翼的设计

前翼的面积和几何形状一般应与舵面相同或相近，使纵侧向的升力和压心特性尽量接近，减少因不对称引起的弹体扰动。同时，前翼设计本身也是一个压心调整环节，在舵面尺寸变化受限的情况下，可以通过调整前翼面积来调整平均压心位置，保证弹体有足够的静稳定度。

4.3.3　气动外形的确定与验证

在完成上述分析论证，给出弹体初步外形后，还需要经过几轮反复的计算和优化，才能确定导弹的气动外形。

目前气动外形的数值计算方法已相对比较成熟，因此，在初步确定参数后，可以使用数值计算的方法，进行导弹气动参数的细化计算，并结合部位安排等的设计工作所得到的重量重心，对弹体稳定性、操纵性等特性进行评估。如不能满足要求，需要对参数进行分析调整后再进行计算，直到得到较为满意的结果为止，然后，需要根据外形进行气动吹风模型的设计，开展风洞试验。由于气动面的尺寸等很有可能在后续还会调整，因此，风洞模型设计时要考虑这些因素，将气动面及相关结构做成可以更换的形式。

进行风洞试验验证，一般是开展常规的亚声速和超声速条件下的六分量测力风洞试验，以获得导弹的气动力系数；必要时，可进行舵面铰链力矩的专项试验。对于旋转导弹，由于弹体旋转条件下气动特性存在一定的特殊性，在需要时，还可以开展特种风洞试验，例如旋转风洞试验等。

要注意的是，即使通过了风洞试验，得到的弹体气动参数仍然是存在误差的，在后续进行飞行试验后，还需要通过飞行试验数据的分析对相关参数进行必要的修正，甚至有可能还需对外形进行调整。

旋转导弹特有的气动参数（例如尾翼的差动副翼效率等和转速相关的参数）一般不能通过气动计算和风洞试验获取准确值，可以通过模型弹等飞行试验后结合试验结果进行分析和修正。

4.4　速度和推力设计

4.4.1　导弹速度特性设计

为了保证导弹满足战术技术要求，导弹必须满足一定的飞行高度 H 、一定的射程 R

和一定的平均速度 V_{av}，在此基础上，可以求出导弹的最大飞行时间 t_2，有

$$t_2 = \frac{R}{V_{av}} \qquad (4-7)$$

要实现上述指标，导弹的实际速度特性可以有很多选择，为了进一步限定导弹的速度特性变化范围，还要考虑根据战技指标和作战使用的具体要求，提出其他一些限制条件。

导弹的速度特性可以根据式（4-8）进行初步估算

$$m \frac{\mathrm{d}V_m}{\mathrm{d}t} = F\cos\alpha - X - mg\sin\theta \qquad (4-8)$$

式中　m ——导弹重量，kg；

　　　V_m ——导弹飞行速度，m/s；

　　　F ——发动机推力，N；

　　　X ——空气阻力，N；

　　　g ——重力加速度，m/s²；

　　　θ ——弹道倾角，(°)；

　　　α ——攻角，(°)。

下面给出一些速度特性相关参数及其确定方法。

（1）导弹的平均速度

导弹的平均速度，可以根据杀伤空域、拦截的目标、目标探测跟踪距离等系统总体性能要求而进行估算和初步确定。

根据公式

$$L_R = R_{\max} + V_T(t_{m\max} + t_R) \qquad (4-9)$$

式中　L_R ——目标最大有效跟踪距离，m；

　　　$R_{\max}$ ——杀伤区远界距离，m；

　　　V_T ——目标飞行速度，m/s；

　　　$t_{m\max}$ ——导弹飞行到远界的时间，s；

　　　t_R ——武器系统反应时间，即给出目标指示到导弹弹动时间，s。

导弹的平均速度 V_{av} 可由下式计算得到

$$V_{av} = R_{\max}/t_{m\max} \qquad (4-10)$$

由上面公式可知，在 $R_{\max}$、V_T、t_R 确定以后，L_R 和 V_{av} 两个参数之间就存在相互关联性，需要根据实际情况统筹考虑两个参数如何选取，在技术可实现的前提下提高导弹的平均速度是有好处的。便携式防空导弹由于依靠目视发现目标，这方面的限制就不是十分重要了。

根据以往型号研制经验，旋转防空导弹的平均速度一般取值在 $450 \sim 700$ m/s 之间。

与平均速度这一概念相关的，有时会提出一个巡航段平均速度的要求，这主要是针对采用两级推力发动机的导弹而言的，巡航段内导弹具有较高的平均速度和可用过载能力，对目标的拦截能力也是最高的。导弹巡航段内的平均速度主要取决于目标平飞速度，因为要获得较高的拦截目标制导精度，对弹目速度比有一定的要求。一般而言，对于尾追目

标，要求速度比大于 1.5，对于迎攻目标，要求速度比大于 1。但这也不是绝对的，对于迎攻的情况，如果目标速度很高，但弹道规律比较单一的，可以在导引律设计上采取相应的措施，在弹目速度比小于 1 的情况下也可以拦截。

（2）导弹的最大速度

通常情况下，导弹在主发动机工作结束时达到最大速度。导弹的最大速度与导弹平均速度有相关性，但并不相同，对于采用单推力发动机的导弹，最大速度远大于平均速度。

由于速度越高，克服阻力所付出的能量越大；同时，由于导弹承受的载荷和气动加热等都取决于最大速度，最大速度提高后，会带来更高的结构和热设计要求，因此，导弹的最大速度并非越高越好。现代防空导弹动力系统大多采用双推力设计，以避免过高的最大速度。

红外制导导弹的最大速度不宜超过 3.5 Ma，否则会带来较为严重的气动加热问题，影响导引头的正常工作，需要采取特殊措施加以应对。

（3）导弹的近界及近界速度

导弹的近界和导弹的速度是密切相关的，实际上大部分情况下对导弹近界的唯一限制条件就是导弹的速度特性。

按超声速工况进行设计的防空导弹，在 1.2～1.5 Ma 以上才具有足够的弹体可用过载，完成制导纠偏。而要保证一定的制导精度，用于控制纠偏的时间应在 3 倍的弹体时间常数以上，此外，近界交会时弹目速度比应满足要求。因此，可以以上述要求对近界指标进行初步验算，并进行速度特性的适当调整。需要注意，在发射指向精度较高，初始误差不大的情况下，对近界的速度要求可以适当放宽，但需要通过仿真进行验证。

（4）导弹的远界及远界速度

导弹的远界同样与导弹速度相关，在理想条件下，假设目标能够在足够远处被发现，则远界主要取决于导弹速度。但是，对于旋转导弹，远界还取决于导弹的转速。

导弹在远界的速度一是要满足有足够的可用过载，二是要满足速度比要求。旋转导弹旋转频率与弹体固有频率之比应大于 3。低于上述要求时，导弹的制导精度将难以保证。

（5）导弹的出筒速度

旋转防空导弹都采用发射筒倾斜发射的方式，考虑到导弹离筒后会有下沉，为减小下沉的影响，希望离筒时导弹有一定的速度。具体速度要求可以根据理论仿真和试验的情况确定，一般在 20 m/s 左右。

对于便携式防空导弹，为了确保射手的安全，都采用发射发动机筒内加速，以及主发动机出筒后一定距离点火的措施，由于出筒后初始段导弹无动力，下沉会更厉害，因此出筒速度要求更高，一般在 30 m/s 左右。

（6）常见的旋转导弹速度特性

旋转导弹按是否有发射发动机，可以区分为两种；按主发动机的推力级数，又可以分为单推力和双推力两种，总共可区分为四种速度特性。其典型曲线如图 4-27 所示。

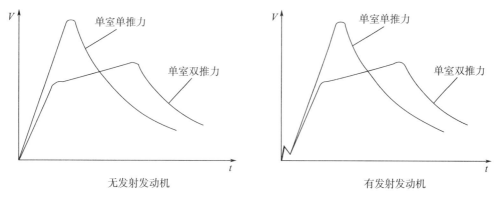

图 4 - 27　常见速度特性

4.4.2　发动机推力特性设计

4.4.2.1　发动机平均推力特性设计

旋转导弹作为一种小型导弹，都采用固体火箭发动机作为动力，固体火箭发动机的平均推力可由下式表示

$$F_{av} = m_F \cdot \frac{I_s}{t_F} \tag{4-11}$$

式中　m_F ——发动机推进剂质量；

　　　t_F ——发动机工作时间；

　　　I_s ——发动机比冲。

对于双推力固体火箭发动机，则总冲由两级装药分别按上述公式计算得到并叠加。

在全空域弹道的速度特性给出后，并且规定了发动机总冲和总质量的情况下，通过优化比冲和工作时间，可以优化推力曲线，满足速度特性要求，并得出需要的推力曲线。

4.4.2.2　满足速度规律的推力特性设计

这里以本类导弹最复杂的一类速度特性——发射发动机＋双推力主发动机的速度特性为例，给出根据速度规律进行推力特性设计的原则和方法。

（1）发射发动机推力特性设计

发射发动机的推力特性主要根据导弹出筒速度进行设计。

如导弹发射重量（含发射发动机）为 m_0，要求导弹出筒速度为 v_0，则有

$$I_F = k_F m_0 v_0 \tag{4-12}$$

式中　I_F ——发射发动机推力总冲量；

　　　k_F ——修正系数，考虑发射出筒过程中克服筒弹摩擦阻力、导弹重量的分量等因素进行修正，可以取 1.04；

发射发动机还有一个参量为工作时间 t_a，因考虑对射手的安全，要求在发射筒内工作完毕，于是有发射发动机工作段距离 S

$$S = \frac{1}{2} v_0 t_a \qquad (4-13)$$

且要求 $S \leqslant 0.8l$，l 为发射筒长度，0.8 为考虑安全而取的安全因子。

于是，可以得到发射发动机的工作时间要求

$$t_a \leqslant \frac{1.6l}{v_0} \qquad (4-14)$$

理论上知道发动机总冲量和工作时间，可以得到推力变化特性，但由于发射发动机工作时间很短，推力特性并不是一个等推力过程，因此对发射发动机推力特性一般不提具体的变化规律要求，只明确一个最大峰值要求，以确保发动机本身设计的安全性和限制导弹受到的发射冲击幅度。

发射发动机的另一个重要工作参数是总冲量矩 M_F，即发射发动机工作后起旋导弹的能力。

设期望的导弹出筒转速为 ω_{x0}，导弹绕 x 轴转动惯量为 J_x，则发射发动机的总冲量矩要求为

$$M_F = 2\pi k_m \omega_{x0} J_x \qquad (4-15)$$

式中　k_m——考虑导弹在筒内各种阻力矩和忽略因素影响的修正系数，可取 1.02。

（2）主发动机一级推力特性设计

主发动机一级推力工作过程，设开始工作时刻 t_0 速度为 v_0，结束时刻 t_1 速度为 v_1。要注意，对于出筒后点火的主发动机，这里的 v_0 与上节的出筒速度在严格意义上不相等，但估算时可以认为两者相等。

对于出筒后点火的导弹，主发动机开始工作的时间 $t_0 = t_a + \tau$；其中 τ 为主发动机的点火延迟时间。发动机点火需要满足导弹飞离射手 $L_0 = 5 \sim 8\ \mathrm{m}$。

则有

$$\tau \geqslant \frac{L_0}{v_0} - \frac{t_a}{2} \qquad (4-16)$$

对于没有发射发动机的导弹，$v_0 = 0$，$t_0 = 0$。

设导弹某瞬时 t 之前所消耗的燃料相对质量为 ε，有

$$\varepsilon = \frac{\displaystyle\int_{t_0}^{t} \dot{m}\, \mathrm{d}t}{m_0} = \overline{P} t / I_{S1} \qquad (4-17)$$

式中　$\overline{P}$——推力质量比；

　　　I_{S1}——发动机一级比冲。

把导弹作为一个变质量的质点运动的微分方程为

$$m \frac{\mathrm{d}V_m}{\mathrm{d}t} = F\cos\alpha - X - mg\sin\theta \qquad (4-18)$$

将上式进行变换，并将阻力表示为 $X = \frac{1}{2} C_x \rho V_m^2 s$，可得

$$\frac{1}{g}\frac{\mathrm{d}V_m}{\mathrm{d}t} = \frac{\overline{P}}{1-\dfrac{\overline{P}t}{I_{S1}}} - \frac{C_x\rho V_m}{2P_0\left(1-\dfrac{\overline{P}t}{I_{S1}}\right)} - \sin\theta \tag{4-19}$$

整理式（4-19），可得

$$\overline{P} = \frac{\dfrac{\mathrm{d}V_m}{\mathrm{d}t} + \dfrac{C_x\rho V_m^2 g}{2P_0} + g\sin\theta}{\dfrac{t}{I_{S1}}\dfrac{\mathrm{d}V_m}{\mathrm{d}t} + g\left(1+\sin\theta\dfrac{t}{I_{S1}}\right)} \tag{4-20}$$

由上式可以看出，导弹的推力质量比取决于导弹的加速特性、阻力特性和弹道倾角（重力）。

由于一级推力为发动机加速段，此时推力远大于导弹的阻力和重力影响，此时可以对相关项进行简化，有

$$\overline{P} = \frac{\dfrac{\mathrm{d}V_m}{\mathrm{d}t}}{\dfrac{t}{I_{S1}}\dfrac{\mathrm{d}V_m}{\mathrm{d}t} + g} \tag{4-21}$$

（3）主发动机二级推力特性设计

二级段的推力特性估算方法与一级段类似，但是估算时阻力项不能忽略，可以忽略重力影响，认为导弹主要作平飞运动。有

$$\overline{P} = \frac{\dfrac{\mathrm{d}V_m}{\mathrm{d}t} + \dfrac{C_x\rho V_m^2 g}{2P_0}}{\dfrac{t}{I_{S1}}\dfrac{\mathrm{d}V_m}{\mathrm{d}t} + g} \tag{4-22}$$

4.5　部位安排

部位安排是导弹总体设计的重要工作内容之一，其主要任务是将弹上的有效载荷（引信、战斗部等）、各种设备（导引头、自动驾驶仪等）、动力装置、操纵系统等进行合理的安排布局，使其满足总体设计的各项要求，具体工作包括：

1）设备布局，确定导弹的重心位置 X_{cg}；

2）确定气动面位置和结构接口形式；

3）协调并确定导弹各舱段、部件的结构承力形式、传力路线；

4）确定分离面位置和舱间结构连接形式，确定舱口盖位置、数量、尺寸；

5）确定电气接口形式、尺寸，确定电缆管路敷设位置和形式；

6）确定一些特殊接口形式，例如红外致冷管路接口形式、位置、尺寸等。

由于旋转导弹都是小型导弹，一般采用舱段相对独立成舱的设计，因此上述工作中有部分工作（如舱口盖设计、电缆敷设等）可归口于舱段自身设计范畴，但总体要参与进行舱间协调。

4.5.1　部位安排的原则

部位安排是一项涉及气动、结构、制造、使用、维护等多方面要求的工作，是与导弹外形设计同时进行又相互制约的。部位安排的最终结果是完成导弹的部位安排图。同时，根据部位安排可以计算得到导弹的重量、重心、转动惯量及其分布特性，也是后续开展导弹总体设计计算的重要依据。

部位安排需要考虑的重点问题有：飞行中操稳特性、弹上设备的工作环境、导弹的尺寸重量优化和导弹的工艺性、维修性。

4.5.1.1　满足飞行中稳定性和操纵性的要求

部位安排确定了导弹的重心，与气动外形决定的压心相互作用，决定了导弹的稳定性和操纵性。

（1）稳定性

导弹的稳定性是指导弹抵制扰动的一种能力，导弹在飞行过程中受到扰动，会偏离其平衡状态，如果扰动消失，导弹具有回到平衡飞行状态的能力，则称为导弹具有飞行稳定性，否则称为不稳定。稳定性又包括静稳定性和动稳定性。

导弹纵向稳定性的判据是俯仰力矩系数 m_z 对攻角 α 的导数——m_z^α，又称为俯仰力矩系数，满足静稳定的指标为

$$m_z^\alpha = C_y^\alpha \frac{X_{cg} - X_{cp}}{l} < 0 \qquad (4-23)$$

式中　X_{cg}——全弹重心位置；

　　　X_{cp}——全弹压心位置；

　　　l——参考尺寸，取弹长 L_B，有时也可取翼面平均气动弦长 b_A。

静稳定度的极性和大小，反映了导弹压力中心和重心之间的相互关系，压心在重心后方，导弹为静稳定，反之为静不稳定。两者之间的距离称为静稳定度。

传统的导弹大多被设计成静稳定的，且要保证一定的静稳定度，随着技术水平的进步，主动控制技术在导弹上逐步得到采用，导弹的静稳定性也在不断放宽，甚至可以允许导弹是静不稳定的，依靠弹体和自动驾驶仪构成的系统稳定回路来保证整个系统的稳定性。但是，旋转导弹受限于弹上设备的尺寸和性能，以及弹体高速旋转带来的弹体环境影响，目前实现静不稳定控制还有很大的技术难度，通常仍然采用静稳定设计。

要注意的是，由于导弹的压心、重心在飞行过程中始终在变化，因此，没有办法做到导弹飞行全程静稳定性都保证在一个合理的范围内，此时需要根据导弹作战的需求进行合理取舍，应当保证导弹在巡航段的静稳定性满足需要。在近界空域、远界空域可能偏离理想的区间，此时需要综合分析设计参数是否能够接受，必要时采取一定措施加以弥补。

（2）操纵性

导弹的操纵性是指导弹在操纵机构的作用下（产生控制力和控制力矩）能够及时得到响应，并按期望值改变原来飞行姿态（攻角、侧滑角、滚动角等）和飞行弹道的能力。旋

转导弹由于是单通道控制，操纵性的表征是唯一的，一般用单位舵偏（δ）产生的力矩大小 m_z^δ 来表示。

此外，还有一个概念，就是导弹的机动性，是指导弹在一定时间内，能够迅速改变其飞行状态（速度的大小和方向）的能力。机动性由导弹飞行过程中产生的切向和法向加速度来表征。

导弹的机动性和操纵性之间有相关性，也有区别。相关性在于，法向力产生过程与操纵机构操纵过程本质上是相同的，因此，操纵性好会带来机动性提高。区别在于，操纵性是指操纵机构动作引起导弹响应的程度和能力，机动性是改变飞行状态的快慢问题。

（3）导弹操稳特性的设计因素

操纵性和稳定性是矛盾统一体。稳定性提高会引起操纵性下降，因此在设计时要通盘考虑。

确定导弹稳定性要考虑的主要因素有：

①弹体角振荡频率

弹体绕自身重心做角振荡的频率 f 和周期 T，在不考虑阻尼的情况下，与导弹静稳定性存在以下对应关系

$$f = \frac{1}{T} = \frac{1}{2\pi}\sqrt{\frac{-57.3 m_z^\alpha \cdot q \cdot S \cdot l}{J_z}} \qquad (4-24)$$

式中　$q = \dfrac{1}{2}\rho V_m^2$ ——动压；

　　　S，l ——参考面积和参考长度。

由公式可以看出，导弹的角振荡频率与稳定性有相关性，稳定性越大，自振荡频率越高。本类导弹的频率应控制在 2～6 Hz 范围内。

②攻角和过载

导弹静稳定性直接影响导弹的攻角和过载，稳定性越大，攻角和过载越小。

对于单通道控制的本类旋转导弹，飞行中最大平衡攻角可近似表达为

$$\alpha_{b\max} = \frac{-2 m_z^\delta \cdot \delta}{\pi m_z^\alpha} \qquad (4-25)$$

最大可用过载可近似表示为

$$n_{y\max} = \frac{\alpha_{b\max}(C_N^\delta qS + F)}{mg} = -\frac{2 m_z^\delta \cdot \delta}{\pi \cdot m_z^\alpha \cdot mg}(C_N^\delta qS + F) \qquad (4-26)$$

式中　F ——发动机推力；

　　　C_N^α ——法向力系数对攻角的偏导数，对于旋转弹，和 m_z^α 均取两个方向的平均值。

减小稳定性可以提高导弹攻角和可用过载，但是攻角过大会引起气动力非线性，也可能对导引头工作产生不利影响。除非采取特殊的控制手段，否则旋转导弹最大平衡攻角应控制在 $10°\sim15°$ 以内。

（4）导弹静稳定性的调整措施

如果初步设计的结果，导弹的静稳定性不能满足要求，可以通过以下两个方面的措施进行调整。

①压心调整措施

压心由气动外形决定，调整压心，主要是调整气动面的尺寸、形状和安装位置，例如可以通过调大/调小前翼的面积，使压心前移/后移。本类导弹的重心变化有一个普遍规律，即初始段重心靠后，随着发动机燃烧，装药减少，重心会较大幅度地靠前，因此可能出现初始段弹体静不稳定的情况，为了避免这一情况出现，还可以采用前翼/舵面延迟展开的措施进行初始段压心调整。

②重心调整措施

稳定性调整也可以通过重心调整来进行。

在研制初期可以通过调整设备的布局或者更改结构设计来实现。

在研制阶段后期，重心调整的最常用方法，是在头部或者尾部进行配重，可以使全弹重心前移或者后移。具体实现方法包括在舱体内部空间部位安装配重块，或者更改结构件材料等。重心调整更加合理的方法是通过更改材料或结构实现减重，但往往受到各种客观条件限制，实施难度会更大一些。

4.5.1.2　为弹上设备创造良好的工作环境

弹上设备的部位安排，要考虑各个设备的具体工作需求，使其能够发挥最大的效能。

寻的导引头要求有较大的视野，因此都布置在弹体的头部位置，复合导引头需要考虑两种模式导引头之间的相互遮挡问题。

发动机通常安排在导弹尾部，带来的问题是发动机工作过程中全弹重心变化范围较大。如果发动机安排在弹体中部，则需要用斜喷管或者长喷管结构，给结构设计带来困难，并降低发动机工作效率。因此小型的旋转弹上发动机都安装在尾部。

战斗部和引信安装在发动机之前，战斗部与引信尽量靠近，以避免引入电气干扰。

驾驶仪的传感器等应选择在弹体结构振型的峰谷处，稳定控制系统应尽可能靠近全弹重心，减小弹体附加运动的影响。

应确保舵面、折叠翼面等的活动部件正常运动无干涉。

此外应考虑尽量减小弹上设备之间的电磁干扰。

4.5.1.3　满足旋转导弹尺寸、重量的限制要求

旋转导弹都是小型导弹，对尺寸、重量的要求较为严格，在部位安排时需要考虑这一因素。

在电缆设计上，尽量缩短相互之间的连接电缆；在合理安排传力路线的基础上，优选结构形式和尺寸；在满足功能性能的前提下，优选尺寸小、重量轻的器件和设备；利用3D设计软件，合理进行布局，充分利用各种空间；在材料选择上，选取重量轻、比强度高的结构材料；在元器件选型上，选取体积小的器件。

4.5.1.4　满足工艺性、维修性的要求

旋转导弹大多是批产数量大的装备，在布局上也要充分考虑工艺性和维修性的要求，避免在大批量生产阶段出现难以加工、批次性问题难以返工的情况。

在舱段划分和分离面选取上要充分考虑生产、装配、调试、包装、运输、管理等各个环节。

舱段端面开口要大，舱内设备及零部件装卸、检测的可达性要好，舱段和设备的安装要考虑调试的要求，需要一起调试的，应尽量安排在一个舱段内。易损件应安放在容易拆卸的端面部位。

战斗部等火工品尽量安排在一起，便于生产过程中的管理和贮存；电子舱段尽量安排在一起，便于电子舱段的联试和地面试验。

4.5.2　部位安排的体现

导弹部位安排的结果，最后须反映在导弹部位安排图上，是导弹设计的重要成果之一。导弹的设计过程，也是部位安排图不断细化的过程。

导弹部位安排图一般应包含以下内容：

1）导弹的气动外形情况，前翼、前舱、尾翼的安排与安装结构；

2）导引头、引信、战斗部、发动机等设备和舱段在弹上的位置；

3）导弹舱段划分情况，以及分离面的位置、尺寸；

4）舱段之间机械连接方式、电气连接方式等。

随着计算机技术的发展，目前新型导弹研制过程中已广泛使用计算机三维绘图软件来进行导弹部位安排。首先要借助软件完成弹上设备的三维几何造型，然后将各个设备进行组合，构成全弹的三维部位安排图。借助软件，还可以进行设备间的结构干涉检查、间隙计算，可以进行电缆敷设和长度估算，可以进行重量重心转动惯量的估算，减少甚至避免生产样弹进行实物模装的工作量。

4.5.3　部位安排方案实例

防空导弹的种类不同，部位安排有较大差异，但是，旋转弹体防空导弹由于都采用了鸭式气动布局、寻的制导体制、固体火箭发动机，其部位安排十分类似。基本布局都是按制导、引战、动力三个部分从前到后排列的。

（1）制导部分

制导部分通常包含了导引头、自动驾驶仪、弹上能源等部分。对于便携式防空导弹，制导部分通常合成为一个舱段，称为制导舱。较大的导弹为了便于配套、调试和生产，可将其分为导引头和控制舱两个舱段，控制舱内安装自动驾驶仪和前升力面等设备。

1）导引头：常规的红外导引头由位标器和电子线路两部分组成，位标器位于舱段最前位置。复合导引头结构要复杂一些，但红外位标器仍然需要占据前部中间位置，微波信号处理单元可放置在舱体后部，在电路设计上要避免电磁干扰。本类导弹的信息处理主要

是导引头的信息处理，因此其信息处理部分的电路也可称为弹上计算机。导引头可以单独成舱。

2）自动驾驶仪：包含舵机、控制电路、敏感器件等，控制舱单独成舱时安放在控制舱内。

3）弹上能源：主要是弹上电源（弹上电池），红外制导导弹还包含弹上致冷用高压气源，气动舵机也包含弹上气源（高压气源或者燃气发生器）。弹上能源一般与驾驶仪放置在一起，控制舱独立成舱时放置在控制舱内，但单纯致冷用的气源也可以放置在制导舱内。

4）前升力面及舱体结构：包括舵面、前翼，以及舱的壳体等结构件。舵面与舵机结构相连，同时舱体结构设计应考虑舵面和前翼收拢的问题。

（2）引战部分

引战部分包含了战斗部、引信、安全执行机构三大部分。引信又可分为近炸引信和触发引信两个部分（便携式防空导弹大多只有触发引信），由于配套和调试的需要，引信和战斗部一般拆分为独立舱段（或部件）。便携式防空导弹的引战部分可以合成为一个舱段，称为引战舱，其中引信为独立部件，调试结束后安装成为引战舱。安全执行机构通常与触发引信一体设计，安装在引信内，也可以独立安装在战斗部内。

引信和战斗部的相互位置视引战配合需要而定，近炸引信由于电路连接的方便性，通常安装在战斗部之前；触发引信也可以安装在战斗部后端，使战斗部后端起爆，破片向前飞散，满足引战配合要求。

（3）动力部分

指（主）发动机，便携式防空导弹还包含了发射发动机。

动力部分安装在弹体后端，其中发射发动机安装在最后端。发射发动机有可分离和不可分离两种形式，可分离的发射发动机独立成舱，前部与主发动机尾喷口连接。不可分离的发射发动机安装在主发动机尾喷管周围的空间内。

发动机的壳体即是弹体外形的一部分。

（4）直属零部件

尾翼和舱段连接用的结构件作为导弹的直属零部件。其中尾翼安装在发动机后部，或者安装在尾喷口外后方。

图 4 - 28 是的毒刺便携式导弹的典型部位安排。

图 4 - 28　毒刺导弹的部位安排

由于旋转导弹部位安排大同小异，这种部位安排情况下导弹重心变化的趋势也是类似的。典型重心变化曲线如图 4 - 29 所示。

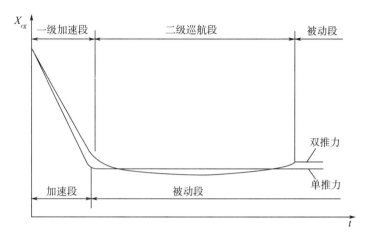

图 4 - 29　导弹重心变化曲线

　　在单推力发动机工作段和双推力发动机一级工作段，导弹的重心有一个快速前移的过程。但单推力发动机进入被动段后重心不再变化；双推力发动机进入二级工作段后，重心变化的范围也很小，进入被动段后重心不再变化。

　　出现上述现象的原因在于，双推力发动机的二级装药在发动机前部，正好位于全弹重心前后，力臂较小，而且这一段推进剂的燃烧，重心的变化趋势是先前移，燃烧到全弹重心过后，继续燃烧的效果是使重心后移。

4.5.4　重量重心转动惯量设计计算

　　导弹的重量重心转动惯量参数，是用于导弹性能计算、载荷计算的重要参量之一。也是决定导弹稳定性的重要参数。在初始设计阶段，重量重心是根据相关经验公式和同类型号的数据作为参考给出的理论值。在硬件产品研制过程中，需要反复进行多次循环计算，完成研制后，需要对实物进行称重和实测，并最终修正理论数据。

4.5.4.1　重量初步分配和确定

　　在有原型弹的基础上，导弹各部分的重量分配通常是以原型弹为样例，结合指标的变化和技术水平的提高，进行适当增减。例如，如果导弹的射程增加，通常导弹的总重就需要随之适当增加。而随着电子技术水平提高，采用电路集成设计后，产品的重量可以适当减轻。

　　这里简单介绍一种常用的估算方法。

　　通常计算防空导弹重量的基本决定性参数是两个：推进剂重量和战斗部（有效载荷）重量。而在初步估算时，可以把导弹重量划分为有效载荷 G_P、弹身重量 G_S、动力装置 G_{PP}；弹身可以分为弹体结构重量 G_B、尾翼重量 G_R、翼面重量 G_W、弹上设备重量 G_{CM}；动力装置又可分为推进剂重量 G_F 及结构重量 G_E。因此，导弹的起飞重量 G_0 可以表示为

$$G_0 = G_P + G_S + G_{PP} = G_P + G_B + G_W + G_R + G_{CM} + G_F + G_E \qquad (4-27)$$

将公式两端同除以 G_0，可以得到各个部分的相对重量系数

$$K_P + K_S + K_{PP} = K_P + K_B + K_W + K_R + K_{CM} + K_F + K_E = 1 \qquad (4-28)$$

上述系数对于不同的导弹取值范围是不一样的，对于本类导弹，经过统计，在初步估算时，可以按表 4-1 所示进行。

表 4-1　重量分配经验系数

	经验系数	备注
战斗部重量系数 K_P	$0.07\sim0.15$	弹重越大，该系数越高，且该系数与杀伤概率指标有正相关性
推进剂重量系数 K_F	$0.3\sim0.5$	弹重越大，该系数越高
发动机结构重量系数 K_E	$0.5\sim0.7 K_F$	弹重越大，该系数越低
弹体结构重量系数 K_B	0.05	本类导弹在具体设计时，要把结构重量拆分到各个舱段，初步设计可以按舱段长度比作为比例拆分
尾翼结构重量系数 K_R	N_{max}/P_0	N_{max} 为最大过载指标，$P_0 = G_0/S$，翼载荷，kg/m^2，这里只考虑翼面，如果有附属结构，需相应增加重量
舵面结构重量系数 K_W	$1.3\dfrac{S_W}{S_R}K_R$	S_W 和 S_R 分别为舵面和尾翼的面积，如有前翼，则按前翼与舵面面积之比乘以 0.7 系数增加重量
设备重量系数 K_{CM}	$0.12\sim0.2$	弹重越大，该系数越低

4.5.4.2　重量重心计算

重量重心的计算采用静矩法。

计算重量重心时，取弹体纵轴为 X 轴，弹体的理论顶点为坐标原点，X 轴指向尾部为正；Y 轴与垂直对称面重合（与舵平面垂直的平面），向上为正；Z 轴与舵平面重合，并与 X，Y 轴构成右手坐标系。

重量重心计算的基本依据为导弹的部位安排图。由于飞行过程中，发动机内的推进剂在不断燃烧，因此这一部分的重量是可变重量，需要在不同的时间段重复进行计算。

要注意一点，通常情况下，导弹的重量都是轴对称分布的，因此无须计算重心的 Y 和 Z 坐标，但如果局部舱段有较大的偏心，可能会对全弹产生影响的，则需要验算重心的 Y 和 Z 坐标，方法与 X 轴计算相同。

在计算重量重心时，可以采用列表的方法，如表 4-2 和表 4-3 所示。

表 4-2　固定项目重量重心计算表

项目	重量 m_i /kg	重心 x_i ＝相对重心 x'_i ＋舱段零位位置/m	静矩 $m_i \cdot x_i$ /(kg·m)
制导舱			
引战舱			
尾翼			
……			
合计	$m_0 = \displaystyle\sum_{i=1}^{n} m_i$	$x_0 = \displaystyle\sum_{i=1}^{n} m_i x_i / m_0$	$\displaystyle\sum_{i=1}^{n} m_i x_i$

表 4 - 3　导弹重量重心变化计算

时间/s	可变重量 $\Delta m(\text{kg})$	可变重量重心 $x_{\Delta m}(\text{m})$	可变重量静矩 $\Delta m \cdot x_{\Delta m}(\text{kg} \cdot \text{m})$	导弹重量 $m = m_0 + \Delta m(\text{kg})$	导弹重心 $x_{cg} = \dfrac{m_0 \cdot x_0 + \Delta m \cdot x_{\Delta m}}{m_0 + \Delta m}(\text{m})$
0					
0.5					
……					

4.5.4.3　转动惯量计算

导弹的转动惯量参数是影响导弹运动特性和旋转弹滚动特性的重要参数之一。

导弹对通过理论顶点的 Z 轴的转动惯量 J_{Z0} 计算公式为

$$J_{Z0} = \sum_{i=1}^{n} J_{Zi} + m_i x_i^2 \qquad (4-29)$$

式中　J_{Zi} —— 弹上各部件、舱段绕自身重心的 Z 轴转动惯量；

　　　m_i —— 弹上各部件、舱段的重量；

　　　x_i —— 弹上各部件、舱段重心距离全弹理论顶点的距离。

导弹对于绕其自身重心的 Z 轴的转动惯量 J_Z 的计算公式为

$$J_Z = J_{Z0} = m x_{cg}^2 \qquad (4-30)$$

转动惯量也是有三个方向的，在工程实践中，对于旋转导弹，认为导弹绕 Y 轴的转动惯量和绕 Z 轴的转动惯量是相等的。

绕 X 轴的转动惯量计算较简单，直接将各个舱段的绕 X 轴转动惯量累加即可，即

$$J_X = \sum_{i=1}^{n} J_{Xi} \qquad (4-31)$$

与重量重心相同，转动惯量也是随时间变化的，因此也需要计算随时间变化的量值，具体计算过程也可以采用类似的列表法进行。

4.6　结构设计

4.6.1　结构设计的要求和步骤

导弹的结构设计是导弹设计的一个重要内容，因为结构不仅涉及到强度，也关系到导弹的重量，还和装配工艺性、维修性等密切相关，因此在结构设计中往往需要通盘考虑各个方面的因素，才能把结构设计做到完善、合理。

结构设计所需要考虑的一些基本要求包括：

（1）气动力要求

导弹的外壳大多是结构的组成部分，为满足导弹飞行对气动特性的要求，结构设计上应尽量减小与理论外形的误差，保证一定的表面品质，尽量减少分离面和舱口数量，避免凸起、缝隙等结构，不能避免的凸出物应进行流线型设计或增加整流罩。

（2）强度刚度要求

弹体结构应保证在导弹寿命期内完成预期的工作，不发生破坏和失效。结构件的强度和刚度是保证其功能的最基本要求，为保证实现强度刚度要求，在设计中应进行充分的计算，确保足够的设计余量，并通过相应的试验进行验证。

（3）重量要求

结构的重量是导弹重量中占较大比重的部分，因此，减轻结构重量对提高导弹有效载荷和飞行性能有明显的作用。需要尽量采取有效措施减少结构重量，包括：尽可能采用等强度设计原则；选择合适的受力、传力形式；综合利用构件实现多功能；合理选材；采用夹心结构和局部加强措施提高刚度；提高空间利用率等。

（4）工艺性要求

工艺因素是影响结构性能的一个重要环节，能够设计出来但无法加工或者很难加工的结构设计都是应该避免的。同时，结构设计还需要考虑内部设备便于安装、拆卸和检查的要求。导弹的结构件加工涉及机加工、焊接、铸造、冲压、数控加工、热处理等诸多工种，需要根据实际情况选择合适的工艺。

（5）经济性要求

旋转防空导弹属于采购装备数量较大的战术武器，其成本也是设计需要考虑的内容，结构设计中应进行功能成本分析，降低全寿命周期费用。

（6）使用维护要求

结构设计上应满足防空导弹的作战使用和维护的要求，包括适应各种使用环境条件，便于操作，危险部件有安全防护措施等。

（7）旋转导弹结构设计的特点

上述各项要求，往往是相互矛盾、相互制约的，而旋转导弹作为一种小型导弹，对于以上一些要求会有自己的侧重点，同时，也有一些自身的特点，主要表现在：

1）旋转导弹体积小、产量大，结构设计更多地考虑整体结构和便于大批量生产的加工方法，结构强度的剩余系数通常较高，一般也没有必要进行等强度设计；

2）在材料和工艺选择上要尽量降低成本；

3）旋转导弹弹上设备大多采用独立舱段交付的形式，其舱体结构由各承研单位自行完成，总体结构设计重点在于舱段结合面结构的设计；同时，舱段本身较小，开口设计要满足内部设备安装的需求；

4）对于红外导引头，在选材上要考虑位标器磁钢周围结构应选择无磁性材料；

5）采用筒式发射，为减小发射筒体积，气动面设计上要采取折叠措施，折叠机构要满足展开可靠、锁定牢靠等要求。

6）旋转导弹在发射出筒过程中同时要完成快速起旋，其受力条件较为复杂且受冲击较大，在结构设计上要适应这一发射环境，安装、连接结构在承受冲击和起旋过程中不能有松动和位移。

弹体结构设计是以导弹总体方案为依据，对弹体结构进行的细化设计。结构设计的大部分工作在方案阶段就已基本完成，在后续阶段的主要工作是根据本阶段工作的特点、指标和要求的变化，以及各种试验的结果和分析，视情对结构进行改进和优化。

弹体结构设计的设计步骤如图 4 - 30 所示。

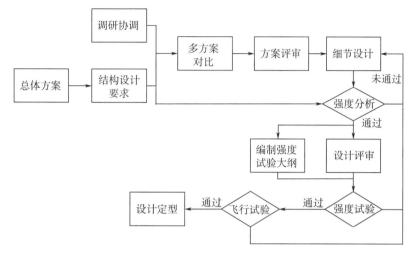

图 4 - 30　结构设计步骤

4.6.2　舱体结构

本类导弹体积小、重量轻，舱体基本都采用整体式的硬壳结构，材料大多采用铝合金。规则的圆柱舱体采用管材进行加工，不规则舱体也可采用铸造后加工的方法。由于导弹重量轻，承受载荷较小，舱体壁厚通常由加工等因素决定，强度上往往有很大余量，同时，在舱体上进行的局部开口一般也不需要加强。

红外导引头舱体前部为透红外材料做成的头罩，通过胶接等方式与后部连接。

控制舱需要开口供舵轴穿过，舵面和前翼收入弹体时，舱体上还需要开容纳舵面、前翼收入的槽。

本类导弹战斗部都是整体式结构，本身参加全弹总体受力。战斗部舱体有两种情况，一种是壳体即是破片，通常适用于非预制破片、半预制破片形式的战斗部，现在也有一种将预制破片与壳体熔铸一体的技术；另一种是壳体与预制破片分离，外部壳体仅起结构承力和保证外部形状的作用。

便携式防空导弹大多只安装触发引信，此时引信主体可安装在战斗部舱内，不独立成舱。近炸引信可以独立成舱，激光引信、红外引信需在舱体开口，而无线电需考虑引信的天线安装，空间不足时，可协调安装在其他舱体外部。

发动机壳体一般都直接作为导弹的外壳，其设计主要考虑发动机本身的需求。尾翼安装在发动机壳体外，需要设计相应的对接结构。

部分电子舱体设备的测试需要在舱体表面开测试口，应有口盖加以保护，由于口盖尺寸小，且不常拆卸，因此口盖多设计为与弹体外形相同，且采用周围沉头螺钉连接的方法，安装后不应有凸出表面的物体。

4.6.3　舱内设备布置

舱内设备的安装形式有轴向固定、径向固定、轴向径向组合固定、支架耳座式等，对于旋转导弹这类小型导弹，常见的是径向固定方式，舱内设备大多直接或间接连接到舱段壳体上，在与舱段连接的部位大多采用不凸出舱体的径向沉头螺钉的方式。对于舵机等产生较大振动的设备，或者部分传感器等需要隔离振动的设备，在需要时也可增加减振措施，具体方法为在设备和壳体（或其他固定部位）间增加减振垫圈，如图 4-31 所示。

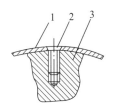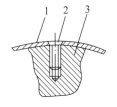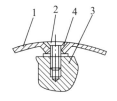

图 4-31　舱内设备固定方案

1—舱体；2—固定螺钉；3—设备；4—减振垫圈

由于本类导弹舱内空间较小，为了合理安排设备，有的结构需要进行局部的协调设计。

电路板在舱体内部有横向、纵向两种排布形式。

横向布置时，电路板做成直径略小于舱体内径的圆板，这些圆板间用套管隔离定位，再用三根（或更多）轴向长螺杆串联起来，长螺杆两端固定支撑在舱体结构上。箭-2M 就采用了这种结构，如图 4-32 所示。

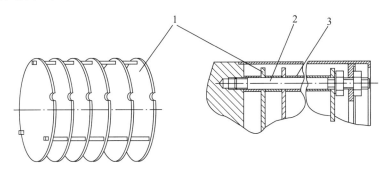

图 4-32　电路板横向布置结构一

1—电路板；2—长螺杆；3—套管

抗振能力差的电路，可在套管位置加装减振器，中间的减振材料可选择硅橡胶等弹性材料；要求较高时，可以选择专用的减振材料或设计减振结构。

上述横向布置的电路板之间需要连接电缆，且电路板出现故障后维修相对困难，为此，又出现了一种改进的电路板连接形式。即在平行布置的圆形电路板一侧增加一块矩形的电路连接板，电路板通过插座插在连接板上，再用一根长螺杆将电路板悬空的一侧串联起来，电路板在长螺杆之间仍可采用套管隔离定位。长螺杆的连接板一端固定在较强的舱体结构上，另一端用辅助支撑。这种结构省去了电路板间的连接电缆，在一定程度上提高了可靠性，毒刺导弹采用了这种结构，如图 4 - 33 所示。

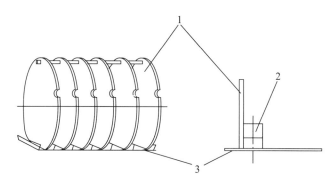

图 4 - 33　电路板横向布置结构二

1—电路板；2—插头座；3—连接板

　　另外一种纵向电路板布置，两端有两块圆形连接件，中间由多块矩形电路板两端支撑固定在连接件上，一般一端连接件安装接插件，另一端开凹槽固定，也可视需要两端都用接插件。这种布局板间也不需要电缆，结构如图 4 - 34 所示。

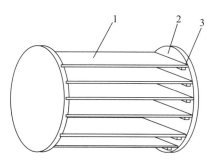

图 4 - 34　电路板纵向布置结构

1—电路板；2—连接板；3—插头座

　　由于这种布置越在两侧的电路板面积越小，因此边缘的电路板难以得到有效利用，在旋转弹特别是小直径的便携式旋转弹上应用不多。

　　随着微电子技术的发展，为了适应本类导弹小型化的需求，片上系统集成（System On a Chip，SOC）技术逐步得到应用，以往需要多块电路板才能实现的功能由集成的单个器件就能完成，将大大简化弹上电路板的复杂程度。

4.6.4　舱间连接

　　舱段间的连接，必须保证其连接强度、刚度、精度和良好的使用性。连接强度和刚度由各舱段的连接框和连接件保证；连接精度可以分为位移偏差 $\Delta\alpha$、弯曲偏差 $\Delta\varphi$、扭转偏差 $\Delta\psi$ 三个部分，如图 4 - 35 所示，由结构形式和加工精度保证；良好的使用性则由结构设计保证，应使导弹能够迅速装配、检查和维修。

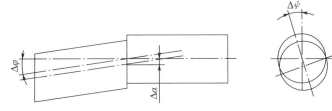

图 4-35　舱段连接偏差

4.6.4.1　不可拆卸连接

不可拆卸连接较多地用在需要密封、空间紧张且装配好后一般不需要拆卸的分离面，最常用的不可拆卸连接方式为胶接。

本类导弹上最常见的胶接的例子就是红外光学头罩和位标器结构件的连接方式。这个部位所承受的气动载荷很小，主要的考虑一方面是保证连接部位的密封性，另一方面是材料的可加工性和结构尺寸的限制。

由于胶接是不可拆卸的，因此这类连接方式严格意义上不能算是舱间连接。

4.6.4.2　螺纹连接

在被连接的两个舱段端部设计相互配合的螺纹，装配时将螺纹旋上即可。为保证 $\Delta\alpha$、$\Delta\varphi$、$\Delta\psi$，结构设计上应考虑定位面，保证连接精度。

对于非旋转弹，螺纹连接必须有防松措施，一般是采用止动螺钉，如图 4-36 所示；对于旋转弹，螺纹的方向必须与弹体旋转力矩方向一致，可以不采用防松措施。

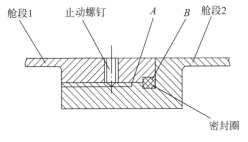

图 4-36　螺纹连接

螺纹连接具有加工简单、协调方便、承载能力强、开口大等优点，但是由于两个舱段间的扭转偏差 $\Delta\psi$ 是不确定的，且安装过程两个舱段间要大幅度地相对转动，因此这种连接方式仅适用于内部无电气和机械连接要求且无周向位置要求的舱段间的互连。

在旋转弹上，螺纹连接常见于战斗部和发动机之间的连接，以及引信与战斗部之间的连接。

4.6.4.3　套环连接

两个舱段被连接的一端加工外螺纹，通常螺纹的参数相同，但旋向相反。另外设置一个套环零件，其外径与舱体相同，内部两侧加工有与舱段外螺纹相配套的一正一反内螺纹，中间是用于装配时补偿的退刀槽。在套环上还钻有供装配时专用工装着力的小孔，在装配时用专用扳头转动套环，使两侧的舱体在螺纹旋转作用下沿轴向靠拢，直至两个舱端面相互顶紧。对于旋转弹，这种方式由于必然有一个螺纹的旋向与弹体旋转方向相反，为避免松动，通常采用在孔内局部点胶的措施。必要时，也可以设计辅助的防松结构，如图 4 - 37 所示。

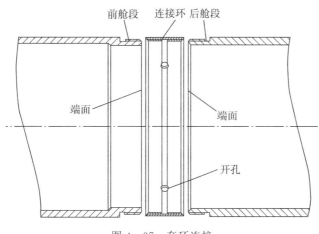

图 4 - 37　套环连接

套环连接是螺纹连接的一个变种，几乎保留了螺纹连接的所有优点，同时又避免了螺纹连接周向不能定位的缺点，可以用于内部有电缆连接的舱段之间的连接。

套环连接不足之处主要有：周向定位的精度有限，主要是依靠总装时刻线和人员操作来保证精度；为保证装配余量，安装完后，套环两侧有凹槽；采用点胶的方式进行防松，在防松效果和可拆卸工艺性方面存在矛盾，特别是对于较大弹径的导弹，很难兼顾。

上述形式的套环连接典型范例为美国的毒刺导弹。

4.6.4.4　内卡环（弹簧卡圈）连接

内卡环连接方式是在两个舱段间通过矩形的弹簧卡圈进行连接。具体结构如图 4 - 38 所示，"C"形卡环是剖面为矩形的弹簧卡圈，上面有一定数量的螺孔。被连接舱段一个外部开矩形凹槽；另一个内部开梯形凹槽，并设置数量、位置与卡环上螺孔对应的长圆形螺钉孔。

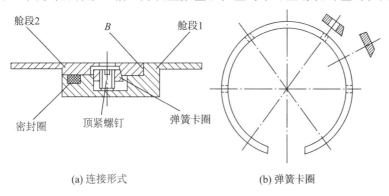

(a) 连接形式　　　　　　　　(b) 弹簧卡圈

图 4 - 38　弹簧卡圈连接

装配时，先将卡圈套在外部开槽舱段的矩形槽内，然后与内部开槽舱段对接。将螺钉孔和弹簧卡圈上的螺孔对准后拧入螺钉，使弹簧卡圈扩大进入另一舱体梯形凹槽，弹簧卡圈侧面不断挤压梯形槽斜面，促使两个舱段在周向并紧。

内卡环连接结构相对简单，舱体开口要略小一些。箭-2M 导弹导引头和控制舱间的连接采用了这种形式。

4.6.4.5　斜螺钉连接

斜螺钉连接是在舱段周向均布若干个斜向螺钉（与弹身轴线呈 $15°\sim20°$）来连接两个舱段，依靠局部面积的轴孔配合，对接端面等来保证安装精度，如图 4-39 所示。箭-2M 导弹的引信和发动机之间的连接采用了这一方式。

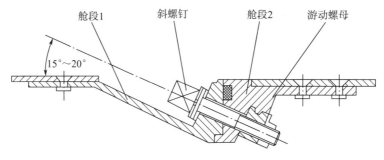

　　舱段1　　　　　斜螺钉　　　　舱段2　　　游动螺母

$15°\sim20°$

图 4-39　斜螺钉连接

斜螺钉有敞开性好，连接可靠，连接刚度大等特点，为了增大舱体的开口，便于设备安装，可以采用增加螺钉衬套的方法，衬套在舱体对接时镶嵌入舱体预制的斜孔内，再拧入连接螺钉。箭-2M 的导弹和战斗部之间采用了这种连接方式。

这种方式的缺点在于零件加工的精度要求高，且异形面较多，加工比较困难。

4.6.4.6　径向螺钉连接

把两个舱段的端框设计成轴孔配合，套接后由多个径向螺钉连接，用螺钉和定位销保证 $\Delta\psi$，靠套接配合同心度保证 $\Delta\alpha$，靠端面垂直度保证 $\Delta\varphi$。为了加大舱口尺寸，也有增加一个套环零件，两个舱段分别与套环零件连接的设计方案。

图 4-40 是典型的径向螺钉连接方式，配合面制成一定精度的动配合，定位销和定位槽设置在垂直基准上。

径向螺钉连接结构简单，装配方便，加工容易，可利用空间较大。但这种连接不产生轴向力，配合面之间、螺钉和螺孔之间存在间隙，连接刚度差。因此一般只用于承载要求不高的舱段之间的连接。

RAM 导弹的导引头和控制舱之间采用了这种连接方式，如图 4-41 所示。

4.6.4.7　外卡环连接

两个舱段端口加工带斜面的槽，然后在外部用一个卡环（由两个半圆环组成）将其罩住，收紧卡环后，压迫斜面，使两个舱段并紧，如图 4-42 所示。

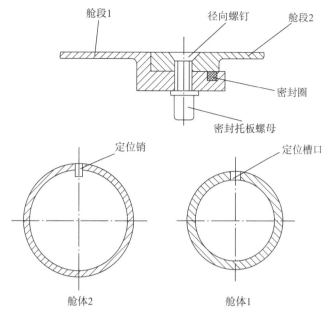

图 4 - 40　径向螺钉连接

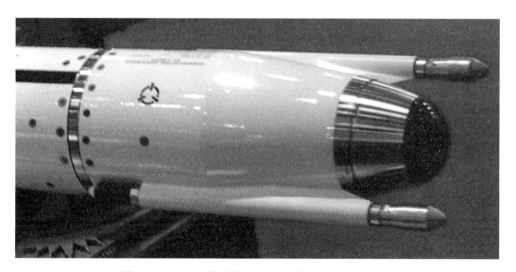

图 4 - 41　RAM 导弹导引头和控制舱间径向螺钉连接

外卡环连接拆装时开敞性较好，受力好，且舱口开口较大。因斜面部分接触面积大，摩擦力大，难以有效地使两个舱的端面均匀压紧，因而连接刚度略低。同时因斜面配合范围大，加工精度要求较高。

外卡环连接在空空弹上应用较多，RAM 导弹的引信、战斗部前后也采用了外卡环连接，如图 4 - 43 所示。

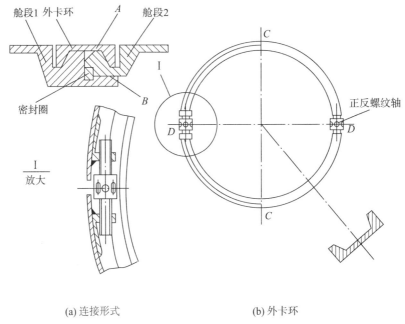

(a) 连接形式　　　　　　　　　　(b) 外卡环

图 4 - 42　外卡环连接

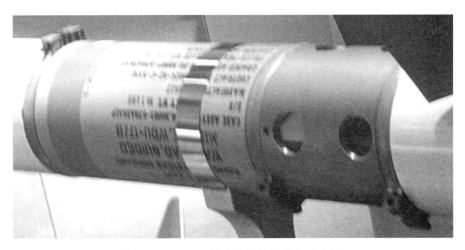

图 4 - 43　RAM 导弹引战舱的外卡环连接

4.6.5　气动面结构

　　导弹气动面的结构多种多样，包括薄壁结构、整体结构、夹层结构等，由于旋转导弹气动面体积小、翼型薄，因此都采用了实心的整体结构。

　　在选材上，本类导弹气动面大多使用金属材料，根据受力情况的不同，可选材料包括铝合金、钛合金、不锈钢等。

　　旋转弹大多采用筒式发射，为减小发射筒尺寸，气动面都采用折叠设计。主要折叠机构类型有：

（1）纵向折叠式

气动面沿导弹纵轴折叠，收入弹体所包含的空间内。这种折叠形式对减少气动面占用的空间效果十分明显。但通常只适用于展弦比较大的翼面，且如果折叠翼面收入弹体内部，则弹体表面需要开口，会影响舱体的密封性和结构强度；如果是尾部向后折叠，则贮存状态的导弹长度要增加。

这里举几个旋转弹上使用的纵向折叠的典型范例。

①折叠舵

旋转导弹特别是便携式导弹，舵面都采用了纵向折叠入弹体的结构形式，大部分采用向后折叠的形式，也有个别（如 RAM 导弹）采用了向前折叠的形式。

图 4-44 是箭-2M 导弹的前舵及其收放机构，该结构的舵转轴是一个空心导向管，内部安装压缩弹簧，两侧有钢珠顶住舵根。通过配合面的设计，舵面展开到位后有自锁能力，防止舵面因受气动力而折回，人工收折舵面时，需使用专用工具将钢珠先压入转轴导向管内。

另外一种类似的结构形式是毒刺导弹的舵面收放机构，用一个锁紧滑块代替钢珠，这种结构的舵面尺寸可以做得小一些。

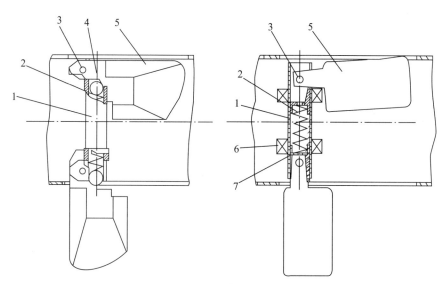

图 4-44　箭-2M（左）和毒刺（右）的前舵收放机构

1—转轴；2—压缩弹簧；3—销轴；4—钢珠；5—前舵；6—轴承；7—锁紧滑块

②折叠前翼

折叠前翼由于不需要转动，其结构设计可以参照舵面进行，也可以简化，如图 4-45所示的毒刺导弹前翼，通过扭簧作用使前翼弹开，通过锁紧簧片在前翼张开到位后卡住前翼。

附带说明一点，毒刺导弹的前翼是延迟展开的，因此在其前翼梢端设计了一个卡口，可以通过限位钩钩住卡口而使前翼锁定在弹体内，在需要打开的时刻释放限位钩，前翼展开。

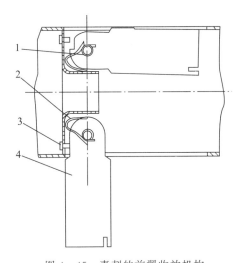

图 4 - 45　毒刺的前翼收放机构

1—扭簧；2—锁紧件；3—限位螺钉；4—前翼

③折叠尾翼

箭-2M 导弹的尾翼也是设计为向后折叠的，其安装位置在发射发动机尾喷口之间。导弹在筒内时，尾翼收拢在弹体后方，以发动机底座上的支耳作为支撑，导弹发射出筒后，筒壁对尾翼的约束解除，顶杆在压缩弹簧作用下轴向运动，尾翼在该压缩力和离心力作用下迅速张开并锁定，如图 4 - 46 所示。

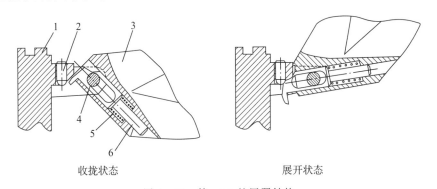

收拢状态　　　　　　　　　　　　　展开状态

图 4 - 46　箭-2M 的尾翼结构

1—底座；2—调节螺钉；3—尾翼；4—轴销；5—顶杆；6—弹簧

（2）横向折叠式

翼面绕与弹轴平行的折叠轴进行周向折叠的一种设计方式，通常翼面沿展向分为翼根和外翼两部分，中间为折叠轴和折叠机构，折叠机构实现方案一般为扭簧。折叠翼展开到位后应可靠锁定，且能够承受外翼的气动载荷而不引起结构破坏。

由于横向折叠的折叠轴位置必然位于翼根以外，折叠后尾翼的轮廓要大于翼根轮廓，因此这种折叠方式缩小空间占用的效果要差于纵向折叠式，如果要保证折叠后轮廓处于导弹弹体轮廓范围内，则气动面所处位置的弹身必须收缩。

这种折叠方式适合于展弦比较小的翼面，且有利于弹体实现密封。

图 4-47 是毒刺导弹尾翼折叠展开机构的结构。在发射筒内尾翼折叠后依靠筒壁限位，出筒后翼面在扭压弹簧作用和离心力作用下展开，到位后在扭压弹簧的弹力作用下向后移动，尾翼上的卡槽和尾翼座上的凸头啮合锁定。

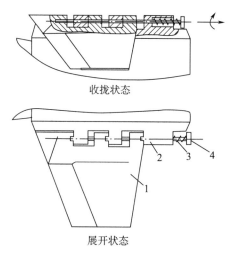

收拢状态

展开状态

图 4-47　毒刺导弹的尾翼结构

1—尾翼；2—翼座；3—扭压弹簧；4—螺轴

（3）扭转折叠式

由于本类导弹舱内空间较为紧张，可能无法同时容纳向舱内收折的前翼和前舵，为此，针导弹设计出了一种扭转折叠式前翼，即将前翼先扭转 90° 后再向后折叠，紧贴在局部削平的舱体外侧，如图 4-48 所示。

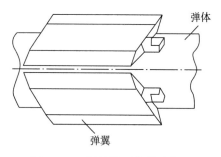

弹体

弹翼

图 4-48　扭转展开前翼示意图

4.6.6　结构设计试验验证

弹体结构设计是关系到导弹飞行可靠性和安全性的重要环节，因此，在设计完成后，除了通过计算进行验证外，还必须开展专项试验工作。结构设计的地面验证试验种类较多，这里简单介绍旋转导弹结构设计验证常用的静强度试验和模态试验。

4.6.6.1　静强度试验

静强度试验，又称为静力试验，是研究结构在静载荷作用下的静强度特性，即在静载荷作用下，结构产生的弹性变形、永久变形，结构中的应力分布规律，并验证结构的最大承载能力。静强度试验应在初样阶段结构设计结束并完成结构件加工后进行。在研制过程中，如产品结构设计发生重大变化，应针对相关环节进行补充试验。在设计定型阶段，可视研制过程中结构变化情况决定是否进行静强度试验。对于部分理论计算结果剩余强度系数很大的结构件，可以不进行静强度试验校核。

静强度试验的试验系统由试件、加载、支承、测量和数据处理五个部分组成。试件可以是单个舱段，也可以是多个舱段的组合体。加载系统包括加载设备、传力工装和测力仪器。支承系统主要由支承工装组成，应根据需要测量的环节和要求进行设计，满足测试的需要。测量系统由测量仪器、设备组成，常见的有应变测试仪、应变片等，用来测量挠度、转角和应变。数据处理系统对测量得到的数据进行处理运算，得到所需要的结论。整个试验系统构成如图 4 - 49 所示。

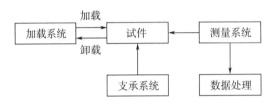

图 4 - 49　静强度试验系统原理

进行静强度试验方案设计时，应注意以下内容：

（1）产品要求

参加静强度试验的产品，其承力结构件和连接形式应当与正式产品完全一致，非承力的结构和部件（如内部的电路板、独立安装的部件等）允许采用配重或不安装。

（2）载荷模拟

试验加载情况应尽量模拟真实受载情况。

旋转导弹气动面较小，一般用杠杆系统模拟翼面的受载，允许在翼面上钻孔连接杠杆系统。

弹体上作用力有横向载荷、轴向载荷和扭矩。横向载荷在弹体上产生弯矩，通过横向集中力实现，传递集中力的加载卡箍须安装在结构较强处避免造成局部变形或失稳。轴向载荷通过相邻舱段或与相邻舱段刚度相当的模拟件传递。扭矩通过工装上加载正反向作用力产生扭矩实现，要求与横向载荷类似。

（3）边界条件要求

边界条件影响局部应力和变形，因此，边界条件应模拟真实结构。通常使用真实产品和部件作为边界条件，需要使用模拟件时，其几何形状、尺寸、强度和刚度应能模拟真实结构。

（4）测量点布置

强度试验需测试位移和应变，应正确选择测点的位置；在位置选择时，对于对称结构可进行半边测点布置，结构简单部位少布点，复杂部位需多布点；对于设计余量较大部位可少布点，应力集中部位和危险部位应多布点。

（5）加载程序

静力试验通常分两个阶段进行，首先进行预试（预加载），检验整个试验系统是否处于良好状态，是否与试验设计要求一致。预加载的载荷一般不超过设计载荷的 30%，预试次数 1～3 次。

预试正常后进行正式试验，采用分级进行加载和卸载，一般次序为：首先按 10% 的设计载荷加载到使用载荷，然后均匀卸载，观察测试数据，判断试件是否仍处于弹性变形区（线性区），如试件已进入永久变形区（出现非线性）应结束试验，进行强度分析和修改设计。

卸载正常结束后，再次进行加载并逐级加载到结构破坏或者达到规定的数值（安全系数为 1.5 时，一般可取 200% 使用载荷）。在超过使用载荷再进行加载时，可以 5% 设计载荷为加载等级。

4.6.6.2　模态试验

模态试验，是用试验方法确定结构的模态参数，即固有频率、振型、模态质量和阻尼比，其目的是检验理论模态分析的正确性，其结果可作为控制系统稳定性分析和颤振计算的原始数据，同时可以作为弹上传感器部位安排以及弹上环境试验条件确定的依据。模态试验可在研制过程中择机进行。

模态试验主要包括全弹模态试验和部件（气动面、操纵机构）模态试验。模态试验方法有频域法和时域法，其中最常用的是频域法。

典型的频域法模态试验的系统构成如图 4-50 所示。

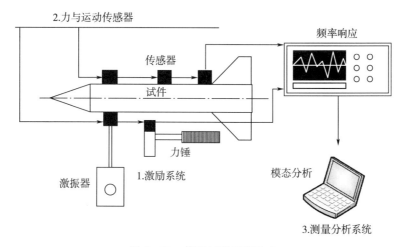

图 4-50　模态试验系统构成

模态试验系统可分为激励系统、力与运动传感器、测量分析系统三大部分。

激励系统有与试件连接的固定激振器（包括与地面和试件同时连接的固定-固定式激振器，以及仅与试件连接的固定式激振器），也有非连接的激励系统：例如力锤。激励系统主要用于使试件产生所需要的振动。导弹进行模态试验多采用力锤。

力与运动传感器测量试件上各个测试点在激励条件下的响应，同时也包括测量承受到的激励输入，一般测量输入使用力传感器，测量输出使用运动传感器（测量位移、速度、加速度等）。

测量分析系统主要完成数据采集和分析，主要任务有：记录并处理测量数据，包括频率响应等；根据测量得到的频响等参数计算并确定模态参数（共振频率、阻尼系数、模态振型矢量等）。

导弹进行模态试验有一些特殊情况需要考虑。

首先，参加模态试验的导弹产品应能反映真实的飞行状态，不参与受力的弹内设备允许使用质量模型代替。火工品可采用假药代替。视分析需要可以进行发动机满载、空载或者半载条件的试验。

进行操纵机构和舵面、折叠翼试验时，由于产品存在间隙，可以利用橡胶缓冲绳施加预紧力排除间隙影响。

全弹试验，导弹飞行的自由-自由边界条件由悬挂系统来模拟，要求悬挂系统的附加影响应能忽略，分析表明当刚体悬挂的固有频率小于试件弹性振动固有频率的1/5，就能满足这一要求。

悬挂系统有水平和垂直两种类型，防空导弹一般都采用水平悬挂。其典型构成如图4-51所示。在全弹重心前后距离大致相等的弹身上各安排一个悬挂点，用卡箍与弹身相连，卡箍重量应尽量小且有足够强度。卡箍再通过足够股数的橡胶缓冲绳索悬挂在龙门架下，绳索中间有调整环节以调节弹体水平。通过选择橡胶绳规格和股数，使其处于拉伸率40%～60%区间。悬挂频率由悬挂高度调整，1～1.5 m高度的频率为1 Hz左右，可以满足试验要求。

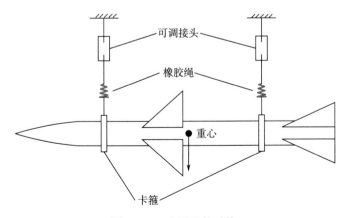

图 4-51　水平悬挂系统

由于旋转导弹都是小型导弹，其弹性振动频率较高，对悬挂系统的要求相对可以降低，因此，必要时也可采用将产品直接放置在较厚的海绵减振垫上进行测试的试验方法。进行单舱段试验时也可采用这一方法。

4.7　电气系统设计

弹上电气系统是导弹的一个十分重要但又不引人注目的环节，可以说弹上电气系统起到了导弹的神经、心血管的作用。在导弹研制过程中，电气环节是出现问题最多、协调工作量最大的环节之一，需要各方面高度重视。

电气系统在防空导弹中主要完成以下任务：

首先，电气系统完成导弹的全弹电源供给；其次，通过电气系统完成弹上各分系统之间、导弹与地面设备之间的信息流（模拟量、数字量）传输功能；再次，通过电气系统的电磁兼容性设计，保证电气设备在工作中有良好的兼容性。

弹上电气系统通常包括弹上电源系统、弹上电缆网、电气控制和保护三个部分，随着数字技术发展，弹上设备之间采用数字通信方式的设计也越来越普遍，因此弹上通信设计也已成为电气系统设计的一个重要内容。

防空导弹的弹上电气系统与常规电气系统相比，具有以下特点：

（1）快速启动能力

现代战争要求武器装备反应迅速，导弹的反应时间要求越来越短，而电气系统是导弹反应时间的决定因素之一，要求电气系统必须具备快速启动供电的能力，目前防空导弹的要求均已到秒级。

（2）小型化

战术导弹对体积、重量有着严格的要求，因此电气系统设计上也有着严格的尺寸要求，对于电缆选型和走向设计、接插件选型等都提出了特殊要求。

（3）环境适应性强

战术导弹所使用的自然环境和战场环境条件复杂多变，极端环境条件恶劣，导弹飞行过程要承受严酷的力学环境和热环境，这些都会影响装备的性能；同时，现有装备的长期贮存寿命要求也越来越高，这也对导弹设计提出了更高要求。而弹上电气系统是联通全弹各个环节的纽带，必须具备极强的环境适应性。

（4）高可靠性、高安全性

弹上电气系统是连接各个弹上分系统的核心纽带，实践证明，也是可靠性问题多发的环节，而且出现可靠性问题的后果往往比较严重，战术导弹受限于尺寸、成本等方面因素，可以采取的可靠性补偿设计措施也十分有限，因此，必须在设计上对可靠性加以特别关注。同时，导弹作为一种武器，是存在很大风险源的装备，且弹上火工品也大多与电气系统有着十分密切的联系，必须高度重视设计中的安全性问题。

本书所讨论的旋转导弹，由于其自身工作情况的特殊性，对电气系统也提出了以下一些特殊要求：

（1）电子舱段均集中在弹体前部，各舱段电缆一般均随舱段独立设计，在内部穿舱，舱段间电缆采用接插件连接；

（2）舱段间连接空间小，接插件和电缆布置需要预留一定的空间，设计上应避免电缆过度弯折，同时应避免合舱后出现挤压；

（3）一次电源品种应尽量简化。

4.7.1　电气系统设计的要求和步骤

导弹的电气系统设计涉及到弹上的供电、信号传递、通信、电磁兼容和电磁屏蔽，不仅要考虑到元器件选型的通用性、经济性，还要考虑结构协调、布局安排等，同时还和装配工艺性、维修性等密切相关，因此在电气系统设计中往往需要通盘考虑各个方面的因素，经过反复迭代，才能把电气系统设计工作完成好。

电气系统设计主要考虑的要求有：

（1）弹上设备供电容量及分配要求

导弹在工作过程中的各个设备、舱段的供电是电气系统设计中首先要考虑的问题，各个设备的功能和特点不同，其工作时供电的容量，包括供电随时间的变化情况也存在很大差别，例如旋转弹导引头在初始加电时刻需要快速起旋，通常这时是导引头供电要求最高的时刻；电动舵机在导弹进行大机动情况下，舵偏最大，同时需要克服的外界气动力也最大，此时是舵机供电要求最高的时刻。电气系统应当分析各个分系统的典型工况，从而提出合理的设计指标。

（2）弹上设备及导弹与外界的信号传输要求

弹上设备之间，以及导弹与地面设备之间的电气连接除了供电功能外，大部分是用于信号传输，随着弹上设备日益复杂，需要传输的监测信号也在增加，但电气系统设计能够利用的资源是有限的，必须协调好相互之间的要求。随着数字化技术的发展，大部分模拟信号已可以转为数字信号传输，也在很大程度上可以解决上述矛盾。此外，不同的信号其特性和要求也是不同的，例如火工品点火信号一般要做双绞屏蔽处理，直流、交流信号的传输也有相应的要求，都需要在电缆网设计时加以考虑。

（3）导弹总体布局和接口要求

电气系统设计工作涉及大量的布线、电气接口确定等，这些都与弹上舱段的布局、接口要求密切相关，例如旋转弹弹上空间有限，舱段间接插件往往选择体积小的微矩形电连接器，反过来，电气接口和电缆布局的需要又会影响结构设计和舱段内部的设备布局。

（4）通用化、模块化、经济性要求

导弹上使用的电缆、接插件等，除了脱离插头等可能需要特殊设计外，通常均选用成系列的货架产品。电气系统在选型时，也需要充分考虑同类型号的使用情况，尽可能采用同一厂家、同一系列、同一型号产品，保证最终产品采购、使用、维护的便利性，并降低成本。

（5）可靠性、安全性要求

电气系统设计应满足高可靠性的要求，电路设计应尽量简化，选用高可靠性的元器件并进行筛选；采取裕度设计；对于关键接点、关键电路，必要时采取冗余设计措施。

电气系统设计应满足高安全性的要求，涉及火工品的电路采取必要的防静电等保护措施，对于点火回路等高风险性电路，应设置必要的保险装置，并应通过电路设计确保工作时序的正确性。

（6）电磁兼容性要求

电气系统设计首先要满足自兼容的要求，即在导弹弹上设备工作时，应避免出现相互之间的电磁干扰；导弹在整个系统工作期间，应不受到地面设备的干扰，同时也不能干扰地面设备的正常工作。此外，设计上应考虑电磁兼容的各种相关要求，并将之分解到各分系统电气设计要求中去，以满足研制总要求中电磁兼容的相关准则和要求。

（7）环境适应性要求

电气系统设计要考虑弹上恶劣环境的要求，保证工作的可靠性。特别是对于有某些特殊环境要求的，例如在发动机壳体、喷口、高气动加热部位等的电缆网，需要采取特殊的设计措施。

（8）工艺性要求

电气系统电缆网的加工、装配是导弹研制、总装的一个重要环节，其工艺性的好坏，一方面影响了全弹工艺性的好坏，另一方面也会影响电缆的工作、装配可靠性。特别是对于旋转弹这类小弹径导弹，电缆在设计时更加需要注重其加工装配的工艺性。例如对于装配时需要弯折的电缆，就需要选择较细较柔软的芯线，以保证线束的柔软度；安装在舱体端面的接插件，为防止干涉，可能就需要选用侧面出线的型号等。

电气系统涉及的环节较多，但其核心是弹上电缆网的设计，主要步骤如图 4 - 52 所示。

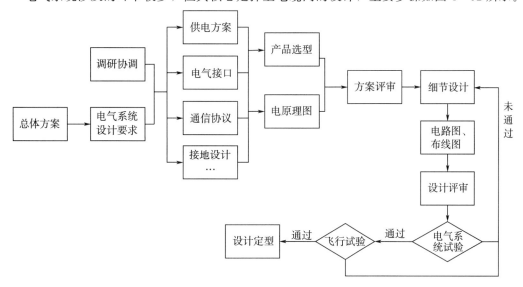

图 4 - 52　电气系统设计步骤

4.7.2　弹上电源系统

弹上电源系统是安装在导弹上的用于产生和变换弹上设备工作所需电源的设备总和，在导弹飞行期间为制导控制系统、引战系统等分系统、部件提供电能，以维持这些分系统的正常工作。

弹上电源系统中，产生电源的设备种类有弹上电池、燃气涡轮发电机等，其中弹上电池是目前应用最为广泛的弹上电源，旋转导弹目前只使用弹上电池。变换电源的设备有 DC/DC 变换器、DC/AC 变换器，以及为增强抗干扰能力增加的 EMI 滤波器等，用于将电池产生的电源变换为弹上设备需要的直流或者交流电源。旋转弹上不使用交流电源，通常由弹上电池提供一次电源，各舱段自行通过 DC/DC 变换转换为其需要的二次电源。

弹上电池的常见品种为热电池，目前旋转导弹的弹上电池均使用热电池。其他的电池品种还包括锌银电池、锂电池等。旋转弹弹上电池相关技术内容见后文 7.8.1 节。

DC/DC 变换器将弹上电池输出的直流电压变压为弹上设备需要的其他直流电压，常见的电压有 5 V、±7.5 V、±9 V、±15 V、±18 V、±24 V、±28.5 V、±48 V 等多个品种。导弹上 DC/DC 变换器有集中供电和分布供电两类，集中供电依靠一个变换器提供弹上所有二次电源，简化了设备，但供电电缆多，容易引起设备间相互干扰，对各设备供电品种要求有限制；分布式供电由各个设备自行根据需要进行变换，配置比较自由灵活，但增加了弹上设备复杂性。旋转导弹基本均采用分布式供电模式，个别舱段供电品种单一时，也可不设置变换器，由其他设备变换器引入供电电源。

4.7.3　电缆网设计

弹上电缆网用于将弹上各设备之间连接成一个完整系统，实现电源向各设备的供电、各设备之间的信号传输，以及导弹与地面设备之间的电路连接。

电缆网按功能可以分为供电电路、信号传输电路、火工品点火电路三类，这三类电路各有特点，设计上也有不同的要求。

电缆网具体设计内容包括导线选型、接插件选型、确定接地方式、确定全弹电气系统接口关系、电原理图、电缆网图等。

供电电路需要根据供电电流大小选择合适的导线线径、接插件插针等，一次电源供电电缆通常选用双绞导线。

点火电路通常选用双绞屏蔽线。

重要的信号传输电路（如通信线路等）以及可能产生干扰的高频信号线应选用屏蔽线。

旋转弹特别是便携式防空导弹由于弹径很小，导弹工作时间短，因此在存在结构布局矛盾时，如经试验验证可行，上述原则也可适当调整。

电连接器是影响可靠性的一个十分关键的环节，因此设计上应优先选用通用的电连接器，优先选择压接型电连接器，尽量选用可盲插的电连接器。同一位置多个电连接器尽量选择不同芯数或品种以避免误插。

4.7.4　电气控制及保护

电气控制及保护设计的主要内容包括电气控制元件、火工品点火回路、接地系统设计、电网保护元件等。

电气控制元件用于电路的通、断或转换，达到控制电源向用电设备供电的目的。旋转弹由于体积等条件限制，通常不设计复杂的电气控制组件，一般视需要在电路上设计继电器、微动开关等元件进行简单的电气控制。

电气系统设计中一个重要内容是接地设计，接地的好坏很大程度上影响了电气设备的匹配特性，也影响了电磁兼容性能。电气系统进行地线设计时将弹上的地分为模拟地、数字地、通信地、电源地和屏蔽地，一般把导弹金属壳体作为导弹一个统一的"地"，各类地线设计遵循不形成接地回路的设计原则。接地方式的具体选择与工作信号频率相关，分为单点、多点、浮动接地几种。单点接地适用于低频电路；多点接地适用于高频电路；浮动接地是将地线与公共地加以隔离。

战术导弹的地线设计方案可以有多种选择，旋转导弹从简化设计和满足使用要求出发，一般的地线设计方案是一次电源、火工品点火回路采用浮地，信号（模拟、数字）地共地并采用多点接地（导弹壳体），屏蔽地就近接壳。

4.7.5　通信系统设计

随着数字化的普及和弹上信息容量的不断增大，弹上设备之间以及导弹与地面设备之间的信息交互越来越多地采用数字通信的方法，因此通信系统设计也已成为电气系统设计的一个重要环节。

通信系统设计的主要工作内容包括通信总线方案的选择、通信协议的确定等。

通信数字总线属于外部总线，其实现方式有很多，可以分为串行总线和并行总线两大类，弹上均使用串行总线，常见的弹上总线有 RS-422、CAN、1553B 总线等。

4.7.5.1　RS-422 总线

RS-422 总线是由电子工业协会（EIA）制定并发布的，由 RS-232 总线发展而来，将 RS-232 的点对点模式进一步扩展为点对多模式，是一种单机发送、多机接收的单向、平衡传输规则。

RS-422 四线接口由于采用单独的发送和接收通道，因此不控制数据方向。

虽然 RS-422 具有一对多的传输能力，但在弹上使用时，为了提高通信可靠性，同时也考虑到弹上设备间工作的独立性以及工作时序和信号传输特性，一般都采用点对点的网络布局方案，网络拓扑一般采用终端匹配结构。典型的结构图如图 4-53 所示。

由于弹上 RS-422 总线采用的是点对点通信，且其本身的最大通信速率很高（可达10 Mbps），因而其数据传输容量大、实时性好，但也正因为采用了点对点通信，使弹上电缆网设计十分复杂，接插件点数大幅度增加。同时，RS-422 总线设计一般需要设置一个总控端（通常为弹上计算机），负责所有需要协调的信息的处理和转发，对信息处理要求

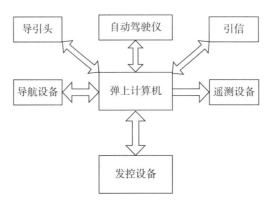

图 4-53　弹上 RS-422 总线典型结构图

也很高，因而除非有很高的实时性和通信容量要求，或者用于单个设备间通信，体积受限的旋转弹上很少采用这一通信总线方案。

4.7.5.2　CAN 总线

CAN 总线（Controller Area Network）是一种广泛应用的总线，并已成为国际标准（ISO11898）。

CAN 总线是一种多主总线，各节点都有权向其他节点发送信息，其通信速率为 5 Kbps/10 km（最远）或 1 Mbps/40 m（最大），最大节点数 110 个；采用点对点、全局广播发送、接收数据；可实现全分布式多机系统，无主从分别，每个节点均可主动发布信息；采用非破坏性总线优先级仲裁技术，两个节点同时发送信息时，低优先级节点主动停止发送。

典型的导弹弹上 CAN 总线构成如图 4-54 所示。

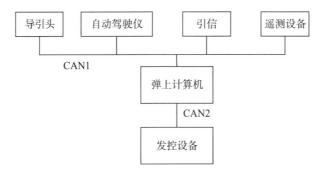

图 4-54　导弹典型 CAN 总线构成

基于 CAN 总线设计的弹上总线系统具有以下优点：

（1）模块化

由于采用了 CAN 总线作为弹上局域网，各个分系统可以独立地进行模块化设计，通过 CAN 总线挂在局域网上，实现信息的数字化处理和传递。

（2）智能化

弹上各模块自身具有微处理器和信号处理系统，是具有智能的现场终端设备，采用

CAN 总线进行信息集成，便于进行数字信号处理和分析，容易实现多模信息融合，提高导弹的智能化程度。

（3）小型化、低成本

弹上 CAN 总线一般采用单根（或双根冗余）屏蔽双绞线，省去了模块间复杂的模拟和数字信号线连接，简化了弹上设备的结构和空间占用。CAN 芯片技术作为一种工业化标准已经相当成熟，并且已经实现与常见 DSP 等芯片的集成，因而系统构成简单、成本低廉，并进一步节省了空间。

（4）高可靠

采用 CAN 总线后，各个模块间连接线只有双绞线，减小了信号通信连接故障率。CAN 总线采用数字信号传输方式并有校验机制，抗干扰能力强、精度高。上述这些特点都提高了导弹的可靠性。

因为 CAN 总线技术存在上述优点，比较适合于小型导弹的使用，在旋转导弹领域应用前景广泛。

CAN 总线存在的不足是：

1）实时性不能保证；

2）不能定位错误原因。

上述的实时性问题对于弹上设备工作可能会带来不利影响，此时需要在设计阶段详细分析设备工作的实时性需求，合理设计数据帧频和数据容量，保证将不利影响和可能性降到最低。

4.7.5.3　1553B 总线

1553B 总线是美国军用标准总线（MIL - STD - 1553B），对应的国内军用标准为 GJB 289A—97《数字式时分制指令/响应型多路传输数据总线》，是美军首先提出的适用于航空电子综合系统的标准总线，目前已在航空、航天、航海和其他装备上得到广泛应用。

1553B 总线可以为各种系统之间的数据和信息交互提供媒介，类似于局域网。1553B 总线采用了主从控制访问结构，总线控制器（BC）是主站，所有远程终端（RT）是从站，任何时刻系统中只有一个总线控制器，控制着其与远程终端以及远程终端之间的信息传输，此外，还可外接总线监视器（BM）。1553B 总线这种结构非常适合于集中控制的分布式系统。

1553B 总线与 CAN 总线具有类似的优点，同时由于采用了命令/响应的方法，实时性有了一定程度的保证，纠错能力有所提高。

1553B 总线存在的主要不足一是设备较 CAN 总线复杂，提高了整个电路的复杂性，二是配套元器件价格较昂贵，经济性差。因而 1553B 总线更多地是用于地面设备之间构建的数据总线。

表 4 - 4 列出了常见的通信总线之间的对比。

表 4 - 4　常见通信总线对比

	RS - 422 总线	CAN 总线	1553B 总线
工作模式	双端发、双端收	全双工	半双工
传输线型	差动	差动	差动
设备数量	10	110	32
最大电缆长度	1 200 m(90 Kbps)	10 km(5 Kbps)	190 m
传输介质	双绞线	双绞线、同轴线或者光纤	双绞线、同轴线或者光纤
最大速率	10 Mbps(12 m)	1 Mbps(40 m)	1 Mbps
实时性	好	一般	较好

4.7.5.4　总线技术的未来发展

除了上述三种常见通信总线外，目前还有很多新兴的总线形式，在数据容量、传输能力等方面有进一步的提高。其中基于光纤的总线发展最为迅速，具有抗电磁干扰能力极强、传输速率高、传输距离远等突出优点。已经在军事领域得到应用的有：

1）MIL - STD - 1773 总线，是 1553B 总线的光纤版本，顶层协议与 1553B 相同。

2）FDDI（光纤分布式数据接口，Fibre Distributed Data Interface），是由美国国家标准化组织制定的光纤通信协议，已大量应用于军用、民用领域。

3）光纤通道（Fiber Channel），由美国国家标准委员会公布，已形成 FC - AE - 1553 标准，可以与 1553B 总线桥接映射。

目前，旋转导弹弹上信息量还比较有限，因此光纤通信技术尚未得到全面推广应用。但是成像技术的引入已经使信息交互的需求迅速提高，光纤技术在内部信息传递中已开始采用。随着今后技术发展的需要，在可见的将来，光纤技术将成为弹上通信的主流和发展的必然趋势。

4.7.6　电气系统试验

电气系统完成设计后，需要通过各种试验来检验其是否满足总体的设计要求。

（1）电气系统桌面联调试验

又称为导弹（筒弹）电气对接试验。导弹（或筒弹）弹上电气设备、舱段（制导控制系统、引信、遥测设备、电气系统等）按照正式电气连接关系（含接地关系）连接起来后，使用相关地面设备（如筒弹测试设备、单机测试设备、遥测地面站以及测试仪器仪表等）进行加电、工作、测试，检验弹上电气接口、工作性能和工作流程的正确性、协调性、匹配性。该试验可使用外接电源供电，必要时也可使用弹上电池供电。

（2）电源系统拉偏试验

主要检验在地面供电电源拉偏状态下弹上电源系统、电气系统、弹上设备的工作情况。

（3）系统联合试验

检验导弹（筒弹）与地面设备（发控、武控设备、发射机构等）联合工作条件下的电气系统设计的正确性、协调性、匹配性，并检验发控工作时序和导弹工作时序的正确性（包括正常工作程序和发射故障应急处理程序）。试验过程中可用电爆管或者保险丝模拟弹上实际火工品进行点火，并需要设计相应的电路模拟导弹点火起飞过程。

4.8　作战过程设计和精度分配

4.8.1　作战过程设计

随着计算机技术、通信技术的发展，现代防空导弹拦截的目标种类、执行的作战使命、面临的战场环境越来越多样，也由此带来了作战模式和方案的多样化、作战程序的复杂化。而作战程序设计是精确控制武器系统完成全部作战过程的物理模型和中枢，是总体设计的关键环节，也是确定分系统设计要求和设计方案的重要环节，需要在设计初期就加以考虑，并在后续研制过程中逐步完善。

作战过程设计主要包括作战过程的物理描述、时间分配、信息交互的定义，以及作战过程控制的逻辑模型设计等内容。

4.8.1.1　作战过程物理描述

作战过程是指武器系统从加电到拦截目标或作战过程结束的全过程的时序、事件、信息、设备控制关系等的表述。

作战过程的描述是以武器系统、导弹作战使命和战术使用要求为前提，以武器系统和导弹的技术方案、性能为基础，需要与武器系统的特点相结合，其设计结果是武器系统和导弹软件设计的主要输入之一。

在进行旋转导弹作战过程的物理描述设计时，重点考虑以下几个环节的要求。

（1）武器系统战术技术要求

武器系统战术技术要求中，以下几个环节是对作战过程设计影响最大的。

一是典型目标类型和特性，在目标特性差异很大时，往往需要使用不同的作战过程、作战模式或者参数去应对；

二是作战空域，在不同射程、射高空域范围内，采用迎攻、尾追的不同作战模式，使用的流程、设计参数、处理逻辑往往是不同的；

三是射击模式，例如要求单射、连射、齐射、两次射击等，其流程会存在差异；

四是制导模式，采用截获后发射或发射后截获模式，其流程和逻辑差别也非常大。

（2）目标探测方式和能力

对目标探测的方式和获取的参数不同，作战过程和参数也不相同。例如便携式防空导弹采用目视探测，能够获取的信息很少，因此能够采用的差异性流程设计也十分有限，但如果将便携式防空导弹装载车载平台后，能够依靠探测设备提供更多的目标指示信息，则流程设计就可以更加具有针对性和适应性。

（3）制导系统设计方案

采用不同的制导系统设计方案，在导弹作战流程中会得到明显的体现，典型的如红外单一制导模式和红外与其他体制复合的制导模式，作战流程就存在很大差别。

（4）引战系统设计方案

引信采用单一触发引信或近炸/触发复合引信，以及制导能够提供的辅助信息不同，也会引起作战流程和时序参数的差异。

作战过程设计没有统一的标准方法，在很大程度上依靠设计师经验，以及武器系统和各个分系统设计方案、要素的制约。目前进行作战过程设计的常用方法是分解法，即将一次完整的作战过程按时序和系统关系分解为多个阶段、多个独立功能和多个分系统任务，再对每一个过程、功能和任务进行进一步设计。分解法容易导致一些全局性的逻辑分支的缺漏，因此在分解后还需要逐级综合进行分析和仿真，确认整个系统工作流程能够满足系统总体设计要求。

本书主要介绍旋转弹典型的作战过程及其设计思路，并介绍便携式防空导弹的武器系统作战过程及其设计思路。

4.8.1.1.1　典型旋转弹作战过程

这里以采用复合制导模式的典型近程末端旋转弹作战过程为例进行介绍。

导弹（筒弹）的作战过程一般指从导弹加电开始，到弹目遭遇战斗部爆炸或者自毁为止的全过程。通常可以分为准备阶段、发射阶段、飞行阶段三个主要阶段，其中飞行阶段通常又可以分为初制导阶段（或者截获引入阶段）、制导阶段、遭遇阶段。

（1）导弹准备阶段

导弹准备阶段从发控设备给导弹加电开始，到导弹向发控设备（或武控系统）回告"导弹准备好"为止。对于发射前截获的寻的制导导弹，"导弹准备好"信号在导引头截获后给出，对于发射后截获的导弹，"导弹准备好"信号在导弹自检完成、弹上设备工作正常后给出。

近程末端防空导弹可以有红外截获后发射和发射后空中截获两种工作模式。对于红外截获后发射模式，导弹准备阶段的主要工作内容为：发控设备给导弹加电，同时激活地面的制冷气源，并向弹上连续实时装订必要的参数；发射筒抛前盖；弹上各设备在加电后启动并自检，陀螺启动并加速到稳定转速，弹上计算机在启动后规定时间内收集弹上设备加电自检情况，包括陀螺转速到位情况和探测器制冷到位情况，全部正常后回告"导弹自检正常"；导引头位标器向预定的目标方位进动并开始搜索，等到红外满足截获判据转入截获跟踪状态时，回告"目标截获"信号，导弹完成发射准备。

对于发射后空中截获模式，则没有发射筒抛前盖动作，在回告"导弹自检正常"后，导弹完成发射准备。

在自检过程中，任何弹上设备自检异常，或者在规定时间内未能回告自检正常信号，则应判导弹故障；抛盖指令下达后未完成抛盖判导弹故障；地面制冷气源未能激活时，应立即启动备份气源，无备份气源时，判导弹故障。

发射准备阶段是导弹工作过程的第一个阶段，这个阶段最重要的指标是准备阶段所需的时间，这一时间和下一阶段——发射阶段不可逆时间叠加后，就是导弹的反应时间，是决定武器系统快速响应能力的重要指标，而且主要取决于发射准备时间。为了满足准备反应时间的指标要求，发射准备阶段的工作过程在设计时应尽量能够并行开展。

（2）发射阶段

发射阶段从指控或射手下达发射令，发控设备启动导弹发射不可逆程序开始，到发控设备回告弹动信号为止。该阶段的工作程序相对固定，且时间很短。

典型的发射阶段不可逆程序为：

发控给出信号，激活弹上热电池和弹上制冷气源；发射后截获模式时，发射筒抛盖；发控维持供电到弹上电池激活完成，供电电压建立；撤销供电，完成转电；解除固弹机构保险；解除发动机保险（如有），发动机点火，弹动；弹动过程中带动脱落插头分离，并给出"弹动"信号。

发射阶段是安全性风险等级很高的阶段，在流程设计时应更多地重视安全性环节。

（3）飞行阶段

导弹弹动至弹目交会、引爆战斗部（或者引信输出自毁信号，引爆战斗部）为导弹飞行阶段。

飞行阶段的流程多种多样，主要和制导模式密切相关，对于发射前截获的制导模式而言，整个飞行全程都在红外制导工作阶段，因此可分为红外制导段和弹目遭遇段；对于发射后截获的复合模式而言，则又分为截获段、微波制导段、复合（或红外）制导段和弹目遭遇段。

截获段是导弹发射弹动后到导引头满足截获条件，建立有效输出为止，这一阶段导弹可作无控飞行或程控飞行。

微波、红外、复合制导段是导引头工作在不同制导模式下的受控飞行阶段，其中红外制导段完全由红外导引头进行跟踪和输出控制指令；微波制导段由微波导引头进行跟踪，并驱动红外位标器陀螺向目标方向指向，同时输出控制指令；复合制导段，导引头两种模式同时工作，并按信息融合设计要求输出控制指令。控制指令驱动舵机运动，产生的气动合力驱动导弹按预定的导引规律向目标飞行。这一阶段是导弹武器系统作战过程最重要的阶段，也是逻辑关系和数据处理最复杂的阶段。

弹目遭遇阶段是导弹和目标相对距离接近到一定程度，引战系统介入工作，引信探测到目标后启动并引爆战斗部的阶段。

如引信未能启动，则导弹在满足一定的自毁条件后，引信输出起爆信号引爆战斗部实现导弹自毁。

在整个飞行阶段，引战系统也有自己的工作流程，主要包括安全执行机构解除保险、引信开机、引信解封、引信启动引爆战斗部、自毁等过程。

解除保险环节在由安全执行机构在导弹弹动至弹动后一定时间内逐级完成，通常解保设计为与发射过载和时间相关，完成全部解保时应保证导弹已飞出足够的安全距离，同时又不能超过作战空域的近界。

近炸引信通常设计为导弹飞出一定距离后开机，主要也是出于安全性的考虑，开机时刻与完全解除保险时刻接近。

近炸引信开机后处于工作状态，为了防止在飞行过程中出现虚警和干扰，会设置为封闭，即输出通道不接通，到弹目接近到一定条件时才解除封闭。解封的时间距离弹目交会时间越近，越有利于降低引信虚警的概率，解封时间设计的精度取决于其测量或者估算方法的精度。

如引信未能启动，则导弹在飞行到满足一定的自毁条件后，引信输出起爆信号引爆战斗部，实现导弹自毁。

4.8.1.1.2　便携式防空导弹武器系统作战过程

便携式防空导弹武器系统配置方案有很多，其作战流程也略有差异，这里以配置齐全条件下武器系统作战流程为例进行介绍。武器系统的配置包含筒弹、地面能源、发射机构、瞄准具、敌我识别器和空情收讯机等。

武器系统的作战过程从收到上级空情指示开始，到弹目遭遇战斗部爆炸或者自毁为止，在筒弹作战的过程之前增加了武器系统准备阶段、目标搜索确认阶段，在最后增加了撤收阶段。

（1）武器系统准备阶段

武器系统准备阶段从收到上级空情指示开始，到武器系统转入作战状态结束。其主要作战程序为：射手通过空情收讯机或者其他通信设备收到空情指示后，打开包装箱，取出筒弹；寻找合适的发射阵地就位，将筒弹横置后安装发射机构、地面能源、光电瞄准具、敌我识别器天线。取下发射筒前后盖，然后将筒弹置于肩上，并连接敌我识别器天线电缆。打开敌我识别器和光电瞄准具电源，完成武器系统准备。

（2）目标搜索确认阶段

本阶段从射手搜索目标开始，至确认目标为敌机止。其主要工作程序为：射手将筒弹朝向空情指示的方位，用目视或者瞄准具对空中进行搜索，发现可疑目标后，使用敌我识别器进行询问（视情可进行多次询问），有应答时为友机，停止射击，否则可确认为敌机。

（3）导弹准备阶段

导弹准备阶段从激活地面能源给筒弹加电供气开始，到筒弹发出"目标截获"信号为止。便携式防空导弹通常设计两种发射模式，即手动模式和自动模式，手动模式下，在筒弹发出"目标截获"信号后，需射手扣动扳机才能执行发射；自动模式下，筒弹满足"目标截获"条件后自动发射。

在地面能源工作时间范围内未能发射时，可更换地面能源后继续作战。

（4）发射阶段

发射阶段从发射机构启动导弹发射不可逆程序开始，到弹动为止。该阶段的工作程序与上节基本一致。

典型的便携式防空导弹发射阶段不可逆程序为：

发射机构满足发射条件后（自动或者手动），激活弹上热电池和弹上制冷气源；解除固弹机构保险；发动机点火，弹动；弹动过程中带动脱落插头分离，并给出"弹动"信号。

（5）飞行阶段

导弹弹动至弹目交会、引爆战斗部（或者引信输出自毁信号，引爆战斗部）为导弹飞行阶段。

便携式防空导弹飞行阶段流程较为简单，通常可分为制导阶段和遭遇阶段。

制导阶段，导弹按设定的导引规律和参数向目标飞行。

弹目遭遇阶段，导弹和目标相对距离接近到一定程度，引战系统介入工作，引信探测到目标后（单一触发引信时，在弹目碰撞后）启动并引爆战斗部。

在整个飞行阶段，带近炸引信的引战系统工作流程同前文。只有触发引信时，主要包括安全执行机构解除保险、弹目碰撞时触发引信启动引爆战斗部、自毁等过程，具体内容同前文。

（6）撤收阶段

撤收阶段为作战完成后，武器系统由作战状态转为行军状态的阶段，主要包括关闭光电瞄准具和敌我识别器电源，将筒弹（或空发射筒）下肩，拆卸敌我识别器天线、光电瞄准具、地面能源、发射机构并将其放入各自包装袋内；将发射筒前后盖安装到位，然后将筒弹（或者空发射筒）放入包装箱。

4.8.1.2　作战过程控制逻辑模型

上述作战过程中，有一些节点的控制模块需要进行逻辑模型的设计，对于模块的功能、输入输出关系、逻辑判断准则和调用条件、次序等做出规定。这些逻辑模型是否正确对于作战过程控制有很重要的意义。

本类导弹常见的控制逻辑模型有：

（1）筒弹加电步骤逻辑模型

主要涉及到的逻辑过程有：加电、供气、抛盖等的时序逻辑、判断逻辑，弹上设备加电时序逻辑、判断逻辑等。

（2）导弹自检判故逻辑模型

主要是在加电的不同时段，如何给出弹上设备工作状态的逻辑模型，以及自检正常和判故的判定准则、综合回馈信号准则等。

（3）设备通信逻辑模型

设备间（地面和筒弹，以及筒弹各设备间）通信模式设计和主从设置、收发逻辑判断设计、时序匹配设计、故障和容错逻辑模型设计等。

（4）导弹发射不可逆过程处理

导弹发射不可逆过程的各个时序安排，逻辑关系设置，例如保证固弹机构解锁完成后才能执行发动机点火的逻辑控制等，以及过程中正常或者判故的逻辑设定和分支处理。

（5）截获、交班判据

在不同工作阶段，判定导引头是否截获目标逻辑模型；以及多模制导模式下，判断模式转换完成交班的逻辑模型和时序等。

（6）自毁判据

导弹的自毁通常会设计多个环节，尽量保证尽可能早地实现自毁，需要给出各个自毁环节的逻辑流程和判断准则。

（7）引信解封判据

为提高引信解封的精度，减小引信虚警的可能性，对解封可以设置多个环节，例如预估时间定时解封、导引头信息辅助解封等，对于各个解封环节的判据、适用条件及逻辑关系进行设计和优化。

（8）安全执行机构解除保险判据

针对导弹自身的工作流程和特点，确定合理的安全执行机构解保方式、信号特征、时序和逻辑关系。

4.8.2　精度分配

精度分配是防空导弹武器系统总体设计的一个十分重要的内容，贯穿于系统工作的始终，同时精度分配又涉及到武器系统相关的主要分系统的工作匹配性和指标协调性，是决定武器系统能否高概率正常工作的重要因素，也是确定探测设备、发射装置等的精度指标需求的前提和基础。

下面同样以末端防御导弹和便携式防空导弹武器系统两种典型范例来分析精度分配的主要设计环节和确定方法。

4.8.2.1　末端防御导弹精度分配

进行末端防御导弹（筒弹）的精度分配，首先要分析涉及精度分配的各个环节及其相互关系，即精度链。

末端防御导弹精度分配的最终目的，是满足作战使用中的相关概率要求，例如对于架上截获的作战模式，应满足截获概率的要求；对于空中截获，应满足交班概率的要求；最终需要满足的是杀伤概率的要求。

筒弹精度链中，由外部决定的是筒弹的机械指向精度/跟踪精度，以及目标指示精度。对于以红外制导为主的旋转导弹而言，通常分析的是角精度。

对于发射前架上截获的导弹，影响截获概率的精度链包含的主要环节有：

1）筒弹定位精度，指筒弹安装在发射架上，其基准轴与发射架基准轴的偏差，主要由配合结构的加工精度来保证。

2）导弹定位精度，指导弹安装在发射筒内，导弹基准轴和发射筒基准轴的偏差，主要受导弹外形和发射筒内部配合面形位公差的影响。

3）导引头安装精度，指导引头基准轴和导弹基准轴的偏差，主要受导引头安装结构的加工精度影响。

4）导引头电锁/随动指向精度，指导引头在实际截获目标工作状态（电锁或者开锁随动）下的指向精度，由导引头本身性能、位标器安装精度和调试结果确定。

为了减小上述精度链各个环节的误差影响，可以增加筒弹总装后的校靶环节，通过高精度的校靶设备，将上述各个环节的综合系统误差测量出来后，进行参数补偿，从而大幅度提高精度，降低各个环节的系统误差影响，此时影响导引头截获概率的主要原因是筒弹外部环节的误差和本身的指向随机误差。

对于发射后空中截获的导弹，影响交班概率的精度链有两种情况，第一种是多模导引头工作模式之间的精度匹配性；第二种是惯导向主制导交班的惯导测量解算精度。

第一种情况以微波/红外双模导引头为例，由于在组装时就可以通过调校的方式将两个导引头的安装机械零位等固有误差环节消除，且双模导引头工作在同一弹体基准平台上，此时影响交班概率的就是被动微波测角精度（随机误差）和红外导引头视场之间的匹配性。

第二种情况以惯导/红外复合制导为例，各个误差环节有：

1）筒弹定位精度，同上；

2）导弹形位精度，同上；

3）惯导安装精度，指惯导安装在导弹上，其基准轴和导弹基准轴的偏差，取决于惯导安装舱段的结构精度和惯导本身的安装精度；

4）惯导初始装订误差，惯导初始装订参数（初始对准）的误差；

5）惯导定位定向误差，因惯导器件测量误差引起的在飞行过程中测量解算得到的位置指向偏差；

6）导引头安装精度，同上；

7）导引头指向精度，同上。

可以通过筒弹总装后的惯导标校环节减小惯导安装精度的误差，可以通过校靶环节降低导引头精度链的误差，同时还可以消除一部分惯导平台的误差，此时上述精度链环节中影响交班的主要是惯导定位定向的初始对准误差、重复性偏差、测量解算误差，以及外部误差综合后和导引头视场的匹配性。

4.8.2.2　便携式防空导弹武器系统精度分配

便携式防空导弹武器系统涉及到精度分配的主要是筒弹和瞄准具，这里以光学瞄准具为例进行介绍。

筒弹环节精度链和上节是相同的。

光学瞄准具通过可调节的安装座固定在发射筒上，主要误差环节是光学瞄准具光轴和安装基准轴之间的误差，以及安装座与发射筒基准轴之间的误差。

为了消除上述精度链中一系列误差环节，在筒弹总装测试过程中增加校靶环节，靶板上设置对应光学瞄准具的瞄准点，校靶时，将导弹导引头电锁后，调整筒弹轴线，使导引头对准黑体，此时再调整光学瞄准具的安装座，使光学瞄准具瞄准中心对准靶板上的瞄准点，这样就消除了所有中间环节引入的误差。

4.8.2.3　精度分析的主要方法

精度分析是进行精度分配的基础，其主要方法有两种：概率密度法和蒙特卡洛法。蒙特卡洛法可参见相关文献。这里介绍常用的概率密度法。

导弹武器系统是一个复杂系统，其误差来源于相关的各个子系统的误差，为了分析系统总误差，必须对各个误差源进行逐项分析，然后再综合。

武器系统的误差，可以分为系统误差和随机误差两类。两类误差进行合成并分析的方法是不同的。

4.8.2.3.1　随机误差分析

随机误差的合成方法有标准误差合成法和极限误差合成法。

（1）标准误差合成

设影响武器系统总误差的各误差源，有 n 个单项随机误差，其标准差分别为 σ_1、σ_2、$\cdots$、σ_n，其相应的误差传递系数分别为 a_1、a_2、$\cdots$、a_n，可以求出各个误差源标准差合成后的总标准误差为

$$\sigma_y = \sqrt{\sum_{i=1}^{n}(a_i\sigma_i)^2 + 2\sum_{1\leqslant i<j}^{n}\rho_{ij}a_ia_j\sigma_i\sigma_j} \tag{4-32}$$

通常情况下，误差项互不相关，相关系数 $\rho_{ij}=0$，有

$$\sigma_y = \sqrt{\sum_{i=1}^{n}(a_i\sigma_i)^2} \tag{4-33}$$

标准误差合成方法计算简便，但是在处理随机误差不是同一类分布时，由于落入区间 $[-\sigma_i, \sigma_i]$ 的概率各不相同，上述方法的概率意义就不明确。

（2）极限误差合成

采用极限误差合成时，各单项极限误差取同一置信概率。设各单项误差源的极限误差为 δ_1、δ_2、$\cdots$、δ_n，则总的极限误差为

$$\delta = \pm\sqrt{\sum_{i=1}^{n}(a_i\delta_i)^2 + 2\sum_{1\leqslant i<j}^{n}\rho_{ij}a_ia_j\delta_i\delta_j} \tag{4-34}$$

这里的极限误差求解方法为

$$\delta_i = \pm t_i\sigma_i \tag{4-35}$$

其中 t_i 为单项误差的置信系数，常见误差分布的置信系数如表 4-5 所示。

表 4-5　常见误差分布及其相应置信系数

分布类型	分布密度	方差	置信系数 t
正态分布	$f(\delta) = \dfrac{1}{\sigma\sqrt{2\pi}}e^{-\frac{\delta^2}{2\sigma^2}}$	σ^2	$2.58\sim3$
均匀分布	$f(\delta) = \begin{cases} \dfrac{1}{2a} & |\delta|>a \\ 0 & |\delta|\leqslant a \end{cases}$	$a^2/3$	$\sqrt{3}\approx1.73$
反正弦分布	$f(\delta) = \dfrac{1}{\pi\sqrt{a^2-\delta^2}} \quad |\delta|<a$	$a^2/2$	$\sqrt{2}\approx1.41$

分布类型	分布密度	方差	置信系数 t
三角分布	$f(\delta) = \begin{cases} (a+\delta)/a^2 & -a < \delta < 0 \\ (a-\delta)/a^2 & 0 < \delta < a \end{cases}$	$a^2/6$	$\sqrt{6} \approx 2.45$

当各单项误差都服从同一类分布时，例如正态分布，且误差间相互独立，则有

$$\delta = \pm \sqrt{\sum_{i=1}^{n} (a_i \delta_i)^2} = \pm t \sqrt{\sum_{i=1}^{n} (a_i \sigma_i)^2} \qquad (4-36)$$

4.8.2.3.2　系统误差分析

系统误差是一种固定误差，可将其分为已定系统误差和未定系统误差两类。已定系统误差是指大小、方向等都确定且已知的误差。通常情况下，已定系统误差在设计和使用中会通过校准等方式来消除，因此可以不考虑已定系统误差的影响。

未定系统误差是指大小和方向未能确切掌握，或者没有必要掌握，而只能估计出其不超过某一极限范围 $\pm e_i$ 的系统误差。对于未定系统误差在实践中难以测量得到，一般其概率分布密度根据测量情况的分析和判断来假定，一种是按正态分布处理，一种是按均匀分布处理。

未定系统误差的具体处理方法与随机误差类似。

4.9　弹体数学模型

弹体数学模型是弹体动态特性分析和导弹控制系统设计的主要依据，因此，在导弹设计前期就必须建立起正确的弹体数学模型。

导弹弹体数学模型由导弹重心运动方程（也称为运动学方程）和弹体绕重心转动的弹体角运动方程（也称为动力学方程）两个部分来描述。其中角运动方程中的系数用表征弹体动态特性的动力系数来表示。

旋转导弹作为一种小型导弹，弹体的刚性较好，70 mm 弹径的便携式旋转导弹的弹体一阶振型通常在 60 Hz 以上，127 mm 弹径的末端防御导弹一阶振型通常在 40 Hz 以上，因此大多数情况下可以忽略弹体弹性运动的影响，把弹体视为刚体。但随着技术的发展，在旋转弹上也将采用稳定回路等设计措施，此时需要考虑弹性弹体对控制系统工作的影响，因此本书也简单介绍了弹性弹体的数学模型。

旋转弹在空中飞行时，弹体以较高的滚动角速率旋转，此时会出现耦合项，不能像传统的三通道导弹一样把弹体运动分解为单独的纵向运动方程组和横向运动方程组来研究，而是必须两者结合在一起进行分析。理论分析结果表明，在控制平面施加指令要求导弹沿该平面机动时，会同时出现垂直于该平面的运动，这个运动正是弹体旋转后产生各种耦合影响的结果。

4.9.1　坐标系定义及变量定义

为了满足分析、计算和设计的要求，旋转弹的弹体数学模型主要涉及到的坐标系包

括：两个基准坐标系——地面坐标系 $o_0 x_d y_d z_d$ 和准地面坐标系 $o x_d y_d z_d$；弹体坐标系 $o x_1 y_1 z_1$（随弹体旋转）和半弹体坐标系 $o x_b y_b z_b$（也称为准弹体坐标系，不随弹体旋转）；弹道坐标系 $o x_2 y_2 z_2$；速度坐标系 $o x_v y_v z_v$ 和准速度坐标系 $o x_5 y_5 z_5$。

（1）地面（发射）坐标系 $o_0 x_d y_d z_d$

与大地固连的坐标系，用于研究导弹重心相对于地面的运动，通常可以等同为惯性坐标系。地面坐标系如图 4-55 所示。

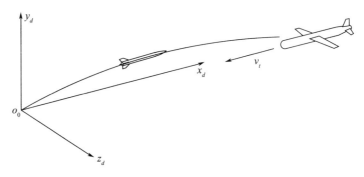

图 4-55　地面（发射）坐标系

o_0——导弹发射点；

$o_0 x_d$——在发射点水平面上，对于防空导弹，其指向与发射时刻目标速度 v_t 方向平行，尾追时与目标速度同向为正，迎攻时与目标速度反向为正，目标静止时指向目标在水平面的投影；

$o_0 y_d$——与水平面垂直，向上为正；

$o_0 z_d$——垂直 $x_d o_0 y_d$ 平面，按右手坐标系准则确定。

（2）准地面坐标系 $o x_d y_d z_d$

将地面坐标系原点由发射点平移到导弹重心 o 上，各坐标轴指向不变。

（3）弹体坐标系 $o x_1 y_1 z_1$

与弹体固连的坐标系，如图 4-56 所示。

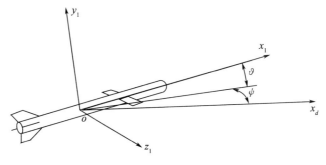

图 4-56　弹体坐标系

o——导弹重心；

$o x_1$——沿导弹纵轴，指向弹头为正；

oy_1——沿导弹纵向对称平面内，垂直 ox_1 轴，指向上方为正；对于旋转弹，纵向对称平面即为舵的布置平面，按规定的指向为正；

oz_1——垂直 x_1oy_1 平面，按右手坐标系准则确定。

弹体坐标系与地面坐标系相结合，可以确定导弹姿态，研究导弹的俯仰和偏航运动。可以用俯仰角 θ、偏航角 ψ 和滚转角 γ 来描述。

θ —— ox_1 轴与水平面夹角，抬头为正；

ψ —— ox_1 轴在水平面内投影与 ox_d 轴夹角，由 ox_d 轴起，逆时针方向为正；

γ —— oy_1 轴与铅垂平面之间的夹角。

（4）半弹体坐标系 $ox_by_bz_b$

也称为准弹体坐标系，是与弹体相连但不随弹体旋转的坐标系，如图 4‑57 所示。当导弹滚转角 γ 为 0 时，弹体坐标系和半弹体坐标系重合。

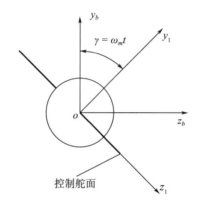

图 4‑57　弹体坐标系与半弹体坐标系关系

o ——导弹重心；

ox_b ——沿导弹纵轴，指向弹头为正；

oy_b ——沿铅垂平面，垂直 ox_b 轴，指向上方为正；

oz_b ——垂直 x_boy_b 平面，按右手坐标系准则确定。

（5）弹道坐标系 $ox_2y_2z_2$

弹道坐标系是动坐标系，固连于导弹飞行弹道瞬间，主要用于研究重心运动特征，如图 4‑58 所示。

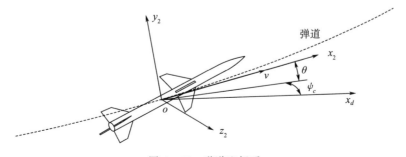

图 4‑58　弹道坐标系

o ——导弹重心；

ox_2——与导弹重心的速度矢量 v 方向重合；

oy_2——沿铅垂平面，垂直 ox_2 轴，指向上方为正；

oz_2——垂直 x_2oy_2 平面，按右手坐标系准则确定。

弹道坐标系与地面坐标系相结合，可以描述弹道特征，相关的特征角度为弹道倾角（航迹角）θ 和弹道偏角（航向角）ψ_c：

θ —— ox_2 轴与水平面夹角，在水平面上方为正；

ψ_c —— ox_2 轴在水平面内投影与 ox_d 轴夹角，由 ox_d 轴起，逆时针方向为正。

（6）速度坐标系 $ox_vy_vz_v$

反映导弹速度与弹体相互关系的坐标系，如图 4-59 所示。

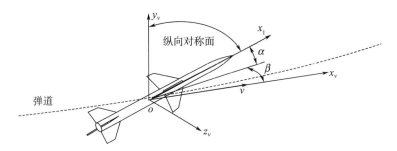

图 4-59　速度坐标系

o ——导弹重心；

ox_v——与导弹重心的速度矢量 v 方向重合；

oy_v——沿弹体纵向对称平面，垂直 ox_v 轴，在发射时刻指向上方为正；

oz_v——垂直 x_voy_v 平面，按右手坐标系准则确定。

速度坐标系与弹体坐标系相结合，可以描述弹体与气流之间的相对关系，相关的特征角度为攻角（迎角）α、侧滑角 β 和速度倾角 γ_c：

α —— ox_v 轴在导弹纵向对称面上投影与弹轴 ox_1 之间的夹角，抬头为正；

β —— ox_v 轴与导弹纵向对称面夹角，由导弹尾部向头部看，ox_v 轴在纵向对称面右侧时，β 为正。

γ_c —— oy_v 轴与 oy_2 轴之间的夹角。

（7）准（半）速度坐标系 $ox_5y_5z_5$

o ——导弹重心；

ox_5——与导弹重心的速度矢量 v 方向重合；

oy_5——沿包含弹轴的铅垂平面，垂直 ox_5 轴，指向上方为正；

oz_5——垂直 x_5oy_5 平面，按右手坐标系准则确定。

准速度坐标系与准弹体坐标系相结合，用来研究旋转导弹的合力等效效应及等效攻角 α_b、等效侧滑角 β_b 和等效速度倾角 γ_c^*。

α_b —— ox_5 轴在包含弹轴的铅垂平面上投影与弹轴 ox_1 之间的夹角，向上为正；

β_b —— ox_5 轴与包含弹轴的铅垂平面夹角，由导弹尾部向头部看，ox_5 轴在铅垂面右侧时为正。

γ_c^* —— oy_5 轴与 oy_2 轴之间的夹角。

上述坐标系的相互转换关系如图 4 - 60 所示，图中箭头代表坐标变换方向，相应的角度转换矩阵用 $L(\psi, \vartheta, \gamma)$ 来表示［见式（4 - 37）］。位置转换矩阵用 $R(x, y, z)$ 表示［见式（4 -38）］。

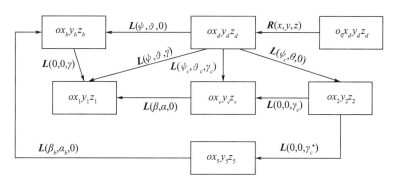

图 4 - 60　各坐标系转换关系

$$
L(\psi, \vartheta, \gamma) = \begin{bmatrix} \cos\psi\cos\vartheta & \sin\vartheta & -\sin\psi\cos\vartheta \\ \sin\psi\sin\gamma - \sin\vartheta\cos\psi\cos\gamma & \cos\vartheta\cos\gamma & \cos\psi\sin\gamma + \sin\psi\sin\vartheta\cos\gamma \\ \sin\psi\cos\gamma + \cos\psi\sin\vartheta\sin\gamma & -\cos\vartheta\sin\gamma & \cos\psi\cos\gamma - \sin\psi\sin\vartheta\sin\gamma \end{bmatrix}
$$

$$(4 - 37)$$

$$
R(x, y, z) = \begin{bmatrix} 1 & 0 & 0 & 0 \\ 0 & 1 & 0 & 0 \\ 0 & 0 & 1 & 0 \\ x & y & z & 1 \end{bmatrix}
$$

$$(4 - 38)$$

上述转换矩阵的变量可以推广到其他转换矩阵，只要将变量（ψ, ϑ, γ）分别用对应的变量替换即可。

4.9.2　导弹运动学方程

在明确了上述坐标系定义后，可以推导出导弹作为质点在空间进行运动的方程。

分析导弹的速度 V 向惯性坐标系的投影，有

$$
\begin{cases} \dfrac{\mathrm{d}x}{\mathrm{d}t} = V\cos\theta\cos\psi_c \\[2mm] \dfrac{\mathrm{d}y}{\mathrm{d}t} = V\sin\theta \\[2mm] \dfrac{\mathrm{d}z}{\mathrm{d}t} = -V\cos\theta\sin\psi_c \end{cases}
$$

$$(4 - 39)$$

在弹体坐标系下，分析导弹的受力情况。

导弹受到的气动力

$$
\begin{cases}
F_{x1} = -(qSC_x + qSC_n^\delta \delta_c \sin\delta_c) \\
F_{y1} = qS(C_n^a + C_n^\delta \delta_c \cos\delta_c) \\
F_{z1} = -qSC_z^\beta \beta
\end{cases}
\tag{4-40}
$$

式中 q ——动压，$q = \dfrac{1}{2}\rho V^2$；

G —— $G = mg$ ，m 为质量；

S ——参考面积；

ρ ——大气密度；

C_x ——轴向力系数；

δ_c ——等效舵偏角；

C_n^a ——法向力系数；

C_z^β ——侧向力系数；

C_n^δ ——舵面升力系数。

将导弹受到的气动力转换到速度坐标系下，有

$$
\begin{bmatrix} F_{xv} \\ F_{yv} \\ F_{zv} \end{bmatrix} = \boldsymbol{L}^{-1}(\beta,\alpha,0)\begin{bmatrix} F_{x1} \\ F_{y1} \\ F_{z1} \end{bmatrix} = \begin{bmatrix} \cos\alpha\cos\beta & -\sin\alpha\cos\beta & \sin\beta \\ \sin\alpha & \cos\beta & 0 \\ -\cos\alpha\sin\beta & \sin\alpha\sin\beta & \cos\beta \end{bmatrix}\begin{bmatrix} F_{x1} \\ F_{y1} \\ F_{z1} \end{bmatrix}
\tag{4-41}
$$

进一步转换到弹道坐标系下，并考虑发动机推力 F 的合成作用，有

$$
\begin{cases}
F_{x2} = F\cos\alpha\cos\beta + F_{xv} - G\sin\theta \\
F_{y2} = F(\sin\alpha\cos\gamma_c + \cos\alpha\sin\beta\sin\gamma_c) + F_{yv}\cos\gamma_c - F_{zv}\sin\gamma_c - G\cos\theta \\
F_{z2} = -[F(\sin\alpha\sin\gamma_c - \cos\alpha\sin\beta\cos\gamma_c) + F_{yv}\sin\gamma_c + F_{zv}\cos\gamma_c]/\cos\theta
\end{cases}
\tag{4-42}
$$

则弹道坐标系下导弹重心运动方程为

$$
\begin{cases}
\dfrac{dV}{dt} = F_{x2}/m \\[2mm]
\dfrac{d\theta}{dt} = F_{y2}/mV \\[2mm]
\dfrac{d\psi_c}{dt} = F_{z2}/mV
\end{cases}
\tag{4-43}
$$

其中速度倾角 γ_c 可由下式计算得到

$$
\begin{cases}
\sin\gamma_c = (\cos\vartheta\sin\gamma + \sin\theta\sin\beta)/(\cos\theta\cos\beta) \\
\cos\gamma_c = (\cos\vartheta\cos\alpha\cos\gamma + \sin\vartheta\sin\alpha)/\cos\theta
\end{cases}
\tag{4-44}
$$

攻角和侧滑角可以由其他 5 个角度计算得到，有

$$
\begin{cases}
\beta = \sin^{-1}\{\cos\theta[\sin\vartheta\cos(\psi-\psi_c)\sin\gamma + \sin(\psi-\psi_c)\cos\gamma] - \sin\theta\cos\vartheta\sin\gamma\} \\
\alpha = \sin^{-1}\{\cos\theta[\sin\vartheta\cos(\psi-\psi_c)\cos\gamma - \sin(\psi-\psi_c)\sin\gamma] - \sin\theta\cos\vartheta\cos\gamma/\cos\beta\}
\end{cases}
$$

$$
\tag{4-45}
$$

计算弹体角速度，有

$$\begin{cases} \omega_{yv} = \omega_{y1}\cos\gamma - \omega_{z1}\sin\gamma \\ \omega_{zv} = \omega_{y1}\sin\gamma + \omega_{z1}\cos\gamma \end{cases} \qquad (4-46)$$

$$\begin{cases} \dfrac{\mathrm{d}\vartheta}{\mathrm{d}t} = \omega_{zv} \\[2mm] \dfrac{\mathrm{d}\psi}{\mathrm{d}t} = \omega_{yv}/\cos\vartheta \\[2mm] \dfrac{\mathrm{d}\gamma}{\mathrm{d}t} = \omega_{x1} - \omega_{yv}\tan\vartheta \end{cases} \qquad (4-47)$$

由动量矩方程推导导弹绕重心转动的运动方程，有

$$\begin{cases} J_{x1}\dfrac{\mathrm{d}\omega_{x1}}{\mathrm{d}t} + (J_{z1} - J_{y1})\omega_{y1}\omega_{z1} = M_{x1} \\[3mm] J_{y1}\dfrac{\mathrm{d}\omega_{y1}}{\mathrm{d}t} + (J_{x1} - J_{z1})\omega_{z1}\omega_{x1} = M_{y1} \\[3mm] J_{z1}\dfrac{\mathrm{d}\omega_{z1}}{\mathrm{d}t} + (J_{y1} - J_{x1})\omega_{x1}\omega_{y1} = M_{z1} \end{cases} \qquad (4-48)$$

式中　J_{x1}，J_{y1}，J_{z1}——导弹绕三个轴的转动惯量，且对于旋转弹，通常有 $J_{y1} = J_{z1} = J_e$；

　　　M_{x1}，M_{y1}，M_{z1}——外力矩在弹体三个轴上分量，且有

$$\begin{cases} M_{x1} = q \cdot S \cdot L \cdot \left(m_x^\varphi \cdot \varphi + \dfrac{L}{2V} \cdot m_x^{\overline{\omega}x} \cdot \omega_{x1} \right) \\[3mm] M_{y1} = q \cdot S \cdot L \cdot \left[m_y^\beta \cdot \beta + \dfrac{L}{2V} \cdot (m_y^{\overline{\omega}y} \cdot \omega_{y1} + m_y^{\overline{\beta}'} \cdot \beta') \right] \\[3mm] M_{z1} = q \cdot S \cdot L \cdot \left[m_z^\alpha \cdot \alpha + m_z^\delta \cdot \delta + \dfrac{L}{2V} \cdot (m_z^{\overline{\omega}z} \cdot \omega_{z1} + m_z^{\overline{\alpha}'} \cdot \alpha' + m_z^{\overline{\delta}'} \cdot \delta') \right] \end{cases} \qquad (4-49)$$

$$\begin{cases} m_z^\alpha = C_n^\alpha (X_{CG} - X_{p\alpha}) \\ m_y^\beta = C_z^\beta (X_{CG} - X_{p\beta}) \\ m_z^\delta = C_{nW}^\delta (X_{CG} - X_{pW}) + C_{nT}^\delta (X_{CG} - X_{pT}) \end{cases} \qquad (4-50)$$

式中　m_x^φ——旋转导弹尾翼差动安装角 φ 产生的滚转力矩系数；

　　　$m_x^{\overline{\omega}x}$——导弹的滚转阻尼系数；$\overline{\omega}_{x1}$ 为 ω_x 的无量纲系数，有 $\overline{\omega}_x = \omega_x L/V$，$L$ 为参考长度，一般为弹长，下文同；

　　　$m_z^{\overline{\omega}z}$——导弹的俯仰阻尼系数；

　　　$m_y^{\overline{\omega}y}$——导弹的偏航阻尼系数，对于旋转弹，通常有 $m_y^{\overline{\omega}y} = m_z^{\overline{\omega}z}$；

　　　$m_z^{\overline{\alpha}'}$、$m_y^{\overline{\beta}'}$、$m_z^{\overline{\delta}'}$——导弹的攻角、侧滑角、舵偏角阻尼导数，对于旋转弹，通常有 $m_z^{\overline{\alpha}'} = m_y^{\overline{\beta}'}$；

　　　$X_{p\alpha}$，$X_{p\beta}$——纵向和侧向压心；

　　　X_{pW}，X_{pT}——舵面和尾翼压心；

C_{nW}^δ，C_{nT}^δ ——舵面和尾翼的升力系数；

L ——参考长度，取弹长；

X_{CG} ——导弹重心（相对于弹长 L 的百分比，下同）。

在应用上述公式进行建模计算时，应注意以下一些要求：

1）对于旋转弹而言，通常除滚转通道外的阻尼项影响都是小量，实际计算时通常可以忽略。

2）要注意计量单位的一致性，特别是角度单位的一致性，即系数计算所用的如果是弧度单位，角度也应用弧度单位；系数用的是角度单位，角度也要对应用角度单位。

4.9.3　弹体坐标系下的导弹动力学方程

动力学方程是用于研究导弹动态特性的相关方程，推导导弹动力学方程有以下一些简化假设：

1）弹体结构部位安排近似轴对称，即 $J_{y1} = J_{z1} = J_e$；

2）导弹飞行速度 V 和旋转角速度 ω_x 不进行控制，且变化平稳；

3）弹体在动态运动过程中，符合小扰动假设，即扰动弹道相对理论弹道的角偏移量为小量，飞行中弹体攻角 α 和侧滑角 β 也为小量。

在上述假设条件下，可以推导得到弹体坐标系下的运动方程式

$$\begin{cases} \dot{\alpha} + a_4\alpha + \omega_{x1}\beta - \omega_{z1} = -a_5\delta_{z1} \\ \dot{\beta} + b_4\beta - \omega_{x1}\alpha - \omega_{y1} = 0 \\ \dot{\omega}_{y1} - b_6\omega_{x1}\omega_{z1} + b_2\beta + b_1\omega_{y1} - b_7\alpha = 0 \\ \dot{\omega}_{z1} + a_6\omega_{x1}\omega_{y1} + a_2\alpha + a_1\omega_{z1} + a_7\beta = a_3\delta_{z1} \end{cases} \quad (4-51)$$

式中　$\dot{\alpha}$ ——攻角增量 $\Delta\alpha$ 对时间 t 的导数，$\dot{\alpha} = \dfrac{\mathrm{d}\Delta\alpha}{\mathrm{d}t}$；

$\dot{\beta}$ ——侧滑角增量 $\Delta\beta$ 对时间 t 的导数，$\dot{\beta} = \dfrac{\mathrm{d}\Delta\beta}{\mathrm{d}t}$；

α，β ——分别为攻角和侧滑角的增量 $\Delta\alpha$、$\Delta\beta$，为书写方便省略了 Δ；

$\dot{\omega}_{y1}$ ——偏航转动角加速度，$\dot{\omega}_{y1} = \dfrac{\mathrm{d}\Delta\omega_{y1}}{\mathrm{d}t}$；

$\dot{\omega}_{z1}$ ——俯仰转动角加速度，$\dot{\omega}_{z1} = \dfrac{\mathrm{d}\Delta\omega_{z1}}{\mathrm{d}t}$；

ω_{y1}，ω_{z1} ——分别为偏航和俯仰角速度增量 $\Delta\omega_{y1}$、$\Delta\omega_{z1}$，为书写方便省略了 Δ；

a_1 ——导弹绕重心转动的俯仰气动阻尼特性，$a_1 = -m_z^{\bar{\omega}_z}qSL^2/J_eV$；

b_1 ——导弹绕重心转动的偏航气动阻尼特性，$b_1 = -m_y^{\bar{\omega}_y}qSL^2/J_eV$；

a_2 ——导弹绕重心转动的俯仰稳定特性，$a_2 = -57.3m_z^\alpha qSL^2/J_e$；

b_2 ——导弹绕重心转动的偏航稳定特性，$b_2 = -57.3m_y^\beta qSL^2/J_e$；

a_3 ——标志舵面控制效率，$a_3 = 57.3m_z^{\delta_z}qSL^2/J_e$；

a_4 ——标志攻角变化所引起的法向力对导弹重心运动影响，$a_4 = (57.3C_y^\alpha qS +$

F)/mV ；

b_4——标志侧滑角变化所引起的侧向力对导弹重心运动影响，$b_4 = (F - 57.3 C_z^\beta qS)/mV$ ；

a_5——标志舵面偏转所引起的法向力对导弹重心运动影响，$a_5 = 57.3 C_y^{\delta_z} qS/mV$ ；

a_6—— $a_6 = 1 - J_{x1}/J_{z1} \approx 1 - J_{x1}/J_e$

b_6—— $b_6 = 1 - J_{x1}/J_{y1} \approx 1 - J_{x1}/J_e$

a_7——因弹体旋转引起的气动耦合力矩对俯仰稳定性的影响，$a_7 = -M_{x1}^\alpha/J_e$ ；

b_7——因弹体旋转引起的气动耦合力矩对偏航稳定性的影响，$b_7 = -M_{x1}^\beta/J_e$ 。

上式可以用矩阵形式表述为

$$\begin{bmatrix} \dot\alpha \\ \dot\beta \\ \dot\omega_{y1} \\ \dot\omega_{z1} \end{bmatrix} + \begin{bmatrix} a_4 & \omega_{x1} & 0 & -1 \\ -\omega_{x1} & b_4 & -1 & 0 \\ -b_7 & b_2 & b_1 & -b_6\omega_{x1} \\ a_2 & a_7 & a_6\omega_{x1} & a_1 \end{bmatrix} \begin{bmatrix} \alpha \\ \beta \\ \omega_{y1} \\ \omega_{z1} \end{bmatrix} = \begin{bmatrix} -a_5 \\ 0 \\ 0 \\ a_3 \end{bmatrix} \delta_{z1} \qquad (4-52)$$

其中力和力矩平衡方程分别用矩阵形式表述为

$$\begin{bmatrix} \dot\alpha \\ \dot\beta \end{bmatrix} + \begin{bmatrix} a_4 & \omega_{x1} \\ -\omega_{x1} & b_4 \end{bmatrix} \begin{bmatrix} \alpha \\ \beta \end{bmatrix} + \begin{bmatrix} 0 & -1 \\ -1 & 0 \end{bmatrix} \begin{bmatrix} \omega_{y1} \\ \omega_{z1} \end{bmatrix} = \begin{bmatrix} -a_5 \\ 0 \end{bmatrix} \delta_{z1} \qquad (4-53)$$

$$\begin{bmatrix} \dot\omega_{y1} \\ \dot\omega_{z1} \end{bmatrix} + \begin{bmatrix} b_1 & -b_6\omega_{x1} \\ a_6\omega_{x1} & a_1 \end{bmatrix} \begin{bmatrix} \omega_{y1} \\ \omega_{z1} \end{bmatrix} + \begin{bmatrix} -b_7 & b_2 \\ a_2 & a_7 \end{bmatrix} \begin{bmatrix} \alpha \\ \beta \end{bmatrix} = \begin{bmatrix} 0 \\ a_3 \end{bmatrix} \delta_{z1} \qquad (4-54)$$

由型号实践和相关试验结果表明，在超声速条件下，考虑到本类导弹细长体气动布局的特点，由弹体旋转产生的耦合力矩（Magnus 力矩）较小，一般为气动稳定力矩的百分之一以下，此时可以忽略这一影响（取 a_7、b_7 为 0）。由于 $J_{x1} \ll J_e$，可取 $a_6 = b_6 = 1$。

则上面各式可进一步简化为

$$\begin{cases} \dot\alpha + a_4\alpha + \omega_{x1}\beta - \omega_{z1} = -a_5\delta_{z1} \\ \dot\beta + b_4\beta - \omega_{x1}\alpha - \omega_{y1} = 0 \\ \dot\omega_{y1} - \omega_{x1}\omega_{z1} + b_2\beta + b_1\omega_{y1} = 0 \\ \dot\omega_{z1} + \omega_{x1}\omega_{z1} + a_2\alpha + a_1\omega_{z1} = a_3\delta_{z1} \end{cases} \qquad (4-55)$$

$$\begin{bmatrix} \dot\alpha \\ \dot\beta \\ \dot\omega_{y1} \\ \dot\omega_{z1} \end{bmatrix} + \begin{bmatrix} a_4 & \omega_{x1} & 0 & -1 \\ -\omega_{x1} & b_4 & -1 & 0 \\ 0 & b_2 & b_1 & -\omega_{x1} \\ a_2 & 0 & \omega_{x1} & a_1 \end{bmatrix} \begin{bmatrix} \alpha \\ \beta \\ \omega_{y1} \\ \omega_{z1} \end{bmatrix} = \begin{bmatrix} -a_5 \\ 0 \\ 0 \\ a_3 \end{bmatrix} \delta_{z1} \qquad (4-56)$$

$$\begin{bmatrix} \dot\omega_{y1} \\ \dot\omega_{z1} \end{bmatrix} + \begin{bmatrix} b_1 & -\omega_{x1} \\ \omega_{x1} & a_1 \end{bmatrix} \begin{bmatrix} \omega_{y1} \\ \omega_{z1} \end{bmatrix} + \begin{bmatrix} 0 & b_2 \\ a_2 & 0 \end{bmatrix} \begin{bmatrix} \alpha \\ \beta \end{bmatrix} = \begin{bmatrix} 0 \\ a_3 \end{bmatrix} \delta_{z1} \qquad (4-57)$$

4.9.4　半弹体坐标系下的导弹动力学方程

旋转弹在飞行过程中，弹体始终以一定频率绕自身纵轴旋转，通过一对舵面的不断偏打的规律控制，来操纵导弹飞向目标。因此，旋转导弹在每个瞬间的受力情况都在发生剧烈变化。从静态的角度分析，导弹基本上每个瞬间都处于不平衡状态。

但是当导弹弹旋频率和控制信号频率远大于导弹弹体在飞行中的固有振荡频率时，从总体上看，导弹的弹体运动仅对旋转的控制力和力矩合成效果进行响应，因此，宏观条件下，弹体仍然按照一定的平衡规律在稳定运动，这个稳定运动的状态，是弹体高速旋转条件下作用在弹体上等效力和等效力矩作用的结果。

基于上述分析，可以将旋转弹的运动简化为等效的不旋转导弹的运动来研究，这样可以大大降低分析的复杂度，同时其分析精度也是可以接受的。为实现这种等效分析，需要建立不旋转的半弹体坐标系来表征导弹运动方程。

建立半弹体坐标系下的运动方程，可以通过各坐标系间的坐标转换得到。

下面进行的公式变换中，下标 b 代表半弹体坐标系。

弹体和半弹体坐标系下角速度转换关系为

$$\begin{bmatrix} \dot{\omega}_{y1} \\ \dot{\omega}_{z1} \end{bmatrix} = A \begin{bmatrix} \omega_{yb} \\ \omega_{zb} \end{bmatrix} \tag{4-58}$$

其中

$$A = \begin{bmatrix} \cos\omega_{x1}t & \sin\omega_{x1}t \\ -\sin\omega_{x1}t & \cos\omega_{x1}t \end{bmatrix} \qquad A^{-1} = \begin{bmatrix} \cos\omega_{x1}t & -\sin\omega_{x1}t \\ \sin\omega_{x1}t & \cos\omega_{x1}t \end{bmatrix}$$

求导可得

$$\begin{bmatrix} \dot{\omega}_{y1} \\ \dot{\omega}_{z1} \end{bmatrix} = A \begin{bmatrix} \dot{\omega}_{yb} \\ \dot{\omega}_{zb} \end{bmatrix} - \omega_{x1} B \begin{bmatrix} \omega_{yb} \\ \omega_{zb} \end{bmatrix} \tag{4-59}$$

其中

$$B = \begin{bmatrix} \sin\omega_{x1}t & -\cos\omega_{x1}t \\ \cos\omega_{x1}t & \sin\omega_{x1}t \end{bmatrix} \qquad B^{-1} = \begin{bmatrix} \sin\omega_{x1}t & \cos\omega_{x1}t \\ -\cos\omega_{x1}t & \sin\omega_{x1}t \end{bmatrix}$$

两个坐标系下的攻角侧滑角相互转换关系为

$$\begin{bmatrix} \alpha \\ \beta \end{bmatrix} = A^{-1} \begin{bmatrix} \alpha_b \\ \beta_b \end{bmatrix} \tag{4-60}$$

对式（4-60）求导，可得

$$\begin{bmatrix} \dot{\alpha} \\ \dot{\beta} \end{bmatrix} = A^{-1} \begin{bmatrix} \dot{\alpha}_b \\ \dot{\beta}_b \end{bmatrix} - \omega_{x1} B^{-1} \begin{bmatrix} \alpha_b \\ \beta_b \end{bmatrix} \tag{4-61}$$

上述式（4-58）～式（4-61）进行合并和推导，可得

$$\begin{bmatrix} \dot{\omega}_{yb} \\ \dot{\omega}_{zb} \end{bmatrix} - \omega_{x1} A^{-1} B \begin{bmatrix} \omega_{yb} \\ \omega_{zb} \end{bmatrix} + A^{-1} \begin{bmatrix} b_1 & -\omega_{x1} \\ \omega_{x1} & a_1 \end{bmatrix} + A^{-1} \begin{bmatrix} \omega_{yb} \\ \omega_{zb} \end{bmatrix} + A^{-1} \begin{bmatrix} 0 & b_2 \\ a_2 & 0 \end{bmatrix} A^{-1} \begin{bmatrix} \alpha_b \\ \beta_b \end{bmatrix} = A^{-1} \begin{bmatrix} 0 \\ A_3 \end{bmatrix} \delta_{z1} \tag{4-62}$$

整理上式，可得

$$\begin{bmatrix} \dot{\omega}_{yb} \\ \dot{\omega}_{zb} \end{bmatrix} - \omega_{x1} \begin{bmatrix} 0 & -1 \\ 1 & 0 \end{bmatrix} \begin{bmatrix} \omega_{yb} \\ \omega_{zb} \end{bmatrix} + \begin{bmatrix} \dfrac{a_1+b_1}{2} + \dfrac{b_1-a_1}{2}\cos 2\omega_{x1}t & \dfrac{b_1-a_1}{2}\sin 2\omega_{x1}t - \omega_{x1} \\ \dfrac{b_1-a_1}{2}\sin 2\omega_{x1}t + \omega_{x1} & \dfrac{a_1+b_1}{2} - \dfrac{b_1-a_1}{2}\cos 2\omega_{x1}t \end{bmatrix} \begin{bmatrix} \omega_{yb} \\ \omega_{zb} \end{bmatrix} +$$

$$\begin{bmatrix} \dfrac{b_2-a_2}{2}\sin 2\omega_{x1}t & \dfrac{a_2+b_2}{2} + \dfrac{b_2-a_2}{2}\cos 2\omega_{x1}t \\ \dfrac{a_2+b_2}{2} - \dfrac{b_2-a_2}{2}\cos 2\omega_{x1}t & \dfrac{b_2-a_2}{2}\sin 2\omega_{x1}t \end{bmatrix} \begin{bmatrix} \alpha_b \\ \beta_b \end{bmatrix} = \begin{bmatrix} -\sin\omega_{x1}t \\ \cos\omega_{x1}t \end{bmatrix} a_3 \delta_{z1}$$

$$(4-63)$$

观察上式可以发现，其中含有 $\cos 2\omega_{x1}t$ 和 $\sin 2\omega_{x1}t$ 项，即表明弹体在运动过程中，有角频率为两倍弹旋频率的摆动。如果导弹的两个方向气动特性是对称的，则因 $a_1=b_1$，$a_2=b_2$，角频率的影响将被消除，但实际上即使旋转弹采用了前翼加舵面的设计，且前翼与舵面形状相同，舵面在偏打情况下的气动特性仍然与固定前翼是不同的，因此，角频率为 $2\omega_{x1}$ 的摆动是不可避免的。

然而，工程上进行旋转弹特性分析时，考虑到这一摆动的摆幅很小，且其在弹旋一周情况下的平均效应相互抵消，基本为零，因此，当弹旋频率大于弹体固有频率时，工程计算可以把这个两倍弹旋频率的摆动项略去。

设

$$C_1 = \frac{a_1+b_1}{2}, C_2 = \frac{a_2+b_2}{2}$$

将式（4-63）进行简化处理后，有

$$\begin{bmatrix} \dot{\omega}_{yb} \\ \dot{\omega}_{zb} \end{bmatrix} - \begin{bmatrix} C_1 & 0 \\ 0 & C_1 \end{bmatrix} \begin{bmatrix} \omega_{yb} \\ \omega_{zb} \end{bmatrix} + \begin{bmatrix} 0 & C_2 \\ C_2 & 0 \end{bmatrix} \begin{bmatrix} \alpha_b \\ \beta_b \end{bmatrix} = \begin{bmatrix} -\sin\omega_{x1}t \\ \cos\omega_{x1}t \end{bmatrix} a_3 \delta_{z1} \qquad (4-64)$$

类似地，将式（4-54）、式（4-59）等进行合并及简化后，可得

$$\begin{bmatrix} \dot{\alpha}_b \\ \dot{\beta}_b \end{bmatrix} - \begin{bmatrix} C_4 & 0 \\ 0 & C_4 \end{bmatrix} \begin{bmatrix} \alpha_b \\ \beta_b \end{bmatrix} + \begin{bmatrix} 0 & -1 \\ -1 & 0 \end{bmatrix} \begin{bmatrix} \omega_{yb} \\ \omega_{zb} \end{bmatrix} = \begin{bmatrix} -\cos\omega_{x1}t \\ \sin\omega_{x1}t \end{bmatrix} a_5 \delta_{z1} \qquad (4-65)$$

其中

$$C_4 = \frac{a_4+b_4}{2}$$

最终，可由上述公式合并得到半弹体坐标系下弹体运动方程的完整形式为

$$\begin{cases} \dot{\alpha}_b + C_4 \alpha_b - \omega_{zb} = -a_5 \delta_{z1} \cos\omega_{x1}t \\ \dot{\beta}_b + C_4 \beta_b - \omega_{yb} = -a_5 \delta_{z1} \sin\omega_{x1}t \\ \dot{\omega}_{yb} + C_1 \omega_{yb} + C_2 \beta_b = -a_3 \delta_{z1} \sin\omega_{x1}t \\ \dot{\omega}_{zb} + C_2 \alpha_b + C_1 \omega_{zb} = a_3 \delta_{z1} \cos\omega_{x1}t \end{cases} \qquad (4-66)$$

以矩阵形式表示为

$$\begin{bmatrix} \dot{\alpha} \\ \dot{\beta} \\ \dot{\omega}_{y1} \\ \dot{\omega}_{z1} \end{bmatrix} + \begin{bmatrix} C_4 & 0 & 0 & -1 \\ 0 & C_4 & -1 & 0 \\ 0 & C_2 & C_1 & 0 \\ C_2 & 0 & 0 & C_1 \end{bmatrix} \begin{bmatrix} \alpha \\ \beta \\ \omega_{y1} \\ \omega_{z1} \end{bmatrix} = \begin{bmatrix} -a_5\cos\omega_{x1}t \\ a_5\sin\omega_{x1}t \\ -a_3\sin\omega_{x1}t \\ a_3\cos\omega_{x1}t \end{bmatrix} \delta_{z1} \qquad (4-67)$$

4.9.5　旋转弹的动态特性分析模型

导弹弹体在制导系统中既是被控对象，又是回路中的一个环节，弹体的动态特性研究的是弹体在受到干扰力和干扰力矩的情况下，其响应的特性。弹体动态特性综合体现了导弹的气动和控制性能。

由于旋转弹刚度较高，通常将其作为刚体进行研究，需要研究刚体扰动运动方程，计算导弹动力系数及弹体传递函数，并在此基础上分析导弹的稳定性、机动性以及导弹在不同空域下的动态特性，进而分析导弹的控制品质。

旋转弹进行动态特性分析，其思路是借鉴三通道控制导弹动态分析的方法，同时，由于导弹旋转使弹体的控制具有旋转后的合成效应和各方向的均一性，因此在旋转导弹弹体特性分析时，可以将其视为各个方向特性相同的等效体来进行，即在半弹体坐标系内进行分析，实际可只研究其一个方向的特性。

4.9.5.1　系数冻结法

研究导弹动态特性，通常使用系数冻结法。

该方法的主要思路为，如果弹道未受到扰动，则该弹道上任意点的运动参数和结构参数均为可知值，在弹体受到扰动的前一刻，近似认为该点附近小范围内，弹体的运动参数和结构参数都固定不变；即认为在一小段时间内的动力系数可以由弹道上某一点的运动参数来确定，这个点称为特性点，而特性点附近的动力系数值不变。

系数冻结法是一种经验方法，并无严格的理论推导或者数学证明。在研究中发现，即使在过渡过程中系数的变化较大，采用系数冻结法也不会带来太大的误差。因此在简单估算时，可以取系数变化较大的几个点作为特性点来计算，就可以得到对弹体特性的概括性的认识。

4.9.5.2　动力系数

这里以纵向运动为例，对导弹运动方程组进行线性化，可推导得到纵向扰动运动模型为

$$\begin{cases} \Delta\dot{V} + a_{11}\Delta V + a_{14}\Delta\alpha + a_{13}\Delta\theta = F_{x1} \\ \Delta\ddot{\vartheta} + a_{21}\Delta V + a_{22}\dot{\vartheta} + a_{24}\Delta\alpha + a'_{24}\Delta\alpha = -a_{25}\Delta\delta_z - a'_{25}\Delta\dot{\delta} + M_{z1} \\ \Delta\dot{\theta} + a_{21}\Delta V + a_{33}\Delta\theta - a_{34}\Delta\alpha = a_{35}\Delta\delta_z + F_{y1} \\ \Delta\vartheta = \Delta\theta + \Delta\alpha \end{cases} \qquad (4-68)$$

式中　　a_{22}——阻尼动力系数，$a_{22} = -\dfrac{M_z^{\overline{\omega}_z}L}{J_e V}$；

a_{24} ——静稳定动力系数，$a_{24} = -\dfrac{57.3 M_z^\alpha}{J_e}$ ；

a_{25} ——操纵动力系数，$a_{25} = -\dfrac{57.3 M_z^{\delta_z}}{\delta_z}$

a_{21} ——速度动力系数，$a_{21} = -\dfrac{M_z^V}{J_e}$ ；

a'_{24} ——下洗延迟动力系数，$a'_{24} = -\dfrac{M_z^{\bar{\dot{\alpha}}} L}{J_e V}$ ；

a'_{25} ——操纵下洗动力系数，$a'_{25} = -\dfrac{57.3 M_z^{\delta_z}}{J_e}$ ；

a_{34} ——法向动力系数，$a_{34} = \dfrac{F + 57.3 Y^\alpha}{mV}$ ；

a_{35} ——舵面动力系数，$a_{35} = \dfrac{57.3 Y^{\delta_z}}{mV}$ ；

a_{33} ——重力动力系数，$a_{33} = -\dfrac{g}{V}\sin\theta$ ；

a_{31} ——法向动力系数，$a_{31} = -\dfrac{F^V\alpha + Y^V}{mV}$ ；

a_{14} ——切向动力系数，$a_{14} = \dfrac{F\alpha + 57.3 X^\alpha}{m}$ ；

a_{13} ——重力侧向动力系数，$a_{13} = g\cos\theta$ ；

a_{11} ——速度动力系数，$a_{11} = -\dfrac{F^V - X^V}{m}$ 。

上述的各个气动力导数、力矩偏导数的表达方式如下

推力偏导数：$F^V = \left[\dfrac{\partial F}{\partial V}\right]_0$ ；

轴向力导数：$X^\alpha = \dfrac{X}{C_x} C_x^\alpha$ ；　$X^V = \dfrac{X}{V}\left(2 + \dfrac{Ma}{C_x} C_x^{Ma} + \dfrac{Re}{C_x} C_x^{Re}\right) C_x^\alpha$ ；

法向力导数：$Y^\alpha = \dfrac{Y}{C_n} C_n^\alpha$ ；　$Y^V = \dfrac{Y}{V}\left(2 + \dfrac{Ma}{C_n}\dfrac{\partial C_n}{\partial Ma}\right)$ ；

舵偏导数：$Y^{\delta_z} = q C_n^{\delta_z} S$ ；

力矩偏导数：$M_z^V = \dfrac{M_z}{V}\left(2 + \dfrac{Ma}{m_z}\dfrac{\partial m_z}{\partial Ma}\right)$ ；　$M^\alpha = \dfrac{M_z}{m_z} m_z^\alpha$ ；　$M^{\delta_z} = \dfrac{M_z}{m_z} m_z^{\delta_z}$ ；　$M_z^{\bar{\omega}_z} = q m_z^{\bar{\omega}_z} S L^2 / V$ ；　$M_z^{\bar{\dot{\alpha}}} = q m_z^{\bar{\dot{\alpha}}} S L^2 / V$

4.9.5.3　弹体传递函数

弹体传递函数包含的内容较多，包括舵偏角、干扰力、干扰力矩等的传递函数，详细内容可参见相关文献，本书不展开进行这方面的详细论述，重点是分析几个常用的传递函数。

俯仰角传递函数，反映舵偏到弹体俯仰角的弹体传递特性

$$W_{\delta_f}^{\vartheta}(s) = \frac{\Delta\vartheta(s)}{\Delta\delta_f(s)} = \frac{K_m(T_1 s + 1)}{s(T_m^2 s^2 + 2T_m \xi_m s + 1)} \qquad (4-69)$$

弹道倾角传递函数，反映舵偏到弹道倾角的弹体传递特性

$$W_{\delta_f}^{\theta}(s) = \frac{\Delta\theta(s)}{\Delta\delta_f(s)} = \frac{K_m(T_{1\theta} s + 1)(T_{2\theta} s + 1)}{s(T_m^2 s^2 + 2T_m \xi_m s + 1)} \qquad (4-70)$$

攻角传递函数，反映舵偏到攻角的弹体传递特性

$$W_{\delta_f}^{\alpha}(s) = \frac{\Delta\alpha(s)}{\Delta\delta_f(s)} = \frac{K_\alpha(T_\alpha s + 1)}{T_m^2 s^2 + 2T_m \xi_m s + 1} \qquad (4-71)$$

这几个传递函数中包含的弹体动态特性参数，可以反映弹体的主要特性，包括

K_m ——弹体传递系数，$K_m = \dfrac{-a_{25}a_{34} + a_{35}a_{24}}{a_{22}a_{34} + a_{24}}$ ，s^{-1}；

T_m ——弹体时间常数，$T_m = \dfrac{1}{\sqrt{-a_{24} - a_{22}a_{34}}}$ ，s；

ξ_m ——相对阻尼系数，$\xi_m = \dfrac{-a_{22} - a'_{24} + a_{34}}{2\sqrt{-a_{24} - a_{22}a_{34}}}$ ；

T_1 ——气动时间常数，$T_1 = \dfrac{-a_{35}a'_{24} + a_{25}}{a_{25}a_{34} - a_{35}a_{24}}$ ，s；

K_α ——攻角传递系数，$K_\alpha = \dfrac{-(a_{35}a_{22} + a_{25})}{a_{22}a_{34} + a_{24}}$ ，s^{-1}；

T_α ——攻角时间常数，$T_\alpha = \dfrac{-a_{35}}{a_{35}a_{22} + a_{25}}$ ，s；

此外，还有

$$T_{1\theta}T_{2\theta} = \frac{a_{35}}{a_{25}a_{34} - a_{35}a_{24}}, T_{1\theta} + T_{2\theta} = \frac{-a_{35}(a_{22} + a'_{24})}{a_{25}a_{34} - a_{35}a_{24}}$$

4.9.5.4　弹体动态特性参数的分析

下面对反映弹体特性的几个参数进行简单分析。

弹体传递系数 K_m，在数值上等于单位等效舵偏角使导弹所能达到的（俯仰）角速度、导弹倾角角速度的稳定值。它反映了从舵偏到角速度的稳态值的放大倍数，是导弹重要的参数，其大小直接决定了稳定性和机动性。

攻角传递系数 K_α，反映了单位等效舵偏所能产生的等效攻角的稳态值，是导弹操纵性的重要标志参数。

弹体时间常数 T_m，与之直接相关的还有弹体固有角频率 $\omega_c = 1/T_m$、弹体固有频率 $f_c = \omega_c/2\pi$，表明了导弹对扰动响应的快慢。一般导弹越小，固有频率越高，旋转弹的固有频率是较高的。但是应注意旋转弹转速设计应尽量保证在 3 倍的弹体固有频率之上。

弹体阻尼系数 ξ_m，决定了弹体受扰动后产生超调的大小，以及恢复稳态的时间。$\xi_m > 1$ 时为过阻尼，不会产生超调，但收敛到稳态的时间较长，$\xi_m < 1$ 为欠阻尼，ξ_m 越小，产生超调越大，收敛到稳态的时间也会延长。对于导弹控制，更关注的是调整时间（收敛到稳态值 5% 偏差范围内的时间），一般 ξ_m 在 0.7 左右可以获得最短的调整时间。但

实际上导弹弹体本身的阻尼都较小，依靠导弹自身无法满足这一要求，因此必要时需在控制回路设计上采取增加阻尼回路等补偿措施。

4.10　弹道设计

弹道设计是导弹飞行力学的一个重要分支，是导弹总体设计的主要环节之一，其主要任务是设计从发射开始到命中目标为止的最佳飞行轨迹，同时研究在各种外力和干扰作用下的导弹运动特性。

对于便携式防空导弹而言，由于目标的位置、速度等特性都是靠射手凭经验预估，存在很大误差，因此其弹道设计需要适应的范围很广，实际上对于弹道往往不进行特殊的有针对性的优化，弹道设计的主要工作是确定一个通用的具有普适性的比例导引规律。随着本类导弹复杂程度的增加，弹道设计工作内容也日益复杂。

弹道设计的主要工作内容包括：

1）导引规律设计；

2）弹道规划设计；

3）发射架跟踪规律设计；

4）初始段导弹扰动运动研究；

5）理论杀伤区设计。

弹道设计的一个重要环节是导引规律的设计，按本类导弹的传统，这一内容归于制导控制系统设计环节，详细内容可参见 5.2 节相关内容。

4.10.1　弹道规划设计

为了使防空导弹能够高概率地拦截目标，同时也为弹上设备工作创造良好的环境，在条件许可的情况下（通常要求能够获取目标和导弹运动的参数），应开展弹道规划设计工作，其主要任务是确定理想的基准弹道，当导弹偏离基准弹道时，控制系统能够适时测量出实际弹道相对基准弹道的偏差，并形成纠偏指令，保证获得最佳的拦截效果。

理想基准弹道应满足以下条件：

1）应保证导弹通过弹目交会点，并使得飞行过程中导弹速度损失小、可用过载大；

2）弹道在不同阶段交班过程中应光滑连续，视线角速度尽可能小；

3）命中点的需用过载小，剩余过载大，导弹纠偏能力强；

4）提供弹上各分系统所需要的良好工作环境。

进行理想弹道规划设计，应考虑以下因素：

1）考虑制导体制和制导控制系统的特点，例如对于本类导弹，大多采用红外寻的制导体制，无弹上惯性基准测量设备；

2）分析典型目标的相关特性和典型作战模式，例如掠海飞行的反舰导弹、巡航导弹，飞行高度很低是一个明显特征，采用被动微波制导时，需考虑弹道应当尽可能在目标主动导引头的波束范围内；

3）综合考虑战术技术指标的要求和约束条件，如射程、射高等空域的要求，发射方式的规定；

4）考虑相关分系统硬件性能限制等，理想弹道理论上应该是接近直线的弹道，如采用比例导引规律，就意味着需要更大的导航比，但由于分系统硬件性能限制，往往实际效果并不好，例如受硬件性能引起的等效阻尼的影响，大导航比可能导致系统振荡发散。

本类旋转导弹都属于近程、末端防空导弹，由于导弹飞行距离有限，在弹道规划设计方面可供选择的手段和余地不多，也没有太大的必要将弹道设计复杂化，例如对于便携式防空导弹，通常分为筒内滑行段和离筒扰动无控飞行段、制导飞行段，部分导弹设计了初制导和末制导飞行段；对于末端防御导弹，通常把拦截超低空目标的弹道和拦截其他类型目标的弹道进行差异化设计，一般也可以分为筒内滑行段、制导飞行段（有时可进一步划分为初/中制导段、末制导段等）。

4.10.1.1　筒内飞行段

本类导弹都采用发射筒倾斜发射方式，筒内飞行段在弹道设计中要关注的主要是出筒速度、出筒转速、出筒低头角速度等。

导弹出筒速度主要受出筒后侧风的影响，不能很低，否则侧风引起的附加攻角所产生的初始扰动将影响初始弹道。

分析各种影响因素，出筒速度主要与发动机（便携式导弹为发射发动机）工作的推力特性、导弹重量以及发射筒长度相关。发射筒长度设计主要与导弹长度相关，一般不会留有过大的余量，导弹重量在设计方案确定后也基本确定，为满足一定的出筒速度要求，只能通过合理确定发动机推力特性来实现，并兼顾技术上实现的难度。

出筒转速往往是旋转导弹全弹道过程中的最高转速，也决定了弹道飞行前期的最低转速，通常导弹的出筒转速取巡航段平均转速的 1.2 倍左右。采用发射筒内螺旋导轨起旋的，可以适当降低。

4.10.1.2　制导飞行段

对于采用全程红外制导模式的本类导弹，通常情况下，在制导飞行段可以采用固定导航比的比例导引规律设计弹道，就能取得较好的效果。

有拦截超低空目标特别是掠海反舰导弹类目标的需求时，应考虑高抛弹道设计，主要目的在于：一是避免拦截弹弹道过低而出现触地、坠海；二是减少飞行过程和交会段地海杂波对导引头及引信探测的影响；三是对于雷达制导，可以降低多路径对探测的影响。

部分导弹为了提高命中目标实体的概率，在设计上采用了末端前向偏移的措施，具体设计可参见 5.2.5 节。

4.10.2　发射架跟踪规律设计

旋转导弹都采用倾斜发射方式，发射时导弹必须指向空间某一高低、方位方向。为了尽量减小发射后导弹进入控制时的偏差，降低导弹在飞行过程中的需用过载，同时，也减小重力等因素造成的导弹下沉等的影响，这一方向的确定是有一定规律的，这种计算发射角大小的规律，就称为发射跟踪规律。对于本类导弹，大多采用发射后很快起控的方式，跟踪规律实际上决定了起控时初始航向偏差的大小，进而会影响整个飞行弹道的性能，是弹道设计的重要内容之一。

便携式防空导弹由于依靠人工发射，获取的目标信息不全，同时也为了简化射手操作，多采用固定前置量的方式，前置量的选取一般是通过对主要作战空域内典型目标拦截弹道进行分析后选择提前量的平均值的方法。

4.10.2.1　发射架跟踪规律的设计原则

（1）以制导体制和导引规律作为设计基础

不同的制导体制、导引规律，对于弹目相对运动的位置、前置角、速度方向等的要求各不相同。从导引头规律来分析，对于本类导弹，多采用比例导引，从减小控制偏差来看，比例导引要求起控时导弹的速度方向指向使视线角速度为零的理想速度方向，因此发射架跟踪规律也应尽量朝这个方向指向。

从制导体制分析，本类导弹大多采用的是寻的导引头，如果要求在发射前截获目标，则必须保证前置角应当能够限制在导引头指向的有效范围内。例如对于典型的红外动力陀螺体制导引头，虽然其最大跟踪范围可达到 40° 左右，但是极限大跟踪角条件下，导引头的有效进光量会受到遮挡从而影响作用距离，指向角的非线性程度很大会影响指向精度，因此实际允许的前置角范围一般不超过 25°。

（2）选择跟踪规律的特征点

跟踪规律是利用地面雷达等探测设备测量得到的目标信息作为参数进行设计的，一般防空导弹的作战空域范围较宽，而跟踪规律本身的复杂程度受到技术可实现性的限制，因此不可能对作战空域内所有点都可以获得良好的设计效果。因此，在选择跟踪规律时，通常只选择作战空域内几个点作为需要重点满足的特征点，其他点进行验算并作为参考。

跟踪规律特征点的选取是有一定要求的，主要从以下几个方面进行考虑。

一是考虑空域影响的敏感性，对跟踪规律敏感的空域要优先考虑，例如高界弹道点的导弹可用过载小，近界弹道点的导引时间短，因此这些点都要求导弹的初始航向偏差尽可能小才能保证弹道性能良好，而远界、低界弹道克服初始偏差的能力就要强得多，因此，从敏感性角度出发，一般选择高界、近界弹道点作为设计跟踪规律的特征点。

二是考虑实际作战条件出现的可能性，例如对于舰载末端防御用的防空导弹，规定的作战使命是拦截攻击本舰的各种反舰导弹，因此实际作战中绝大部分情况要考虑的是拦截小航路、低高度的目标，此时，应当选择低近界的弹道点作为设计跟踪规律的特征点。

（3）考虑引入段的弹道特点

本类导弹在出筒时受筒弹配合间隙影响，或多或少会出现低头，同时，在导弹飞行过程中，会受到重力作用的影响而下沉，从而使引入段（起控前）结束时导弹俯仰角明显小于发射时的俯仰角，即使进入受控制导段，由于本类导弹在导引律设计中大多不考虑（也没有条件）进行重力项的补偿，这种影响往往还将持续下去，因此在跟踪规律设计时应考虑上述原因引起的下沉的影响。

（4）考虑发射角的限制

导弹发射跟踪规律中，高低角均会受到一些因素的限制，其中最大高低发射角一般受到发射装置最大机械偏角的限制。

最小发射高低角从满足弹道性能的角度出发，可以是一个很小的值，但实际上必须考虑无控段散布的情况下，应避免导弹飞行弹道过低、在受到干扰作用可能坠地/坠海的风险，因此通常会对最小发射角进行限制。

此外，舰空导弹和车载导弹在发射跟踪规律设计时，还需要考虑因避免对舰面上层建筑、车体部件可能造成的安全性损伤而设置的禁射区。

（5）跟踪规律的表达公式应力求简单、易于实现

发射跟踪规律是利用探测系统测量到的目标信息进行推导计算的，因此规律中所用到的参数应当是可测量的，或者是通过简单计算能够获得的。这些参数应当能够满足一定的精度要求，如果某些参数的误差较大，而又不得不使用这些参数时，则跟踪规律对这些参数的误差应当是不敏感的。此外，形成的发射跟踪规律在全空域范围内应当是连续的，不能出现目标运动连续而跟踪规律本身发生凸跳的情况（特别是目标在零航路左右波动时，跟踪规律如果考虑不周，有时会出现凸跳的情况）。

为了满足这一要求，在跟踪规律设计时公式应尽量简单，需对根据原理推导的理论公式进行合理的简化，简化后公式的原理误差应当在允许的理论误差范围之内。

4.10.2.2　跟踪规律设计

（1）跟踪规律设计思路

本类导弹大多采用比例导引规律，因此这里以一种比例导引规律下跟踪规律的设计为例介绍跟踪规律的设计思路。

根据比例导引的基本要求，确定起控点理想的速度矢量俯仰角和偏航角 θ_m^*、ψ_{cm}^*。对理想的比例导引，要求实现角速度为零，将视线角速度的垂直和水平分量 $\dot{q}_V = 0$、$\dot{q}_H = 0$ 代入相对运动方程组可得

$$V_{m_{k0}} \left[\cos\theta_{m_{k0}} \sin q_{V_{k0}} \cos(\psi_{cm_{k0}} - q_{H_{k0}}) - \sin\theta_{m_{k0}} \cos q_{V_{k0}} \right] \tag{4-72}$$
$$= V_{t_{k0}} \left[\cos\theta_{t_{k0}} \sin q_{V_{k0}} \cos(\psi_{ct_{k0}} - q_{H_{k0}}) - \sin\theta_{t_{k0}} \cos q_{V_{k0}} \right]$$

$$V_{m_{k0}} \cos\theta_{m_{k0}} \sin(\theta_{m_{k0}} - q_{H_{k0}}) = V_{t_{k0}} \cos\theta_{t_{k0}} \sin(\psi_{t_{k0}} - q_{H_{k0}}) \tag{4-73}$$

式中下标 $k0$ 表示起控点，变量定义见前文弹体数学模型章节。

上式中如果求解得到 $\theta_{m_{k0}}$、$\psi_{cm_{k0}}$ 即为理想速度方向，但是上式直接解算公式复杂，且有些变量通常无法得到，因此，实际使用时，需要加以简化。

设导弹发射至起控前目标作等速平飞运动，即

$$V_{t_{k0}} = V_t, \theta_{t_{k0}} = 0, \psi_{ct_{k0}} = 180°$$

且导弹速度矢量与视线之间夹角为小量，即 $\theta_{m_{k0}} - q_{V_{k0}}$、$\psi_{cm_{k0}} - q_{H_{k0}}$ 为小量，于是有

$$V_{m_{k0}}(q_{V_{k0}} - \theta_{m_{k0}}) = -V_{t_{k0}} \sin q_{V_{k0}} \tag{4-74}$$

$$V_{m_{k0}} \cos\theta_{m_{k0}} (\psi_{cm_{k0}} - q_{H_{k0}}) = V_t \sin q_{H_{k0}} \tag{4-75}$$

求解可得

$$\theta_m^* \approx \theta_{m_{k0}} = \frac{V_t}{V_{m_{k0}}} \sin q_{V_{k0}} + q_{V_{k0}} \tag{4-76}$$

$$\psi_m^* \approx \psi_{cm_{k0}} = \frac{V_t}{V_{m_{k0}} \cos\theta_{m_{k0}}} \sin q_{H_{k0}} + q_{H_{k0}} \tag{4-77}$$

上式中，目标速度由探测系统获得或者射击诸元解算时得到，导弹起控速度也可以根据起控时间预估得到，设为 V_m^*，剩下的两个视线角变量中，由于本类导弹起控时间通常很早，可以作以下假设：

起控时视线高低角、方位角可以近似认为是发射时目标高低角、方位角，即

$$q_{H_{k0}} \approx q_{H0}, \ q_{V_{k0}} \approx q_{V0}$$

于是就有

$$\theta_{m_{k0}} = \left(k_V \frac{V_t}{V_m^*} + 1 \right) q_{V0} \tag{4-78}$$

$$\psi_{cm_{k0}} = \left(k_H \frac{V_t}{V_m^* \cos\theta_{m_{k0}}} + 1 \right) q_{H0} \tag{4-79}$$

式中　k_V，k_H——垂直和水平方向的前置量修正系数。

由于本类导弹采用的导引律大多未进行重力补偿，此时在高低方向需要额外考虑重力对弹道的影响，在高低方向需要再增加一个重力补偿项。重力影响程度与飞行时间相关，因此重力补偿项可以设置为一个与预计命中时间 t_{mz} 相关的量，即有

$$\theta_{m_{k0}} = \left(k_V \frac{V_t}{V_m^*} + 1 \right) q_{V0} + k_g t_{mz} \tag{4-80}$$

式中　k_g——重力补偿修正系数。

此外，通常还需要考虑的因素有：一是发射架机械限位 $\vartheta_{0\max}$；二是超低空最小发射限制角 $\vartheta_{0\min}$；三是导引头截获最大允许前置角 $\Phi_{\max}$。综合上述因素得出的发射架跟踪规律为

$$\vartheta_0 = \begin{cases} \vartheta_{0\max} & \vartheta_0 \geqslant \vartheta_{0\max} \\ q_{V0} + \vartheta'_0 & \vartheta_{0\min} < \vartheta_0 < \vartheta_{0\max} \\ \vartheta_{0\max} & \vartheta_0 \leqslant \vartheta_{0\min} \end{cases} \tag{4-81}$$

$$\psi_0 = q_{H0} + \psi'_0$$

式中　ϑ'_0、ψ'_0——高低和方位的前置量，有

$$\vartheta'_0 = \begin{cases} k_V V_t / V_m^* q_{V0} + k_g t_{mz} & \vartheta'_0 \leqslant \Phi_{\max} \vartheta'_0 / \sqrt{\vartheta'^2_0 + \psi'^2_0} \\ \Phi_{\max} \vartheta'_0 / \sqrt{\vartheta'^2_0 + \psi'^2_0} & \vartheta'_0 > \Phi_{\max} \vartheta'_0 / \sqrt{\vartheta'^2_0 + \psi'^2_0} \end{cases} \tag{4-82}$$

$$\psi'_0 = \begin{cases} k_H V_t q_{H0} / (V_m^* \cos\vartheta_0) & \psi'_0 \leqslant \Phi_{\max} \psi'_0 / \sqrt{\vartheta'^2_0 + \psi'^2_0} \\ \Phi_{\max} \psi'_0 / \sqrt{\vartheta'^2_0 + \psi'^2_0} & \psi'_0 > \Phi_{\max} \psi'_0 / \sqrt{\vartheta'^2_0 + \psi'^2_0} \end{cases} \tag{4-83}$$

除用视线角速度作为理想目标外，本类导弹还有一种简单方法是直接以预计弹目遭遇

点的方向作为理想速度方向进行跟踪规律设计，实践中也有良好的效果。

当然，上述确定的跟踪规律不是唯一可用的形式，具体的导弹有各自不同特点，对抗的目标特性也不尽相同，需要设计师根据实际情况对选用方法进行调整。

（2）跟踪规律误差分析

设计的跟踪规律不仅要易于实现，而且应当满足一定的精度，因此在跟踪规律设计中需要进行误差分析。跟踪规律误差有两类，一类是跟踪规律公式进行简化带来的误差，称为原理误差，一种是公式中所使用参数的测量原理和计算精度所引入的误差，称为精度。

以视线角速度为零的理想速度为例，进行原理误差分析的方法为：在全空域内选择不同的典型目标速度和空域点，分别计算在起控点的理想速度方向和根据跟踪规律计算得到的速度方向，其原理误差即为两者之差。

精度主要与参与计算的参数相关，对式（4-80）进行微分可得

$$\Delta\vartheta_0 = \left(1 + k_V\frac{V_t}{V_m^*}\right)\Delta q_V + k_V\frac{q_V}{V_m^*}\Delta V_t + k_V\frac{V_t q_V}{V_m^{*2}}\Delta V_m^* \tag{4-84}$$

$$\Delta\psi_0 = \left(1 + k_H\frac{V_t}{V_m^*\cos\vartheta_0}\right)\Delta q_H + k_H\frac{q_H}{V_m^*\cos\vartheta_0}\Delta V_t + k_H\frac{V_t q_H}{V_m^*\cos\vartheta_0}\Delta V_m^* + k_H\frac{V_t q_H}{57.3V_m^*}\frac{\tan\vartheta_0}{\cos\vartheta_0}\Delta\vartheta_0$$

$$\tag{4-85}$$

将各误差项的数据分别代入公式，即可求得各自带来的误差影响。考虑到各个误差是独立随机的，总的影响可以取各个误差影响的均方根。

分析上述公式可以发现，对于高、近界、大航路和高速目标时，精度较差，对于低、远界、小航路和低速目标精度较高。同时，综合分析可以发现，精度和原理误差两者之间可能存在矛盾，例如 ψ_0 由于分母中存在 $\cos\vartheta_0$ 项，因而精度较低，但如果忽略该项则原理误差就会大大增加，此时就需要综合权衡，确定合适的表达公式。

4.10.3 筒弹分离运动研究

本类导弹采用筒式发射，在发射过程中完成起旋，其在筒内的运动是较为复杂的，也决定了导弹初始段的运动姿态和参数，这里对旋转弹筒内运动和筒弹分离过程进行研究分析。

4.10.3.1 出筒低头运动模型

本书以图 4-61 所示的一种典型旋转导弹与发射筒配合的形式作为分析对象，导弹在筒内以前后两个支承环（直径略大于导弹直径）与发射筒内壁接触。

在建立筒弹分离运动方程时，有如下假设：

1）发射筒在发射过程中为静止状态；

2）忽略导弹运动过程的空气阻力和筒弹相对运动的动摩擦力；

3）在前支承环离筒前，弹轴、发射筒轴和导弹速度方向一致；

4）导弹前支承环离筒到导弹全部离筒过程中，弹体纵轴和发射筒纵轴夹角 $\Delta\vartheta$ 很小，即 $\sin\Delta\vartheta \approx \Delta\vartheta$。

可以分阶段推导导弹在筒内运动的方程组。

第一阶段，从发动机点火、弹动到前支承出筒，导弹做直线运动，弹轴和筒轴平行。导弹在高低方向无姿态运动。

$$N_1 + N_2 = mg\cos\vartheta_0 \tag{4-86}$$

$$m\frac{\mathrm{d}V}{\mathrm{d}t} = F - mg\sin\vartheta_0 - (N_1 + N_2)f = F - mg(\sin\vartheta_0 + \cos\vartheta_0 f) \tag{4-87}$$

式中　F ——发动机推力，N；

　　　f ——动摩擦系数。

第二阶段，前支承点出筒，到弹身与筒口接触，此时导弹以后支承为支点低头转动，弹轴和筒轴之间产生一个夹角 $\Delta\vartheta$。建立运动方程

$$m\frac{\mathrm{d}V}{\mathrm{d}t} = F - mg\sin\vartheta_0 - N_2 f \tag{4-88}$$

$$m\frac{\mathrm{d}^2 y}{\mathrm{d}t^2} = F\Delta\vartheta_0 - mg\cos\vartheta_0 + N_2 \tag{4-89}$$

$$J_2\frac{\mathrm{d}^2\vartheta}{\mathrm{d}t^2} = mK^2\frac{\mathrm{d}^2\vartheta}{\mathrm{d}t^2} = -N_2 l_2 \tag{4-90}$$

式中　J_2 ——导弹绕 z 轴转动惯量，kg·m²；

　　　K ——导弹绕 z 轴转动的惯量半径，m。

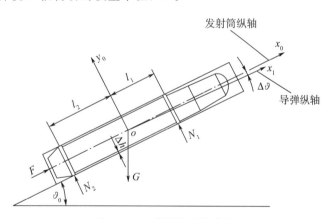

图 4 - 61　筒式发射示意图

导弹前支承离筒瞬间，导弹重心在 y_0 轴上位置可以近似为

$$y_0 = -l_2\Delta\vartheta \tag{4-91}$$

对上式分别求微分和两次微分，并代入式（4-88）后可得

$$ml_2^2\frac{\mathrm{d}^2\vartheta}{\mathrm{d}t^2} = l_2 F\Delta\vartheta + l_2 mg\cos\vartheta_0 - N_2 l_2 \tag{4-92}$$

代入式（4-90）后，有

$$m(l_2^2 + K^2)\frac{\mathrm{d}^2\vartheta}{\mathrm{d}t^2} = l_2 F\Delta\vartheta + l_2 mg\cos\vartheta_0 \tag{4-93}$$

代入初值（t_0 为前支承到达筒口的时刻）

$$t = t_0, \ \Delta\vartheta(t_0) = 0, \ \Delta\dot{\vartheta}(t_0) = 0$$

可以解得

$$\Delta\vartheta(t) = -\frac{mg\cos\vartheta_0}{F}\{\mathrm{ch}[\omega(t - t_0)] - 1\} \tag{4-94}$$

$$\frac{\mathrm{d}\Delta\vartheta(t)}{\mathrm{d}t} = -\frac{mg\cos\vartheta_0}{F}\{\omega \cdot \mathrm{sh}[\omega(t - t_0)]\} \tag{4-95}$$

其中

$$\omega = \sqrt{\frac{l_2^2}{l_2^2 + K^2}} \tag{4-96}$$

第三阶段，弹身接触筒口到导弹出筒（后支承出筒）。

设 $t = t_1$ 时刻，$\Delta\vartheta$ 角达到弹体相对发射筒纵轴之间的结构最大允许偏转角 $\Delta\vartheta_{\max}[x(t)]$，此时导弹以两点接触（后支承接触筒内壁，弹身接触筒口）向前滑动，运动方程为

$$\Delta\vartheta(t) = -\Delta h/[l_1 + l_2 - x_0(t)] \tag{4-97}$$

$$\frac{\mathrm{d}\Delta\vartheta(t)}{\mathrm{d}t} = -\Delta h \frac{\mathrm{d}x_0(t)}{\mathrm{d}t}/[l_1 + l_2 - x_0(t)]^2 \tag{4-98}$$

要注意，如果上式中计算得到的 $\Delta\vartheta(t) < \Delta\vartheta_{\max}[x(t)]$，则表明弹身脱离了筒口，此时仍然使用第二阶段的公式计算。

从上述分析可以看出，弹体在筒内运动实际可能是第二阶段和第三阶段相互交错的，因此计算时首先要确定边界条件 $\Delta\vartheta_{\max}[x(t)]$。

从分离运动的计算结果表明，导弹与发射筒分离瞬间存在一个附加的俯仰角 $\Delta\vartheta_f$ 和附加的俯仰角速度 $\Delta\dot{\vartheta}_f$，其中附加俯仰角一般是一个小量，对弹道影响小，通常可以忽略，而附加俯仰角速度将改变导弹飞行速度方向，是初始弹道下沉的主要原因，需要引起重视。

为减小这个低头角速度，通常可以采取的措施有：减小弹身外径和发射筒内径之间的间隙 Δh，缩短导弹出筒时间，减少前后支承之间的距离或者采用多支承结构等。上述措施往往会受到各种条件的限制，需要通盘加以考虑。如无法减小低头角速度时，在发射规律设计中应增加俯仰前置角以减小其对弹道的影响。

4.10.3.2 筒内起旋运动模型

本类导弹都在筒内运动过程中完成初始的快速起旋，其实现方法主要有两种：第一种是采用螺旋导轨式起旋，第二种是采用斜置喷管的发射发动机起旋。

采用螺旋导轨发射时，导弹依靠筒内螺旋导轨与定位机构相互作用力而完成起旋，导弹出筒（定位机构与导轨分离）时刻的转速 ω_{x0} 可以由以下公式计算

$$\omega_{x0} = \frac{2\pi V_0}{\eta D} = \frac{2V_0}{D}\tan\mu \tag{4-99}$$

式中　V_0——离轨速度；

　　　D——定位机构与导轨接触面处直径；

η ——导轨缠度（即转过一个圆周时导轨的长度）

μ ——导轨缠角。

采用发射发动机起旋时，设发射发动机喷管安装轴与弹轴的斜置角为 ε ，喷管距离弹轴位置为 r ，发射发动机总推力为 F ，则由发射发动机产生的导旋力矩 M_x 为

$$M_x = F \cdot r \cdot \tan\varepsilon \tag{4-100}$$

第5章 制导控制系统设计

5.1 概述

5.1.1 任务和功能

制导控制又称为"导弹飞行控制",或简称"导弹控制"。制导控制系统就是保证导弹在飞行过程中能够克服各种干扰因素,使导弹按照预定弹道或根据目标运动情况随时修正自己的飞行弹道,最终使导弹命中目标的一种自动控制系统。制导控制系统包括制导系统和控制系统两部分。常见的导弹制导控制系统组成结构如图 5-1 所示。

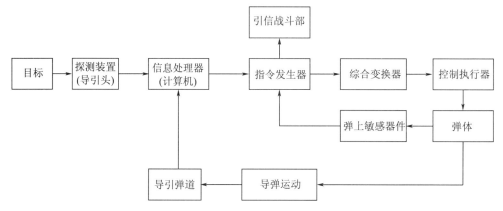

图 5-1 导弹制导控制系统一般组成结构示意图

制导控制系统设计是防空导弹设计的核心内容,是导弹作为精确制导武器区别于其他武器的主要特征。

制导控制系统是一个以导弹为控制对象、具有随机输入的非线性时变系统,其基本任务是引导导弹命中被攻击的目标,即在给定空域(高度、斜距、航路)对给定攻击目标(各种飞行器)按给定的攻击方式(迎攻、尾追)以给定的制导精度使导弹沿着预期的弹道飞向目标。制导控制系统应当具备以下功能:

1)跟踪目标(及导弹)的运动,测量采集其运动参数;

2)根据测量得到的弹目运动参数(相对位置),按照设计选定的制导体制和控制方式,确定实际弹道与理论弹道的偏差,并根据偏差和制导指令的形成规律,形成制导指令;

3)根据制导指令驱动导弹的控制执行部件,控制导弹姿态运动,使之产生法向力和法向运动(特殊情况下,也可控制轴向力),改变导弹运动轨迹,消除偏差,使导弹接近目标；

4）在导弹飞行时，能够消除内部和外部环节产生的扰动，保证导弹稳定飞行；

5）制导导弹以一定概率落入目标周围允许的脱靶量范围内，为战斗部起爆杀伤目标提供必要条件。

5.1.2　制导控制系统分类

防空导弹制导控制系统方案，主要取决于导弹武器系统采用的制导体制和控制方式。

5.1.2.1　制导体制分类

制导体制（又可称为制导方式），是指武器系统采用何种结构形式实现对导弹和目标运动的跟踪、运动参数的采集测量，以及制导指令的形成和传输。防空导弹中常见的制导体制有两大类，即单一制导体制和复合制导体制，单一制导体制是在导弹飞行全程都采用唯一一种制导体制；复合制导体制是在导弹飞行的不同阶段采用不同制导体制（又可分为初制导、中制导和末制导），或者是同一阶段同时采用多种制导体制的信息融合后进行制导，一般以前者为多。

防空导弹的单一制导体制可以分为自主制导、遥控制导、寻的制导等三大类，见图 5 - 2。

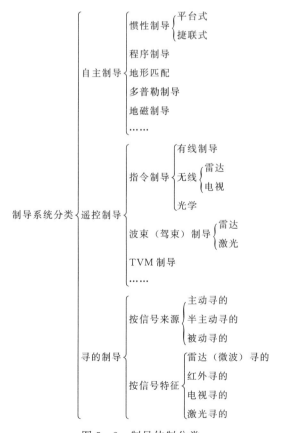

图 5 - 2　制导体制分类

（1）自主制导

自主制导完全由弹上设备产生信号，操纵导弹沿预定轨道运行，对于拦截动目标的防空导弹只能应用于初、中制导段。防空导弹最常用的是捷联惯性初制导，由与弹体直接固连的惯性测量元件测量得到的弹体坐标系下的导弹运动角速度和线加速度，经过坐标变换和计算后得到导弹在惯性空间的坐标、速度和姿态。旋转导弹由于弹体自身高速旋转，加上弹上空间和重量限制，且本身射程较近，难以使用惯导作为初制导，但随着技术的进步，在新研型号中已逐步开始应用这一技术，以增加导弹射程和实现空中截获。

（2）遥控制导

遥控制导是指控制指令由弹外制导站形成的制导系统，这类制导体制需要时刻监测导弹的飞行参数，且涉及到地面控制指令坐标系和弹上执行坐标系的转换，旋转弹在实现上存在一定的困难。一般的遥控制导随着弹目距离加大，制导精度会相应下降，因此多用于近程导弹，在远程导弹上使用时需要适当加以变化，例如把对目标的探测增加到导弹上等，典型的如爱国者导弹采用的 TVM 制导。旋转导弹中只有反坦克导弹会采用线控或架束的遥控制导体制，旋转防空导弹均不采用这一制导体制。

（3）寻的制导

寻的制导，又称为"自动寻的"或"自动导引"，是弹上的制导设备形成控制指令实现制导。弹上导引头获得形成控制指令所需的目标运动参数信息，在飞行过程中导引导弹自动飞向目标。由于寻的制导的制导精度不随距离增加而下降，且主动、被动寻的制导体制的导弹具有发射后不管能力，因而这种制导体制在防空导弹上应用广泛。

寻的制导按目标信息能源所处的位置，可以分为主动寻的、半主动寻的和被动寻的。主动寻的制导依靠弹上的导引头向目标发射能量，同时接收目标反射的能量形成导引信号，其作用距离受限于导引头的体积限制，因而常用作末制导。半主动寻的是利用地面照射器对目标进行照射，弹上的导引头接收目标反射回来的能量形成导引信号。被动寻的则是弹上导引头直接接收目标辐射出的能量形成导引信号。

按照目标信息的物理特性，寻的导引头又可分为雷达（微波）寻的、红外寻的（点源或成像）、激光寻的、电视（可见光）寻的等。

旋转防空导弹中常见的是被动寻的制导体制，其中便携式旋转导弹多采用红外制导体制。

（4）复合制导

复合制导是由几种制导系统依次或者协同工作来实现对导弹制导的体制。具体由哪几种制导系统复合要视作战使命任务、目标的特性及导弹本身的要求而定。以往大多数防空导弹的复合制导是采用初始段自主制导，后期采用其他制导体制的方式。新研型号的初制导也开始采用其他的制导体制。

典型的复合制导模式有：捷联惯导＋寻的制导、被动寻的＋主动寻的制导、半主动寻的＋主动寻的制导、半主动寻的＋红外被动寻的等。

复合制导都要解决不同种类制导体制交班的问题，即如何从一种制导体制过渡到另一种制导体制、且过渡过程中如何对弹道进行有效的控制。

复合制导毫无疑问会增加弹上设备的复杂程度、提高导弹研制装备成本和技术难度。但是考虑到单一制导体制在射程、制导精度、抗干扰能力等方面无法面面俱到，此时只有依靠多种制导体制复合，将多种制导体制各自的优点相结合，才能最终实现战术技术指标，因此复合制导在现代防空导弹中的应用日益广泛。

本书涉及到的近程末端防空导弹可采用被动微波/红外复合制导的方式，主要就是克服红外制导模式的作用距离受环境条件及目标特性影响较大的弱点，同时利用其制导精度高的优点。

5.1.2.2　控制方式分类

控制方式，是指在选定的制导体制下，系统采用何种控制结构形式，对导弹的运动进行控制。控制方式包含有控制体制和控制结构两个方面的含义。

控制体制上，防空导弹常用的基本可以分为三种：即数字式控制、数模混合式控制和模拟式控制。早期旋转导弹大多采用模拟式控制，新型号已经引入数字控制体制，开始采用数模混合式控制，未来的发展趋势是全数字控制。

防空导弹中使用的控制结构有三种：第一种是对导弹的俯仰、偏航和滚动通道均实施制导指令的控制，称为三通道控制；第二种是对俯仰和偏航通道实施制导指令，对滚动通道实施稳定控制，称为"准三通道控制"，按对滚动通道稳定方式的不同，又可分为倾斜稳定（对滚动角稳定）和滚动稳定（对滚动角速度稳定）两种，其中的双通道滚动稳定式控制方式从某种意义上来说也是一种旋转导弹控制方式；第三种是借助于导弹自旋运动，仅进行一个通道且可同时满足对俯仰/偏航通道制导指令的控制，称为单通道控制。目前大部分旋转导弹均采用第三种控制方式——单通道控制，也是本书主要介绍的一种控制方式。

5.1.3　制导控制系统相关指标和设计基本要求

制导控制系统设计是导弹设计的重要组成环节，其方案论证和设计的主要依据是导弹武器系统的战术技术指标。一般而言，与制导控制系统设计相关的战术技术指标有：

1）目标特性：包括目标飞行空域、速度、机动能力，典型攻击模式，几何尺寸，辐射和反射特性等；

2）发射环境：包括发射平台和载体，例如陆基（固定、车载、便携）、空基（固定翼、直升机、无人机）、海基（舰基、潜基）等；

3）导弹总体特性和要求：包括种类、用途、射程等，以及重量、体积、结构布局等设计限制条件；

4）杀伤概率；

5）使用特性：包括准备时间、作战流程等；

6）干扰环境：包括自然环境干扰、人工干扰、本方设备的各种干扰等；

7）工作环境：包括温湿度等自然环境；振动、冲击、运输等机械环境；战场环境以及电磁环境等；

8）成本、可靠性、维修性、测试性、保障性等。

上述指标中，制导控制系统设计围绕的中心环节是满足杀伤概率的要求，直接体现在对制导精度的需求上，因此，在制导控制系统设计时，需要考虑的基本要求为：

1）应满足制导精度要求：杀伤概率直接取决于制导精度和引战配合效果，较高的制导精度可以降低战斗部威力要求，提高杀伤概率，对总体设计优化会带来很大便利，因此不断提高制导精度，追求直接碰撞是制导系统设计永恒的话题。制导系统精度由制导体制、导引规律、回路特性、补偿方法、设备精度、抗干扰能力等多个环节所决定，制导系统在设计时必须综合考虑这些影响环节和因素，力争达到设计的最优化。

2）制导体制选择和指标的确定应针对武器系统所需要对抗的典型目标，应分析典型目标的特性及其对制导系统设计的需求以及制导模式选择的需求，并按目标的特性（红外、微波、运动、物理特性）来设计制导系统，确定制导参数。

3）作战使用灵活：即要求能够尽可能远地探测到目标、对目标跟踪能力强、分辨力高。同时，要求有较短的作战反应时间和准备时间，对于对高密度目标进行拦截的情况，应尽可能满足发射后不管的要求。

4）对各种作战环境的适应能力强：包括自然环境、干扰环境、载体环境、复杂的作战环境等。

5）综合考虑成本、体积、重量、"七性"设计等方面的需求，旋转弹往往对体积重量有着较为严格的要求。

5.1.4　制导控制系统设计环节

制导控制系统设计通常包含五个基本环节：指令形成规律、制导规律、控制规律、补偿规律和滤波算法。

（1）指令形成规律

指令形成规律，是指在选定制导体制和控制方式约束条件下，根据目标和导弹运动参量的测量值，形成的对导弹实施制导的指令信号的规律。指令形成规律事实上和制导体制密切相关，也与导引头的方案体制选择、软硬件设计密切相关。

（2）制导规律

制导规律（即导引规律）是系统给定的、确定导弹飞行轨迹的某种规律，常见的有三点法、比例导引、追踪法、前置点法等。制导规律设计主要取决于制导体制的选择，遥控制导体制多采用位置导引（三点法、前置点法）规律；寻的制导体制多采用速度导引（追踪法、比例导引法）规律；复合制导方式主要视其具体要求和复合体制的类型确定其制导规律。

旋转防空导弹采用寻的制导，最常用的制导规律是比例导引规律，或者在其基础上改进的修正比例导引规律。

（3）控制规律

控制规律是控制导弹按制导规律所确定的轨迹进行飞行的规律，最常见的是比例控制（P），其他还有结合微分控制（D）和积分控制（I），各种不同组合而成的 PID、PI、PD 控制规律等。控制规律与控制方式密切相关。

（4）补偿规律

补偿规律是指对系统存在的某些有序误差或者固有的特征而进行补偿的规律，防空导弹常见的有动态误差补偿规律、天线罩斜率误差补偿规律、弹体增益补偿规律等，本类旋转导弹常见的还有制导舱相位差补偿规律、舵机幅频相频补偿规律等。补偿规律在制导系统各个设计环节都可能存在，且与制导体制和控制方式相关，与硬件特性相关。

（5）滤波算法

滤波算法是针对消除测量参数误差、微分控制和导弹弹性振动等方面的影响而设计的滤波器所确定的算法，滤波算法通常是针对需要进行滤波的信号的特征来设计的，同时选择滤波算法及其相关参数还要考虑算法的可实现性、计算效率、对时间常数等制导特性的影响。制导控制系统常用的滤波算法有卡尔曼滤波等。

5.1.5　制导控制系统设计方法

5.1.5.1　设计方法

从广义的控制系统设计的角度来看，制导控制系统是一个具有随机输入多变量、变系数、非线性、高精度的随动系统。制导控制系统的各个组成部分包括弹体、导引头、控制系统等环节，其本身也是复杂的控制回路，有很多部件和元件，而且各个回路之间又存在相互作用、相互依赖的关系，构成了一个有机的整体。各个分系统包括其组成部件性能的差别、可靠性等都会影响总体性能。因此，在制导控制系统设计中必须贯彻和运用系统学、运筹学的设计思想。在协调处理制导系统总体和分系统之间的关系上，应层次分明、相互协调，同时又分工明确、各司其职。总体应当通盘考虑分系统指标的可行性和可实现性，同时应当综合考虑各项指标之间的协调与制约的关系，不能只关注重点指标。而分系统在设计过程中，除了自身的典型指标，也应考虑总体的相应制约条件，例如结构要求、能源规格、阻抗匹配、工作体制、机械和电气接口、测试点的规划设计等都需要与总体协调后统一规划。

在制导控制系统设计过程中，最基本的方法是采用经典控制理论和现代控制理论相结合的办法，对单通道导弹制导控制系统回路进行综合设计和分析。

经典控制理论方法迄今仍然是制导控制系统设计中一种基础的方法，在初步设计中被广泛使用，最主要的包括根轨迹法和频率法。其特点是在频率域内用图解方法进行设计和分析。虽然时间响应比频率响应可以更加直接明确地说明系统性能，但在频率域内设计时往往仍然使用更加直观简单的图解方法。

设计制导控制系统，首先应确定系统期望的结构配置（希望的频率特性或者零、极点配置），然后用串联校正或者并联校正满足设计要求。系统所期望的结构配置和校正网络的具体细节和内容，在很大程度上取决于设计师的经验和知识。在频率域中，重点关注以下一些设计指标：幅值及相位的稳定裕度、谐振峰、系统带宽。在时域中，重点关注的指标包括：上升时间、超调量、系统调整时间。制导系统的控制对象——导弹，其参数虽然是时变的，但实际在设计中采用系数冻结法，对于定点（特征点）设计中，仍然可以使用上述的参数。

采用经典方法进行的制导控制系统设计是一种试探法，往往需要进行大量的试探后才能求得可行解和较优解，完成设计。实际设计中，各种设计要求往往会出现矛盾，此时很难通过在系统中配置校正网络或者物理上可实现的控制器来完成设计。经验和理论分析表明，采用经典法设计得到的制导系统一般不是最优的，例如按照相对稳定要求设计的系统，即使满足 20 dB 幅值稳定裕度和 45° 相位稳定裕度，经验证明这种系统也不是最优的。

根轨迹法是在根平面（S 平面）内完成控制系统设计或者分析。其主要优点是频域和时域特性都可以从 S 平面中的"零点-极点"的配置得到，利用已知的闭环传递函数"零点-极点"，通过拉氏反变换就可以得到系统的时域响应，而其频域响应可以从"波德（Bode）"图得到。

由于经典控制理论在处理多输入、多输出系统的问题上存在不足，因此又发展出了以状态空间为基础的"现代控制理论"，现代控制理论在本质上仍然是时域的方法，系统由状态方程或者传递函数矩阵进行描述。现代控制设计的最终目标是实现最优控制，由于现代控制理论涉及的高维度矢量状态方程的复杂计算必须依赖计算机来完成，因此，可以说现代控制理论是伴随着计算机技术的发展而迅速发展，并趋于成熟的。

以往的旋转导弹的制导控制系统设计相对简单，以经典控制理论设计为主，目前已全面引入现代控制理论进行综合分析设计。

5.1.5.2　设计内容和流程

制导控制系统设计时，需要根据战术技术要求和指标，确定本身的设计指标，在此基础上，进一步开展设计工作。

制导控制系统设计内容基本包含以下几个方面的内容：

1）根据总体战技要求，确定具体的设计指标；

2）提出方案设想、确定制导体制和方式，以及主要实现技术途径，并进行可行性论证；

3）分析被控对象——弹体及其基本特性，主要是动力学特性，并从控制设计角度出发，提出导弹的过载、速度、气动、转速、稳定性等特性的基本要求；

4）进行运动学分析，选择导引规律，确定导航比等参数；

5）拟定制导控制系统结构框图；

6）协商确定制导控制系统相关分系统的技术指标，拟定相应的研制任务书；

7）参与导引头及其回路方案设计，了解其设计参数，并分析计算其参数和方案的合理性，提出总体需求；

8）建立制导控制系统数学模型，初步选择回路参数并进行优化；

9）在制导控制系统相关分系统完成方案设计和硬件模样研制的基础上，针对产品达到的实际性能，对制导控制系统进行功能仿真，评估系统能力，并对分系统要求实现情况进行评估；

10）建立相关分系统数学模型，对分系统性能进行评价；

11）完成独立回路设计，包括自动驾驶仪和稳定回路设计等，通过独立回路试验校核导弹动力学和运动学模型；

12）建立优化模型，开展制导回路参数的优化设计；

13）建立误差模型，开展制导系统精度计算和分析；

14）开展制导控制系统半实物仿真，调整回路参数，修改分系统任务书；

15）进行闭合回路设计，对闭合回路飞行试验结果进行分析，进而修改回路参数和分系统设计要求；

16）最终确定设计定型的制导控制系统技术状态。

5.1.6　旋转导弹制导控制系统组成

旋转防空导弹是采用单通道控制方式的一类导弹，一般的战术导弹具有俯仰、偏航和滚动三个控制通道，而旋转导弹利用尾翼的安装角产生的气动力，在飞行过程中实现滚动通道的自旋，并创造了一个控制通道同时完成俯仰和偏航两个方向控制的条件，实现了简化弹上设备、适应弹体尺寸重量要求的目的。

本文涉及的旋转导弹制导控制系统有两类：即单模红外寻的制导控制系统，以及双模复合制导控制系统。

5.1.6.1　单模红外寻的制导控制系统

单模红外寻的导弹的单通道制导控制系统的常见结构图如图 5-3 所示。

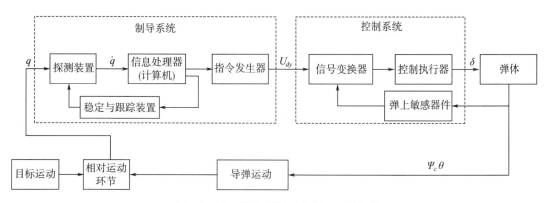

图 5-3　单通道单模制导控制系统结构图

（1）制导系统

红外制导系统是一种接收目标红外辐射能量的被动式跟踪系统，测量光轴和视线（目标与导弹连线）之间的夹角（称为失调角 ε），并经过修正补偿后输出与视线角速度大小成比例、方位一致的导引信号。

红外制导系统的具体形式有点源体制、线扫成像体制和凝视成像体制等，在旋转导弹上目前普遍使用的还是点源体制。不管采用哪种体制，其基本制导回路组成都是相似的。

红外制导系统通常由以下几个部分组成：

①目标探测装置

通常又称为探测器，该装置接收目标辐射的光学能量（一般是红外波段，也可包括可见光和紫外波段），将其转换为电信号。该电信号包含了目标能量的大小以及失调角的信息，可以根据电信号测量出失调角，一定条件下可粗略处理出弹目相对距离情况。成像装置在弹目距离接近、构成面目标的条件下，还可以测量和识别目标的轮廓。

②信息处理器

通常又称为导引头计算机。该装置主要进行信息的处理，将误差信号变换成为控制量，再进行调制处理、交流载波，并作放大、滤波、变频等处理，使信号成为制导系统所要求的形式。信息处理装置在早期的型号上为模拟电路，经历了多年技术发展后，目前均已采用数模混合电路，并由数字电路完成主要工作。

③稳定与跟踪装置

该装置与目标探测装置组合，称为位标器。其主要功能是稳定光轴，并在指令作用下使光轴跟随目标运动。

该装置通常由功率放大器、进动力矩发生器、稳定与跟踪陀螺组成。当导弹在飞行过程中存在视线角速度时，失调角的存在会生成进动电流输出给力矩发生器，力矩发生器输出进动力矩，使陀螺进动，带动光学系统以相应的角速度跟踪目标。当失调角为 0 时，光轴将稳定保持在原来方向。

⑤指令发生器

通常又称为指令形成装置，该装置的主要作用是利用前级输出的信号，按照制导系统设计要求进行信号的补偿、校正，以改善系统的动态性能，增加系统的稳定性，并形成控制指令。

在采用数字化信息处理器后，指令发生器的功能可以集成到数字信息处理器中。

除了上述组成部分外，针对目标和使用要求的不同，制导系统可能还包含其他的组成部分。例如，为了实现前向偏移功能，使命中点由发动机尾焰的红外中心前移到目标中心（要害部位），有的导弹的导引系统会增加前向偏移装置，该装置由探测装置获取信息，处理后形成前向偏移信号，在指令发生器与制导信号进行综合处理。在采用了数字处理器后，这一功能也可以由信息处理器完成。

（2）控制系统

旋转导弹的控制系统通常又称为自动驾驶仪，其基本使命是改善导弹绕重心进行横向角运动时的阻尼特性，提高过渡过程的动态品质，正确执行导引系统输出的控制信号，操纵导弹沿弹道飞行。

旋转导弹控制系统通常由以下部分组成：

①信号变换器

主要功能是把光轴坐标系中形成的控制信号变换到弹体坐标系，包括将信号频率变换为与弹体自旋同频，信号相位与弹体坐标系关联，并且滤除信号中的高频部分和直流成分。

②敏感器件

旋转导弹通常使用角速度传感器作为敏感器件，测量导弹绕重心转动的横向角速度，并作为反馈信号输入到系统中构成阻尼回路，从而改善导弹的阻尼特性。如果导弹弹体本身具有良好的阻尼特性，也可以省略这一部件。

③控制执行器

是控制系统的执行机构，又称为舵系统，通常由舵机（操纵机构）、舵面、信号处理组件等构成。舵系统可根据控制信号操纵舵面偏转，产生控制力和控制力矩，从而改变导弹运动姿态和方位。

5.1.6.2　双模复合寻的制导控制系统

双模复合寻的导弹的单通道制导控制系统，除了导引头外，其结构与单模是类似的。这里以被动微波/红外双模复合寻的制导控制系统为例进行简单介绍。制导系统的结构图如图 5-4 所示。

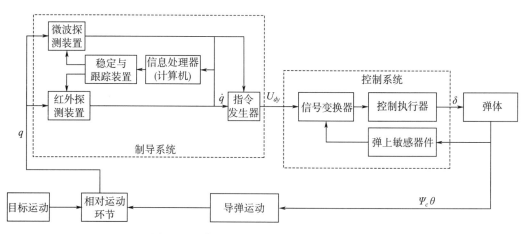

图 5-4　单通道双模复合制导控制系统框图

双模复合寻的制导控制系统，在制导系统环节增加了一个微波接收和处理通道，其主要作用是接收目标主动雷达导引头发出的微波辐射信号，由两根天线接收的波束行程差，经过弹旋调制处理，可以得到目标的视线角。此时，通过该信号驱动稳定与跟踪装置进动，并对两者的信号进行合成处理后，可以得到与视线角速度成比例的导引信号，制导导弹飞行。同时，稳定与跟踪装置的进动将使目标进入红外视场，在红外能量满足条件的情况下，可以交班到红外进行制导。

双模复合寻的制导控制系统的其他组成和功能与单模制导控制系统是类似的，但其信息处理器需涵盖两种模式制导及交班过程的信息处理。

5.1.7　被动寻的制导控制系统优点和不足

旋转弹采用的红外及被动微波的全被动制导模式，具有很大的优越性，但也存在其自身限制所带来的不足，需要注意克服。

被动寻的制导的优点在于：

1）被动寻的制导的导引头是直接接收目标辐射的能量，而自身不需辐射能量，因此与主动导引头相比，弹上设备要求相对较低，结构较为简单，成本相对较低。

2）目标参数由弹上设备测量得到，因此随着弹目距离接近，导引头测量得到的信号信噪比逐步增大，便于实现精确制导。

3）导弹在发射后，信息全部由弹上自主处理，具有发射后不管的特性，不占用火力通道，便于实现高密度发射和拦截多目标。

4）红外导引头采用自由陀螺装置来稳定和跟踪视线，由于陀螺具有较高的转速和角动量，定轴性好，可以较好地隔离弹体运动带来的扰动，消除导弹姿态运动的耦合影响，因此其去耦特性通常要优于传统三通道导弹上使用的框架式导引头。

5）被动微波导引头采用的是双天线的干涉仪体制，依靠弹旋实现测角解模糊，具有和红外无结构干涉、组成简单、视场大等特点。

全被动寻的制导体制本身也存在一些不足，在设计中需要考虑：

1）对目标的探测跟踪完全依赖于目标本身的辐射特性，在目标的红外特性较弱或者采取红外隐身措施时，红外制导存在很大限制；目标如果没有微波辐射，则被动微波将无法正常工作。针对这些问题，一方面是通过多种模式的复合，依靠相互弥补来增强对目标的适应性；另一方面是通过采取凝视成像等技术措施来进一步提高灵敏度。

2）目标的红外特性受到环境的影响较为明显，特别是温度、湿度、能见度等，都会大幅度影响红外导引头对目标的截获。针对这种情况，一方面需要进一步提高探测器的灵敏度；另一方面需要通过信息处理，实现在低信噪比的条件下对目标的截获；同时，成像探测等方法也逐步得到应用。

3）针对红外制导的人工干扰措施日益成熟，也给红外制导抗人工诱饵干扰提出了很高的要求。抗干扰主要是要有效识别干扰和目标之间的差别，这些差别主要表现在辐射强度、光谱特性、运动方式、物体特性等方面，因此，可以针对性地采取成像处理技术、波门技术、幅度鉴别、脉宽鉴别、双波段技术等加以对抗。

4）传统的红外制导，瞄准点位于的红外中心往往不在目标本体上，会在一定程度上影响杀伤效果，为此，点源体制的导引头逐步采用了末端前置修正的技术措施，成像制导则可依靠末端的图像识别来解决这一问题。

5）被动体制导引头难以实现对弹目距离、弹目相对速度等的测量，因此在导引律设计上有很多补偿措施难以采用。另外，由于无法精确地提供引信解封需要的命中预计时间，对引战系统的设计也带来了一定的不利影响。这方面的解决措施一是通过地面设备的装订信息进行近似补偿；另一方面也可以通过红外能量变化的处理算法，进一步提高预估的精度。

5.1.8　旋转导弹制导控制系统的特殊点

旋转导弹弹体绕自身旋转的特点，一方面简化了制导控制系统设计，另一方面也给制导控制系统设计带来了很多新的特殊课题需要加以研究和解决。

5.1.8.1　旋转导弹的控制机理

导弹在飞行过程中，受到发动机的推力、重力和空气动力的共同作用，其中重力和推力都是已知的，而空气动力可以分解为阻力、升力和侧向力三个部分，空气动力的大小取决于导弹气动外形、速度、大气密度以及导弹飞行的攻角 α 和侧滑角 β。

常规的导弹飞行控制，就是通过舵面偏转，进而使导弹姿态变化、改变空气动力的大小和方向，最后达到改变飞行弹道和速度方向的目的。

传统的三通道控制导弹，其控制机理首先是由滚动通道保证控制基准和控制信号的基准方向一致，然后分别（或同时）控制俯仰通道和偏航通道的舵面偏转，操纵导弹绕重心转动，导致导弹的攻角、侧滑角改变，从而改变空气动力，实现对飞行弹道的控制。

对于采用单通道的旋转弹控制系统而言，由于瞬时弹体只有一个方向可以产生控制力，在导弹旋转情况下，控制力在空间也是旋转的，在这种情况下要使导弹向预定方向运动，即形成能够改变导弹姿态、具有一定大小和方向的（等效）控制力，是旋转导弹控制需要解决的根本性问题。

理论研究和实践已经证明：通过舵面作与弹旋同频率的正弦偏转运动、或者作等幅不等宽的偏转运动，都能对旋转导弹产生有效的控制力。

在本书 4.9.1 节中，给出了常见坐标系的定义，这里重点分析弹体坐标系 $ox_1y_1z_1$ 和半弹体坐标系 $ox_by_bz_b$。这两个坐标系的关系如图 5-5 所示。

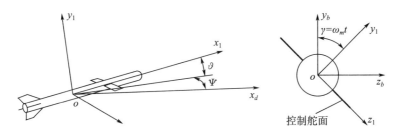

图 5-5　弹体坐标系和半弹体坐标系及其相互关系

由图可知，弹体坐标系是随导弹旋转而旋转的，而半弹体坐标系不随弹体旋转。

令 ω_m 为导弹自旋的角速度，则弹体绕纵轴旋转的角度为

$$\gamma(t) = \int_0^t \omega_m \, \mathrm{d}t$$

旋转导弹产生控制力的方法有两类，一类是舵面作与弹旋同频的正弦偏打（简称正弦控制），另一类是舵面作等幅不等宽的偏转运动（简称继电式控制），继电式控制中又有两位置控制（通常称为 BANG - BANG 控制）和三位置控制两种实现方法。这三种方式产生控制力的机理分析如下：

（1）正弦控制方式

正弦控制的舵面偏打形式如图 5 - 6 所示。

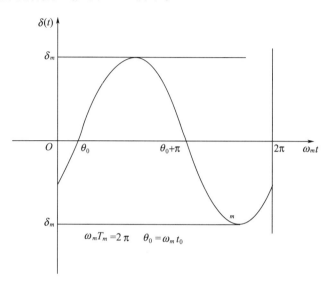

图 5 - 6　舵面正弦偏打规律

设舵偏角为

$$\delta(t) = \delta_0(t) \cdot \sin(\omega_m t + \theta_0)$$

舵偏角的幅值 $\delta_0(t)$ 和初始相位角 θ_0 由失调角 ε 大小和方位决定。舵轴随弹体以 ω_m 的角速度旋转，因此舵偏角产生的控制力也以同样的频率在空间旋转。其合力效果如图 5 - 7 所示。

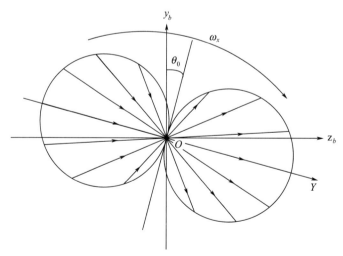

图 5 - 7　正弦规律下的控制合力

将舵偏投影到半弹体坐标系上，有

$$\delta_{y_b} = -\delta(t)\sin\omega_m t = \frac{\delta_0(t)}{2}\left[\cos(2\omega_m t + \theta_0) - \cos\theta_0\right] \qquad (5-1)$$

$$\delta_{z_b} = -\delta(t)\cos\omega_m t = \frac{\delta_0(t)}{2}\left[\sin(2\omega_m t + \theta_0) + \sin\theta_0\right] \tag{5-2}$$

由于导弹弹体时间常数远大于弹旋周期的二倍频量，其滤波特性可将弹体二倍频分量的控制力滤去，因此舵偏角分解到半弹体坐标系上的分量可以进一步简化为平均值

$$\overline{\delta}_{y_b} = -\frac{\delta_0(t)}{2}\cos\theta_0 \tag{5-3}$$

$$\overline{\delta}_{z_b} = -\frac{\delta_0(t)}{2}\sin\theta_0 \tag{5-4}$$

由上述分析可知，舵面在以弹体自旋频率进行正弦形式偏打时，可以实现对导弹的控制，控制力的大小和方向反映了导引头光轴与视线间的失调角（即反映了视线角速度）。

同时，由公式可以看出，这种控制方式舵面效率只有正常三通道控制的 1/2。

上述公式可以用极坐标表示，有

$$\overline{\delta} = 0.5\delta_0(t)e^{-j(\theta_0 - \pi/2)} \tag{5-5}$$

（2）两位置继电式控制方式

舵机信号为等幅不等宽调宽脉冲信号时，舵机作继电式运动，舵面始终停留在正、反极限位置。这里又可区分为三种情况，第一种是不换向，第二种是一周内等宽换向二次，第三种是一周内不等宽换向四次。

① 不换向

不换向的情况，舵偏可表示为

$$\delta(t) = \delta_m = \mathrm{const} \tag{5-6}$$

舵偏在半弹体坐标系上的投影为

$$\delta_{y_b} = -\delta_m \sin\omega_m t \tag{5-7}$$

$$\delta_{z_b} = \delta_m \cos\omega_m t$$

弹旋一周（周期 T_m）的平均值为

$$\delta_{y_b} = -\frac{\delta_m}{T_m}\int_0^{T_m}\sin\omega_m t\,\mathrm{d}t = 0 \tag{5-8}$$

$$\delta_{z_b} = -\frac{\delta_m}{T_m}\int_0^{T_m}\sin\omega_m t\,\mathrm{d}t = 0 \tag{5-9}$$

从上式可以看出，此时等效舵偏角为 0，即固定舵偏角无法实现对导弹的控制。

② 一周等宽换向二次

导弹旋转一周，舵面等宽换向二次，如图 5-8 所示。

此时，舵偏角可表示为

$$\delta(t) = \begin{cases} -\delta_m & t_0^- < t < t_0^+ \\ +\delta_m & t_0^+ \leqslant t < T_m/2 + t_0 \\ -\delta_m & (T_m/2 + t_0) \leqslant t < (T_m + t_0) \end{cases} \tag{5-10}$$

式中，t_0 为换向时刻，则有

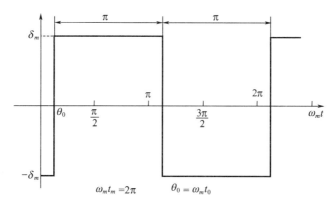

图 5 - 8　导弹旋转一周舵面二次换向规律

$$\begin{bmatrix} \delta_{y_b} \\ \delta_{z_b} \end{bmatrix} = \delta(t) \begin{bmatrix} -\sin\omega_m t \\ \cos\omega_m t \end{bmatrix} \qquad (5-11)$$

经积分，一周内平均值为

$$\begin{bmatrix} \overline{\delta}_{y_b} \\ \overline{\delta}_{z_b} \end{bmatrix} = \frac{1}{T_m} \int_{t_0}^{t_0+T_m} \begin{bmatrix} \delta_{y_d} \\ \delta_{z_d} \end{bmatrix} \mathrm{d}t = \frac{2}{\pi} \delta_m \begin{bmatrix} -\cos\theta_0 \\ \sin\theta_0 \end{bmatrix} \qquad (5-12)$$

可以用极坐标表示，有

$$\overline{\delta} = \frac{2}{\pi} \delta_m \mathrm{e}^{-\mathrm{j}(\theta_0-\pi/2)} \qquad (5-13)$$

二次换向的合力效果如图 5 - 9 所示。

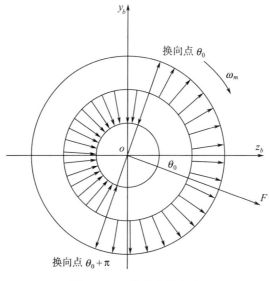

图 5 - 9　二次换向的合力

由上述分析推导，可以得到以下结论：当舵面进行一周二次等宽换向时，等效舵偏角幅值为最大机械舵偏角的 $2/\pi$，即舵面效率为其正常三通道控制的 $2/\pi$，方向取决于换向时刻，这种控制方式可以改变控制力方向，但无法改变控制力的大小。

③一周换向四次

导弹旋转一周，舵面换向四次，如图 5 - 10 所示。

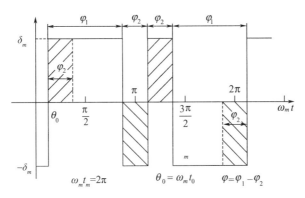

图 5 - 10　导弹旋转一周舵面四次换向规律

可以用上文同样的方法推导得到舵偏的平均值，有

$$\begin{cases} \overline{\delta}_{y_b} = -\dfrac{\delta_m}{\pi}\big[\sin(\varphi+\theta_0)+\sin(\varphi-\theta_0)\big] \\ \overline{\delta}_{z_b} = -\dfrac{\delta_m}{\pi}\big[\cos(\varphi+\theta_0)-\cos(\varphi-\theta_0)\big] \end{cases} \tag{5-14}$$

其中 $\varphi=\varphi_1-\varphi_2$，为与舵面换向时刻有关的角度，如 $\varphi=0$，即换向宽度相等，则有

$$\begin{cases} \overline{\delta}_{y_b} = 0 \\ \overline{\delta}_{z_b} = 0 \end{cases} \tag{5-15}$$

即弹旋一周换向四次，如果四次的脉冲宽度相等，则不论初始相位角 θ_0 是多少，其等效舵偏角始终为 0。如果令 $\varphi=\pi/2$，其效果相当于一周等宽换向二次。

将公式进一步简化，可得

$$\begin{cases} \overline{\delta}_{y_b} = -\dfrac{2\delta_m}{\pi}\sin\varphi\cos\theta_0 \\ \overline{\delta}_{z_b} = -\dfrac{2\delta_m}{\pi}\sin\varphi\sin\theta_0 \end{cases} \tag{5-16}$$

表示为极坐标形式，有

$$\overline{\delta} = \frac{2}{\pi}\delta_m\sin\varphi\cdot e^{i(\theta_0-\pi/2)} \tag{5-17}$$

舵面换向四次的合力效果如图 5 - 11 所示，相同阴影部分的力其效果相互抵消。

上述推导和分析结果表明，换向四次的等效舵偏 $\overline{\delta}$ 与 $\sin\varphi$ 有关，且可以证明，$\sin\varphi$ 大小与导引头输出的控制信号幅值成正比。$\overline{\delta}$ 的相位取决于该控制信号初始相位角 θ_0，即操纵力的大小和相位由控制信号的幅值和初相角决定。

综合上述分析可以发现，舵面作等幅偏打进行控制，不能单纯用与弹旋频率相同的信号，因为无法满足比例导引的需求。此时需要引入 2 倍弹旋频率的线性化信号，与主控信

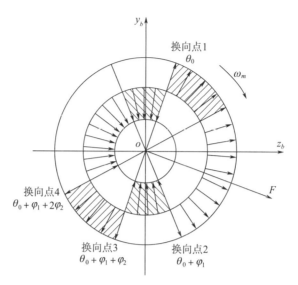

图 5-11　四次换向的合力

号综合，再进行继电放大，就可以得到频率为弹旋 2 倍频的等幅不等宽的调宽控制信号，这是实现比例导引控制的有效途径。

后文 5.3.2 节还将继续分析，由于弹旋频率无法做到恒定，因此使线性化信号严格保持弹旋二倍频是无法实现的，实际使用时，只要保证在一定周期内的综合效果满足要求，就可以实现对导弹的有效控制。

综上可知，采用弹旋一周、舵面换向四次的等幅调宽控制方式，可以实现一对舵机一对舵面同时完成对导弹俯仰和偏航两个方向的控制，是实现导弹单通道控制的一种有效技术途径。

（3）三位置继电式控制方式

从两位置继电式控制的机理分析可知，在一周四次换向的情况下，并不是所有的换向产生的控制力都是有效控制力，其中的一部分控制力是相互抵消的，如图 5-11 的阴影部分所示。

显然，相互抵消的控制力的存在对控制不会带来什么好处，因此，俄罗斯的针导弹采用了一种三位置舵机，舵面除了正负极限位置外，还能够停留在零舵偏位置，即对应阴影位置时舵偏为零，如图 5-12 所示。如 $\varphi = 0$，舵面全程在零位位置，如 $\varphi = \pi/2$，即为一周两次换向。

这种舵面换向方式的合力效果如图 5-13 所示，显然，合力效果与一周四次换向的效果是相同的。

与两位置继电控制方式相比，三位置继电控制的控制效率相同，而且在制导指令为零时，舵偏处于零位置，减小了舵偏引起的附加阻力，同时也减轻了无指令时舵偏造成的高频交变作用力对弹体的影响；而且一个周期内舵偏次数减少，舵机的磨损也相应减轻。这种方式的不足是舵机结构较为复杂，且需要对传统的线性化信号合成的脉冲调宽信号进行一定的处理，才能得到所需要的带零位的脉冲调宽控制指令。

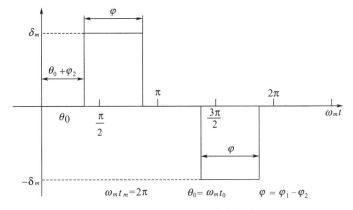

图 5 - 12　三位置舵机换向规律

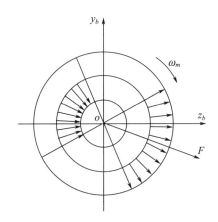

图 5 - 13　三位置舵机合力效果

5.1.8.2　旋转导弹单通道控制特点

旋转导弹的单通道控制方式从信息产生、变换、传递一直到执行，都具有与传统三通道导弹不同的明显特点，可以概括为以下几个方面。

（1）采用极坐标控制

这里引进导引头的光轴坐标系 $ox_Gy_Gz_G$，坐标原点为导引头光学系统焦平面中心，ox_G 轴为光轴，指向目标为正；oy_G 轴在包含光轴的铅垂面内，向上为正；oz_G 轴遵守右手坐标系准则。

把红外导引头的光学系统用一个等效凸透镜代替，目标成像于焦平面 y_Goz_G，目标在焦平面上成的像斑 M' 位置与目标 M 相对导弹的空间位置关系如图 5 - 14 所示。用极坐标 $\rho L\theta_0$ 表示失调角 ε，ρ 正比于 ε 的大小，θ_0 表示 ε 的方位，显然，极坐标可以方便地表示控制信号，经过传输和变换后，用于控制舵机并带动导弹运动。

对于复合制导导引头的微波部分而言，由于涉及到微波和红外间的交班，因此微波的设计等效后与红外方式相同。

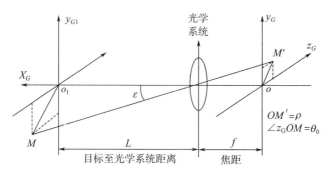

图 5 - 14　在光轴系中信息形成示意图

（2）信息的交流载波传送

旋转弹的控制信号是交流信号，实际上其整个控制信号体系的信息大都是以交流形式传输的，且往往前级信号的频率要高于后级信号。

典型的如俄罗斯的箭-2M导弹，采用了调制盘形式的红外位标器，调制盘系统会将信息调制成频率高达1 200 Hz、初始相位角为 θ_0 的交流信号，经过第一选频放大器、检波放大器后，变换成与陀螺频率同步的 100 Hz 的载波信号，这就是导引头输出信号的频率，导引头回路是具有载波频率 100 Hz 的交流系统。事实上，采用自由陀螺式位标器的导引头，其输出信号的一级频率都是与陀螺频率相同的。

上述信号的频率远高于弹体旋转频率，因此，这些信号会通过信息处理器，最终变换为弹旋频率，用于控制弹体，而其相位将与弹体坐标系参考基准联系。

（3）采用相位控制

旋转弹弹体绕自身轴线旋转，在旋转过程中控制系统控制舵面切换或者偏打的时间，形成空间方向的合力，这就是相位控制。在研究旋转弹控制时，可以建立极坐标系，把控制力作为矢量进行处理，导弹旋转时控制力矢量也随着导弹进行旋转，因而是一个旋转矢量，但最终对导弹控制起作用的还是频率较低的等效控制力，用不旋转的等效控制矢量来表示，等效矢量的大小取决于控制信号的幅值，方向取决于控制信号的相位。通过这一对应关系，可以把控制信号在时域上的相位与控制力在空间上的方向对应起来，构成一个可以研究的整体，从而实现了相位控制。为了保证相位控制的正确性，载波信号应当在传递过程中严格限制相位畸变。

（4）旋转弹的交叉耦合

导弹的控制或多或少会存在耦合现象，即俯仰和偏航方向的控制之间存在着相关关联和相互作用，表现为俯仰运动会受到偏航运动影响，同样偏航运动会受到俯仰运动的影响，这种影响是同时出现且同时结束的。三通道控制导弹这种交叉耦合的影响基本可以忽略，而旋转弹由于自身的旋转，这种耦合的效果表现得更加明显，其影响也更大，是旋转弹需要研究的一个问题。

图 5 - 15 给出了交叉耦合的相互关系，其中 u_1，u_2 为等效的偏航通道和俯仰通道的控制信号，而 $\dot{\psi}$、$\dot{\vartheta}$ 则为导弹偏航运动、俯仰运动的角速度。

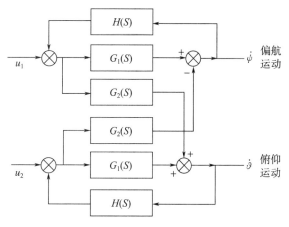

图 5 - 15　单通道交叉耦合图

产生交叉耦合的因素很多，可以分为内部因素和外部因素两大类。

①内部因素

内部因素的产生原因是导弹弹上系统各个环节的电气、机械惯性产生的相位移，典型的有电子放大器、校正滤波网络、计算机处理时延、舵机、角速度传感器等环节。这些因素使得交流载波信号产生时间延迟和相位移 $\Delta\theta$ ，其等效作用是使等效舵偏角在空间也产生了相位偏移 $\Delta\theta$ ，如图 5 - 16 所示。

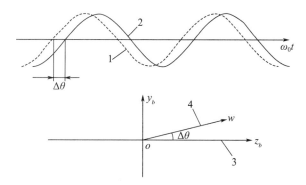

图 5 - 16　系统惯性引起的交叉耦合图

1—输入载波信号；2—输出载波信号；3—理想等效舵轴；4—实际等效舵轴

考虑到等效控制力的指向与等效舵偏转轴是对应的，则 ow 轴就代表了实际控制力方向，该方向偏离了理论方向 $\Delta\theta$ 。用矢量分解方法把 ow 方向向半弹体坐标系两个轴 oz_b 、oy_b 分解，oz_b 分量是理想的作用方向，而 oy_b 方向是内部交叉耦合产生的不希望的干扰量，由交流载波理论可知，要消除这一交叉耦合引入的干扰，要求系统各环节满足"零相角"条件，使其等效传递函数的虚部为零，实际上这一条件很难满足。

②外部因素

产生交叉耦合的外部因素是导弹自旋所引起的马格努斯效应和陀螺效应。

马格努斯效应是一种气动效应，是指一个旋转物体的旋转角速度矢量与飞行速度方向不重合时（即存在攻角时），在与旋转角速度矢量和速度矢量组成的平面相垂直的方向将产生一个横向力。马格努斯力大小与转速及导弹气动外形等参数相关。从型号研究的经验来看，马格努斯力的影响通常情况下很小。

陀螺效应是旋转物体自身的固有特性，与转速、绕转轴的转动惯量相关。旋转导弹可以看成一个低速滚转的陀螺，其运动符合陀螺进动规律。如图 5 - 17 所示，根据陀螺进动原理，在外扰动力矩的作用下，导弹的自转轴将产生一个与外力矩方向相同的运动速度，即下图中右旋导弹在绕 z 轴的正向滚动力矩 M_z 的作用下，导弹将向右拐弯。即导弹的陀螺效应也会使旋转导弹纵侧向运动产生耦合。旋转导弹在导弹动力学模型中已经考虑到了陀螺效应。由于导弹的轴向转动惯量通常远小于横向转动惯量，因此陀螺效应的影响是不明显的。

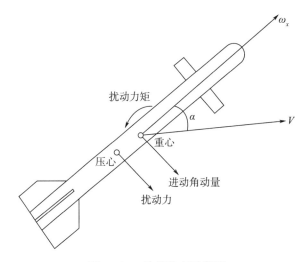

图 5 - 17　陀螺效应示意图

（5）旋转弹的频谱响应

旋转导弹的频谱响应与非旋转导弹存在着一定的差异，这种差异导致相同的控制规律会引起不同的控制效果。这些频响特性有：

1）常值舵偏角或者常值干扰力矩，不会改变导弹姿态。也就是说舵偏的直流分量不会对导弹姿态造成影响，弹体本身有一定的隔离直流控制信号作用。

2）从旋转弹动力学模型分析计算结果可知，在控制信号作用下导弹姿态运动频谱响应中包含了多种频谱分量，而不仅仅包括与载频控制信号的包络成比例的缓变分量。

3）采用 BANG - BANG 控制的旋转导弹，在控制信号为零时，舵面仍然会以一定的规律偏打，此时导弹绕重心运动的姿态角运动响应中仍然包含有多种频谱的分量，这是线性化信号作用的结果。

（6）旋转弹的制导控制系统特点

综合上述分析，可以得出旋转弹单通道控制系统的一些特点，即制导器件结构简单、体积小、重量轻；同时，制导精度高，可靠性好。

针对这些特点，在系统设计、分析、检测和调试方面，都需要采取一些特定的技术措施：

1）系统需要按多变量理论进行设计；

2）系统设计中应采取可靠有效的解耦措施；

3）系统检测参数可以用复变量描述，同时在检测设备设计时应考虑能够同时测量幅值和相位；

4）可以用交流载波理论分析系统，信号特征由频率、幅值、相位角来表示；

5）针对不同的导弹设计参数和舵系统方案，选择合适的导弹自旋频率 f_m。

5.1.8.3　弹体自旋频率的选择

旋转弹的一大特点是导弹需绕自身纵轴做一定频率的旋转，这也是实现单通道控制的一个必要条件。同时，弹体自旋频率的选取也是一个需要全面考虑的问题。型号实践和相关资料的分析表明，对于弹旋频率 f_m，合理的选择可以改善制导系统性能，一旦超出合理的范围，则会带来一系列问题。

（1）弹体特性要求

自旋频率对弹体特性的主要影响是弹体的动态响应特性和稳定性，尤其是动稳定性。从理论分析，弹旋频率 f_m 的提高虽然会增加陀螺稳定性，但如果 f_m 过高，原来静稳定的弹体会变成静不稳定。此外，f_m 增加还会使马格努斯效应、陀螺效应明显增加，会引起导弹俯仰和偏航方向的耦合影响增大。

从弹体稳定性角度出发，对导弹自旋角速度 $\omega_m(\omega_m = 2\pi f_m)$ 的选择应满足以下要求：

当 $c_4 J' - c_7' > 0$ 时，ω_m 可以取任意值。

当 $c_4 J' - c_7' < 0$ 时，应满足

$$\omega_m < (c_1 + c_4)\sqrt{\frac{c_1 c_4 + c_3}{(c_1 J' + c_7')(c_7' - c_4 J')}} \qquad (5-18)$$

上述公式中的系数表示为：

$c_1 = \dfrac{1}{2}(a_1 + b_1)$，与阻尼力矩系数有关的系数，定义参见 4.9.4 节，下同；

$c_2 = \dfrac{1}{2}(a_2 + b_2)$，与安定力矩系数有关的系数；

$c_4 = \dfrac{1}{2}(a_4 + b_4)$，与升力和侧力系数有关的系数；

$c_7' = c_7/\omega_m$，与导弹自旋角速度相关的系数；

$J' = J_{x_1}/J_e$，与导弹绕纵轴的转动惯量对绕横轴的转动惯量比值有关的系数。

（2）控制系统执行机构设计要求

弹旋频率的选择与控制系统执行机构设计也密切相关。控制系统的两种实现方式中，电动舵机正弦控制方式情况下，舵偏的最大角速度与弹旋转速直接成正比关系，也意味着 f_m 越大，电动舵机输出的转速要求越高，这会给电动舵系统的选型和设计带来很大的困难。

对于 BANG‑BANG 控制方式，在小信号作用下，舵机按线性化信号频率 f_{XH} 朝正

反极限位置偏移。为了保证舵面工作时能够偏打到极限位置，舵机的通频带应大于 $2\omega_{XH}(\omega_{XH}=2\pi f_{XH})$，而线性化信号的角频率应近似等于 2 倍弹体自旋角频率 ω_m，这就意味着舵机的通频带应当大于 ω_m 的 4 倍，这也给舵机设计带来了很大难度。

同时，弹旋频率过高，舵系统需要以很高的速度运转，给执行机构也会带来很大的磨损，降低了产品的寿命和工作可靠性。

（3）稳定回路设计要求

以往研制的便携式防空导弹中，大多采用了一种没有驱动马达的角速度传感器作为稳定回路的测量敏感元件，这种角感器依靠导弹自旋转来获得角动量，从而驱动本身正常工作，为了获得足够的角动量，满足测量精度的要求，需要 f_m 尽量高一些。

现在已有不依赖于弹旋角动量进行测量的角速度传感器出现，此时这一因素的影响就可以不用再考虑。

（4）控制品质要求

从提高控制品质的需求来看，适当提高弹旋转速是有好处的。因为旋转弹是在缓变的等效控制力作用下绕重心作横向角运动，而对于与弹旋频率相关的实际控制力周期分量，希望通过导弹弹体本身的滤波作用，消除这些高频分量引起的姿态角波动，显然，f_m 越高，弹体的滤波作用越强，波动对弹体的影响越小。

（5）耦合与解耦要求

从减小俯仰和偏航方向的内部交叉耦合影响来看，适当减小 f_m 是有好处的，f_m 增大，导弹控制回路内部的各种电惯性、机械惯性造成的载波信号的相移就会越大，系统参数变化引起的附加相移也越大。如果舵机延迟时间变化 1 ms，当 f_m 提高 1 倍时，附加的相位畸变就会增加 1 倍，因此 f_m 越高，要求系统的参数越稳定，同时要求电惯性和机械惯性越小，这会给硬件设计和制造带来更大的困难。

此外，导弹在控制系统设计时会针对弹旋进行控制系统的相位补偿，导弹在飞行过程中的 f_m 是始终变化的，f_m 增大会导致其变化量 Δf_m 随之增大，会增加偏航和俯仰方向因相位补偿误差而带来的耦合，为了避免这一影响，对于 f_m 及其变化大的导弹，系统对 Δf_m 要作针对性的相位补偿。

（6）其他要求

导弹的自旋频率还受限于弹体的固有频率，一般来说弹体的固有频率 f_n 都低于导弹自旋频率；同时，自旋频率不能接近导弹结构弹性振动的频率。如果自旋频率接近弹体固有频率或其结构弹性振动频率及其高次谐振频率，会引起共振，轻则影响弹上设备工作，重则导致结构损坏。

根据这一准则，导弹越大，固有频率和弹性频率越低，自旋频率也应适当降低。

综合上述因素，参考已经研制装备的旋转导弹的自旋频率，在旋转弹弹体自旋频率选择上，有以下的经验数据：导弹的自旋频率应大于弹体固有频率 f_n 的 2 倍，小于固有频率 f_n 的 7 倍，即有

$$2f_n < f_m < 7f_n \qquad\qquad (5-19)$$

5.2　制导及导引规律设计

旋转防空导弹的制导控制系统通常采用的导引体制是红外导引，新型的防空导弹则采用了更为先进的被动双模复合制导体制，本节针对这两种体制的导引系统及其导引规律设计进行研究和讨论。

5.2.1　常见导引规律及其设计

5.2.1.1　概念及选择原则

导引规律又称为制导规律或者导引方法，简称为导引律。导引规律是导弹在向目标接近的整个过程中所应遵循的运动规律，决定了导弹的飞行弹道特性和相应的飞行弹道参数，导弹用不同的导引规律制导，其弹道特性和运动参数会有较大差异，而对导弹弹道特性和运动特性进行分析是选择弹体结构、气动外形、推力特性、载荷设计、控制系统设计、战斗部设计及引战配合的重要前提之一。因此，导引规律的确定，对整个导弹乃至武器系统的设计都有着密切的关系。

导引规律的选择在型号确定方案的初期就基本确定，同时，导引规律与导引头选择的体制密切相关。

导引律可以分为经典导引律和最优导引律，其中经典导引律起源于 20 世纪上半叶，最初来源于飞机空中格斗战术，典型的有追踪法、视线制导、比例导引三类，或者按控制信号的来源和误差的不同，分为遥控法、自动寻的法和复合制导三类。实际上导引规律的具体实现方法很多，又可以细分为三点法、前置点（或半前置点）法、预测命中点法、速度追踪法、姿态追踪法、平行接近法、比例导引法等，其中最常见的是三点法、半前置点法和比例导引法（包含比例导引改进形式）。

建立在现代控制理论和对策理论基础上的制导规律称为最优制导规律。随着作为优化目标的性能指标选取的不同，这些制导规律的具体实现形式也有差异。防空导弹通常考虑的优化目标主要是飞行过程中需要付出的需用过载小、脱靶量小、导弹和目标的交会角度小等。在最优制导规律的研究中，一般都需要考虑导弹和目标的动力学问题，用一阶、二阶甚至三阶系统来描述。但实际上由于导弹的制导规律是一个变参数过程，且受到随机干扰的影响，属于非线性问题，真正意义上的最优制导实际上是无法完全实现的，因此，通常把导弹拦截目标的过程作线性化假设，求取近似解，并在此基础上进行优化设计。这种方式在工程上更加可行，且性能上也比较接近理论上的最优解。

综上所述，防空导弹可以选择的导引律多种多样，但是在选择导引律时必须考虑以下一些基本原则：

1）脱靶量应满足战技指标要求，且应尽可能小。

2）弹道横向需用过载变化应平滑，各个时刻值应满足设计要求，特别是在与目标遭遇区间需用过载越小越好，以便保证导弹以直线飞行截击目标。如果设计的导引律不能完全满足上述要求，也应保证导弹的可用过载应当大于需用过载，且有一定的余量用于抵消各种随机误差和系统误差引起的过载增量。

3）目标机动时，导弹需要付出的机动应当尽量小。

4）导引律所需的参数应当是采用的制导体制能够测量得到的，且不应增加过多的弹上或者地面设备，或者给测量设备提出过高的精度要求；测量的参数数目应尽可能少；以保证技术上的可实现性和系统的可靠性、经济性。

5）抗干扰能力强，适用的空域范围要尽量广。

5.2.1.2　常见导引规律及其特点

导引规律的种类很多，按有无制导站可以分为遥控制导和自动寻的制导两个基本大类，在此基础上还有两者复合的复合制导规律。

5.2.1.2.1　自动寻的制导

自动寻的制导由导弹本身完成对目标的探测并形成制导指令，典型相对运动关系如图5-18所示。

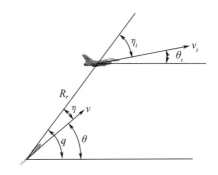

图 5-18　自动寻的制导相对运动关系（垂直平面）

图中 R_r 为弹目距离，q 为弹目视线角，θ、θ_t 分别为导弹和目标的弹道倾角，η、η_1 分别为导弹和目标的速度前置角，V、V_t 分别为导弹和目标的速度。其相对运动方程式可写为

$$\begin{cases} \dfrac{\mathrm{d}R_r}{\mathrm{d}t} = V_t \cos\eta_t - V\cos\eta \\[2mm] R_r \dfrac{\mathrm{d}q}{\mathrm{d}t} = -V_t \sin\eta_t + V\sin\eta \\[2mm] q = \theta + \eta = \theta_t + \eta_t \end{cases} \tag{5-20}$$

5.2.1.2.2　遥控制导

遥控制导导弹受制导站的控制而飞行，其典型的相对运动关系如图5-19所示。

图中 R_m、R_t 为制导站分别与弹目之间的距离，q_m、q_t 为制导站分别与弹目之间的视线角，V_c 为制导站速度，θ_c 为制导站运动的弹道倾角。其相对运动方程式可写为

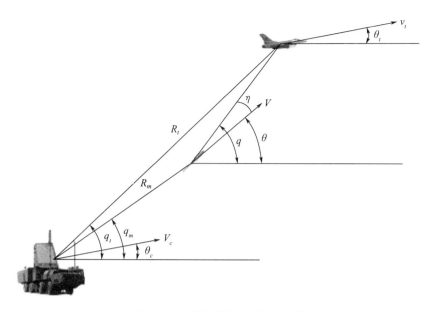

图 5 - 19　遥控制导相对运动关系

$$
\begin{cases}
\dfrac{\mathrm{d}R_m}{\mathrm{d}t} = V\cos(q_m - \theta_m) - V_c\cos(q_m - \theta_c) \\[2mm]
R_m\,\dfrac{\mathrm{d}q_m}{\mathrm{d}t} = -V\sin(q_m - \theta_m) + V_c\sin(q_m - \theta_c) \\[2mm]
\dfrac{\mathrm{d}R_t}{\mathrm{d}t} = V_t\cos(q_t - \theta_t) - V_c\cos(q_t - \theta_c) \\[2mm]
R_t\,\dfrac{\mathrm{d}q_t}{\mathrm{d}t} = -V\sin(q_t - \theta_t) + V_c\sin(q_t - \theta_c)
\end{cases}
\tag{5 - 21}
$$

5.2.1.2.3　常见导引律

这里简单介绍几种常见导引规律，并分析其特点和适用范围。

（1）追踪法

追踪法是一种比较容易实现的自动寻的导引规律，在具体实现上，有两种方法：姿态追踪法和速度追踪法。

姿态追踪法，导引规律保证导弹的纵轴直接指向目标，导弹在机动飞行时作有攻角飞行，速度矢量总是滞后于弹轴指向。这种导引律很容易实现，导引头安装在弹体上，只要保证导引头的敏感轴始终指向目标，而弹轴始终指向导引头敏感轴即可，如果导引头的敏感轴是固定在弹轴上的，则要求导引头具有较宽的视场。

速度追踪法，需要保证导弹的速度矢量与弹目的连线重合，技术实现上要求导引头是随动的，其敏感轴直接沿风标稳定，即让导引头敏感轴指向与导弹速度指向一致。也可以采用三自由陀螺和攻角传感器分别测量弹体姿态和攻角，间接实现敏感轴沿风标稳定。

追踪法的优点是技术实现较为简单，但其本身存在较大的限制条件，主要是只有在完全迎攻和尾追的条件下，理论上才能实现直线弹道，且对弹目速比有较为严格的要求，目标进行机动时，追踪法必须付出很大的代价才能拦截，对于迎攻条件拦截目标十分困难。因为存在上述限制，追踪法一般用于对静止的地面目标及低速目标进行拦截的武器，防空导弹上很少采用。

还有一个在追踪法基础上推广的导引律，称为前置角法，其特点是导弹在飞行过程中，弹轴（或者速矢向量）与弹目连线间存在一个设定的前置角。前置角法相比追踪法的优点是通过适当地选取前置角，在任何条件下都可能得到接近于直线的弹道。它和追踪法存在共同的缺点是迎攻条件下拦截目标十分困难。

（2）三点法

三点法又称为重合法，这一导引律的含义是导弹在飞行过程中，始终处于控制点和目标所连接的直线上，其中控制点和目标都可以是活动的（例如针对空空导弹），也可以是静止的（例如地空导弹或者空地导弹）。

三点法一般控制导弹飞行的控制点不在导弹上，因此常用于指令制导体制或者驾束制导体制的导弹。

（3）平行接近法

平行接近法制导规律是指导弹在运动过程中，导弹与目标的连线始终平行于初始位置，即弹目连线不应有转动角速率。对平行接近法进行的理论分析表明，与其他导引律相比，平行接近法弹道与直线弹道的区别最小，也就是说在目标做机动飞行而导弹的速度变化任意的条件下，平行接近法弹道需要付出的法向过载最小，且在特定条件下，可以实现导弹的过载不大于目标的过载。因此，从理论上说，平行接近法是最为理想的导引律。但是，要实现完全的平行接近法导引律，要求的测量参数及其测量精度指标很高，在导弹产品上很难实现，因而实际上平行接近法基本没有型号使用。

（4）比例导引

比例导引是防空导弹上广泛采用的一种导引规律，是使导弹速度矢量的旋转角速度（或弹道法向过载）与目标视线的旋转角速度成正比的一种导引规律。这种制导规律的特点是：导弹跟踪目标时，如果目标视线有任何旋转，将驱动导弹向着减小视线角速度的方向运动，从而抑制视线的旋转，使导弹的相对速度对准目标，使导弹尽量沿直线飞向目标。这一制导规律可以敏感地反映目标运动，能够对付机动目标，导引精度高，而且导引头等设备也比较容易实现测量目标视线角速度变化，因此是被广泛应用于防空导弹的一种导引律。

比例导引中最主要的参数就是导弹速度旋转角速度与目标视线角速度之比，通常定义为导航比，当导航比取 1 时，比例导引就变为追踪法导引律，当导航比取 1 且设定前置角时，就是前置角法导引律，当导航比取无穷大时，就变为平行接近法导引律。因此，对于比例导引规律的研究具有更加广泛的意义。

表 5-1 列出了防空导弹上常见的导引律的特点比较。

表 5 - 1　常见导引律对空中目标特性变化的适应性比较

导引律	目标航向	目标速度	目标加速度	传感器偏差	噪声	阵风
三点法	差	良	差	中	良	中
追踪法	差	中	差	中	良	良
比例导引	良	良	良	良	差	差

　　旋转弹体防空导弹多采用寻的制导方式，因此基本都使用比例导引或者在此基础上增加修正项的修正比例导引作为制导规律。

5.2.1.3　比例导引基本原理

　　比例导引从原理上而言，要求导弹的弹道转动角速度与目标视线的转动角速度成比例，为简化起见，在垂直平面内研究其特性，即满足

$$\frac{\mathrm{d}\theta}{\mathrm{d}t} = k\,\frac{\mathrm{d}q_v}{\mathrm{d}t} \tag{5-22}$$

式中　q_v——视线角速度的垂直平面分量；

　　　k——比例导引系数。

　　将上式积分，可以得到

$$\theta = k(q_v - q_{v0})$$

式中　q_{v0}——视线角速度积分初值。

　　如 $k=1$，$q_{v0}=0$，则有 $\theta = q_v$，此时速度矢量与视线方向一致，就是速度追踪法。如 $k=1$，$q_{v0}\neq 0$，则为前置角导引法，前置角 $\eta = q_{v0}$。

　　如 $k \to \infty$，则可以得到

$$\frac{\mathrm{d}\eta}{\mathrm{d}t} = \frac{1-k}{k}\,\frac{\mathrm{d}\theta}{\mathrm{d}t} \to \frac{\mathrm{d}\theta}{\mathrm{d}t} \tag{5-23}$$

即为平行接近法。综上可知，从理论推导，追踪法、前置角法和平行接近法都是比例导引的特例情况。

　　由上述规律也可以推论出，当比例系数 k 取值在 1 到∞之间时，弹道的特性和规律是介于两者之间的。k 越大，目标瞄准线的转动会变得越缓慢，拦截弹道越平滑，需用过载也越小。

　　建立简化的比例导引运动方程组如下

$$\begin{cases} \dfrac{\mathrm{d}R_r}{\mathrm{d}t} = V_t\cos q_v - V\cos\eta \\[2mm] R_r\,\dfrac{\mathrm{d}q_v}{\mathrm{d}t} = -V_t\sin q_v + V\sin\eta \\[2mm] \dfrac{\mathrm{d}\eta}{\mathrm{d}t} - (1-k)\,\dfrac{\mathrm{d}q_v}{\mathrm{d}t} = 0 \end{cases} \tag{5-24}$$

式中　V_t，V——目标与导弹的速度；

　　　R_r——弹目距离。

　　该方程只有在 $k=2$ 的条件下，可以进行解析法分析，此时，有

$$\frac{\mathrm{d}\eta}{\mathrm{d}t} + \frac{\mathrm{d}q_v}{\mathrm{d}t} = 0 \tag{5-25}$$

对上式积分，可得

$$\eta + q_v = \varepsilon_0 = 常数 \tag{5-26}$$

式中 ε_0 为积分常数，取决于初始条件，有

$$\varepsilon_0 = \eta_0 + q_{v0} = \theta_0 + 2\eta_0 \tag{5-27}$$

此时运动方程有以下的形式

$$\frac{\mathrm{d}R_r}{\mathrm{d}t} = V_t \cos(\varepsilon_0 - \eta) - V\cos\eta \tag{5-28}$$

$$R_r \frac{\mathrm{d}\eta}{\mathrm{d}t} = V_t \sin(\varepsilon_0 - \eta) - V\sin\eta \tag{5-29}$$

将上式简单变换，取弹目速比 $p = \dfrac{V}{V_t}$ ，可以得到

$$\frac{\mathrm{d}R_r}{R_r} = \frac{(p - \cos\varepsilon_0)\cos\eta - \sin\varepsilon_0 \sin\eta}{(p + \cos\varepsilon_0)\sin\eta - \sin\varepsilon_0 \cos\eta} \mathrm{d}\eta \tag{5-30}$$

对上式进行积分，可以得到

$$R_r = R_{r0} \left[\frac{p\sin\eta + \sin(\eta - \varepsilon_0)}{p\sin\eta_0 + \sin(\eta_0 - \varepsilon_0)} \right]^{\frac{p^2-1}{p^2 + 2p\cos\varepsilon_0 + 1}} \mathrm{e}^{\frac{2p(\eta_0 - \eta)\sin\varepsilon_0}{p^2 + 2p\cos\varepsilon_0 + 1}} \tag{5-31}$$

由方程可见，在弹目速比 $p > 1$ 的条件下，有可能直接命中目标（$r = 0$），在这种情况下，与目标相遇瞬间的前置角 η_k 应当满足以下条件

$$p\sin\eta_k - \sin(\varepsilon_0 - \eta_k) = 0 \ 或者 \ p\sin\eta_k = \sin q_{vk}$$

其中，η_k，q_{vk} 是弹目遭遇瞬间的角度值。即满足这一角度条件时，能保证导弹作直线飞行。

5.2.1.4　修正比例导引设计及实现

上文介绍了比例导引的基本特性和规律，由于比例导引易于实现，因此在防空导弹特别是寻的体制的防空导弹上得到了广泛的应用，为了进一步提高命中精度和对付目标机动的能力，在比例导引基础上，又发展了引入各种修正项的修正比例导引规律。

比例导引是一个正比于视线角速度的控制指令的导引规律，而视线角速度是由导弹和目标加速度在垂直于视线方向上的分量所决定的，因此导弹和目标的加速度对视线角速度进而对比例导引的弹道特性会产生比较大的直接影响。

为了减小这一影响，在导引规律设计中引入了加速度修正补偿。目前应用比较广泛的是导弹的加速度补偿，目标的加速度补偿由于获取准确信息比较困难，且通常其加速度也不大，因此一般不予考虑。下面简单作一推导。

采用比例导引，导弹寻的运动的模型（在单一平面内）是

$$\begin{cases} \dot{R}_r = -V_t \cos(\theta_t - q_v) - V\cos(\theta - q_v) \\ R_r \dot{q}_v = V_t \sin(\theta_t - q_v) - V\sin(\theta - q_v) \\ \dot{\theta} = k\dot{q}_v \ (或\ n_{yv} = Vk\dot{q}_v/g + \cos\theta) \end{cases} \tag{5-32}$$

式中　R_r ——视线距离；

　　　V_t ——目标速度；

　　　θ_t ——目标的弹道倾角；

　　　n_{yv} ——弹道横向过载。

由于 θ、V、n_{yv} 难以直接测量得到，通常选择弹体的横向过载 n_{y1} 作为实际控制的参考量，此时系统的运动模型为

$$R_r\ddot{q}_v + 2\dot{R}_r\dot{q}_v = g\left[n_t\cos(\theta_t - q_v) + n_{x1}\sin(q_v - \vartheta) - n_{y1}\cos(q_v - \vartheta) + \cos q_v\right]$$

$$(5-33)$$

制导律函数

$$n_{y1}^* = k_a \mid \dot{R}_r \mid \dot{q}_v + L$$

优化目标函数

$$J = n_{y1}^* \mid_{R_r = 0} = 0$$

式中　k_a ——过载比例系数；

　　　L ——比例导引的修正项；

　　　$n_t = V_t\dot{\theta}_t / g$ ——目标过载；

　　　n_{x1}，n_{y1} ——导弹轴向和法向过载，可以由弹载的过载传感器之间测量得到。

设以下简化变量

$N = k_a g\cos(q_v - \vartheta)$ ——有效导航比；

$Q_t = gn_t\cos(\theta_t - q_v)$ ——目标加速度的视线法向分量；

$Q_m = g\left[n_{x1}\sin(q_v - \vartheta) + \cos q_v\right]$ ——导弹加速度的视线分量；

$Q_0 = Q_t + Q_m$ ——比例导引的相对加速度；

$Q = Q_0 - gL\cos(q_v - \vartheta)$ ——修正比例导引的相对加速度。

代入公式可以得到

$$R_r\ddot{q}_v + (N - 1) \mid \dot{R}_r \mid \dot{q}_v = Q \tag{5-34}$$

求解上式，可得

$$\dot{q}_v = R_r^{(N-2)}\left[\frac{Q}{(N-2) \mid \dot{R}_r \mid}R_r^{-(N-2)} + c\right] \tag{5-35}$$

$t = 0$ 时，$\dot{q}_v = \dot{q}_{v0}$，$R_r = R_{r0}$，代入上式，有

$$c = \left[\dot{q}_{v0} - \frac{Q}{(N-2) \mid \dot{R}_r \mid}\right]R_{r0}^{-(N-2)} \tag{5-36}$$

将上式代入导引方程，有

$$n_{y1} = A \mid \dot{R}_r \mid \left\{\dot{q}_{v0}\left(\frac{R_r}{R_{r0}}\right)^{(N-2)} + \frac{Q}{(N-2) \mid \dot{R}_r \mid}\left[1 - \left(\frac{R_r}{R_{r0}}\right)^{(N-2)}\right]\right\} + L \quad (5-37)$$

要求命中目标，则有 $R_r = 0$，则上式简化为

$$n_{y1} = A\frac{Q}{(N-2)} + L = \frac{Ag[n_t\cos(\theta_t - q_v) + n_{x1}\sin(q_v - \vartheta) + \cos q_v] - 2L}{(N-2)}$$

$$(5-38)$$

通常把交会时过载 $n_{y1} = 0$ 作为优化目标，此时可以求出 L 为

$$L = \frac{N}{2}[n_t\cos(\theta_t - q_v) + n_{x1}\sin(q_v - \vartheta) + \cos q_v]/\cos(q_v - \vartheta) = \frac{AQ_0}{2} \quad (5-39)$$

代入过载公式，可以得到

$$n_{y1}^* = A\mid\dot{R}_r\mid\dot{q}_v + \frac{AQ_0}{2} = \frac{N}{\cos(q_v - \vartheta)}\left\{\frac{\mid\dot{R}_r\mid}{g}\dot{q}_v + \frac{Q_0}{2g}\right\}$$

$$(5-40)$$

$$= \frac{N}{\cos(q_v - \vartheta)}\left\{\frac{\mid\dot{R}_r\mid}{g}\dot{q}_v + \frac{\ddot{y}_{st}}{2g} + \frac{n_{x1}}{2}\sin(q_v - \vartheta) + \frac{\cos q_v}{2}\right\}$$

设：$A_n = \dfrac{N}{g\cos(q_v - \vartheta)}$，$B_n \cong \dfrac{N/57.3}{2}$，$C_n = \dfrac{N\cos q_v}{2\cos(q_v - \vartheta)}$，$D_n = \dfrac{N}{2\cos(q_v - \vartheta)}$，$n_t$ $= \ddot{y}_{st}/g$，代入上式，可以得到修正比例导引规律的实现公式

$$n_{y1}^* = A_n\mid\dot{R}_r\mid\dot{q}_v + B_n n_{x1}q_{1v} + C_n n_{yg} + D_n n_t \quad (5-41)$$

式中　　n_{yg}——重力系数，$n_{yg} = \cos q_v$；

　　　　q_{1v}——导引头目标视线角，$q_{1v} = q_v - \vartheta$。

上文已经述及，由于目标的机动项 n_t 难以精确测量得到，因此，通常在工程实践中比例导引只使用第一项

$$n_{y1}^* = A_n\mid\dot{R}_r\mid\dot{q}_v \quad (5-42)$$

条件许可的情况下，通常工程上使用的修正比例导引只用到前三项，即

$$n_{y1}^* = A_n\mid\dot{R}_r\mid\dot{q}_v + B_n n_{x1}q_{1v} + C_n n_{yg} \quad (5-43)$$

这是以垂直平面内的运动情况为例进行分析的，事实上上述规律不难扩展到水平平面内，主要差别在于重力的影响不存在，第三项可以取消。

在修正比例导引实现的各项参数中，实际上起最大作用的是有效导航比 N，通过对不同导航比对弹道参数影响的综合分析（详细分析可参见相关专业书籍），可以得出结论，如果要保证导弹全程视线角速度和需用过载收敛性，需满足有效导航比 $N > 2$，要保证视线角加速度的收敛性，有效导航比应满足 $N > 3$。

但是有效导航比也不是越大越好，N 取值过大，会造成以下问题：

1) 增大 N 值，相当于增大控制回路放大系数，放大系数过大会导致回路提前失稳；

2) 增大 N 值，控制系统的噪声也随之增加，尤其在命中前会影响制导精度；

3) 考虑到回路的惯性以及实际产品的动态特性影响，过大的 N 值会使控制系统成为欠阻尼，导弹容易出现振荡，严重时甚至可能发散。

综上，有效导航比一般取值在 3～6 之间。

5.2.1.5　旋转导弹比例导引规律的实现

上文论述了寻的防空导弹比例导引和修正比例导引的几种实现形式，可以看到，常规

的比例导引就是使弹体的横向过载正比于视线角速度和弹目距离的变化率，这在传统的三通道控制雷达寻的导弹上并不难实现，因为弹体过载可以由弹载加速度计测量得到，视线角速度由导引头测量得到，而弹目速度变化率可由雷达导引头的多普勒效应测量得到。但是，对于红外制导的旋转导弹，即使要完全实现上述最简单的比例导引规律也是有难度的，主要是因为旋转弹由于弹体本身高速旋转，且导弹体积有限，以往的旋转导弹弹上很难安装传感器精确测量弹体过载，同时，红外导引头无法测量弹目距离及其变化率，因此，通常旋转弹的比例导引规律并不按上述方法实现。

旋转导弹的典型控制回路传递关系如图 5-20 所示。

图 5-20　典型控制回路传递关系

U_{dk} 为导引头输出的与视线角速度 $\dot{q}$ 成比例的信号，U_{dk} 为舵机控制信号，K_K 为舵面等效控制力（见 5.2.1.5.1 节），K_1、K_2、K_3 分别为稳定回路、舵机和弹体的传递系数。其中 K_2 的特性由舵机本身特性决定，简化分析时可以认为是一个常值；K_3 是弹体传递系数，其含义同 4.9.5 节的 K_m 系数，该系数取决于弹体特性，是飞行高度、速度、攻角、时间等一系列变量的函数，在导弹设计完成后即为一个确定的特性。因此，制导控制系统设计的主要工作，就是确定合适的制导参数 K_1，并设计合理的稳定回路参数，以满足比例导引的要求。

5.2.1.5.1　K_K 系数及其计算

这里首先介绍一下旋转弹控制系统常用的一个参数——K_K 系数。

K_K 系数是一个空间矢量，是表征旋转弹舵面产生的等效控制力大小和方向的一个复数。其幅值 $|K_K|$ 是无量纲的相对参数，且设舵面产生的等效控制力为最大值时，$|K_K|$ 值为 1。K_K 的相位角 θ_K 由等效控制力与参考基准轴夹角决定。K_K 的复数表示为

$$K_K = |K_K| e^{j\theta_K} \tag{5-44}$$

K_K 是旋转弹用来确定比例系数的重要表征量之一。

等效控制力的通用计算公式为

$$\overline{F}_{\delta y} = \frac{1}{T_0} \int_0^{T_0} C_n^\delta \delta(t) \cos\omega(t) \, dt \tag{5-45}$$

$$\overline{F}_{\delta z} = \frac{1}{T_0} \int_0^{T_0} C_n^\delta \delta(t) \sin\omega(t) \, dt \tag{5-46}$$

$$|\overline{F}_\delta| = \sqrt{\overline{F}_{\delta y}^2 + \overline{F}_{\delta z}^2} \tag{5-47}$$

$$\theta_\delta = \arctan(\overline{F}_{\delta y}/\overline{F}_{\delta z}) \tag{5-48}$$

式中　$\overline{F}_{\delta y}$、$\overline{F}_{\delta z}$ ——等效控制力在半弹体坐标系 y_b、z_b 上的投影；

　　　θ_δ ——等效控制力相位角；

　　　$\overline{F}_\delta$ ——等效控制力合力；

C_n^δ——舵面效率，BANG – BANG 舵可以省略，通常情况下正弦舵也可以省略；

T_0——计算周期，一周为 2π；

$\delta(t)$——舵偏角随时间变化函数；

$\omega(t)$——弹体转速随时间变化函数。

对于 BANG – BANG 控制和正弦控制，K_K 系数的计算方法略有不同。

（1）BANG – BANG 控制的 K_K 系数计算

BANG – BANG 控制的舵机控制信号 U_{dk} 为方波信号，实际舵偏也为对应的方波信号（严格地说是类梯形波信号），理论上方波信号的频率应当是弹旋频率的两倍（即一周四次换向）。但工程实现上 U_{dk} 信号的产生是通过混频比相的方式得到的（机理见后文自动驾驶仪的相关章节），因而其频率为信号发生器产生的线性化信号的频率，一般要高于弹旋的两倍，因此在弹旋一周的情况下，舵面产生的等效控制力方向与控制信号相位有较大偏差，在多周平均的情况下才趋近于控制信号相位，所以往往要取多周的平均等效控制力作为计算条件，通常取 5 周或者 10 周平均。

具体计算步骤为：

1）设定计算周期数 T_0，例如 10π、20π、30π 等；

2）生成一周两次换向的最大指令，计算 T_0 周期内最大等效控制力 $(\overline{F_\delta})_{\max}$；

3）计算给定舵偏规律 $\delta(t)$ 下 T_0 周期内等效控制力 $\overline{F_\delta}$；

4）计算 $K_K = \overline{F_\delta} / (\overline{F_\delta})_{\max}$。

（2）正弦控制的 K_K 系数计算

正弦控制的舵机控制信号为与弹旋同频的正弦信号，舵偏角理论上也是与之对应的正弦信号，即

$$\delta(t) = \delta_0 \cos(\omega t + t_0) \tag{5 – 49}$$

式中　δ_0——舵偏角峰值；

　　　ω——弹旋角速度；

　　　t_0——初始相位。

简化计算时，可以认为正弦控制信号是线性的，即有

$$|K_K| = \delta_0 / \delta_{\max} \tag{5 – 50}$$

式中　$\delta_{\max}$——最大舵偏角。

K_K 的初始相位 θ_K 即为当前舵偏角的初始相位。

实际上，由于各种因素的影响，例如舵面受到的气动力和铰链力矩、舵系统本身的刚度特性等，舵偏角往往不是严格的正弦信号，上述假设就会存在一定误差，此时可以通过式（5 – 47）计算等效控制力。并通过与 BANG – BANG 控制相似的方法计算 K_K 系数。其中的差别在于，正弦控制是以弹旋为周期的，其计算周期 T_0 一般就取单周 2π，必要时也可进行多周平均，但通常不超过 5 周。

5.2.1.5.2　旋转导弹比例导引规律的实现

根据比例导引的基本定义，有

$$\frac{\mathrm{d}\theta}{\mathrm{d}t} = k \frac{\mathrm{d}q}{\mathrm{d}t} \tag{5-51}$$

由于 $\mathrm{d}\theta/\mathrm{d}t$ 难以测量得到，稳态时，可以近似认为 $\mathrm{d}\theta/\mathrm{d}t = \mathrm{d}\vartheta/\mathrm{d}t$ ，则由图 5-20 可知，导引系数 k 即为三个环节传递系数 K_1、K_2、K_3 的乘积。K_2 为与舵系统相关的确定系数（可假设为 1），K_3 为与弹体特性相关的确定系数。因此要达到比例导引，主要通过调整制导增益 K_1 来实现，也就是通过调整 K_K 系数和 $\dot{q}$ 的比例关系来实现。

设制导增益比例系数

$$K_1 = |K_K| \delta_m / \dot{q}$$

式中，δ_m 为最大等效舵偏角，对于 BANG-BANG 控制，$\delta_m = \dfrac{2}{\pi}\delta_{\max}$ ，对于正弦控制，$\delta_m = 0.5\delta_{\max}$ 。

可以推导得到有效导航比的计算公式为

$$N = \frac{K_1 K_m V \cos\eta}{|\dot{R}|} \tag{5-52}$$

式中　η——速度前置角，近似计算可以取为 0；

　　　K_m——弹体传递系数，见 4.9.5 节；

早期的便携式防空导弹能够测量的参数有限，比例导引实现的方法为等系数法，即 K_1 取值为一常数，例如，以某型便携式防空导弹为例，其设计参数为：

$\dot{q}_0 = 4$ （°）/s 时，对应的 $|K_K|$ 为 0.85。该导弹采用 BANG-BANG 控制，最大舵偏角为 20°，即 $K_1 = 20 \cdot \dfrac{2}{\pi} \cdot 0.85/4 = 2.71$ 。

巡航段导弹的平均速度为 650 m/s，巡航段弹体传递系数 K_m 平均值为 1.7，则可以计算得到，该导弹在迎攻拦截速度 200 m/s 的目标时，巡航段的有效导航比近似为

$$N = 2.71 \cdot 1.7 \cdot 650/850 = 3.52$$

显然，采用这种定参数方案，存在以下不足：

（1）对目标速度变化的适应性差

当目标速度变化，或者转为尾追跟踪目标时，有效导航比将发生变化，如对尾追目标拦截时，目标速度仍为 200 m/s，近似有

$$N = 2.71 \cdot 1.7 \cdot 650/450 = 6.65$$

即两种导航比相差近 1 倍，目标速度增加时，这种差别会更大。

（2）不同拦截空域适应性差

上述分析中，将弹体传递系数 K_m 作为常数处理，实际上本类导弹的弹体特性在飞行过程中并不是一直保持一致的，通常在巡航段变化较小，但是在加速段和被动段都有很大变化，一般规律是加速段导弹的稳定裕度较小，K_m 会放大；而被动段导弹的稳定裕度逐渐变大，K_m 会减小。K_m 的最大值、最小值可能相差 2~4 倍，带来的直接影响就是有效导航比相差 2~4 倍。

此外，对于不同空域，导弹的速度也是不同的，在近界（加速段）、中界（巡航段）

和远界（被动段），导弹的速度最大也可能相差 2 倍左右，也会带来有效导航比的变化。

综上，这种定参数方案对于全空域的拦截以及对不同速度目标的拦截在设计上并不是最优的。

为了克服上述问题，可以采取制导系数的自适应修正措施。

将等效导航比公式进行变换后有

$$K_1 = N \cdot \frac{1}{K_m} \cdot \frac{|\dot{R}_r|}{V \cos \eta} \tag{5-53}$$

取有效导航比 N 为定值，则 K_1 可以有两个自适应补偿环节：

（1）速度补偿措施

式（5-53）中，速度相关补偿项为：$|\dot{R}_r|/V \cos \eta$，该项数值与导弹速度 V、目标速度 V_t，以及弹道姿态相关，进行补偿时，忽略姿态影响，则可以简化为

$$\frac{|\dot{R}_r|}{V \cos \eta} \approx 1 + K_V \frac{V_t}{V} \tag{5-54}$$

上述补偿公式中，各个参数及其获得方法为：

K_V ——考虑弹道姿态后的补偿系数，一般取 $0.8 \sim 1$（迎攻）或者 $-0.8 \sim -1$（尾追）；

V ——导弹速度，可以使用平均速度，也可以采用按飞行时间分段拟合的方式给出。

V_t ——目标速度，如果有地面探测设备提供目标速度测量，可以采用射前装订的方法给出。对于便携式防空导弹，射手无法目视判断目标速度，此时可以设置两种典型状态（例如迎攻和尾追），由射手在射前判断目标飞行情况并操作相应的装订开关实现装订。由于射手装订存在误判或者误操作的可能，因此分档的参数设计上应都能兼顾各种作战使用要求。

（2）弹体增益补偿措施

式（5-53）中，弹体增益的补偿项为 $1/K_m$，弹体增益是一个多变量影响的参数，在不同飞行姿态、不同速度、不同时间段其具体数值都是不一样的，因此无法实现精确补偿。

为了实现弹体增益的动态补偿，一种方法是在弹上增加过载传感器，采用过载反馈控制的比例导引规律。另一种工程上可实现的方法为：计算导弹的典型飞行弹道及其飞行过程中的 K_m，在变化平缓区段用一个定值代替，整个飞行过程中可以分为 $3 \sim 4$ 段进行线性拟合，中间过程平滑过渡。采取上述补偿措施后，弹体增益变化对制导增益和弹道的影响可以大大降低，提高了弹道的平稳性。

5.2.1.5.3　旋转导弹修正比例导引规律的实现

修正比例导引规律相比传统比例导引规律，其综合性能更有优势，旋转导弹在条件许可的情况下，通过适当增加弹上测量设备，并引入合理的假设条件，也可以实现一定程度的修正比例导引。

典型的采用过载反馈进行控制的修正比例导引公式为

$$n_{y1}^* = A_n |\dot{R}_r| \dot{q}_v + B_n n_{x1} q_{1v} + C_n n_{yg} \tag{5-55}$$

其中三项分别为比例导引项、导弹加速度补偿项和重力补偿项，下面分别论述旋转弹实现这三项修正的技术措施和方案。

（1）比例导引项

旋转弹实现比例导引的简化方法和自适应补偿方法已经在上一节进行了介绍，本节主要说明采用过载反馈实现比例导引的方法。

要实现过载反馈，旋转弹上必须安装过载传感器（或者惯测组合设备）。过载传感器安装方式有两种，一种为与弹体捷联安装，此时敏感到的过载是被弹旋调制的正弦信号，另一种需要在弹上设置消旋平台机构，能够以与弹旋同频的速率反旋从而隔离弹体旋转，过载传感器安装在该机构上，敏感的是半弹体坐标系下的过载。

（2）导弹加速度补偿

实现导弹加速度补偿有两种方式，一种在弹上安装轴向过载传感器，敏感导弹轴向过载后进行补偿；另一种则通过理论和实测导弹的飞行轴向过载，进行归一化处理后用按时间分段插值的方法实现。由于发动机在Ⅰ级Ⅱ级转级段推力和过载变化剧烈，采用第二种补偿方法可能会在这一时间段内存在较大误差，因此需要详细分析可能会出现的不利影响，并采取合适的方法解决。

（3）重力补偿

导弹承受的重力影响始终在惯性空间的垂直平面内，因此旋转导弹要实现重力补偿，必须能够给出弹上惯性基准，并在垂直平面内进行补偿。目前可行的给出弹上惯性基准的方法有两个，一种为在弹上设置的消旋平台机构提供，另一种为在弹上安装的惯性组件进行解算后提供。

5.2.2　初制导和中制导设计

旋转防空导弹大多采用了架上截获、全程红外制导的制导体制，因此通常情况下制导控制系统设计只需要考虑单一的工作状态，无须进行单独的初制导、中制导设计。但是对于复合制导导弹而言，就需要考虑交班到末制导之前的中制导问题。此外，对于部分便携式防空导弹，采用了直瞄发射技术，发射初始段增加了侧向力控制，因此需要考虑初制导问题。

5.2.2.1　侧向力控制直瞄发射初制导设计

便携式防空导弹采用倾斜发射，导弹发射出筒后不可避免地存在低头和弹体下沉，会使初始弹道偏离预定方位，增大起控后的误差，发射角较低时可能触地；同时，为了减小比例导引初始段误差，也希望射向能够对准比例导引规律预定的前置方向。为了满足上述要求，传统的方法是在发射时向上和向目标运动前方增加一个前置量。

发射前手工加前置量的操作存在一定弊端，包括增加了操作的复杂度，可能延误发射时机；前置量依靠射手经验判断确定，往往简化为一个固定值，与实际的最佳值存在偏差；不利于便携式防空导弹的扩展使用，如改装成车载、弹炮结合、舰空、空空导弹等。

为了避免导弹在发射前加前置量的手工操作过程，实现对目标的直瞄发射，可以采取两项技术措施：

　　1）导弹发射出筒后加侧向力控制改变导弹运动姿态，以提供弹道所需要的前置角；

　　2）导引头在瞄准目标时，光轴向下锁偏一定角度，瞄准具同步偏离同一角度，即发射筒轴线高于视线一个角度，用来补偿导弹发射时的初始下沉。

5.2.2.1.1　采用直接侧向力施加前置量措施

　　（1）期望前置量计算

　　便携式防空导弹初制导前置量设计的原则是补偿比例导引需要的前置量，同时在一定程度上满足对超低空目标射击时避免导弹坠地的要求。

　　比例导引所需要的前置量的详细计算方法可参见 4.10.2 节，但是便携式防空导弹由于射手能够获得的目标参数十分有限，因此必须考虑简化的计算方法。

　　由视线角速度计算公式

$$\dot{q} = (V\sin\eta - V_t\sin\eta_t)/R_r \tag{5-56}$$

式中　　V，V_t ——导弹和目标速度；

　　　　η，η_t ——导弹和目标速度矢量的前置角；

　　　　R_r ——弹目距离。

　　要求起控时视线角速度趋于零，此时有

$$\eta = \arcsin(V_t\sin\eta_t/V) \tag{5-57}$$

　　近似认为导弹发射初期的视线角速度与发射时刻视线角速度 $\dot{q}_0$ 相同，有

$$\dot{q}_0 = 57.3V_t\sin\eta_t/R_{r0} \tag{5-58}$$

$$\eta = \arcsin\left(\frac{\dot{q}_0 R_{r0}}{57.3V}\right) \tag{5-59}$$

　　上式中，R_{r0} 即发射时刻的弹目距离，由于发射前置量对近界弹道的影响最大，因此可以使用近界（或者靠近近界的常用空域斜距）作为估算的弹目距离。例如某型号的近界指标为 600 m，就可以用 600 m（或者 1 km）对应的发射斜距作为 R_{r0}。V 为导弹的平均速度，可以取拦截 R_{r0} 距离目标的飞行平均速度进行计算。

　　由于前置量是否合适主要依靠射手的经验和对目标距离的目视判断，存在很大误差，为便于作战使用，在理想情况下，前置量以不加或者加固定值为宜，此时在初始段可能会引起更大的误差，就需要考虑以下的侧向力控制方法。

　　（2）侧向力控制方案

　　由于导弹初始段飞行速度低，气动力产生的效果十分微弱，为了使弹体运动更好地满足前置量需求，提高近界拦截精度，可以考虑增加单独的侧向力装置。

　　图 5-21 为一种旋转弹用侧向力控制系统方案，该系统由燃气发生器、气路、分配阀、喷管等组成。两个喷管对称安装在与舵平面垂直的平面内，即产生的控制力方向与舵面控制力方向在同一平面内。

　　该系统工作时，燃气发生器产生的燃气经过滤后通过分配阀，而分配阀与舵轴联动，因此燃气可与舵面同步将燃气分配到两个相反的喷口，燃气排出时产生反作用力，且其合

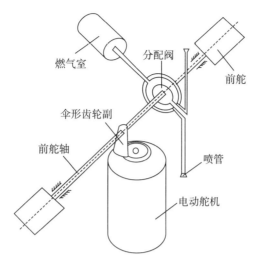

图 5 - 21 　旋转弹侧向力控制方案

力方向与舵面气动操纵力的方向一致，合力大小与气动操纵力大小成比例。只要设计合适的燃气作用力大小和时间，就可以满足前置量的设计要求。

在不影响导弹正常发射的前提下，侧向力控制系统的工作时间应尽量提前，且作用时间尽量缩短。设计时可以选择发射发动机工作结束后、导弹出筒时开始工作，并尽量减少与主发动机同时工作的重叠时间段（即尽可能利用主发动点火前的一段被动飞行段）。因为在这一时间段内，导弹速度较低，气动恢复力矩小，改变弹体姿态较容易，且主发动机点火后推力能够更加接近期望的前置角方向，容易取得更好的效果。但是时间也不能过短，否则总冲量一定的条件下会使燃气推力增大，一方面对弹体及设备内部造成的结构冲击加大，另一方面作用时间内导弹旋转次数减少也会导致作用力合力的相位误差增加。

5.2.2.1.2 　初始下沉补偿措施

便携式防空导弹与发射筒之间为间隙配合，在导弹发射过程中，弹体在向前方运动以及在发射发动机斜置喷口作用下绕自身纵轴转动的同时，由于重量和筒弹间隙的影响，也会产生俯仰方向的低头转动，从而在出筒时存在附加的俯仰角 $\Delta\vartheta$ 和俯仰角速度 $\Delta\dot{\vartheta}$，理论分析（可参见 4.10.3 节）和实践经验表明，筒弹分离时产生的附加角和附加角速度与发射高低角成比例，其中俯仰角速度 $\Delta\dot{\vartheta}$ 对弹道飞行影响明显，需要加以补偿。

为了克服上述影响，一个设计措施是通过减小间隙，以及对脱离机构的合理设计，尽量减小分离时刻产生的附加俯仰角速度；另一个设计措施是在发射前增加高低的前置量。

理论上，高低前置量只要满足弹体俯仰姿态角的变化即可，但由于该角度随发射角增大而减小，因此如果将按照低空目标增加的前置量用到拦截高空目标时会偏大，反之，按高空目标设置的高低前置量用到低空时可能偏小，导弹有坠地的风险。

为了克服这一矛盾，一种可行的方案是采用较小的固定前置量，同时在侧向力控制环节增加一个可随发射高低角调整的"抬头"信号，使侧向力不仅起到弥补比例导引需要的前置量的作用，还可起到弥补拦截低空目标时较大低头角速度引起的下沉的影响。

5.2.2.2　中制导设计

中制导是从初制导结束至末制导开始之间的制导段。对于本类导弹而言，单模制导通常没有独立的中制导段，主要针对的是复合制导模式而言的，例如对于被动微波和红外双模复合制导，其被动微波制导段可以认为是中制导段，同理，捷联惯导制导（有控段）也可以认为是中制导段。

中制导的主要目的，是控制导弹飞向目标，同时有利于向末制导交班，减少交班过渡段的控制误差和波动，并保证末制导有良好的制导精度。

中制导段设计的主要内容，是确定制导规律及其相关参数。

对于中制导段导引律的选择，主要考虑以下一些设计要求：

1）能量消耗最低原则，能够提供向末制导交班时尽量高的末速，或者中制导飞行段时间最短；

2）交班段的误差最小，使交班过渡过程尽量平缓，提供尽可能高的制导交班概率；要关注的是交班段的航向角误差、指向角误差；

3）交班段目标视线与弹轴的夹角应满足导引头末制导可靠截获的要求。

通常情况下，中制导并不以脱靶量作为首要指标，因此在导引律选择上可以采用基于现代控制理论的导引律设计，此外，也可以考虑如奇异摄动导引律（SP）、弹道形成导引律（TS）、航向修正导引律（EB）等，同时也要考虑中制导段采用的制导体制的特点。但是对于本类导弹而言，本身拦截距离较近，中制导段更多的是考虑如何有利于提高向末制导交班的概率，以及降低交班过程波动，保证末制导精度，因此在条件允许的情况下，采用比例导引规律是一种比较好的选择。

5.2.3　复合制导交班设计

导弹制导段如果区分为初-中-末制导段，就必然存在交班过渡的问题，交班段如果设计得不好，会导致过渡过程出现凸跳，影响制导交班的成功率，严重时会影响制导精度，甚至造成导弹失控。

制导交班设计可以分为初-中制导交班和中-末制导交班两种，本类导弹的初制导相对简单，实际上是无控飞行或者增加一个开环的侧向力修正过程，通常中制导开始过程就是导弹的制导起控过程，实际上不存在交班问题，因此主要讨论中-末制导交班的设计。

对于双模复合制导交班，主要需要解决两个方面的问题：

1）使导弹飞行弹道在交班位置具有良好的衔接关系，要求在转入末制导时刻，导弹运动状态接近末制导规律所要求的理想初始状态。

例如末制导采用比例导引时，由比例导引基本定义（单平面内），应满足

$$\dot{\theta} = k\dot{q}_v$$

为了使转入末制导时，导弹因初始偏差所付出的机动过载尽可能小，即 $\dot{\theta}$ 尽可能小，也就是 $\dot{q}_v \to 0$。按上述条件，由弹目运动方程可推导得到

$$\theta = \arcsin\left(\frac{V_t \sin q}{V}\right) + q_v \tag{5-60}$$

2）交班给末制导模式时，末制导导引头本身应具有良好的截获条件，例如对于红外导引头，其光轴和弹轴的夹角应小于一定值（理论上越小越好），失调角（反映了视线角速度）应小于一定值。

上述两个条件反映了复合制导交班设计的理想条件，通常也按上述要求进行中制导制导律和弹道的设计。但对本类导弹而言，由于交班点的位置往往是不确定的，无法预估，而要求中制导全程都满足上述要求也不现实，因此可以有以下选择：

1）选择合适的中制导段交班范围，将其作为设计范围，在此范围内按上述要求进行导引律和弹道的优化设计；

2）在小于交班范围下限时，由于弹目距离很远，此时视线角速度都很小，交班对制导的影响应当很小；

3）在大于交班范围上限时，交班时误差较大，交班概率下降，同时交班过程控制指令波动大，此时应设计合理的过渡过程，减小对制导精度的影响。

5.2.4 末制导前向偏移设计

点源红外导引头探测到的是目标的红外能量辐射中心，对于大部分喷气式飞机目标或者巡航导弹目标，其发动机喷口都在机体尾部，因此在迎攻时点源探测器探测到的是目标发动机尾焰的中心，在尾追攻击时则是发动机喷口位置。这样会大大影响对目标的命中概率，尤其是对大多数只安装单一触发引信的便携式防空导弹，引信将无法启动，杀伤概率的降低是难以接受的，因此，必须在弹道末端对制导规律进行修正，使导弹命中点前移，提高导弹命中目标实体的概率。

5.2.4.1 前向修正比例导引规律设计

简化起见，以导弹在垂直平面内运动为例，迎攻和尾追两种情况下，弹目相对关系分别如图 5-22 和图 5-23 所示。

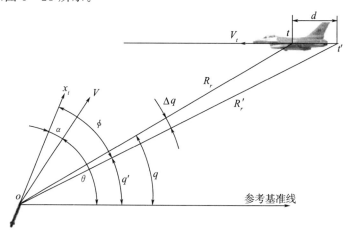

图 5-22 迎攻时弹目相对关系

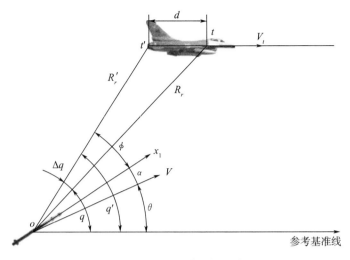

图 5 - 23　尾追时弹目相对关系

图中设目标以速度 V_t 作水平匀速直线运动，t 为目标的易损部位，t' 为目标红外中心，o 为导弹重心，ox_1 轴为导弹纵轴，q' 为目标红外中心视线角，q 为目标易损中心视线角，Δq 为两者的差角，θ 为导弹的弹道倾角，α 为攻角，ϕ 为光轴与弹轴之间的夹角，R'_r 和 R_r 分别为导弹到目标红外中心和易损中心的距离。

首先分析尾追情况。

由图 5 - 23，弹目相对运动关系为

$$\dot{R}_r = V_t \cos q - V \cos(q - \theta) \tag{5-61}$$

$$\dot{q} = [V\sin(q-\theta) - V_t \sin q]/R_r \tag{5-62}$$

比例导引规律

$$\dot{\theta} = K\dot{q} \tag{5-63}$$

其中 K 为比例系数。

导弹和目标红外中心相对运动关系

$$\dot{R}'_r = V_t \cos q' - V\cos(q' - \theta) \tag{5-64}$$

$$\dot{q}' = [V\sin(q'-\theta) - V_t \sin q']/R'_r \tag{5-65}$$

比例导引规律

$$\dot{\theta} = K(\dot{q}' - \Delta q) = K\dot{q}' - \Delta\dot{\theta} \tag{5-66}$$

由图 5 - 23 可知

$$R'_r \sin\Delta q = d\sin q \tag{5-67}$$

$$\Delta q = \arcsin\left(\frac{d\sin q}{R'_r}\right) \tag{5-68}$$

由于 $d \ll R'_r$，因此有

$$\Delta q = d\sin q/R'_r \tag{5-69}$$

微分后可得

$$\Delta \dot{q} = \frac{d \cdot \dot{q} \cdot \cos q \cdot R'_r - \dot{R}'_r \cdot d \cdot \sin q}{(R'_r)^2} \tag{5-70}$$

将式 (5-70) 代入式 (5-66) 得

$$\dot{\theta} = K \dot{q}' - \frac{K \cdot \dot{q} \cdot d \cdot \cos q}{R'_r} + \frac{K}{(R'_r)^2} \cdot R'_r \cdot d \cdot \sin q \tag{5-71}$$

将式 (5-63) 代入上式, 可得

$$\dot{\theta} \left(1 + \frac{d \cdot \cos q}{R'_r} \right) = K \dot{q}' + \frac{K}{(R'_r)^2} \cdot R'_r \cdot d \cdot \sin q \tag{5-72}$$

考虑以下近似关系

$$d \cos q / R'_r \approx 0, R'_r \approx R_r, \dot{R}'_r \approx \dot{R}_r, q \approx q'$$

式 (5-72) 可简化为

$$\dot{\theta} = K \dot{q}' + \frac{K}{R_r^2} \cdot \dot{R}_r \cdot d \cdot \sin q' \tag{5-73}$$

设变量 $\tau = R_r / |\dot{R}_r|$, 表示瞬时剩余飞行时间。则式 (5-73) 可改写为

$$\dot{\theta} = K \dot{q}' - \frac{K}{\tau^2} \cdot \frac{d \cdot \sin q'}{|\dot{R}_r|} \tag{5-74}$$

考虑到在比例导引段内, 可以近似认为: $\dot{q}' \approx 0$, $q' - \theta \approx \phi$, 代入式 (5-65) 可得

$$\sin q' = \frac{V}{V_t} \sin \phi \tag{5-75}$$

由此可推导得到末端前向偏移的修正比例导引规律

$$\dot{\theta} = K \dot{q}' - \frac{K_0}{\tau^2} \sin \phi \tag{5-76}$$

其中

$$K_0 = K \cdot d \cdot \frac{V}{V_t} \cdot \frac{1}{|\dot{R}_r|} \tag{5-77}$$

式中　$\dot{R}_r$——弹目相对距离变化率（弹目相对速度，m/s）;

　　τ——导弹瞬时剩余飞行时间（s）;

　　d——导弹要害部位到红外中心距离, 即要求的前移量。

对于迎攻的情况, 推导方式与上面的尾追类似, 也可以推导得到式 (5-77)。

K_0 的主要计算参数的取值方法如下:

1) 比例导引系数 K 由制导系统总体设计要求确定;

2) 前移量 d, 按典型目标的综合统计尺寸取值, 例如以战斗机作为典型目标时, 一般可取 5~10 m;

3) 弹目速度比, 由于在拦截高速目标时才需要考虑前向偏移功能, 因此可以针对典型的高速目标速度特性进行加权平均, 导弹取平均速度, 通常速比可取 2 左右;

4）弹目接近速度，迎攻和尾追不同，有

$$| V | - | V_t | \leqslant \dot{R}_r \leqslant | V | + | V_t | \qquad (5-78)$$

初步设计时可以取导弹的平均速度。在射手装订目标迎攻或尾追类型后，考虑目标的加权平均速度，可以区别装订两种参数。

5.2.4.2 前向偏移的工程实现方法

考虑引入前向偏移指令后，制导回路的框图如图 5-24 所示。

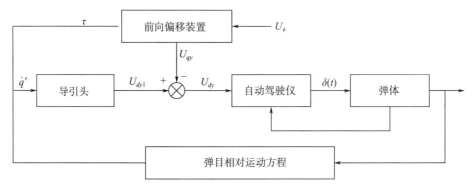

图 5-24　引入前向偏移后制导系统回路框图

由前文论述可知，前向偏移信号中，修正比例系数 K_o 为根据理论和经验得到的固定项，因此其主要影响因素是 ϕ 角和剩余飞行时间的测量方法及测量精度。

（1）剩余飞行时间 τ 的获取

红外制导系统无法直接测量得到弹目相对距离 R_r 和接近速度 $\dot{R}_r$，经过理论分析和实践探测，目前常用的一种方法是利用红外能量的变化率（反映到导引头信号就是信息信号的电压幅值变化率）来估算剩余飞行时间。

由红外探测原理可知，在一定距离范围内，红外能量与距离的平方成反比，因此，探测器输出的红外信息信号电压幅值 U_{xx} 可由下式表示

$$U_{xx} = \frac{c}{R_r^2} \qquad (5-79)$$

式中，c 为由目标红外辐射特性和环境决定的系数，在目标红外能量稳定且环境确定的情况下，在一定距离 R_r 的范围内可以看作是常数。

对 U_{xx} 进行对数放大，可得

$$\ln U_{xx} = -2\ln R_r + \ln c \qquad (5-80)$$

该式两边进行微分，可得

$$\frac{\mathrm{d}}{\mathrm{d}t}(\ln U_{xx}) = -2\frac{\dot{R}_r}{R_r} = -\frac{2}{\tau} \qquad (5-81)$$

其电路实现框图如图 5-25 所示。

此外，还可以通过 U_{xx} 直接微分的方法求取 τ，有

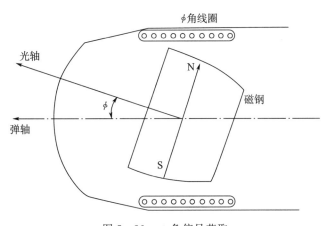

图 5 - 25　电路原理框图

$$\dot{U}_{xx} = -2R_r^{-3} \cdot \dot{R}_r \cdot c \tag{5-82}$$

$$\frac{\dot{U}_{xx}}{U_{xx}} = -2\frac{\dot{R}_r}{R_r} = -\frac{2}{\tau} \tag{5-83}$$

要注意的是，由于 U_{xx} 信号受到多种条件的影响，瞬时可能存在很大波动，因此在实际使用时必须经过平滑滤波处理；在弹目距离接近到一定程度时，信息信号逐步放大，超出电路线性工作区时，会出现饱和，此时需要进行抗饱和信息处理，例如可以采用保持进入饱和前的计算结果，或者进行预推等。

除了直接利用 U_{xx} 信号外，还有一种方法是利用 AGC 电路的程控电压变化代替 U_{xx} 进行换算，由于程控切换较为平滑，可以减小噪声带来的影响，也能得到较好的计算结果。

（2）ϕ 角信号获取

动力陀螺式导引头内为了满足陀螺稳速、电锁等需要，在弹体内安装有 ϕ 角感应线圈，如图 5 - 26 所示。该线圈轴线与导弹弹轴重合，内部为导引头的动力陀螺转子，陀螺转子以角速度 ω_T 绕自身轴线（即光轴）旋转，弹轴和光轴的夹角即为 ϕ 角。当 ϕ 角为零时，转子磁钢产生的磁通 ϕ 方向与 ϕ 角线包轴线垂直，不会在 ϕ 角线圈中产生感应电动势。当 ϕ 角不为零时，磁钢产生的磁通将在 ϕ 角产生交变电压，通过坐标变换可以求得在弹体纵轴 ox_1 方向的磁感应强度 B_{x1}。

图 5 - 26　ϕ 角信号获取

$$B_{x1} = B\left[\cos\alpha_1\sin\beta_1\sin(\gamma_1 - \omega_T t) + \sin\alpha_1\cos(\omega_T t - \gamma_1)\right] \tag{5-84}$$

式中　B——磁钢产生的总磁感应强度；

　　　　α_1，β_1，γ_1——转子轴绕高低、方位轴进度角度和转子的初始相位角。

进一步推导可得

$$U_\phi = -k\sin\phi\sin(\omega_T t + \theta_0) \tag{5-85}$$

显然，U_ϕ 信号是正比于 ϕ 角、频率与转子转动频率 ω_T 相同、初相位角反映光轴偏离弹轴方位的正弦信号。

（3）实施方案及注意事项

利用上述原理设计的一种前向偏移装置实施方案如图 5-27 所示。

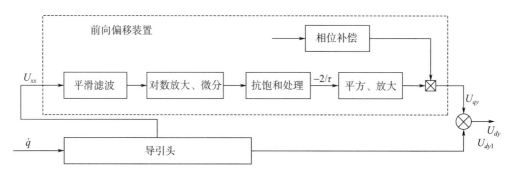

图 5-27　前向偏移装置实施方案

上述前向偏移产生方法在实际使用中需注意以下事项：

1）前向偏移对弹道修正作用主要发生在末端，引入前向偏移的时间不宜过早，一般在交会前 1 s 引入就可达到效果。

2）理论仿真表明，对于迎攻目标的前移量要大于尾追目标，这个结果有利于提高前向偏移的效果，因为迎攻时的红外中心是尾焰中心，距离目标实体的距离要大于尾追时的红外能量重心——发动机尾喷口。

3）从实际目标特性分析，通常只需要对高速目标进行前向偏移，因为低速目标（如直升机、活塞式发动机飞机）的红外中心一般也在其实体中心部位，引入前向偏移反而会造成不利的效果。对于便携式防空导弹而言，区分目标是否为高速目标没有十分精确的方法，工程实践中可以采用红外能量变化率鉴别法、视线角速度鉴别法或者 ϕ 角鉴别法。

4）前向偏移信号是一种开环信号，某种程度上是破坏了原来的比例导引规律，加上计算前向偏移的各个参数都会存在误差，也将使前向偏移指令产生更大的误差，因此前向偏移会导致脱靶量增大；特别是目标红外能量如果在近距离时产生波动，会导致前向偏移的误差急剧增大；因此，在确定前向偏移的传递系数 K_0 时，需要考虑到各种误差的影响，能够保证其不利影响降到最低，通常应保证引入前向偏移后产生的附加脱靶量不超过前移量的 10%。

5.2.4.3　小结

本文提出了一种前向偏移的修正比例导引工程实现方法，实际上前向偏移的实现方法很多，如俄罗斯的箭-2M 导弹是利用视线角速度 $\dot q$ 和 ϕ 角信号处理得到前向偏移信号，美国的毒刺防空导弹是利用了剩余飞行时间 τ 和 ϕ 角信号处理得到前向偏移信号，但是不管采用何种方法，都具有以下特点：

1）引入前向偏移装置后，修正了末端弹道的比例导引规律，实现了命中点前移；

　　2）评价前向偏移参数设计正确与否的方法是分析导弹直接命中目标的概率是否提高；

　　3）前向偏移的引入，要求导弹付出更大的过载，增加了系统的复杂度，引入了更多误差源，使系统发散时刻提前、制导精度下降；

　　4）前向偏移装置与制导系统回路设计关系密切，其设计指标应与制导控制系统设计综合考虑确定。

5.2.5　制导系统耦合与解耦

　　旋转导弹用一个控制通道完成了两个方向的控制，但是，由于旋转效应，导致两个控制方向之间产生了很多耦合因素，因此，需要在系统设计中进行解耦。解耦的好坏，不仅影响系统的性能，而且影响制导精度。因此，解耦设计是旋转弹制导控制系统的重要设计环节。

　　图 5 - 28 所示的单通道控制系统，其交流信号传递关系为

$$y'(P) = G_A(P)x'(P) \tag{5-86}$$

经等效变换后，成为二个输入二个输出的多变量系统，如图 5 - 28 所示，其中下标 1、2 分别代表俯仰和偏航通道。其数学模型可以用传递矩阵来表示。

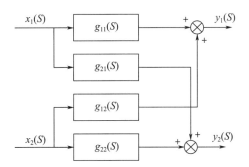

图 5 - 28　交流通道等效结构图

$$y(S) = G_D(S) \cdot x(S) \tag{5-87}$$

$G_D(S)$ 为传递函数矩阵，有

$$G_D(S) = \begin{bmatrix} g_{11}(S) & g_{12}(S) \\ -g_{21}(S) & g_{22}(S) \end{bmatrix} \tag{5-88}$$

其中

$$g_{11}(S) = g_{22}(S), g_{12}(S) = g_{21}(S) \neq 0$$

这是一个非对角矩阵，因此存在交叉耦合，解耦就是将该矩阵变为对角矩阵。

　　根据前一节对交流系统的分析，系统不满足零相角条件是产生交叉耦合的根本原因。若 $\arg G_A(j\omega_0) = 0$，交流通道对 $\omega = \omega_0$ 不产生相位移，这种情况称为静态解耦。

　　在实际系统中，$\arg G_A(j\omega_0) = 0$ 是很难满足的，以箭 - 2M 导弹为例，其自动驾驶仪电路在 $\omega = \omega_0$ 载频信号通过时，会产生如下的相位移：在滤波放大电路中产生 7°左右的滞后相位移；在舵机电路中产生 35°左右相位移；考虑到自动驾驶仪输入信号由于混频比相器

产生了 90°的相位超前，结果导致舵面在空间的换向位置超前了 $\Delta\theta$。即使忽略旋转导弹本身的陀螺效应和马格努斯效应，$P_d = 1$ 通道产生的相位移也将使制导控制系统俯仰、偏航通道间产生严重的交叉耦合。

为了实现静态解耦，以往在旋转导弹上常用的一种方法是，将舵机安装基准相对导引头基准顺着导弹旋转方向扭转 $\Delta\theta$，这就是用空间扭角补偿时域上相位移的办法来实现静态解耦。此外，也可以采用在解调基准信号中引入超前信号的方法来实现静态解耦。

需要注意的是，理论上当调制信号 ω_0 稳定时，采用上述方法完全可以实现静态解耦。但是，实际制导控制系统设计时，回路的工作频率就是导弹自旋频率 ω_D，而导弹的转速是随速度、过载等的变化而变化的，以固定 ω_0 进行的解耦在其他转速条件下会存在不同程度的偏差。为了减小这一偏差，制导系统设计时可以采取相角的在线补偿，其基本思路为：

首先，通过扭角补偿或者其他方法保证导弹转速在某一设计转速 ω_0 时满足静态解耦要求。当弹体转速 ω_D 偏离 ω_0 时，交流信号将产生 $\Delta\theta$ 的相位移，该相位移与频率差近似呈线性关系，有

$$\Delta\theta = K_\omega(\omega_0 - \omega_D) \tag{5-89}$$

式中　　K_ω——比例系数，可以通过对产品的测试得到。

对于采用计算机的数字化制导控制系统，只要能够测量得到导弹的实时转速，实现上述功能是相当方便的。事实上，扭角补偿的功能也可以由计算机系统的软件补偿来实现。

5.3　稳定控制回路设计

稳定控制回路是整个制导回路的一个组成部分，由自动驾驶仪和弹体的动力学模型组成，也称为导弹的稳定控制系统。

稳定控制回路的主要功能是改善弹体动态特性，稳定导弹姿态运动，正确执行控制指令，操纵导弹沿着运动学弹道飞行。稳定控制回路设计时，首先根据导弹动力学特性和稳定回路任务选择控制规律，确定回路结构图及主要部件，初步选择回路参数，开展自动驾驶仪研制，并进行半实物仿真试验和独立回路飞行试验，考核回路设计方案及参数的正确性，对设计进行改进完善，最终满足总体设计要求，通过闭合回路飞行试验的验证。

5.3.1　稳定控制回路设计要求和设计内容

5.3.1.1　旋转弹稳定控制回路设计的特殊性

导弹控制体制的不同，对应的稳定控制回路也有很大差异。传统的三通道控制导弹对俯仰、偏航、滚动三个通道独立控制，其中俯仰/偏航通道回路又称为控制稳定回路，滚动通道回路称为倾斜稳定回路。而本书所针对的单通道控制导弹则只需要进行一个俯仰/偏航通道的控制回路设计，同时这种控制方式有自身的独有特点，例如控制信息包含幅值、相位、频率描述，控制信号频率与弹旋频率相关，引入等效控制力和等效舵偏角的概

念，需要进行相位补偿解耦等工作，这也给本类导弹稳定控制回路的设计带来了新的问题。

传统的控制稳定回路中，由速率陀螺构成的回路称为阻尼回路，由加速度传感器构成的回路称为过载回路，过载回路是稳定控制回路的主反馈回路，阻尼回路是其内回路，其典型构成如图 5 - 29 所示。在弹上安装捷联惯导系统的情况下，由惯导提供角速度和速度信号，代替速率陀螺和加速度传感器。

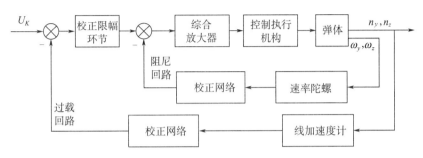

图 5 - 29　典型稳定控制回路框图

对于旋转导弹，由于弹旋的影响，弹上过载传感器测量得到的是被弹旋调制的过载信号，将其引入回路的处理十分困难，同时也考虑到简化系统构成，因此回路构成中一般只有阻尼回路，而不设计过载回路。旋转导弹常见的稳定回路结构如图 5 - 30 所示。这是一个具有继电放大器和继电式执行机构（BANG - BANG 控制）的单通道稳定控制系统，由导引头输入的信号 U_{HP}、角速度传感器反馈信号 U_{JF} 都是弹旋频率一致的交流信号。

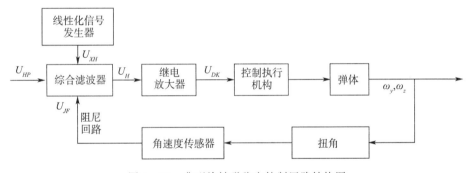

图 5 - 30　典型旋转弹稳定控制回路结构图

5.3.1.2　稳定控制回路主要设计要求

在稳定控制回路设计中，需要考虑以下几个方面的设计要求。

（1）保证导弹飞行过程稳定性

稳定性是实现导弹操控的前提，是系统能够正常工作所必须具备的条件。旋转导弹目前都是采用静稳定设计的，本身的固有稳定性可以保证，但是导弹的静稳定性越大，弹体阻尼系数越小，在指令和干扰的作用下，即使导弹的运动是稳定的，也将产生明显的振荡超调，会导致过渡过程延长、最大攻角过大、增加诱导阻力，降低跟踪精度、在交会时增大脱靶量。为此，通常需要依靠稳定回路将弹体阻尼系数保持在一个合理的范围内（一般要求弹体等效阻尼系数在 0.3～0.8 之间）。

稳定控制回路作为整个导弹控制回路的一个重要环节，合理的参数设计对于保证整个回路的稳定性和裕度十分必要。一个设计合理的系统，要求控制回路有 4～8 dB 的幅度稳定裕度和 20°～60°的相位稳定裕度，也需要进行回路的正确设计。

（2）保证导弹执行控制指令的准确性

稳定控制回路设计时必须能够快速准确地执行控制指令，动态延迟时间小、通频带宽，以保证导弹具有较高的控制精度。

对于旋转导弹，除了上述要求外，还需要考虑把闭环等效传递系数置于线性范围内，采用继电控制方式时，应把舵面等效零位控制在一定范围内作为考核指标。即应保证在正常飞行过程中，稳定回路总体工作在线性区域内。

（3）保证解耦能力

俯仰和偏航方向的交叉耦合度是单通道控制旋转导弹的稳定控制回路设计所必须考虑的一项设计要求，其指标由控制力（合力）方向的偏差来衡量。通常规定在导弹的设计转速范围内，其控制力方向偏差不应超过某一规定值（例如±10°）。

5.3.1.3 稳定控制回路主要设计内容

稳定控制回路设计的主要内容包括正向通道设计和反馈通道设计。

正向通道设计的内容为：选择正向通道传递系数，保证稳定回路闭环传递系数满足导航比要求；合理选择滤波器参数，清除有害噪声；确定舵系统设计参数和技术指标，确保其满足系统要求；此外，线性化信号频率、幅值确定也是正向通道设计的一个重要内容。

反馈通道设计包括反馈通道方案确定，反馈系数、角速度传感器参数选择，补偿参数确定。反馈通道设计应满足系统等效阻尼和稳定裕度要求，且在导弹自旋角速度正常变化范围内，系统性能仍然能够满足设计要求。

5.3.2 控制方式及其选择

单通道控制是一种相位控制，满足相位控制的信号产生方法有很多，从简化控制设备要求考虑，目前单通道控制的具体实现方式有两种：正弦信号控制和继电式控制，其控制特性可参见 5.1.8 节。

（1）正弦信号控制

导引头输出信号经过变换、处理后，控制舵面作与弹旋同频率的正弦偏转运动，有

$$\delta(t) = \delta_0(t)\sin(\omega_D t + \theta_0) \qquad (5-90)$$

$$\delta_0(t) = K_1 \mid \dot{q}(t) \mid \qquad (5-91)$$

式中　ω_D——弹旋频率；

　　　θ_0——控制力相位；

　　　K_1——比例系数；

　　　$\dot{q}(t)$——瞬时视线角速度。

这种控制方式存在的优点是：

1）舵偏大小和控制信号大小成正比，控制信号小时舵偏也小，由此产生的阻力小；

2）控制信号变化较为平稳，其弹旋单周合力方向和多周合力方向接近，波动小，对弹体的扰动和振动较小；

3）比较容易实现数字化控制，控制精度较高。

这种控制方式存在的不足是：

1）平均舵面效应是 δ_m 的 50%；

2）要求舵系统是闭环控制，必须有舵偏角反馈，系统结构较为复杂。

（2）继电式控制

导引头输出控制信号 U_{HP} 与引入的线性化信号综合以后，进行继电放大，形成调宽脉冲信号控制继电式舵机，实现振荡线性化。在直角坐标系下，其等效舵偏角可以表示为

$$\overline{\delta}_{yf} = -\frac{2}{\pi}\sin\varphi \cdot \cos\theta_0 \cdot \delta_m \qquad (5-92)$$

$$\overline{\delta}_{zf} = -\frac{2}{\pi}\sin\varphi \cdot \sin\theta_0 \cdot \delta_m \qquad (5-93)$$

在极坐标系中用复数表示的等效舵偏角为

$$\overline{\delta} = \frac{2}{\pi}\sin\varphi \cdot \delta_m \cdot e^{j(\theta_0 - 90°)} \qquad (5-94)$$

式中，δ_m 为极限舵偏角，$\sin\varphi$ 正比于控制信号幅值，具体计算方法见下一节。

继电式控制方案的优缺点正好与正弦控制相反。其等效舵偏角可达到 δ_m 的 $2/\pi$（63.7%）；舵系统为开环控制，结构简单；但由于舵偏始终工作在最大位置，附加阻力较大，舵偏产生的冲击振动较大，控制力相位短时间波动较大。为克服其缺点又发展了三位置继电控制方式。

5.3.3　稳定控制回路设计

5.3.3.1　线性化信号参数选择

线性化信号是继电式控制系统的控制信号载体，在这种控制方式中，舵面换向时刻不仅与导引头控制信号相关，也与线性化信号频率、幅度相关，这些参数的选择和确定，对制导精度有很大影响。

对于线性化信号，有以下一些基本要求：

1）主控信号 U_{HP} 为零时，仅线性化信号 U_{XH} 作用，此时舵偏产生的平均控制力应为零；

2）线性化信号 U_{XH} 的初相角（是一个不可控随机量）不影响控制力大小和方向；

3）舵偏运动产生的等效控制力大小和相位应取决于主控信号，同时，应避免产生低频大幅度的交变力；

4）U_{XH} 频率应避开弹体固有弹性频率。

（1）线性化信号频率选择

由旋转导弹的继电式控制机理可知，产生可控的等效控制力，要求弹体旋转一周，舵面换向 4 次左右；同时，为了避免舵机工作过快引起的部件磨损和冲击、噪声，又不能使频率过高，因此线性化信号频率一般选择为弹旋的两倍左右。

在具体的频率设计上，理论上有两种方案，第一种是严格保证线性化频率是弹旋频率的 2 倍，第二种是选择在巡航段弹旋频率两倍左右的一个固定值。

第一种方案首先在工程实现上要保证实时频率的精确性十分困难，工程上基本不可行，可以从理论上分析其影响：

线性化信号

$$U_{XH} = U_{XHm} \cdot \sin(\omega_{XH} t + \varphi_0)$$

主控信号

$$U_{HP} = U_{HPm} \cdot \sin(\omega_D t + \theta_0)$$

合成信号

$$U_H = U_{HP} + U_{XH}$$

其中，φ_0 为线性化信号的初始相位角。

可以简化推导得到，弹旋一周，在半弹体坐标系下的合力分量为

$0° \leqslant \varphi_0 < 90°$ 时

$$\begin{cases} \overline{F}_{yb} = \dfrac{F_\delta}{\pi} \left(2\sin\dfrac{\varphi_0}{3} - \sin\varphi_0 \right) \\ \overline{F}_{zb} = \dfrac{F_\delta}{\pi} \left(2\cos\dfrac{\varphi_0}{3} - \cos\varphi_0 \right) \end{cases} \tag{5-95}$$

$90° \leqslant \varphi_0 < 180°$ 时

$$\begin{cases} \overline{F}_{yb} = \dfrac{F_\delta}{\pi} \left(\sin\varphi_0 + \sin\dfrac{\varphi_0}{3} - \sqrt{3}\cos\dfrac{\varphi_0}{3} \right) \\ \overline{F}_{zb} = \dfrac{F_\delta}{\pi} \left(\cos\varphi_0 + \cos\dfrac{\varphi_0}{3} + \sqrt{3}\sin\dfrac{\varphi_0}{3} \right) \end{cases} \tag{5-96}$$

在不同 φ_0 下，合力大小和相位情况如表 5-2 所示。

表 5-2　不同 φ_0 时平均控制力大小方位

φ_0	0°	15°	30°	45°	60°	75°	90°
大小比	1	1.030	1.114	1.239	1.391	1.558	1.732
相位差	0°	−4.71°	−7.88°	−8.79°	−7.52°	−4.44°	0°

显然，由于 φ_0 的不同（该值实际上是无规律的随机量），引起了合力和大小相位的变化，因此不同的产品实际飞行时参数都不相同，会破坏比例制导规律，造成制导误差，因此第一种方案在工程上是不可行的。

第二种方案，取线性化信号频率为主控信号频率（弹旋频率）的 2 倍左右一个固定值，则当线性化信号频率和弹旋频率之间存在最大公约数时，计算结果表明不仅平均控制

力幅值变化很小，而且 φ_0 对控制力相位基本无影响。

表 5 - 3　线性化信号频率为主控信号频率 2 倍左右时平均控制力

f_{XH} /Hz	35	35	35	35
f_D /Hz	15	10	20	17.5
大小比	≯1.15	≯1.03	≯1.02	≯1.74
相位差/(°)	≯1.8	≯0.1	≯0.2	≯8.8

进一步分析可知，实际弹旋频率是一个变化量，不可能始终保持与线性化频率存在最大公约数关系，此时的单周计算平均控制力幅度和相位变化较剧烈，但对多周进行平均，仍然能够保证合力和相位平均值具有良好的一致性。

（2）线性化信号幅值选择

为便于分析，这里用 $\omega_{XH} = 2\omega_D$ 来进行推导，有

$$U_H = U_{HPm}\sin\omega_D t + U_{XHm}\sin2\omega_D t = U_{HPm}\sin\omega_D t\left(1 + 2\frac{U_{XHm}}{U_{HPm}}\cos\omega_D t\right) \quad (5-97)$$

通过计算，可以得到 U_H 在弹体绕纵轴旋转一周内 4 个过零点时间，分别为：0，π/ω_D，$(\pi-\varphi)/\omega_D$，$(\pi+\varphi)/\omega_D$，其中 φ 值由以下公式确定

$$\varphi = \arccos(U_{HPm}/U_{XHm}) \quad (5-98)$$

分析该公式：

1）$U_{HPm}=0$，$\varphi=\pi/2$，则过零点位置为均布位置，弹旋一周，等间隔换向四次，等效控制力为零；

2）$U_{HPm}=2U_{XHm}$，$\varphi=0$，一周换向二次，等效控制力达到最大；

3）$0<U_{HPm}<2U_{XHm}$，等效控制力大小与主控信号成线性关系，而与线性化信号幅值成反比。

由上可知，线性化信号幅值大小决定了主控信号对等效控制力的传递系数和线性区工作范围。线性化信号幅值增大，则线性区工作范围增大，系统传递系数下降，因此线性化信号幅值应根据系统线性工作范围和放大系数的要求而确定。

5.3.3.2　阻尼回路设计

旋转弹设计阻尼回路的目的，是增加导弹的等效阻尼系数。由于旋转导弹工作的空域范围较窄，气动参数的变化引起的弹体特性变化范围较小，因此如果导弹本身弹体自然阻尼系数比较大，例如大于 0.2，在设计上可以去除阻尼回路，对制导精度的影响也很小；但如果弹体自然阻尼系数在大多数情况下小于 0.2，不设计阻尼回路反馈会导致导弹脱靶量增加。

传统的便携式防空导弹受体积、重量等限制，要求角速度传感器尽量简单，因此采用了一种无需驱动电机而只依靠导弹自旋获得转子角动量的摆锤式角速度传感器。这种传感器的工作原理可见 7.4.1 节，其测量精度较低，且要求弹旋转速不能太低。目前有些型号采用微机械（MEMS）陀螺来代替。

将摆锤式角速度传感器近似等效为惯性环节，其交流传递函数为

$$W_{JF}(P) = \frac{K_{JF}}{T_{JF}^2 P^2 + 2\xi_{JF} T_{JF} P + 1} \qquad (5-99)$$

式中　T_{JF}——角感器时间常数；

　　　ξ_{JF}——角感器相对阻尼系数；

　　　K_{JF}——角感器传递系数。

对应的等效直流传递函数为

$$W_{JF}(S) = \frac{\overline{K}_{JF}}{\overline{T}_{JF} S + 1} \qquad (5-100)$$

式中　$\overline{T}_{JF}$——缓变量时间常数；

　　　$\overline{K}_{JF}$——等效环节传递系数。

角速度传感器的固有频率近似等于弹旋频率，因而消除了稳定维护载波频率（即弹旋频率）变化引起的角感器幅频、相频特性的变化。

为了实现负反馈，要求交流系统的反馈信号与输入信号间相位差为180°，要实现这一要求，常用的办法是通过调整角速度传感器敏感轴与弹体基准轴之间的安装扭角 φ_{JF} 来实现，但这种方法只能保证在某一确定转速的条件下相位误差最小。

可以证明，在不考虑非线性环节的情况下，完全负反馈应满足以下条件

$$\varphi_{JF} = \psi_{JF} + \psi_\tau - 90° \qquad (5-101)$$

式中　ψ_{JF}——角感器在 $\omega = \omega_D$ 时的相位移；

　　　ψ_τ——驾驶仪正向电路在 $\omega = \omega_D$ 时产生的相位移。

在采用弹上计算机及 MEMS 陀螺后，可以通过数字方式实现相位随转速变化的自适应补偿。

5.3.3.3　稳定回路传递系数的确定

旋转导弹稳定回路传递系数是由自动驾驶仪和导弹弹体传递系数决定的。自动驾驶仪传递系数是指导弹在单位姿态角速度 ϑ 作用下驾驶仪产生的舵面效应（等效），这一系数通常称为 K_K 系数。而导弹弹体传递系数由 K_K 系数和在 K_K 系数作用下产生的姿态角速度增量 $\Delta\vartheta$（以下省略 Δ）的比值来表示。

（1）K_K 系数计算

K_K 是表征舵面所产生的等效控制力大小和方向的一个复数。其幅值 $|K_K|$ 是无量纲的相对参数，当舵面所产生的等效控制力为最大值时，$|K_K|$ 为1，相角 θ_K 由等效控制力方向和参考基准轴的夹角确定。其复数表达式为

$$K_K = |K_K| \, e^{j\theta_K} \qquad (5-102)$$

对于继电式控制，最大等效控制力为一周两次换向时的控制力，对于正弦控制，最大等效控制力为以最大舵偏进行正弦偏打时的控制力。

（2）稳定回路传递系数

通常情况下，阻尼回路的反馈系数很小，因此稳定回路的闭环传递系数可以近似地等

于其正向传递系数（如图 5 - 31 所示）。该系数应当满足导航比的要求。

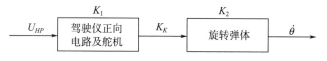

图 5 - 31　稳定回路正向传递框图

令主控信号 U_{HP} 到 K_K 的传递系数用 K_1 表示，K_K 到弹道倾角角速度 $\dot{\theta}$ 的传递系数用 K_2 表示，则整个稳定回路的传递系数为

$$\dot{\theta}/U_{HP} = K_1 \cdot K_2 \qquad (5-103)$$

事实上 K_2 取决于弹体特性和外部环境，是无法调整的，在制导系统设计中主要通过调整 K_1 值，使回路参数满足导航比设计的要求。

5.3.3.4　稳定回路参数设计

在系统结构图、正向传递系数确定后，稳定回路参数设计主要工作是选择系统的反馈系数、舵机参数、校正网络参数、补偿参数等。

作为制导控制系统的一个重要组成部分，稳定回路设计指标主要着眼于在设计状态下为满足精度指标创造良好条件，而不是单纯追求局部参数的最优。特别是对于便携式防空导弹，由于弹上设备复杂度及成本等方面的限制，通常不考虑引入复杂的控制器来增加系统的快速性。系统阶跃响应上升时间实际上主要由弹体本身的动力学特性确定，选择参数上着重考虑系统的稳定性、阻尼特性和解耦要求。从简化系统设计出发，应尽量避免引入复杂的校正网络。

旋转弹常规稳定回路设计的主要步骤为：

1）建立稳定回路数学模型，包括自动驾驶仪模型和导弹动力学模型，通常需要考虑静态特性、动态特性、固有误差特性等；

2）运用交流系统理论，将交流模型变换为等效直流模型，在时域或频域内应用经典控制理论和现代控制理论相结合的方法进行参数设计，初步选定驾驶仪参数；

3）进行系统分析，包括稳定性分析、动态响应特性分析、交叉耦合度分析等，如满足要求，进一步开展详细设计，否则重新选择参数进行设计。

稳定回路设计和导弹总体设计的相关环节相同，都存在一个不断优化的迭代设计过程，并通过以后的半实物仿真、独立回路飞行试验、闭合回路飞行试验等，不断地对设计参数的正确性和合理性进行校核，最终确定设计参数。

5.4　制导控制系统数学模型

制导控制系统是十分复杂的动态系统，用于描述系统功能及物理过程，并联系各参数的数学方程称为数学模型。数学模型有不同的形式，如传递函数、状态方程、微分方程等。

数学模型是系统设计的基础，是系统分析和综合的依据，数学模型的准确与否，对系统设计起着至关重要的作用。

制导控制系统数学模型包括以下几个部分：

1）导弹动力学模型和运动学模型，该部分内容可参见 4.9 节；

2）导引头模型，是反映导引系统信息探测、变换、系统跟踪性能的模型；

3）指令形成系统模型，包括导引规律、指令构成、弹道设计规律等；

4）稳定回路模型，即自动驾驶仪模型，包括敏感元件、放大环节、校正环节、伺服系统机构等模型；

5）目标运动模型及相对运动关系模型，描述目标运动特性和弹目相对运动特性。

建立上述模型的方法有两种，一种根据物理定律直接推导得出对象的动力学方程，另一种通过辨识获得对象的数学模型，具体方法有以下几种。

1）时域法：通过系统对阶跃输入信号的反应确定其模型；

2）频域法：通过对正弦输入、输出的幅值、相位变化分析，确定该系统的幅频、相频特性；

3）相关分析法：加入随机输入，对输入输出特性进行相关性分析得到系统的频率特性；

4）参数估计法：由先验知识确定模型阶次，再根据输入输出关系确定具体参数。

5.4.1　坐标系及变量定义

数学模型都是基于特定坐标系的，这里首先给出制导控制系统相关坐标系的描述。其中弹体模型相关的坐标系（地面坐标系、准地面弹体坐标系、弹体坐标系、半弹体坐标系、弹道坐标系、速度坐标系、准速度坐标系等）在 4.9.1 节中已有介绍，这里不再重复。

（1）目标坐标系

目标坐标系通常包括两个坐标系：目标机体坐标系 $o_t x_t y_t z_t$ 和目标弹道坐标系 $o_t x_{t2} y_{t2} z_{t2}$。

目标机体坐标系为与目标机体固连的坐标系，也简称为目标坐标系。

o_t ——目标坐标系的原点，o_t 一般取在目标的几何中心，但是对于红外制导的导弹，一般取目标的红外能量中心，如果目标红外源是喷气式发动机或者固体火箭发动机的尾焰，对于迎攻和尾追的情况还会有所差别，比如迎头攻击情况，红外源取发动机喷口后方的尾焰中心位置，而尾追情况取发动机尾喷口位置。原点的取值最终是与导弹导引头的体制相关的。

$o_t x_t$ ——取目标纵轴方向指向头部为正；

$o_t y_t$ ——取目标对称平面内指向上方为正；

$o_t z_t$ ——由 $x_t o_t y_t$ 以右手坐标系准则确定。

目标弹道坐标系是一个运动坐标系。

$o_t x_{t2}$ ——与目标速度方向重合；

$o_t y_{t2}$ ——沿铅垂平面，垂直 $o_t x_{t2}$ 轴，指向上方为正；

$o_t z_{t2}$ ——垂直 $x_{2t} o_t y_{2t}$ 平面，按右手坐标系准则确定。

目标坐标系与目标弹道坐标系 $o_t x_{t2} y_{t2} z_{t2}$、地面坐标系 $o_0 x_d y_d z_d$ 之间，可以用目标飞行的弹道倾角、弹道偏角，目标机体的俯仰角、偏航角、滚转角，目标机体的攻角、侧滑角等角度关系来描述和进行坐标变换，这些角度的定义如下：

目标弹道坐标系 $o_t x_{t2} y_{t2} z_{t2}$ 与地面坐标系 $o_0 x_d y_d z_d$ 相结合，可以描述目标飞行的弹道特征，相关的特征角度为目标的弹道倾角 θ_t 和弹道偏角 ψ_{ct}。

目标坐标系与地面坐标系 $o_0 x_d y_d z_d$ 相结合，可以确定目标姿态，可以用俯仰角 ϑ_t、偏航角 ψ_t 和滚转角 γ_t 来描述。

目标坐标系和目标弹道坐标系之间可以通过目标飞行的攻角 α_t、侧滑角 β_t 来描述。

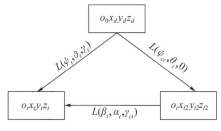

图 5 - 32　目标坐标系的转换关系

（2）视线坐标系 $o x_s y_s z_s$

视线坐标系是动坐标系，用于研究视线运动特性，与 5.1.8 节中介绍的光轴坐标系 $o x_G y_G z_G$ 相结合可确定导引头的失调角 ε。

o ——导弹重心，分析导引头时以红外中心作为原点；

$o x_s$ ——视线［导弹重心和目标中心（红外制导为红外中心）］连线，指向目标为正；

$o y_s$ ——位于包含视线的铅垂面内，垂直于 $o x_s$，向上为正；

$o z_s$ ——垂直 $x_s o y_s$ 平面，按右手坐标系准则确定。

视线坐标系与准地面坐标系相结合，可以描述视线角特征，相关的特征角度为垂直视线角 q_V 和水平视线角 q_H：

q_V —— $o x_s$ 轴与水平面夹角，在水平面上方为正；

q_H —— $o x_s$ 轴在水平面内投影与 $o x_d$ 轴夹角，由 $o x_d$ 轴起，逆时针方向为正。

（3）导弹目标相对速度坐标系 $o x_r y_r z_r$

相对速度坐标系是动坐标系，用于研究弹目相对运动情况，确定导弹与目标交会的判据，也常用于引战配合分析计算。

o ——导弹重心；

$o x_r$ ——与弹目相对速度 V_r 重合；

$o y_r$ ——位于包含 V_r 的铅垂面内，垂直于 $o x_r$，向上为正；

$o z_r$ ——垂直 $x_r o y_r$ 平面，按右手坐标系准则确定。

相对速度坐标系与准地面坐标系转换的特征角度为相对速度倾角 θ_r 和相对速度偏

角 ψ_r ：

ψ_r —— ox_r 轴在水平面内投影与 ox_d 轴夹角，由 ox_d 轴起，逆时针方向为正；

θ_r —— ox_r 轴与水平面夹角，在水平面上方为正。

（4）光轴坐标系

导引头的光轴坐标系 $ox_Gy_Gz_G$ 也是一个动坐标系，用于研究导引头光学系统特性。

o —— 坐标原点为导引头光学系统焦平面中心；

ox_G —— 光轴，指向目标为正；

oy_G —— 在包含光轴的铅垂面内，向上为正；

oz_G —— 遵守右手坐标系准则。

光轴坐标系与准地面坐标系转换的特征角度为光轴倾角 ϑ_G 和光轴偏角 ψ_G ：

ψ_G —— ox_G 轴在水平面内投影与 ox_G 轴夹角，由 ox_G 轴起，逆时针方向为正；

ϑ_G —— ox_G 轴与水平面夹角，在水平面上方为正。

上述几个坐标系的转换关系如图 5 - 33 所示。

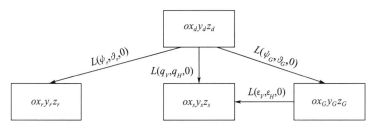

图 5 - 33　相关坐标系转换关系

5.4.2　制导系统数学模型

典型的本类导弹的制导系统通常包括目标探测装置、信息处理器、稳定跟踪装置、指令形成装置等，各自均有相应的数学模型。采用不同的硬件实现方案，其数学模型也各不相同。本书以典型的红外导引头为例建立具有一定通用性的制导系统数学模型，导引头内的部分细化设计环节，以及不同体制导引头的数学模型，可以根据其工作原理、物理特性等，应用光、机、电的知识推导得到，并可通过产品测试和试验对模型进行校验。

5.4.2.1　目标探测装置

以典型的红外光学系统为例，目标通过光学系统成像于焦平面上，像点位置由目标视线和导引头光轴相对位置决定，即取决于光轴偏离视线的误差角（失调角）ε 。

在视线坐标系中，目标坐标为

$$\begin{bmatrix} x_s \\ y_s \\ z_s \end{bmatrix} = \begin{bmatrix} R_r \\ 0 \\ 0 \end{bmatrix} \tag{5-104}$$

其中 R_r 为弹目相对距离。

变换到光轴坐标系，有

$$
\begin{bmatrix} x_G \\ y_G \\ z_G \end{bmatrix} = L(\psi_G, \vartheta_G) \cdot L^{-1}(q_H, q_V) \begin{bmatrix} R_r \\ 0 \\ 0 \end{bmatrix} = \begin{bmatrix} \cos\vartheta_G \cos q_V \cos(q_H - \psi_G) + \sin\vartheta_G \sin q_V \\ -\sin\vartheta_G \cos q_V \cos(q_H - \psi_G) + \cos\vartheta_G \sin q_V \\ \cos q_V \sin(\Psi_G - q_H) \end{bmatrix}
$$

$$
\begin{matrix}
-\cos\vartheta_G \sin q_H \cos(q_H - \Psi_G) + \sin\vartheta_G \cos q_V & -\cos\vartheta_G \sin(\psi_G - q_H) \\
\sin\vartheta_G \sin q_V \cos(q_H - \psi_G) + \cos\vartheta_G \cos q_V & \sin\vartheta_G \sin(\psi_G - q_H) \\
-\sin q_V \sin(\psi_G - q_H) & \cos(q_H - \psi_G)
\end{matrix} \tag{5-105}
$$

由于 $|\psi_G - q_H| \to 0$，因此可以认为

$$
\sin(\psi_G - q_H) \approx \psi_G - q_H
$$

$$
\cos(\psi_G - q_H) \approx 1
$$

由此可推导得到

$$
\begin{bmatrix} x_G \\ y_G \\ z_G \end{bmatrix} = \begin{bmatrix} 1 \\ q_V - \vartheta_G \\ \cos q_V \cdot (\psi_G - q_H) \end{bmatrix} R_r \tag{5-106}
$$

则目标成像的像斑在光轴坐标系上投影

$$
\begin{bmatrix} x'_G \\ y'_G \\ z'_G \end{bmatrix} = \begin{bmatrix} 1 \\ \vartheta_G - q_V \\ \cos q_V \cdot (q_H - \psi_G) \end{bmatrix} f \tag{5-107}
$$

其中，f 为光学系统焦距。

红外探测器将目标像斑坐标转换为电信号，并由信息形成电路以交流载波形式输出。

形成信息的极坐标形式为

$$
\begin{cases} \rho = \sqrt{(y'_G)^2 + (z'_G)^2} \\ \theta_0 = \arctan(y'_G / z'_G) \end{cases} \tag{5-108}
$$

ρ 为像斑在光轴系中极坐标幅值，代表失调角大小，θ_0 反映失调角方位。

将 ρ、θ_0 表示的信息调制成为陀螺旋转频率 ω_T 的交流信号，有

$$
U(\omega) = K'_\varepsilon \rho \sin(\omega_T t - \theta_0) = K_\varepsilon \varepsilon \sin(\omega_T t - \theta_0) \tag{5-109}
$$

令 $U_\varepsilon = K'_\varepsilon \rho = K_\varepsilon \varepsilon$，则

$$
U(\varepsilon) = U_\varepsilon \sin(\omega_T t - \theta_0) \tag{5-110}
$$

实际上 $U(\varepsilon)$ 曲线存在典型的死区和饱和区，与失调角 ε 并不成线性关系，其典型特性如图 5-34 所示，这条曲线可以由产品实测得到，并可将其建立为更精确的模型。

5.4.2.2　信息处理器

信息处理电路通常包括频率变换、滤波校正等环节。

常用的带通滤波器数学模型为

$$
G(P) = \frac{K_1 (P + \omega_1)}{P^2 + 2\xi_0 \omega_0 P + \omega_0^2} \tag{5-111}
$$

带通滤波器的中心频率 ω_0 由载波频率名义值决定，带宽应保证载波的包络信号通过，而将大部分干扰信号滤除。

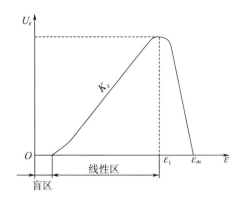

图 5 - 34　　$U(\varepsilon)$ 误差特性

校正环节主要起改善动态性能、提高回路稳定性、保证系统稳定裕度和快速性满足设计要求等作用，其参数和模型与具体系统设计相关。

5.4.2.3　稳定与跟踪装置

最常见的是陀螺，用于稳定光轴，使其不受弹体摆动的影响，同时利用陀螺的进动性来跟踪目标。在不考虑章动运动的情况下，陀螺的简化运动方程为

$$\begin{cases} \dot{\vartheta}_G = \dfrac{1}{H}M_H\,(1/\mathrm{s}) \\[2mm] \dot{\psi}_G = \dfrac{1}{H}M_V\,(1/\mathrm{s}) \end{cases} \tag{5-112}$$

式中　H ——陀螺的角动量，g·cm·s；

　　　M_H，M_V ——陀螺在光轴坐标系下受到的外力矩（oy_G、oz_G），g·cm。

5.4.2.4　其他环节

其他环节包括解耦环节、前向偏移等。解耦环节通常为机械安装扭角补偿，其数学模型为 $\mathrm{e}^{\mathrm{j}\theta_1}$，其中 θ_1 为补偿角。前向偏移环节模型见 5.2.4 节。

5.4.3　控制系统数学模型

同样以典型的气动舵机便携式防空导弹控制系统为例进行分析，控制系统包含信号变换器、敏感器件和控制执行器。

5.4.3.1　信号变换器

信号变换器是把交流信号频率由陀螺频率 ω_T 变为导弹自旋角频率 ω_D，是由角频率为 $\omega_T + \omega_D$ 的基准信号和角频率为 ω_T 的制导系统输出信号混频比相后得到的。该信号中包含了频率为 $2\omega_T + \omega_D$ 的"和频"信号和 ω_D 的"差频"信号，然后通过滤波网络滤除和频信号，放大差频信号，其数学模型为

$$G(P) = \frac{KP(T_1^2 P^2 + 2\xi_1 T_1 P + 1)}{T_2^2 P^2 + 2\xi_2 T_2 P + 1} \tag{5-113}$$

其中

$$T_1 \approx 1/(2\omega_T + \omega_D)$$

通过该滤波器即可达到滤除和频的目的。这种滤波网络对缓变信号可近似为纯放大环节。

5.4.3.2　敏感器件

便携式防空导弹常用的敏感器件是角速度传感器，其基本工作原理在 7.4 节有论述。其传递函数为

$$W_{JF}(P) = \frac{K_{JF}}{T_{JF}^2 P^2 + 2\xi_{JF} T_{JF} P + 1} \qquad (5-114)$$

式中　T_{JF} ——角感器时间常数；

　　　ξ_{JF} ——角感器相对阻尼系数；

　　　K_{JF} ——角感器传递系数。

为了满足反馈通道解耦要求，传感器安装轴相对弹体轴有一个补偿扭角 ϕ_{jf}，其数学模型为 $e^{j\phi_{jf}}$。

5.4.3.3　控制执行器

本类导弹的控制系统执行机构，主要有正弦控制常用的电动舵机和继电式控制常用的气动舵机。无论哪种执行机构，其数学模型都是十分复杂的。但对于本类导弹，工作在单通道模式下，常常可以适当简化。

（1）电动舵系统

典型的电动舵系统结构如图 5-35 所示，主要包括电机、减速器、反馈部件。

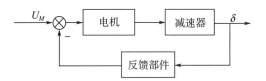

图 5-35　电动舵系统框图

电机动态特性的微分方程可描述为

$$T_{PM} \frac{d\omega}{dt} + \omega = K_{M1} U_M \qquad (5-115)$$

其传递函数为

$$\frac{\omega}{U_M} = \frac{K_{M1}}{T_{PM} S + 1} \qquad (5-116)$$

式中　U_M ——控制电压输入；

　　　T_{PM} ——电机时间常数；

　　　K_{M1} ——电机稳态传递系数。

对于减速器，其传递函数为

$$\frac{\delta}{\omega} = \frac{K_{M2}}{S} \qquad (5-117)$$

考虑舵偏角位置反馈系数 K_{oc} ，则舵系统的闭环传递函数为

$$G_\delta(S) = \frac{K_M}{T_M^2 S^2 + 2\xi_M T_M S + 1} \qquad (5-118)$$

式中　　T_M ——舵系统时间常数， $T_M = \sqrt{T_{PM}/K_{PM}K_{oc}}$ ；

　　　　ξ_M ——舵系统的阻尼系数， $\xi_M = 1/\left(2\sqrt{T_{PM}K_{PM}K_{oc}}\right)$ ；

　　　　K_M ——舵系统的传递系数， $K_M = 1/K_{oc}$ 。

（2）气动舵机

典型气动舵机的输入输出信号波形如图 5 - 36 所示。

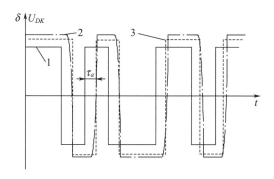

图 5 - 36　气动舵机输入输出波形

1—输入信号 U_{DK} ；2—输出信号舵偏角 δ ；3—输出信号等效波形

分析输入输出波形，可以发现波形 2、3 之间效果相同，而波形 1、3 均为等幅方波，只是波形 3 相对于波形 1 滞后时间 τ_a ，幅值放大了 K_δ ，由此，可以得到近似的表达式

$$\delta(t) = K_\delta \cdot e^{-\tau_a P} \cdot U_{DK}(t) \qquad (5-119)$$

虽然 τ_a 实际上与舵面承受的负载以及舵系统的工作压力等条件相关，但考虑到本类导弹工作空域范围较小，影响舵机特性的参数变化范围不大，在舵机功率和带宽足够的情况下，可以认为 τ_a 是一个定值。

5.4.4　目标及弹目相对运动模型

5.4.4.1　目标运动模型

目标是被攻击的对象的统称，防空导弹攻击的目标类型主要有飞机、直升机、导弹等。目标运动特性是对特定目标的运动形式和运动规律的描述，是目标特性的一个重要方面。

目前在制导系统分析和设计中，常用的目标运动模型有：

（1）目标匀速直线运动

最常见的目标运动模型为匀速水平直线运动，其模型表述为

$$\begin{cases} x_t = x_{t0} - V_t t \text{ 或 } x_t = x_{t0} + V_t t \\ y_t = y_{t0} \\ z_t = z_{t0} \end{cases} \qquad (5-120)$$

式中，第一式分别代表了迎攻和尾追的情况。x_t、y_t、z_t 为目标在参考坐标系（一般为地面坐标系）中的坐标，x_{t0}、y_{t0}、z_{t0} 为坐标初值。V_t 为目标飞行速度，t 为飞行时间。

目标作非水平匀速直线运动时，其通用模型表述为

$$\begin{cases} x_t = x_{t0} - V_t\cos(\theta_t)t \\ y_t = y_{t0} + V_t\sin(\theta_t)t \\ z_t = z_{t0} \end{cases} \qquad (5-121)$$

其中 θ_t 为目标的弹道倾角。θ_t 为 $0°$ 或 $180°$ 即分别为迎攻和尾追状态。

（2）目标简单机动运动

目标任意一个时刻的机动运动状态可以由以下几个变量定义：

x_t、y_t、z_t：目标在参考坐标系中的坐标；

V_t、$\dot{V}_t$：目标的速度、纵向加速度；

n_t、n_{ty}、n_{tz}、γ_{ct}：目标的横向过载及其分量、倾斜角。

有

$$\begin{cases} V_t = \int_0^{t0} \dot{V}_t\,\mathrm{d}t + V_{t0} \\ n_{ty} = n_t\cos\gamma_{ct} \\ n_{tz} = n_t\sin\gamma_{ct} \end{cases} \qquad (5-122)$$

典型的机动形态有：

目标作水平圆机动

$$n_{ty} = 1, \gamma = \arccos\frac{1}{n_t};$$

目标作垂直机动

$$n_{ty} = n_t, n_{tz} = 0;$$

目标的坐标方程为

$$\begin{cases} \dot{\theta}_t = (n_{ty} - \cos\theta_t)g/V_t \\ \dot{\psi}_t = -n_{tz}g/(V_t\cos\theta_t) \\ \dot{x}_t = V_t\cos\theta_t\cos\psi_t \\ \dot{y}_t = V_t\sin\theta_t \\ \dot{z}_t = -V_t\cos\theta_t\sin\psi_t \end{cases} \qquad (5-123)$$

式中，g 为重力加速度。

5.4.4.2　弹目相对运动模型

弹目相对运动模型中，涉及导弹的变量定义参见 4.9 节。

弹目斜距 R_r，有

$$R_r = \sqrt{(x-x_t)^2 + (y-y_t)^2 + (z-z_t)^2} \qquad (5-124)$$

对于视线角，有以下计算公式

$$\begin{cases} \sin q_V = (y_t - y)/R_r \\ \sin q_H = -(z_t - z)/(R_r \cos q_V) \\ \cos q_H = (x_t - x)/(R_r \cos q_V) \end{cases} \tag{5-125}$$

$$q = \arcsin\left(\sqrt{(y - y_t)^2 + (z - z_t)^2}/R_r\right) \tag{5-126}$$

对于视线角速度，有以下计算公式

$$\begin{cases} \dot{q}_V = \dfrac{1}{R_r}\big[-V_t \cdot \cos\theta_t \cdot \sin q_V \cdot \cos(\psi_{ct} - q_H) + V_t \cdot \sin\theta_t \cdot \cos q_V + \\ \qquad V \cdot \cos\theta \cdot \sin q_V \cdot \cos(\psi_c - q_H) - V \cdot \sin\theta \cdot \cos q_V\big] \\ \dot{q}_H = \dfrac{1}{R_r \cos q_V}\big[V_t \cdot \cos\theta_t \cdot \sin(\psi_{ct} - q_H) - V \cdot \cos\theta \cdot \sin(\psi_c - q_H)\big] \end{cases} \tag{5-127}$$

$$\dot{q} = \sqrt{\dot{q}_V^2 + \dot{q}_H^2 \cos^2 q_V} \tag{5-128}$$

对于弹目距离变化率，有

$$\dot{R}_r = -V\big[\cos\theta \cdot \cos q_V \cdot \cos(\psi_c - q_H) + \sin\theta \cdot \sin q_V\big] + \\ V_t\big[\cos\theta_t \cdot \cos q_V \cdot \cos(\psi_{ct} - q_H) + \sin\theta_t \cdot \sin q_V\big] \tag{5-129}$$

相对速度坐标系模型：

对于相对速度 V_r、相对速度倾角 θ_r 和相对速度偏角 ψ_r，有

$$V_r = \big[(V\cos\theta\cos\psi_c - V_t\cos\theta_t\cos\psi_t)^2 + (V\sin\theta - V_t\sin\theta_t)^2 + \\ (-V\cos\theta\sin\psi_c + V_t\cos\theta_t\sin\psi_{ct})^2\big]^{\frac{1}{2}} \tag{5-130}$$

$$\sin\theta_r = \frac{1}{V_r}(V\sin\theta - V_t\sin\theta_t) \tag{5-131}$$

$$\sin\psi_r = \frac{V\cos\theta\sin\psi_c - V_t\cos\theta_t\sin\psi_t}{V_r\cos\theta_r} \tag{5-132}$$

$$\cos\psi_r = \frac{V\cos\theta\sin\psi_c - V_t\cos\theta_t\sin\psi_t}{V_r\cos\theta_r} \tag{5-133}$$

5.5　制导控制系统相关试验

5.5.1　导引头外场地面试验和跟飞试验

导引头外场地面试验和跟飞试验是导引头在外场地面进行的各类试验，本类试验实质上涵盖了很多试验项目，简单细分后主要包括以下试验科目：

（1）导引头外场背景测试试验

是针对导引头典型作战环境和背景条件开展的外场测试试验，试验目的主要是测量典型的背景噪声信号，为信号处理和目标提取算法提供设计依据。典型的背景包括各种云层或者晴空的天空背景、太阳禁区、海面背景、海天线、海面亮带、海面闪烁、地物背景等。根据导弹的战技要求确定试验所需要开展的环境背景条件。

试验时，导引头安装在可以转动的支架上，由导引头测试设备供电、地面供气。可进

行单独的背景测试试验，或者在背景前方安放目标源进行试验；也可以结合跟飞试验进行。

（2）导引头眩惑距离特性试验

一般通过跑车试验完成，试验过程中，在车上安装能够近似模拟目标的红外源（如曳光管、靶筒等），将车辆由远及近、由近及远行驶，导引头测量此过程中的目标信息，并记录对应的时间和车辆距离，从而获得目标近场的变化特性和眩惑特性。

（3）导引头静态抗干扰试验

在地面静态验证导引头的抗干扰能力，目标源和干扰弹投放装置安装在高处（如高层建筑物、龙门架、气球吊挂等），试验时，首先点燃目标源，导引头在地面截获目标后，按设定的数量和间隔投放干扰弹，导引头持续工作并记录数据，试验后分析数据验证导引头的抗干扰能力。

（4）导引头跟飞试验及动态抗干扰试验

导引头在地面对典型目标（如飞机）或者靶标（靶机、靶弹等）等空中运动目标进行截获和跟踪的试验。试验过程中，目标按规定的高度和航路进入，导弹安装在可转动的支架上，由人工观测并转动导引头（有条件情况下，也可由雷达等提供目标方位信息并随动支架跟踪）对准目标，完成截获、开锁、跟踪过程，并记录分析数据。

5.5.2　制导控制系统半实物仿真试验

制导控制系统仿真就是在实验室条件下建立制导控制系统的数学或物理模型，在规定输入的作用下，获得模型的响应以研究系统的性能。

仿真可以分为数字仿真和半实物仿真两类，整个制导控制系统全部用数学模型表示的是数字仿真，模型中部分环节接入实物的称为半实物仿真。本节讨论的是半实物仿真，制导控制系统半实物仿真中，导引头均为实物，自动驾驶仪可以为实物或者数学模型，目标为实物光源，弹体为数学模型。

半实物仿真试验是制导控制系统设计中最重要的试验手段和试验项目。其主要作用为：

（1）保证制导控制系统设计正确性的重要工具

对于采用寻的制导的本类导弹而言，导引头的性能是决定制导系统性能的关键环节，半实物仿真试验中引入了导引头实物，在通过风洞试验及飞行试验获得较为准确弹体模型的基础上，具有较高的置信度，是确保设计结果的正确性、确保飞行试验成功的重要保障。

（2）制导控制系统设计优化的有力手段

制导控制系统半实物仿真试验可以反复、大量地进行，因此通过与数字仿真紧密结合，采用优化设计方法选择系统结构和参数，最大程度地满足总体战技指标的要求。

（3）可以减少研制经费、缩短研制周期

采用半实物仿真试验，并通过少量飞行试验对模型进行校核后，确保试验结果的高置信度，就可以部分替代飞行试验，从而大大减少了飞行试验的次数，还可以减少飞行试验考核点的设置数量，从而提高了经济效益、加快了研制进度。

5.5.2.1　半实物仿真试验的目的

制导控制系统半实物仿真用来研究用数字仿真解决不了的工程实际问题，并且可在相互补充的情况下更好地发挥数学仿真的作用。

制导控制系统半实物仿真试验的主要目的为：

（1）检验制导控制系统在更接近实际飞行条件下的功能

半实物仿真系统可以接入除弹体外的所有硬件实物产品，随着仿真技术的发展，使目标环境和作战过程逐步接近真实作战环境和过程，从而半实物仿真的置信度不断得到提高，能够更加真实地反映制导控制系统的工作性能，检验制导精度。

（2）研究制导控制系统某些环节的特性影响及其改进优化措施

制导控制系统的部分组成环节是复杂的非线性系统，难以用数学表达式准确描述，此时在工程上可以通过半实物仿真进行研究，为其设计优化提供依据。

（3）检验各分系统特性和设备协调性

可以通过半实物仿真试验检验制导控制系统部分硬件连成一体后的性能，可以作为硬件性能测试和参数调整的硬件平台（主要适用于研制阶段）。

（4）校验制导控制系统的数学模型

通过半实物仿真试验和数字仿真试验的结果对比和分析，可以为实物环节更精确的建模和参数的辨识提供依据。

5.5.2.2　半实物仿真试验系统的组成和功能

针对本书介绍的旋转弹体防空导弹，半实物仿真系统主要有复合制导半实物仿真系统和红外制导半实物仿真系统两大类，其中红外制导仿真系统又可分为点源和红外成像两类，上述分类在半实物仿真系统上的差异主要体现在目标源的差别上，整个系统的构成基本是一致的。下面以红外仿真系统为例进行介绍。

典型的红外制导控制系统半实物仿真试验系统由目标/背景/干扰仿真器、飞行转台、控制台、计算机系统、负载模拟器等组成，构成如图 5 - 37 所示。各部分的组成功能如下：

（1）目标/背景/干扰仿真器

又可简称为目标模拟器，主要用于模拟目标、背景和干扰的辐射特性。目标模拟器的具体技术实现方法有很多种，包括大屏幕光学投影法、平行光管法、阵列法等。

大屏幕光学投影法是把目标和背景投影到一个球面上，并反射到导引头视场内形成红外目标。其目标视线角速度的产生是通过投影仪的周视镜转动来实现的。

平行光管法是利用光学投影系统形成目标、背景和干扰等，通过显示扩束系统将其合并并扩展，通过光缆或者折射、反射光学系统等传输这组红外平行光束使之充满导引头孔径。

一种干扰和目标分离的目标投影光学系统如图 5 - 38 所示。

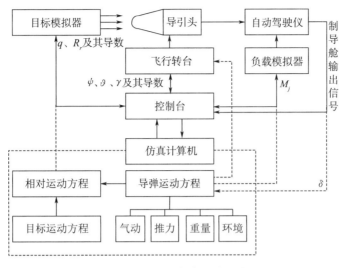

图 5-37　半实物仿真系统组成图

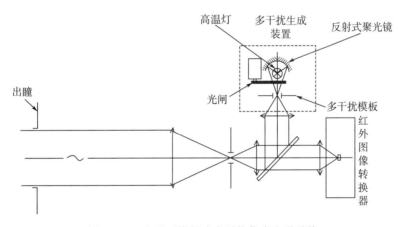

图 5-38　焦平面模板式多干扰仿真光学系统

随着成像技术的发展需求，红外成像目标模拟已成为技术发展的热点。红外成像目标模拟器一般可以分为红外场景模拟（软件）和红外场景投影（硬件）两大组成部分。

红外面阵式场景投影仪具体实现技术方案有多种，早期开发的一般基于光调制技术、热辐射电阻阵列技术等，目前新开发的红外场景投影仪多基于悬置薄膜电阻阵列、激光二极管阵列、数字微反射器件技术。

红外场景投影仪目前已做到 1 024×1 024 规模以上，帧频可以做到 200 Hz 以上，最大等效温度 600 K 以上，且相关性能指标还在不断提高。

（2）飞行转台

飞行转台用来仿真模拟导弹绕重心的姿态运动，一般为三轴转台，三个框架（外框、中框、内框）可分别模拟导弹的偏航、俯仰运动和绕纵轴的旋转运动，制导控制系统硬件（导引头或者制导舱）安装在内框上，与常规转台不同的是内框要求能够连续高速旋转，应设计汇流环保证电气连接。此外，由于红外导引头需要制冷，还需要有可以适应旋转供气的气路及其接口。

为了进一步简化结构，同时提高目标回转模拟的性能，在三轴转台的基础上又发展出了五轴转台，即将目标运动模拟的两轴机构集成到三轴转台上，图 5 - 39 为 Acutronic 公司一种用于红外、激光导引头仿真的五轴转台。集成的五轴转台具有结构紧凑、相位位置精度高、调整稳定性好、通用性好的特点，受到了半实物仿真试验机构的普遍重视。

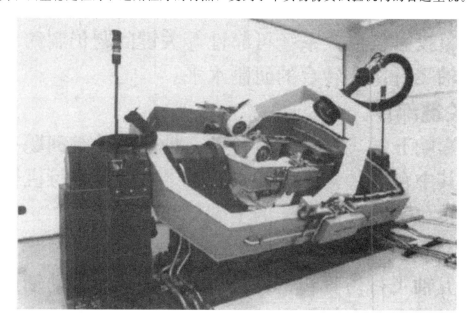

图 5 - 39　Acutronic 公司的 HD7756 型转台

（3）负载模拟器

负载模拟器用来模拟导弹飞行过程中作用在舵面上的气动铰链力矩，通常要求能够正确模拟导弹飞行过程中舵面承受的力矩。但由于旋转弹的舵系统刚度特性较好，可以用简单的机械式弹簧模拟线性负载直接加载在舵面或者舵轴上，也可以满足仿真精度和置信度的需要。

（4）仿真计算机和控制台

仿真计算机接收导引头、舵系统等的输出的信号，解算后用于导弹动力学、运动学的仿真，计算有关参数并与仿真设备通信，目前数字计算机技术已能够满足高性能计算的要求，计算能力已不再是仿真技术的瓶颈。

控制台主要用于控制仿真过程的实施、启动、暂停、停止，以及各设备间的数据交互、数据输出等，目前已趋向于和仿真计算机一体化集成。

5.5.2.3　半实物仿真试验的实施

从数字仿真到半实物仿真并不是简单地用部分实物替代数学模型的过程，而是根据半实物仿真的特点，对接口、数学模型等进行适应性改造，并要考虑可以进行全数字仿真，以实现结果的对比。

制导控制系统半实物仿真的方法和原理如下。

（1）由目标模拟器产生目标、背景和干扰的模拟信号

目标模拟器产生目标、背景和干扰的模拟信号包括了它们的物理特性（尺寸和形状）、辐射特性（强度和波段）以及运动特性。以往的仿真设备中，这些信号通常由多个独立的目标标准投影器产生，然后通过一套特殊的光学装置将其综合形成配准后的复合像。目前随着面阵式红外场景投影设备的应用和逐步普及，所需要的综合图像可以由一套设备全部完成模拟。

红外仿真系统的目标模拟为极坐标表示，弹目相对运动由三个参数表达：相对距离 R_r、视线方位角 q_H 和视线高低角 q_V。这些参数的变化率 $\dot{R}_r$、$\dot{q}_H$、$\dot{q}_V$ 由仿真计算机根据弹目空间位置和相对运动参数计算得到，并由目标模拟器的摆臂运动实现模拟 $\dot{q}_H$、$\dot{q}_V$ 的运动，同时根据 R_r 的值和相对导引头的位置计算并改变目标模拟器红外辐射源的尺寸、形状和能量大小，从而实现对目标的仿真。

（2）导弹运动方程仿真

导弹的运动方程由仿真计算机计算得到，并由飞行转台按照计算结果进行姿态角的控制运动。

导弹的姿态角运动可以在弹体坐标系中描述，也可以在半弹体坐标系中描述，在半弹体坐标系中描述较为常见，可以降低弹体滚动角速度 ω_d 的测量精度对仿真结果的影响。弹体的姿态角运动在传递给转台后变换为欧拉角 ψ、ϑ 及其角速度 $\dot{\psi}$、$\dot{\vartheta}$，还有内框的滚转角速度 ω_d，并控制转台按照要求旋转。同时，内框机构应测量导引头相对空间基准转动的角度 γ 并输出用于补偿转速误差累积造成的偏差。

（3）弹上制导设备、控制设备仿真

半实物仿真时，弹上制导设备为真实的导引头（或制导舱），控制舱是独立舱段时，如果仿真设备负载能力受限不能安装，也可以将控制舱单独放置（或使用数学模型代替），但是自动驾驶仪的敏感器件必须和导引头固联。此时导引头和自动驾驶仪之间的扭角补偿可以在舵轴的空间位置角中反映出来。

（4）仿真系统的控制

仿真系统由仿真计算机、控制台等实现控制，在设计上应考虑对重要信号的采集、监控和记录，并能将仿真中间数据和结果实时显示在屏幕上，还应设有应急开关以保证仿真过程人员和设备的安全性。

（5）仿真运行帧时间 T

半实物仿真系统为实时仿真，仿真运行帧时间为 T，在该运行周期内仿真计算机完成一次积分运算，同时向转台施加一次驱动指令，给目标模拟器发送一次目标变化信息，采集一次（或多次）导引头输出信号、舵反馈信号和内框架转角 γ 信号。帧时间 T 的设定应综合考虑仿真精度需要和软硬件的实时性能力。

半实物仿真试验的主要程序为：

1）提出仿真任务书，明确任务要求、内容、分工和完成形式、周期等；

2）完成数学模型的编制和校验；

3）编写试验大纲，明确试验目的、项目、设备要求、产品要求、数据记录要求等；

4）编写试验实施细则和操作规程；

5）试验设备功能性能检查；

6）参试产品功能性能测试检查；

7）产品安装，检测；

8）制导控制系统开回路仿真；

9）制导控制系统闭合回路仿真，通常包括以下内容：

a）对产品的安装和连接进行检查，对信号采集回路进行测试；

b）组织合练，协调操作程序和试验口令；

c）进行数学仿真，检验试验参数设置的合理性；

d）按照数学仿真确定的参数，对特征点弹道作定点仿真试验，评估系统性能；

e）按照数学仿真确定的参数，对典型弹道作全弹道仿真，进行脱靶量和飞行过程参数分析；

f）在选定参数周围寻优，重复进行试验，最终得到合理的优选参数；

g）视需要开展抗干扰、前向偏移等的专项仿真试验；

h）研究各个环节的功能和效用，如相位补偿、角速度反馈的作用等；

i）对发生的故障进行分析和排查。

10）试验结果分析，包括以下内容：

a）试验逼真度分析；

b）方法误差、设备误差、测量误差、仪表误差分析；

c）试验中非正常现象及故障的原因分析；

d）制导精度统计分析，主要弹道参数统计分析；

e）仿真试验结果的置信度评估。

第6章　引战系统设计

6.1　概述

6.1.1　组成和功能

引战系统，全称为引信战斗部系统，是导弹的有效载荷，其主要功能是使战斗部适时起爆并毁伤目标。引战系统通常包含引信、战斗部、安装执行机构三个组成部分，现代导弹武器中还包括引战配合优化的软件。

引信的作用是在弹目交会时，按照预定的条件和方式适时引爆战斗部，使战斗部对目标造成最大限度的杀伤。引信一般又可以分为近炸引信和触发引信两大类。

战斗部的作用是爆炸后产生爆炸产物摧毁目标。

安全执行机构（简称安执机构）的作用是保证导弹在贮存、测试、运输、使用、维护时战斗部的安全性，同时能够保证在导弹发射后按指定的条件解除保险，确保引信能够可靠起爆战斗部。

引战配合优化设计是为了保证在弹目交会段引信和战斗部协调动作，尽最大可能地有效摧毁目标，满足单发杀伤概率的要求。

引战系统的各个组成硬件的详细介绍参见后文第7章相关内容，本章重点围绕引战系统总体的相关设计进行介绍。

6.1.2　引战系统的特点和难点

随着现代作战防御技术的发展，防空武器对付的空中目标种类日益多样，特性也日益复杂，包括速度特性、过载特性等飞行特性的提高，隐身性、结构易损性等目标特性的不断增强以及作战空域的扩展，给引战系统设计提出了更高的要求，带来了更大的技术难度。主要体现在：

1）由于拦截目标速度增加，拦截空域扩展，导弹和目标交会时的相对运动速度范围和交会角范围都会进一步扩大。大的相对速度范围会造成战斗部动态飞散范围的散布增大，而大的交会角会引起交会姿态恶化，特别是对于细长体目标引战配合难度大幅度增加。

2）对抗超低空目标的要求不断提高，例如掠海反舰导弹的最低飞行高度已经达到3 m以下，陆上的最低飞行高度也达到15 m以下，直升机甚至更低，引信将面临十分严重的海杂波和地杂波干扰。

3）战场环境日益复杂，将面临电磁、光电、环境等各种条件综合的干扰态势。

4）目标小型化、隐身化，给引信的有效探测也带来了不利影响。

本书涉及的旋转导弹，在引战系统设计上也有自身的特点。

1）旋转导弹大多是小型导弹，弹上留给引战系统的空间和重量都有限，要确保一定的作用距离、毁伤半径和杀伤效果存在较大困难。便携式防空导弹早期主要用于拦截飞机目标，由于尺寸重量的严格限制，加之战斗部威力有限，导弹本身制导精度也较高，飞机目标本身尺寸较大，直接命中的概率较大，因此往往只安装触发引信和安执机构。随着技术的发展以及对小目标拦截需求的增大，最新的便携式防空导弹也开始加装近炸引信，但是考虑到战斗部在触发时爆炸能够产生更大的威力，一般采用触发优先的原则。

2）为了进一步增加杀伤威力，部分便携式导弹采用了引爆发动机剩余装药的技术，此时引战系统需要综合考虑增设专门的引爆装置，并参与协调对动力系统的设计要求。

3）由于引信、战斗部及引战配合的反应时间很短，导弹自旋对于其影响基本可以忽略，但同时由于导弹自旋的存在，难以确定导弹在惯性坐标系下的定位和方向，在引战系统设计中需要考虑这一因素的影响。

6.1.3　设计依据和内容

引战系统设计主要包括引战配合设计以及对引战系统组成产品的设计要求的提出、参数的分配和方案设计等。

引战系统是关系导弹主要战技指标——杀伤概率的最关键的环节之一。引战系统开展设计的依据是总体分配的系统战技指标，主要包括：

杀伤概率　这是引战系统需要满足的最终指标要求。

引战系统的体积、重量、机械接口、电气接口要求　由弹总体根据总体设计的需要提出，同时引战系统也可以提出反要求。

制导精度　这是影响引信战斗部设计要求和方案的重要指标，引信的作用距离和战斗部的杀伤威力等指标都要与之相协调。

典型目标　是引战系统最终要摧毁的对象，引战系统需要研究典型目标的相关特性，包括引信探测相关的反射特性或辐射特性、部位安排、结构易损性等。

典型空域和弹道特性　在不同的空域和交会弹道条件下，引战系统的作战效果存在着很大差异，在设计时需要根据武器系统给定的空域范围进行指标的合理分配和方案的确定，尽可能兼顾整个空域范围内的杀伤效果。

引战系统依托于上述设计依据，开展以下设计工作。

（1）选定引战系统所属分系统的设计方案

确定战斗部、引信的技术方案，例如，对于防空导弹，常见的战斗部为破片式战斗部，破片式战斗部又包括破片是否聚焦、聚焦带的数量和方位、破片的选型和选材等。引信常见为无线电引信，又包括引信的波束角度等。具体选择什么方案，主要取决于武器系统自身的精度特性、对引战的装载限制条件、目标的特性等，有时也要考虑方案的继承性和技术成熟度。选定分系统方案是开展分系统设计的前提条件。

（2）确定引战配合设计方案

要实现良好的引战配合，首先需要根据分系统的特点和作战环境的要求，分析可用的选项，并从中优选方案。常见的引战配合优化方案是设计合理的引信探测启动区域，并根据弹目特性调整引信延迟时间，实现战斗部的动态杀伤区覆盖目标要害部位。其他可能的引战配合方案还包括实现对目标方位的探测并采用战斗部定向设计与之匹配等。引战配合方案是建立在分系统硬件能够提供相应条件基础上的，同时也需要考虑弹上或者地面设备是否能够提供必要的信息源，例如测量并提供弹目相对速度等。

（3）优选引战系统设计参数

引战系统的设计参数直接关系到导弹最终作战效果，在确定引战系统设计方案的基础上，应当对引战系统的配合参数进行优化设计；优化设计中需要具体考虑武器系统的不同作战空域要求，要在保证主要作战空域内高概率杀伤目标的同时，尽量兼顾边界条件下的性能。引战系统优化设计的过程，是在完成引战系统建模的基础上，通过改变参数进行最优化匹配。在初步确定参数后，还需要开展必要的地面试验或者仿真来验证，并最终通过飞行试验的结果来确认。

（4）提出所属分系统的设计要求和战术技术指标

引战系统设计人员需要根据引战配合的设计需求和总体战术技术指标的需求，进行分配和细化，提出对引信、战斗部等所属分系统的战技指标和设计要求。常见的战技指标包括引信战斗部类型、战斗部威力、引信启动特性、结构重量要求等。

（5）组织策划引战系统相关地面试验

引战系统的设计还包含很多相关的地面试验，其中有些试验是分系统单机完成的，但与总体要求相关，需要总体参与制定试验方案和确定考核方法，例如引信对目标的启动试验、火箭橇试验等；有些则是多个分系统或者引战系统的联合试验，此时需要引战系统负责进行试验策划和组织，例如传爆序列的联合试验等。

6.2 引战配合设计

6.2.1 引战配合特性

虽然直接命中是高精度制导防空导弹所最求的终极目标，但实际上目前为止还没有型号能够完全做到，引战配合是迄今为止所有防空导弹都必须考虑的问题。

引战配合问题实际上涉及到两个区域的匹配问题，即引信的引爆区和战斗部的有效起爆区的匹配问题，这里涉及到一些相关定义和概念。

（1）引信启动区

引信启动是指引信给出引爆战斗部信号的动作；引信启动点是给定弹目遭遇条件下引信启动时目标相对引信的位置；而引信启动区是所有引信可能启动点的位置的集合。引信启动区描述了引信对给定目标的启动特性和启动空域，是引战配合中的一个重要概念。

（2）战斗部杀伤物质动态飞散区

又简称为战斗部动态杀伤区。战斗部杀伤物质是指战斗部爆炸时杀伤目标的飞散物质，典型的如破片、杆条、聚能射流、爆炸冲击波等，具体的类型随战斗部种类不同而各有差异。战斗部杀伤物质动态飞散区就是这些杀伤物质在导弹和目标速度相对运动坐标系下的飞散区域，即在实际导弹和目标遭遇、战斗部爆炸时，这些物质相对目标运动的飞散区域。动态飞散区也是引战配合的重要概念之一。由于破片是防空导弹战斗部最为常见的杀伤物质，因此后文通常用"破片"指代各种类型的实体杀伤物质。

（3）战斗部有效起爆区

战斗部的有效起爆区是指目标周围空间存在的一个区域，战斗部只有在这个区域范围内起爆，其有效爆炸产物才能损伤目标的要害部位并杀伤目标，即破片战斗部的破片可以命中且穿过要害部位，或者炸药爆轰波的压力超过要害部位的承受限度。有效起爆区是根据战斗部的动态杀伤区确定的，此时在相对速度坐标系下，可以看作目标不动，导弹的杀伤产物以相对速度矢量向目标方向运动。由于战斗部是引信控制起爆的，因此战斗部的有效起爆区就成为引信设计的一个重要条件。战斗部的有效起爆区取决于目标的易损性分布、战斗部的动态飞散区以及交会条件。

（4）引信引爆区

引信的引爆区是与上述战斗部有效起爆区对应的，即在目标周围空间存在的一个区域，只有导弹位于这个区域时，引信才会正常起爆战斗部。引信的实际引爆区取决于引信的启动特性、目标的可探测性（与引信探测体制对应）以及交会条件。

（5）引战配合效率

引战配合效率是指在给定的导弹和目标交会条件下，引信适时起爆战斗部，使战斗部的杀伤物质准确命中目标的要害部位并毁伤目标的程度，也就是引信启动区与战斗部飞散区的协调程度，或者说是引信引爆区与战斗部有效起爆区的协调程度。

防空导弹战斗部的杀伤区域都具有方向性，这就使引战配合问题变得相当复杂。因为这种战斗部爆炸后，弹目距离大于战斗部有效杀伤半径的目标不可能被有效杀伤，但即便是在杀伤半径范围内的目标，如果不处于其作用方向区域内，不能被杀伤元素（如破片）命中，则其杀伤效果也十分有限。只有当目标的要害部位正好位于战斗部的动态杀伤区内时，目标才会被杀伤。

为了使战斗部的动态杀伤区穿过目标要害部位，即战斗部在有效起爆区内爆炸，必须正确地选择引信的引爆位置和时刻，这就是引信和战斗部的配合特性问题。

影响引战配合的主要因素包括以下一些方面：

1）引战配合效率是对应于某种条件的衡量导弹毁伤目标的重要指标，这些条件包括弹目交会条件和制导误差散布。弹目交会条件包括遭遇点的导弹与目标的飞行速度、导弹和目标的姿态角等参数，导弹制导误差包括交会时导弹和目标的位置。这些条件取决于交会点在杀伤空域的位置、目标和导弹的飞行特性、导弹的导引方法等，因此条件不同，结果也会有很大差异。

2) 引战配合效率对于每一发导弹实际的打击结果是确定的,但在计算和分析时,各种条件都存在随机性,包括战斗部杀伤物质的飞散特性、交会条件、启动特性等都有确定和随机的因素在内,因此引战配合效率是一种统计的概念,在研究这一概念时需要用统计概率来衡量。

6.2.2　引战配合效率的影响因素

引战配合涉及到引信、战斗部的指标体系及其相互之间的匹配关系,要在综合考虑各种条件的情况下力争达到最优。为此,需要研究影响引战配合效果的因素,并确定引战系统的主要设计参数。

引战系统以及引战配合的主要影响因素包括交会参数、引信特征参数、战斗部特征参数、目标特性、脱靶参数等。引战系统的主要设计参数包括引信的设计参数、战斗部的设计参数、安全执行机构的设计参数、引战延时的设计参数等。

6.2.2.1　交会参数

交会参数是指导弹和目标交会段的弹道参数(除脱靶参数外),主要包括相对姿态和相对速度参数。遭遇段一般是指导弹和目标接近过程中至引信能够探测到目标的一段距离。在引战配合效率分析计算中,遭遇段一般取值范围较短,使得这一距离内既能保证经历引信从开始探测目标到探测到目标并起爆战斗部的过程,同时,这一距离也应当能够短到近似可以把在这一过程中的交会参数固化(即认为在遭遇段内的目标和导弹的交会参数是近似不变的),这样可以大大简化分析的过程。

用于分析引战配合的遭遇段交会参数如图 6 - 1 所示(忽略导弹和目标飞行的攻角)。

(1) 弹目相对速度 V_r

弹目相对速度为导弹和目标速度矢量的差值,有

$$V_r = V_m - V_t \tag{6-1}$$

其中 V_m 和 V_t 分别为导弹和目标的运动速度矢量。相对速度越大,则给引战配合带来的困难越大,要求引战系统的延迟时间越短。

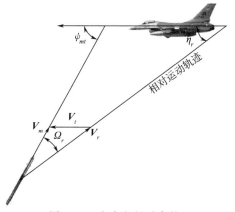

图 6 - 1　交会段相对参数

（2）弹目交会角 ψ_{mt}

定义为导弹速度矢量 $\boldsymbol{V}_m$ 与目标速度矢量 $\boldsymbol{V}_t$ 反方向之间的夹角，$\psi_{mt}=0°$ 时弹目迎头遭遇，$\psi_{mt}=180°$ 时为正尾追遭遇。

（3）目标相对导弹接近角 Ω_r

定义为导弹纵轴 ox_1 和相对速度矢量 $\boldsymbol{V}_r$ 之间的夹角，描述了目标相对导弹的来袭方向。$\psi_{mt}\rightarrow90°$ 时，Ω_r 值会增大，战斗部杀伤物质的动态飞散区相对弹轴的不对称性增大，会恶化引战配合的条件。

（4）导弹相对目标接近角 η_r

定义为目标纵轴 ox_t 与相对速度矢量 $\boldsymbol{V}_r$ 反方向之间的夹角，这一参数是描述相对目标的导弹来袭方向，对引信的启动区的分布有着重要的影响。从目标坐标系观察，导弹是沿 η_r 角度接近的，$\eta_r=0°$ 为迎面拦截，此时目标的头部首先进入引信的探测范围，$\eta_r=180°$ 为尾追拦截，而 $\eta_r=90°$ 时，为侧向攻击，由于目标机身在垂直相对速度的方向一般投影很短，如果是飞机类目标，因为有机翼等结构的存在，对引信启动的影响还相对较小，对于巡航导弹这类细长体目标则会使引战配合的难度大幅度增加。

6.2.2.2　引信特征参数

引信包括近炸引信和触发引信两大类，便携式防空导弹大多只配备了触发引信，引战配合相对简单，而较大的防空导弹一般都配置近炸/触发复合引信，近炸引信的主要种类包括无线电近炸引信、激光近炸引信、红外近炸引信、电容近炸引信以及复合体制的近炸引信等。引信的特性对引战配合有决定性的影响，引信的参数很多，其中对引战配合有很大影响的参数如下：

（1）引信的天线方向图或者光学引信的视场

无线电引信的天线波束有方向性，其方向图参数包括主瓣倾角（又称为启动角）和主瓣宽度。主瓣倾角 Ω_f 为主瓣最大场强方向与导弹纵轴的夹角，主要决定了引信启动区的中心位置。通常防空导弹的天线波束倾角都是前倾的，以求先期探测到目标。主瓣宽度定义为半功率点的波瓣宽度，影响引信启动区的散布大小，波瓣窄时引信启动区的散布就小。

光学引信同样存在启动角和波束宽度（或者视场角），由于光学的方向性好，其视场角可以做得很窄。

（2）引信的作用距离和灵敏度

引信的作用距离是引信能够探测到目标的距离，通常引信的作用距离与目标的特性有一定的关联性，同时，引信的作用距离主要取决于引信的灵敏度，而引信的灵敏度则决定了引信的作用距离和启动概率。

（3）引信的截止距离和截止特性

引信的截止距离是引信人为设定的一个距离门限，在这一距离以外时引信不会启动。引信的截止特性一般不可能是凸跳的，有一个过渡区，通常可以用 10% 启动概率到 90% 启动概率这样一个区间来衡量，从引战配合的角度出发，希望这一区间的范围越小越好。

（4）引信的固有延迟和可变延迟

引信从接收到信号，对其进行信号处理并得到需要的结果，以及为了减少虚警需要累积一定的信号进行判读，因此有一定的持续周期，此外引信内部各种传爆序列工作也需要时间，这些引信工作所必需的最小累积时间称为引信的固有延迟时间。此外，为了满足引战配合要求，使引信在适当的位置引爆战斗部，往往需要根据弹目交会参数设定一个可以调整的时间延迟，称为可变延迟时间。

弹目交会时相对速度越大，则要求延迟时间越短，但这一时间不可能低于固有延迟时间，因此在针对高速目标进行拦截时，需要考虑在设计上采取措施来尽量缩短引信的固有延迟时间，或者改变引信启动区和战斗部飞散区的匹配特性。

引信的可变延迟时间是引战配合设计中主要的可调节参数，也是引战配合设计的主要设计内容。

6.2.2.3　战斗部特征参数

防空导弹战斗部主要有以下几种类型：破片式战斗部、爆破式战斗部、连续杆式战斗部、离散杆式战斗部、多聚焦战斗部等，其中破片式战斗部应用最为广泛。战斗部的杀伤机理包括爆轰超压杀伤、破片洞穿杀伤、杆条切割杀伤、引燃、引爆等，且杀伤机理往往是复合作用的。战斗部的相关参数很多，与引战配合相关的战斗部参数包括：

（1）战斗部破片的飞散参数

防空导弹的战斗部绝大多数都采用破片或者杆条类有独立杀伤元素的战斗部，破片这类杀伤元素均有一定的飞散范围，并用飞散参数来加以界定。包括破片（含其他类杀伤元素）的静态密度、初速分布等。飞散参数决定了破片在空中爆炸后的飞散空域和覆盖范围，引战配合的目标就是让这一飞散空域覆盖目标的要害部位。

（2）单枚破片（杀伤元素）的杀伤特性参数

战斗部的杀伤元素是由很多独立组分构成的，例如破片式战斗部的破片、连续杆战斗部的杆条等。这种杀伤元素都有自身的特征参数，并从根本上带来对目标的不同杀伤效果，典型的如连续杆战斗部是依靠切割效应破坏目标的结构；而破片主要是依靠穿透效应破坏目标的要害部位，例如驾驶员、重要仪器设备、控制系统、动力系统等。

不同的杀伤元素的特征参数是不同的，以最广泛使用的破片战斗部为例，其破片的特征参数包括破片质量、形状系数、材料特性、速度衰减系数等，它们决定了杀伤元素命中目标后产生的杀伤效果。

（3）战斗部的爆轰性能

除了杀伤元素，战斗部本身的装药在爆炸后也会产生巨大的爆轰波，作用在目标上会产生超压，引起目标结构损伤。爆轰性能指标包括超压随距离变化、作用时间等，这些参数决定了战斗部爆炸产生冲击波的杀伤效果。

（4）战斗部的威力半径

上面这些参数总计起来可以用战斗部的威力半径这一参数来概括。威力半径是表征战斗部能力的一个指标，是针对特定目标的，通常指对特定目标平均有50％毁伤概率的目标中心与战斗部中心之间的静态距离，表示为 $R_{0.5}$ 。

战斗部威力半径指标通常用于型号开始阶段的初步分析计算，此时可以将战斗部杀伤概率随距离的变化用下列公式来表达

$$P_d(R) = 1 - \exp(R_w^2/R^2) \qquad (6-2)$$

其中 R_w 称为战斗部的特征半径，且当 $R = R_w$ 时，$P_d(R) = 0.632$ 。

不难得出，特征半径和威力半径有以下关系

$$R_w = 0.832\ 6R_{0.5} \qquad (6-3)$$

6.2.2.4　目标特性

目标是引战系统打击的对象，目标特性的差异会对打击效果带来根本性的影响，因此目标特性也是引战系统需要研究的重要内容之一。

影响引战配合特性的目标特性包括：目标的速度；目标的无线电反射/散射特性（针对无线电引信）、红外辐射特性（红外引信）或者激光反射特性（激光引信）等；目标的易损性等。

针对旋转防空导弹这类小型导弹而言，其引战配合关注的目标可以分为以下几类，且各有特点。

（1）战斗机、攻击机等战术飞机

典型代表有美国 F-15、F-16、F-35，俄罗斯米格-29、苏-27 等，这类目标的特点是在中高空飞行时其速度可达 $2\ Ma$ ，同时也具备低空超低空飞行能力。目标机动性强，可达 $6 \sim 9\ g$ 。这类目标飞行轨迹不固定，因此防空导弹需要具有全向攻击的能力，且可能会出现大交会角等对引战配合不利的工况。但由于这类目标体积较大，不论是无线电引信还是光学引信都比较容易探测，对于引信保证足够的作用距离是有利的。同时，飞机类目标一般都有较强的自身干扰能力，例如携带无线电干扰机、红外诱饵弹等，在引信抗干扰设计时需要加以考虑。

飞机体积较大，从易损性方面来说，其要害部位较为分散，一般的机翼等类结构件即使被命中也难以造成致命性伤害，战术飞机类目标中的攻击机等执行对地攻击的飞机，在要害部位还有装甲保护，因此在战斗部类型选择和参数设计时需要考虑这一因素，一般需要较大威力的战斗部，或者脱靶量应保证足够小。

（2）巡航导弹、反舰导弹等飞航式导弹

随着精确制导技术的发展，各种类型的飞航式导弹已经成为现代空袭的主力兵器，对飞航式导弹的拦截也成为防空的一项重要使命。

飞航式导弹最常见的类型，对陆地目标而言是巡航导弹，对海上舰艇而言是各种反舰导弹。典型的巡航导弹类目标是美国的战斧，典型的反舰导弹类目标是美国的鱼叉、法国的飞鱼等，飞航导弹的特点是巡航高度低，反舰导弹可低至 3 m 以下，因此引信设计上必须考虑能够从杂波背景中识别目标回波，这类目标的无线电特性弱，红外辐射特性也不强，要害面积小，给引战配合带来一定难度。

（3）无人机、靶机

无人机是近年来新兴的空中力量，并在现代战斗中起到越来越大的作用，对于战斗部而言，无人机结构相对薄弱，是一种比较容易破坏的目标，但是由于无人机的辐射特性很弱，对引信的探测会带来较大不利影响。

靶机类目标（包括靶弹）是型号在飞行试验中常见的目标，不同的靶机，其特性也不尽相同，为了模拟真实目标的特性，有时需要在靶机上安装信号增强设备，例如龙伯球、角反射体、曳光管等。靶机类目标结构一般较为薄弱，但有些靶机、靶弹是用实际飞机和导弹改装的，此时其特性与真实目标一致。

（4）直升机

直升机也是一类较为常见的目标，其中武装直升机是地面装甲目标的克星，也是防空火力需要重点关注的目标，直升机类目标速度较慢，但是可以悬停，飞行高度也很低，加上其辐射特性不高，给探测带来了较大难度。武装直升机本身要害部位安装了装甲，战斗部对其有效毁伤也存在一定难度。

6.2.2.5　脱靶参数

弹目遭遇段导弹的脱靶参数可以表示为在脱靶平面内的脱靶量 ρ 和脱靶方位 θ 两个参数，如图 6-2 所示。

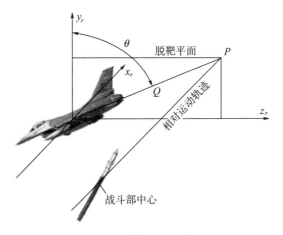

图 6-2　脱靶平面示意图

脱靶平面定义为通过目标中心的垂直于弹目相对速度的平面。脱靶量和脱靶方位均定义在脱靶平面上。弹目相对运动轨迹与脱靶平面的交点定义为脱靶点，导弹的重心（制导系统计算精度用）或者战斗部中心（从导弹重心经过坐标变换得到）沿相对运动轨迹运动时离目标中心的最小距离称为脱靶量。脱靶点与目标中心连线在脱靶方位上的方位角称为脱靶方位。

对于不同的脱靶量和脱靶方位，引战配合的效率是不同的，通常 ρ、θ 为服从一定规律分布的随机变量，在引战配合计算中，根据随机变量的分布规律，一般利用统计分析的方法来进行分析计算，常见的方法为积分法或者蒙特卡洛法（随机抽样统计法），在后文会有展开论述。

6.2.3　引战配合设计的方法和流程

6.2.3.1　引战配合研究对象的特点

引战配合涉及到目标、引信和战斗部三个不同的对象之间的相互作用关系，与防空导弹的其他分系统相比，引战配合所研究的对象之间的关系有以下一些特点，因而引战配合的设计也需要根据这些特点来开展。

（1）引战配合过程的瞬态性

引战配合的本质是对起爆的控制问题，但引战配合设计与制导控制系统的设计不同，起爆控制过程是一个开环过程，其杀伤效果不能反过来进行判读后再去控制起爆来修正。因此引战配合设计的效果更多地需要事先进行预估和设计。

引战配合过程同时又是一个瞬态过程，因为引信的作用距离很短，一旦探测到就必须立即反应，不允许花过多时间判读，否则就会贻误战机。引信接收和处理信号的时间一般都需要小于 ms 级，且信号的变化剧烈，具有很强的非稳态特性，其信号处理也不能采用稳态处理的模型和方法。

（2）随机统计性

引战系统涉及的各个环节大多具有很强的随机起伏特性，制导精度用随机的脱靶散布来描述；对引信而言，其探测得到的目标信号回波通常也有很大的随机起伏；战斗部破片的飞散也有随机性。因此，引信启动点和战斗部的飞散区域及密度等往往只能用统计规律来描述。正因为有上述特点的存在，引战系统在设计和计算中大多采用统计试验法（蒙特卡洛法）。

（3）不可重复性

引战系统的工作是不可重复的，且其试验条件比较苛刻，因此除了引信单机可以在地面通过大量试验和测试以外，通常的引战配合试验无法大量开展，这也给理论分析提出了更高的要求。而且引战设计的模型往往需要通过多个型号的试验验证来不断完善。

6.2.3.2　引战配合设计的主要方法

引战配合设计是一项综合性的工程，设计中常见的方法有：

（1）地面试验

利用引信和战斗部实物或者部分实物，在地面进行单机或者联合试验，检验单机或者系统配合的性能。

地面试验是引战配合设计中十分重要的一项内容。特别是战斗部产品由于其一次性工作的特点，对于地面试验的策划和安排及数据的采集尤其需要关注。

引战系统相关的地面试验主要包括：引信的绕飞试验、滑轨（火箭橇）试验、准动态试验、轨道炮试验；战斗部的地面静爆试验；引战传爆序列的联合试验；以及引战系统特别关注的安全性试验（跌落、燃烧、炮击试验等）。

（2）仿真试验

引战系统的仿真试验包括实物仿真、半实物仿真和数学仿真三类。

实物仿真是指在试验中采用真实的或者缩比的模拟目标、战斗部和引信，例如用缩小的飞机模型和缩短波长的无线电引信相互作用来测试引信启动区等，还有一种 1∶1 准动态仿真试验，使用真实的模型和引信，但是将其相对速度放慢，同时信息处理频率等与之相匹配，也可以用来检验其配合性能。

引战配合的数学仿真，是利用已经获得的物理仿真和真实打靶的试验结果、并结合理论推导等，建立引战系统的数学模型，包括目标辐射或者散射模型、引信接收和信号处理数学模型、战斗部破片飞散模型、破片对目标的损伤模型、目标易损性模型等，在计算机上用程序模拟引战配合作战全过程。随着计算机技术的发展，以及相关数据的积累使得各种数学模型日趋复杂、精确和完善，数学仿真已经实现图像化、动态化，其结果精确度不断提高，已成为引战配合分析设计的主要设计手段。

在引战配合仿真模型中，由于种种原因，比如研制新体制的引信以及真实飞行试验条件和地面条件的差异等，部分数学模型的精确度不高，或者过于简单，此时，将这部分模型用实物或者缩比的实物模型代替，而另一部分难以采用实物的使用数学模型，这种仿真就称为半实物仿真。最常见的半实物仿真中，引信和靶标采用实物或者缩比模型，而战斗部爆炸毁伤等采用数学仿真。这种半实物仿真试验有较高的实用性。

（3）飞行试验

任何一种型号对引战系统的检验，最终都需要通过实弹靶试飞行试验的方式来进行，这是最为真实的对引战系统设计结果的考核。实弹靶试要注意的是靶机对典型目标模拟的程度，为了考核引战系统，往往要采用价格更加昂贵的靶机来接近真实的典型作战飞机，或者直接改装真实飞机、导弹等来作为试验用靶。飞行试验由于成本高昂，无法大规模进行，因此对于每次试验的数据都应尽量采集全面，并加以有效分析和汇总，也可以为后续型号的研制提供参考和借鉴。

（4）统计分析

统计分析的方法也是一种数学方法，与数学仿真类似，也需要建立数学模型。但是统计分析的方法更多地是从宏观的视角出发进行的，是在对引战配合的全过程的各个阶段、步骤进行统计分析的基础上，给出一系列概率分布函数和统计参数，来高度概括引战配合的效果，如引信启动概率、启动区分布、战斗部坐标杀伤概率、条件杀伤概率等。这种统计分析法通常采用概率密度积分法或者蒙特卡洛法进行。

6.2.3.3　引战配合设计的流程

引战配合设计工作贯穿型号研制过程的始终，而且越到型号研制后期，其工作的内容和项目越多。

在型号研制的不同阶段，引战配合设计开展的工作内容和重点是不同的。

（1）方案论证

引战系统的方案论证是随着导弹同步进行的，这一阶段需要确定引信、战斗部体制，论证和确定引战系统主要战术技术指标，提出引战配合的实现技术途径。在方案阶段，引战系统开展的主要工作及其流程如下。

首先，根据导弹武器系统的作战使命、典型目标，结合国内外同类型号以及承研单位的技术基础和研制传统，提出引战系统的体制选择方案。

其次，根据总体的需求进行指标分解，在基于以往型号研制经验的基础上，建立初步的分析模型，提出主要的战术技术指标，并进行分析计算，同时引信、战斗部针对指标开展相应的技术可行性论证，经过反馈协调优化，确定分系统的主要实现方案，并初步确定技术指标。

（2）初样设计

初样阶段，是引战系统开展正式产品研制的开始阶段，本阶段引信、战斗部等分系统需要完成产品的设计（初样机），并开展各自的单机地面试验和测试，确定设计是否能够全面满足总体提出的研制要求，存在的差距和问题，并判断这些问题能否解决，或者通过各方协调加以解决。引战系统总体应完成引战配合数学模型的建立，通过产品试验结果进行模型校验，并完成计算，针对问题和不足开展进一步的参数优化。

引战系统在本阶段通常不参加飞行试验，但必要时引信也可搭载参加飞行试验。

（3）试样设计

试样阶段，是正式确定产品的技术状态的阶段，本阶段引信和战斗部需要在初样研制的基础上，完成状态到位、功能性能全面满足总体要求的试样产品的研制工作。引战系统总体在前期工作基础上，计算模型应充分得到校验，完成全空域的数字仿真计算，计算结果应满足总体的设计要求。

引信和战斗部产品在本阶段应开展并完成充分的地面性能试验验证，开展必要的七性验证试验，同时，也应在本阶段完成引战联合的相关试验。

引信在试样阶段应参加飞行试验，通过对不同靶标的射击，获取遥测、光测等试验数据，对引战配合效率进行考核，对计算模型进行进一步检验。战斗部在本阶段可参与部分飞行试验，如战斗部本身为成熟产品，则也可不参加飞行试验。

（4）设计定型

设计定型阶段，是对确定的引战系统及其配套产品的技术状态进行全面考核的阶段，本阶段通常不再改变引战配合和引信、战斗部的设计状态，主要工作是通过大量的地面试验和设计定型飞行试验，对引战系统的指标符合性和工作性能进行全面的检验。

6.2.4　旋转弹引战配合设计的特点

上文论述了防空导弹引战系统通用的设计内容和特点，而本书重点研究的旋转导弹，其引战配合在上述内容基础上，又存在着自身的特点，在设计中应具体考虑到旋转导弹自身特点开展相应的工作。

（1）较为严格的体积、重量要求及其应对措施

旋转弹都是小型导弹，尤其是其中的便携式导弹体积、重量更加受限，通常弹径为

70 mm 或者 90 mm，引战系统的重量一般不超过 1kg，实际上给引战系统设计带来了很大的限制：一方面，战斗部的威力受到了制约，即便采用高能炸药，其威力半径也难以扩大，另一方面如安装近炸引信，其作用距离也难以实现远距离探测。

受到上述条件制约，传统的便携式防空导弹往往不安装近炸引信，依靠与目标的直接碰撞后战斗部起爆来满足威力的要求。由于红外制导便携式防空导弹的制导精度较高，在拦截飞机类大体积目标时，直接命中的概率还是比较高的，这样的设计也能满足总体要求。

但是随着目标类型中逐步引入巡航导弹、无人机等小目标，导弹直接命中概率大大下降，此时就需要设计近炸引信，以提高对小目标的启动概率。近炸引信的作用距离与战斗部威力半径应当是匹配的，即便安装了近炸引信，为了增加杀伤效果，也往往采用优先触发的原则，这和传统的防空导弹引战系统以近炸为主，触发只是一种特殊情况下的补充的设计准则有很大不同。

正因为受到体积重量限制引起引战系统威力不足，有的便携式防空导弹通过总体设计加以弥补，例如在制导中引入前向偏移，使命中点位于目标中心从而增大直接碰撞的概率；有的型号中，战斗部通过型面设计，结合发动机装药选型，可以在爆炸时引爆尚未燃烧结束的发动机余药（在飞行的主动段），从而增大杀伤威力。

（2）弹体旋转对引战配合性能的影响及设计应对措施

旋转弹是一种飞行过程中弹体以较高频率（一般在 5～20 Hz 之间）自旋的导弹，导弹的旋转对于引战配合性能和设计也会带来一定的影响。

单纯从转速带来的对战斗部破片的附加离心速度而言，约在 m/s 的量级，与破片速度普遍 km/s 的量级相比，是一个小量，在计算中及实际打靶效果中，这一影响都是可以忽略的。另外从弹目交会段来看，导弹穿越弹目遭遇段的时间在 ms 量级，这一时间内导弹转过的角度通常也不超过 10°，因此对建模计算和实际配合的影响也基本可以忽略。

弹体旋转对引战带来的影响主要体现在以下的方面：

首先旋转弹很难在弹上安装高精度的惯导设备，因此难以获得相对于空间的方位信息，而常规的防空导弹在引战设计中，往往利用这一信息来帮助拦截超低空目标，为引信对抗地杂波、海杂波干扰提供辅助手段。针对这种情况，往往需要通过弹道设计、导引头的辅助鉴别信号，以及针对超低空目标和背景之间相互关联关系等特点采用辅助鉴别措施加以解决。

其次，如果采用定向战斗部这一类新型的可以将爆炸产物约束在某一方向从而增大杀伤威力的战斗部，其定向的方向必须是可以根据目标方位调整的，而不能是固定方向的，必须采用多点起爆定向技术。

（3）辅助信息获取的限制及其应对措施

对于采用雷达导引头的防空导弹而言，可以通过导引头信号及雷达的多普勒效应获取弹目相对速度乃至弹目距离等，这样就可以自适应调整引战延迟时间等参数，从而实现引战配合的优化；而且还可以使引信在弹目交会前很长时间内都处于封闭状态，直到弹目距离接近到一定程度才使引信正常收发信号，从而提高引信的工作条件，降低抗干扰的难度。但是旋转弹大多采用红外体制，无法测量目标速度和弹目距离，这给引战配合增加了难度。

针对上述难点，可以考虑采取的技术措施有：

对于弹目相对速度，可以建立适当简化的理论模型，通过发射前实时计算得到弹目交会时刻的相对速度，在大多数情况下，这种计算结果的精度是可用的。

在发射前通过理论计算预估命中时间的基础上，根据弹目距离缩短过程中红外能量上升的规律，进行弹目遭遇时间的辅助判读；如果采用的是红外成像制导体制，还可以通过图像变化的规律辅助鉴别弹目相对距离，甚至可以估算脱靶方位。

（4）旋转弹引战配合建模仿真的特点

根据上文论述，一般的旋转弹，在理论仿真时并不需要考虑导弹的旋转效应，此时其建模仿真方法与其他防空导弹基本相同。但是便携式旋转弹与常规防空导弹相比，具有制导精度高，触发引信单独工作或者触发引信优先工作等特点，其引战配合建模仿真的方法也有自身的特殊性。

对于常规导弹，由于弹体本身重量很大，加上战斗部近距离爆炸时的破片、超压等的综合毁伤效应十分巨大，因而在计算时，一般均把导弹直接命中目标时的毁伤概率直接取为 1，这在工程上也是合理的。但是对于便携式防空导弹而言，其直接命中目标的概率很高，然而其战斗部威力并不足以保证在任何情况下都能毁伤目标，因此，便携式防空导弹的引战配合仿真计算中，针对直接命中的情况，需要进一步建立模型并分析。通常我们把这种情况下的毁伤效果分为两大类，一类是战斗部爆炸的破片产生的毁伤效应，这个可以参照其他防空导弹破片的计算方法进行；另一类是由于弹体直接碰撞产生的毁伤效果，这时需要把弹体作为一个重量、动能很大的物体，计算其与目标要害部位可能的交会情况，并与破片毁伤的结果相结合，综合考虑其毁伤效果。

6.2.5　引战配合优化设计技术

6.2.5.1　概述

引战配合的设计优化是导弹设计优化的重要环节之一。随着导弹性能的不断提高，作战空域不断加大，弹目交会条件变化的范围也在不断扩大，实际上给引战系统设计提出了更高的要求，也进一步推进了优化设计技术在引战配合设计中的应用。

为提高引战配合效率，在分系统硬件研制和引战系统软件参数设计上提出了若干有效的措施和技术，这些技术包括：

（1）引信的参数自适应调整技术

引信的参数自适应调整中，最为常见和便于实现的技术是引信延迟时间的调整，其原理是根据获得的弹目交会参数（通常指相对速度，还可以包含目标类型、弹目相对姿态等），在预先计算和设定好的延迟时间序列中选择一档最为合适的数值，使引信在探测到目标后在规定的延迟时间引爆战斗部，从而使目标要害部位与战斗部破片飞散区重合，从而达到最大限度杀伤目标的目的。

引信延迟时间调整规律是最为关键的引战配合技术之一，其具体实现形式与导弹武器系统本身能够获取的信息有关，常见的形式有：按弹目相对速度及其与弹头的夹角进行调整；按目标接近角进行调整；按脱靶量、脱靶方位进行等调整。

上述的几种形式也可以根据具体情况进行组合。

除延迟时间外，必要时引信也可以调整其他参数来获得更好的引战配合效果，例如可以改变引信探测波束范围；调整引信频率、相位等参数。

（2）战斗部参数的优化设计技术

在战斗部体积、重量、装药一定的前提下，可以更改的参数包括破片数量、破片重量、破片飞散角等，同时，这些参数之间是相互联系、相互制约的。例如要增加破片数量，则单枚破片的重量就会下降；要增加破片总重量和数量，则装药量下降、破片速度下降；要改善引战配合的条件、增大破片飞散范围，则破片的密度就会下降，等等。因此战斗部参数设计是一个多变量综合优化设计的问题。

此外，战斗部还可以采用多个飞散区的设计以及定向控制设计，以更好地适应引战配合的需要。

（3）制导引信一体化（GIF）设计技术

随着防空导弹拦截的空中目标类型越来越多，性能覆盖范围的不断扩大，给引战配合设计带来了十分复杂的技术问题。近年来一种综合利用制导系统获得的信息，如相对速度、脱靶方位、弹目交会角度等信息，完成实时运算，并与定向战斗部技术相结合，使引战系统具备更好的目标适应能力的技术——制导引信一体化（Guidance Integrated Fuze，GIF）技术得到了应用和推广。

GIF 技术在设计阶段就将导弹的引信子系统和制导系统设计协同起来进行优化，其核心内容是信息共享和设备共用，最终实现引战配合效率的最优化。GIF 引信按与制导系统结合程度的不同可以分为信息一体化型（软结合）和硬件一体化型（硬结合）两种，目前第一种比较成熟。

6.2.5.2　弹目交会参数的获取

为了实现引战配合的优化，需要提供相应的弹目交会参数，这些参数主要包括相对速度 V_r、相对速度矢量与弹轴的夹角 Ω_r、相对速度与目标纵轴之间的夹角（又称为目标接近角）η_r、脱靶量 ρ、脱靶方位 θ 等。是否能够测量得到这些参数，是与武器系统探测设备及导弹制导系统的方案密切相关的。

（1）利用地面制导站获取交会参数

对于有指令制导的防空导弹，地面制导站通过雷达等设备，能够同时测量得到目标和导弹的运动参数，则通过解算可以得到相对速度 V_r 和接近角 η_r。

（2）利用导引头获取交会参数

采用主动或者半主动雷达导引头的导弹，导引头可以测量得到的参数为弹目相对速度 V_r 及其与弹轴的夹角 Ω_r。其中相对速度由导引头测量到的多普勒频率来求解得到，而夹

角 Ω_r 则近似认为与导引头近距离丢失目标时刻的导引头天线轴和弹轴的夹角相等。

采用红外等被动体制的导引头，难以测量得到弹目相对速度，但可以通过上述类似方法，由光轴和弹轴的夹角得到 Ω_r 角。此时可以通过发射前进行交会点和交会速度预估并装订的方法来得到相对速度，一般情况下其误差也可以满足使用要求。

对于成像体制的导引头，弹目接近后目标可以形成图像，此时通过图像处理，可得到更多可用的信息，如可以进行目标的要害部位识别，可以预判命中点等。

（3）引信本身获取的交会参数

引信作为一种近距离探测目标的设备，本身也具有一定的获取参数的能力，但由于引信的作用距离短，探测到目标后留给信息处理的时间非常短暂，因此引信本身获取参数的能力是有限的。

引信能够获得的参数主要是与脱靶量相关的参数，包括脱靶量大小和脱靶方位。在拦截超低空目标时，引信也可以作为辅助测高的设备使用。

引信测量脱靶方位有两种方式：一种是设计多方位多路引信来探测来袭目标的方位，典型的如激光引信、红外引信一般都采用多窗口设计，每一路窗口覆盖一定的周向范围，在这区域内探测到目标信号就可以确定目标的方位。另一种是综合利用制导系统和引信的信息来获取目标脱靶方位，对于无线电引信和无线电制导的导弹可以采用这种方式，其具体思路是通过制导系统测量得到弹目相对速度，同时，目标在进入无线电引信波束范围后，可以得到引信测量的多普勒频率，进而计算得到目标的脱靶方位。

无线电引信和激光引信这类主动式引信根据需要也可以增加测量目标脱靶量的能力，但在设计上需要采取特定的措施。

6.2.5.3　引信启动区设计

引信启动区设计的主要内容是根据各方获取的信息，对引信的参数进行调整，从而实现引战的最佳配合。

引信可以调整的主要参数有延迟时间 τ 、引信的波束倾角 Ω_f 、无线电引信的频率特性等，其中延迟时间的调整在硬件实现上最为简单，适用范围也最广，旋转导弹由于弹体尺寸等的限制，基本不采用其他调整方式。

（1）理想延迟时间的计算

简化表述起见，这里设战斗部在弹体坐标系内的静态飞散中心方位角为 90°，在相对速度坐标系内的静态飞散中心方向角为 ϕ_s，如图 6-3 所示。

在相对速度坐标系中，按相对脱靶方位 θ_b 计算得到的战斗部破片静态飞散中心方向角 ϕ_s

$$\tan\left(\frac{\pi}{2}-\phi_s\right)=\tan\Omega_r\cos\theta_b \qquad (6-4)$$

按 ϕ_s 计算其方位上的战斗部破片动态飞散中心方向角 ϕ_d，有

$$\tan\phi_d=\frac{V_0\sin\phi_s}{V_0\cos\phi_s+V_r} \qquad (6-5)$$

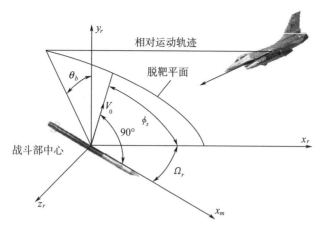

图 6-3 相对坐标系中战斗部破片飞散角

式中 V_0——破片初速；

V_r——弹目相对速度。

按 ϕ_d 就可以计算理想延迟时间 τ，包含固有延迟 τ_0 和可调延迟 τ_1 两个部分。

τ 的最佳值即理想延时可以由下式计算得到

$$\tau = \frac{\Delta x + \Delta L_t + \Delta L_m}{V_r} \tag{6-6}$$

式中 ΔL_t——目标长度补偿，即目标上的雷达散射点或者辐射中心或者反射中心至目标（要害）中心的距离；

Δx——引信接收到信号时目标中心至最佳起爆点的距离，$\Delta x = R(\cos\phi_p - \sin\phi_p/\tan\phi_d)$；

ΔL_m——导弹引信中心至战斗部中心的距离；

其中 ϕ_p 为引信天线主瓣（或者探测波束）与相对速度矢量 $\boldsymbol{V}_r$ 之间的夹角。雷达引信可以根据多普勒频率换算得到。

按照上述方法计算引信理想延迟时间 τ 主要与下列参数有关：

1）给定的引信、战斗部参数，如天线（波束）倾角 $m_{z}^{\overline{w}}$、固有延迟 τ_0、战斗部破片静态飞散中心方向角 $m_{z}^{\overline{w}z}$，破片初速 V_0 等，这些参数不随导弹弹道参数和目标参数变化而改变。

2）目标尺寸、辐射中心（或者几何中心）的位置，对同一类目标可以进行统计。

3）遭遇参数和脱靶参数，如弹目相对速度 $\boldsymbol{V}_r$、相对速度与弹轴夹角 Ω_r、目标接近角 η_r、脱靶量 ρ、相对脱靶方位 θ_b 等。图 6-4 列出了一个典型的理想条件下延时与脱靶量 ρ、相对脱靶方位 θ_b 的关系。

显然，由于弹上设备采取的技术方案和性能指标所限，要完全实现理论延时是非常困难的，在工程上必须采用简化的实现方法。常见的方法有：按相对速度 $\boldsymbol{V}_r$ 调整，按目标接近角 η_r 调整，按相对脱靶方位 θ_b 调整等，如果得到的测量参数较多，也可以利用多个

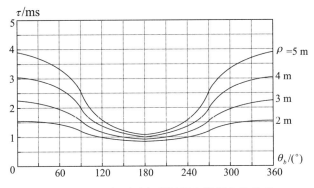

图 6-4　理想延时与脱靶量和脱靶方位关系

参数组合计算延时。

（2）**按相对速度矢量 V_r 调整**

在能够获得弹目相对速度矢量的情况下，可以以此进行延时调整。相对速度矢量包括相对速度大小 V_r 和相对速度与弹轴夹角 Ω_r 两个参数，已知这两个参数，可以确定战斗部破片的动态飞散方向角和引信理想启动角，但如果不能测量得到脱靶量和脱靶方位，则只能对脱靶参数进行平均值处理。求解引信延时的公式如下

$$\tau = (\tau_{\max} + \tau_{\mix})/2 + (\Delta L_t + \Delta L_m)/V_r \qquad (6-7)$$

其中

$$\tau_{\max} = \rho \left[\tan(\pi/2 - \Omega_f + \Omega_r) - \tan\phi_{\max} \right]/V_r$$

$$\tau_{\min} = \rho \left[\tan(\pi/2 - \Omega_f + \Omega_r) - \tan\phi_{\min} \right]/V_r$$

$$\tan\phi_{\max} = (V_r + V_0\sin\Omega_r)/(V_0\cos\Omega_r)$$

$$\tan\phi_{\min} = (V_r - V_0\sin\Omega_r)/(V_0\cos\Omega_r)$$

$$V_r = V_t\cos\eta_t + V_m\cos\Omega_r$$

典型情况下，计算得到的延时 τ 随 V_r 和 Ω_r 变化曲线如图 6-5 所示。

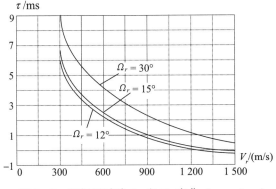

图 6-5　理想延时随 Ω_r 和 V_r 变化（$\rho = 4$ m）

由图示可以看出，Ω_r 不大时，角度变化引起的延时变化不明显，因此，如果 Ω_r 测量有困难或者精度不高，且统计 Ω_r 小于 $30°$ 时，可只根据 V_r 来确定延时的规律。

（3）按目标接近角 η_r 调整

如果导弹无法测量弹目相对速度，可以使用目标接近角 η_r 进行延时调整。当 $\eta_r = 0$ 时为迎攻，需要的延迟时间最短，当 $\eta_r = 180°$ 时为尾追，需要的延迟时间最长。同时，延迟时间随脱靶方位不同也是变化的，但在脱靶方位未知时，可以取平均值，再适当进行修正。

$$\tau = [\tau_{\theta_b = 0} + \tau_{\theta_b = \pi}]/2 + (\Delta L_t \cos\eta_r + \Delta L_m \cos\Omega_r)/V_r \qquad (6-8)$$

其中

$$\tau_{\theta_b = 0} = \rho[\tan(\pi/2 - \Omega_f + \Omega_r) - \tan\phi_{\max}]/V_r$$

$$\tau_{\theta_b = \pi} = \rho[\tan(\pi/2 - \Omega_f - \Omega_r) - \tan\phi_{\min}]/V_r$$

$$\tan\phi_{\max} = \frac{V_0\cos\phi_0 + V_r\cos\Omega_r}{V_0\sin\Omega_r + V_r\sin\Omega_r}$$

$$\tan\phi_{\min} = \frac{V_0\cos\phi_0 + V_r\cos\Omega_r}{V_0\sin\Omega_r - V_r\sin\Omega_r}$$

典型情况下，按照上述方法计算得到的延时变化曲线如图 6-6 所示。

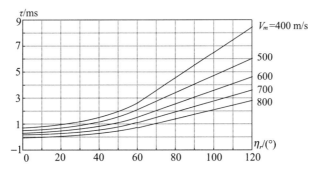

图 6-6　理想延时随 η_r 和 V_m 变化（$V_t = 300$ m/s）

6.2.5.4　战斗部破片飞散区设计

战斗部破片飞散角是另外一项可以设计的指标，随着交会条件的变化控制破片飞散方向可以使破片密度在设计需要的方位集中，是提高引战配合效率的又一种措施。

战斗部破片飞散方向可以是在设计阶段考虑各种条件后确定的一个固定方向，也可以在战斗部内部采取技术措施从而在爆炸时刻加以控制。对战斗部飞散的控制有两种形式，倾角控制和方位控制。前者改变破片飞散中心相对于导弹纵轴的倾角，后者则是在设计上使破片朝某一脱靶方位集中，从而实现破片的定向飞散。

（1）战斗部破片固定倾角设计

在引战要求不是特别复杂、参数变化范围不是很宽的情况下，战斗部一般都采取固定倾角的设计方法，倾角设计主要考虑在战斗部可实现且性能不受影响的前提下，引信可变延时最短（或其他调整参数处于不可调极限的情况下）且其他交会条件均处于同一影响极限的情况下能够保证引战配合的效果，此时对各种条件的引战配合主要依靠引信的调整参数来实现。例如，对某型导弹，要求拦截的目标最高速度为 700 m/s，极限工况为迎头攻击，引信的倾角和固有延时确定，此时就可以根据引信探测到目标后可变延时为 0、立即启动，在最大脱靶量情况下破片能够命中目标中心（或要害部位）来计算并确定战斗部倾角。要注意的是，如果计算得到的倾角过大，可能严重影响战斗部性能时，也需要考虑调整引信的倾角等设计参数并进行综合优化。

（2）战斗部破片的可变倾角控制

理论上，为了保证良好的引战配合，战斗部破片静态飞散中心角 ϕ_0 的设计应当使对应的动态飞散中心角 ϕ_d 与目标的中心重合，对于无线电引信，使之与引信的启动角 Ω_f 重合。由于 ϕ_d 是随脱靶方位 θ_r 变化而变化的，通常只能按平均值的方法进行控制。

ϕ_0 由战斗部结构外形和起爆点所决定，由于外形难以改变，因此如果要控制 ϕ_0，通常只能靠改变起爆点在弹轴前后的位置来实现。在工程实践上只能实现分挡起爆，爆炸点在战斗部后端，则向前方飞散，中间则向两侧飞散，前端则向后方飞散，通常其变化范围一般不超过 5°。由于这一技术实现的复杂性，且产生的效果有限，还会带来对破片飞散密度、初速分布不均匀的问题，因此在本类导弹上未见采用这种方式。

（3）战斗部破片方位的定向飞散控制

方位定向飞散战斗部可以把方位上各向均匀的破片集中到目标可能出现的方位，从而提高这个方位的破片密度和速度。

要有效实现这一功能，必须具备两个条件，即引信能够识别目标的脱靶方位，同时战斗部破片实现定向飞散。

对于引信而言，由于破片定向飞散角度不会很窄，因此引信的脱靶方位识别能力不需要很精确，一般可以通过设立多个引信通道，不同的通道探测不同方位的目标来实现。

战斗部实现破片的定向飞散，主要依靠调整起爆点在战斗部周向的位置，并需要配合其他一些技术措施，可以参见后文章节及相关文献。

定向战斗部的破片参数通常用破片飞散密度分布 $\kappa(\phi \mid \omega)$ 和飞散初速分布 $V_0(\phi \mid \omega)$ 来表示，即密度和速度随着倾角 ϕ、方位角 ω 的变化而不同。在定向控制时，对同一倾角 ϕ，破片周向密度 $\kappa(\omega \mid \phi)$ 与最大密度 $\kappa_{\max}(\phi)$ 之比，称为破片的密度方位系数：$F(\omega, \phi) = \kappa(\omega \mid \phi)/\kappa_{\max}(\phi)$。

破片的周向最大密度 $\kappa_{\max}(\phi)$ 与非定向飞散时的密度 $\kappa(\phi)$ 之比称为破片密度增益：$F(\phi) = \kappa_{\max}(\phi)/\kappa(\phi)$。

为了有效实现定向控制，达到良好的杀伤效果，破片增益密度必须大于一定值（如 2），此时命中目标的破片数量会上升，杀伤效果提高；或者战斗部重量可以减小。具体的设计参数和引战配合效率需要通过反复迭代后进行优化。

6.2.5.5　引战配合的优化

引战配合是导弹设计的一个重要内容，同时也是导弹总体优化的一个重要分支。

无论用杀伤概率还是其他参数来衡量引战配合效率，这些都是具有多个设计变量的综合指标，涉及到防空导弹设计中的大量相关参数，例如战斗部参数、引信参数、交会参数、制导精度、导弹飞行参数等。引战配合的优化过程，就是合理地选择优化的变量，对这些变量进行控制，使导弹系统设计达到最佳的一个寻优问题。引战配合优化，首先要选定合适的优化目标函数，然后选择可进行优化的设计变量，最后选择合适的寻优方法来开展优化。

（1）引战配合优化的目标函数

引战配合优化设计的指标有多种，通常对引战配合优化的考虑应当是针对全杀伤空域的，比较常见的引战配合优化设计目标函数有：

①加权平均的单发杀伤概率 P_1

防空导弹针对不同目标有不同的杀伤空域，在杀伤空域内不同遭遇点的杀伤概率是不同的，同时，不同的遭遇点对于导弹作战使用的重要程度也是不同的。因此，可以选择若干个典型空域点，赋予不同的重要性权值 K_i，以这些空域点的加权平均单发杀伤概率 P_1 作为一个目标函数。即

$$P_1 = \sum_{i=1}^{n} (K_i P_{1i}) \qquad (6-9)$$

式中　　P_{1i}——第 i 个空域点的单发杀伤概率；

　　　　K_i——第 i 个空域点的权值。

上述目标函数是引战配合优化最为常见的目标函数，但是，对于杀伤空域内任意点杀伤概率的求解需要总体、弹道、制导精度等专业提供相关数据，因此进行上述目标函数优化必须在导弹设计进行到一定阶段后方可开展。

②最小战斗部重量

在给定空域中单发杀伤概率不低于门限值 $P_{\min}$ 时战斗部重量最轻。

例如，设战斗部重量 G_w 是制导误差 m、σ、杀伤概率 P_1、破片数量 N_0、飞散角 $\Delta\phi$ 的函数

$$G_w = f(\Delta\phi, N_0, m, \sigma, P_1) \qquad (6-10)$$

则该优化问题为，在给定已知条件下，求解战斗部重量最轻的问题。

$$\min_{\mathrm{var}(N_0, \Delta\phi)} (G_w), P_1 \geqslant P_{1\min} \qquad (6-11)$$

由于战斗部是导弹的有效载荷，战斗部重量大小对导弹性能影响很大，因此本优化目标函数往往在导弹初始设计阶段，确定分系统主要指标时用于开展优化分析工作。

③典型脱靶量下的加权平均单发杀伤概率

在导弹的方案设计阶段，制导等专业尚无法给出全空域的制导精度，也无法计算全空域内各典型点的单发杀伤概率，此时往往设定一个典型脱靶量 ρ_t，计算在这一典型脱靶量条件下的加权平均杀伤概率 $P(\rho_t)$ 作为优化的目标。具体计算过程为：先计算（或评估）得到导弹在典型空域中的典型脱靶量 ρ_t，再按该脱靶量下不同的脱靶方位 θ_j，求解每个空间方位条件下的杀伤概率 $P_{df}(\rho_t, \theta_j)$，并将不同方位不同空域点的杀伤概率计算结果进行加权平均，作为优化的目标函数，有

$$P(\rho_t) = \sum_{i=1}^{n} K_i \frac{1}{m} \sum_{j=1}^{m} P_{df}(\rho_t, \theta_j)_i \qquad (6-12)$$

（2）战斗部参数的优化设计

战斗部的参数是涉及到引战配合最终效果的很重要的参数，且战斗部可供调整的设计参数相对较多，常见参数有破片飞散角 $\Delta\phi$，单枚破片质量 q_w、装填系数 K_w，比较复杂的战斗部往往还采用多束设计和多杀伤元素设计，则需要进行优化的参数更多。

举一个典型的战斗部优化问题的例子，在给定战斗部重量和引信参数的条件下，优化 $\Delta\phi$、q_w、K_w，使加权平均的杀伤概率 P_1 达到最大，有

$$\max_{\mathrm{var}(\Delta\phi,q_w,K_w)}(P_1),G_w=\mathrm{const} \tag{6-13}$$

其中参数变化范围满足约束条件集 A

$$(\Delta\phi,q_w,K_w)\in A$$

上述问题是典型的多变量优化问题，具体寻优算法有爬山法、单纯型法等。

在设计初始阶段，往往把战斗部重量也作为设计优化的参数，此时进行优化的基本方法为：

根据弹总体的初步分配，给定一个初始战斗部重量 G_w，用上述优化方法确定一组最优参数 $\Delta\phi$、q_w、K_w，然后固定该组参数，改变战斗部重量 G_w，作出 G_w 与杀伤概率 P_1 的关系曲线，如图 6-7 所示。在 P_1 允许的范围内，选择最小的战斗部重量 $G_{w\min}$ 作为目标值，然后再进行参数 $\Delta\phi$、q_w、K_w 的优化。

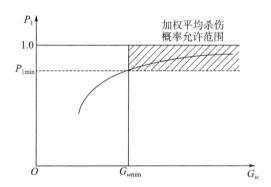

图 6-7 利用加权平均杀伤概率进行重量优化

（3）引信参数的优化设计

引信最常见的可调参数为可变延迟时间 τ，同时，引信的天线（波束）倾角 Ω_f 是一项可以在设计中调整的参数，在优化时，如果延时设计是自动可调的，则把倾角作为单变量优化目标，如果延时设计是不可调整的，则把 τ、Ω_f 同时作为引信的优化设计变量，目标函数可以选择上节的几个目标函数之一。

以两个参数都进行优化为例，选加权平均单发杀伤概率最大作为目标函数，战斗部参数固定，则有

$$\max_{\mathrm{var}(\tau,\Omega_f)}(P_1),G_w,\Delta\phi,q_w,K_w=\mathrm{const} \tag{6-14}$$

给定的约束条件为

$$\tau_{\min} < \tau < \tau_{\max}$$

$$\Omega_{f\min} < \Omega_f < \Omega_{f\max}$$

6.3　引战系统数学模型

6.3.1　坐标系及变量定义

在进行引战配合仿真计算时，首先需要确定引信对目标的启动区域和战斗部破片飞散区域、导弹相对目标的脱靶区域、目标要害部位的分布位置等。这些区域和分布位置都定义在一定的坐标系内。常见的有：

引信启动区和破片飞散区，通常定义在导弹的弹体坐标系内。

脱靶量分布，通常定义在导弹与目标速度相关联的相对速度坐标系内。

目标要害分布、目标的无线电散射方向图、红外方向图、光学反射方向图等，通常定义在目标机体坐标系内。

导弹和目标飞行的弹道，通常在发射坐标系内给出。

上述大部分都是常规的坐标系，其中弹体坐标系和发射坐标系的定义可以参见弹体数学模型（4.9.1 节），目标坐标系和相对速度坐标系的定义可以参见制导系统数学模型（5.4.1 节）。

这里介绍一下目标机体坐标系，以及其他坐标系在引战配合计算时的一些需要注意的环节。

6.3.1.1　目标坐标系

目标机体坐标系 $o_t x_t y_t z_t$，简称为目标坐标系，其定义在 5.4.1 节中给出。在目标坐标系内确定的有：

1）目标要害部位、易损舱段的分布；

2）目标无线电散射特性方向图或者散射元分布；

3）目标红外辐射特性方向图或者红外辐射源位置分布。

目标做直线平飞时，上述坐标变换可以简化，通常取 $\beta_t = 0, \gamma_t = 0$，并可近似取 $\alpha_t = 0$。

目标做机动飞行时，可以用以下公式简化计算相关角度

$$\tan\gamma_t = n_z \tag{6-15}$$

$$\alpha_t = \frac{K_a \sqrt{(1+n_y)^2 + n_z^2}}{\Delta H v_t^2} \tag{6-16}$$

式中　n_y、n_z——目标在垂直和水平平面内的过载；

　　　K_a——目标的升力系数；

　　　ΔH——随高度 H 变化的大气相对密度。

可以用下面的公式进行拟合

$$\Delta H = \begin{cases} (1 - H/44\,308)^{4.255\,3} & H \leqslant 11\,000\ \text{m} \\ 0.297\mathrm{e}^{-\frac{H-11\,000}{6\,318}} & H > 11\,000\ \text{m} \end{cases} \tag{6-17}$$

6.3.1.2　导弹弹体坐标系

导弹弹体坐标系 $ox_1y_1z_1$ 的定义及其转换关系详见 4.9.1 节相关描述。在弹道计算时，通常把导弹重心作为弹体坐标系的原点，但是在引战配合计算时，原点一般取战斗部的几何中心，这里要作一个坐标平移处理。

在导弹弹体坐标系中，可以给出以下相关模型和参数：

1) 无线电引信的天线方向图，此时导弹弹体坐标系的原点是引信天线的中心；

2) 光学引信的视场方向图，坐标原点为光学视场的中心；

3) 战斗部破片的静态和动态飞散区，坐标原点为战斗部几何中心。

在研究上述飞散区和方向图时，采用球面坐标系更为方便。此时可采用下面的球面坐标变换

$$\tan\omega = z_1/y_1,\, 0 \leqslant \omega \leqslant 2\pi \tag{6-18}$$

$$R_1 = \sqrt{x_1^2 + y_1^2 + z_1^2} \tag{6-19}$$

$$\cos\phi = x_1/R_1,\, 0 \leqslant \phi \leqslant \pi \tag{6-20}$$

式中　R_1——距离原点的斜距；

　　　ω——弹体球坐标的方位角；

　　　ϕ——弹体球坐标中对弹轴的倾角。

6.3.1.3　相对速度坐标系

在分析和计算引战配合效果时，常常要用到相对速度坐标系 $ox_ry_rz_r$，其定义可见 5.4.1 节相关介绍。

在相对速度坐标系内可以给出：

(1) 导弹相对目标的脱靶量和脱靶方位

脱靶量 $\rho = \sqrt{y_r^2 + z_r^2}$。

脱靶方位 θ，$\tan\theta = z_r/y_r$　$0 \leqslant \theta \leqslant 2\pi$。

导弹的制导误差一般在相对坐标系的 ω_m 平面内给出，统称为脱靶平面。

(2) 引信启动区

无线电引信的启动区一般用以下方式给出，即在给定脱靶量和脱靶方位的条件下，沿 x_r 轴方向给出引信启动区的散布特征参数，如启动点的数学期望 m_x 和散布方差 σ_x 等。

(3) 战斗部的动态杀伤区

战斗部的动态杀伤区一般用以下方式给出，即在给定脱靶量和脱靶方位的条件下，沿 x_r 轴方向给出的一段区域（$x_{r\min}$，$x_{r\max}$），导弹战斗部在这一区域内爆炸能够杀伤目标。

在相对坐标系内研究引战配合问题有以下几个好处：

1) 坐标体系的一致性，即制导精度计算得到的脱靶量直接反映在相对速度坐标系上，既直观又不用进行坐标变换。

2) 目标和导弹在相对坐标系内投影到 oy_rz_r 平面上，可以近似认为在交会段是沿 ox_r 轴垂直运动，不产生位移，且投影也不变，给计算带来了方便。

6.3.2　引信数学模型

触发引信和近炸引信两大类引信中，触发引信本身较为简单，其启动的条件就是导弹和目标的实体发生碰撞，产生足以使触发引信启动的过载。而近炸引信依靠无线电波或者光学特性等实现启动，存在一个引信的启动区，且其启动区是有散布的，需要建立相应的模型。

6.3.2.1　触发引信启动模型

传统防空导弹以近炸引信作为主引信，且近炸引信优先启动，由于近炸引信的可启动区域远大于弹目可能碰撞的区域，因此重点研究近炸引信的启动区，对于触发引信的启动区域和特性往往加以忽略，或者进行简化判定；但是旋转导弹中触发引信的功能是十分重要的一个环节，有时甚至是唯一需要考虑的一个环节，需要对其模型进行细化分析和研究。

触发引信的启动模型，实质就是在给定脱靶量和脱靶方位的条件下，沿 x_r 轴方向求解弹目的实体交会点。具体求解方法有以下几种：

（1）简化形体法

导弹本身的外形构造是比较简单的，如果所拦截的目标外形也比较规则，此时可以把导弹和目标的外形简化为简单的几何形体的集合，通常目标飞行器外形可以简化为圆柱、圆锥、圆台、四面体等，而旋转弹本身弹体相对较小，翼面也很小，可以简化为一个圆柱体，这样分别对目标的各个组合形体和导弹的简化柱体进行求交运算，可以计算得到若干个交点，取最小值即为引信的启动点。这种方法的计算效率较高。

（2）投影法

如果目标的几何外形较为复杂，例如现代战斗机采用的隐身设计，使用简化形体法不能准确描述目标的外形，会带来较大的误差。此时可以采用投影积分法，用三维几何面元构建较为准确的目标外形曲面，然后向脱靶平面坐标转换后投影，将投影在 y_r、z_r 坐标系上分割为足够小的面元分别存储在数组中，并记录对应面元的 x_r 坐标，这样就构成了目标在相对坐标系的投影深度矩阵。然后将导弹也向这个矩阵投影，并遍历或采用蒙特卡洛随机选取导弹投影范围内的目标 x_r 坐标，与每一点导弹的 x_r 坐标对比，可以计算得到弹目碰撞时的 x_r 位置。

（3）三维形体求解法

随着计算机技术的发展，三维物体的实体建模已经逐步成熟，在引战配合仿真分析中也可以采用以下方法：即将目标和导弹的结构进行完整建模后，利用实体造型的碰撞检测算法，可以实现导弹与目标碰撞点的计算，从而得到触发引信启动位置。同时，三维实体建模得到的目标模型还可以用于其他引战配合仿真计算，例如破片命中检测计算等。

6.3.2.2　近炸引信启动区模型

引信启动区的定义是指导弹在遭遇段引信接收到目标信号后引爆战斗部时，目标重心所在位置相对战斗部中心的所有可能位置的分布区域。引信启动区是针对特定遭遇条件而言的，是一个随机统计概念，只能用分布函数来表示。

引信启动区有两种表示方法，一种是在导弹弹体坐标系内的表示法，另一种是在相对速度坐标系内的表示方法。

在弹体坐标系内表示引信启动区的方法如图 6-8 所示，是一个表示引信启动概率的区域，启动区内每一个点代表引信引爆战斗部时目标中心可能的位置，可使用弹体坐标系中的球坐标 $(R，\omega，\phi)$ 来表示，其中 R 表示启动距离，ω 表示启动方位角，ϕ 表示启动倾角（简称启动角）。

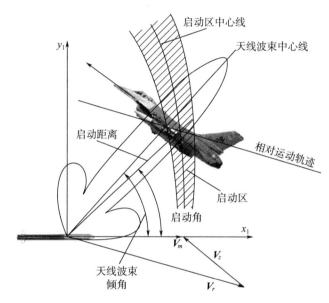

图 6-8　引信启动区在弹体坐标系内表示

引信启动区在弹体坐标系内的表示方法与引信的天线波束（或者光学视场方向）相联系，这是在引信测试、绕飞、地面仿真模拟中经常使用的一种表示方法。

在相对速度坐标系内表示引信启动区的方法如图 6-9 所示，一般以圆柱坐标形式给出，即在给定脱靶量 ρ 及脱靶方位 θ 的情况下，以启动点沿相对速度坐标系 ox_r 轴的散布密度函数 $m_x(\rho，\theta)$ 来表示。

在建立引信启动区数学模型时考虑的因素有：

1）无线电引信天线的方向图（或者光学引信的视场方向图），包括天线主瓣或者光学系统光轴相对弹轴的倾角 (Ω_{f0})、主瓣或者光学视场宽度及副瓣电平等。这是影响引信启动区的主要因素；

2）目标局部外形在引信无线电波束（或光学）照射下的反射、散射特性，或者对于红外引信的红外辐射能量及其分布；

3）引信的灵敏度，或者引信对给定目标的最大作用距离 R_{max}；

4）引信的延迟时间，可分为固定延迟和可变延迟，其中固定延迟 τ 与引信的硬件性能、软件算法等因素相关；

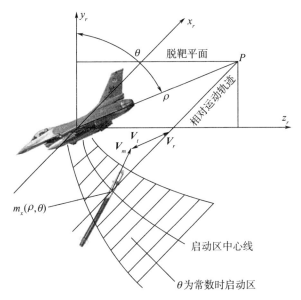

图 6 - 9　引信启动区在相对速度坐标系内表示

5）目标、导弹的相对运动姿态和相对运动速度。

由于引信启动区的影响因素环节众多，精确计算这些因素的影响是十分复杂的，因此，通常采用理论计算结合试验数据归纳的方法来建立引信的启动区模型。一个较为常用的方法是"引信触发线"方法，即在引信进行大量的地面绕飞试验、仿真试验和飞行试验结果的基础上，对试验结果进行统计分析，归纳出的一条角度随距离变化的曲线（"引信触发线"），表示为 $\Omega_f = \Omega_{f0}(R)$。

对于无线电引信而言，当目标机体上具有一定无线电反射面积的构件，如机身、机翼、头部等部位触及触发线时，引信就开始反应并积累信号，经过一定的时延即引爆战斗部。对于红外、激光等光学引信而言，当目标辐射的红外信号或者反射的激光信号进入光学接收视场，触及触发线时，就开始积累信号，经过延时，起爆战斗部。由于光学引信的视场很窄，因此其触发线基本就相当于其主光轴，有 $\Omega_f = \Omega_{f0}$。

由于引信天线方向图或光学视场通常是绕弹轴对称的，因此导弹实际的触发线围绕导弹弹轴形成了一个环形的"触发面"，亦称为"引信反应面"，即引信开始对目标信号作出反应的起始面。

引信的"触发线法"是通过型号长期积累相关数据基础上归纳得到的方法，具有良好的工程适用性。按照"触发线法"，近似认为引信启动点沿相对速度坐标系下的 ox_r 轴的分布服从一维正态分布规律，其分布密度函数表示如下

$$f(x_r \mid_{\rho,\theta}) = \frac{1}{\sqrt{2\pi}\sigma_x} \mathrm{e}^{-\frac{(x_r - m_x)^2}{2\sigma_x^2}} \qquad (6 - 21)$$

式中　m_x ——引信启动散布的数学期望，简称启动点数学期望；

σ_x ——引信启动点散布的标准偏差，简称启动点标准差。

m_x、σ_x 均为脱靶量 ρ、脱靶方位 θ 的函数，因此上述分布密度为给定条件下的条件概率密度函数。计算引信启动区就是通过给定各种 ρ、θ 值条件下，求解 m_x、σ_x 来进行的。

6.3.2.2.1　启动点数学期望 m_x 计算模型

启动点数学期望 m_x 是在 ρ、θ 给定条件下，引信、目标和交会参数取标称值时得到的启动位置。这里给出一种计算方法。

设目标机体上有 $n_{\max}$ 个具有一定反射面积的边缘点（称为触发点），它们在目标坐标系中的坐标位置分别为 x_{ti}，y_{ti}，z_{ti}，$i=1$，2，3，…，$n_{\max}$。在弹目遭遇过程中，目标第 i 个触发点与引信触发线相碰撞时，满足以下条件

$$x_{mi} = R_i \cos \Omega_f(R_i) \tag{6-22}$$

式中　x_{mi}——第 i 个触发点在原点为引信天线中心的导弹弹体坐标系内 ox_1 轴上的坐标；

　　　G_w——第 i 个触发点到引信重心的斜距。

有

$$\begin{bmatrix} x_{mi} \\ y_{mi} \\ z_{mi} \end{bmatrix} = [E] \begin{bmatrix} \Delta x_{ri} - x_r(i) - \Delta x_f E(1,1) \\ \Delta y_{ri} - \rho \cos\theta - \Delta x_f E(1,2) \\ \Delta z_{ri} - \rho \sin\theta - \Delta x_f E(1,3) \end{bmatrix} \tag{6-23}$$

式中　$[E]$——相对速度坐标系到弹体坐标系之间的转换矩阵；

　　　Δx_f——引信天线中心或光学窗口中心到弹体坐标系原点的距离，如脱靶量与之相比较大，则该项可以忽略；

　　　$x_r(i)$——第 i 个触发点触及引信触发线时，导弹弹体坐标系原点在相对速度坐标系内 x_r 轴上的坐标；

　　　Δx_{ri}，Δy_{ri}，Δz_{ri}——第 i 个触发点在以目标坐标系原点为原点的相对坐标系内的坐标，通过下式转换得到。

$$\begin{bmatrix} \Delta x_{ri} \\ \Delta y_{ri} \\ \Delta z_{ri} \end{bmatrix} = [G] \begin{bmatrix} x_{ti} \\ y_{ti} \\ z_{ti} \end{bmatrix}，\text{其中} [G] \text{为目标坐标系到相对速度坐标系的转换矩阵}$$

将式（6-23）展开，得到

$$\begin{aligned} x_{mi} = &[\Delta x_{ri} - x_r(i) - \Delta x_f E(1,1)]E(1,1) + \\ &[\Delta y_{ri} - \rho\cos\theta - \Delta x_f E(1,2)]E(1,2) + \\ &[\Delta z_{ri} - \rho\sin\theta - \Delta x_f E(1,3)]E(1,3) \end{aligned} \tag{6-24}$$

设

$$x_{ri} = \Delta x_{ri} - x_r(i) - \Delta x_f E(1,1)$$

$$L_i = [\Delta y_{ri} - \rho\cos\theta - \Delta x_f E(1,2)]E(1,2) + [\Delta z_{ri} - \rho\sin\theta - \Delta x_f E(1,3)]E(1,3) \tag{6-25}$$

$$\rho_i^2 = [\Delta y_{ri} - \rho\cos\theta - \Delta x_f E(1,2)]^2 + [\Delta z_{ri} - \rho\sin\theta - \Delta x_f E(1,3)]^2 \tag{6-26}$$

则有

$$x_{mi} = x_{ri}E(1,1) + L_i$$

$$R_i = \sqrt{\rho_i^2 + x_{ri}^2}$$

代入后求解得

$$x_{ri}E(1,1) + L_i = \sqrt{\rho_i^2 + x_{ri}^2}\cos\Omega_f \tag{6-27}$$

上述各式可以联立求解得到

$$x_{ri} = \frac{-E(1,1)L_i \pm \cos\Omega_f \sqrt{L_i^2 + \rho_i^2 [E(1,1)^2 - \cos^2\Omega_f]}}{E(1,1)^2 - \cos^2\Omega_f} \tag{6-28}$$

$$x_r(i) = \Delta x_{ri} - \Delta x_f E(1,1) + \frac{-E(1,1)L_i - \cos\Omega_f \sqrt{L_i^2 + \rho_i^2 [E(1,1)^2 - \cos^2\Omega_f]}}{E(1,1)^2 - \cos^2\Omega_f}$$

$$\tag{6-29}$$

上式中根号前取负号，是因为目标是先与波束前方触发，因此启动点坐标应取小值。引信触发线 Ω_f 可以表达为

$$\Omega_f(R_i) = \Omega_{f0} + \Delta\Omega_F(R_i/R_{max}) \tag{6-30}$$

式中　Ω_{f0}——无线电引信主瓣倾角，或者光学引信光轴倾角；

R_i——第 i 个触发点离引信中心的距离；

R_{max}——引信对给定目标的作用距离；

$\Delta\Omega_f(R_i/R_{max})$——触发线修正角，是作用距离的函数。

对于无线电引信，由于无线电的天线波瓣有一定的宽度，当 R_i 较小时，引信起作用的时间比主瓣倾角 Ω_{f0} 提前，$\Delta\Omega_f$ 为负值；当 R_i 较大时，引信起作用的时间比主瓣倾角 Ω_{f0} 滞后，$\Delta\Omega_f$ 为正值。$\Delta\Omega_f$ 随距离变化的函数曲线即引信的触发线，通常由试验结果统计后给出。

对于光学引信，其视场很窄，因此 $\Delta\Omega_f$ 取 0，Ω_f 为常数，等于 Ω_{f0}。

对于上述公式，R_i 和 Ω_f 互为对方的函数，需要联立求解；同时 $\Omega_f(R_i)$ 曲线一般不能用解析方法给出，而是由实验的数据统计分析得到，因此上述的联立方程组要通过迭代的方法求解。基本步骤为：设 $\Omega_f = \Omega_{f0}$，求解出 $x_r(i)$，然后求解出 R_i，然后按触发线方程求解 $\Omega_f(R_i)$，完成第一次迭代。重复上述过程迭代后直至迭代误差收敛到预定精度为止。

在已知各个触发点对应的 $x_r(i)$ 值后，引信启动点的数学期望值为各个 $x_r(i)$ 中最早触及"触发线"的 $x_r(i)$ 值，再考虑引信延迟时间 τ 内移动的相对距离。即有

$$m_x(\rho, \theta) = \min_{i=1}^{n_{max}} x_r(i) + v_r\tau \tag{6-31}$$

一般情况下，启动区的数学期望 m_x 为负值，即引信应当提前探测到目标。否则会给引战配合带来很大困难。

6.3.2.2.2　启动点标准差 σ_x 计算模型

引信启动点沿 ox_r 轴的散布 σ_x 是由引信本身、目标特性等多种因素的随机变化引起的。这些因素种类繁多，但通常只考虑其中的主要影响因素，包括：延迟时间的散布；天

线主瓣倾角（或光轴倾角）散布；灵敏度变化；目标散射、辐射或反射信号的起伏等。

（1）延迟时间 τ 的散布引起的启动点 σ_x 散布 σ_{xt}

引信延迟时间包含两个部分，即固有延迟 τ_1 和可调整延迟 τ_2。固有延迟除了与引信本身的硬件性能相关外，还与引信接收信号幅度及灵敏度相关，当目标距离很近，接收信号远大于灵敏度时，固有延时接近某一常数 τ_{10}，反映了引信信号处理电路等硬件环节的固有响应时间。当信号接近灵敏度，目标距离接近引信最大作用距离时，τ_1 及其散布就迅速增大，因为此时引信需要积蓄更多的信号能量才能有效启动。

上述引信固有延时 τ_1 随信号大小的变化可以表示为

$$\tau_1 = \tau_{10} f_1(R/R_{\max}) \tag{6-32}$$

引信固有延时散布 σ_1 可用下式表示

$$\sigma_1 = \sigma_0 f_2(R/R_{\max}) \tag{6-33}$$

其中函数 f_1、f_2 一般由引信实物测试获得的数据拟合得到。R 取求 m_x 时对应的 R_i 值。

可调整延时 τ_2 是引战系统为了满足引战配合的最佳要求而设计的，通常是与相对速度、交会姿态、引信触发线等相关，如下式所示。其变化规律在后文论述。

$$\tau_2 = \tau_2(v_r, \Omega_f, \cdots) \tag{6-34}$$

可以推论，可调整延时也应当与上述因素相关，且这些因素是相互独立的，因而可以用下式表述

$$\sigma_2 = \sqrt{\sum_{i=1}^{im} \sigma_2^2(x_i)} \tag{6-35}$$

式中　x_i ——计算可调整延时的参数变量，如 v_r、Ω_f 等；

　　　$\sigma_2(x_i)$ ——第 i 种参数变量引起的延时散布。

通常采用小偏差方法来求解 $\sigma_2(x_i)$，即把该参数 x_i 增加一散布值 σ_{xi}，然后计算可调整延时 $\tau_2(x_i + \sigma_{xi})$，把它与原始值 $\tau_2(x_i)$ 相减并取绝对值，作为该参数散布造成的延时散布。

引信总的延时散布是上述固有延时和可调整延时两项的叠加，可以用下式表示

$$\sigma_{xt} = v_r \sqrt{\sigma_1^2 + \sigma_2^2} \tag{6-36}$$

（2）天线主瓣倾角（或光轴倾角）散布引起的启动点 σ_x 散布 σ_{x0}

采用小偏差方法计算该散布。公式为

$$\sigma_{x0} = | m_x(\Omega_f + \sigma_0) - m_x(\Omega_f) | \tag{6-37}$$

其中 $m_x(\Omega_f)$ 和 $m_x(\Omega_f + \sigma_0)$ 分别为用倾角 Ω_f 及倾角 $\Omega_f + \sigma_0$ 计算得到的启动点的数学期望值。

（3）引信灵敏度变化引起的启动点 σ_x 散布 σ_{xr}

采用小偏差方法计算该散布。公式为

$$\sigma_{xr} = | m_x(R_{\max} + \sigma_r) - m_x(R_{\max}) | \tag{6-38}$$

其中 $m_x(R_{\max})$ 和 $m_x(R_{\max} + \sigma_r)$ 分别为用最大作用距离 $R_{\max}$ 及 $R_{\max} + \sigma_r$ 计算得到的启动点的数学期望值。而 σ_r 为引信灵敏度散布所造成的最大作用距离散布。

（4）目标反射、辐射信号起伏引起的启动点 σ_x 散布 σ_{xs}

该散布采用以下公式计算

$$\sigma_{xs} = | \partial x_r(i)/\partial \Omega_f | \sigma_s \tag{6-39}$$

式中　σ_s——目标信号起伏引起的启动角散布，通常通过实验数据归纳总结得到，可近似取常数。

$\partial x_r(i)/\partial \Omega_f$ 项的计算如下式所示

$$\frac{\partial x_r(i)}{\partial \Omega_r} = \frac{R_i^2 \sqrt{y_{mi}^2 + z_{mi}^2}}{E(1,1)(y_{mi}^2 + z_{mi}^2) + x_{mi}[E(2,1)y_{mi} + E(3,1)_{mi}]} \tag{6-40}$$

综合上述各个影响因素，可以得到启动点沿 ox_r 轴的总散布为

$$\sigma_x = \sqrt{\sigma_{xt}^2 + \sigma_{x0}^2 + \sigma_{xr}^2 + \sigma_{xs}^2} \tag{6-41}$$

6.3.2.2.3　引信启动概率

引信的启动概率对于不同的目标在不同的交会姿态下是有所差别的，可以通过理论进行计算，但最终对特定目标的启动概率通常采用绕飞试验或者地面模拟试验获得，试验中可以统计出引信对于给定目标的作用距离 $R_{\max}$ 及作用距离的散布 σ_R，并以之修正理论计算的结果。

作用距离 $R_{\max}$ 定义为启动概率达到 50％时的斜距（按目标落入引信天线波束中心时的斜距计算）。根据试验结果的统计及理论分析，认为引信的启动概率随距离的变化服从正态积分分布规律。

当 $R = R_{\max} - 3\sigma_R$ 时，称为引信的绝对启动距离，在此距离内引信启动概率近似为 1。当 $R = R_{\max} + 3\sigma_R$，为引信的最大启动距离，在此距离外启动概率接近于 0。即

$$P_f(\rho,\theta) = \begin{cases} 1 & R \leqslant R_{\max} - 3\sigma_R \\ P_f(R) & R_{\max} - 3\sigma_R < R < R + 3\sigma_R \\ 0 & R \geqslant R_{\max} + 3\sigma_R \end{cases} \tag{6-42}$$

根据实际测试的结果，通常还需要对 $R_{\max}$ 和 σ_R 按不同的交会姿态和相对速度作一定的修正。

下面给出作用距离等参数的理论计算方法。

（1）引信作用距离 $R_{\max}$

对于无线电引信，可以比照雷达的作用距离公式进行计算，有

$$R_{\max} = \sqrt[4]{\frac{(P_t P_{r\min})G_t G_r \sigma_t \lambda^2}{(4\pi)^3}} \tag{6-43}$$

$$S_{f0} = 10\log(P_t/P_{r\min}) \quad [\text{dB}] \tag{6-44}$$

式中　P_t——发射功率；

$P_{r\min}$——最低接收功率；

G_t，G_r——发射和接收增益；

σ_t——目标等效散射面积，一般取各个角度测量的平均值，必要时也可根据不同的弹目交会姿态情况进行修正；

S_{f0} ——引信相对灵敏度，通常与引信信号变化速度或多普勒信号的频率相关，因此一般会作以下修正

$$10\log(P_t/P_{r\min}) = \delta_r = S_{f0}\phi^2(\omega_d) \tag{6-45}$$

式中 ω_d ——信号的多普勒频率或者等效的信号主频；

$\phi(\omega_d)$ ——引信的频率特性表达式。

对于激光引信，作用距离实际上和目标面积、表面的反射特性等相关，简化计算时可采用以下近似公式

$$R_{\max} = \sqrt{\frac{P_t\tau_t\rho\tau_a^2 A_r\cos\gamma}{\pi P_r}} \tag{6-46}$$

式中 P_t，P_r ——激光发射、接收功率；

τ_t ——发射和接收光学系统透过率；

τ_a ——大气透过率（单程）；

A_r ——接收器有效通光面积；

ρ ——目标表面激光反射率；

γ ——激光和目标表面法线方向夹角。

对于红外引信，是一种被动体制引信，其作用距离 $R_{\max}$ 可以表达为

$$R_{\max} = K\sqrt{(W_t/S_f)}\phi(\omega_d) \tag{6-47}$$

式中 W_t ——目标红外辐射功率通量，单位 ［W/sr］，即瓦/球面度；

S_f ——引信探测器灵敏度，单位 ［W/cm^2］；

K ——引信常数。

（2）引信作用距离散布 σ_R

σ_R 主要是由灵敏度散布 σ_s 及目标散射截面 σ_{t1} 散布所引起的，可以用下式表示

$$\sigma_R = \sqrt{\sigma_{R1}^2 + \sigma_{R2}^2} \tag{6-48}$$

作用距离的散布分量 σ_{R1}、σ_{R2} 可以用变量的小增量法计算得到，公式如下

$$\sigma_{R1} = |R_{\max}(S_f + \sigma_s) - R_{\max}(S_f)| \tag{6-49}$$

$$\sigma_{R2} = |R_{\max}(\sigma_{t0} + \sigma_{t1}) - R_{\max}(\sigma_{t0})| \tag{6-50}$$

式中 σ_{t0}，σ_{t1} ——分别为目标雷达（或激光）散射截面的平均值和标准差。

对于红外引信，上式中 σ_{t0} 和 σ_{t1} 可分别用目标辐射通量平均值 W_t 及其散布 σ_w 代替。

（3）引信启动概率计算

综上，引信启动概率随距离 R 的函数在给定脱靶参数 ρ，θ 的条件下可以表示为

$$P_f(R) = 1 - F[(R - R_{\max})/\sigma_R] \tag{6-51}$$

式中函数 $F(x)$ 为归一化的正态积分分布函数，有

$$F(x) = \frac{1}{\sqrt{2\pi}}\int_{-\infty}^{x} e^{-\frac{t^2}{2}} dt \tag{6-52}$$

$$x = (R - R_{\max})/\sigma_R \tag{6-53}$$

$F(x)$ 在实际计算时，可以不用积分公式，而使用下面的多项式拟合方法

$$F(x) = \{1 + \mathrm{sign}(x)[1 - 2E(x)G(Z)]\}/2$$

$$E(x) = 1 + \sqrt{2\pi}\exp(-x^2/2)$$

$$G(Z) = C_1 Z + C_2 Z^2 + C_3 Z^3 + C_4 Z^4 + C_5 Z^5 \qquad (6-54)$$

$$Z = 1/(1 + 0.231\ 641\ 9\ |\ x\ |)$$

其中，拟合常数 C 的取值为

$$C_1 = 0.319\ 381\ 53$$

$$C_2 = -0.356\ 563\ 782$$

$$C_3 = 1.781\ 479\ 37$$

$$C_4 = -1.821\ 255\ 978$$

$$C_5 = 1.330\ 274\ 429$$

6.3.3　战斗部数学模型

旋转防空导弹由于弹体较小，战斗部重量受限，一般均使用破片式战斗部，这种战斗部对目标的杀伤机理包括装药的爆轰波杀伤，破片穿透杀伤、引燃效应、引爆效应。

6.3.3.1　战斗部爆轰杀伤模型

战斗部内都有各种类型的装药，用于爆炸时产生巨大能量推动破片高速运动，而装药本身在爆炸时产生的冲击波和巨大压力，对近距离内的目标也会产生毁伤作用。

战斗部爆轰杀伤的机理为：在爆炸瞬间，爆炸产物首先占据其本身空间并处于高度压缩和炽热状态，并迅速向四周膨胀，在推动周围破片飞散运动的同时，爆炸产物自身也不断扩散。随着扩散范围增加，爆炸产物的温度、压力都将下降，而速度不断增加。而高速运动的爆炸产物向外推动周围空气，使空气密度增大，形成了冲击波。冲击波对目标的损坏，是通过冲击波超压（ΔP）及超压作用时间（Δt）等因素来实现的。

由于旋转弹的战斗部装药有限，特别是便携式防空导弹的装药量很少，因此从经验的角度，在初步估算时，可以认为爆轰波杀伤的极限半径 R_b 为

$$R_b = (9.3 \sim 11.8)R_B \qquad (6-55)$$

其中 R_b 为战斗部结构半径。

对于便携式防空导弹而言，在大多数情况下，爆轰波的杀伤近似可以忽略。

要详细计算爆轰波的毁伤效果，其模型如下：

单纯就装药而言，冲击波的威力主要取决于四个因素，即：

1）装药的种类和重量，炸药的威力越高，冲击波威力越大；

2）爆炸点距离目标远近，冲击波威力随着距离的扩展会几何级数地迅速下降；

3）爆炸点的海拔高度，由于冲击波以空气为介质，而空气密度随高度增加降低，因而战斗部爆炸威力也随之降低；

4）目标受冲击破坏的易损特性，一般结构强度越强，承受冲击波的能力越强。

冲击波经过空间某一点的压力和时间关系曲线如图 6-10 所示。

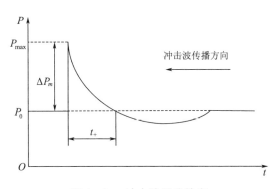

$$图 6-10\quad 冲击波影响效应$$

图中，P_0 为爆炸点处的大气压力，$P_{\max}$ 为冲击波阵面最大压力；两者的差值 ΔP_m 即为超压，又称为峰值压力；t_+ 为正压力作用时间，又称为正压持续时间。正压区压力在作用时间内的累积量被称为比冲量，又称为正冲量 I_+，有

$$I_+ = \int_0^{t_+} \Delta P(t) \mathrm{d}t \tag{6-56}$$

ΔP、t_+、I_+ 即为冲击破坏的三个主要参数，其计算方法为：

（1）超压计算

理想的球形 TNT 裸装药在无限空中爆炸时，其超压可以用萨道夫斯基公式来表示，即

$$\Delta P_m = 9.8 \times 10^4 \left[0.84 \frac{\sqrt[3]{M_T}}{r} + 2.7 \left(\frac{\sqrt[3]{M_T}}{r} \right)^2 + 7 \left(\frac{\sqrt[3]{M_T}}{r} \right)^3 \right] \tag{6-57}$$

式中，M_T 为等效 TNT 装药重量（kg）；r 为测量点到爆心距离（m）。一般认为，爆炸点离地高度 H 满足下面公式时，认为是处于无限空中

$$\frac{H}{\sqrt[3]{M_T}} \geqslant 0.35 \tag{6-58}$$

取对比距离 $\bar{r} = r / \sqrt[3]{M_T}$，则上面公式可以写为

$$\Delta P_m = 9.8 \times 10^4 \left(\frac{0.84}{\bar{r}} + \frac{2.7}{\bar{r}^2} + \frac{7}{\bar{r}^3} \right) \tag{6-59}$$

考虑到高度对超压的影响，上式可以修正为

$$\Delta P_m = 9.8 \times 10^4 \left[\frac{0.84}{\bar{r}} \left(\frac{P_H}{P_0} \right)^{1/3} + \frac{2.7}{\bar{r}^2} \left(\frac{P_H}{P_0} \right)^{2/3} + \frac{7}{\bar{r}^3} \left(\frac{P_H}{P_0} \right) \right] \tag{6-60}$$

其中 P_H，P_0 分别为爆炸高度的大气压和标准大气压（Pa）。

（2）正压作用时间计算

球形 TNT 裸装药正压作用时间的计算如下

$$t_+ = 1.3 \times 10^{-3} \sqrt[6]{M_T} \sqrt{r} \quad (\text{s}) \tag{6-61}$$

（3）正冲量计算

球形 TNT 裸装药在无限空中爆炸时正冲量计算公式为

$$I_{+}=9.807A\,\frac{M_{T}^{2/3}}{r}\quad(\mathrm{Pa\cdot s}) \tag{6-62}$$

其中，A 为与炸药性能相关的系数，TNT 炸药的取值为 $30\sim40$。

（4）实际战斗部的修正

由于实际战斗部还包括壳体，且现在装药一般也采用能量更高的炸药，因此需进行针对性的换算。

旋转导弹战斗部一般均为圆柱形壳体装药，其带壳体的装药量可以换算成裸装药量，有

$$M_{b}=\left[0.6+\frac{0.4}{1+2M/M_{\omega}}\right]M_{\omega} \tag{6-63}$$

式中　M_{b} —— 裸装药当量，kg；

　　　M_{ω} —— 实际带壳装药量，kg；

　　　M —— 壳体重量，kg。

对于装药为非 TNT 的情况，有

$$M_{c}=M_{i}\,\frac{Q_{i}}{Q_{T}} \tag{6-64}$$

式中　M_{c} —— 实际装药的 TNT 当量，kg；

　　　M_{i} —— 实际装药的装药量，kg；

　　　Q_{i} —— 实际装药的爆热，J/kg；

　　　Q_{T} —— TNT 炸药的爆热，J/kg。

炸药的具体爆热数据可查阅相关手册，或者根据实验测定。

（5）典型目标对超压的耐受性

典型目标对超压的耐受性，是目标易损性的一个环节，通常这种数据要经过实际产品的试验才能得到，试验成本十分高昂，相关数据也很少。

下表列出了不同类型飞机对超压的承受情况。

表 6-1　超压对飞机类目标的破坏

超压/MPa	飞机破坏程度
＞0.1	所有飞机均被破坏
0.05～0.1	螺旋桨飞机完全破坏,战斗机严重损坏
0.02～0.05	螺旋桨飞机严重损坏,战斗机轻伤
0.01～0.02	螺旋桨飞机轻伤

粗略估算爆轰作用对空中目标的作用距离时，还可以使用以下公式

$$D=K_{T}\sqrt{M_{T}} \tag{6-65}$$

式中　D —— 有效作用距离，m；

　　　K_{T} —— 目标抗爆轰系数，根据耐受程度不同可取 $0.3\sim0.5$；

　　　M_{T} —— 等效 TNT 装药重量，kg。

6.3.3.2　战斗部破片杀伤模型

破片战斗部的破片杀伤是战斗部对目标的主要杀伤手段。

破片的杀伤威力主要取决于以下几个方面的因素：

1）破片的重量，破片越重，其威力越大，破片动能和重量成正比。

2）破片的数量，命中破片的数量越多，其造成的破坏越大。

3）破片的速度，破片速度越高，其威力越大，破片动能和速度的平方成正比。

4）目标结构抵抗破片击穿的能力，与目标结构的厚度、材料等参数相关。

下面给出一些破片的计算模型和初步设计时的估算方法，在产品完成后，通过实际试验可以对相关数据进行修正。

6.3.3.2.1　破片速度特性

破片战斗部的破片有多种类型，包括自然破片、半预制破片、预制破片等，各种破片在战斗部装药爆炸作用下获得能量途径是一致的，在估算时可以统一进行。就是根据能量守恒定律，忽略壳体破裂的阻力，不考虑爆轰产物沿弹轴向的飞散，壳体为等壁厚，壳体形成的破片具有相同的初速。根据上述假设，可以推导出著名的格尼公式。

对于圆柱形壳体，有

$$V_0 = \sqrt{2E} \sqrt{\frac{\beta}{1+\beta/2}} \tag{6-66}$$

式中　V_0——破片初速，m/s；

　　　$\sqrt{2E}$——格尼常数，或称为格尼系数，m/s；

　　　E——格尼能；

　　　β——质量比，$\beta = M_e/M_f$，M_e、M_f 分别为装药重量和破片总重量。

对于预制破片结构的战斗部，通常初速要降低10%左右。

上述公式中计算得到的所有破片速度都相同，但实际上由于端部效应的影响，战斗部两端破片的速度要低于中间部位破片，战斗部长径比越小，这种差异就越大。

在考虑了端部效应的情况下，对于破片初速的估算有以下方法。

对于轴向一端起爆的情况，有

$$V_{0x} = [1 - 0.361\,5\exp(-1.111x/d_x)] \times \{1 - 0.192\,5\exp[-3.03(l-x)/d_x]\} \times$$

$$\sqrt{2E} \sqrt{\frac{\beta(x)}{1+\beta(x)/2}}$$

$$\tag{6-67}$$

式中　d_x——离基准端 x 处的装药直径；

　　　$\beta(x)$——离基准段 x 处的质量比。

对于轴向中心起爆的情况，有

$$V_{0x} = [1 - 0.192\,5\exp(-3.03x/d_x)] \times \{1 - 0.192\,5\exp[-3.03(l-x)/d_x]\} \times$$

$$\sqrt{2E} \sqrt{\frac{\beta(x)}{1+\beta(x)/2}}$$

$$\tag{6-68}$$

对于轴向两端起爆的情况，有

$$V_{0x} = [1 - 0.361\ 5\exp(-1.111x/d_x)] \times \{1 - 0.361\ 5\exp[-1.111(l-x)/d_x]\} \times$$

$$\sqrt{2E}\ \sqrt{\frac{\beta(x)}{1 + \beta(x)/2}}$$

$$(6-69)$$

同样，上述公式应用于预制破片时，初速有 10% 左右的下降。

决定破片速度的不仅有初速，还有破片在飞行过程中受到空气阻力后的衰减系数。破片在空气中运动时，由于其距离很短，一般可以忽略重力的影响，但由于破片速度很高，其空气阻力的影响需要考虑。

设破片的初速为 V_0，在飞行距离 s 后，其速度为

$$V_s = V_0\exp(-K_a s) \qquad (6-70)$$

其中，速度衰减系数

$$K_a = \frac{C_x\rho S_a}{2m}$$

式中　C_x ——空气阻力系数；

　　　ρ ——破片飞行高度的空气密度，kg/m^3；

　　　S_a ——破片迎风面积，m^2。

上述参数的计算方法为：

空气阻力系数 C_x 由破片的形状和飞行速度变化决定，在破片飞行速度 $Ma > 3$ 的情况下，可以按以下方法计算得到。

球形破片，$C_x = 0.97$；

圆柱型破片，$C_x = 0.805\ 8 + 1.322\ 6/Ma$；

立方体破片，$C_x = 1.285\ 2 + 1.053\ 6/Ma$；

菱形破片，$C_x = 1.45 - 0.038\ 9/Ma$。

考虑到菱形破片和立方体破片很多都是半预制破片或者非预制破片战斗部产生，其实际构造往往很不规则，且表面十分粗糙，实际阻力系数会大于上述的计算值，对这类破片可取 $C_x = 0.5$。

破片迎风面积 S_a 是破片在飞行方向上的投影面积。除球形破片外，由于破片在运动过程中均处于不断翻滚的状态，面积一般取其数学期望值，有

$$S_a = \Phi m^{2/3}$$

其中 Φ 为破片形状系数（$m^2/kg^{2/3}$）。各种典型形状破片的系数计算方法为

球体

$$\Phi = 3.07 \times 10^{-3} \qquad (6-71)$$

立方体

$$\Phi = 3.09 \times 10^{-3} \qquad (6-72)$$

圆柱体

$$\Phi = 1.03 \times 10^{-3} \frac{1.446 + 1.844(l/d)}{(l/d)^{2/3}} \qquad (6-73)$$

长方体

$$\Phi = 1.03 \times 10^{-3} \frac{(l_1/l_3)(l_2/l_3) + (l_1/l_3) + (l_2/l_3)}{(l_1 l_2/l_3^2)^{2/3}} \qquad (6-74)$$

菱形体

$$\Phi = 1.635 \times 10^{-3} \frac{\left[(l_1'/l_3')/\cos\gamma + (l_1'/l_3') + (l_2'/l_3')/2\right]}{(l_1' l_2'/l_3'^2)^{2/3}} \qquad (6-75)$$

式中　　l，d——圆柱体破片的长度和直径；

　　　　l_1，l_2，l_3——长方体破片的长、宽、高；

　　　　l_1'，l_2'，l_3'——菱形破片的长、短对角线和厚度；

　　　　γ——菱形的钝角之半。

由刻槽形成的半预制破片在粗略计算时可取 $\Phi = 5 \times 10^{-3}$。对于预制的球形、立方体和圆柱体破片，有文献建议可取 $S_a = 0.25S$，其中 S 为破片全表面积（m^2）。

6.3.3.2.2　破片飞散特性

（1）破片静态飞散特性

通常破片战斗部的破片飞散都在一定的角度范围内，且在这一范围内的破片密度是遵循一定规律的，这一分布规律也决定了破片命中目标时的数量。

在静止情况下，除了定向战斗部外，一般战斗部破片飞散区具有绕纵轴（弹轴）的对称性，因此飞散特性可以表示为破片飞散方向与战斗部纵轴的夹角 ϕ 的函数，有

$$\frac{\mathrm{d}N}{\mathrm{d}\phi} = \kappa(\phi) \qquad (6-76)$$

$\kappa(\phi)$ 曲线可以由战斗部静爆试验结果统计得到，通常如图 6-11 所示，其中 φ_0 为静态飞散中心方向角，$\Delta\varphi$ 为静态飞散角，通常指 90% 破片所占的飞散角范围。也有战斗部采用了多束设计或聚焦设计，破片可设计为多个飞散角度，单个飞散角度也可以聚焦在很小的角度范围内。这样多个角度可以互补，且单个飞散角度内破片密度也很大。

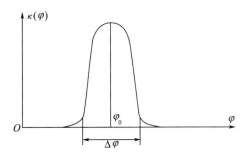

图 6-11　战斗部破片静态飞散密度分布

在破片飞散区域内，不同角度的破片速度也往往不同，可以通过前文的方法进行估算，在产品实际试验后也可以通过试验结果测量得到。

（2）破片动态飞散区

战斗部破片的动态飞散区是指在弹目实际相对运动的作用下，破片的飞散区域。破片的相对运动速度是破片本身的静态飞散速度和弹目相对运动速度的合成。动态飞散区可以在不同的坐标系内表示，常用的是在弹体坐标系和相对速度坐标系内的表示。在分析破片动态飞散区时一般忽略破片的速度衰减。

6.3.4　杀伤概率计算数学模型

6.3.4.1　一般表达式

本章所研究的防空导弹单发杀伤概率，定义为在武器系统无故障工作条件下，单发导弹对目标摧毁事件发生的概率。影响单发杀伤概率的因素有：制导精度、弹道遭遇条件、引信启动概率、引战配合效率、战斗部威力、目标易损性等，而其中的引战配合效率又与引信启动点分布和战斗部破片动态飞散区相关。

在计算杀伤概率时，一般在相对速度坐标系下进行，此时可以把目标看作固定不动，而导弹以相对速度向目标方向飞行。

导弹杀伤目标是一个复杂的随机事件，可以将这一复杂事件按发生的先后区分为两个独立的随机事件。

第一个事件是弹目接近直至战斗部在相对速度坐标系下某一点 (x,y,z) 启爆，主要由制导系统工作特性和引信启动特性决定。这一概率事件由战斗部启爆点的分布密度函数 $S_g(x,y,z)$ 来表示，又称为射击误差规律。

第二个事件是战斗部在 (x,y,z) 点启爆时，杀伤目标。这一事件的概率取决于目标易损性和战斗部威力。这一概率事件由分布密度函数 $P_d(x,y,z)$ 来表示，又称为战斗部条件杀伤概率或者目标坐标杀伤概率。

综合上述两个事件，则防空导弹单发杀伤概率的一般计算公式可以表述为

$$P_1 = \int_{-\infty}^{\infty} \int_{-\infty}^{\infty} \int_{-\infty}^{\infty} (x,y,z) P_d(x,y,z) \, \mathrm{d}x \, \mathrm{d}y \, \mathrm{d}z \tag{6-77}$$

研究引战配合时，在相对坐标系的遭遇段，导弹可以看作沿平行 x_r 轴作直线运动，导弹的脱靶量 ρ 和脱靶方位 θ 在相对运动过程中保持不变，此时可以用在相对速度坐标系下的圆柱坐标 (ρ, θ, x_r) 来表示，有

$$S_g(x_r, y_r, z_r) = P_f(\rho, \theta) f_g(\rho, \theta) f_f(x_r \mid_{\rho, \theta}) \tag{6-78}$$

其中

$$y_r = \rho\cos\theta$$
$$z_r = \rho\sin\theta$$

式中　$P_f(\rho, \theta)$ ——脱靶条件为 ρ、θ 下，引信的启动概率；

　　　$f_g(\rho, \theta)$ ——制导误差，是 ρ、θ 的二维分布密度函数；

　　　$f_f(x_r \mid_{\rho, \theta})$ ——脱靶条件为 ρ、θ 下，引信启动点一维坐标 x_r 分布密度函数。

由此，一般公式可以表述为

$$P_1 = \int\limits_0^\infty \int\limits_0^{2\pi} f_g(\rho,\theta) P_f(\rho,\theta) \int\limits_{-\infty}^{\infty} f_f(x_r \mid_{\rho,\theta}) P_d(x_r \mid_{\rho,\theta}) \mathrm{d}x_r \mathrm{d}\theta \mathrm{d}\rho \qquad (6-79)$$

这里定义引信战斗部的联合条件杀伤概率为

$$P_{df}(\rho,\theta) = P_f(\rho,\theta) \int\limits_{-\infty}^{\infty} f_f(x_r \mid_{\rho,\theta}) P_d(x_r \mid_{\rho,\theta}) \mathrm{d}x_r \qquad (6-80)$$

$P_{df}(\rho,\theta)$ 代表在给定脱靶参数条件下的引战配合效率，与制导误差的散布无关，可以用来评定引信与战斗部自身的配合效率。由此，公式可进一步表述为

$$P_1 = \int\limits_0^\infty \int\limits_0^{2\pi} f_g(\rho,\theta) P_{df}(\rho,\theta) \mathrm{d}\theta \mathrm{d}\rho \qquad (6-81)$$

制导误差通常为二维正态分布，设其系统误差为 m_y、m_z，随机误差标准差为 σ_y、σ_z，在两个方向误差独立分布条件下，制导误差概率密度函数可以具体表示为

$$f_g(\rho,\theta) = \frac{\rho}{2\pi\sigma_y\sigma_z} \exp\left[-\frac{(\rho\cos\theta - m_y)^2}{2\sigma_y^2} - \frac{(\rho\sin\theta - m_z)^2}{2\sigma_z^2} \right] \qquad (6-82)$$

导弹单发杀伤概率的计算，是上述各个环节计算结果的综合。

6.3.4.2　采用触发引信导弹的命中概率计算

旋转防空导弹中占很大比重的便携式防空导弹，大多仅安装了触发引信，需要依靠导弹自身和目标的直接碰撞，才能启动引信起爆战斗部来杀伤目标，此时引信的启动概率问题实际上转变为导弹对目标实体的碰撞概率，或者说命中概率问题。6.3.2 节提出了三种触发引信启动模型计算方法，这里介绍投影法的具体算法。

投影法用于对复杂外形的目标进行计算，首先需要用三角形或者四边形面元构建较为复杂的目标三维几何外形。

将目标外形根据交会姿态和位置，投影到 y_roz_r 平面上，编程时可以采用计算机图形学中常用的 Z 缓冲方法，具体方法为：对于组成物体的任一块面元，在进行坐标变换和一定的比例变换后，投影到计算机屏幕上，屏幕的每一个像素开辟一个存储空间（Z 缓存），对投影遮盖的所有像素，均在 Z 缓存中储存一个深度值（通常是 Z 值，在这里由于向 y_roz_r 平面投影，故储存的是 x_r 值）。对每一块面元均进行上述过程，并比较相同像素的 x_r 值与 Z 缓存值，如 $x_r < Z$ 缓存，则用 x_r 值取代原来的 Z 缓存值，计算完毕后就可得到一个包含深度信息的投影结果。

考虑到导弹本身有一定尺寸，实际的触发命中域要比目标外形的直接投影区域大，该部分由导弹本身尺寸引起的附加区域即为碰撞区域，因导弹本身多为圆柱体，且与目标相比体积很小，为简化计算起见，可以把经坐标变换后的导弹投影简化为一个矩形域，将导弹和目标的投影域同时绕 x_r 轴旋转同一角度，使导弹投影水平。然后针对目标本体投影区域中每个像素点填充周围的一个矩形区域，可以简单地计算得到碰撞区域，同时还可以计算得到碰撞点的导弹 x_r 坐标，如图 6-12 所示。

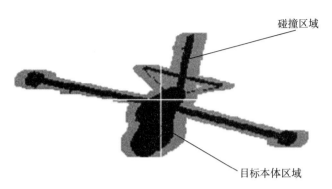

图 6-12　考虑直接碰撞的命中区域

6.3.4.3　战斗部条件杀伤概率

战斗部条件杀伤概率是在给定脱靶参数和启动点的条件下，战斗部对目标杀伤事件发生的概率，也称为目标坐标杀伤概率。这一概率主要取决于战斗部性能和目标的易损性。

6.3.4.3.1　对目标致命性部件的杀伤模型

战斗部对目标致命性部件的杀伤机理有多种，在这种模型下，要将不同机理的毁伤要素都综合到其中去。

按致命性部件杀伤模型，杀伤概率可以表示为

$$P_d(x_r \mid_{\rho,\theta}) = 1 - \prod_{k=1}^{k_{\max}}(1 - P_{dk}) \tag{6-83}$$

式中　P_{dk} ——第 k 种毁伤效应在起爆点为 $(x_r \mid_{\rho,\theta})$ 时的杀伤概率；

　　　$k_{\max}$ ——毁伤效应和机理种类总数，包括单个舱段破片穿透毁伤概率、引燃概率、引爆概率、冲击波毁伤概率，舱段组合杀伤概率等。

（1）穿透概率

穿透概率是驾驶舱、单发飞机发动机等重要单个设备被破片穿透后毁伤的概率，且为独立可杀伤舱段，设为 P_{d1}，这些舱段只要有一个被毁伤，则目标就被毁伤。因此，有

$$P_{d1} = 1 - \exp\left[-\sum_{j=1}^{j_1} N_j P(E_j)\right] \tag{6-84}$$

式中　j_1 ——该类舱段总数；

　　　N_j ——第 j 个舱段命中的破片数；

　　　$P(E_j)$ ——单枚破片对 j 舱段的穿透概率。

$$P(E_j) = \begin{cases} 0 & E_j < 44.1 \\ 1 + 2.65\exp(-0.034\ 7E_j) - 2.96\exp(-0.014\ 3E_j) & E_j \geqslant 44.1 \end{cases} \tag{6-85}$$

其中

$$E_j = q^{1/3}V_{0r}^2/(2gS_a h_{ej})$$

式中　E_j ——破片的平均比动能，即单位破片平均迎风面积上的动能，$[J/(mm \cdot m^2)]$；

　　　q ——破片有效重量，g；

S_a ——破片平均迎风面积，cm^2。

S_a 可以用 6.3.3.2.1 节的计算方法计算得到，简化计算时，也可以由下式计算得到

$$S_a = 0.5q^{2/3} \tag{6-86}$$

将其代入上面公式，可以得到

$$E_j = q^{1/3}V_{0r}^2/h_{ej} \times 10^{-3} \tag{6-87}$$

h_{ej} ——第 j 个舱段的等效硬铝厚度，mm，有

$$h_{ej} = h_j\sigma_{be}/\sigma_{bj} \tag{6-88}$$

式中　h_j ——第 j 个舱段的实际厚度，mm；

　　　σ_{bj} ——第 j 个舱段的材料强度极限，Pa；

　　　σ_{be} ——标准硬铝的强度极限，Pa；

　　　V_{0r} ——破片相对目标的打击速度，m/s，可由 6.3.3 节相关方法计算得到。

还有一类舱段，在组合条件下才能被杀伤，即组合内所有舱段都被杀伤后，目标才被杀伤，这种组合杀伤概率设为 P_{d2}，典型的如装有多台发动机的飞机，在所有发动机都被杀伤后，飞机才被杀伤。

因此，有

$$P_{d2} = \prod_{j=j_1+1}^{j_2} \{1 - \exp[-N_j P(E_j)]\} \tag{6-89}$$

（2）引燃概率

大多数飞行目标（飞机、直升机、无人机等），都采用燃油作为动力系统的燃料，破片在击穿燃油箱、油路时，高温的破片有可能会引燃这些油料而导致目标燃烧损毁。设破片对油箱的引燃概率为 P_{d3}。

由理论分析和试验结果表明，单块破片引燃目标的概率是该破片的比冲量 W_j（破片冲量与穿孔面积之比）和遭遇高度 H 的函数，如下式所示。

$$P_{bi} = \begin{cases} 0 & W < 1.57 \\ [1 + 1.083\exp(-0.427W_j) - 1.963\exp(-0.151W_j)]P(E_j)K(H) & W_j \geqslant 1.57 \end{cases} \tag{6-90}$$

其中

$$W_j = \frac{qV_{0r}}{S_a} = 2.0 \times 10^{-3}q^{1/3}V_{0r} \quad (kg \cdot m \cdot s^{-1} \cdot cm^{-2}) \tag{6-91}$$

$K(H)$ ——高度修正系数，有

$$K(H) = \begin{cases} 0 & H \geqslant 16 \ km \\ 1 - (H/16)^2 & H < 16 \ km \end{cases} \tag{6-92}$$

即当高度大于 16 km 时，空气已经十分稀薄，引燃概率可以忽略不计。

上述公式是针对钢制材料的破片而言的，如果战斗部破片材料选择了热阻更大的钛合金，则根据地面试验的情况，其引燃概率要明显高于钢制材料破片，此时，可以在上述计算结果基础上乘以一个修正系数 k，k 取值在 1.5~2 之间。

（3）引爆概率

如果击中的目标舱段内有爆炸物时，破片有可能将其引爆，例如导弹类目标的战斗部、飞机类目标携带的弹药等。由于目前大多数情况下战斗部装药均已采用钝感炸药，被引爆的概率极低，因此这一概率一般可不考虑。

对于某些特殊情况下必须要考虑这一因素时，可以采用以下经验公式。

设 p_{d4} 为单枚破片对炸药舱段的引爆概率，有

$$P_{d4} = 1 - \exp\Big[-\sum_{j=j_3+1}^{j_4} N_j P(U_j)\Big] \tag{6-93}$$

其中 $P(U_j)$ 为单枚破片对第 j 个炸药舱段引爆概率，有

$$P(U_j) = \begin{cases} 0 & U_j \leqslant 0 \\ 1 - 3.03\exp(-5.6U_j) \cdot \sin(0.336 + 1.84U_j) & U_j > 0 \end{cases} \tag{6-94}$$

其中

$$U_j = \frac{10^{-8}A_0 - A - 0.065}{1 + 3A^{2.31}}$$

$$A_0 = 0.01\rho_d\phi V_{0r}^2 q^{2/3}/g$$

$$A = 10\phi\delta D/q^{1/3}$$

式中　U_j ——破片引爆参数；

　　　ρ_d ——被命中爆炸药的密度，kg/m^3；

　　　δ ——被命中舱段壳体材料的密度，kg/m^3；

　　　D ——破片引爆参数。

（4）冲击波杀伤模型

战斗部在目标近距离爆炸时，产生的冲击波将可能直接造成目标结构的破坏。冲击波的破坏作用主要取决于其超压 ΔP_m 大小和冲量 I 大小。

设冲击波对目标的毁伤概率为 P_{d5}，有以下关系

$$P_{d5} = \begin{cases} 0 & \Delta P_m \leqslant \Delta P_{cr}\ \text{或}\ I \leqslant I_{cr} \\ (\Delta P_m - \Delta P_{cr})(I - I_{cr})/D_N & \Delta P_m > \Delta P_{cr}\ \text{且}\ I > I_{cr} \\ 1 & (\Delta P_m - \Delta P_{cr})(I - I_{cr}) \geqslant D_N \end{cases} \tag{6-95}$$

其中

$$D_N = (\Delta P_m - \Delta P_{cr})(I - I_{cr})$$

式中　$\Delta P_m,\ I$ ——爆炸点高度 H、距离 R 时的冲击波超压和冲量，计算方法见
　　　　　　　　6.3.3.1 节；

　　　$P_{cr},\ I_{cr}$ ——易损舱段、构件的材料动态应力达到动态屈服极限时的冲击波超压及
　　　　　　　　冲量值；

　　　$\Delta P_f,\ I_f$ ——易损舱段、构件的材料动态应力达到动态破坏强度时的冲击波超压
　　　　　　　　及冲量值。

由于目标本身结构可能很复杂，易损舱段与战斗部之间也可能存在其他舱段的阻隔，

因此计算冲击波损伤是一件比较困难的事情。在初步估算时，也可以用以下的简化计算方法。

设爆轰杀伤的极限半径为

$$R_1 = (9.3 \sim 11.8)R_b \qquad (6-96)$$

其中，R_b 为战斗部的结构半径。目标机体上的易损舱段离战斗部距离小于该极限半径时，则认为目标被损伤。

6.3.4.3.2　直杆杀伤模型

直杆杀伤模型适用于带有切割效应的战斗部类型，例如连续杆战斗部、聚焦战斗部等。在这一计算模型中，目标用直杆模型进行建模。

本模型假设构成目标的直杆中任意一个落入战斗部破片的飞散带时，就认为目标受到一定概率的杀伤，此杀伤概率取决于直杆与破片带的交会情况和距离战斗部的远近，而不单独考虑命中的破片数量。

按此模型计算战斗部的杀伤概率时，只考虑各个直杆的命中和杀伤，计算战斗部条件杀伤概率时，公式与前文类似，有

$$P_d(x_r \mid_{\rho,\theta}) = 1 - \prod_{j=1}^{m}(1 - P_{dj}) \qquad (6-97)$$

式中　m——等效直杆的数量；

　　　P_{dj}——战斗部对第 j 个直杆的杀伤概率。

直杆对于目标舱段的穿透概率可以等效按破片的方法进行计算。

6.4　引战系统相关试验

引战配合试验研究是引战系统设计的重要组成部分，通常包括真实引信的各类地面启动特性试验、战斗部破片飞散特性的地面试验、引战联合试验以及实弹靶试飞行试验等。其中靶试相关内容后文会专门进行介绍，本节主要介绍前面三种试验。

6.4.1　引信试验

用真实引信对真实目标进行启动特性的地面试验，引信的输出信号可以比较真实地反映交会物理过程，主要限制在于交会的相对速度和姿态受到限制，需要对输出信号进行事后处理。

6.4.1.1　地面静态（准动态）试验

地面静态（准动态）试验用来测量引信相对目标不同位置和不同姿态时的输入和输入信号的变化，引信为真实引信，目标可以是真实目标，也可以是辐射或散射特性上等效的模型。通常目标装定一定的交会姿态和脱靶量，引信安装在滑车上，沿相对弹道作慢速或逐点运动，并记录引信所在位置和接收的目标信号。引信地面静态试验示意图如图 6-13 所示。

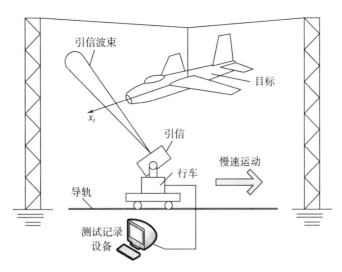

图 6 - 13　引信地面静态试验示意图

用静态试验得到的引信接收信号，代表了给定脱靶条件下引信射频或者低频输入信号随相对运动位置的变化，例如多普勒体制引信在静态试验时往往得不到多普勒信号或者信号频率很低，这些信号不能直接送给信号电路进行处理，需要一定的动态变换，常用的方法是建立加速仿真系统，把低速试验获得的数据从时域、频域上进行加速，这无疑增加了信号处理的复杂性。相对而言光学类引信的加速处理只需要考虑时域因素，要简单一些。

6.4.1.2　火箭撬试验

引信火箭撬试验是在地面刚性的滑轨上用火箭发动机推动滑车做高速运动，其速度可达 $100 \sim 400$ m/s，以获得接近实际交会条件的较为真实的引信启动特性。

引信火箭撬试验必须考虑减小地面回波的影响，通常采用运动目标的方案，引信架设在地面或者悬挂在空中。但在目标较大、且引信为光学类引信受地面背景影响较小时，也可以采用引信运动、目标架设在地面静止的方案。

火箭撬试验设备投资和试验消耗大，因此试验次数受到限制。

6.4.1.3　炮射试验

由于低速试验获得的信号要进行加速处理，噪声等因素的影响叠加进加速处理后可能对试验结果分析造成较大影响，因此在必要时仍需进行模拟弹目高速交会工作状态的试验，可供选择的方案是进行炮射试验。

炮射试验可以采用高初速的制式加农炮，常用的是 130 mm 加农炮（如果需要模拟大直径目标，也可以考虑使用大口径的平衡炮），炮弹的初速可以在 600 m/s、800 m/s 和 900 m/s 中选择。炮射试验的基本设置如图 6 - 14 所示，炮位距离引信约 $50 \sim 80$ m（该段弹道平直，可以保证较高的脱靶精度），引信旁边设立靶板供测量弹着点，天幕靶是一组光电组件，用于测量炮弹穿越时的时间和位置信息。试验时预先进行一发校靶射击，确保命中点位置后进行正式试验。

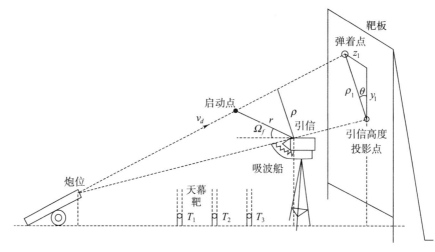

图 6 - 14　炮射试验示意图

6.4.1.4　低空挂飞试验

如果导弹具有拦截超低空飞行目标的要求时，需要验证引信对地物（或者海面）杂波的抵抗能力，确定和检测引信低空飞行的启动规律及安全飞行高度，此时需要开展低空挂飞试验。

低空挂飞试验的载体可选择低空性能好的直升机或者飞机，引信通过支架悬挂在机身下方，在地面（或海面）设置目标。试验时载机从目标上方不同高度飞越，测量引信在飞行期间的相关信号，对引信的功能性能进行检验。由于本类导弹的引信作用距离很近，因此在海面试验时也可以使用船只作为载体。

6.4.2　战斗部试验

检验战斗部威力、性能和破片参数的试验主要是地面静态威力试验（简称静爆试验）。

战斗部通过静爆试验主要测量的参数是其威力特性，以破片式战斗部为例，要测定的参数包括破片飞散角、破片初速及其分布、破片数量、破片重量、破片对特定靶标的穿透能力，有时还需要测量爆炸冲击波等参数。

静爆试验中，战斗部通常采用立试放置，以战斗部爆心为圆心在周向布置靶板。靶板在高低方向的覆盖范围应当能够容纳破片在战斗部轴向的散布；在周向覆盖的角度一般为一个弧度。典型的布置如图 6 - 15 所示。

对于大飞散角战斗部靶板直立布置有困难，也可以采用卧试。

为了便于事后数据处理，靶板上按纵向和横向划分等间隔区间。

试验后的破片数量、分布情况和穿甲能力可以通过检视靶板上的穿孔来进行统计。破片的速度和速度衰减系数可通过靶网测速、通靶测速或高速摄影法等进行测量。

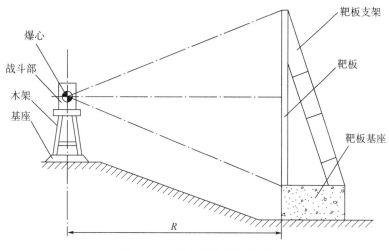

图 6-15　战斗部立试示意图

6.4.3　引战联合试验

由于战斗部试验的破坏性和特殊性，需要引战联合进行的地面试验种类很少，其中最为常见的是引战系统的传爆性能裕度试验。

传爆性能裕度试验的主要目的是检验从触发引信（安全执行机构）到战斗部的传爆序列在极限条件下的爆轰传递性能，包括爆炸序列的各组件、传爆装置和终端装置之间，以及保险装置等存在不连续点或间隙的传爆性能裕度的验证。

传爆裕度试验用加大施主装药（通常指引信启爆端）和受主装药（通常指战斗部）间隙的方式来进行，具体实施要求可参见 GJB 1307A—2004《航天火工装置通用规范》的规定。

第7章　各组成分系统及其设计要求

7.1　概述

旋转导弹由于发射时需要起旋，通常都采用筒式发射技术，导弹以筒弹的形式出厂，发射筒是和导弹密不可分的一个重要部分。同时导弹均采用寻的制导体制，鸭式气动布局，因而本类导弹的弹上设备种类也基本相同，主要包括导引头、自动驾驶仪（舵系统）、引信、战斗部、发动机、弹上能源等。便携式防空导弹作为一个独立作战的武器，还配备有地面能源和发射机构等部件。

与传统的防空导弹相比，旋转弹的各组成分系统在设计上有其一致性，同时也有适应旋转弹特殊要求的自身特点，本章将就旋转防空导弹各个组成部分的基本构成、功能、工作原理、主要特点等内容结合相关实例进行介绍，并从总体设计的角度出发，对各组成分系统在提出研制要求（任务书）时需要考虑的主要问题、应当关注的主要战技指标，以及如何确定这些指标的合理范围、提出依据等进行了讨论。

7.2　导引头

导引头是寻的制导导弹最重要的弹上设备，用于对目标的探测、截获、跟踪和输出制导所需要的指令。导弹采用寻的制导具有自主性好、地面设备简单、制导精度高的优点，旋转导弹由于弹体自身旋转的耦合效应影响，很难采用其他制导体制，基本都采用寻的制导。

寻的制导体制按战术使用特点可以分为主动寻的、半主动寻的和被动寻的。由于旋转导弹具有体积小、成本低的需求，最为常用的是被动寻的体制的导引头。主动寻的体制成本较高，且小直径导弹上安装空间有限，很难保证其作用距离。半主动寻的制导体制要求地面配备照射设备，也多应用于中远程防空导弹，但近年来激光半主动技术发展迅速，也开始尝试在旋转防空导弹上开展应用。

寻的制导体制按探测频谱可以分为微波/毫米波寻的、红外/光学寻的，以及多模复合寻的等，其中红外/光学寻的导引头体积小、精度高，在旋转导弹上得到了广泛的应用，且随着红外器件技术的发展，红外导引头已经从最初的点源体制发展到成像体制。此外，近年来针对特殊目标的被动微波制导体制也在旋转导弹上使用，和红外制导构成复合导引头，拓展了导弹的使用范围。

本章主要针对旋转防空导弹应用最为广泛的红外导引头进行论述和说明，其中成像导引头作为新一代红外导引头的代表，单独成篇介绍；此外还简要介绍激光导引头、复合导引头的相关内容。

7.2.1　红外点源导引头

红外导引头位于导弹头部，依靠敏感目标辐射的红外线来工作，其性能好坏对于导弹性能有着决定性的影响。红外导引头按探测方式可以分为点源导引头和成像导引头两大类，本节首先介绍发展历史长、应用广泛、技术成熟的红外点源导引头，以下均简称为红外导引头。红外成像导引头主要构成、功能等与红外点源导引头有相似性，其特殊的设计内容在下一节单独介绍。

7.2.1.1　红外导引头的功能与组成

7.2.1.1.1　红外导引头的功能

红外导引头是红外制导控制系统的敏感测量部件，其主要功能有：

1）捕获并跟踪目标；

2）输出与视线（导引头和目标连线）角速度 $\dot{q}$ 相关的信号，给自动驾驶仪形成控制导弹飞行的指令；

3）使导引头基准轴（光轴）相对于惯性空间稳定，隔离弹体姿态运动对测量的影响；

4）发射前将探测到的与目标相关的信息输出到地面发控、火控等设备，提供射前决策和选择发射时机；

5）根据需要，导引头还应具有按照指示完成光轴向预定角度指向的功能。

此外，导引头内计算机还可以作为弹上计算机使用，用于解算制导控制指令；部分弹体传感器也可以实现与导引头内传感器一体化设计，共同满足控制弹体的需求；必要时，导引头还可以提供相关信息给引信用于辅助引战配合，甚至可以实现和引信的一体化（GIF）。

7.2.1.1.2　红外导引头的工作状态

红外导引头常见的工作状态有以下四种：

（1）电锁工作状态

该工作状态下，红外导引头光学系统的光轴被锁定在导弹纵轴方向，这是导引头的初始工作状态，通常红外导引头在加电工作后即处于这一状态。

大部分便携式防空导弹采用直瞄发射方式，导引头处于电锁状态时，射手通过将弹轴对准目标，即可实现目标落入导引头的视场内，从而完成导引头的探测和截获，这也是导引头在发射前捕获目标的状态。

（2）指向工作状态

该工作状态下，红外导引头光学系统的光轴沿预定的方位（通常是弹目连线方向）进行指向，并稳定保持在这一方向。这一工作状态主要是针对有离轴发射要求的导引头设置的，即导弹发射时刻的弹轴与弹目连线轴不重合的情况。这一指向方位通常由外部探测系统根据目标方位和发射指向方位进行计算后装订。对于红外作为末制导的复合导引头，在交班前红外导引头也处于这一状态，由初、中制导给予指向方位的装订。

（3）跟踪工作状态

当目标进入导引头视场且导引头接收到的信息满足设定的判据时，导引头可以开锁（或者结束指向状态）转入跟踪状态，此时导引头随动目标运动，可以精确跟踪目标，同时可以输出制导回路所需的信号（通常是正比于目标视线角速度 $\dot{q}$ 的信号）给自动驾驶仪，导弹发射后，可以控制导弹按设定的导引规律飞向目标。该状态是导弹在制导飞行时的状态，也是导引头的主要工作状态。

（4）搜索工作状态

该工作状态下，导引头按一定的规律在较大的视场内扫描搜索目标，以提高截获的概率，通常这一较大的视场是通过光、机扫描实现的。由于搜索会带来结构实现上的复杂化，因此只有少量本身的瞬时视场较小的导引头，在设计上采用了这一措施。此外，如果红外导引头有发射后空中截获的要求，由于截获前飞行过程积累的误差较大，往往需要采取这一措施以提高截获概率。

7.2.1.1.3　红外导引头的种类

红外导引头有多种不同的分类方式。

按获得信息的方法分类，可以分为点源式导引头和成像式导引头，具体又可如图 7 - 1 所示进一步细分。

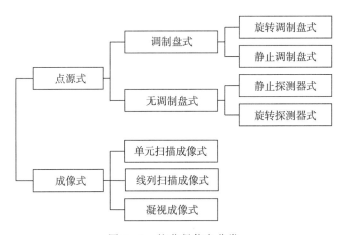

图 7 - 1　按获得信息分类

按使用波段数目，有单色红外、双色（波段）红外乃至多波段等。

按探测波段分类，单色红外有近红外、中红外、远红外三种。

此外，还有红外单模式以及红外和其他导引头复合的双模、多模导引头等。

虽然红外导引头的分类很多，但总体而言红外导引头本身的结构功能和组成是类似的，下文以旋转弹常用的最为简单的单色旋转调制盘式红外导引头为基本例证进行介绍，同时兼顾其他类型红外导引头的组成、功能和特点。

7.2.1.1.4　红外导引头的组成

导引头在功能上由探测系统和跟踪系统两部分组成。主要功能是探测跟踪目标并测量视线角速度、输出控制信号。为了满足跟踪目标要求，需要导引头探测目标在空间的方位，并将方位信息转换为电信号，驱动跟踪系统，跟踪系统驱动导引头光轴指向目标，从而完成闭环跟踪。

对于典型的点源红外导引头，探测系统由光学系统、调制盘、探测器、信号处理电路四大部分组成，而旋转导弹的红外导引头跟踪系统通常采用三自由度陀螺作为执行机构，称为陀螺跟踪系统。因此，典型红外导引头的组成框图如图 7-2 所示。

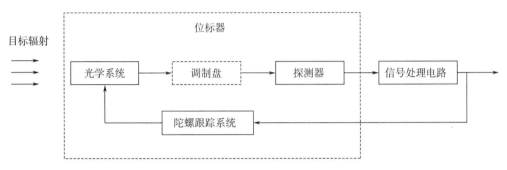

图 7-2　点源红外导引头典型组成框图

由于电子线路（也称为信号处理电路）在结构上往往单独布置，并包含了其他一些功能，因此按照硬件结构，可以把光学系统、调制盘、探测器、陀螺跟踪系统这四个部分组成的光电机械装置称为位标器（也有的称为稳定平台），把光学系统、调制盘、探测器三个部分合称为红外探测系统，因而导引头从结构上也可分为位标器和信号处理电路两大部分。

7.2.1.2　位标器

位标器位于导引头前端，是导引头的最重要组成部分，应当具有对目标的高灵敏度探测能力、对背景和人工干扰的分辨滤除能力、快速反应能力、较高的跟踪速度，较好的空间稳定性和隔离弹体姿态运动耦合能力（通常简称为解耦能力），同时，应结构简单、重量轻、价格便宜、能够适应弹上的恶劣环境等。

位标器保持空间稳定的功能是导引头角跟踪及其他功能的基础，按照实现空间稳定的方式不同，位标器可以分为动力陀螺稳定方式、速率陀螺稳定方式、积分陀螺稳定方式、捷联稳定方式四种，如图 7-3 所示。

动力陀螺稳定式位标器上安装一个三自由度陀螺，利用陀螺的定轴性来实现空间稳定，按陀螺相对框架的位置又可以分为内框架式（万向支架安装在陀螺内部）和外框架式（陀螺安装在框架内部）两种。

速率陀螺稳定式位标器是依靠安装在框架上随框架转动的速率陀螺来敏感框架运动角速度，并控制电机转动平台抵消这一角速度从而实现空间稳定。

积分陀螺式位标器是将速率陀螺更换为积分陀螺，测量框架转动的角度变化量，并控制电机转动平台抵消这一角度变化从而实现空间稳定，这类位标器虽然稳态精度更高，但动态性能变差，因此实际上很少有防空导弹应用。

　　捷联式位标器又可分为全捷联位标器和半捷联位标器两种，全捷联位标器实际上没有运动部件，整个位标器与弹体固连，依靠导弹上安装的惯导设备实现数学解耦；半捷联位标器保留了平台伺服机构，但平台上不安装惯性器件，依靠惯导解算来驱动平台运动实现空间稳定。

　　上述几种位标器中，外框架式陀螺稳定式、速率陀螺稳定式、积分陀螺稳定式、半捷联稳定式位标器都是依靠驱动框架来实现平台的运动，因而又可统称为框架式位标器。框架式位标器按平台结构的形式又可分为三轴（三自由度）和两轴（两自由度）框架两种，其中两轴框架结构又可以分为直角坐标式和极坐标式两种。

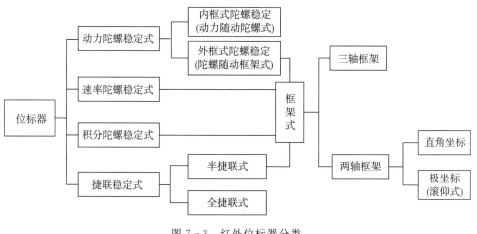

图 7-3　红外位标器分类

　　目前在旋转导弹点源红外导引头上应用最多的是内框架式动力陀螺稳定位标器，又称为动力随动陀螺式位标器，或简称为动力陀螺式位标器。

　　（1）动力随动陀螺式位标器

　　这类位标器红外探测系统（或者其光学系统）直接固定在陀螺三自由度转子上，与转子融为一体。

　　动力陀螺式位标器的陀螺转子安装在框架外部，框架变为一个万向支架实现和陀螺的连接并可供陀螺向任意方向转动，同时，通过陀螺转子四周安装电磁线圈控制陀螺进动，具有结构简单、空间利用率高、可靠性好的特点，整个光学系统的通光孔径可以做得比较大，探测灵敏度较高。

　　由于动力随动陀螺式位标器存在的适应旋转弹特性的优点，在旋转导弹上得到了广泛的应用。图 7-4 和 7-5 列出了两种典型红外旋转导弹位标器的结构，分别是俄罗斯的针导弹和法国的西北风导弹。

　　这类位标器采用的三自由度陀螺转子角动量 H 比较大，可达 $(2\sim3)\times10^{-2}$ kg·m^2/s 以上，陀螺实现快速扫描存在困难，因而美国的毒刺改进型导引头就在这一位标器基础上采用双转子方式，发展出了"玫瑰线"扫描探测系统的位标器。

　　动力陀螺式位标器的一个重要特点是依靠位标器陀螺转子的定轴性来实现光轴稳定和解耦，同时利用陀螺的进动性来实现光轴转动跟踪。理论上三自由度陀螺应当具有很好的

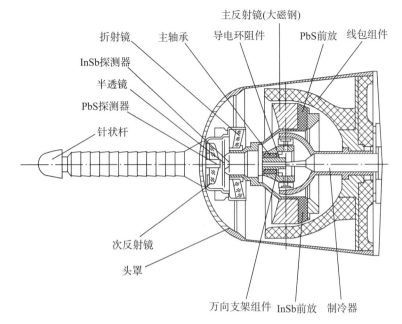

图 7 - 4　俄罗斯的针导弹导引头位标器

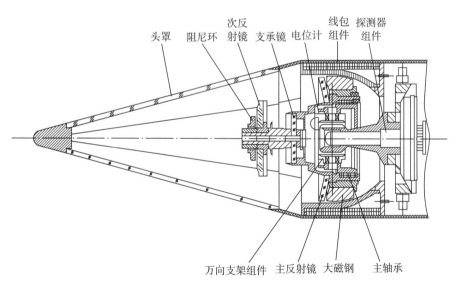

图 7 - 5　法国的西北风导弹导引头位标器

定轴性，但实际上转子和固定的万向支架之间总是会存在一定的摩擦力，从而产生一定的漂移。为了减小这种影响，需要陀螺的转动惯量尽可能大。

这类位标器也存在一些缺点，首先是存在定轴性和进动性的矛盾，动力陀螺式位标器的解耦能力主要依靠陀螺的定轴性来保证，但提高定轴性就会影响进动性，因而这类位标器的快速跟踪能力有限。另一个缺点是由于光学系统与陀螺转子固定，而陀螺驱动线圈的位置是固定的，因而陀螺转子一旦偏离其主轴，将出现非线性特性，且偏离角度越大，非线性越严重，会在一定程度上影响精度；而且大偏角还受到陀螺回转范围、机械结构及光路遮挡的限制，因此光学系统离轴跟踪角一般不超过 40°，对于有大离轴角需求的导弹如空空导弹，很难采用这种体制的位标器。由于旋转导弹绝大多数均为地面发射，这一方面的矛盾并不突出。

本节后文的介绍主要围绕动力陀螺式位标器展开。

（2）框架式位标器

框架式位标器的红外探测系统安装在一个框架构成的平台上，利用三自由度动力陀螺，或者安装在框架上的速率陀螺、积分陀螺，或者惯导解算，驱动框架上的电机运转，从而实现光轴稳定、解耦和跟踪。

框架式位标器在非旋转体制的红外导引头上经常使用，典型的如法国的马特拉 R550 红外制导空空导弹就采用了陀螺随动框架式位标器方案，该位标器的光学系统由两个平面镜、望远物镜、场镜组成。为了实现扫描，两个平面镜中的一个是活动反射镜，通过框架支承在弹体上，两个伺服电机通过连杆操纵活动反射镜绕两个相互垂直的轴转动，从而实现对俯仰、方位两个方向的空间扫描。

红外探测系统测量得到目标在空间偏离光轴的大小、方位信息，经跟踪电路处理后输送到自由陀螺的力矩器，驱动陀螺转子轴跟随弹目连线方向进动。同时，陀螺的角位置传感器输出正比于陀螺进动角的电信号，与活动反射镜的角位置传感器信号进行比较后，驱动探测系统的活动镜驱动力矩电机使活动镜也跟着进动，从而使探测系统的光轴跟随陀螺轴运动，减小光轴和视线轴之间的夹角，实现光轴跟随视线轴。跟踪系统同时输出目标运动有关的信息给自动驾驶仪，控制导弹飞向目标。

这种位标器除了跟踪功能外，还具有小范围快速扫描搜索功能，只要独立控制活动反射镜伺服电机运动，就可以实现在一定范围内的快速扫描。

在旋转弹上框架式位标器主要用于成像导引头，相关内容在后续成像导引头章节介绍。

（3）全捷联式位标器

全捷联式红外导引头有结构简单，成本低的优点，但由于与弹体固连，弹旋对其工作影响巨大，且跟踪范围和探测灵敏度间存在很大矛盾，因而其应用受到限制，目前为止在防空导弹上尚未见使用，旋转弹上更无法应用，后文在成像导引头部分将作简略介绍。

7.2.1.3　红外探测系统

红外探测系统一般包括光学系统、调制器和探测器三个组成部分。

7.2.1.3.1　光学系统

光学系统主要用于收集目标的辐射通量并加以汇聚。导引头对光学系统的主要要求是：

1）汇聚能量集中，弥散圆小，其分布随光学系统回转的变化小，与调制器的尺寸匹配；

2）入瞳面积大，可以接收更多的能量；

3）光学效率高、能量损失少；

4）有合适的瞬时视场和跟踪视场；

5）与位标器结构空间匹配，结构简单，造价低廉；

6）适应导弹的飞行力学环境和气象环境。

红外光学系统成像的基本原理与可见光相同，都是根据光的基本传播规律（直线传播性、独立传播性、反射定律、折射定律、全反射定律等）进行成像的。组成光学系统的基本光学元件有反射镜、透镜、棱镜、光阑等。

旋转弹点源红外导引头上最常见的是反射和透射组合式的光学系统（又称为折反式光学系统），具有轴向尺寸小、位标器结构安排方便、简单、牢固、可靠，成像质量也能满足要求，弥散圆角直径（弥散圆直径和光学系统的焦距比）小于 2 毫弧度。

典型的红外导引头光学系统通常由头罩、主反射镜、次反射镜构成，其中头罩主要承受气动力作用，动力陀螺式位标器的主反射镜与陀螺转子合为一体。

导引头上可用的几种光学系统如图 7-6 所示，其中（a）主反射镜为球面镜，次反射镜为平面镜；（b）主次反射镜均为球面镜；（c）主反射镜为球面镜，次反射镜为曼金镜；（d）为卡塞格伦系统，主镜是抛物镜，次镜为双曲面镜，头罩为多棱锥。

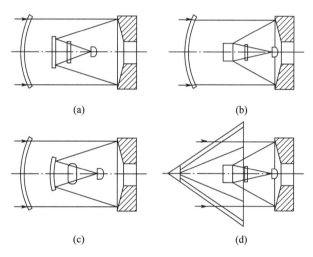

图 7-6　导引头的几种光学系统

双波段导引头由于要兼顾两个波段的探测器成像，光学系统会有所改进，典型的如图 7-7 所示，为俄罗斯针导弹的光学系统。

上面介绍的是红外光学系统的主要构成部分，也称为主光学系统（或物镜系统），如果探测器安装在这一光学系统的焦平面上，则只需要主光学系统就可以完成工作。但采用了调制盘后，调制盘安装在焦平面上，探测器需要后置，此时探测器成像质量就会下降，此时，需要在调制盘和焦平面之间增加辅助光学系统，用以将视场光阑（调制盘）的成像缩小，从而减小探测器面积，提高红外系统灵敏度。常见的几种辅助光学系统如图 7-8 所示，其中（b）所示的辅助光学系统用于探测器能够被浸没的场合。

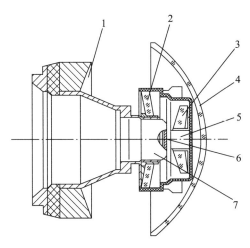

图 7 - 7　双波段光学系统

1—主反射镜；2—支承镜；3—次反射镜；4—头罩；5—近红外探测器；6—半透镜；7—中红外探测器

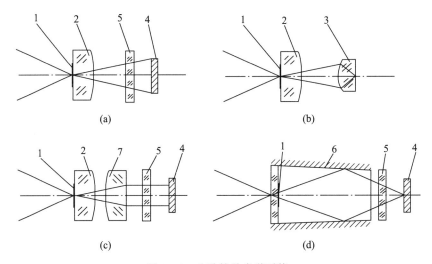

图 7 - 8　几种辅助光学系统

1—调制盘花纹；2—场镜；3—浸没透镜；4—探测器；5—探测器窗口；6—光锥；7—聚光镜

7.2.1.3.2　调制器

对于红外点源导引头，光学系统把目标能量收集后，必须经过调制器的调制，才能形成可以探测跟踪目标的有用信号。目标能量经过一定方式调制后，连续的目标能量会转化成按一定规律变化的断续的光脉冲通量，其中包含了目标在空间的方位信息，经过探测器将光信号转换为电信号，输出到信号处理电路。

由于光学系统接收到的视场内还包含背景、诱饵等物体发出的辐射通量，经过调制后，应能有效区别目标信号和其他信号，抑制其他信号，便于信息处理电路提取目标信号，调制器的这种功能就是空间滤波能力或者说抗干扰能力。

调制器的主要功能有以下三个方面：

1）将连续的光辐射通量转变为交变的光辐射通量，便于信号处理和提取；

2）产生目标所在空间位置的信息编码；

3）通过空间滤波措施抑制背景干扰。

常见的调制方式有两种：

第一种，目标像斑不动，用一个转动的斩光器，如调制盘，将目标能量斩成断续的脉冲串，输出给探测器。

第二种，斩光器不动（斩光器可以是静止的调制盘或者探测器），光斑运动，连续的能量流可以变成断续的脉冲串。如果是探测器作为斩光器，则探测器也参与了调制。

下面分别介绍两种调制器的实现方式。

上述两种方式中，第二种如果采用调制盘来实现，其原理与第一种是相同的，这里一并加以介绍。

（1）调制盘式调制器工作原理

调制盘是点源红外导引头常见的构成组件之一，按调制方式的不同，调制盘可以分为调幅、调频、脉冲编码三种，分别用调制信号的幅度、频率以及一组组脉冲信号的频率和相位来反映目标的方位，由于调幅式调制盘的信号处理系统比较简单、可靠，因此在红外导引头上应用最为广泛。本书以调幅式调制盘的工作原理为例作一介绍。

比较典型的调制盘有以下几种形式。

调制盘的花纹由透光区、不透光区和半透光区（通常做成等间隔等宽度的透与不透细密条纹，条纹宽度应远小于目标成像像点）组成。也有的调制盘无半透光区。

调制盘安装在光学系统的焦面上，当像斑与调制盘有相对运动时，经过调制盘不同区域对光线透过率不同，就形成了断续的光脉冲信息。

图 7 - 9 列出了一种最简单的调制盘，由等间隔透与不透的扇型辐射条纹组成，设目标像点方位角 θ、偏离量 ρ、面积 S，当 $\rho = 0$ 时，信号无输出，随着 ρ 增大，调制深度 m 逐渐增大，在 S 一定情况下，调制信号的幅值就可以表示偏离量 ρ 的大小。同时可以看到，这种调制盘调制出的信号为连续梯形方波，因此无法获得方位角 θ 的信息。

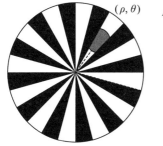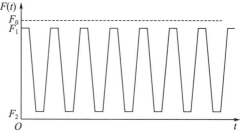

图 7 - 9　等间隔调制盘

为了解决方位角探测问题，将上述调制盘改进为如图 7 - 10 所示的半圆条纹调制盘，其中半圆范围内不透明，此时调制信号在运动的半个周期内有波形输出，另半个周期内无输出，显然此时波形出现的时间就代表了目标的相位。实际硬件实现时，另行引入一个基准信号，其起始相位为 0 或者 $\pi/2$，将调制信号和基准信号比较，其相位差就是目标像点的方位角 θ。

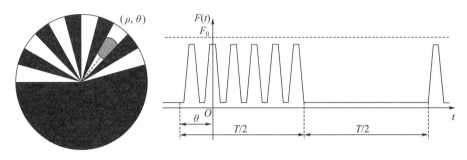

图 7-10　半圆条纹调制盘

上述调制盘图案在存在大面积辐射的背景干扰时，仍然存在一定问题，如图 7-11 所示，背景扫过不透明区时无输出，而扫过间断透明区时有输出，这样无疑会造成一个派生的干扰，为了解决这一矛盾，可以将下方不透明区改为半透明区，此时大面积的干扰扫过两个区域，其输出辐射能量基本是均匀的，如图 7-12 所示。

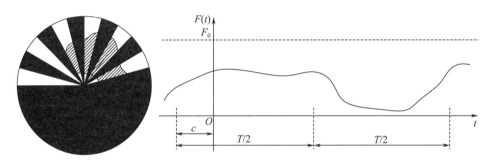

图 7-11　大面积背景干扰扫过半圆条纹调制盘

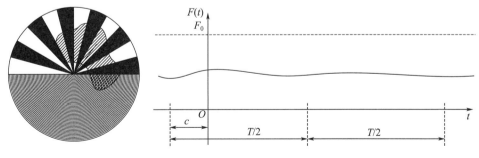

图 7-12　大面积背景干扰扫过半圆半透明调制盘

由此可以得出调制盘实现空间滤波的一条原则：对于大面积背景辐射，在整个周期内保持调制盘透过系数为某一值。

对于上述简单的调制盘，其编码原理简介如下。当目标位于光轴中心，调制盘旋转时，无信息输出，目标偏离中心时，调制盘以转速 Ω 旋转，在调制后有一串串光脉冲输出，其波形如图 7 - 13 所示。

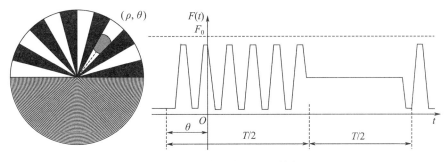

图 7 - 13　半圆半透明调制盘

将输出的光脉冲展开成为傅里叶级数，有

$$I(t) = \frac{I_0}{2} - \frac{I_0}{\pi}[1 + m\sin(\Omega t - \theta)\sin\omega_0 t + \cdots] \tag{7-1}$$

式中　I_0——光学系统接收的辐射通量，J/s；

　　　ω_0——载波的角频率，1/s；

　　　Ω——调制盘旋转角频率，1/s；

　　　θ——目标方位角，rad；

　　　m——调制深度。

调制深度与透过调制盘的辐射能量和目标照射在调制盘上的总辐射能量之比有关，可以通过光学系统视角和调制盘尺寸的设计，使光斑大小与调制盘透光区的宽度相匹配，从而使 m 与光斑偏离调制盘中心的距离 ρ 近似成正比。而 ρ 与视线轴和光轴的偏差角（又称为失调角，定义为 ε）有关，有

$$\rho = f\tan\varepsilon \tag{7-2}$$

其中 f 为光学系统焦距。

式（7 - 1）所表示的光脉冲由探测器转换为电脉冲后，经前放、第一选频放大器等电路后，留下频率为 ω_0，$\omega_0 + \Omega$，$\omega_0 - \Omega$ 的项，得到以下的电信号

$$U_s = k_1 \frac{I_0}{\pi}[1 + m\sin(\Omega t - \theta)]\sin\omega_0 t \tag{7-3}$$

其中 k_1 为第一选频放大器的传递系数。

电信号 U_s 经检波器、第二选频放大器等电路后，留下 Ω 项，得到

$$U_s = k_1 k_2 I_0 \sin(\Omega t - \theta) \tag{7-4}$$

其中 k_2 为第二选频放大器传递系数。

上式就是红外探测系统输出的表示方位的电压信号，初相位 θ 代表了目标在惯性坐标系下的方位角，调制深度 m 代表了光轴偏离视线轴的大小。同时，由上述公式可以看出，在设计选频放大电路时，第一选放的带宽应大于 2Ω，中心频率应为 ω_0，第二选放电路的中心频率应为 Ω。

对于某些有较大视场要求的红外导引头，其调制盘尺寸较大，而背景辐射较小且处于

调制盘边缘时，由于此时透明和不透明区间隔较大，因此仍然会产生调制信号，干扰对正常信号的提取。此时，可将边缘部分再进行径向分格，以减小连续的透明和不透明区域的面积，这样调制盘就设计成为棋盘格子状，格子尺寸的设计原则是使每一个格子面积尽量接近相等。这是调制盘实现空间滤波的另一条原则——等面积原则。

图 7-14 为美国响尾蛇空空导弹采用的调制盘，在设计上贯彻了上述两个原则。该产品实物直径 6.3 mm，上半圆为调制区，分为 12 个等分扇区，中心扇区半径 1.1 mm，边缘从内到外分为三种共 14 个环带，其中 1~4 环带间隔 0.2 mm，5~9 环带间隔 0.15 mm，10~14 环带间隔 0.1 mm。下半区为间隔 0.025 mm、宽度也为 0.025 mm 的同心半圆黑线构成的半透明区。调制盘以 72 Hz 的转速转动，即包络信号频率为 72 Hz，载波频率为 $12 \times 72 = 864$ Hz。

图 7-14　响尾蛇空空导弹调制盘

对于这种比较复杂的调制盘，其特性与简单的调制盘是存在差异的，最大的表现就是其调制深度 m 与 ρ 的关系不是简单的正比关系，在中心扇区，仍然存在近似的线性关系，但进入棋盘格范围后，如目标的像斑尺寸大于格子尺寸，由于格子径向宽度逐渐减小，因而其调制深度不但不会上升，反而会下降。

图 7-15 表示了这种调制盘的调制深度和失调角之间的关系。

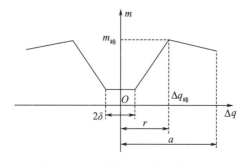

图 7-15　调制深度和失调角关系

根据该曲线的形状，这类调制盘可以分为盲区、上升段、下降段等，具有以下一些特性：

①盲区

在目标像斑落到调制盘中心位置时，没有有用的信号输出，这一区域称为盲区，其宽度即图 7-15 中所示的 δ，盲区的存在会影响系统的精度，要尽可能减小。

②上升段

当目标像斑落入中心扇区且位于盲区以外时，处于线性段，这一区域称为上升段。系统处于跟踪状态时像斑应落入这一区域内。

③下降段

下降段存在的主要功能是增大捕获目标的视场。下降段的宽度 a 越大，捕获视场角越大，但同时背景干扰也会增加。

从上述分析可以看出，调制盘图形的设计及参数的确定是由各个环节因素综合考虑后决定的，在具体设计时需要分辨哪些是主导因素，以及各种因素的综合影响。同时，确定调制盘图形和参数只靠理论分析是远远不够的，还需要根据导引头的具体使用条件和功能要求，结合试验反复优化。

（2）无调制盘的探测器调制工作原理

除了利用调制盘来进行探测外，红外导引头也可以通过将探测器制成多元，通过光斑在不同探测器上扫描的方法，或者通过光机扫描的方法来获得目标方位。

无调制盘探测器中新近发展的一类——成像导引头已成为红外导引头的发展热点和未来主要发展趋势，这部分内容将在后文专门进行介绍，本章主要介绍利用圆锥扫描进行探测的四元十字叉形、二元 L 形和玫瑰扫描形探测系统。这类探测器由于自身的优点，在第三代旋转导弹上得到了较为广泛的应用。

①四元十字叉形

四元十字叉形探测器在法国西北风导弹上得到应用，西北风导弹位标器的主镜相对于光轴偏离了一个微小的角度，当次反射镜随陀螺一起旋转时，目标像斑在焦平面上做圆周运动（也称为圆锥扫描），转动的速度就是陀螺转子的旋转速度。由于陀螺转子相对惯性空间稳速，因此光斑转动的速度与弹体的角运动速度无关。

图 7-16 为与弹体固连的四元十字叉探测器的基本工作原理及输出波形示意图。陀螺线包组件对应 1 元的位置安装有基准电压 U_{j1} 传感器（霍尔传感器），2 元位置安装有基准电压 U_{j2} 传感器（也可通过 U_{j1} 移相得到）。两个传感器的电压输出为

$$\begin{cases} U_{j1} = -U_m \sin(\omega_0 + \omega_d)t \\ U_{j2} = -U_m \cos(\omega_0 + \omega_d)t \end{cases} \tag{7-5}$$

式中　U_m——电压峰值；

　　　ω_0——陀螺转子旋转角速度；

　　　ω_d——弹体旋转角速度。

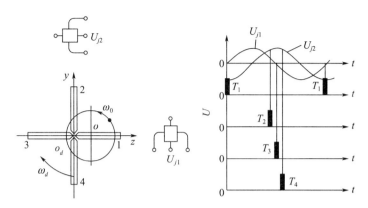

图 7 - 16　四元十字叉探测器输出波形

当视线和光轴重合时，扫描圆心 o 与十字探测器中心 o_d 重合，此时四元探测器各元输出的脉冲信号为等间隔。当视线偏离光轴时，两者不再重合，探测器各元输出的脉冲间隔不同，且随着偏离位置的变化，脉冲出现时刻和间隔均有差异，此时，可以从不等间隔的脉冲信号中提取出目标的方位。

具体提取目标方位的方法是和跟踪电路的设计相关的，下面以脉冲模拟跟踪电路为例分析方位信息解算方法。

根据图示可知，目标像斑与探测器元相交时存在以下关系式

$$\begin{cases} y = \rho\sin(\omega_d t_{1,3} + \theta) = -R\sin(\omega_0 + \omega_d)t_{1,3} \\ z = \rho\cos(\omega_d t_{2,4} + \theta) = -R\cos(\omega_0 + \omega_d)t_{2,4} \end{cases} \quad (7-6)$$

式中　ρ——焦平面上目标扫描圆中心 o 偏离十字中心 o_d 的距离；

　　　θ——目标相对惯性坐标系的方位角；

　　　y——ρ 在弹体坐标系 y 轴上的投影；

　　　z——ρ 在弹体坐标系 z 轴上的投影；

　　　$t_{1,3}$——目标像斑与 1、3 元探测器相交时刻；

　　　$t_{2,4}$——目标像斑与 2、4 元探测器相交时刻。

用第 1、3 元探测器的脉冲对基准电压 U_{j2} 采样，第 2、4 元探测器的脉冲对基准电压 U_{j1} 采样，分别得到两列脉冲，其角速率为 ω_d 的包络即为上式，对该信号通过电路处理，可以得到正比于 y、z 的两路输出信号

$$\begin{cases} U_y = K\rho\sin(\omega_d t + \theta) \\ U_z = K\rho\cos(\omega_d t + \theta) \end{cases} \quad (7-7)$$

式中　K——常值系数。

转换到极坐标的表达式为

$$U_s = U_y U_{j2} - U_z U_{j1} \quad (7-8)$$

整理后可得

$$U_s = K\rho U_m\sin(\omega_t - \theta) \quad (7-9)$$

输出的 U_s 信号是一个旋转矢量，其模正比于目标偏离探测器中心的距离 ρ，角频率

为陀螺转子相对惯性空间的旋转频率，初相位 θ 是目标相对惯性坐标系的方位角。

很明显，四元十字叉形探测系统本身不具备空间滤波能力，因此，对抗背景干扰需要针对性地采取一些措施。常见的措施是采用波门选通技术，即在不减小系统瞬时视场的前提下，可以采用目标位置实时波门跟踪器，在"选通"波门关闭时，避免背景信号进入信息处理回路，从而达到抑制背景干扰的目的；还可以采取把十字探测器每一元做成多个探测元，相邻探测元做成正负相减的元件，以进一步提高信噪比，抑制大面积的背景干扰；此外，还可以根据脉冲位置调制的特点，以及目标和背景在脉冲形状上的差异，引入数字信息处理技术，通过设计相关算法来完成目标和背景的区分。

四元十字叉形探测系统与调制盘系统相比，其突出的优点是：结构上无调制盘，无二次聚焦系统，因而目标能量利用率高；误差特性曲线在整个视场内具有良好的线性度，控制精度高；系统理论上无盲区，测角精度高。其主要不足是没有空间滤波效应，电子带宽较宽，探测器噪声较大；探测器生产工艺较为复杂。

②二元 L 形

L 形探测系统中，两个探测器元排列成 L 形。这种系统的目标信号形式、基准信号形式、方位误差提取原理都与十字叉系统类似，区别在于光点旋转一周时，一个通道只产生一个脉冲。与十字叉系统相比，受信号品质影响引入的测量误差减小，因此测角精度会有所提高。

由于 L 形探测器的单元探测器长度对应的视场是光学系统视场直径（2R），而十字叉形探测器单元探测器长度对应的是光学系统视场半径（R），因此对 L 形探测器的均匀性等提出了更高的要求。

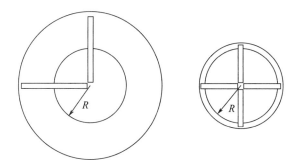

图 7-17　L 形探测器与十字叉形探测器对比

③玫瑰扫描型

前文介绍的导引头，其探测器尺寸与红外光学系统视场是匹配一致的，这就带来了使用上要求视场大，同时探测灵敏度高又要求视场小（减小探测器面积进而降低噪声）之间的矛盾。为此，提出了采用光机扫描技术，用一个小的瞬时视场通过扫描获得一个较大的截获视场。光机扫描的一个典型例子是美国毒刺改进型防空导弹上采用的玫瑰花形扫描系统。

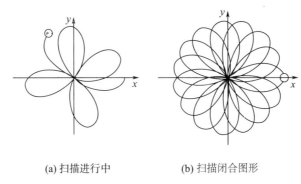

(a) 扫描进行中　　　　　　(b) 扫描闭合图形

图 7 - 18　玫瑰扫描原理

该系统的光学系统中，主反射镜和光轴偏一个角度 α_1，以频率 ω_1 旋转，次反射镜也偏一个角度 α_2，反方向以频率 ω_2 旋转，探测器与弹体固连并安装在焦平面上。通过参数 ω_1、ω_2 的不同组合，可以得到不同的扫描图形，如图 7 - 19 所示。

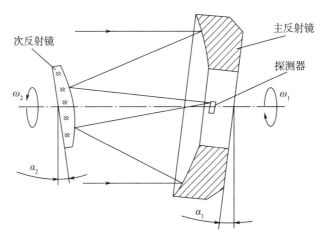

图 7 - 19　玫瑰扫描原理

由于主镜、次镜反向旋转在工程上实现有难度，因此还有一种方案，就是在探测器前增加一个偏心镜，主镜和次镜以 ω_1 旋转，而用另一个马达带动偏心镜反方向以 ω_2 旋转，可以实现同样的效果，如图 7 - 20 所示。

研究 ω_1、ω_2 的组合关系，取 N 为玫瑰线的花瓣数，ω_p 为花瓣扫描频率，T 为玫瑰花图形扫描周期，有

$$\begin{cases} \omega_p = \omega_1 + \omega_2 = N \times Z \\ N = N_1 + N_2 \end{cases} \qquad (7-10)$$

其中 N_1、N_2 为两个互质的正整数。各个参数对玫瑰花瓣的影响为：

1）如 ω_1、ω_2 有最大公约数 Z，即 $\omega_1/Z = N_1$，$\omega_2/Z = N_2$，则图形闭合。

此时有

$$T = 1/Z = N_1/\omega_1 = N_1/\omega_2 = (N_1 + N_2)/(\omega_1 + \omega_2) = N/\omega_p \qquad (7-11)$$

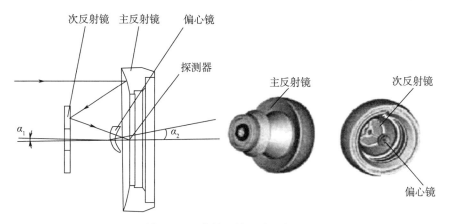

图 7 - 20　带偏心镜的玫瑰扫描

2）当 $\Delta N = N_2 - N_1 \geqslant 3$ 时，花瓣有重叠。

此时其重叠宽度取决于最宽点处的宽度 w。可以推导出以下公式

$$W = (2\pi\rho/N) \times \cos(\pi/\Delta N) \tag{7-12}$$

式中　ρ ——玫瑰花扫描的扫描半径。

因此，N 一定时，w 和花瓣的重叠程度取决于 ΔN 值，ΔN 增加，w 增加，花瓣间重叠量也增加，反之亦然。如 $\Delta N \leqslant 2$，则花瓣间无交点。

图 7 - 18 为一种典型的 N_1 取 4，N_2 取 7，有 15 个玫瑰花瓣的扫描结果。

可以推导出扫描光轴的运动轨迹方程为

$$\begin{cases} x = \dfrac{\rho}{2}\left[\cos(2\pi\omega_1 t) + \cos(2\pi\omega_2 t)\right] \\[2mm] y = \dfrac{\rho}{2}\left[\sin(2\pi\omega_1 t) - \sin(2\pi\omega_2 t)\right] \end{cases} \tag{7-13}$$

虽然光学系统的瞬时视场很小，但通过扫描，在一帧（扫过一个完整玫瑰花图形的周期）时间内，整个图形范围将被光学系统覆盖，当目标位于扫描场中时，光轴扫过目标，探测器就能接收到目标辐射能力产生的信息脉冲。目标在扫描场中的位置不同，光轴扫过目标的次数和时间也不同，探测器产生的脉冲在数量和出现时刻上也会有所差异，通过计算，就可以得到目标的具体方位。

采用玫瑰花形光机扫描系统的主要优势在于：

1）通过将小的瞬时视场扫描得到大的扫描视场，可以较好地满足对目标搜索截获的要求；

2）光学瞬时视场很小，探测器可以做小，因此灵敏度可以显著提高；

3）瞬时视场小，则背景辐射的能量也减小，有利于提高抗背景干扰的能力；

4）由于探测器在一帧范围内扫过的是一个区域范围，因此可以引入时域处理的方法，把一帧或者多帧的信息汇集作为图像来处理，从而大大提高系统的抗干扰能力。

7.2.1.3.3　探测器

光学系统收集的目标辐射能量，经调制变为光脉冲照射在探测器上后，由探测器将其

变换成为电脉冲输出，探测器起到了光电转换的作用，在红外导引头中，探测器是决定导引头性能的核心部件。

（1）探测器种类

探测器按照其探测过程的物理机理，可以分为两类：热探测器和光子探测器。

热探测器是利用红外线的热效应而工作的，当红外线辐射到热探测器上后，探测器材料的温度上升，引起材料的某些物理特性发生变化，利用这些特性改变程度来确定红外辐射的强弱。热探测器利用材料在温度升高后的特性变化来测量，因而时间常数较长，一般在毫秒级以上，另外这种探测器对全部波长范围内的热辐射都有响应。

光子探测器是利用红外线中的光子流射到探测器上，和探测器材料（半导体）中的束缚态电子作用后，引起电子状态的变化，从而使材料电特性发生改变，以此来探测红外线。由于光子能量与光的波长相关，波长越长则能量越小，当光子能量小于某一值时，探测器将不能工作，也就是说光子探测器存在一个长波截止限 λ_c，光的波长大于该截止波限时探测器无反应。光子探测器的时间常数很短，可达微秒量级，相比热探测器的灵敏度可提高 1～2 个数量级，因此导弹上的红外导引头均使用光子探测器。

光子探测器具体又可以细分为光电探测器、光电导探测器、光生伏探测器和光磁探测器四种，其中用于导引头的主要是光电导探测器、光生伏探测器两种。

（2）探测器主要参数

从使用探测器的角度，主要关注的参数有以下几个：

①响应率

投射到探测器上的单位均方根辐射功率产生的均方根信号（电压或者电流），称为电压响应率 R_v（或者电流响应率 R_i），常见的是电压响应率。

有

$$R_v = \frac{V_s}{HA_d} \quad (\text{V} \cdot \text{W}^{-1}) \tag{7-14}$$

式中　V_s——探测器输出基波分量的有效值，V；

　　　A_d——探测器有效敏感面积，cm^2；

　　　H——探测器敏感面上的照度，$\text{J} \cdot \text{s}^{-1} \cdot \text{cm}^2$。

响应率表征了探测器的灵敏度，数值越大越灵敏。如果是恒定的光辐射，则探测器输出信号也是恒定的，称为直流响应率 R_0，如果是交变的辐射信号，探测器输出交变信号，称为交流响应率 $R(f)$，f 为输入信号频率。

②响应时间常数 τ（驰豫时间）

表征了探测器对光照反应的快慢，指当一定功率的辐射通量瞬时照射到光敏面后，探测器输出电压要经过一定时间才能达到一定的稳定值；同样，当辐射瞬间消除后，输出电压也要经过一定时间才能下降到原来的稳定值。一般将上升到稳定值 63% 或者下降到稳定值 37% 所用的时间定义为响应时间常数。

常用的探测器材料中，硫化铅的响应时间在 50～500 μs，光伏锑化铟在 1 μs。

由于响应时间的存在，探测器都存在对不同频率信号的不同响应特性，称为探测器的

频响特性。大多数探测器，其响应率随频率变化的特性类似于一个低通滤波器，可表示为

$$R(f) = \frac{R_0}{\sqrt{1 + 4\pi^2 f^2 \tau^2}} \qquad (7-15)$$

③噪声等效功率和探测度

光敏元件存在着噪声，噪声影响了光敏元件的探测能力。为此，引入噪声等效功率这一参数。

入射到探测器上经正弦调制的均方根功率所产生的均方根电压 V_s 正好等于探测器本身的均方根噪声电压 V_N 时，这个辐射功率称为噪声等效功率 NEP，有

$$\text{NEP} = \frac{V_N}{R_v} \qquad (7-16)$$

NEP 越小，探测器的探测性能越好，习惯上，更多地使用 NEP 的倒数——探测度 D 来表征。有

$$D = \frac{1}{\text{NEP}} \qquad (7-17)$$

理论分析和实验结果表明，探测度与探测器的面积 A_d 的平方根成反比，同时又与测量电路的带宽 Δf 的平方根成反比，为此，引入了一个新的概念——归一化探测度 D^*，有

$$D^* = D\sqrt{A_D \cdot \Delta f} = \frac{R_v}{V_N}\sqrt{A_d \cdot \Delta f} \qquad (7-18)$$

D^* 的意义是指 1 J/s 辐射通量照射在 1 cm^2 的探测器上，用 1 Hz 带宽测量线路测量所得到的信噪比。D^* 数值越大，性能越好。D^* 在不同测量条件下其数值是不同的，因此往往在 D^* 后的括号内标明测试条件。例如 $D^*(500,840,1)$，三个数字分别表示测试时黑体辐射源温度、调制频率、带宽（带宽通常都取 1，此时也可省略）。

如辐射光源是波长 λ 的单色光，此时用光谱探测度 D_λ^* 表示，并在括号中标明波长和调制频率。如果是峰值波长，则表示为 $D_{\lambda p}^*$。

④光谱灵敏度

探测器对不同波长的入射光的响应特性是不同的，光谱灵敏度就是反映探测器对不同波长入射光线转换能力的大小。通常用功率相等不同波长的辐射照射在探测器上产生信号 V_s（或者波长探测度 D_λ^*）与辐射波长 λ 的关系来表征。不同材料探测器其光谱灵敏度也不同，常见的硫化铅探测器，其峰值出现在波长 2～3 μm 之间，而锑化铟在 5～6 μm 之间。

（3）探测器制冷

红外导引头使用的光子型探测器为了获得良好的性能，往往需要制冷，常用的探测器中，硫化铅的最佳工作温度在 200 K 左右，但在常温下它还有较好的性能，而锑化铟探测器的最佳工作温度在 100 K 以下，随着温度升高其性能急剧下降。

为了保证红外探测器有效工作，降低热噪声，延长工作波段，屏蔽背景噪声，降低前置放大器的噪声，目前的红外导引头均采用了制冷器设计。

红外探测器制冷的方式有很多，常用的制冷方式有半导体制冷、节流制冷、斯特林制

冷等，在本类导弹上应用最普遍的是节流制冷。

①节流制冷

节流制冷器是基于焦耳-汤姆逊效应而制成的一种制冷器，其原理是当高压气体经过小孔后突然膨胀，压强急剧降低，温度也将发生显著变化，这种效应称为节流效应（焦耳-汤姆逊效应）。

气体节流前后的温差可由下式计算得到

$$\Delta T = T_2 - T_1 = \alpha_m (p_2 - p_1) \tag{7-19}$$

式中　　T_1，T_2——节流前后气体温度，K；

　　　　p_1，p_2——节流前后气体压强，Pa；

　　　　α_m——某一压强范围内微分节流效应系数的平均值，K/Pa。

气体节流前后是降温还是升温，取决于节流前的压强和温度，若在节流前的压强下，气体温度低于其转化温度，则节流后降温，反之则升温。一些常见气体转化温度如表7-1所示。

表7-1　常见气体的低压转化温度

气体名称	转化温度/K	气体名称	转化温度/K	气体名称	转化温度/K
氦-4	46	氩	765	氮	604
氢	204	氧	771	氖	1 079
氘	230	甲烷	953	一氧化碳	644
二氧化碳	1275	空气	650	氙	1 476

节流制冷的优点是制冷部件体积小、重量轻、无运动部件、使用方便、制冷时间短，因此在战术导弹领域得到广泛应用，其主要缺点是制冷工质一次性使用，需配置高压气瓶，对工质、管路及工作的环境纯净度要求高等。

红外导引头采用的一种节流制冷器的结构如图7-21所示。

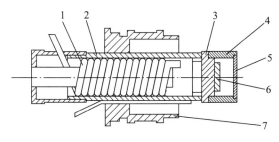

图7-21　节流制冷器

1—制冷器；2—制冷器壳体；3—制冷头；4—窗口架；5—窗口；6—红外探测器；7—壳体

不同气体介质的制冷能力是不同的，最为常见的制冷气体有氮气和氩气，用氮气最大可以制冷到77K的液氮温度；用氩气最低可以制冷到87 K的液氩温度。氩气的制冷能力要远高于氮气（如图7-22所示），也就意味着用氩气制冷的时间可以更短，因而红外战术导弹上常使用氩气作为制冷工质。氮气由于制备方便、价格便宜，往往用于产品的地面试验和测试。

由于制冷通道结构尺寸小，为了避免被制冷气体中的固体颗粒物杂质堵塞，同时也避免制冷气体中含有的高凝固点气体杂质（如水蒸气、二氧化碳等）在低温下凝固而堵塞，对制冷气体都有严格的洁净度要求。通常要求二氧化碳含量不大于 3 ppm，水蒸气含量不大于 1 ppm，不允许有尺寸大于 10 μm 的固体颗粒。此外，在制冷气路中应设置尺寸不大于 5 μm 的过滤器进行过滤。

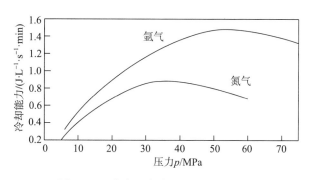

图 7-22　氩气和氮气的节流制冷能力

②半导体制冷

半导体制冷是基于帕尔贴（Peltier）效应制成的，用 N 型和 P 型两块半导体材料连接成温差电偶对，形成回路，在外电场作用下，电子和空穴在一个接点上分离而吸收能量变冷，在另一个接点上复合释放能量变热，如图 7-23 所示。有些半导体合金如铋碲合金有较强的帕尔贴效应，可以制成制冷器，单级制冷器可获得 60 ℃ 左右的温差，要进一步降温，可以使用多级串联，最大做到八级，可以获得约 145 K 的低温。战术导弹受体积功耗限制，最多用到两级串联制冷。

半导体制冷器的优点是结构简单、寿命长、可靠性高、体积小、重量轻、无机械振动和冲击噪声等，但由于制冷深度受限，仅可用于硫化铅类不需要深度制冷的探测器，在现代红外导弹上已不再使用。

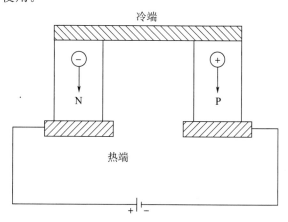

图 7-23　半导体制冷器原理

③斯特林循环制冷

斯特林循环制冷器是利用气体等熵膨胀原理工作的，由压缩腔、冷却器、再生器和制冷膨胀腔等部分组成，又可分为整体式和分置式两种。典型的斯特林制冷器构成如图 7 - 24 所示。

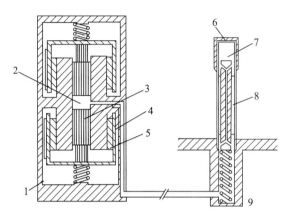

图 7 - 24　分置式斯特林制冷器

1—压缩机；2—压缩空间；3—活塞；4—线圈；5—磁体；6—冷头；7—膨胀空间；8—排出器；9—壳体

斯特林制冷器具有效率高、寿命长、制冷范围宽（10～77 K）、可长时间反复工作等优点，但同时其准备时间较长，要实现深度制冷需要的时间在分钟级，很难满足战术导弹快速反应的要求，因此在战术导弹领域仅用于可连续工作的部分空空导弹。

（4）探测器组件

探测器本身的光敏元件尺寸很小，其有效光敏元件尺寸在 ϕ（0.05～4）mm 之间，单晶材料制作的探测器厚度在 0.5 mm 左右，薄膜式的只有几微米。但是在导引头上安装还需要考虑安排滤光窗口、制冷器、引线、气路等，整个组件的尺寸是较大的，因此如何合理布局探测器组件的位置也是一项重要工作，同时安放位置不同，其产生信息和处理信息的方法也会存在很大差异。

目前采用动力陀螺结构的导引头，其探测器组件安装方式有三种：毒刺导弹的探测器与位标器壳体固联，箭-2M 导弹探测器安装在陀螺的内环上，针导弹探测器与光学系统（陀螺转子）固联。

7.2.1.4　跟踪系统

探测系统发现目标后，需要将目标位置信号转换为跟踪信号，由跟踪系统驱动位标器跟踪目标，从而形成闭环回路。导引头上位标器跟踪系统常见的有两种形式，电机跟踪和陀螺跟踪，与之相关的位标器结构形式为框架式和动力陀螺式。

7.2.1.4.1　电机跟踪机构

电机跟踪机构采用电动机或者力矩电机进行驱动完成跟踪，光学系统、调制盘、探测器等探测系统安装在一个镜筒内构成组合件，组合件安装在由内框和外框组成的万向支架上，内框和外框由俯仰和方位驱动电机驱动绕水平垂直轴转动，这样位标器光轴就可以向空间任意方位运动，目标方位误差信号驱动电机，可以使位标器光轴跟踪目标。

这种跟踪机构的优点是工作可靠、加工简单，但是结构体积重量较大，快速性差，点源制导的旋转弹由于弹体本身高速旋转，很少采用这种形式的跟踪装置。

7.2.1.4.2　陀螺跟踪机构

陀螺跟踪机构直接将光学系统安装在陀螺转子上，光轴与陀螺转子轴重合，转子高速旋转，通过转子的进动跟踪目标。这种跟踪机构利用陀螺转子的定轴性就可以实现光轴在空间的稳定，而不需要另外增加稳定结构；陀螺的进动无惯性，因而动态特性好。陀螺跟踪机构的不足是加工装配精度要求高，存在陀螺漂移误差，输出功率较小。由于陀螺跟踪机构的优点，很适合在中小型导弹的导引头上采用。

陀螺跟踪机构具体结构也可以分为两种形式，一种是外框架式，一种是内框架式。

外框架式机构的陀螺转子位于内外框架内部，类似于普通陀螺，通过在内外框架上各安装一个力矩电机控制陀螺进动，由于转子结构受到框架限制，其结构尺寸和重量都比较大，采用这种结构形式的导弹较少。

内框架式机构的内外框架安装在转子内部，因而其转子可以做大，整个位标器的结构尺寸得到优化，这种机构在很多红外导弹上得到广泛应用，旋转弹基本都采用这种机构。这里以西北风导弹位标器为例进行介绍。

在陀螺跟踪机构中，陀螺起到的作用主要有两个：一是消除导弹运动对导引头测量的影响，即完成去耦；二是利用其进动特性跟踪目标，并作为测量目标视线在空间运动角速度的测量基准。

从结构上区分，该类陀螺主要由陀螺转子组件、万向支架组件和线包组件三个部分组成。

（1）陀螺转子组件

陀螺转子组件主要由光学系统及其支承零件构成，包括主反射镜、次反射镜、支撑镜、镜筒、伞形罩、大磁钢、阻尼环等。大磁钢除提供角动量外，还作为进动力矩器、陀螺马达、基准信号发生器等传感器的转子，同时结构上和主反射镜合为一体。

（2）万向支架组件

万向支架组件由内支架、中间环、外环、两对边轴承、主轴承等零件组成，通过主轴承把万向支架和陀螺转子组件连接起来，给陀螺转子提供三个转动自由度。在中间环轴上和外环轴上各安装有一个电位计，测量弹体纵轴和陀螺转子轴之间的角位移。

（3）线包组件

线包组件由进动线圈（进动力矩器的定子）、旋转线圈（陀螺马达定子）、Φ 角线圈（Φ角信号传感器的定子）和霍尔传感器等组成。这些零件用树脂灌封成为一个整体，胶接在法兰盘上，通过法兰盘把线包组件、万向支架组件和导引头的电子线路组件连接起来，如图 7 - 25 所示。

这种布局方式有以下特点：陀螺转子包在万向支架外部，沿陀螺纵轴从前到后存在一个中空通道，给安装红外探测系统提供了空间；各个线圈集中胶接在一起，中间无导磁铁

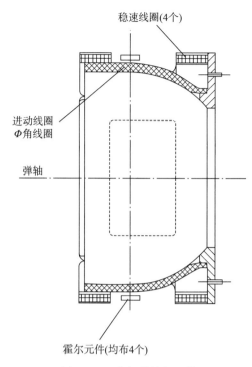

图 7 - 25　位标器线包组件

芯；从各个活动零件到底座之间导线很少，简化了结构。

　　陀螺转子和旋转线圈组件、起转电路构成了一个永磁式直流马达，导弹发射前通电 2～5 s 即可达到稳定转速。

　　进动线圈的轴线与弹体的纵轴同轴，跟踪电路将红外测量系统测量得到的与光轴和视线轴夹角成正比的信号进行处理并功率放大后，输出电流给进动线圈，与陀螺转子磁钢作用产生力矩，使陀螺转子进动并减小这一夹角，达到光轴跟踪视线的目的。

　　Φ 角线圈分为前、后两个部分，其轴线与弹体纵轴同轴，反向连接。当进动线圈内有电流时，在这两个线圈内的感应电压相互抵消；当陀螺转子轴偏离弹轴一个角度 Φ 时，由于两部分线圈相对转子的位置不同，感应的电压也不同，将输出一个幅度与 Φ 角相关，频率与转子频率相同的 U_Φ 信号。该信号频率与弹旋频率无关，因而在有稳速电路的位标器上，也用 U_Φ 信号作为稳速的基准频率，也可以将其作为解调基准和电锁回路的输入信号。

　　早期导引头位标器上安装有基准线圈，是一种饼状线圈，轴线与弹体纵轴垂直，当转子的磁钢旋转时，无论转子轴是否与弹轴重合，线圈中都将产生与转子相对弹体旋转频率相同的感应电压，该信号可作为自动驾驶仪的解调基准。目前多用霍尔器件等元件取代。

　　导引头对陀螺系统的主要要求有：陀螺漂移角速度应小，一般不大于 0.1 （°）/s，最大跟踪角速度要大，一般希望达到 15～20 （°）/s，即要求陀螺兼具较好的稳定性和进动特性；通过安装阻尼环和对阻尼环参数的合理设置，使陀螺受到干扰时章动振幅控制在比较小的范围内，具备良好的阻尼特性；转子轴的摆动范围应当满足系统跟踪视场的需求；

各线圈输出信号波形好、零位小、相互间耦合小；结构刚度和强度好，能够承受飞行中的冲击和振动；陀螺的电磁场和热场对探测器影响小等。

7.2.1.4.3　跟踪原理

下面以典型的调制盘（如图 7-13 所示）动力随动陀螺式位标器导引头为例，介绍其跟踪目标和输出控制信号的原理。

进行分析时，首先提出两个假设条件：

（1）位标器陀螺可看作转子陀螺

对于动力陀螺式位标器，采用外转子、内框架设计，由于万向支架的重量和转动惯量远小于陀螺转子，因此可以忽略万向支架对陀螺运动的影响，将陀螺作为转子陀螺进行分析。

（2）不考虑弹旋对陀螺运动的影响

单通道控制导弹在飞行过程中弹体是旋转的，且由于弹体旋转会带动万向支架运动，这种运动通过轴承摩擦力、万向支架反动力等形式会作用到陀螺上，从而干扰陀螺运动，但由于这些因素的影响总体上比较小，在研究其工作原理时可以忽略这些影响。

在研究跟踪原理时，需要用到以下几个以万向支架旋转中心为原点的坐标系，其定义分别为：

视线坐标系 $ox_s y_s z_s$，ox_s 指向目标，oy_s 位于调制盘中心、目标像点和原点所构成的平面内。这是一个流动坐标系，不参与弹旋。

极轴坐标系 $ox_g y_g z_g$，ox_g 沿转子极轴（也即光学系统主轴），不参与陀螺自旋运动。$ox_s y_s z_s$ 绕 oy_s 轴旋转 $-\varepsilon$ 角度（失调角）得到 $ox_g y_g z_g$。

转子坐标系 $ox_z y_z z_z$，ox_z 轴与 ox_g 轴重合，该坐标系与陀螺转子固连，$ox_g y_g z_g$ 绕 ox_g 旋转 γ 角度得到 $ox_z y_z z_z$。

弹体坐标系 $ox_D y_D z_D$，即将传统的弹体坐标系原点平移到万向支架旋转中心，该坐标系随导弹旋转。将 $ox_s y_s z_s$ 坐标系绕 ox_s 轴旋转 ψ 角，再绕 oy_D 旋转 φ 角即得到 $ox_D y_D z_D$。

设磁钢 N-S 极和调制盘半透光区与花纹的分界线重合，即为 oy_z 轴，如图 7-26 所示。

在该坐标系下，由 7.2.1.2 节分析可知，探测系统的输出信号为

$$U_s = k_1 k_2 I_0 m \cos \Omega t \tag{7-20}$$

其中 $\Omega t = \gamma$。

将该信号功率放大，得到跟踪电流，有

$$I_s = k_1 k_2 I_0 m k_w \cos \gamma \tag{7-21}$$

其中 k_w 为功率放大器放大系数。

令总放大系数 $k_i = k_1 k_2 I_0 k_w$，同时调制深度 m 反映了目标光斑至调制盘中心距离，可取 $\rho = m$，有

$$I_s = k_i \rho \cos \gamma \tag{7-22}$$

另一方面，对陀螺磁性进行分析，认为磁钢的磁通密度 B 沿周向按余弦分布，如图 7 - 26 所示，有

$$B = B_m \cos\left(2\,\frac{\pi}{L}l\right) \tag{7-23}$$

式中　B_m ——磁钢表面最大磁通密度，T；

　　　L ——磁钢外周长；

　　　l ——从 $-oz_z$ 开始的磁钢表面距离。

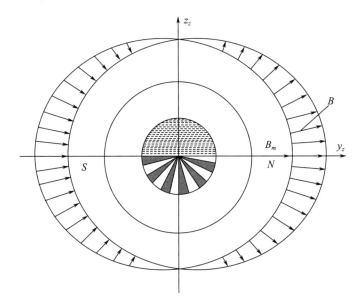

图 7 - 26　调制盘和磁钢安装关系

将磁钢的磁通密度 B 向 $ox_zy_zz_z$ 各轴投影，并求其平均值，有

$$B_{x_z} = 0 \tag{7-24}$$

$$B_{y_z} = \frac{B_m}{L}\int_0^L \cos^2\left(\frac{2\pi}{L}l\right)\mathrm{d}l = \frac{B_m}{2} \tag{7-25}$$

$$B_{z_z} = \frac{B_m}{L}\int_0^L \cos\left(\frac{2\pi}{L}l\right)\sin\left(\frac{2\pi}{L}l\right)\mathrm{d}l = 0 \tag{7-26}$$

将跟踪电流 I_s 输入到进动线圈，如图 7 - 27 所示，在电阻 R_{DY} 上产生的压降即为导引头输出给驾驶仪的导引信号 U_{DY}。

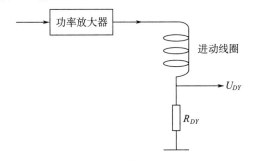

图 7 - 27　导引信号形成示意图

进动线圈产生的沿 ox_D 轴的磁场为

$$H_s = k_s I_s = k_s k_i \cos\gamma \tag{7-27}$$

式中　H_s——磁场强度，A/m；

　　　k_s——比例系数。

磁钢的磁通密度 B 和进动线圈的磁场强度 H_s 相互作用，产生陀螺的进动力矩 M

$$M = B \times H_s \tag{7-28}$$

进行坐标变换后，可得到在极轴坐标系 $ox_g y_g z_g$ 下的力矩分量

$$
\begin{cases}
M_{x_g} = -\dfrac{k_i k_s B_m \rho}{4} \big[(\cos\varphi\sin\varepsilon + \sin\varphi\cos\varepsilon\cos\psi) + \\
\qquad\quad \cos2\gamma(\cos\varphi\sin\varepsilon + \sin\varphi\cos\varepsilon\cos\psi) + \sin2\gamma\sin\varphi\sin\psi\big] \\[2mm]
M_{y_g} = \dfrac{k_i k_s B_m \rho}{4}\sin2\gamma(\cos\varphi\sin\varepsilon - \sin\varphi\sin\varepsilon\cos\psi) \\[2mm]
M_{z_g} = -\dfrac{k_i k_s B_m \rho}{4}\big[(\cos\varphi\cos\varepsilon - \sin\varphi\sin\varepsilon\cos\psi) + \\
\qquad\quad \cos2\gamma(\cos\varphi\cos\varepsilon - \sin\varphi\sin\varepsilon\cos\psi)\big]
\end{cases}
\tag{7-29}
$$

分量 M_{x_g} 影响陀螺转速，可以被稳速线圈产生的力矩抵消，因此影响陀螺进动的是 M_{y_g}、M_{z_g} 两个分量。分析这两个分量，M_{y_g} 为高频量，M_{z_g} 包含低频和高频两种分量，高频量对陀螺运动影响微弱，可以忽略，因而最终的影响力矩为

$$M_{y_g} = 0 \tag{7-30}$$

$$M_{z_g} = -\frac{k_i k_s B_m \rho}{4}(\cos\varphi\cos\varepsilon - \sin\varphi\sin\varepsilon\cos\psi) \tag{7-31}$$

由于 $\rho = f\tan\varepsilon$，f 为光学系统焦距，且令

$$M = \frac{k_i k_s B_m f}{4}$$

考虑到 ε 一般小于 $2°$，因而有 $\sin\varepsilon \approx \varepsilon$，$\sin^2\varepsilon \approx 0$，则可以进一步推导得到

$$M_{z_g} = -M\cos\varphi \cdot \varepsilon \tag{7-32}$$

由式（7-32）可知，进动力矩大小正比于失调角 ε，随着陀螺进动，ε 减小，进动力矩也减小，在进动力矩作用下光轴始终跟随视线运动，从而达到了跟踪目标的目的。

在导引头实际产品中，除了上述跟踪力矩外，还有各种干扰力矩，包括轴承摩擦力矩、静不平衡力矩、电磁干扰力矩等，会干扰陀螺的跟踪，这些干扰力矩通过设计和工艺上采取措施，可以将其影响程度降低到不影响陀螺正常跟踪的程度。

7.2.1.5　导引头电子线路

导引头电子线路按功能可以分为跟踪电路、稳速电路、起转电路、电锁电路等，其中跟踪电路是最主要的电路，其他的属于辅助功能电路。

7.2.1.5.1　跟踪电路

跟踪电路用于将探测器输出的信号进行提取后形成控制跟踪信号，具体功能包括噪声抑制、信号选取、目标识别、干扰鉴别、控制指令形成等。跟踪电路形成的控制跟踪信号

输出给位标器进动线圈，驱动陀螺转子跟踪目标；输出给自动驾驶仪，形成控制导弹飞行的制导指令；输出给发控设备，用于确定发射条件和发射时机。跟踪电路的工作原理见7.2.1.4.3节。

跟踪电路的设计取决于调制信号的形式，例如调幅式调制盘给出的是调幅信号，电路设计采用调幅信号处理电路，由检波器取出载频信号上的包络信号作为有用信号；如果是调频信号，则需采用鉴频器提取有用信号；对于调宽、调相信号采用鉴宽、鉴相电路进行处理。本类导引头最常见的是调幅信号。

早期的旋转防空导弹，电路均为模拟电路，可以完成跟踪的基本功能，但无法实现抗干扰等复杂要求，抑制背景噪声的能力也有限，目前这种电路已经被淘汰。其典型方块图如图 7 - 28 所示。

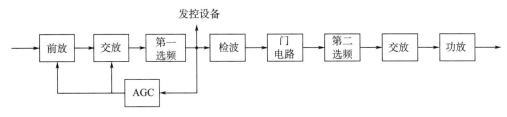

图 7 - 28　模拟跟踪电路方块图

为了提高抗干扰能力，发展出了基于脉冲信号处理的跟踪电路（非调制盘体制的大多采用这种方式），通过波门、逻辑分析和逻辑运算等功能，可以实现抗背景干扰和一定的抗人工诱饵干扰。图 7 - 29 列出了一种采用双波段进行抗干扰的脉冲跟踪电路方块图，图 7 - 30 为四元十字叉型位标器跟踪方框图。

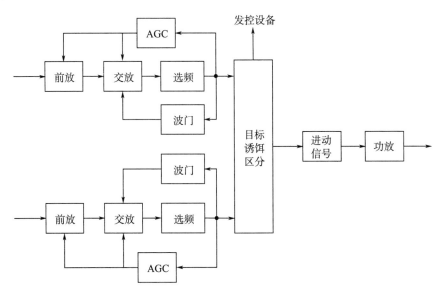

图 7 - 29　脉冲跟踪电路方块图

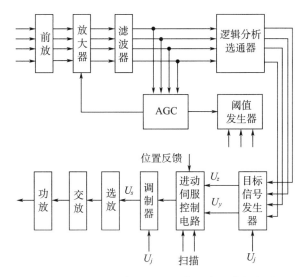

图 7-30　四元十字叉型导引头跟踪电路方块图

随着电子技术发展，出现了集成电路、单片机，可以采用数字的方法进行电信号处理，随之也出现了采用计算机的跟踪电路，可利用软、硬件功能，针对不同的目标、诱饵、背景环境等的特点，设计不同的软件算法，应用可编程技术，极大地扩展了跟踪电路的功能，提高了导引头的适应能力。此外，采用电子计算机可编程技术后，导引头甚至导弹的很多其他功能也可以在计算机上集成，此时跟踪电路可进一步扩展为弹上计算机。现代防空导弹都采用了计算机进行控制。图 7-31 列出了一种使用计算机的跟踪电路方块图。

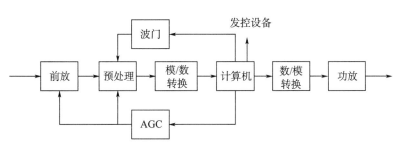

图 7-31　采用计算机的跟踪电路方块图

几种不同的跟踪电路中，有几个环节具有通用性，在这里简单作一介绍。

（1）前置放大器

前置放大器（简称前放）是跟踪电路的比较关键部分，负责将探测器输出的小信号放大到电路可以处理的程度，前放的设计有以下几个方面要求：

首先，前放本身的噪声指数应尽可能小，为此应选用低噪声元器件，选择合适的工作点、最佳的阻抗匹配。

其次，从跟踪电路的动态范围出发，选取合理的放大倍数，放大倍数过大会降低系统的动态范围，实际使用中一般选取 5～100 倍。

第三，输出阻抗小，一般为 $100\ \Omega$ 左右，以减少信号传输过程中的损耗并抑制干扰。

（2）选频电路

跟踪电路一般均设置有选频电路，主要目的是提高信噪比。选频放大的中心频率和带宽应根据信号和噪声的频谱特性来选取，使工作点频的信噪比达到最大。

对于调制盘系统，调制在载频的两端出现一系列边带，为此，系统的通频带中心设计成与载频一致，为了避免影响包络波的幅度和相位，其带宽应大于包络波频率的两倍。

对于脉冲体制的系统，脉冲为矩形，脉冲峰值功率与噪声功率比最大时，理论上有

$$B\tau_d = 0.5$$

式中　B ——电路的 3 dB 带宽；

　　　τ_d ——矩形脉冲持续时间。

选频放大器按上述要求开展设计可以使脉冲峰值不受损失。

在模拟电路中一般采用有源 RC 网络实现选频放大，在计算机电路中，可以使用数字滤波技术。

（3）自动增益控制电路（AGC）

AGC 电路是为了增大跟踪电路动态范围而设置的，导弹在拦截目标过程中，由于目标类型、导弹与目标的相对距离和姿态不同，信号的变化范围很大，最大可能超过十万倍，为了使导引头正常工作，需要对跟踪电路的增益进行自动控制。

AGC 电路一般放在交流放大级和前置放大级。可采用模拟电路实现，在计算机中也可通过程控实现。

7.2.1.5.2　辅助电路

导引头辅助电路用于导引头在启动、瞄准、捕获目标过程中正常工作，常见的辅助电路有起转电路、稳速电路、电锁电路等。

（1）起转电路

起转电路的作用是在导弹加电后，使位标器的陀螺转子快速启动并在短时间内达到额定的工作转速。

由于弹上体积限制，便携式防空导弹的起转电路一般设置在发射筒上，包括两个部分，一部分是起转组件，由起转线圈、角位置传感器以及支撑它们的骨架构成，如图 7 - 32 所示，起转组件通常安装在发射筒前段对应导引头陀螺转子的磁钢部位，第二部分是起转电路板，通常安装在导弹的发射机构内。

对于直径较大的旋转导弹，起转电路往往设计安装在弹上，此时起转电路和稳速电路可合二为一，即上文中提到的旋转电路。

（2）稳速电路

导弹发射后，如果没有外力作用，陀螺转子的频率会逐步下降，进而影响导引头的性能，便携式防空导弹由于射程近，导引头工作时间短，这种下降尚不一定会造成有害的影响，通过电路设计上采取措施（例如采用宽带的选频放大器等），对这种下降可以容忍，则在弹上不用设置稳速回路。对于飞行时间较长的导弹，以及采用通频带较窄的选频放大

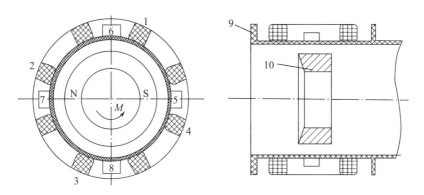

图 7 - 32　起转组件结构示意图

1~4—起转线圈；5~8—角位置传感器；9—线圈骨架；10—磁钢

器的导弹，需要转子的转速稳定，在弹上需增加稳速电路。

一种稳速电路的工作原理如图 7 - 33 所示。电压 U_Φ 经过测速电路输出与转速成正比的直流信号 U_f，U_f 与基准速度电压 U_0 相减后的差值信号被调制电路调制成交流信号，经电压、功率放大后输出给稳速线圈，产生驱动陀螺转子转动的力矩。$U_f < U_0$，产生加速力矩，$U_f > U_0$，产生反向的减速力矩，从而使陀螺转速稳定在基准转速附近。

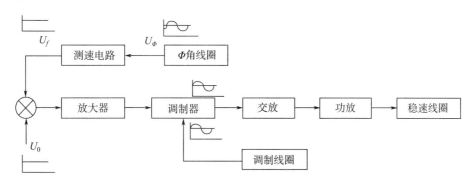

图 7 - 33　稳速电路原理方块图

（3）电锁电路

电锁电路的功能是把陀螺转子轴锁定在弹的纵轴上，使光轴与弹的纵轴重合，部分导引头设计了单独的电锁电路，在位标器的线圈组件上绕制了无铁芯的电锁线圈，通电后和转子磁钢相互作用可产生电锁力矩。其工作原理如图 7 - 34 所示。

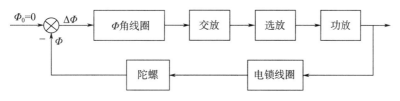

图 7 - 34　电锁电路工作原理

也有很多导引头使用进动线圈来完成电锁工作，工作原理相同，其电路和跟踪电路合二为一。

7.2.1.6　红外导引头指标要求

7.2.1.6.1　灵敏度和探测距离

导引头的灵敏度和探测距离，表征了导引头对目标的探测能力，是一项十分重要的指标。

导引头的灵敏度（一般称为灵敏阈）通常用等效噪声通量密度（Noise Equivalent Flux Denstiy，NEFD）来表征，是指导引头信息处理电路选频放大器输出端的信噪比为 1 时，光学系统入瞳处单位面积入射的辐射通量。NEFD 越小，系统越灵敏。NEFD 的表达式如下

$$\begin{cases} NEFD = \dfrac{H}{V_s/V_N} & \text{调幅系统} \\[2mm] NEFD = \dfrac{H}{V_p/V_N} & \text{脉冲系统} \end{cases} \tag{7-33}$$

式中　V_s——调幅系统的信号电压（有效值）；

　　　V_p——脉冲系统的信号脉冲电压（峰值）；

　　　V_N——噪声电压（有效值）；

　　　H——黑体全波段单位面积辐射通量，可按下式计算。

$$H = \frac{\varepsilon\sigma(T^4 - T_0^4)\tau_a\tau_0'd_s^2}{4L^2} \tag{7-34}$$

式中　ε——黑体的发射本领；

　　　σ——斯特潘-玻耳兹曼常数，有 $\sigma = (5.670\,51 \pm 0.000\,19) \times 10^{-8}\ \text{W} \cdot \text{m}^{-2} \cdot \text{K}^{-4}$；

　　　T——黑体温度，K；

　　　T_0——环境温度，K；

　　　d_s——光栏孔直径，cm；

　　　L——光栏孔至透镜距离，cm；

　　　τ_a——距离 L 上的大气透过率；

　　　τ_0'——测灵敏阈用透镜的透过率。

进行灵敏阈计算时，需要将 NEFD 分解为导引头光学系统、探测器和测量线路的性能参数的函数。根据响应度、探测度的定义，推导得到灵敏阈的表达式

$$NEFD = \frac{\sqrt{\Delta f_n \cdot A_d}}{A_0\tau_0 k_m \eta D^*(\lambda_m, f)} \tag{7-35}$$

式中　Δf_n——选频放大器等效噪声带宽，Hz；

　　　A_d——探测器面积，cm²；

　　　A_0——光学系统入瞳面积，cm²；

　　　τ_0——光学系统透过率；

　　　k_m——调制系数（对于调制系统，是输入的直流辐射经过调制后其载波频分量的

有效值与输入值之比）；

D^* ——归一化探测度，见式（7 - 18）；

η ——光能利用率，是黑体辐射能量中能被探测器接收能量所占比例，有

$$\eta = \frac{\int_{\lambda_1}^{\lambda_2} R(\lambda)W(\lambda)\mathrm{d}\lambda}{\int_0^{\infty} W(\lambda)\mathrm{d}\lambda} \tag{7 - 36}$$

式中　$R(\lambda)$ ——探测器相对光谱响应特性；

　　　$W(\lambda)$ ——黑体相对光谱特性。

根据 NEFD 可以计算得到导引头对目标的探测距离 R ，有

$$R = \left(\frac{J_{\lambda_1 - \lambda_2} \cdot \tau_a}{\text{NEFD} \cdot V_s/V_N}\right)^{1/2} \quad (\text{m}) \tag{7 - 37}$$

式中　$J_{\lambda_1 - \lambda_2}$ ——目标在波段 $\lambda_1 - \lambda_2$ 范围内的辐射强度，W/sr；

　　　τ_a ——大气透过率；

　　　V_s/V_N ——稳定跟踪需要的最小信噪比。

分析影响导引头探测距离的各个因素。目标的辐射强度随着目标类型、工作状态、姿态、观察角度不同，其差异巨大；大气透过率受天气、环境和距离的影响；跟踪需要的信噪比与导引头体制相关，调幅体制导引头一般要求 $V_s/V_N = 2$ ，而脉冲体制一般要达到 $4 \sim 6$ 。

导引头的 NEFD 理论上越低探测能力越好，第一代红外导引头以尾追方式攻击目标，其 NEFD 仅达到 2×10^{-9} W · cm^2，第二、第三代导引头已可达到 $10^{-10} \sim 10^{-11}$ 量级。

NEFD 的各个影响因素中，光学系统入瞳面积越大越好，但往往受限于弹径，70 mm 弹径导弹入瞳面积 A_0 为 $10 \sim 12.5$ cm^2；光学系统透过率越高越好，一般在 $0.3 \sim 0.5$ 之间，要进一步提高需要在选材、镀膜、减少镜片数量等方面采取措施。调制系数 k_m 取决于调制方式，调幅调制一般为 $0.2 \sim 0.35$，脉冲调制可达 1。D^*、光能利用率取决于探测器种类和制造工艺，选择余地不大，探测器面积 A_d 越小，NEFD 越小，器件本身的噪声也减小，该值主要取决于调制方式及光学系统设计等。

带宽 Δf 反映了信息处理电路对灵敏度的影响，在调幅方式中，Δf 可做得比较小，但脉冲调制方式为了使脉冲失真小，Δf 不能过小，主要取决于脉冲宽度。

影响 NEFD 的各个因素，有些因素是相互矛盾、相互制约的，例如调制方式不同，对不同参数的影响趋势就各有优劣，探测器面积做小后，光学系统设计又会带来新的要求，因此需要综合考虑各种制约因素，以求系统设计的最优。

7.2.1.6.2　跟踪角速度范围

包括最大跟踪角速度 $\dot{q}_{\max}$ 和最小跟踪角速度 $\dot{q}_{\min}$ 。

最大跟踪角速度主要影响发射区近界和制导精度。受最大跟踪角速度限制的导弹发射区近界在垂直平面上和空间的表达式为

$$\dot{q}_{\max}(x^2 + y^2) - 57.3V_t y = 0 \tag{7 - 38}$$

$$\dot{q}_{max}(x^2+y^2+z^2)-57.3V_t\sqrt{y^2+z^2}=0 \qquad (7-39)$$

式中，V_t 为目标飞行速度。

上式表示的图形在垂直平面内是一个直径为 $57.3V_t/\dot{q}_{max}$ 的圆，在空间是这个圆绕 ox 轴旋转形成的半圆环面。要注意的是，导弹实际近界往往受限于其他条件，比 $\dot{q}_{max}$ 确定的近界要大得多。

从制导精度方面而言，旋转导弹通常采用较简单的比例导引规律，弹目交会前视线角速度往往会存在一个发散过程，当超过 $\dot{q}_{max}$ 时，导引头将丢失目标，导弹保持失控前运动状态飞行，$\dot{q}_{max}$ 越小，失控距离越大，最终将影响制导精度。因此希望导引头有较大的最大跟踪角速度。

第一代红外制导导弹最大跟踪角速度在 12（°）/s 左右，第二、三代导弹有迎攻目标要求，指标也相应提高到（15～20）（°）/s 以上。

最小跟踪角速度主要影响制导精度，导弹在正常飞行过程中，视线角速度一般都很小，当视线角速度低于 $\dot{q}_{min}$，导引头不能准确输出正确的控制信号；随着时间增加，误差逐步积累，当视线角速度再次大于 $\dot{q}_{min}$，导引头正确输出信号时，会产生控制信号的凸跳和突变，造成导弹控制品质下降，弹道波动，进而影响制导精度。

最小跟踪角速度指标与弹目相对速度 V_r、导弹失控距离 R、允许最小视线角速度引起的误差 $\rho_{\dot{q}_{max}}$ 的相互关系如下式所示

$$\dot{q}_{min}=57.3V_r \cdot \rho_{\dot{q}_{max}}/R^2 \qquad (7-40)$$

通常对本类导弹导引头最小跟踪角速度的参数要求为，在（0.3～0.5）（°）/s 以上导引头能输出正常稳定的控制信号。如果经弹道分析，导引头有可能长时间工作在小跟踪角速度的条件下，则指标应适当加严。

7.2.1.6.3　瞬时视场和搜索视场

视场角的大小对系统带来的影响有利有弊，需要综合权衡。

（1）探测能力

随着视场角增大，背景进入视场的范围也增大，随之背景噪声也增大，从而降低了导引头的灵敏度。此外，为了提高灵敏度，希望探测器面积减小，同样匹配的视场角也需要减小。因此，从提高探测灵敏度上分析应当尽量缩小视场。

（2）跟踪系统动态特性

导引头的跟踪回路是一阶有静差系统，跟踪目标时，视场大则目标不容易脱离视场，可以提高导引头跟踪可靠性。

（3）捕获目标要求

显然，导引头是依靠外界给定指向后在空中搜索捕获目标的，而导引头实际指向和弹目视线之间存在着各种误差环节，因此，视场越大，捕获目标的概率越大。设各个环节综合后的误差方差为 σ，则视场一般应大于 2.5σ。

综上，视场角是一个取值存在相当大矛盾的指标，一般导引头的视场角取值范围（以锥度角表示）在 $1.5°\sim4°$。

为了克服上述矛盾，部分导引头增加了搜索功能。搜索图形可以有圆型、方型、一字型、8 字型等，通过搜索，可以将视场扩大，但同时会付出时间上的代价。此时，应规定搜索范围要求及单圈搜索的时间要求。

7.2.1.6.4　跟踪范围

指导引头光轴相对于弹体轴可以活动的范围。由于导弹在捕获目标后跟踪飞行过程中，导引头必须始终保持截获状态，因而跟踪视场应由视线与弹轴可能出现的最大夹角来决定。

弹目相对运动关系如图 7 - 35 所示。其中视线与弹轴的夹角由两部分组成

$$\Phi = \eta + \alpha \tag{7-41}$$

式中　η——前置角，即导弹速度矢量和视线的夹角；

　　　α——攻角，导弹纵轴与速度矢量的夹角。

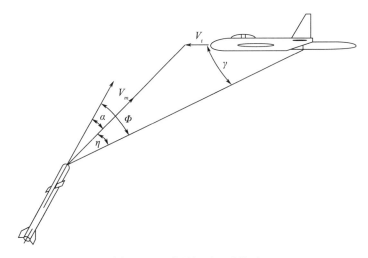

图 7 - 35　弹目相对运动关系

当导弹按比例导引规律飞向目标，且视线角速度 $\dot{q} = 0$ 时，有

$$V_m \sin\eta = V_t \sin\gamma \tag{7-42}$$

即

$$\eta = \arcsin(V_t / V_m \cdot \sin\gamma)$$

式中　V_t，V_m——目标和导弹的速度，m/s。

显然，大前置角出现在弹目接近角 γ 较大时（一般是在杀伤空域中接近大航路角、大高低角的位置），但由于 $\sin\gamma$ 不会超过 1，因而如弹目速比大于 2，则最大前置角不超过 30°。在被动段飞行，弹目速比可能小于 2，但由于导弹飞行较远，γ 不会很大，此时前置角也较小。

旋转导弹采用鸭式布局，在飞行过程中攻角 α 不会很大，一般不超过 8°，极限情况下也不会超过 10°。

此外，导弹在发射前会有一个前置量，以抵消导弹发射后的下沉，并减小起控时的初始误差。这一前置量设置也满足比例导引的需求，因此也不会过大。

因此，综上分析计算，旋转弹导引头一般跟踪范围选取在 40°左右。

导引头的跟踪范围主要受结构空间布局的影响，在空间一定的情况下，如果要实现更大的跟踪范围，就必须将位标器小型化，从而影响导引头的灵敏度等性能。

7.2.1.6.5　零位

是指视线角速度为 0 时，导引头的输出值。导引头零位主要取决于红外探测系统、电子线路和陀螺的零位，其中陀螺零位的影响最大，主要是由陀螺漂移角速度引起。

导引头的零位主要影响制导精度，应综合制导精度的需求和产品的实际特性确定适当的指标要求。

7.2.1.6.6　跟踪精度

跟踪精度是指导引头在跟踪状态下，输出和输入之间的对应关系，是决定导引头性能的最重要指标。

跟踪精度可分为静态精度和动态精度。静态精度是在输入视线角速度不变情况下，导引头输出信号的精度。

由于导引头实际工作时视线角速度是变化的，因此有条件时，还需要检验导引头的动态跟踪精度指标。可通过设计幅值和相位均变化的视线角速度来验证导引头的动态跟踪精度，该项目对测试设备有较高的功能性能要求。

7.2.1.6.7　解耦能力

解耦能力是用于检验导引头隔离弹体运动耦合能力的指标，通常通过在某一固定视线角速度情况下，导引头进行一定频率和幅度的平面摆动、圆锥摆动，测量此时导引头输出误差。

7.2.1.6.8　电锁精度和电锁品质

电锁精度是导引头电锁后光轴与弹体纵轴之间夹角的大小。电锁线圈（或进动线圈）绕制和安装误差是影响电锁精度的最重要影响因素。对于大部分便携式导弹，射手依靠与弹轴平行的瞄准具瞄准目标而实现导引头的捕获，因此对电锁精度有一定的要求，一般不大于 $20'$（角分）。

电锁回路是有差系统，当导弹在发射前按照一定跟踪规律跟踪目标而转动时，电锁力矩将驱动陀螺转子跟随视线运动，这就产生了静差角。电锁品质 D 定义为在电锁状态下导引头的陀螺轴（即光轴）转动角速度 $\dot{q}_{DS}$ 与静差角 ε 之比，即

$$D = \dot{q}_{DS}/\varepsilon \tag{7-43}$$

在估算和确定电锁品质设计要求时，$\dot{q}_{DS}$ 应不小于导引头最大跟踪角速度 $\dot{q}_{\max}$，静差角 ε 应小于视场角，为了确保跟踪过程中和开锁后不丢失目标，一般取 ε 等于半视场角。

7.2.1.6.9　反应时间

旋转导弹所有弹上设备中，导引头的反应时间一般是最长的，因此，导引头的反应时间就决定了导弹的反应时间。

影响导引头反应时间的最大影响因素有两个：陀螺起转时间 T_g 和探测器制冷启动时间 T_d。

为了缩短陀螺起转时间，需要在起转回路上采取措施，并增大启动电流。目前导引头陀螺起转时间大都能做到（2~3）s 内转子达到额定转速。

制冷启动时间取决于制冷器的设计水平，制冷工质的种类、压强，制冷管路设计等环节，同时也与探测器的工作温度相关，还和环境温度等条件相关，例如本征光伏型锑化铟探测器工作温度在 77 K，掺杂后工作温度可提高到 130 K。旋转导弹红外导引头作战时通常采用高压氩气（42 MPa 以上）作为制冷工质，目前点源探测器的制冷启动时间在 2~4 s，多元线列扫描探测器制冷启动时间在 3~6 s，凝视成像探测器制冷启动时间较长，在 5~10 s。

7.2.1.6.10 时间常数

导引头的时间常数是指导引头接收到外部信号到输出对应控制信号所需要的时间。从理论上分析，减小时间常数有利于提高系统精度，但实际上导引头总会消耗一定的信息处理时间，此外，作为一个受控系统，要满足很高的时间常数指标要求，则可能会带来输出超调增大、系统稳定性降低等负面影响，因此需要综合考虑。本类导弹红外导引头时间常数一般在 0.1~0.15 s 左右。

7.2.1.6.11 抗干扰能力

抗干扰能力是红外制导导弹的一项重要指标，而抗干扰性能主要由导引头实现，因此也是导引头的一项重要指标。

干扰的类型、体制、强度、模式多种多样，任何体制的导引头，其抗干扰能力总是有一个限度，因此，对于抗干扰指标，应当结合用户方的作战需求，在对可以采取的抗干扰技术措施、能力的预测基础上提出合理的要求。

红外导引头抗干扰指标一般包含抗自然环境干扰能力和抗人工红外干扰能力。抗自然环境干扰能力通常包括抗云、雾、烟、水面亮带、地物背景、海天线、战场环境等的能力，以及太阳禁区夹角等，一般红外导引头对太阳禁区的夹角在 15°~20°之间。

人工红外诱饵干扰包括对抗各种模式的人工干扰的能力，主要有调制干扰机干扰、红外诱饵弹干扰等，对于红外诱饵弹，应当明确其投放数量、光谱特性、能量变化范围、投放方式、时机、密度等。

对于某些特殊的作战状况，例如导弹连射的条件，还应当提出对抗前发导弹尾焰干扰的要求。

7.2.1.6.12 其他要求

参见 7.12 节。

7.2.2 红外成像导引头

红外成像导引头是红外导引头家族的一个新兴的成员，与传统的点源红外导引头相比，能够利用目标和背景的红外辐射所形成的红外图像进行实时处理，从而能够在复杂背景和干扰中发现和识别目标，在灵敏度、探测精度、抗干扰能力等各个方面均具有很大优势，已经成为红外导引头技术发展的趋势。成像导引头与点源导引头有很多共同之处，但也存在着较大差异，特别是旋转导弹上使用红外成像导引头，更需要解决弹旋带来的一系列问题。

7.2.2.1　红外成像技术发展概述

红外成像制导技术在 20 世纪 70 年代开始应用于导弹制导，其后经历了突飞猛进的发展，技术水平不断提高，至今已经成为一种主流的光学制导体制。红外成像导引头在体制上有线列扫描成像和阵列凝视成像两类，在波段上有中波、长波和双波段多种，归纳成像导引头的技术发展历程，至今已发展了两代。

第一代红外成像制导导弹采用多元线列探测器和旋转光机扫描相结合的方式，实现对空间二维图像的探测，具体扫描方式有并扫或者串并扫。这类导引头最早用于空地导弹（美国 AGM - 65 幼畜、AGM - 84 斯拉姆等），后应用于防空导弹（苏联萨姆 - 13 地空导弹等），并进一步应用到旋转弹，典型型号是 90 年代装备的 RAM Block1 舰空导弹。

第二代红外成像制导导弹采用了凝视红外焦平面器件，去掉了光机扫描机构。采用凝视红外成像导引头的型号已生产和装备，典型型号有美国的 AIM - 9X、欧洲 ASRAAM、以色列怪蛇 - 4 空空导弹等。

7.2.2.2　红外成像系统工作原理

7.2.2.2.1　红外成像制导的特点

红外成像制导是一种自主式智能制导，代表了红外制导的发展方向，红外成像制导有以下突出的优点：

（1）空间分辨率和制导精度高

红外成像制导系统通过二维扫描成像或者凝视成像，将瞬时视场投影到二维平面的多元探测器阵列上，每个探测器元所对应的空间视场角很小，一般可达到 0.05°以下，比点源探测器低一个数量级，因此具备很高的分辨能力，也为高精度制导提供了基础。

（2）探测距离远，灵敏度高

由于红外探测单元高分辨率的特点，单元视场内背景噪声降低，灵敏度可以显著提高，凝视成像导引头还可以通过延长积分时间等方法进一步提高灵敏度，为远距离探测低红外特征目标创造了条件。

（3）抗干扰能力和识别能力强

红外成像制导系统可以探测目标和背景之间微小的温度或辐射率差异并形成红外辐射图像，可以在复杂的背景环境中区分和识别目标，并根据图像尺寸、形状、能量分布、能量变化、运动轨迹等多种特征进行目标、背景和干扰的识别，具备了极强的抗干扰能力。

（4）便于实现智能化

红外成像制导获取的信息多，可以应用各种图像处理算法，便于实现智能化和对目标的自主识别；可以通过软件算法的升级提高性能；可以实现对目标要害识别等复杂功能；为导弹制导系统智能化设计提供了平台。

7.2.2.2.2　红外成像系统类型、组成和工作原理

根据成像机理的不同，防空导弹红外成像导引头可以分为两大类：光机扫描型和凝视成像型。

（1）光机扫描型红外成像导引头

光机扫描成像系统的原理是使用一个固定的小型红外探测组件（可以是点源、线列或者阵面）接收辐射，通过改变入射扫描反射镜的偏转角度，实现对一定视场范围的顺次扫描。其基本结构包括光学系统、探测器、扫描器等，其中扫描器是光机扫描系统特有的组成部件，由扫描驱动机构和扫描信号发生器组成，扫描驱动机构驱动光学系统在一定空间范围内按一定规律进行扫描运动，其规律由扫描信号产生器产生的扫描信号来控制。

扫描光学系统按扫描机构所在的位置可以分为物方扫描和像方扫描两种，区别在于扫描反射镜在成像透镜的外侧（物方）还是内侧（像方），差别在于对成像质量和光学系统尺寸大小要求不同。

光机扫描红外系统的基本工作流程如图 7 - 36 所示。

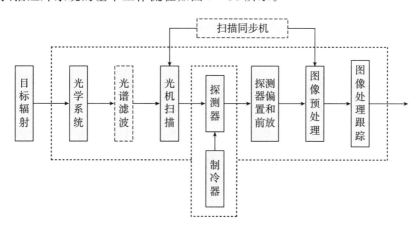

图 7 - 36　红外光机扫描导引头工作流程

光机扫描方式的优点在于通过扫描可以用小的探测器实现大的扫描视场范围，降低了硬件成本和复杂度，但同时也会带来一些缺点，主要是：在目标辐射能量和成像视场范围确定情况下，要实现高帧频成像必须提高光机扫描机构的速度，对扫描机构提出了很高的动态特性要求；另一方面，光机扫描时，探测器对目标单位面积的探测时间很少，降低了信噪比，容易使图像出现噪点。

为了提高信噪比，光机扫描大多采用多元探测器来进行探测。其扫描方式根据探测器元和扫描方向的不同，可以分为串联扫描、并联扫描和串并联混合扫描三种。

除了上述常见扫描方式外，旋转弹成像导引头还可采用圆锥扫描方式，将在后文加以介绍。

光机扫描机构是光机扫描导引头的关键部分，其中的扫描部件实现技术途径也有多种，主要有摆动平面镜、旋转多面镜、旋转折射棱镜、旋转光楔、旋转透镜、旋转 V 反射镜等，其中最常见的是前三种，如图 7 - 37 所示。

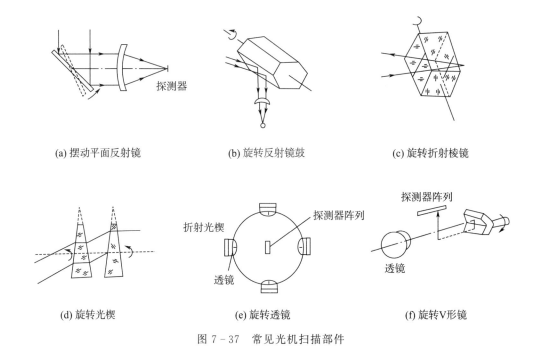

(a) 摆动平面反射镜　　　　　(b) 旋转反射镜鼓　　　　　(c) 旋转折射棱镜

(d) 旋转光楔　　　　　　(e) 旋转透镜　　　　　(f) 旋转V形镜

图 7 - 37　常见光机扫描部件

（2）红外焦平面阵列凝视成像导引头

红外凝视成像系统是指在系统所要求的探测视场范围内，用红外探测器面阵充满物镜焦平面的方法来实现对目标的成像的系统。与光机扫描导引头相比，主要优点是完全取消了光机扫描机构，简化了结构，减小了体积重量，提高了可靠性。更重要的是提高了系统的性能，一方面使探测灵敏度提高（理论上比单元探测器提高 $\sqrt{n_H n_V}$ 倍，比光机扫描探测器提高 $\sqrt{n_V}$ 倍。n_H、n_V 是面阵的水平和垂直单元数，且设光机扫描探测器线列单元数为 n_H），另一方面最大限度地发挥了探测器的快速响应特性，不再受限于扫描机构动态特性影响而完全取决于探测器的时间常数。由于凝视成像导引头的上述优越性，随着阵列探测器技术的逐步成熟，凝视成像导引头已逐步取代光机扫描成像导引头。

凝视成像导引头的基本构成和点源导引头是类似的，典型的凝视成像导引头构成如图 7 - 38 所示。

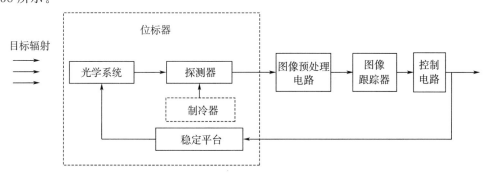

图 7 - 38　红外成像导引头原理框图

在实际导引头设计上，凝视成像导引头与点源导引头主要存在以下区别：

1）光学系统设计上，凝视成像导引头多采用透射式光学系统，旋转弹点源导引头多采用反射式或折反式光学系统；

2）位标器结构设计上，凝视成像导引头多采用框架式位标器，点源导引头多采用陀螺式位标器；

3）红外成像导引头的电子线路部分包含了成像处理的相关电路和软件。

7.2.2.3　红外成像导引头结构

与前文介绍的点源导引头类似，红外成像导引头主要构成也可以分为位标器和电子线路两大部分，这里重点介绍一下红外成像导引头可用的位标器的结构形式。

图 7-3 已经介绍了位标器的分类方式，可以分为动力随动陀螺式、框架式和捷联式三种。这三种结构形式的位标器都可以应用于红外成像导引头。

7.2.2.3.1　动力随动陀螺式位标器

动力随动陀螺式位标器也可以用于成像导引头，但是由于图像不能旋转，红外成像探测器必须放置在内环上（整体稳像），因而相比点源导引头，成像位标器内框的结构需要加以适应性改进，内环与陀螺转子之间通过轴承实现消旋。图 7-39 所示的美国 RAC 公司研制的红外肖特基势垒焦平面阵列反坦克导弹的导引头，就采用了这一形式。

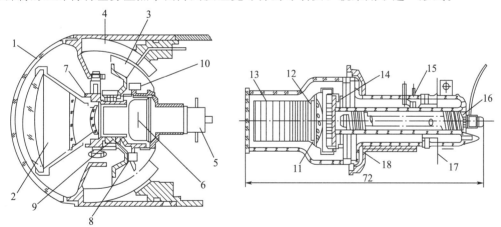

图 7-39　RAC 公司的红外焦平面导引头

1—整流罩；2—透镜组件；3—磁铁；4—线圈组件；5—杜瓦瓶；6—焦平面阵列；7—万向支架；
8—换向检测器；9—转子轴承；10—阻尼环；11—场镜；12—红外滤光片；13—冷屏；
14—冷平板；15—消气剂；16—制冷机；17—插脚；18—安装环

由于旋转主反射镜的支撑结构与杜瓦瓶之间需要存在必要的间隙，采用反射式光学系统将导致探测器中心出现严重的遮挡，因此该导引头采用了 175 mm/F 3.0 的透射式光学系统。

该导引头位标器是一个两轴稳定的万向支架结构，整个探测组件（包含光学系统、探测器、制冷器等）构成了万向支架 7 的负载，万向支架可向任意方向转动 25°。陀螺动量矩由偏置旋转磁铁组件 3 提供，线圈组件 4 包含了一个环形进动线圈和四个旋转线圈，磁铁的支撑结构上有光学编码，可以被换向检测器 8 检测到并作为转子启动和相位锁定的转换信号。阻尼环 10 提供章动阻尼。

7.2.2.3.2　框架式位标器

框架式位标器的红外探测系统安装在一个框架构成的平台上，利用自由陀螺或者安装在框架上的速率陀螺来实现光轴稳定、解耦和跟踪。成像导引头很多采用了框架式位标器。

框架式位标器结构上可以分为三种。

（1）直角坐标两轴框架结构

两轴框架式位标器是导引头上应用十分广泛的一种位标器结构形式，技术较为成熟。两个框架分别对应俯仰、方位两个方向的转动，框架上安装陀螺等设备测量平台相对于惯性空间的角速率等，然后控制平台的伺服系统产生相反方向进行补偿，就能保证平台相对于空间的角速度或角度为零，实现平台的稳定和解耦。这种结构形式的主要优点是结构和控制相对简单，体积小、重量轻。其存在的主要不足是：

1）精度有限，随着位标器上负载的重量、体积增大，要达到高精度十分困难；

2）存在跟踪盲区，当两框架跟踪的俯仰/方位角接近 90°时，其方位/俯仰跟踪角速度将趋向无穷大，因此其跟踪范围有限制（最大可达 60°左右）；

3）存在像旋影响，由于没有滚动通道的自由度，弹旋的影响不能消除，特别是对于高速旋转的旋转弹，将导致无法成像，因此该结构位标器不能直接应用于凝视成像体制的旋转弹。

两轴框架式导引头虽然不能直接应用于旋转弹，但却是旋转弹成像导引头位标器设计的基础，有很多设计方法可以借鉴。

该位标器在具体结构实现形式上也有很多种，常见的有以下几种。

①直接驱动式

是最常见的一种结构形式，两个框架相互垂直且回转轴相交于一点，被稳定对象组件安装在框架交点上，采用高性能力矩电机驱动框架系统运动。由于没有传动链，消除了传动误差，且通常具有较高的机械谐振频率，见图 7 - 40。

图 7 - 40　直接驱动式两轴框架位标器

②连杆机构式

连杆机构式位标器如图 7 - 41 所示，由一组连杆组成平行四边形机构并与探测跟踪装置连接，通过电机驱动平行四边形机构实现探测跟踪装置的方位、俯仰运动。这种结构可以缩小前端的尺寸，有利于导弹的气动外形设计。主要缺点在于受连杆机构机械回转空间限制，跟踪范围较小，传动效率较低，且对装调精度要求较高。

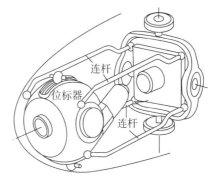

图 7 - 41 连杆机构位标器

（2）三轴框架结构

三轴框架结构是在上述的两轴直角坐标结构上增加一个滚转轴框架，用于补偿瞄准线的转动，可以克服两轴结构的像旋影响，并减小跟踪盲区。旋转弹使用凝视成像导引头后，需要考虑应用三轴框架结构消旋稳定的方法避免弹旋对成像的不利影响，就可以采用这种三轴框架式的位标器。

三轴框架结构的主要缺点是结构复杂，体积和重量增加，且框架间的耦合增大，控制难度提高。

（3）极坐标两轴框架结构

极坐标两轴框架结构的外环是滚转框，内环为俯仰或者方位转动框，通常这种结构形式位标器又称为滚仰式（roll - pitch，也有称为滚摆式）位标器。

滚仰式位标器，是一种最新出现的红外导引头位标器结构形式，也可以认为这是框架式位标器的一种特殊结构形式，其外框架可以实现 360°连续滚转，内框架可以实现 90°以上的运动范围，因此可以实现前向的全方位探测，结构如图 7 - 42 所示。

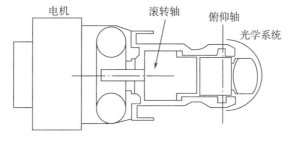

图 7 - 42 滚仰式位标器结构

　　与传统的两轴框架式位标器相比，滚仰式位标器结构简单、探测角度范围更广，在大离轴角区域的工作特性优良，因此在新型的空空导弹例如美国 AIM - 9X、欧洲 IRIS - T 导弹上得到了应用，见图 7 - 43。滚仰式导引头目前主要应用于空空导弹的红外成像导引头。

图 7 - 43　美国 AIM - 9X 和欧洲 IRIS - T 导弹的滚仰式导引头

　　滚仰式导引头存在的主要缺点是安装在内框上的红外光学系统结构空间受限更大，通光孔径难以做大，且滚仰导引头在过顶段（小离轴角）按传统的极坐标处理方法会出现发散现象，需要采用专门的算法加以克服。

　　由于滚仰式导引头本身有一个滚动轴的机构工作，旋转导弹可以利用该滚动轴结合完成消旋，隔离弹体转动，因此从原理上是可以使用这种位标器结构的，但实际工程应用上还存在其他一些技术问题难以处理，因此旋转导弹目前尚无实际采用这种位标器结构的产品。

7.2.2.3.3　捷联式位标器

　　捷联式导引头具体又可分为全捷联式和半捷联式两种。

　　半捷联导引头保留了稳定平台的伺服系统，但平台上没有惯性测量器件。全捷联导引头则取消了稳定平台，光学系统与弹体直接固连。这两种方式都是依靠弹上其他惯性平台提供的惯性基准信息来完成控制指令的生成，并实现弹体运动的解耦。

　　图 7 - 44 为一种捷联式成像导引头，采用透射式光学系统 2 会聚红外辐能量到探测器 3 上，中间有一组滤光片 4、5，由电机 6 带动可以按要求使滤光片处于光路中。整个组件安装在球形轴承内环 7 上，球形轴承外环 8 与弹体连接。

　　当视场要求较小（如小于 ±10°时），采用电子方法跟踪目标，此时为全捷联导引头，当视场较大时，跟踪信号驱动电机 10、11 驱动凸轮 12 转动使探测器指向目标，这种情况下为半捷联导引头。

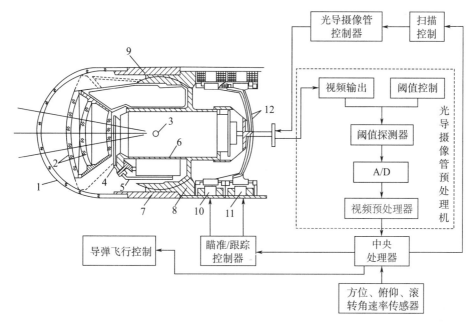

图 7-44 捷联式成像导引头位标器

1—整流罩；2—光学系统；3—探测器；4、5—滤光片；6—电机；7—球形轴承内环；
8—球形轴承外环；9—弹体；10、11—电机；12—凸轮

　　捷联导引头的优点是简化了弹上的惯性测量设备，降低了结构的复杂性，主要缺点是视线稳定的精度不高，测量噪声较大。

　　全捷联导引头构造最为简单，但是由于固连后光学系统视场与跟踪视场一致，为保证一定的跟踪范围，导致光学系统视场很大，会大幅度降低探测灵敏度，并增加信息处理的难度，因此目前只见于攻击固定目标或地面慢速目标的低速导弹和制导炸弹上采用。应用于防空导弹尚不成熟，在旋转导弹上会面临弹旋引入后更大的技术困难，因而目前尚未见到这方面的相关技术应用研究。

7.2.2.4　红外成像探测器

　　红外成像探测器与点源探测器不同，采用了多元探测器，其材料和点源探测器基本相同。

　　早期多元探测器由于技术发展的限制，采用了每一元对应一条信号线和一个前置放大器的技术方案。后来随着 CCD 技术的成熟，将其引入红外波段后发展出了红外焦平面阵列（IRFPA）器件。这一器件的出现，是红外探测器发展史上的一个里程碑。

7.2.2.4.1　红外焦平面阵列探测器分类

　　红外焦平面阵列探测器种类较多，主要有以下两种分类方式。

　　（1）按探测原理和制冷方式分类

　　前文已经提到，红外探测器有光子探测器和热探测器两类，焦平面阵列器件同样可以按此分为两种，一种敏感目标辐射出的光子，通过光电效应进行探测，这种探测器探测灵

敏度高，响应时间快，对波长有选择性，大多需要工作在制冷条件下；另一种敏感光辐射产生的热效应，特点是对全波段范围都有接近的探测灵敏度，大多可以在常温下工作，但灵敏度低，响应时间较慢。

制冷型探测器的探测率可以达到 10^{11} cm · $Hz^{1/2}$ · W^{-1} 量级，响应时间可达微秒级，而非制冷型探测器的探测率在 10^{9} cm · $Hz^{1/2}$ · W^{-1}，响应时间在毫秒级。

防空导弹目前大多采用制冷型探测器。

（2）按结构形式分类

红外焦平面阵列器件由红外探测器阵列部分和读出电路部分组成，按照两者之间的结构形式，可以分为单片式和混成式两种。

单片式集成在一个硅衬底上，即读出电路和探测器使用相同的材料，特点是易于制备、元素多、均匀性好、成本低，但可供选择的材料十分有限，因此目前尚处于研究发展阶段。

混成式是红外探测器和读出电路分别采用两种材料，例如探测器采用碲镉汞（HgCdTe），读出电路使用硅（Si）。混成式探测器发展较为成熟，具体又可以分为倒装式和 Z 平面式两种，如图 7 - 45 所示。

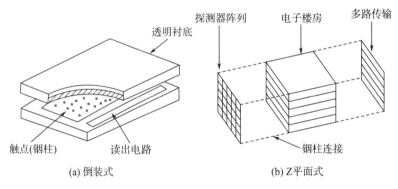

(a) 倒装式　　　　　　　　　(b) Z平面式

图 7 - 45　混成式结构

除上述两种分类外，根据敏感红外线波段的不同，还可以分为短波、中波、长波、多波段探测器等。

7.2.2.4.2　红外焦平面阵列探测器工作原理

红外焦平面阵列中有成千上万个探测单元同时工作，为此，采用了电荷存储（积分）工作方式而非连续工作方式，也就是在给定的帧频时间内对视场中各点接收到的信号同时进行积分并保持，然后依次从一根或者几根输出线连续读出。积分工作方式克服了引线困难，也大大提高了信噪比，降低了对读出电路增益带宽积的要求。

图 7 - 46 为一种典型的读出电路结构的框图，由像元读出电路、水平和垂直移位寄存器、采样/保持及列放大输出电路、公共输出放大级等部分组成。

7.2.2.4.3　红外焦平面阵列探测器发展趋势

红外焦平面阵列探测器技术目前已经实现了实用化，且后续还将得到进一步的发展，

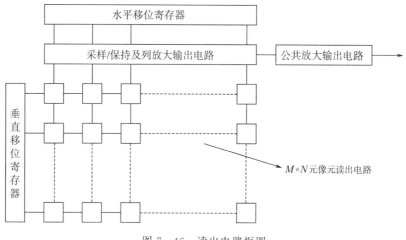

图 7 - 46　读出电路框图

今后的主要发展趋势为：

（1）集成化、小型化、轻量化

为适应导弹弹上使用的要求，未来焦平面探测器将进一步实现集成化、小型化、轻量化，主要是通过探测器材料和电路的进一步集成，以及杜瓦瓶和探测器设计集成（光、机、电一体化设计）。

（2）像元规模进一步扩大

像元规模的进一步扩大，可以提供更加丰富的可供处理的信息，同时也进一步提高了导引头分辨率和探测距离。目前战术导弹使用的红外焦平面探测器已达到 128×128 和 256×256 量级，更大规模器件的制造工艺也逐步成熟，预计后续 512 量级或者 1 024 量级的探测器也将很快投入实用。

（3）采用双色、多光谱技术

红外导引头采用双色或者多色探测，可以为抗干扰提供更多的信息，是探测器发展的一个重要方向。这方面，量子阱红外探测器（QWIP）的发展十分迅速。量子阱探测器基于 GaAs/GaAlAs 超晶格量子阱结构红外吸收现象，通过调节量子阱宽度和势垒高度可以方便地获得 $3 \sim 20~\mu m$ 的响应，十分有利于实现多波段探测，且制备工艺也逐步成熟，成本逐步降低。

（4）主被动红外探测器

红外主被动三维双模成像探测器采用单一器件实现对激光返回信号和热红外信号进行同时集成探测，是本世纪提出的新探测器概念。通过在像素级水平上对微弱光信号进行放大和信号时间的精确测量，可实现对红外辐射信号以及激光返回信号的高灵敏度、高速探测和成像，从而为目标探测和识别提供了新的自由度，实现了主、被动探测的互补，提高了红外系统在复杂战场环境下对各种特性目标的识别能力。

（5）非制冷探测器的进一步发展

非制冷探测器是红外传感器的另一个重要发展方向，由于其无需制冷器，因此具有结构简单、轻便、价格低廉、反应时间快、可靠性高等显著优点，更加适合于战术导弹的应用。目前的非制冷探测器大多为热探测器，存在响应时间慢、灵敏度低的缺点，但是随着材料和器件工艺的不断提高，其性能提高的速度很快，预计在不久的将来就可以接近制冷探测器的水平，并在某些领域取代制冷探测器。

7.2.2.5　红外成像信息处理

红外成像导引头在红外探测器形成图像后，需要对图像进行处理，形成有用的信息，才可以用于对目标的跟踪、制导和实现其他相关功能。

7.2.2.5.1　红外成像信息处理的特点和流程

防空导弹的红外成像导引头对目标的探测和跟踪，与常规的红外成像探测相比，既有共同点也存在着自身的特点，归纳起来，防空导弹成像导引头的探测和信息处理有以下特点。

（1）目标特性：运动的红外弱小目标

红外防空导弹要求在远距离拦截空中目标，相对于要求的探测距离，空中目标的尺寸是一个小量，因此在大多数情况下，对空中目标的拦截都是对小目标的拦截，其特性可以归纳为以下几点：

1）大部分情况下，目标在红外图像上仅占据一个或者几个像素，目标的信息全部集中在个别点上，没有形状、大小、纹理等特性，缺乏结构信息；

2）远距离或者弱红外特性的目标，图像信噪比（SNR）低，很容易被噪声淹没，单帧图像较难实现对这类目标的可靠检测；

3）一般而言目标的红外辐射强度仍然要高于背景，因此目标往往位于图像高频部分，但特殊情况下，也有可能出现强背景干扰；

4）目标通常相对于背景是运动的，但远距离情况下，目标运动的相对距离有限。

（2）背景特性：复杂性和强相关性

防空导弹对付的是空中目标，因此大部分情况下红外背景是天空背景或者云层背景，但拦截超低空目标时也可能遇到海面、地面背景等，这些背景大多具有以下特性：

1）背景往往是大面积缓慢变化的，在物理状态上是连续分布状态，在灰度空间分布上具有较大的相关性；

2）背景又是一个非平稳过程，图像往往会存在一些起伏，可以通过预处理来消除；

3）背景往往处于红外图像的低频部分，只在边缘和噪声处存在少量高频分量；

4）时域相邻图像背景差别较小。

此外，背景中可能存在由红外系统和环境引起的噪声干扰，这些噪声干扰大部分是红外探测器本身的固有噪声，可以通过补偿算法加以消除或者减轻其影响。其余的噪声大多符合高斯白噪声的特点，在空间分布上是独立的，与背景图像和目标没有相关性，相邻两帧红外图像噪声分布相互独立。

（3）信息处理：资源有限条件下很高的实时性处理要求

作为对目标进行跟踪的导引头，为满足制导精度的需求，对红外的帧频和信息处理速度有很高的要求，一般要求达到 $50 \sim 100$ Hz 乃至更高，同时也要求实时性好；但是弹上设备本身又限制了无法使用高端的硬件来进行计算，因此对降低软件算法的复杂度提出了很高的要求。

红外导引头图像信息处理的基本流程如图 7 - 47 所示，通常可以分为图像采集和修正、图像预处理、目标检测和识别（含抗干扰）、目标跟踪、末端图像处理（含目标识别）等几个环节。在实际使用中，上述各个环节的处理往往是相互交织的。

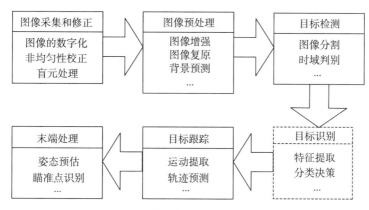

图 7 - 47　红外成像导引头图像处理流程

防空导弹成像导引头在实际作战使用中的典型图像处理程序为：

导引头加电制冷并正常工作后，探测器敏感视场中的图像并输出电信号，经过图像采集，按设定好的补偿参数完成非均匀性校正和盲元处理后输出反映实际情况的红外数字图像。

对图像进行预处理，包括运动图像的复原；抑制背景、杂波和噪声，提高信噪比，从而提高对目标的检测概率并降低虚警概率。在远距离情况下，目标为点目标，此时对背景的处理是主要工作内容；弹目接近到一定程度后，目标已成像，还需增加目标的预处理算法。

通过预处理将目标与背景初步分离后，通过目标检测算法提取可能的目标。检测算法主要是通过建立的目标和噪声模型，计算分割阈值，将阈值以上的点保留，然后通过序列图像的关联性检测以进一步确定目标。

对于在复杂环境和人工干扰条件下，可以通过点目标的灰度特性、运动特性等进行目标识别和抗干扰处理，剔除干扰，识别真正的目标。在弹目接近到一定程度，目标成像后，可以通过目标识别算法对目标进行识别和进一步细化处理，确定命中点。

在确定真实目标后，根据取得的目标信息，在连续图像帧中精确定位目标，结合预测和滤波算法，计算出目标与系统光轴的角偏差，控制伺服系统实现闭环跟踪，使光轴始终对准目标，并计算出目标的视线角速度。

7.2.2.5.2　图像的采集和修正

图像的采集和修正是指将探测器探测得到的图像信息（通常为电信号）转换为数字信

号，并进行修正，使图像能够正确反映实际情况。一般包括图像数字化、图像非均匀性校正和盲元处理等。

（1）图像数字化

导引头红外探测器所探测到的视场内的红外场景，是每个探测单元产生的电信号的组合，为了便于计算机处理，需要将电信号转换为数字信号，此时，导引头获取的红外图像是在二维空间分布的数字图像矩阵。由于红外图像反映的是一定波长内的红外辐射强度，因此可以用一维数字灰度来显示。根据探测器温度分辨率性能和实际需要，红外图像的灰度等级是不同的，常见的灰度等级有 16、256、1 024 级等，灰度等级增加则对图像的显示分辨率将提高，但同时也会带来数据处理量的增大。

（2）非均匀性校正

红外成像探测器利用不同的探测单元探测不同的区域，在带来诸多优点的同时，也不可避免地会引入探测单元之间响应特性不一致引起的测量误差，这就是图像的非均匀性问题。红外焦平面阵列的不同像元在同一均匀辐射下，其输出信号的幅值不同，这就是红外焦平面阵列的非均匀性。可以认为，单点扫描方式不存在非均匀性问题，线列扫描方式的非均匀性存在于线列方向（采用串扫可以避免或减轻非均匀性），而采用焦平面成像则非均匀性存在于整个焦平面。

非均匀性在图像上表现为空间噪声或者固定模式噪声，导致系统的温度分辨率下降，图像质量受到影响，严重时可能带来附加干扰，影响截获距离和跟踪能力，因此红外成像系统必须进行非均匀性校正。

（3）盲元处理

盲元也称为失效元，是功能丧失或者大幅度偏离平均值的探测单元，盲元包括死像元和过热像元，按 GB/T 17444—1998《红外焦平面阵列特性参数测试技术规范》的规定，死像元指响应率小于平均响应率 1/10 的像元，过热像元是像元噪声电压大于 10 倍平均噪声电压的像元。

盲元的产生主要有以下几个方面原因：1）探测单元发生物理损坏；2）由于制造过程中材料、掺杂不均等原因引起单元特性大幅度偏离正常值；3）读出电路通道障碍；4）工作环境变化超过正常工况；5）$1/f$ 噪声影响等。

对盲元进行处理首先要进行盲元检测，常见的检测算法有两点法，国标定义的检测法，以及基于统计量的检测法等。

对盲元进行检测定位后，可以在后续处理中对盲元进行补偿。

7.2.2.5.3　图像预处理

红外探测器获得的目标图像往往伴随着大量不同的噪声，这些噪声可能是外界环境造成的，也可能是成像系统本身的因素引入的。此外，红外图像还具有边缘模糊和缺乏纹理信息等特性。图像预处理的目的，就是减小噪声的影响，提高图像信噪比，并可提高图像的视觉效果，为后续处理作准备。对于导引头而言，图像预处理的一个重要内容是进行背景抑制、增加目标和背景的对比度，以便于后续的目标检测。

红外图像预处理主要包括图像增强、图像复原、背景抑制等，详见相关文献。

7.2.2.5.4　目标检测

导引头对运动的红外目标的检测方法可以表述为：在给定的三维图像空间中检测出目标是否存在，分析目标运动的轨迹，对目标的后续位置做出预测。

按照检测目标和运动轨迹判断的次序不同，红外目标的检测方法可以分为两大类，即先检测后跟踪（DBT，Detect - before - track），和先跟踪后检测（TBD，Track - before - detect）。

DBT 方法的基本思路是先对单帧图像进行处理，做出目标是否存在的判定，并检测出一个或者数个可能存在的目标。当图像背景单一，目标信噪比高时，通过单帧即可检测到唯一目标，否则可能检测到多个可能目标，此时需要在单帧检测基础上进行序列检测来确定真正的目标。DBT 方法又可分为单帧检测算法和图像序列检测算法两种。

TBD 方法的基本思路是先不在单帧图像内对目标是否存在进行判定，而是对较多可能的轨迹进行分析后再做出判断，常用的包括三维匹配滤波器方法、舵机假设检验方法、神经网络方法、动态规划方法、最大似然比自适应算法等。

对比上述两种方法，DBT 方法运算简单、易于实时实现，在图像对比度高或信噪比高的条件下检测效果良好；TBD 方法虽然在低信噪比条件下可以取得更好的检测效果，但是普遍存在算法结构复杂、存储量大、运算复杂等问题，检测时间长，对硬件要求高，因此在导引头上使用受到很大限制，目前尚未实用。

7.2.2.5.5　目标识别

红外图像的目标识别是红外成像技术的一个重要构成环节，也称为 ATR（自动目标识别，Automatic Target Recognition），是通过对预处理后的红外图像进行目标特性提取，并经过综合分析、学习而实现对目标和背景进行分类与识别。

防空导弹导引头通常不需要也没有条件进行复杂的目标识别，目标识别典型的应用是进行抗干扰，以及在遭遇前进行目标的要害点识别，将在后文作单独介绍。

（1）特征提取

从数学角度而言，特征提取相当于把一个物理模式转变为一个随机向量。在图像识别中，可提取的特征有以下几种：

1）图像幅值特性，如灰度、频谱特征等；

2）图像统计特性，如直方图特性、统计特性（均值、方差、能量、熵等）；

3）图像几何特征，如面积 S、周长 L、分散度（$4\pi S/L^2$）、伸长度（面积和宽度平方之比）、曲线斜率曲率、拓扑特征等；

4）图像变换系数特性，如傅里叶变换系数等；

5）时域特性，如速度、运动轨迹特性等；

6）其他特性，如纹理、几何结构特性等。

在提取图像特征时，希望这些特征能够尽量反映目标的重要、本源特性，即不随目标图像获取视点、环境温度等的变化而变化，同时尽量减少设备等外界条件的影响。

对于防空导弹关注的红外点目标而言，实际能够提取的特征量十分有限，最常见的是灰度特性、运动特性等。

（2）分类决策

分类决策是指在所提取的目标特征空间按照某种风险最小化规则来构造一定的判别函数，从而把提取的特性归类为某一类别的目标。此外，在分类决策时也可以按照匹配的原则进行处理，将提取的特征向量与储存的理想向量进行对比，并计算和分配一个可信度概率，并根据可信度概率的比较来最终确定需要识别的目标。

分类决策的关键是找出决策函数，一般决策函数分为两类：线性决策函数和非线性决策函数。

7.2.2.5.6　目标跟踪算法

目标跟踪是红外成像制导系统的最后环节，在跟踪阶段，系统已经确认出视场内至少一个目标，并获取了目标相关信息，跟踪的目的就是利用这些信息在以后的连续图像中逐帧检测目标精确位置，并控制导引头伺服机构实现闭环反馈，使光轴始终对准目标。

目标跟踪的方法大致可以分为两类：波门跟踪法和图像匹配算法。此外，还需要对目标后续的位置进行预判和滤波估值，以输出稳定精确的控制指令。

7.2.2.5.7　抗干扰方法

抗干扰性能是一切导引头面临的共同问题，成像导引头在抗干扰方面有更多的手段，因而理论上具有更高的抗干扰能力。

下面就红外成像导引头面临的干扰及其解决措施作一介绍。

（1）抗背景和噪声干扰技术

在各种环境干扰源中，影响最大的是太阳干扰，太阳是一个广谱的强干扰源，可以将目标的特征全部淹没，对中、近波段的红外导引头影响尤其明显，对抗太阳干扰的主要措施是设置太阳禁区。

对于普通的背景干扰和噪声干扰，可采用空间滤波的措施，可参见相关文献。

在截获目标后，通过波门设置可以将波门外的干扰滤除，具体可参见相关文献。

（2）抗烟雾干扰技术

烟雾干扰的特征就是将目标能量进行遮挡，此时需要采取记忆外推和预测的方法加以解决，具体可参见相关文献。

（3）抗人工干扰弹干扰技术

红外成像导引头对抗红外干扰弹可以分为干扰检测、识别和抗干扰跟踪两个主要步骤，其工作流程如图7-48所示，各个步骤对应的技术措施主要有以下几个方面：

①干扰检测和识别

1）幅值鉴别。一般干扰弹都有比被保护目标高得多的红外辐射能量，因此可以通过幅值进行鉴别。对于成像导引头，幅值鉴别主要适用于远距离点目标的条件下，此时目标和干扰在成像面阵上都表现为点源。目标投放干扰时，能量会突然增加，然后干扰与目标逐步分离。因此，可以利用灰度梯度和像素值梯度作为干扰弹出现的标志，并进入干扰态

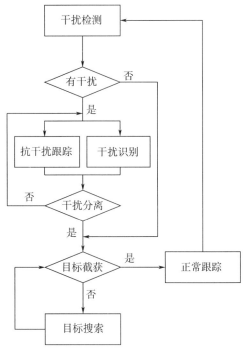

图 7 - 48　红外抗干扰基本流程

处理程序。同时，应当保留目标图像在干扰出现前的灰度特性作为后续区分目标和干扰的特征参量之一。

对于中近距离亚成像阶段（目标占据几个或者十几个像素，但还没有明显的形状等特性），此时仍然可以把图像的灰度特性作为检验是否出现干扰的判据条件之一，同时两者之间的运动特性差异也更加明显，可以作为另一个重要判据。

对于近距离成像阶段，目标具有明显的形状特性，且目标能量也趋于饱和，此时主要以形状作为干扰判别的依据。

2）运动特征鉴别。出于迅速形成有效干扰的目的，干扰弹在投放后都会尽快离开目标本体，因此两者在运动轨迹上是分离的，可以利用这一特性进行目标和干扰的鉴别。

3）形状鉴别。在目标成像后，由于干扰弹和目标外形存在很大差异，此时可以采用形状（特征）鉴别的方法进行抗干扰识别。

4）波段鉴别。分析干扰弹和目标红外辐射特性可知，红外干扰弹在短波波段和中波波段的能量比要远高于目标的能量比，长波和中波波段的对比差异则不明显，因此，导引头可采用双色（红外、紫外等）或者双波段（中波、长波或者中波、短波等）来同时探测目标和干扰的不同波段的辐射特性，并用以鉴别干扰和目标。

5）多特征数据融合鉴别。在实际作战环境条件下，干扰往往是密集、连续地投放，更加对目标的有效识别增加了难度。因此，需要考虑利用数据融合的思想和方法，综合多种特征或者多种判断来提高对干扰识别的准确率，并且在不同的成像阶段应用不同的判断策略，从而提高抗干扰算法的适应性和鲁棒性。

②抗干扰跟踪

导引头进入抗干扰状态后，在没有有效识别出目标前，需要按某一设定的跟踪规律继续进行跟踪，一方面保证弹体控制的连续性，避免在状态转换时出现大的波动；另一方面也可以为抗干扰提供更好的条件。

抗干扰跟踪规律主要有以下几种：

1）跟踪干扰。在干扰弹与目标重合时，图像处理无法分别目标和干扰，此时对干扰的跟踪就可以认为是对目标的跟踪。当目标连续投放干扰时，可以将跟踪点始终对准新出现干扰的位置，这样不断跟踪新干扰，也可以实现对目标的跟踪，因此跟踪干扰在某些条件下是十分有用的方法。

2）跟踪形心。如果目标同时向周围投放大量干扰，依靠图像处理算法难以分辨这种群目标时，也可以考虑对多个候选目标的中心位置进行跟踪。

3）预测跟踪。干扰出现后如果目标被遮挡而消失，此时可以根据进入干扰前目标运动参数进行预测，对预测点进行跟踪，也可以使干扰尽早从视场或者波门中分离。

（4）抗红外干扰机干扰技术

红外干扰机的机理主要是产生人为的红外干扰脉冲，使点源导引头产生虚假信号而偏离被攻击目标，这些红外干扰脉冲可以改变目标亮度分布，但不会在成像导引头视场中产生分离的干扰图像。因此，红外成像导引头在对抗红外干扰机干扰时，主要需要关注红外干扰脉冲引起的目标图像幅值变化对跟踪算法所造成的不良影响，例如是否会影响检测阈值，在近距离是否会因阈值改变而引起图像变化，从而影响匹配效果等。

（5）抗激光致盲技术

激光致盲武器是一类新兴的干扰武器，对抗激光致盲武器的方法主要有两类：

第一类是增加防护镜，在光路介质上镀反射膜或者吸收材料，反射、吸收特定波长的激光，而允许其他波长光线进入。

第二类是在探测器上增加光能限制措施，当入射的激光辐射脉冲能量达到激活阈值时，采取措施限制后续脉冲，使得随后的激光辐射能量大幅度衰减，达到保护探测器的目的。

7.2.2.5.8　末端图像处理算法

随着弹目距离的接近，进入末端后，目标在红外探测器上的成像会迅速扩大，此时就进入了末端制导跟踪阶段，这一阶段的时间很短，但作用却十分重要，由于此时目标已经成像，且在弹目十分接近时将充满甚至超过视场，导引头如果不能很好地处理这一时段的信息并输出正确的指令，会影响最终的命中精度；同时，为了进一步提高杀伤效果，此时往往需要导引头提供更多的信息供引战配合使用。

这一阶段导引头所用到的图像处理算法仍然是基于前文论述过的图像识别算法（图像分割、特征提取等），但有一些特殊问题需要处理，主要包括目标瞄准点识别、剩余飞行时间估计等。

（1）瞄准点识别

防空导弹拦截的各种空中目标，其构成和各个部位的易损性存在很大差异，如果在交会末端能够将瞄准点对准目标的薄弱部位和要害部位，可以很大程度上提高对目标的毁伤概率。

显然，不同类型的目标，其要害部位的分布是不同的，一般而言，飞机类目标的要害部位在机身中前部位置，直升机类目标在旋翼和机身中上部位置，而导弹类目标在机身头部位置，针对不同类型的目标，需要有不同的识别判据。而且考虑到具体实现的实时性要求，算法还不能过于复杂。

（2）预计命中时间（弹目距离）估算

由于红外导引头没有直接的测距功能，因此弹目距离和预计命中时间无法直接测量计算得到，而这一参数是确定制导模式和算法转换、引战配合的重要参数之一。针对红外成像制导的特点，这里提出一种预计命中时间的估算方法。

红外成像导引头都采用了定焦光学系统，其几何投影成像的关系（纵轴）如图 7－49 所示。其中导引头光学系统焦距为 f，目标沿视场纵轴方向实际高度为 H，成像投影高度为 h，弹目距离为 R，目标沿纵轴方向的张角为 δ_v。

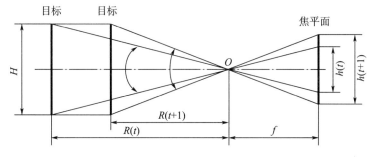

图 7－49   成像投影几何关系

在 t、$t+1$ 时刻帧有公式（7－46）、式（7－47）的关系，其中 v_r 为弹目相对速度，Δt 为帧时间间隔。

$$h(t) = \frac{f}{R(t)} H(t) \qquad (7-44)$$

$$h(t+1) = \frac{f}{R(t) - v_r \Delta t} H(t+1) \qquad (7-45)$$

同样，设横轴方向目标实际高度为 W，成像投影高度为 w，目标沿纵轴方向的张角为 δ_h，同样有

$$w(t) = \frac{f}{R(t)} W(T) \qquad (7-46)$$

$$w(t+1) = \frac{f}{R(t) - v_r \Delta t} W(t+1) \qquad (7-47)$$

设弹目交会过程中相对角度不变，即 H、W 为定值，则红外图像的像素面积变化

率为

$$\frac{\Delta S(t+1)}{\Delta S(t)} = \frac{w(t+1)h(t+1)}{w(t)h(t)} = \left[1 - \frac{v_r \Delta t}{R(t)}\right]^2 \tag{7-48}$$

则剩余飞行时间为

$$\Delta T(t) = \frac{R(t)}{v_r} = \frac{\Delta t}{1 - \sqrt{\Delta S(t+1)/\Delta S(t)}} \tag{7-49}$$

如已知弹目相对速度 v_r ，则可以计算弹目相对距离，有

$$R(t) = \Delta T(t) v_r \tag{7-50}$$

7.2.2.6　旋转弹红外成像导引头

　　成像导引头作为红外导引头的发展方向，在现代防空导弹上得到了逐步广泛的应用，技术日渐成熟。但是本书所讨论的旋转弹要应用红外成像技术，遇到的最大困难是如果不采取有针对性的措施，则弹旋将引起图像的模糊，从而给目标提取和鉴别带来无法克服的困难。以导弹转速 10 Hz 计算，在图像帧频达到 100 Hz 条件下，连续两帧图像间旋转角度也达到 36°，对于图像处理是不可承受的。

　　为了避免弹旋造成的不利影响，旋转弹上采用成像导引头有两个技术措施，一种是采用线列器件圆锥扫描成像体制，典型的型号是美国的 RAM Block1 导弹。第二种是采用三轴稳定平台的成像导引头，在弹旋轴上采用物理消旋保证导引头本身相对惯性空间稳定，此时导引头的信息处理与正常方式完全一致。第二种方案前文位标器结构已作描述，这里以 RAM 导弹为例，主要介绍采用圆锥扫描的旋转弹成像导引头方案。

　　RAM Block1 导弹的导引头红外位标器结构如图 7-50 所示，是一个典型的动力陀螺式位标器，包括了陀螺转子、线圈、探测器、气瓶、处理电路等组成部分。

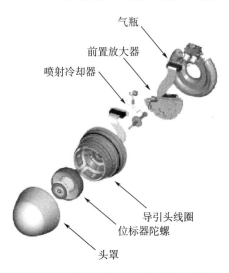

图 7-50　RAM Block1 的红外导引头

　　RAM block1 导弹位标器作了很大改进，用一根 80 元的 InSb 线列探测器代替了原来使用的毒刺导引头的点源探测器，采用了圆锥扫描体制，弹不旋转情况下，由陀螺扫描形

成的视场如图 7-51 左上所示；弹旋后，由于弹旋和陀螺的共同作用，形成的扫描视场如图 7-51 右上所示，得到了很大扩展；在此基础上，导引头还可以通过陀螺进动完成圆扫描和垂直扫描，进一步扩大视场，如图 7-51 下方所示。

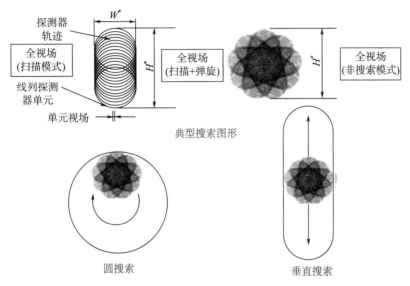

图 7-51　RAM Block1 红外线扫成像原理

7.2.2.7　红外成像导引头技术指标

红外成像导引头的大部分技术指标与点源导引头是类似的，其主要差异是在成像相关的指标上，本节针对这些指标进行简单的介绍。

7.2.2.7.1　灵敏阈和探测距离

和点源导引头用 NEFD 来表示灵敏阈不同，成像导引头的灵敏阈指标通常用噪声等效温差（NETD）来表征。

噪声等效温差 NETD 是表征红外成像系统温度分辨率的一种度量，其表征的具体定义为：在均匀背景中的一个均匀温度物体，通过红外成像系统观测时，当系统的峰值电压 V_s 等于系统的均方根噪声电压 V_n 时，也就是信噪比 SNR 为 1 时，物体与背景的温差 ΔT 称为噪声等效温差，有

$$\mathrm{NETD} = \frac{\Delta T}{V_s / V_n} \tag{7-51}$$

进一步推导，可以得到其普遍表达式为

$$\mathrm{NETD} = \frac{4\sqrt{ab\Delta f_n}}{\alpha\beta D_0^2 \int_{\lambda_1}^{\lambda_2} D^*(\lambda)\tau_0(\lambda) \left.\frac{\partial M_\lambda(T)}{\partial T}\right|_{T=T_B} \mathrm{d}\lambda} \tag{7-52}$$

$$= \frac{4(F)^2\sqrt{\Delta f_n}}{\sqrt{A_d} \int_{\lambda_1}^{\lambda_2} D^*(\lambda)\tau_0(\lambda) \left.\frac{\partial M_\lambda(T)}{\partial T}\right|_{T=T_B} \mathrm{d}\lambda}$$

式中 D^*——归一化探测率；

Δf_n——噪声等效带宽；

$M_\lambda(T)$——探测物体的光谱辐出度；

λ_1，λ_2——系统工作频段；

F——光学系统的 F 数；

$\iota_0(\lambda)$——光学系统的光谱透过率；

a，b——探测器长、宽；

α，β——瞬时视场角；

A_d——探测器面积，$A_d = ab$；

D_0——入瞳孔径。

从上式可以看出，NETD 主要和三个方面参数相关。

（1）和光学系统设计相关

增大光学系统透过率、减小光学系统 F 数都可以降低 NETD。

（2）和探测器性能相关

增大探测器面积可以降低 NETD，但探测器面积受光学系统、制冷等很多其他条件制约；减小单元探测器的瞬时视场同样可以降低 NETD，但瞬时视场会受到截获概率、指向精度等指标的限制；增大探测器探测率可以降低 NETD。

（3）和系统噪声性能相关

降低系统等效噪声带宽可以降低 NETD，这和系统电路设计相关，同时，增加探测器像元数量也可以降低系统等效噪声。

在已知系统 NETD 情况下，可以估算系统的作用距离，方法有：

已知目标的红外辐射强度情况下，可按公式（7-53）计算红外作用距离 R

$$R^2 e^{\delta R} = \frac{\pi J_{\Delta\lambda}}{\text{NETD} \cdot \text{SNR} \cdot \Omega \cdot X_T \cdot \xi} \tag{7-53}$$

式中 δ——大气对红外的衰减系数；

$J_{\Delta\lambda}$——规定波段内目标的红外辐射强度，W/sr；

Ω——探测器像元的瞬时视场角，$\Omega = \alpha\beta$；

ξ——考虑信号处理等因素而引入的经验系数，一般取 $3 \sim 4$；

SNR——信噪比；

X_T——测量 NETD 时的背景微分辐射通量，有

$$X_T = \frac{c_2 \eta'_{\Delta\lambda} \sigma T'^2}{\lambda_2} \tag{7-54}$$

式中 c_2，σ——分别为第二辐射常数和斯特潘-玻耳兹曼常数，见 7.2.1 节相关叙述。

$\eta'_{\Delta\lambda}$，T'——分别为测量 NETD 时实验室背景的光谱相对辐射能量和温度。

在已知目标温度、背景温度时，可以用公式（7-55）进行计算，有

$$R^2 e^{\delta R} = \frac{\lambda_2 A_t (\varepsilon T^4 \eta_{\Delta\lambda} - \varepsilon_B T_B^4 \eta_{B\Delta\lambda})}{C_2 \cdot \text{NETD} \cdot \text{SNR} \cdot \Omega \cdot \eta'_{\Delta\lambda} \cdot T'^2 \cdot \xi} \tag{7-55}$$

式中　ε，ε_B——目标和背景的红外辐射率；

　　　　T，T_B——目标和背景的温度；

　　　　$\eta_{\Delta\lambda}$，$\eta_{B\Delta\lambda}$——目标和背景在 $\Delta\lambda$ 波段范围内的光谱相对辐射能量。

7.2.2.7.2　探测器像元数和瞬时视场

成像探测器的像元数规模随着技术的进步在不断扩大，但由于战术导弹是一次性使用的产品，对成本、体制、重量等要求更加重视。而且探测器像元规模的简单扩大会带来信息处理能力要求的平方关系的上升，因此探测器规模往往会受到各个方面综合条件的限制。目前防空导弹使用的成像导引头器件规模在 64×64 元到 256×256 元左右，更大规模探测器的应用尚有待时日。

凝视成像导引头的探测器通常为方形或者矩形，为了充分利用探测器探测能力，成像导引头的瞬时视场一般为方形（视场包容探测器），可以用"水平×垂直"角度来表示。

红外导引头的视场和像元数共同决定了图像的分辨率，同样视场条件下像元数增加或者同样像元数条件下视场减小，都可以使分辨率增加。提高分辨率对提高导引头探测远距离小目标的作用距离会带来很大好处，也有利于提高制导精度，便于实现目标、干扰等的有效识别，但探测器规模受限于器件工程水平、成本要求和信息处理能力，瞬时视场角也同样受到初始指向精度和截获概率要求的限制。通常防空导弹导引头视场角在 $1°\sim3°$ 之间，如防空导弹有发射后空中截获要求，受交班误差的影响，视场角还需进一步扩大。

7.2.2.7.3　帧频

帧频的提高会减少因运动引起的成像模糊，同时提高获得数据的数据率，减少因帧频引起的时间延迟，对于提高制导回路精度有益。但帧频提高也会带来一些不利影响，包括探测器积分时间受到限制，会影响灵敏度；给图像信息处理提出更高的实时性要求等。防空导弹在具体设计时可以考虑采用变帧频的技术措施，在弹目距离较远时，采用较低的帧频以提高探测能力，并可以采用较为复杂的图像识别算法进行弱小目标识别，同时不会引起制导误差的增加，随着弹目距离接近，信噪比增大后，可以采用高帧频进行处理，确保制导精度。

凝视成像导引头的帧频目前一般在 $50\sim200$ Hz 之间，常用的是 100 Hz。

7.2.2.8　红外成像导引头关键技术及未来发展

近年来，随着红外成像导引头的逐步实用化，相关技术也得到了迅速的发展，目前，这一领域的技术进步方兴未艾，聚焦近期和未来，红外成像导引头在以下的关键技术领域还将进一步发展。

（1）先进探测器技术

前文已经做过论述，探测器技术将朝着小体积、集成化、大规模、多波段、快响应、低成本等方向发展。

（2）先进光学系统设计技术

在光学系统设计方面，由于双色、双波段、多模复合技术的应用需求日益迫切，光学头罩设计将成为红外成像导引头技术发展的一个热点。这方面主要的发展方向有：

1）宽频段头罩技术，开发可以应用于红外、可见光、紫外、毫米波等频段的有较广泛适应性的新材料，并尽快实现工程化应用；

2）共形设计技术，包括适应红外和微波的共形头罩，采用"赋形天线"设计技术将毫米波、微波天线内嵌到导引头壳体内；以及为适应气动外形减阻要求而设计的共形头罩等（如图 7-52 所示）；

3）先进光学镜头设计技术，包括无热化设计、二元光学和微光学设计等。

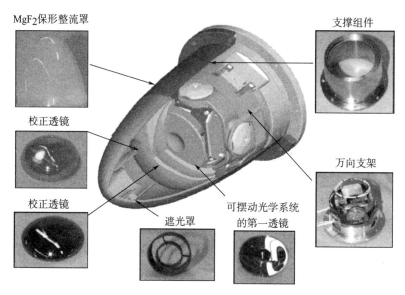

MgF$_2$保形整流罩　　　支撑组件

校正透镜

校正透镜　　　遮光罩　　可摆动光学系统的第一透镜　　万向支架

图 7-52　共形头罩导引头

（3）自动目标识别技术

自动目标识别技术包括目标的自动检测、识别、精确跟踪以及抗干扰等，这是成像导引头的灵魂所在，直接决定着导引头的基本功能的发挥。在自动目标识别技术中，研究的重点方向有：

1）复杂背景下的弱小目标检测技术。防空导弹的红外导引头面临的是远距离截获空中小目标的作战需求，且随着目标隐身技术的采用和作战条件的复杂多样化，目标截获还需解决在复杂条件下对弱目标的检测问题。

2）目标的自动识别技术。目标的自动识别技术，对于防空导弹而言，主要应用是对抗复杂人工干扰，要在大量的人工干扰、背景、噪声中将目标有效识别出来，这里会涉及到大量的细节性关键技术。

3）精确跟踪技术。为了获得目标精确的角位置、角速度等信息，生成品质良好的控制指令，需要采用精确的目标跟踪方法，常用的算法有卡尔曼滤波、自适应迭代质心跟踪算法，通过合理的算法，可以将跟踪位置精度提高到亚像素级。

4）命中点识别技术。

（4）信息处理机技术

红外成像导引头的复杂的信息处理需求，给弹上信息处理机提出了以下要求：

1）大数据量、大计算量的高速实时处理；

2）对弹载恶劣环境包括自然环境、电磁环境等的适应能力；

3）小型化、重量轻、功耗低；

4）低成本。

为满足上述要求，实时信息处理机的技术实现通常有两种技术途径，一种为通用机模式，即单纯使用 DSP 处理器模式；另一种为专用硬件模式，即 FPGA＋DSP 模式，其中后者既具有通用系统的特点，又有很强的灵活性，可以通过系统定制实现系统要求，具有集成化程度高、小型化设计、高速实时的特点，在防空导弹领域得到了广泛应用。

7.2.3　激光半主动导引头

激光制导是使用激光作为跟踪或传输信息的手段，解算导弹偏离目标位置的误差量，并形成控制指令控制导弹飞向目标的一种制导体制。激光制导体制在 20 世纪 60 年代首次得到应用，目前为止已经取得长足的进步和发展。

激光制导具有精度高、抗干扰能力强、结构简单、成本低的特点，具有很大的发展潜力和应用前景。激光制导的具体实现方式有激光主动制导、激光半主动制导和激光驾束制导三类，其中激光主动制导体制尚处于发展阶段，应用还不成熟；激光驾束制导应用范围有限，在旋转弹上使用限制条件很多；因此本书主要针对旋转导弹上可采用的激光半主动制导体制进行简单介绍。

7.2.3.1　系统特点

激光半主动寻的制导是由弹外的激光目标指示器向目标发射激光脉冲编码信号，由弹上的导引头通过处理探测到的目标漫反射的激光而获得目标的方位信息，从而形成制导和控制指令，使弹上控制系统适时修正弹体的飞行弹道，直至准确命中目标的一种制导方式。

激光半主动制导体制的优点是：制导精度高、抗干扰能力强、结构简单、成本低，容易实现模块化和通用化。

激光半主动制导体制的主要不足是：可用的激光波长种类少，容易被敌方侦测和实施对抗；需要照射器始终照射目标，占用火力通道，对地面照射设备有很高要求；使用受气象条件影响，在复杂战场环境中的实用性受到限制。因此激光半主动制导往往作为一种补充制导模式或者用于复合制导。

激光半主动制导以往大量应用于制导炸弹、制导炮弹和制导导弹，主要用于对付地面固定目标或者慢速目标如车辆等，在防空导弹上使用时，首先要考虑对高速目标的制导信息频率问题。以往的激光目标指示器脉冲重复频率在 20 Hz 以下，普通的指示器重复频率在 40 Hz 以上，但用于防空制导时，应进一步提高到 100 Hz 以上，目前应用半导体泵浦的 YAG 激光器已可以实现上述要求。

激光导引头对目标的探测是依靠目标表面对激光的漫反射，目标对激光的反射率与观察方向有关，通常存在一个以目标为顶点，以照明光束方向为对称轴的圆锥形角空域。导引头在这一空域内才能实现对目标反射激光的有效探测，这一角空域称为"光篮"。目标表面光滑时，光篮范围会减小。一般光篮锥角范围在 $20°\sim30°$。

7.2.3.2 组成和功能

作为一种光学导引头，激光半主动导引头的构造与红外导引头有很多类似的地方，也可以分为位标器（含光学系统、激光探测器、稳定平台）和电子设备两大部分，如图 7-53 所示。

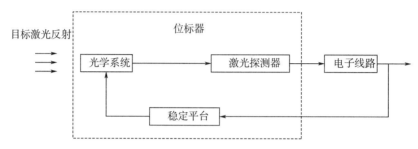

图 7-53 激光半主动导引头组成框图

图 7-54 为美国海尔法空地导弹采用的激光半主动导引头结构示意图，采用陀螺稳定光学系统方式。

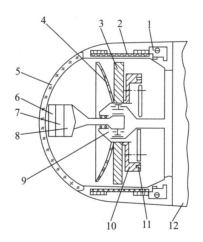

图 7-54 海尔法空地导弹激光半主动导引头结构图

1—碰合开关；2—线包；3—磁体；4—主反射镜；5—整流罩；6—前放；7—激光探测器；
8—滤光片；9—万向支架；10—锁定器；11—章动阻尼器；12—电子舱

7.2.3.2.1 激光目标指示器

由于激光导引头接收的是目标指示器发射后经目标反射的激光，因此首先简单介绍激光目标指示器的情况。

激光目标指示器主要为激光制导武器指示目标，具有向目标发射激光的能力和瞄准能力，大多数情况下还具有跟踪测距能力。目前最常见的是 Nd:YAG 固体激光器，即钇铝石榴石晶体（Neodymium – doped Yttrium Aluminium Garnet）激光器。该激光器波长为 $1.06~\mu m$，是一种技术成熟的激光器。此外波长为 $10.6~\mu m$ 的 TEA 二氧化碳激光器近来也获得发展，且将来有可能取代 Nd:YAG 激光器。

在对地攻击时，激光目标指示器大多由地面人员携带并提供照射，也可以由飞机机载，其重复频率在 $10\sim20~Hz$。作为防空导弹使用时，激光目标指示器通常与光学、红外或雷达瞄准设备集成一体，提供对空中目标的跟踪和照射，同时也可进行测距。

为保证在复杂的战场环境中制导武器能够正确识别所指示的目标，激光指示器发射的激光信号是按系统预先设定编码的，常见的编码方式有周期性编码、等差型编码、伪随机编码等。

7.2.3.2.2 位标器

激光半主动导引头的位标器形式有五种，分别为捷联式、万向支架式、陀螺稳定光学系统式、陀螺-光学系统耦合式、陀螺稳定探测器式，与红外导引头位标器类似。其特点如表 7 - 2 所示。

表 7 - 2　激光半主动导引头位标器特点

形式	捷联式	万向支架式	陀螺稳定光学系统式	陀螺-光学系统耦合式	陀螺稳定探测器式
结构特点	光学系统、探测器与弹体固联	光学系统、探测器固定在万向支架上	光学系统和探测器由动力陀螺稳定	透镜和探测器固定在弹体上，陀螺稳定反射镜	光学系统固定在弹体上，陀螺稳定探测器
扫描、跟踪能力	无	能独立扫描跟踪，范围大		能独立扫描跟踪，范围中等	
视场	瞬时视场大	瞬时视场小，跟踪视场大		瞬时视场小，跟踪视场中等	
探测器	尺寸大，时间常数大	尺寸小，时间常数小			
背景干扰	大	小			
弹体耦合影响	大	小		很小	
精度	低	中等		高	
复杂度、可靠性	简单，高可靠	中等	复杂	中等	中等

各种位标器形式中，以往陀螺-光学系统耦合式应用较为广泛，但是其跟踪视场有限，通常只适用于慢速目标，防空导弹上较为适用的是陀螺稳定光学系统式（即红外导引头的动力陀螺式位标器）。

7.2.3.3　光学系统

激光导引头的光学系统起到了收集、会聚激光能量的作用，包括头罩、光学镜片、窄带滤光片等，随位标器结构的不同，光学系统有透射式的，也有折反式的。头罩需要满足气动设计的要求，窄带滤光片只允许激光波长的光线透过，可以滤除背景干扰。

与红外导引头相比，激光导引头由于工作在短波红外波段，其光学系统选材的范围较广，例如海尔法导弹的主要光学元件就采用了塑料材料（聚碳酸酯）。

7.2.3.4　激光探测器

激光半主动导引头普遍采用象限探测器来测量目标相对光轴的偏移量大小和方位。象限探测器可以有四元、三元、二元或者其他形式，目前应用最广泛的是四象限探测器。

四象限探测器使用对 $1.06~\mu m$ 波长敏感的光电二极管，由四个相互独立的二极管组成，沿光学系统轴线对称布置。按光敏面形状有圆形四象限探测器和矩形四象限探测器，按光敏面材料可以分为硅雪崩光电二极管和 PIN 光电二极管等。其基本原理如图 7 - 55 所示。

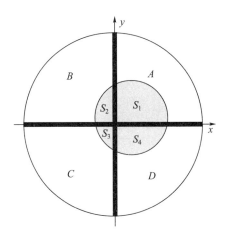

图 7 - 55　四象限探测的基本原理图

四象限探测器在接收到目标反射的激光成像光斑时，若光斑中心与探测器中心重合，则四个象限的光斑面积相同，收到的能量相等；若光斑中心偏离探测器中心，四个象限的光斑面积就有差异，其输出的电流也不相等。

四个象限光电二极管输出信号可以是"有-无"形式的，也可以是随照射面积不同线性变化的，通常使用后一种方式来保证精确测量目标位置。

如图 7 - 55 所示，设光斑半径为 r ，在四个象限的光斑面积分别为 S_1、S_2、S_3、S_4，四个象限之间的间隔距离为 $2L$ ，则光斑中心相对于探测器中心的偏移量为

$$x = \frac{\pi r^2 - 8rL + 4L^2}{4(r-L)} x_1 \tag{7-56}$$

$$y = \frac{\pi r^2 - 8rL + 4L^2}{4(r-L)} y_1 \tag{7-57}$$

$$x_1 = \frac{S_1 - S_2 - S_3 + S_4}{S_1 + S_2 + S_3 + S_4} \tag{7-58}$$

$$y_1 = \frac{S_1 + S_2 - S_3 - S_4}{S_1 + S_2 + S_3 + S_4} \tag{7-59}$$

具体在电路上实现时，有三种方法：和差法、对角线相减法和四象限管对接法（如图 7 - 56 所示），其中和差法应用最多。

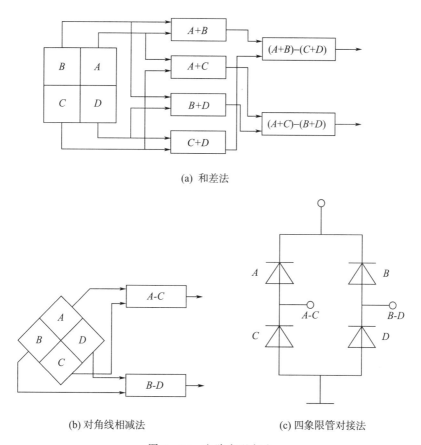

(a) 和差法

(b) 对角线相减法　　　　　　(c) 四象限管对接法

图 7 - 56　电路实现方法

采用四象限的激光探测器结构简单、成本低廉，但是对四个象限元件一致性要求很高，且对灵敏度、响应速度、暗电流等特性都有一定要求，当四个象限探测器面积较大时，器件不一致性差异会增大，将导致对精度的不利影响，而探测器面积减小又会影响探测视场。

为了解决上述问题，又提出了一种双四象限探测器，在内部四象限探测器基础上外围又增加了一圈四个象限的探测器，如图 7 - 57 所示。此时探测器分为中心区（又称为线性区，如图中 $ABCD$ ）和外围区（又称为开关区，如图中 $A'B'C'D'$ ）。线性区起对目标线性精确跟踪的作用，而开关区起到大范围搜索截获然后使导引头进动转入线性区的作用。

在四象限探测器探测得到目标方位后，作为防空导弹使用时，一般采用比例导引规律，此时，生成与视线角速度成比例的控制信号的方法与红外导引头基本相同，这里就不再展开叙述。

7.2.3.5　关键技术和发展趋势

激光半主动制导体制是一种出现时间较早，技术也较为成熟的制导体制，但是应用于防空导弹领域还是一个很新的课题，还有很多新的技术难题需要克服，例如要解决激光光束窄引起的对空中高速机动目标的高精度跟踪问题，高重频激光照射问题，接收、解码问

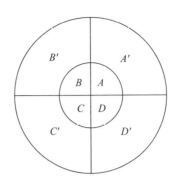

图 7-57　双四象限探测器示意图

题等。此外，激光制导本身也在不断发展进步，今后的技术发展趋势有：

（1）激光主动成像制导技术

激光半主动寻的的主要缺点之一是不能实现发射后不管，为此，激光制导领域一直在致力于发展激光主动成像制导的技术，激光主动成像制导图像分辨率高、清晰稳定，能够三维成像，并能提供速度、距离等信息，在提供信息的丰富程度上要超过红外成像体制，是激光制导领域未来重点发展方向之一。目前该领域的主要技术难题在于要满足作用距离要求的高重复频率激光器件和电源等在体积功率上存在的矛盾。

（2）激光复合制导技术

激光制导本身系统构成简单，针对激光制导在复杂气象条件下存在的缺点，可以与其他制导体制构成复合制导，相互弥补各自的不足，充分发挥各自的优势。常见的激光复合制导体制有激光半主动/主动-红外复合制导、激光半主动-毫米波复合制导等。

（3）激光波长的优化

目前激光制导常用的 $1.06~\mu m$ 波段对烟雾穿透能力不强，且已为各国熟知而出现了大量针对性的对抗手段，因此，中、长波段和可调节波长激光器的发展和应用受到了重视。这方面一个方向是二氧化碳激光器的应用，二氧化碳激光器工作在长波红外波段，输出功率和脉冲重复频率高，具有优良的大气传输性能和烟雾穿透能力，对地物和背景干扰有较强的抑制作用，且便于和红外制导实现复合，另一种近绿宝石激光器的输出波长在 $700\sim 900~nm$ 范围内连续可调，在抗干扰领域可能发挥很大作用。

（4）激光抗干扰技术

针对激光制导武器，目前已发展出了多种干扰措施，主要包括烟幕干扰、角度欺骗式干扰（用干扰机发射欺骗干扰脉冲进行诱偏）、高重复频率干扰（利用干扰机发射高重复频率脉冲，使正常信号被湮没而达到干扰的目的）、压制干扰（利用高能量激光器进行压制、致盲或者摧毁）等。

针对上述干扰手段，激光制导武器可以采取的抗干扰措施包括激光脉冲编码技术、波门选通技术，以及新型激光器技术等，干扰和抗干扰技术是在不断对抗中持续进步和发展的。

7.2.4　多模复合导引头

随着现代战争战场环境的日益复杂，对导弹武器装备性能需求的不断提高，传统的单一模式的导引头已很难满足作战使用需求，在这种条件下，将多种探测模式结合起来的多模复合导引头已成为技术发展的重要方向。

多模复合导引头将两种及两种以上模式的导引头复合起来，取长补短，可以达到 $1+1>2$ 的效果，多模复合导引头中，最为常见的是双模导引头，具体的组合方式多种多样，比较常见的有不同频段的复合，例如微波和红外的复合（又可按波段细分为很多种），激光和红外的复合；或者是不同工作模式的复合，例如主动雷达和半主动雷达的复合；又或者是频段和工作模式都不同的复合。

需要说明的是本节讨论的复合导引头不包括与指令、惯性导航这类制导模式的复合，因为这些制导模式严格说来不是通过导引头实现的，导引头本身仍然是单模导引头。本节讨论的内容如数据融合等可能涉及双色或者双波段导引头，但对此类导引头前文已有论及，这里也不再展开论述。

复合导引头的种类虽然很多，但对于本书介绍的旋转防空导弹而言，能够适应旋转弹作战特点的复合模式的体制选择就受到很大限制，即要求不同模式的导引头都能适应弹旋的工作要求。

本章将以一种十分典型的旋转弹双模导引头——RAM 导弹的被动微波/红外导引头为例，介绍旋转弹用多模导引头的技术特点和双模复合导引头设计中的相关技术环节。

7.2.4.1　旋转弹多模导引头复合的设计原则

多模导引头利用对同一个目标的两种以上的目标特性进行探测和制导，这样获得的目标信息特征丰富，可以充分发挥各自的优势，弥补单模导引头在探测能力、探测精度、抗干扰等方面可能存在的不足。

选择复合导引头的模式时，并不是简单的单模导引头的叠加，而是需要根据战术技术要求，分析目标的相关特性和作战环境的各种影响，并根据技术可实现性和其他方面的综合因素影响而选择合理可行的复合方案。

这里列出以下一些需要考虑的复合导引头设计原则。

1）复合的多种模式之间，如果是工作频段的复合，则两种频率之间的差距越大越好，如果两种频率十分接近，则两者之间的相互影响会增大，也为敌方的对抗提供了便利；

2）复合的多种模式之间尽量考虑不同体制模式的复合；

3）复合的多种模式之间在探测元的布局上尽量能够实现共孔径复合；

4）复合的多种模式在探测和抗干扰功能上尽量能够互补，从而能够发挥复合导引头的最佳综合效能；

5）复合的多种模式之间应尽量避免相互产生不利的干扰；

6）采取各种措施如数字化等手段，尽量实现多模式之间尽可能多的设备的共用（例如电源、电路等）和集成一体化设计，从而减小尺寸、重量，提高系统的可靠性；

7) 对于旋转弹，复合的各种模式各自都应当能够适应旋转弹的工作状态，设计参数应当针对弹旋特性进行匹配和优化。

目前，旋转导弹可用的多模复合导引头有以下几类：

（1）双色（双波段）光学复合制导

双色（双波段）光学复合制导主要是利用目标在两个不同的光谱频段的辐射信息进行复合制导，目的在于提高抗干扰能力，并在特定条件下提高截获能力。常见的复合制导形式有：红外（中、长波）/紫外双色，红外双波段或者多波段（短波、中波、长波或者单一波段内的不同组合，常见的是中波/短波或者中波/长波），红外/可见光双色等。这种复合制导模式的主要核心部件集中在探测器的设计和布局上，此外光学系统设计要考虑兼顾不同波段光线或者分光设计，其他部分的设计均可以兼顾，因此技术实现上相对较为简单，很多情况下导引头体积重量和单模导引头基本相当。通常情况下，不把这种导引头称为双模导引头。

典型型号有美国毒刺 Post 导弹、俄罗斯的针－S 导弹等。

（2）双模光学复合制导

是指两种或者多种光学制导模式之间的复合，如激光半主动/红外复合、激光主动/红外复合等，双模式复合可以克服红外单一被动模式对目标红外辐射特性的依赖，扩展了作战的对象种类，并提供了更多抗干扰的手段和信息，同时由于都采用了光学波段导引，便于实现共孔径设计，也便于控制导引头的体积重量，实现信息处理的复用。目前为止虽尚未见到服役型号采用了上述复合导引头，但这一领域已经是未来发展的热点之一。

（3）被动微波/红外复合制导

微波和红外复合制导也是一种较为常见的复合导引头制导模式，主要是利用微波制导作用距离远、可全天候作战和红外制导精度高、分辨率好、抗电磁干扰能力强的特点，是一种典型的互补式制导模式。但常规的微波和红外复合难以实现共孔径设计，导引头直径较大，多用于中远程防空导弹。RAM 导弹首先应用的是被动微波/红外复合制导，采用了相位干涉仪结合弹旋解模糊的被动微波设计方案，两者的布局正好可以互补，从而较好地解决了非共孔径导引头体积较大的问题，在旋转弹领域应用前景广泛。

7.2.4.2　被动微波/红外双模导引头的组成、功能和基本工作原理

针对舰艇受到的日益严重的反舰导弹威胁，20 世纪 80 年代美德联合研制了 RAM 舰空导弹，此后该导弹又不断改型，并大量装备西方国家水面舰艇。RAM 导弹采用了宽带被动微波/红外（早期 Block 0 为玫瑰线扫描体制，Block 1 改进为旋转线列扫描体制）导引头，综合了被动微波制导作用距离远、视场大和红外制导精度高、抗干扰能力强的特点，是一型极为成功的采用双模复合导引头的旋转导弹。本章以 RAM Block 1 导弹的被动微波/红外双模导引头为例介绍该类导引头的组成、功能和基本工作原理。

由于红外导引头部分在本章前文已经作过介绍，本节主要介绍被动微波导引头的情况。

7.2.4.2.1　被动微波导引头种类、组成

被动微波（雷达）导引头是雷达导引头的一种，主要依靠对敌方辐射源信号（如敌方

的雷达）进行捕获和跟踪，并实时检测出导弹与目标辐射的角信息，在此基础上形成所需的控制指令，导引导弹跟踪目标辐射信号，直至命中目标的一种导引头。

被动微波导引头本质上是一个测向系统，通常采用超宽频带（2～18 GHz 甚至 0.5～40 GHz）测向方案。具体实现方式有相位干涉仪测向、比幅比相测向、比相比幅测向、以及单脉冲比幅测向等，目前在旋转弹上都采用相位干涉仪测向的方案，具体原理在后文介绍。

被动微波导引头一般由接收天线、信号接收机、信号分选装置等组成。其工作机理是：导引头天线接收到目标辐射的信号后，经接收机送到信号处理系统，对信号进行分选和识别，一旦判定为目标信号，就截获目标，提取角误差信号，处理后用于控制导弹飞行或者向其他制导模式交班。

被动微波导引头的一般组成框图如图 7 - 58 所示。

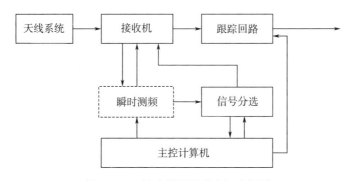

图 7 - 58　被动微波导引头组成框图

（1）宽带接收天线

为了对各种雷达信号都满足一定的侦测要求，被动微波导引头的接收天线要满足宽带接收的要求，同时要求具有全极化和极化转换能力，具体的实现方案可以有多种形式，应用较为广泛的几种宽带平面天线如图 7 - 59 所示。此外，目前也在研究和应用可以与导弹外形共形设计的天线。

（2）接收机

微波接收机主要用于将天线接收到的信号进行放大、滤波、变频等处理后变为后续可以处理的信号，具体实现方案有直检式、高放直检式、超外差式等，目前超外差式接收机应用较多。

超外差式接收机的基本工作原理是利用变频器把超宽频带的射频信号变成中频信号，因此具有灵敏度高、频率选择性好的优点。具体实现上又可以分为高中频接收机和低中频接收机两种方案。

高中频接收机方案装有射频开关和预选滤波器，对于虚假信号、镜像信号具有良好的分辨能力，为补偿这些器件的损耗要求有宽带的前置放大器。低中频接收机依靠镜频抑制混频器来抑制不需要的信号，构成相对简单，成本较低，但性能略差。

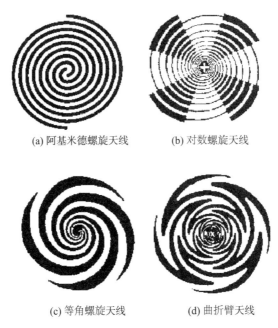

(a) 阿基米德螺旋天线　　　　(b) 对数螺旋天线

(c) 等角螺旋天线　　　　(d) 曲折臂天线

图 7-59　常见的宽带接收天线

（3）瞬时测频系统

瞬时测频系统（IFM）主要用于探测目标信号的频率、幅度、脉宽、到达时间、重复频率等参数，并进行快速提取、分选和识别。对于有地面的电子支援设备（EMS）提供这些参数的导弹而言，瞬时测频系统并不是必需的，但在导引头上安装 IFM 可以增加在发射前装订信息丢失后重新截获其他信号目标的能力，并增强抗干扰能力。目前数字式瞬时测频技术已逐步成熟，且电路体积大幅度缩小，使得其在本类导引头上的应用具备了可能性。

（4）信号分选系统

信号分选是被动微波导引头的一个重要环节，其主要任务是识别接收到的不同雷达脉冲，根据特征进行鉴别和筛选。

用来表征被测微波信号特征的有时域、频域、空域的多种参数，主要参数有以下几种（全部或者其中几种的组合）：

1）脉冲宽度（PW，pulse width）；

2）脉冲重复频率（PRF，pulse recurrence frequency）或者脉冲重复周期（PRI）；

3）信号载频（CF，carrier frequency）；

4）脉冲幅度（AVP，amplitude versus pulse）；

5）脉冲到达时间（TOA，time of arrival）；

6）脉冲到达方向（DOA，direct of arrival）。

信号分选是利用信号的相关性来实现的，被动微波导引头在发射前由地/舰面的电子侦察系统侦察得到目标的上述微波信号特征后，通过与搜索雷达等提供的信息（方位等）

的参数对比、匹配和数据融合，从而分选出需要拦截的目标的信息特征，并将其装订到导引头上。微波导引头根据接收到的微波信号与装订信号特性的匹配情况，完成信号的分选。

在目标雷达信号特征中，PRF/PRI 是一个非常重要的参数，对重频进行信号分选是整个分选过程中的重要环节，传统的重频分析方法是：首先对交织在一起的雷达脉冲进行频域（载频）、空域的预分选，然后采用基于直方图统计等方法完成重频分选。

7.2.4.2.2　相位干涉仪测向原理

旋转弹上的被动微波导引头都采用单基线的相位干涉仪（简称相干仪）体制，并利用弹旋实现了解模糊，是一种适应旋转弹特点的技术实现方案。

相位干涉仪是一种被动微波接收装置，单基线相位干涉仪利用两根天线进行测向，其原理如图 7 - 60 所示。

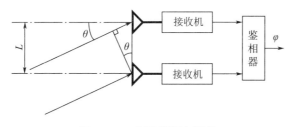

图 7 - 60　相干仪测向原理

当间距一定的两根天线接收到同一辐射源发出的信号时，入射信号到达两个天线的相位差为

$$\Phi = \frac{2\pi L}{\lambda}\sin\theta \qquad (7-60)$$

式中　Φ ——全相位差（可以大于 2π）；

　　　L ——两根天线间距；

　　　λ ——入射信号波长；

　　　θ ——目标视轴与天线轴的夹角，以下简称视角。

经过鉴相器后输出的是鉴相相位差 φ，其范围在 $-\pi$ 到 π 之间，因此，有

$$\theta = \arcsin\left(\frac{\lambda\Phi}{2\pi L}\right) = \arcsin\left[\frac{\lambda(2n\pi + \varphi)}{2\pi L}\right] \qquad (7-61)$$

显然，当视角 θ 一定时，天线间距 L 越长，入射信号波长 λ 越短，则模糊数 n 越大。只有当 L 小于 $\lambda/2$ 时，才不会出现模糊现象。由于相位干涉仪主要用于宽频带测量，其天线间距也远远大于被测量信号波长，因此实际导引头上相位模糊是必然存在的。

解决测角模糊的方法有很多种，但适用于相干仪被动微波导引头的方法有长短基线解模糊和旋转基线解模糊两种，长短基线解模糊需要设置多组天线，并占用内部空间，因此在旋转弹上最为适用的就是旋转基线解模糊方法，只用一对天线就可以在解模糊的同时实现全向探测。

旋转相位干涉仪工作原理为：当相位干涉仪连续旋转时，其基线的有效长度将按余弦规律变化，此时有

$$\Phi - \frac{2\pi L \cos(\omega t + \psi)}{\lambda} \sin\theta \qquad (7-62)$$

式中　ω——旋转角速度；

　　　ψ——旋转初始相位角。

由于鉴相器输出范围为 $[-\pi, \pi]$，相当于把全相位差的输出进行了截断和平移，两者关系如图 7-61 所示。

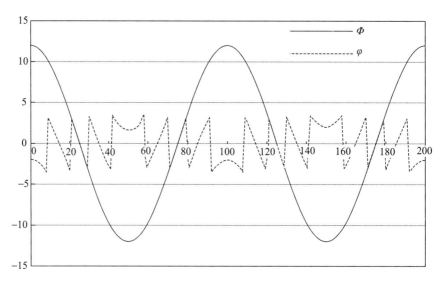

图 7-61　真实相位变化和鉴相相位变化曲线

要实现对上述现象的解模糊，目前有两类方法。

（1）采用时延跟踪回路实现解模糊

旋转相干仪采用时延跟踪系统，可以使角度信息转化为旋转频率交流信号的幅度与相位，进而实现无模糊测向。该系统的框图如图 7-62 所示。

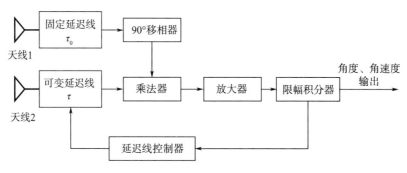

图 7-62　时延跟踪回路框图

相干仪系统的两根天线接收到的信号分别为

$$u_1(t) = U_1 \cos\omega t \qquad (7-63)$$
$$u_2(t) = U_2 \cos[\omega(t - \tau_i)] \qquad (7-64)$$

其中 $\tau_i = L\cos\theta / c$，为微波信号到达两个天线的波程差，c 为光速。

天线 1 信号经过固定延迟线和 90°移相器后的信号为

$$u_1(t) = U_1 \cos[\omega(t - \tau_0) - 90°] = U_1 \sin[\omega(t - \tau_0)] \quad (7-65)$$

天线 2 信号经过可变延迟线后，输出信号为

$$u_2(t) = U_2 \cos[\omega(t - \tau_i - \tau)] \quad (7-66)$$

两者通过乘法器输出取差频得到

$$u(t) = U \sin[\omega(\tau_i + \tau - \tau_0)] \quad (7-67)$$

该信号经放大和限幅积分器的积分处理，可得到与视角成比例的信号。同时该输出通过延迟线控制器控制可变延迟线，从而形成了一个内部环路，实际上也是一个时延锁定回路。该环路中，乘法器实际是一个相位比较装置，用于检测输入信号的相位差并转化为误差电压。放大器和限幅积分器为低通滤波器，滤除高次谐波和其他干扰分量。经过积分器输出的电压是一个正弦信号，其频率等于弹体旋转频率，其幅值受到天线间最大时延差的调制，因此，通过测量限幅积分器输出信号的幅值就能得到天线间最大时延差，然后通过反正弦计算可计算得到视角 θ。

（2）采用数字化角跟踪解模糊

时延跟踪回路解模糊本质上是一种模拟器件实现方法，为提高测角精度需要采用高位数数控延迟线，增加系统的复杂度。随着数字技术的发展，目前已可采用数字化方法实现解模糊处理。

数字化相干仪的基本原理框图如图 7-63 所示。

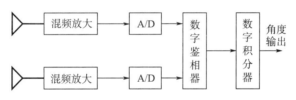

图 7-63　数字化相干仪系统框图

由图可以看出，数字化相干仪解模糊，就是通过对数字鉴相器输出参数采用数字积分器按一定算法进行还原，解算各采样点相位差的正确模糊数，进而恢复正确的相位差变化曲线，并判读出其最大、最小值 $\Phi_{\max}$ 和 $\Phi_{\min}$，从而可以计算出视角，有

$$\theta = \arcsin\left(\frac{\lambda}{2\pi L} \left| \frac{\Phi_{\max} - \Phi_{\min}}{2} \right|\right) \quad (7-68)$$

7.2.4.2.3　RAM 导弹导引头设计分析

RAM 导弹的双模导引头如图 7-64 所示，包括被动微波部分和红外部分，其中红外部分又包括了位标器和电子线路，红外部分的介绍可详见 7.2.2.6 节。

导引头有两个安装在舱体前部的射频天线组件用于探测由目标辐射的微波能量。安装在导引头后面的两个微波天线用于抑制来自发射舰艇的微波辐射，避免其干扰微波导引头对目标的捕获和正常跟踪。目标辐射的红外能量透过头罩进入，由红外部分进行处理。

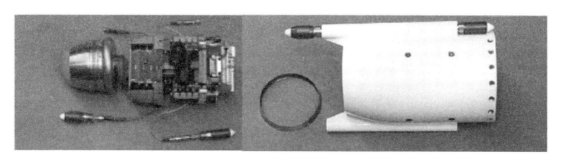

图 7 - 64　导引头内部构件以及导引头壳体、天线

导弹发射前，导引头接收来自发控系统的初始装订数据（包括微波能量、频率、目标速度与制导模式等）。导弹发射后，导引头处理来自目标的微波/红外能量以计算跟踪误差信号，并形成控制指令，控制舱执行控制指令操纵导弹拦截目标。

导引头主要完成以下功能：模式控制；微波探测与跟踪；红外搜索、探测与跟踪；陀螺控制；探测器制冷；遭遇段探测；与发控系统的串行通信；以及飞行软件重新编程。RAM 导弹微波导引头用于自动截获并跟踪来自雷达制导反舰导弹的信号。当采用 RAM 导弹攻击此类目标时，由作战系统向导弹发送目标指示信息，把目标设定为一个微波辐射源并确定目标的微波频率。RAM 系统自动将导弹设定为 RF/IR 模式，在这种模式下导弹将截获并跟踪微波辐射源。

RAM 导弹导引头的微波部分采用了单平面的相位干涉仪方案，获取目标主动雷达导引头辐射的微波能量，并测量得到角度和幅度信息，如图 7 - 65 所示。由于弹体的滚转运动，使导引头在一个滚转周期内可以解算出两个平面上的目标角度信息。导引头两个后向天线与两个干涉仪天线对每个脉冲进行处理，从而能够通过能量将目标的微波信号与 RAM 发射平台的微波信号区别开来。

红外导引头位标器陀螺也是微波导引头的一个组成部分，由于陀螺的相对惯性空间的定轴性，可以隔离弹体姿态，因而可以对相位干涉仪的目标角度信息中的弹体姿态扰动进行解耦。这样就能够准确地处理得到微波模式下的视线角速度信号，并用于导弹的微波比例导引。同时，红外导引头在微波指引下指向目标，直到红外导引头截获目标的红外能量并确认目标的航迹，然后交班到红外导引头进行导弹制导，此时具有较高的末制导精度。

在红外导引头没有截获目标的情况下，微波导引头也能够全程制导直到拦截目标。

7.2.4.3　多模导引头复合技术

多模导引头的复合工作，按其工作模式之间的相互关系，可以分为同控式和转换式两大类。同控式就是多种模式的导引头同时工作，各自的输出信号按一定准则（权重）进行融合后控制导弹飞行，这种方式具有良好的抗干扰能力，其主要关键技术是需要解决多模信息融合问题。转换式是指多模导引头中同一时间只有一种模式工作并输出信号控制导弹，各种模式间在满足相应的工作条件后进行转换（交班），转换式通常适用于多种模式在工作条件上互补的情况。实际上从某种意义而言，转换式可以认为是同控式的一种

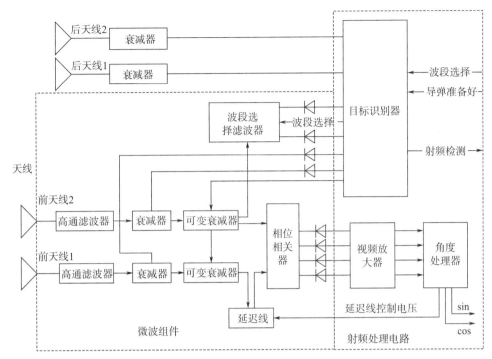

图 7 - 65　RAM 导弹被动微波导引头方框图

特例。

对于多模复合导引头和多模复合制导，重点要解决的是交班及信息融合的问题，其中交班问题更多地涉及导引规律设计和交班策略设计，以保证各个模式之间过渡的平稳性，以及提供有利于交班过程导引头截获的各种条件，具体设计方法和思路在 5.2.3 节中已经进行了介绍，本节主要介绍多模导引头的信息融合技术。

多模导引头采用不同频段或者不同体制的传感器对目标进行探测，这些传感器测量得到的目标信息在形式、属性上或多或少都会存在差异，如何将不同的传感器获取的信息有效利用，就是信息的融合，这是多模导引头在形成最终制导指令前需要解决的重要技术问题。

7.2.4.3.1　多模信息融合的定义、分类

多模信息融合是充分利用不同时间、空间的多传感器数据资源，采用计算机技术对按时间序列获得的多传感器观测数据，在一定准则下进行分析、综合、支配和使用，获得被测对象的一致性解释和描述，进而实现相应的决策和估计，使系统获得比各个组成部分更加充分的信息。

与单模系统相比，采用多模信息融合的主要优点包括：

1）增加了对目标的测量维数，提高了置信度；

2）扩展了对目标测量的时间、空间上的覆盖范围；

3）提高了系统的容错性和稳定性；

4）降低了对各个组成的单个模式的性能要求；

5）提高了系统对复杂环境的适应能力。

多模信息融合从结构上可以分为集中式、分布式、混合式三种。

1）集中式融合，又称为中心式融合或量测融合，是将所有的传感器测量信息都送到一个中心节点进行融合，这种方法没有数据损失，融合效果好，但融合中心要处理的信息量大，通信要求高，技术实现难度较大。复合导引头中，双色/双波段导引头这类产品的复合可以采用集中融合的方法。

2）分布式融合，各传感器先将自身的测量信息进行处理得到局部估计值，然后把估计结果送入融合中心形成全局估计。这种结构对通信要求低，系统可靠性较高，工程上易于实现，一般的不同种类模式复合的导引头大多采用这种方式。

3）混合处理，是把集中式和分布式融合根据具体特点和要求进行不同的组合，比较适用于多种模式混杂的应用场合。

从融合的层次上，多模信息融合又可分为数据级、特征级和决策级融合。

1）数据级融合，又称为像素级融合，传感器原始信息未经处理就进行综合分析，对应的融合结构是集中式。

2）特征级融合，是对信息进行预处理后，对各传感器信息进行特征提取，对提取出的特征信息进行综合分析处理，最终完成分析决策。对应的融合结构可以是集中式或者分布式。

3）决策层融合，各个传感器独立检测目标的出现，对目标进行预处理和特征提取，对目标进行分类。然后通过布尔运算或启发式评分融合各个传感器的分类决策，进而融合成为一个综合的决策结果。对应的融合结构是分布式结构。

7.2.4.3.2 双模信息融合典型结构和流程

以最常见的双模信息融合为例，分析各种典型工作结构。信息融合的结构形式很多，下面列出了 5 种有实用价值的融合结构。

1）完全分布式非融合结构。这种形式下，每个模式导引头单独进行数据处理，产生跟踪识别信息，由逻辑转换机构进行决策并切换模式，输出指令，如图 7-66 所示。

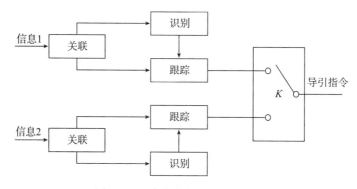

图 7-66　完全分布式非融合结构

2）最大限度分布融合结构。各模式导引头独立进行单一信息源关联、识别和跟踪，通过中央数据处理器进行连续对准和多信息源关联，并进行信息融合后输出高精度的导引指令，这是一种十分典型的双模数据融合流程结构，如图 7-67 所示。

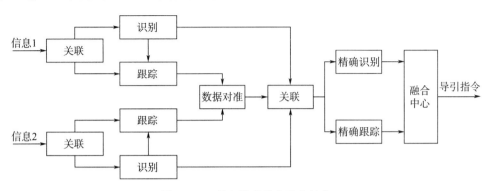

图 7-67　最大限度分布融合结构

3）分布跟踪、集中识别。各模式导引头进行数据流关联和跟踪状态估计，由中央处理器进行数据集成，并对集成后的数据进行目标识别和跟踪。这种模式对单模导引头系统的要求降低，如图 7-68 所示。

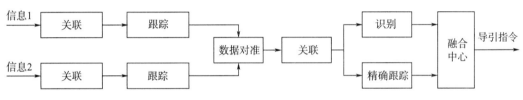

图 7-68　分布跟踪、集中识别

4）集中跟踪融合。单模导引头仅进行简单的数据关联处理，主要由中央处理器完成数据融合和跟踪，如图 7-69 所示。

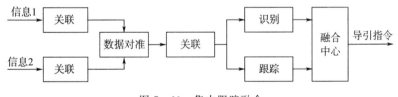

图 7-69　集中跟踪融合

5）完全集中的报告级融合。单模导引头仅输出数据，完全由中央处理器完成所有数据处理工作，如图 7-70 所示。

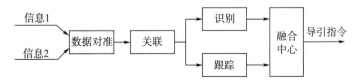

图 7-70　完全集中的报告级融合

　　上述 5 种模式各有不同的适用范围，具体选择哪一种模式需要根据导引头工作模式、工作需求和功能性能而定。

　　这里列出集中跟踪模式的双模导引头，其信息融合的基本流程如下。

　　1）对单模导引头信息的预处理，主要是完成数据的滤波，以及时空对准，由于不同模式导引头获取目标信息的方法不同，时间和空间上都存在差异，需要采用坐标补偿和时间对准方法，完成目标方位的时空一致化工作。

　　2）基于不同模式导引头给出的目标位置参数，完成在统一时空背景条件下的位置比对，也称为数据关联，以判定是否为同一目标。同一目标时，进入步骤 5）进行跟踪。如不是同一目标，则进行特征级信息复合。

　　3）进行目标的特征级信息处理，依据一定的算法，进行各探测器前端局部判断；结合各个模式自身的特征信息量，依据预置的条件进行目标识别，同时可以结合多模式数据的相关性和互补性进行特征识别，例如可以根据雷达的测距信息和红外的能量变化信息进行距离的特征识别。

　　4）基于各探测器的局部判别，完成对目标的最终综合判别。

　　5）对决策出的目标的位置等参数进行数据融合、预估，实施跟踪。

　　图 7-71 是一种分布跟踪、集中识别式的被动微波/红外复合导引头信息融合的典型框图。

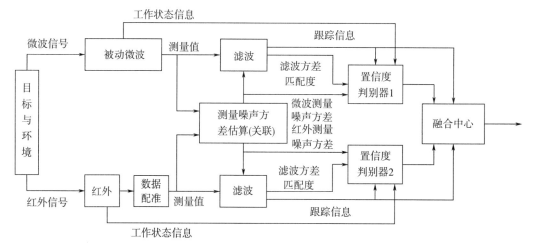

图 7-71　一种被动微波/红外双模信息融合框图

　　这种复合导引头的基本工作流程可以分为三个阶段：

　　第一阶段，目标距离较远时，由于被动微波导引头作用距离大于红外导引头作用距离，此时被动微波导引头首先截获目标信号，红外未截获，此时置信度判别器给出的红外导引头置信度小于门限值，只用被动微波的信号进行跟踪和控制；同时利用微波信号控制红外伺服系统指向，以便于红外截获。

　　第二阶段，当目标进入红外可以截获的距离时，红外导引头和被动微波导引头均独立跟踪和探测目标，并进行数据关联，同时根据各自的判别准则给出置信度判据，当红外置信度判据低于判据门限时，使用被动微波跟踪信息进行制导；当被动微波置信度判据低于判据门限时，使用红外制导信息进行制导；两者均高于门限时，如关联一致，则信息融合后进行制导，如关联不一致，则选择高置信度的制导模式进行制导。

第三阶段，接近弹目交会段时，如红外仍然截获且置信度判据满足要求，则全部交由红外进行制导，否则由微波制导。

与双模转换式（即完全分布式非融合结构）控制方案相比：传统的转换式方案在红外满足截获条件后即全部交由红外制导，被动微波不再起作用（除非红外完全丢失，才会转换回被动微波制导）；采用上述信息融合的方案，其最大优点是大大增强了抗干扰能力，在红外被干扰或者截获错误目标的条件下，可以在短时间内实现对目标的再截获。

7.2.4.3.3　多模数据关联算法

数据关联又称为量测管理或者数据相关，是多模信息融合的关键技术之一。

在多模导引头探测系统中，由于目标、环境本身的特性变化复杂，同时受导引头探测性能的制约，在整个探测过程中会引入各种测量误差；此外还可能出现多个目标或者目标和干扰共存的情况。因此，多模导引头探测到的目标的情况十分复杂，存在各种不确定性和随机性，此时，需要通过数据关联来发现目标和数据之间的对应关系，并最终确定目标。

数据关联有三个基本步骤：首先利用一定的先验统计知识设置一定的门限，把获得的传感器观测数据以设置好的门限进行过滤，滤除无关的数据包括其他目标数据、干扰数据，限制不希望的观测与航迹的关联的形成；第二步是在关联门内输出有效的点迹或航迹，形成关联矩阵；最后根据赋值策略将最接近目标预测位置的点迹赋予相对应的航迹。

数据关联的算法很多，应用的场合往往也各不相同。依据数据关联逻辑的不同，关联算法可以分为三类：第一类是关于目标的关联算法，通常假定所跟踪目标的数目是固定的，传感器的量测都来自已知目标或者杂波，典型的算法有概率数据关联方法和联合概率数据关联方法；第二类是关于量测的关联算法，通常假定传感器的量测来自已知的目标或者杂波，经典方法有多假设跟踪法；第三类是关于航迹的关联算法，通常假定航迹未被检测到，或航迹已经终结，或航迹与量测相关，或航迹与机动起始相关。

与地面设备需要在大量的信息中融合关联出目标相关信息不同，导引头由于视场有限，工作时间短，探测距离较近，因此需要解决的数据关联问题往往是有限个数的，常用的关联算法有最近邻域算法（NNDA）、加权统计距离检验法、概率数据关联算法（PDA）等。

7.2.4.3.4　多模数据融合算法

多模导引头的各个模式信息在关联成功后，通常需要一种算法将各个模式导引头的输出数据合成为一个数据，这个过程就称为数据融合。理论上只要融合算法选择合理，融合后的数据大多数情况下比单个模式导引头输出数据的精确度应更高。

多模数据融合的算法实现方案很多，常见的有最小二乘法、卡尔曼滤波、加权平均、D-S证据理论、神经网络、遗传算法、粗糙集等。多模导引头采用的信息融合结构的不同，所获得的信息量和属性不同，以及对算法性能要求的不同，所适用的算法也各不相同。

7.2.4.3.5　多源信息的滤波原理

在多模信息处理中，滤波是一个十分重要且必不可少的环节。由于导引头测量得到的参数等信息包含有各种噪声的影响，需要通过滤波处理使噪声的影响降低，同时，滤波算法往往也是和其他信息融合的信号处理方法紧密结合的，例如上文提到的数据融合，就可以结合卡尔曼滤波过程进行。

滤波属于信号处理的一个重要分支，具体方法可以分为经典滤波和现代滤波。经典滤波算法是基于傅里叶分析和变换提出的，将信号进行傅里叶变换为各种不同频率的正弦信号叠加，并只允许某一频率范围内的信号成分通过，而阻止其他频率信号通过，即称为经典滤波，常见的有高通滤波、低通滤波、带通滤波等。

现代滤波是利用信号随机性的本质，将信号及其噪声看成是随机信号，利用其统计特性对信号进行估计。常见的现代滤波方法有维纳滤波、卡尔曼滤波、自适应滤波、小波变换和时间序列分析等方法。其中制导系统设计中应用最为广泛的是卡尔曼滤波及在其基础上发展起来的相关滤波技术。

7.2.4.3.6　应用注意事项

上文介绍了多模复合导引头复合设计的常规思路和方法，但是每个型号的特点不同，采用的制导模式也千差万别，因此具体到型号设计时，不可全盘照搬，对于本书所重点关注的旋转导弹，在复合导引头设计中，有一些事项需要注意。

（1）要综合考虑算法的实时性和精度

旋转导弹应用的领域主要是近程和末端空域，导引头工作时间短，弹上计算机计算能力有限，此时算法的实时性是一个需要重点关注的问题，在融合算法的精度和实时性出现矛盾时，不能忽视实时性要求，必要时可牺牲一些精度指标。

（2）要考虑各种模式导引头输出数据的特点和匹配性

复合导引头工作模式和特点往往差别很大，因此在选择融合模式时，要考虑各自的特点及其相互间可能的匹配关系。以 RAM 导弹的被动微波和红外双模导引头为例，两者之间即存在互补关系，但实际上两者差异很大，被动微波的测角精度要远低于红外导引头，在这种情况下，正常条件两种制导模式间的数据融合过程就不是必需的，因为即使融合也不会对提高精度带来多大好处。

（3）要适应旋转弹复合的特点

前文已经介绍过，旋转弹的制导控制属于相位控制，制导控制指令与传统的三通道控制导弹不同，一方面不能简单套用传统的信息融合方法，这可能会带来一定的技术难度；但同时相位极坐标控制在某种条件下又可以使数据处理降维，带来一定的便利，这些都要根据旋转导弹制导控制的特点加以利用和把握。

7.2.4.4　多模导引头的技术指标

多模导引头的技术指标通常包含各单模导引头本身的技术指标，在此基础上，还增加了多模复合情况下需要考虑的指标，同时在指标设计时应考虑各个模式之间指标的匹配性和一致性。

由于红外导引头指标在前文已有论述，这里重点介绍被动微波导引头的相关指标，以及双模指标的匹配性，通用指标参见 7.12 节。

（1）测量信息特征

被动微波导引头主要测量目标的微波信息，这些信息是由频域、时域、空域的很多相关特征参数来表征的，被动微波导引头内的信号分选电路通过这些信息特征的比对确定需要截获和跟踪的信号，常见的信号信息特征见 7.2.4.2.1 节。

这些信息特征（或者其中的某些信息特征）的集合构成了辐射源的脉冲描述字，通常由地面的电子支援设备先行侦测后向导弹装订。

（2）频率范围

频率范围主要根据拦截对象的雷达辐射波段范围确定，例如，对于战场使用的各种雷达，可能覆盖的频段范围从米波到毫米波，此时的波段覆盖范围一般要求达到 0.5～40 GHz。但实际上波段覆盖很宽对于技术实现和性能指标的全面覆盖会带来很大难度。如果拦截的对象是机载、弹载雷达，或者是地面跟踪雷达，在大多数情况下其覆盖频段为 2～18 GHz 就足够了，必要时，也可以考虑进一步扩展到毫米波段（40 GHz 左右）。

（3）瞬时带宽

瞬时带宽的设置主要是针对目标雷达频率捷变的情况，被动微波导引头的瞬时带宽应大于目标雷达的频率捷变带宽。目前常规雷达导引头的频率捷变带宽在 500 MHz 左右，后续可能发展到 1 GHz，因此被动微波导引头的瞬时带宽应达到 500 MHz 以上，今后应达到 1 GHz 以上。

（4）灵敏度

导引头的灵敏度决定了导引头对目标雷达信号的截获距离。导引头的灵敏度由导引头天线增益和导引头接收机灵敏度构成。确定导引头灵敏度指标主要考虑典型目标的雷达辐射功率（对于 RAM 导弹这类自卫防御武器，主要考虑对方雷达主波束的辐射功率），以及作用距离要求。

一般对于拦截反舰导弹的被动微波导引头而言，其灵敏度应达到 $-70\sim-80$ dBmW 及以上。

对于接收到的目标辐射源功率 P_r，可以按二次雷达方程计算

$$P_r = \frac{P_j G_j G_r \lambda^2}{(4\pi)^2 R_j^2} \cdot \frac{B}{B_j} \tag{7-69}$$

式中　P_j ——目标辐射功率；

　　　G_j ——目标辐射源指向导引头方位的天线增益；

　　　G_r ——导引头指向目标方位的天线增益；

　　　R_j ——弹目距离；

　　　λ ——目标工作波长；

　　B，B_j——目标和导引头工作带宽，一般 $B_j > B$。

（5）动态范围

动态范围主要考虑对搜索雷达类环扫或者扇扫信号的大动态范围的适应性，一般要求达到 90 dB 以上。对于探测反舰导弹的导引头信号，通常对这一指标的要求无须过高。

（6）测角精度

测角精度是直接关系到制导精度或者交班概率的一项指标，显然要提高导引头性能，精度指标理论上越高越好。但实际上相干测角体制的测角精度受很多环节影响，包括天线安装的机械误差、微波器件的电性能误差等，通常能够达到的指标在 $(0.5° \sim 1°)/\sigma$。

用作复合导引头时，测角精度还需与其他制导模式的视场范围相匹配。为保证高的交班概率，一般要求测角精度应不大于交班后制导模式的半视场。

（7）视场角

采用相干仪的被动微波导引头，其视场角实际就是天线的主瓣宽度。与红外导引头类似，微波导引头的视场角也应由视线与弹轴可能出现的最大夹角来决定。视场角并不是越大越好，因为天线主瓣加宽后，其电性能、主副瓣电平比等指标也会受到影响，容易受到其他方向的电磁干扰影响。同时，考虑到微波测角制导段弹目距离较远，因此被动微波导引头的视场角取值可等于或者略小于末制导导引头的跟踪范围。视场角还有一个影响因素是采用的导引规律，如果采用前置点导引（例如比例导引等），则需要的视场角较大，如果采用的是追踪法，则视场角指标可以缩小。

7.3　自动驾驶仪

自动驾驶仪是制导控制系统的重要组成部分，它与导弹构成的回路称为稳定控制系统，其中自动驾驶仪是控制器，弹体是控制对象。自动驾驶仪的设计，实际上就是控制系统设计。

旋转导弹单通道控制自动驾驶仪是导弹自动驾驶仪的一个重要分支，既继承了常规导弹自动驾驶仪的设计思想，又针对旋转弹的特点有自身的特殊性。该系统主要用来接收导引头输出的由幅值、初相角、频率描述的正弦信号，经过变换后，操纵一对舵面作符合要求的偏转运动，利用导弹绕其纵轴的旋转，通过对舵面运动参数的控制，在要求的方位上产生一定大小的等效控制力，同时在导弹的俯仰、偏航方向进行运动控制，改变导弹运动姿态，最终达到控制导弹沿运动学弹道飞行的目的。

7.3.1　自动驾驶仪分类、功能和组成

7.3.1.1　分类

旋转弹自动驾驶仪只使用一个通道对导弹进行控制，因此与传统的三通道防空导弹相比构成比较简单，但针对控制对象——导弹的不同特点，自动驾驶仪的控制方式也有所不同，可以进一步细分为三种。

（1）开环控制方式

开环控制方式是一种最为简单的自动驾驶仪控制方式，就是把导引头输出信号经过简单变换后直接驱动舵机运动，弹体的运动姿态并不接入控制回路，直接依靠弹体本身的阻尼特性来保证导弹飞行的控制品质。由于本类导弹均为全程静稳定设计且稳定性较高，开环控制条件下，导弹飞行也不会出现失稳，因此在技术上是可行的，且可以进一步简化系统的结构，降低成本。虽然开环控制条件下，由弹体本身提供的自然阻尼系数较小（一般不超过0.3），但通过合理设计回路增益，对弹体增益的变化进行先验补偿，仍然可以保证系统具有可接受的控制品质。

（2）带阻尼回路的控制方式

这是旋转导弹最为常见的自动驾驶仪设计方法，阻尼回路的设计就是通过在回路中增加敏感弹体侧向运动角速度的惯性器件，敏感弹体角速度并形成负反馈接入控制回路，从而增加控制回路的阻尼系数，降低弹体运动的超调，减小动态响应时间。

（3）带阻尼回路和过载回路的控制方式

这种控制方式在三通道导弹上得到了广泛的应用，以往在旋转导弹上未见使用。过载回路是在阻尼回路基础上，再增加一个线加速度计敏感弹体横向加速度并形成负反馈接入指令控制回路，其功能是实施指令到过载的线性传输，通过对导弹侧向过载的控制来实现对导弹过载的指令控制。引入过载回路的最大优点是在很大程度上隔离了弹体稳定性对回路特性的影响，并可使导弹的静稳定度要求放宽，甚至允许静不稳定，为导弹实现大过载创造条件。由于旋转导弹弹旋的引入，弹体过载传感器敏感到的信号中调制了弹旋，且旋转导弹传感器布局等方面存在困难，采用这种方式需要解决的技术难题较多，加上旋转导弹本身对过载能力要求一般都不高，因此以往这种控制方式在旋转弹上未见应用，随着对导弹能力需求的不断提高，以及传感器技术的进步，今后旋转弹上也将逐步应用这种设计方案。

本书将重点围绕上述第二种类型的自动驾驶仪进行介绍。

7.3.1.2　功能

自动驾驶仪的主要功能是产生和执行控制指令，通过回路设计改善导弹的性能，使其能够快速地执行控制信号改变姿态运动和质心运动，而不敏感干扰信号。对于旋转弹自动驾驶仪，其功能具体有：

（1）改善弹体的阻尼特性

由于导弹本身的阻尼有限，在执行控制信号过程中，会存在较大超调、振荡次数多、动态响应时间长的特性，自动驾驶仪和弹体组成稳定回路后，利用负反馈抑制弹体由于控制信号或者干扰信号产生的横向角振荡，可以增大导弹的等效阻尼系数。

（2）减小弹体自身参数变化对制导控制系统性能影响

在导弹飞行空域内，由于重心、速度等的变化，导弹本身的参数会在较大范围内变化，通过自动驾驶仪引入反馈和参数补偿后，可减小驾驶仪输入信号到导弹横向角速度的传递系数和动态响应特性的变化。

（3）消除干扰杂波影响

通过自动驾驶仪内滤波电路设计，消除前端信号上干扰杂波的影响，提高抗高频干扰和外部干扰的能力。

（4）对制导系统幅相特性起校正作用

当制导系统的动态性能、稳定性不满足设计指标时，可以通过自动驾驶仪引入校正网络，使制导系统的幅相特性接近期望值。

（5）按导引规律要求快速、准确、稳定地控制导弹飞行

有控制信号时，按信号要求操纵导弹运动，无控制信号时，稳定导弹姿态角运动，快速消除各种干扰引起的弹体扰动。

7.3.1.3　组成

自动驾驶仪一般由惯性器件、控制电路、舵系统三个部分组成，其典型构成框图如图 7 - 72 所示。

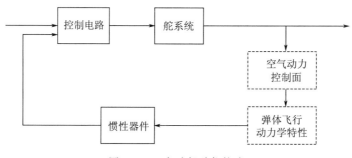

图 7 - 72　自动驾驶仪构成

（1）惯性器件

惯性器件主要用于测量导弹的运动参数。开环控制时无须安装惯性器件；对于只带阻尼回路的旋转弹自动驾驶仪，安装角速度传感器或者陀螺测量导弹的侧向角速度；对于带阻尼回路和控制回路的自动驾驶仪，还需增加加速度传感器测量导弹的横向过载。

旋转导弹上常用的测量弹体侧向摆动角速度的惯性器件有两种，一种是以往导弹上常用的摆动转子式角速度传感器，另一种是速率陀螺，后者在 7.4.1 节有专门介绍，这里简单介绍一下摆动转子式角速度传感器的工作原理。

角速度传感器的结构原理如图 7 - 73 所示。

该传感器没有驱动电机，依靠弹体自身旋转，摆锤 1 获得角动量 H。当导弹绕质心在 oy_1 轴方向以角速度 ω_{y_1} 作短周期运动时，由哥氏加速度原理，将在 oz_1 轴方向引起一个周期性的陀螺力矩，使摆锤 1 绕 oz_1 进动。此时，可把 oy_1 轴作为敏感轴，oz_1 轴为进动轴，摆锤 1 为摆动陀螺转子。

在实际产品中，摆锤 1 与壳体 2 之间充满阻尼液体，摆锤绕 oz_1 轴偏摆运动通过它与固定极板之间的电容变化变换成电信号输出，其原理为：

摆锤作为可动极板，与固定极板之间形成电容变换器，通过接点Ⅰ、Ⅱ在两个固定极

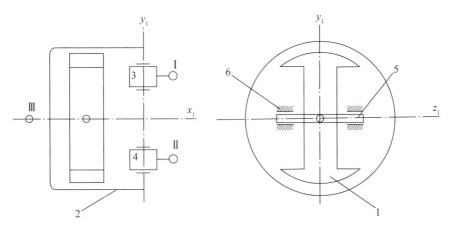

图 7 - 73　摆锤式角速度传感器原理图

1—摆锤；2—壳体；3、4—固定极板；5—转轴；6—轴承

板上施加频率 $10 \sim 18.5\ \mathrm{kHz}$ 的交流电，可将摆锤位移通过电容变化变换为电信号，接点 III 从壳体底座引出作为输出端。设摆锤 1 与极板 3 之间电容为 C_1，与极板 4 之间电容为 C_2，摆锤 1 和壳体 2 之间电容为 C_3，其等效电路图如图 7 - 74 所示。摆锤没有偏转时，与两个极板距离相等，有 $C_1 = C_2$，当摆锤偏转时，由于电容值与极板之间距离成反比，因而 $C_1 \neq C_2$，由此改变了从 C_1 或 C_2 取出的电压，且电压随摆锤转角大小而变化，由于该转角大小取决于导弹在侧向转动的角速度，因此输出电压也可以反映导弹绕 oy_1 轴的转动角速度。

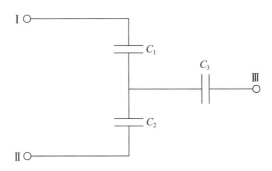

图 7 - 74　角速度传感器等效输出电路

　　角速度传感器输出信号是一个载波信号，载波频率为 $10 \sim 18.5\ \mathrm{kHz}$ 电源频率，包络与摆锤的转角变化一致，频率为弹旋频率，可由解调器将包络解调后用于回路反馈控制。该传感器的角速度测量上限为 $180\ (°)\ /\mathrm{s}$。

　　由于该类角感器的输出精度有限，且由于依靠哥氏力工作，而哥氏力大小和弹旋转速相关，因此如果弹旋转速较低，则其输出精度也会随之下降，甚至可能无法正常输出信号，因此近年来已经逐步被新的传感器如微机械陀螺所取代。

　　用于过载回路的加速度传感器相关内容可参见 7.4.1 节。

（2）控制电路

控制电路有模拟式和数字式两类，目前的发展趋势是数字式逐步取代模拟式。控制电路的主要功能是实现信号的传递、转换、运算、放大、回路校正和自动驾驶仪工作状态转换等功能。

图 7 - 75 为采用继电式控制的某便携式防空导弹的模拟式自动驾驶仪组成框图，其中的控制电路部分包含了信号变换器、综合滤波器、继电放大器、线性化信号发生器等。

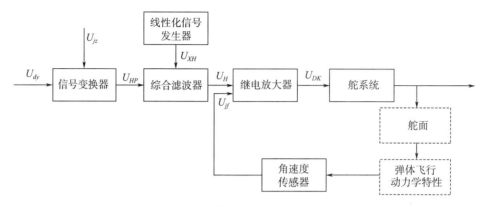

图 7 - 75　单通道自动驾驶仪组成

信号变换器的主要功能是坐标变换和频率变换，即将导引头输出信号 U_{dy} 信号由光轴坐标系变换到执行坐标系，由位标器陀螺频率 f_T 变换为弹体自旋频率 f_D，在模拟电路中，通过导引头上基准线包产生的基准信号实现上述变换。导引头采用数字电路后，上述信号变换可以由导引头内部计算机完成。

综合滤波器负责将信号变换器输出信号中包含的频率为（$2f_T + f_D$）的高频信号滤除；放大电路包含继电放大器、功率放大器（属于舵系统），将前级信号放大并驱动舵机运动。在继电式控制的自动驾驶仪中，还需要引入线性化信号发生器以形成需要的调宽脉冲信号。上述电路的详细功能和工作原理可参见 5.3.1 节。

（3）舵系统

导引头输出信号经自动驾驶仪控制电路处理后形成控制信号输出给舵系统，在控制信号作用下控制舵机偏转，并带动舵面转动，舵系统为控制系统的执行机构。

舵系统通常由功率放大器、舵机、传动机构、反馈电路构成，也有的舵系统为没有反馈电路的开环舵系统。

导弹上常用的舵机类型有气动舵机、电动舵机和液压舵机，其中液压舵机结构复杂、成本高，多用于体积较大，对控制刚度要求高的中远程防空导弹上，旋转导弹上采用的均为气动或者电动舵机。

7.3.2　单通道自动驾驶仪的特点

与传统三通道自动驾驶仪相比，单通道自动驾驶仪具有以下特点：

1）三通道自动驾驶仪由俯仰、偏航两个通道操纵导弹俯仰和偏航运动，由滚动通道保证上述两个通道的解耦。而单通道自动驾驶仪应用相位控制原理，在一个侧向通道上同时控制俯仰和偏航两个方向的运动，控制设备简化的同时，两个方向的运动耦合难以完全消除。

2）三通道自动驾驶仪中角速度传感器直接敏感导弹绕重心转动的横向角速度，而单通道驾驶仪的角速度传感器敏感的是调制了弹旋频率的交流量，在输出轴方向还始终存在着与弹旋同频率的角加速度，因此在输出力矩方程中陀螺力矩和惯性力矩同时存在，不能直接测量导弹的横向角速度。

3）三通道自动驾驶仪舵机根据控制指令将舵偏偏转到某个对应固定位置，产生控制力；而旋转导弹的舵偏是随着弹旋时变的，不能用固定舵偏来描述，需要用等效控制力来表达。舵面换向的时刻、大小决定了合力在空间的方向和大小，控制信号在时域和空间相位上有着密切的直接联系。

4）驾驶仪电路传递的是交流信号，信号时间的迟滞将导致控制相位变化，同时，转速的变化也会引起相位的变化，为此对系统的快速性提出了较高的要求。同时，也要求整个自动驾驶仪回路的相位移小，在导弹自转频率变化的范围内都有较好的相频特性。

7.3.3　舵机控制指令形成

5.3 节中已经介绍了单通道旋转导弹控制方式有继电式（BANG - BANG）控制和正弦控制两种，这两种方式的控制指令差异较大，其中正弦控制方式的控制指令为与弹旋同频的正弦信号，其幅度与视线角速度成比例，初相位与视线角速度方向一致，其指令由导引头直接形成，经相位补偿后作为舵机输入，机理较为简单，这里不再详细描述。

7.3.3.1　模拟电路自动驾驶仪舵机控制指令形成

本书以箭 - 2M 导弹为例，介绍一下典型的采用模拟电路的继电式控制指令的形成方法。

箭 - 2M 导弹驾驶仪电路组成如图 7 - 75 所示，为一脉冲调宽电路，有两种工作状态。

状态一：导引头输出信号 $U_{dy} = 0$，此时，线性化信号发生器产生的 35 Hz 线性化信号 U_{XH} 经过放大、限幅、功放等处理后，形成等幅等宽的方波信号，在此信号作用下舵机做正负极限位置的偏转，且正负向时间相同，输出的等效控制力为零。

状态二：$U_{dy} \neq 0$，信号经变换、放大、限幅、整形、功放后，形成等幅不等宽的方波信号，在此信号作用下，舵面正负极限位置偏打且时间不同，由此产生一个等效控制力。

（1）信号变换

U_{dy} 信号为陀螺转子频率 f_T 的信号，信号变换器将其与频率为 $f_{JZ} = f_T + f_D$ 的基准信号 U_{JZ} 合成后，输出频率为弹体自旋频率 f_D 的混频信号 U_{HP}。

信号变换器（又称为混频比相器）采用全波相敏检波电路，基准信号起控制开关作用，两个不同频率信号 U_{dy} 和 U_{JZ} 混频后，产生"和频"和"差频"信号，其功能可近似用一个乘法器来表示

$$U_{HP} = U_{JZ} \cdot U_{dy} \qquad\qquad (7 - 70)$$

设

$$\begin{cases} U_{dy} = A_1 \sin(2\pi f_T t + \theta_0) \\ U_{JZ} = A_2 \sin(2\pi f_T t + 2\pi f_D)t \end{cases} \tag{7-71}$$

其中，A_1 为正比于视线角速度的量，A_2 为常值量。

代入后可得

$$U_{HP} = \frac{A_1 \cdot A_2}{2} \{\cos(2\pi f_D t - \theta_0) + \cos[(4\pi f_T + 2\pi f_D)t + \theta_0]\} \tag{7-72}$$

上述过程的信号波形如图 7-76 所示。

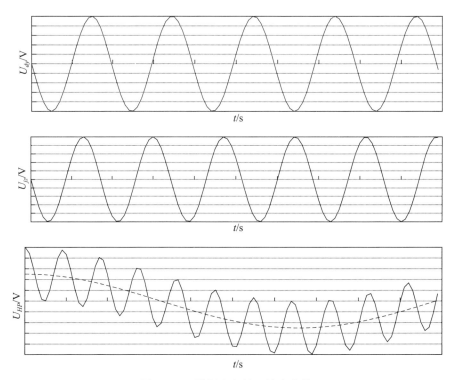

图 7-76 混频比相输入输出信号

由于滤波电路和弹体本身对"和频"的高频信号有滤波作用，对导弹姿态无影响，因此，混频比相器输出又可以表示为

$$U_{HP} = k \mid \dot{q} \mid \cos(2\pi f_D t - \theta_0) \tag{7-73}$$

显然，上式表示的含义和正弦控制方式是一致的。

通过混频比相前后信号变化可以看出：1）混频比相器将导引头输出信号频率 f_T 变换成为弹体频率 f_D，完成频率变换；2）初相角由 θ_0 变为 $-\theta_0$，完成了相位变换，因为导引头调制盘转向与弹体转向相反，变换后满足了控制要求。

（2）综合选频放大

信号经过混频比相形成 U_{HP} 后，由综合滤波电路和选频放大电路进一步处理（低通滤波）。这两个电路的主要功能是对频率为 f_D 的差频信号放大，其放大倍数比频率为

（$2f_T + f_D$）的和频信号放大倍数至少大 25 倍，输出的低通滤波后的信号为 U'_{HP}，然后将其与 35 Hz 的线性化信号 U_{XH}（经滤波后为 U'_{XH}）相加成综合信号 U_H。

图 7 - 77 即为经上述处理的信号变换情况。

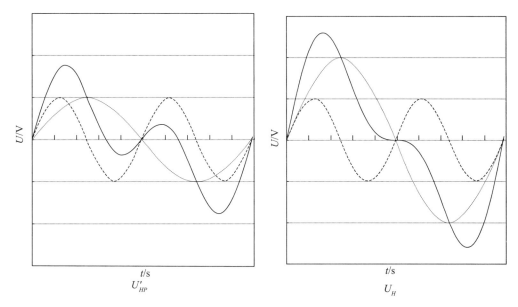

图 7 - 77　综合选频放大输入输出信号

（3）继电放大

本步骤将 U_H 信号和角速度传感器信号 U_{jf} 综合求和后得到 U'_H，对该信号进行放大、限幅，将该调幅信号变换为调宽信号 U'_{DK}，再经整形、放大，就成为需要的方波舵机控制信号 U_{DK}。图 7 - 78 即为本步骤信号变换情况。

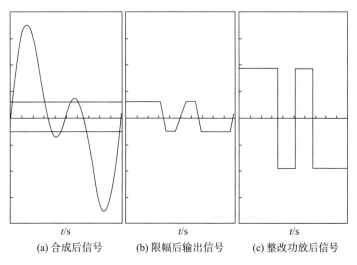

(a) 合成后信号　　　　(b) 限幅后输出信号　　　　(c) 整改功放后信号

图 7 - 78　继电放大器信号波形变换情况

（4）相位补偿

导引头信号输出后到舵机操纵舵偏运动，期间的各个环节都有时间常数，会引起时间延迟，表现在旋转弹控制指令的相位上就是相位移，使控制力方向产生偏差，两个运动平面内的运动产生耦合。为了解决这一问题，需要采取措施进行相位补偿。

采用模拟电路的早期旋转导弹采用了一种最为简单的相位补充方法，即将舵系统相对导引头顺弹旋方向扭转一个机械转角安装，这个角度大小等于各个环节的相位移之和。

需要注意的是，弹旋转速不同，同样的时间延迟引起的相位移是不同的，这种扭角补充只能进行固定补偿，一般以设计的巡航段弹旋平均转速作为补偿的标称值，在其他弹旋转速下会引入一些误差，应通过各个环节的设计使得这种误差能够控制在容忍的范围内。

7.3.3.2　数字化自动驾驶仪舵机控制指令形成

随着数字技术的发展，自动驾驶仪数字化已经成为现实并已在新型号中得到广泛应用，自动驾驶仪实现数字化的方案很多，且与导引头具体设计要求、舵系统方案等相关，这里简单介绍一种正弦控制的数字化自动驾驶仪实现方案。

图 7-79 为数字化自动驾驶仪的原理框图，其中自适应控制器实现对导弹参数变化的自适应补偿。其工作机理为：导引头输出与视线角速度成比例的 U_{dy} 信号（正弦信号，幅度与 $\dot{q}$ 成比例，频率为弹旋频率，相位与 $\dot{q}$ 相同），该信号可以是模拟信号或者数字信号，由信号综合器将 U_{dy} 信号和角感器反馈信号 U_{jf} 进行数字采样，并按要求融合后形成所需要的控制信号，自适应控制器负责将控制信号和舵机反馈信号 U_{DF} 进行比较运算后，得出舵系统的控制延迟，并将该延迟在控制信号上进行补偿后形成舵机控制信号 U_{DK} 输出给舵机，控制舵面偏打。

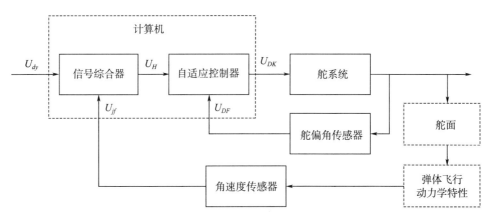

图 7-79　数字化自动驾驶仪原理

数字化自动驾驶仪具有以下优点：

1）大大简化了电路，由一个计算机完成了原来需要多个模拟电路一起完成的工作；

2）可以实现在不同转速、不同气动力影响下的自适应补偿，提高了控制系统在不同工作条件下的控制精度；

3）减小了内部噪声以及其他电磁噪声引入的对系统的干扰；

4）可以和导引头数字化等配套，构成数字化导弹。

正是由于上述优点，数字式自动驾驶仪已逐步取代模拟式自动驾驶仪，成为今后发展的主流。

7.3.4　舵系统

舵系统是根据控制指令的大小和极性要求，操纵气动面（舵面或者副翼等）偏转来调整弹体所受到的气动力，产生操纵导弹运动的控制力矩，改变导弹在空中的飞行轨迹，保证导弹稳定受控飞行，进而控制整个弹体来精确打击目标。

导弹的舵系统，其主要构成元件为舵机，按照其所使用的能源形式可以分为气动舵机、电动舵机和液压舵机三大类，旋转弹上使用气动或者电动舵系统。其中采用继电式 BANG－BANG 控制方案的使用气动舵系统，采用正弦控制方案的使用电动舵系统。气动舵系统中按气源形式又可以分为燃气舵机、冷气舵机两种。

7.3.4.1　燃气舵机

燃气舵机利用固体火药缓燃气体作为能源来驱动导弹舵面运动，具有结构紧凑、相对重量轻的特点，在第一代便携式防空导弹上得到应用。由于燃气具有高温特性，需要使用耐高温材料，且工作时间较短，而且燃气灰渣可能导致管路堵塞，影响舵机工作的可靠性、快速性和精度，需要设置多层密封过滤装置。

图 7 - 80 是一种适用于旋转弹继电式控制的滑阀式燃气舵机结构图，控制线圈受方波脉冲信号控制，推动阀芯朝左侧或者右侧作双稳态运动，使左侧或者右侧气路通、断，高压燃气流进入下方的燃气室，推动活塞向左侧或者右侧运动，如图 7 - 81 所示，从而驱动舵面偏打，偏打的频率与输入信号频率相同。

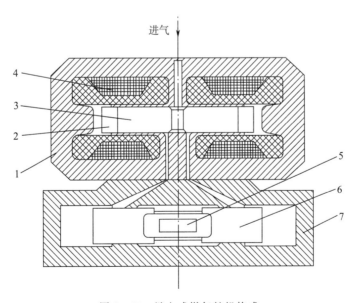

图 7 - 80　继电式燃气舵机构成

1—壳体组件；2—阀芯阀套；3—衔铁；4—控制线圈组件；5—拨杆；6—活塞；7—作动筒

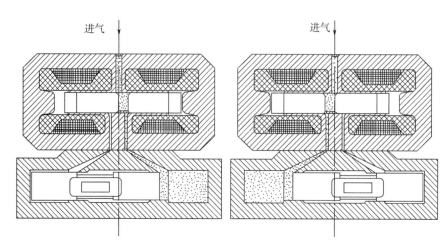

图 7-81　继电式燃气舵机工作原理

考虑到作用在阀芯上的燃气压力存在滞后，以及阀芯位移量的限制，可以近似把舵机看作"积分＋延迟＋限幅"环节。为了减少延迟时间，在滑阀式气动放大器中引入非线性反馈环节：在线圈电流通电瞬间，阀芯上作用的燃气压力和电磁力同向，此时阀芯加速运动，起正反馈作用；当阀芯运动超过平衡位置时，燃气作用与阀芯运动反向，阻滞阀芯运动，起负反馈作用。

7.3.4.2　冷气舵机

由于燃气舵机存在的一些缺点，从第二代便携式防空导弹开始，采用高压冷气源（贮存在气瓶中的高压气体，一般和导引头的探测器制冷共用气体，因此常用的是氮气和氩气）作为驱动力的气动舵机——冷气舵机。冷气舵机使用的高压气体初始压力很高，需经过减压后方可使用。

冷气舵机的工作原理和燃气舵机相同，由于冷气本身纯度高、无污染、工作可靠性较高，且与制冷气瓶一体化设计后可以进一步减少弹上设备，有利于产品小型化，因此目前已经取代燃气舵机，成为气动舵机的主要品种。

7.3.4.3　三位置气动舵机

5.1.8 节介绍了一种新型的三位置继电控制方式，采用气动舵机实现这一控制方式时，其舵机需要实现最大正负舵偏和零位三种状态，这种舵机实际上是在上述双位置气动舵机基础上增加了回零机构（通常采用两套回零弹簧）。图 7-82 表述了一种高压冷气三位置舵机的基本构成及工作原理。

由图 7-83 可知，舵控信号为正时，电磁线圈吸引阀芯衔铁向上运动，气路打开，高压气体进入汽缸下端空腔，推动汽缸阀芯向上运动带动舵面偏转，同时，汽缸上端空腔气体由排气口排出；当舵控信号为负时，运动方向正好相反；当舵控信号为零时，电磁线圈无吸力，舵面和阀芯衔铁的回零弹簧作用，舵面回到零位，阀芯回到中立位置将气路堵塞。

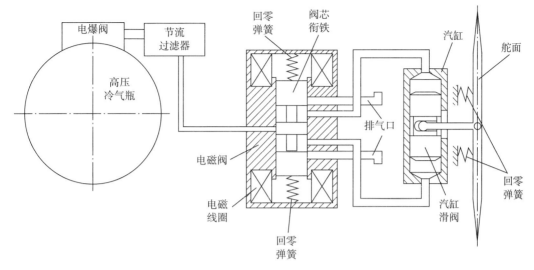

图 7 - 82　三位置气动舵机工作示意图（零位）

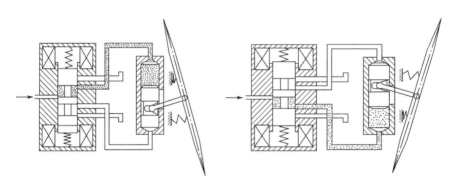

图 7 - 83　三位置气动舵机工作示意图（极限位置）

7.3.4.4　电动舵系统

电动舵系统以电能作为能源驱动，早期电动舵机输出力矩小、响应速度慢、控制精度低，因而应用并不普遍。随着新型电磁材料的使用和高性能电机的问世，电动舵机的性能也大幅度提高。

电动舵机的主要优点是结构简单、故障率低、可靠性较高；加工精度要求较低、成本较低；使用维护方便，不需要能源转换，质量体积小，因而在中近程导弹上得到越来越广泛的使用。采用正弦控制方式的旋转导弹均使用电动舵系统方案。

7.3.4.4.1　分类、组成和功能

电动舵系统按结构形式可以分为电磁式、电动式两类，电动式舵系统按伺服电机的控制方式又可以分为直接控制式和间接控制式两种。

电磁式舵系统以电磁力为能源，结构简单、重量轻、能耗小，但输出功率小，这种舵机本质上是一个电磁机构，只工作在继电状态，在反坦克导弹上较为常见，如法国的 SS - 11、SS - 12，欧洲的霍特、米兰等反坦克导弹。

间接控制式电动舵系统是在电动机恒速转动时，通过电磁离合器的吸合，间接控制舵机输出转速和转向，因此电磁离合器是受控元件。这种舵机在舵系统中只起到拖动作用，旋转弹上不使用这种舵系统。

直接控制式电动舵系统是导弹上最为常见的电动舵系统，由伺服电动机、传动机构、反馈元件、控制驱动器等组成。通过控制伺服电动机的输入信号电压来改变电动机的输出功率和转速，再经过减速装置带动舵面运动。电动机有直流交流两种，旋转弹均使用直流电动机，下文就以这种舵机为例进行介绍。

电动舵系统的原理框图如图 7-84 所示，由控制器、驱动器、电动机、传动机构、舵偏角传感器等组成。

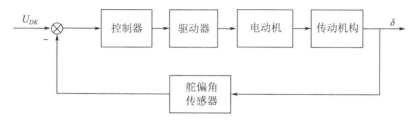

图 7-84　电动舵系统原理框图

电动舵系统的主要工作原理为：导引头输出的控制信号经控制器后输入到驱动器，经调制和功率放大后驱动电机转动，电机输出轴经过传动机构带动舵机输出轴转动，从而使与之相连的舵面转动，同时舵机输出轴带动舵偏角传感器，使之输出转动的角度位置信号，反馈到驱动器，形成闭环系统。

7.3.4.4.2　控制驱动器

控制器的主要功能是接收自动驾驶仪输出的舵机控制指令 U_{DK} ，并将其与舵反馈信号合成后，形成驱动电机转动的调制信号。

驱动器的主要功能是将调制信号进行功率放大后产生推动舵机转动的电流。

上述两个元件也可合成为控制驱动器。图 7-85 是一种数字式的驱动控制器框图。

7.3.4.4.3　直流电动机

电动机（又称为伺服电机）是将电信号转变为机械运动的关键元件。本书讨论的直流电机按是否配置有电刷、换向器分为两类：有刷直流电机和无刷直流电机。以往型号大多采用有刷直流电机，特点是具有良好的调速特性，但由于这类电机有换向器、电刷等机械接触部件，容易磨损和受到氧化腐蚀，可靠性会受到影响。随着电力电子技术的发展以及稀土材料科学的进步，目前稀土永磁无刷直流电机发展迅速，表现出了强大的生命力和广泛的应用前景，它具有使用寿命长、体积小、重量轻、可靠性高、散热方便、转动惯量小、裕度控制方便等众多优点，已逐步发展成为电动舵机的主流。

7.3.4.4.4　传动机构

导弹上的电机受限于体积重量，均为高转速小力矩电机，为了满足舵系统低转速大力矩的实际需求，在设计中需要设计减速传动机构，将转速下降而负载能力提高，以满足舵

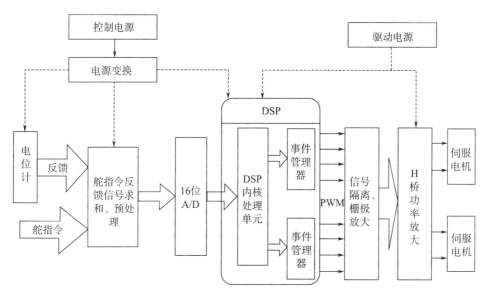

图 7 - 85　数字式驱动控制器框图

机工作要求。

电动舵系统中常用的减速传动机构有滚珠丝杠、涡轮蜗杆、谐波齿轮、直齿等，其优缺点各不相同，其中前两种应用较多。

滚珠丝杠是一种高效率传动机构，由丝杠、螺母、滚珠等组成，由滚珠在丝杠和螺母组成的螺旋槽中反复循环运动，将滑动接触变为滚动接触，实现传动。其突出的优点是良好的定位精度和高的驱动速度，减速比大，重量轻、体积小。

涡轮蜗杆是一种传统的减速机构，其传递的扭矩大，另一个优点是有自锁能力，可以应对舵面的反操纵，且尺寸布局也较为方便，但是其传动效率较低，一般只能达到 40％～50％。

由于导弹舱内空间有限，传动机构的选型和设计要根据内部的空间布局和舵面的实际工况进行反复分析、设计、计算后方可确定。决定传动机构类型的一个重要环节是舵面受力情况，即气动力对舵面的作用力、力矩大小和方向。

舵面的气动力作用点（压心）位于舵轴之后时，气动力产生的气动铰链力矩与舵机驱动舵面运动的主动力矩方向相反，此时气动铰链力矩阻止舵面偏转，起到负反馈作用，称为正操纵。反之，压心位于舵轴之前，气动铰链力矩与主动力矩方向相同，加速舵面偏转，起到了正反馈作用，称为反操纵。

为了避免反操纵，可以采用调整舵轴和舵面的位置或改变舵面形状等措施，但这往往受限于气动外形设计的需求，或者会带来舵面力矩的增大、对舵系统指标的提高等问题。

如果舵面存在反操纵的工况，则减速传动机构的选择必须考虑具有自锁能力，例如涡轮蜗杆等，否则系统将发散。

7.3.4.4.5　舵偏角传感器

舵偏角传感器用于测量舵偏角信息，其精度影响了伺服系统的精度。

测量角度的常见元件有旋转光栅码盘、电位器等。旋转光栅码盘输出的是数字量，具有良好的抗干扰能力，精度也高，但其抗振能力弱，因此多用于地面设备。

目前导弹上最常见的舵面位置传感器是高精度导电塑料反馈电位器，具有摩擦转矩小、寿命长的优点。其基本原理如图 7-86 所示。电位器滑动端与舵机轴输出端同轴连接，舵机轴转动时，带动摆臂 K2 转动，位置 K1 固定，通过测量 K1、K2 之间的阻值即可得到转动的角度。为了进一步提高测量精度，在反馈电位器和舵轴之间还可以增加可消除间隙的增速齿轮。

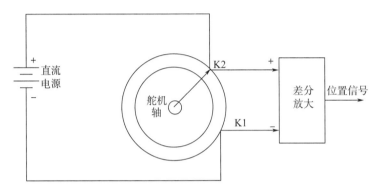

图 7-86　反馈电位器工作原理

7.3.4.4.6　舵机控制技术

随着数字技术的发展、高性能数字处理器（DSP）的应用，舵机控制技术也随之得到了迅速发展，使得舵机控制的模块化和全数字化得以实现，基于现代控制理论的各种算法也可以应用于电动舵系统的控制，提高了舵系统的工作性能。

目前已经在舵机控制上得到应用的技术有：

（1）PID 控制

目前电动舵机最为常用的控制仍然是经典 PID 控制，算法简单紧凑、实时性好、易于实现。这方面最新的发展趋势是将模糊控制与经典 PID 控制相结合，在继承了 PID 控制优点的同时，克服了其调参过程繁琐、可移植性差等缺点。

（2）自适应控制

由于 PID 控制对被控对象性能敏感，控制效果受负载变化影响较大，为提高舵系统自适应能力，可以采用自适应控制方法。自适应控制具有一定适应能力，能够认识环境变化，自动校正控制动作，使控制效果达到最优或者次优。

（3）鲁棒控制

针对系统的工作不确定性及模型误差，可以采用鲁棒控制理论，这一理论是针对系统工作的最坏情况而设计的，能适应其他所有工况，是解决不确定系统控制的一个有力工具。

（4）非线性控制

电动舵系统控制器常用的非线性控制方法是滑模变结构控制，该方法通过控制作用首先使系统的状态轨迹运动到适当选取的切换流型，然后使此流型渐进运动到平衡点，系统进入滑动模态运动后，在一定条件下对外界干扰和参数扰动具有不变性。该方法具有算法简单、抗干扰性能好、容易在线实现等优点，适应于不确定非线性多变量控制对象。

（5）智能控制

在电动舵系统控制方法中，智能控制主要是模糊控制，以及模糊控制与神经网络、遗传算法、PID 算法等的综合运用。

模糊控制能避开被控对象数学模型，通过对某个控制问题的成功、失败的经验进行加工，总结出知识，从中提炼出控制规则，是处理时变和不确定性问题的一种有效方法。

7.3.5　自动驾驶仪指标要求

旋转弹设计习惯上把自动驾驶仪和导弹动力学环境构成的稳定回路联系在一起，这里提出的自动驾驶仪指标要求也包含了稳定回路的设计要求。

7.3.5.1　回路静态性能

（1）等效控制力传递系数

旋转弹的等效控制力一般用相对值 $\mathbf{K}_K$ 表示，$\mathbf{K}_K$ 是一个包含幅值和相位的矢量，其幅值表征了实际等效控制力与最大等效控制力之比。继电控制和正弦控制的 $\mathbf{K}_K$ 系数计算方法可见 5.3.3 节相关内容。

等效控制力传递系数是指输入自动驾驶仪的控制信号 U_{HP} 与等效控制力幅值 $|\mathbf{K}_K|$ 的比例关系。对于继电控制式自动驾驶仪，该传递系数并不是严格线性的，通常可以把它看作是前段线性区和后段非线性区的组合。图 7-87 为箭-2M 导弹的驾驶仪 $|\mathbf{K}_K|$ 理论曲线。图中 U_{HPm} 和 U_{XHm} 分别为控制信号和线性化信号的幅值。该曲线的斜率实际上反映了制导控制系统的导航比。

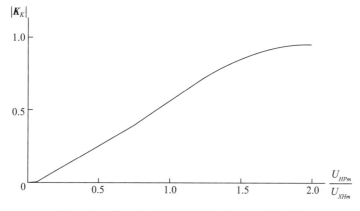

图 7-87　箭-2M 导弹的驾驶仪 $|\mathbf{K}_K|$ 理论曲线

在提出任务书时，可以分别规定线性区和非线性区的特性。

对于正弦控制系统，在达到最大舵偏角之前，输入信号和$|K_K|$值呈严格的正比例关系，因此可以只规定一个比例系数，或者规定最大舵偏角对应的输入电压幅值。

（2）零位要求

输入控制信号为零时的等效控制力。

（3）稳态交叉耦合度

由于导弹实际飞行过程中的转速不是恒定的，有一定的变化范围，而在不同弹旋转速下，舵系统控制合力的相位误差也不相同，因此需规定在给定的弹旋变化范围内，允许的$|K_K|$相位误差大小。

7.3.5.2　回路动态性能

回路动态性能是指稳定回路的动态性能。

（1）稳定裕度

可按照常规的要求规定稳定回路的相位稳定裕度和幅值稳定裕度，但此时需将旋转弹的交流系统变换为等效的直流系统。也可以直接针对交流系统提出传递系数变化范围，并要求在此变化范围内，系统应稳定。

（2）快速性

即回路的时间常数，主要受弹体特性、回路设计和舵系统时间常数等的影响，具体要求为：在时域内，系统对阶跃响应的上升时间小于给定值；在频域内，稳定回路带宽应当远大于制导回路带宽。

（3）阻尼特性

旋转弹增加稳定回路后，应当改善回路的阻尼特性，通常要求回路应当具有 0.3～0.7 的等效阻尼系数。

7.3.5.3　舵系统性能

（1）速度特性

对于气动舵系统，规定舵面从正向最大位置偏打到负向最大位置的时间。

对于电动舵系统，规定进行正弦偏打的最大速度，该速度由导弹最大转速和舵面最大舵偏角决定。

（2）负载特性

给出计算和试验得到的舵面承受的铰链力矩，对于电动舵系统，应规定最大正操纵力矩和反操纵力矩，应给出不同舵偏角下的操纵力矩变化情况。

舵面承受的气动载荷，包括侧向气动力、力矩和纵向气动力、力矩，舵面在规定的受载条件下应不会出现结构大变形、破坏、传动机构的卡滞。舵面展开后的锁定机构应能够承受气动力作用而不收拢。

（3）带宽 ω_b

带宽反映了系统的快速性和复现输入信号的能力，带宽越大，系统快速性越好，但同时也更容易受到高频干扰信号的影响。

把舵系统等效为二阶系统，则其带宽可由以下公式计算

$$\omega_b = \omega_n \sqrt{1 - 2\zeta^2 + \sqrt{2 - 4\zeta^2 + 4\zeta^4}}$$ (7 - 74)

其中，ω_n 和 ζ 为系统的固有频率和阻尼。

对于旋转弹，要求舵机的反应时间更快，因此需要满足较高的带宽要求。

（4）结构要求

机械接口：必要时应明确外形结构尺寸限制、安装机械接口尺寸、公差等要求；

舵面结构要求：含外形尺寸，安装误差，最大舵偏角要求，机械结构限位要求，展开方式，结构配合间隙的晃动量限制，零位偏差，两个舵面位置一致性要求，传动机构回差限制等。

（5）测量精度

舵反馈传感器、角速度传感器等提供的外部所需测量量的测量精度、测量品质要求。

（6）能源要求

包括气源要求（压力、工作时间）等。

（7）结构强度要求

给定舵面、舱段的受载参数，并规定结构的强度、刚度特性要求。

（8）其他特殊要求

舵面展开时间要求：对于要求出筒后定时展开的，规定展开时间和精度范围。

7.3.5.4　其他性能要求

参见 7.12 节。

7.3.6　旋转弹自动驾驶仪的关键技术和发展趋势

旋转导弹的自动驾驶仪构造和设计相对较为简单，然而随着新技术的发展，以及对导弹总体战技指标要求的不断提高，新一代旋转导弹自动驾驶仪技术也必将迈上一个新的台阶。今后旋转导弹自动驾驶仪的主要关键技术及其发展趋势有：

7.3.6.1　高性能舵机及其控制技术

旋转弹用的舵机中，气动舵机技术已经相当成熟，但电动舵机的发展却方兴未艾，目前，电动舵机使用的电机正朝着无刷稳速电机、稀土永磁电机的普及化方向发展，产品功能集成、性能不断提高，可靠性、寿命迅速增长，已成为舵机发展的主流趋势。

传动技术方面，发展小尺寸滚珠螺旋，应用谐波传动、少差齿行星传动、滚珠丝杠等高传动比减速器，性能逐步提高。传感器向数字化转变。此外，电机和传动机构一体集成设计也成为现实并将逐步应用。

电机控制技术方面，随着 DSP 的应用不断推广，以及高精度传感器的小型化、数字化，很多传统上较为复杂的控制算法如自适应、多变量寻优、神经网络、遗传算法等已开始得到实际应用，大幅度提高了控制系统的性能和适应能力。

7.3.6.2　全数字智能化自动驾驶仪技术

传统的模拟体制自动驾驶仪存在着体积大、可调试性差、可靠性低、升级困难等不足，随着半导体技术的迅猛发展，以 DSP 为代表的高性能微处理器和以智能功率模块（IPM）为代表的集成化功率驱动器的出现，使得数字化、智能化和模块化成为自动驾驶仪的主要发展方向。目前，围绕导弹自动驾驶仪的发展，大量关于电机控制系统抗干扰、系统构架、控制算法等方面的新技术得到开发和应用，典型的有基于 DSP 的数字化电动伺服系统、滑模变结构、模糊控制等新型控制规律应用等，极大地提升了自动驾驶仪的综合性能，改善了控制器的动态品质，从而为导弹制导控制系统能力的提高奠定了良好的基础。

7.3.6.3　旋转弹新型控制技术

传统的旋转弹采用的是继电式控制或者正弦线性控制，其技术实现方案成熟，但功能单一，性能受到一定限制。因此，新一代旋转弹已在研究新型的控制技术，包括旋转弹用的直气复合控制技术、带复合稳定回路的单通道/双通道控制技术，质量矩控制等一些新概念控制技术也有应用的前景。新型控制技术的引入，会大幅度提高控制系统工作性能，同时放宽对弹体特性的要求，但同时也会提出更高的广域参数测量范围、性能要求和对控制系统的高精度、快响应、宽范围、小体积的需求，需要在相关领域开展进一步的技术攻关工作。

7.4　惯性器件及惯导系统

导弹在制导控制飞行过程中，往往需要知道自身在惯性空间的相关信息，即便是对信息要求较少的旋转导弹，在获取视线角速度时也需要一个相对于惯性空间稳定的基准（通常由位标器的陀螺提供）；而稳定回路设计中也往往需要测量弹体的运动姿态信息乃至过载信息，这些信息的获取都离不开弹上的惯性器件。此外，随着对旋转导弹战术技术要求的不断提高，新一代旋转导弹上也逐步开始安装惯测组合，以提供弹体详细的运动信息，使制导控制回路的适应范围更广，并为制导系统设计提供了更多的实现可行方案和更好的平台。

7.4.1　惯性器件

导弹上安装的惯性器件包括陀螺仪和加速度计，分别测量导弹的姿态角、角速度以及线加速度等运动参量。

7.4.1.1　陀螺仪种类和基本原理
7.4.1.1.1　陀螺仪的分类、功能和组成

陀螺仪（可简称为陀螺）的主要功能是测量运动物体的姿态角和角速度，是自动驾驶仪和惯性导航系统的关键部件。陀螺有很多种类，这里主要介绍防空导弹上常用的陀螺。

陀螺按其功能可以分为自由陀螺和速率陀螺两大类。按结构可以分为机械陀螺和光学陀螺两类，如图 7 - 88 所示。

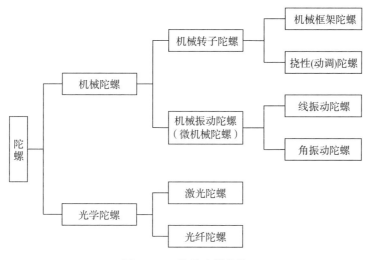

图 7-88　常见陀螺种类

（1）自由陀螺

自由陀螺是三自由度陀螺，是指陀螺转子具有两个转动自由度的陀螺仪，在结构上均属于框架式机械陀螺。其基本原理是利用高速旋转物体的定轴性来测量角度和角速度，或者提供惯性空间的稳定平台。其常见的构成如图 7-89 所示。陀螺内的转子借助于自转轴上一对轴承安装在内环中，内环借助内环轴上一对轴承安装于外环中，外环借助外环轴上一对轴承安装于壳体上。由内环和外环组成了万向支架。对于转子而言，具有绕三个轴的自由度，对于自转轴而言，只有绕两个轴的自由度。此外还有一种结构形式——万向支架安装在陀螺转子内部。

自由陀螺在防空导弹上通常作为导弹滚动稳定系统的敏感元件，测量导弹在飞行过程中的滚动角。旋转导弹上滚动通道不进行控制，最常见的自由陀螺就是导引头位标器内的动力陀螺，用于构成导引头位标器的稳定平台，可以隔离弹体的运动和干扰力矩。

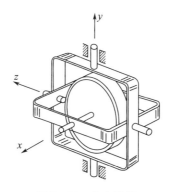

图 7-89　自由陀螺

（2）速率陀螺

速率陀螺是测量角速度的陀螺仪的简称，用于测量弹体绕各个轴的转动角速度并输出与之成正比的信号。速率陀螺通常用于导弹稳定控制系统作为敏感元件，也可以和加速度计一起构成捷联惯导系统测量导弹的位置姿态、线速度和角速度、线加速度和角加速度等信息。

用于惯导系统的速率陀螺种类很多，各个不同种类的速率陀螺其性能指标、体积重量、成本等方面也存在很大差异。目前用于小型导弹的陀螺有动力调谐陀螺、光学陀螺和微机械陀螺。

①动力调谐陀螺（DTG）

速率陀螺中常用的机械陀螺是动力调谐陀螺（挠性陀螺的一种），动力调谐陀螺是技术相当成熟的陀螺，其基本原理如图 7 - 90 所示。陀螺的转子通过外扭杆—平衡环—内扭杆与驱动轴相连，扭杆有抗弯刚度大、抗扭刚度小的特性，驱动力矩通过内外扭杆传递给陀螺，有两个自由度。

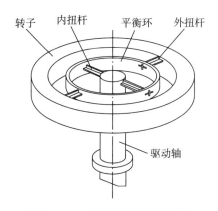

图 7 - 90　动力调谐陀螺原理图

目前小型的动力调谐陀螺尺寸为 $\phi20\times25$ 左右，用于旋转弹仍然偏大，且目前已逐步被光学陀螺所取代。

②光学陀螺

光学陀螺有激光陀螺（RLG）和光纤陀螺（FOG）两大类。光学陀螺测量角速度的原理与机械陀螺截然不同，利用的是光线的萨纳克（Sagnac）效应：该效应是相对惯性空间转动的闭环光路中传播光的一种普遍相关效应，即在统一闭合光路中从同一光源发出的两束特征相等的光，以相反方向运动，由于转动引起正、反光束走过的光程不同，就产生光程差，且光程差与旋转的角速度成正比。

图 7 - 91 为环形激光陀螺的结构示意图。其主体是环形激光谐振腔和氦-氖激光器，一个公共阴极和两个阳极产生方向相反的两束激光，三个反射镜中一个为半透光镜用于读出两束激光的干涉条纹。另外两个反射镜兼有组成光路长度控制回路的功能。三个反射镜和激光腔体构成了闭合环路，其中两束激光在环路内产生一定频率的谐振。当激光腔绕自身轴线转动时，两束激光的谐振频率将不同，其频率差与转动角速度成正比，具有频率差的两束激光产生的干涉条纹将以一定速度横向移动，利用光的干涉，通过读取半透光镜片和光电检查器即可将干涉条纹横向移动转化为脉冲，从而实现对角速度的测量。

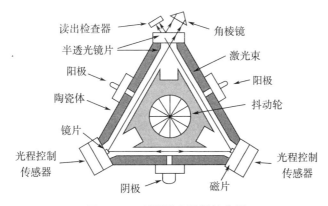

读出检查器　角棱镜　半透光镜片　激光束　阳极　阳极　陶瓷体　抖动轮　镜片　光程控制传感器　光程控制传感器　阴极　磁片

图 7 - 91　环形激光陀螺结构图

与机械陀螺相比，激光陀螺有以下一些突出优点：结构简单，无活动部件；启动时间很快，一般不超过 500 ms；加速度和重力对激光陀螺工作不产生影响，不需进行复杂的补偿；动态测量范围宽；工作可靠，寿命长；成本较低，精度高。

光纤陀螺也是一种光学陀螺，与激光陀螺不同的是，光纤陀螺是将数百米至数千米的光纤绕成圆形而形成光路的，除了具有激光陀螺的优点外，其检测灵敏度和分辨率高、价格更加低廉，并克服了激光陀螺的闭锁问题，是激光陀螺的一种经济性替代品，有可能在将来取代激光陀螺。

③微机械陀螺（MEMSG）

微机械陀螺属于微机电系统（MEMS，Micro Electro - Mechanical System）的一种，是 20 世纪 80 年代后期发展起来的一种新型惯性技术。基于集成电路制造工艺，在硅片上采用光刻、各向异性刻蚀工艺制造而成，具有尺寸小、重量轻、可靠性高、抗冲击能力强、成本低和易于批量生产的优点。

微机械陀螺的品种和分类也很多，目前较为常见的典型结构形式有两种。音叉式结构——利用线振动来产生陀螺效应；双框架结构——利用角振动来产生陀螺效应。其中音叉式结构的应用更为普及。

与其他陀螺仪相比，微机械陀螺具有以下显著优点：

1）体积小、重量轻，可以满足小型导弹的安装要求；

2）成本低，可以大批量生产；

3）可靠性高，工作寿命长，集成度高；

4）功耗低；

5）易于数字化、智能化和集成化；

6）测量范围大。

微机械陀螺的最大不足是精度和稳定性低于其他品种的陀螺，目前只能应用于中低端场合，在导弹上只能用于近程末端领域。但是 MEMS 技术的进步十分迅速，其性能的提高也十分明显，目前在旋转导弹这类近程导弹上已经具备工程实用价值。

7.4.1.1.2　陀螺仪的主要技术指标

（1）自由陀螺技术指标

作为位标器陀螺的自由陀螺，主要技术指标有：

1）漂移：导引头位标器陀螺的漂移性能会影响导引头的解耦能力，一般要求在1～2（°）/min；

2）转速：旋转弹位标器陀螺的转速一般在 100 Hz 左右；

3）活动范围：决定了导引头的跟踪视场；

4）章动频率：会影响导引头在弹上力学环境下的工作性能，章动频率应当避开结构的谐振频率和陀螺自旋频率。

（2）速率陀螺技术指标

速率陀螺仪主要用于测量，其精度是十分重要的指标，速率陀螺仪的主要性能指标有：

①测量范围

测量范围又称最大输入角速度，表示陀螺正、反方向能够敏感的输入角速度最大值。单位一般为[（°）/s]。测量范围的选择根据导弹实际工况而定且留有一定余量，旋转弹对滚动角速度的测量范围有较高的要求。

②灵敏度

灵敏度包括阈值和分辨率，分别表示陀螺能够敏感的最小输入角速度，以及在规定输入角速度情况下能敏感的最小输入角速度增量，是表征陀螺灵敏度的量，单位一般为[（°）/h]。作为稳定控制系统使用时，陀螺灵敏度指标的确定应满足系统不会出现自振。作为惯导系统使用时，灵敏度指标要求更高，需根据惯导系统的精度指标进行细化分配而定。

③标度因数（Scale factor）

标度因数是陀螺输出电压（或其他观测量）与输入角速度的比值，通常是根据整个工作范围内测量得到的输入、输出数据用最小二乘法拟合得到的直线斜率，单位一般为V/[（°）/s]。与该参数相关的指标还有：

标度因数非线性度　以 ppm 或％表示。

标度因数不对称度　以 ppm 或％表示。

标度因数重复性　同样条件下，多次加电时标度因数的差异，以 ppm 或％表示。

标度因数温度灵敏度　正常工作温度范围内，不同温度下标度因数的差异，单位为ppm/℃或％/℃。

用于导弹的稳定回路设计时，陀螺线性误差由稳定控制回路的稳定储备要求确定。作为惯导器件使用时，线性误差需根据惯导系统的总体精度指标细化分配确定。

重复性指标和温度灵敏度指标对稳定回路的使用影响较小，但会影响惯导系统的精度，应根据总体指标进一步细分。

④零偏

零偏是指在零输入状态下陀螺的输出值，用较长时间内输出的均值等效折算为输入角速度来表示，单位一般为 $[(°)/s]$。与之相关的指标还有：

零偏稳定性　静态情况下长时间稳态输出是一个平稳的随机过程，会围绕零偏起伏波动，用均方差来表示这种起伏和波动称为"零偏稳定性"，或简称为"零漂"。

零偏重复性　同样条件下，多次加电时产品的零偏也会有所差异，用均方差来表示称为零偏重复性。

零偏温度灵敏度　在正常工作温度范围内，不同温度条件下，零偏量随温度变化的最大值，单位一般为 $[(°)/s \cdot ℃]$。

用于稳定控制系统时，零位会影响舵控输出，进而影响制导精度，可根据制导精度需求分析论证并给出；用于惯导系统时，零位将直接影响惯导解算的精度，如果可以采取补偿措施，则以补偿后可达到的指标为准，如果不能采用补偿措施，则应对零位提出较高的要求。

⑤随机游走系数

是指白噪声产生的随时间积累的陀螺输出误差系数，单位为角速度每检测带宽的平方根，即 $[(°)/s]/\sqrt{Hz}$（或 $[(°)/h]/\sqrt{Hz}$）。其中的白噪声是指陀螺系统遇到的随机干扰及其随机过程。

7.4.1.2　加速度计种类和基本原理

加速度计是用于测量导弹运动加速度的器件，输出与导弹运动视加速度成正比的信号。常见加速度计种类有：液浮摆式加速度计、悬丝支撑单轴摆式加速度计、石英挠性加速度计、石英振梁加速度计、光纤加速度计、微机械加速度计等。

7.4.1.2.1　石英挠性加速度计

石英挠性加速度计是一种摆式加速度计，其典型结构如图 7 - 92 所示，工作原理如图 7 - 93 所示。

加速度计两端为硬磁材料的永磁体，互为对方反向磁极，在间隙形成均匀磁场。当沿加速度计检测方向有加速度作用时，由挠性石英摆片和力矩线圈组成的检测质量块由于惯性作用相对于平衡位置发生偏转，产生惯性力矩，使差动电容器间距发生变化导致电容量改变，通过伺服放大电路检测这一变化后形成反馈电流信号，送到力矩器从而产生反作用力，直到反作用力与惯性力平衡，此时检测反馈电流大小就可以测量得到加速度大小。

石英挠性加速度计的主要特点是零位稳定性好，精度高，结构简单、尺寸较小、重量轻、成本较低，适于批量生产。主要缺点是测量加速度超过 30 g 后线性误差增大，同时不能承受过大的冲击振动。

7.4.1.2.2　微机械加速度计

和微机械陀螺一样，微机械加速度计也是伴随着微机电系统（MEMS）技术发展起来的。与传统加速度计相比，具有体积小、重量轻、成本低、可靠性高、易于实现数字化等诸多优点，比微机械陀螺的实用程度更高。随着技术发展，其测量精度也不断提高，应用范围日益广泛。

目前常见的微机械加速度计类型有：压阻式、电容式、隧穿效应式、压电式等。

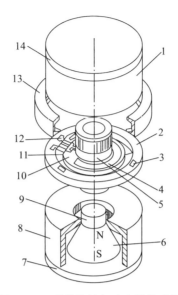

图 7 - 92　石英挠性加速度计构成图

1、8—软磁体；2—支撑环；3—安装凸台；4—电容角度传感器；5—力矩器线圈；6—磁铁；7、14—顶盖；

9—磁极片；10—石英摆片；11—挠性平桥；12—导电区；13—预负载环

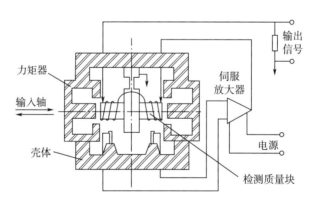

图 7 - 93　石英挠性加速度计电气原理

　　压阻式加速度计由硅材料制成悬臂梁和质量块，在梁上装有压阻；有加速度的情况下，悬臂梁随质量块发生变形时，梁上的压阻也随之变化，从而可测量得到加速度。其优点是制造简单，成本低；缺点是灵敏度低，温度系数大，迟滞效应较明显。

　　电容式加速度计利用电容变化来测量位移变化，检测电容的一个电极为质量块，另一个电极固定。加速度变化时，两个电极之间距离变化会引起电容大小变化，测量该变化后就可以得到加速度大小。其优点是灵敏度和精度高、稳定性好、温漂小，目前电容式加速度计是应用最为广泛的一种微加速度计。

　　隧穿效应是平板电极和针尖之间距离达到一定条件，可以产生隧穿电流的一种效应，隧穿效应加速度计就是利用这一效应工作的。其优点是灵敏度极高、线性度好、温漂小、抗干扰能力强，主要缺点是制作工艺复杂，工程化困难。

压电式加速度计运动压电效应，即运动时质量块会在支撑的刚体上产生压力，使其发生应变，最终可转变为电信号检测输出。具有尺寸小、重量轻、结构简单的优点。

7.4.1.2.3　加速度计的技术指标

加速度计的主要性能指标和速率陀螺是类似的。

（1）测量范围

加速度计测量范围又称为输入量程，单位一般为 g。指标的确定由导弹在作战空域内可能出现的最大加速度而定，测量范围应留有一定的余量。便携式防空导弹在发射发动机工作时的瞬间加速度很大，如需要安装加速度计且指标实现存在困难时，也可以以飞行过程中主发动机工作段的可能过载作为确定该指标的依据。

（2）灵敏度

可分为阈值（最小测量加速度）和分辨率两个指标，作为稳定控制系统使用时，灵敏度指标的确定应满足系统不会出现自振。作为惯导系统使用时，灵敏度指标要求更高，需根据惯导系统的精度指标进行细化分配而定。

（3）标度因数

标度因数是指加速度计输出和输入之间的比例系数，单位为 V/g 或者 mA/g。与标度因数相关的指标还有：

标度因数线性误差、标度因数稳定性、标度因数重复性：指标定义与速率陀螺仪类似，用％或 ppm 表示。

用于导弹的稳定回路设计时，其线性误差由加速度回路的稳定储备要求确定。作为惯导器件使用时，线性误差需根据惯导系统的总体精度指标细化分配确定。

（4）零位

加速度计的零位称为"偏值"，用于稳定控制系统时，零位会影响舵控输出，进而影响制导精度，可根据制导精度需求分析论证并给出；用于惯导系统时，零位将直接影响惯导解算的精度，但如果可以采取补偿措施，则以补偿后可达到的指标为准，如果不能采用补偿措施，则应对零位提出较高的要求。

加速度计一般零位的漂移很小，重复性较好，因此可规定各个条件下统一的要求值，必要时也可规定零位的稳定性、重复性和温度系数。

（5）通带要求

加速度计通带要求由所敏感的信号频谱确定，应确保有用的信号不失真。

（6）启动时间

启动时间是指加速度计从加电到能够正常工作的时间，由武器系统反应时间逐级分配而确定，加速度计启动时间一般都很短。

（7）尺寸重量要求

旋转弹对弹上设备的体积重量有着比较严格的要求，应综合权衡尺寸重量和精度之间的矛盾，根据实际需要选择合适的产品型号。通常情况下应尽可能选择体积重量都很小的 MEMS 器件。

（8）电气要求

电气要求包括输出信号的形式，是数字量还是模拟量；模拟量是电压输出还是电流输出，以及相关的信号品质要求等；供电要求；此外还包括电气接口定义和要求等。惯性器件作为小型器件，应尽量由弹上直接提供的二次电源供电。

（9）其他通用要求

参见 7.12 节。

7.4.1.3　惯性器件在旋转导弹上的应用

除了后文专门介绍的惯测组合外，惯性器件在旋转导弹上主要有以下几个方面的应用。

7.4.1.3.1　位标器动力陀螺

旋转导弹红外导引头使用最为广泛的是动力随动陀螺式位标器，其构成核心就是一个自由陀螺。具有以下特点：

1）采用内框架结构，万向支架安装在陀螺转子内部，结构紧凑；

2）陀螺转子与红外光学系统合二为一；

3）陀螺转子为磁钢制成，依靠外部多个线圈产生的电磁场实现稳速和进动；

4）陀螺具有较大的角动量，具备良好的定轴性和解耦性能。

7.4.1.3.2　框架式位标器稳定用速率陀螺

旋转导弹采用凝视成像导引头，为了避免高速弹旋对成像的影响，可以采用三轴稳定框架式位标器的结构形式。框架式位标器使用分别安装在两个框架上的速率陀螺敏感框架相对于惯性空间的角速率，并控制框架的伺服系统产生相反方向的角速度进行补偿，从而保证框架相对于空间的角速度为零，实现位标器的稳定和解耦。同时，在滚转轴上安装测量弹旋的速率陀螺，并控制消旋伺服机构运动使位标器框架与弹旋运动隔离。

考虑到旋转导弹导引头安装空间的限制，速率陀螺一般均选用 MEMS 陀螺。

7.4.1.3.3　弹旋测量用速率陀螺

旋转弹的弹旋频率是影响控制效果的一项重要参数，旋转弹导引头以往均采用陀螺测角信号 U_φ 来解算弹旋频率，存在小 $\varPhi$ 角测不准，以及导弹弹体螺旋摆动频率会耦合进弹旋频率的问题，为此，在 MEMS 陀螺技术日渐成熟后，开始在弹上安装 MEMS 陀螺测量弹旋。实践经验表明，引入 MEMS 测量转速后对提高制导精度，改善控制品质带来了很多益处。

7.4.1.3.4　稳定回路用惯性器件

旋转弹自动驾驶仪的阻尼回路以往大多采用摆动转子式角感器作为测量元件（参见7.3.1 节），但是这类角感器输出精度不高，因而阻尼回路控制效果也存在很大的离散性，总体效果不佳。随着 MEMS 技术的逐步成熟，目前旋转弹已开始使用 MEMS 速率陀螺测量弹体横向角速度，并作为自动驾驶仪的惯性环节构成控制回路，实践表明导弹的控制品质有较大程度的改善和提高。

7.4.2　捷联惯导系统

7.4.2.1　惯性导航系统的种类、组成及工作原理

惯性导航系统（INS，Inertial Navigation System）又简称为惯导系统，是利用惯性敏感器件、基准方向和初始位置信息，通过测量和计算来确定载体在某一时刻的方位、位置、速度等信息的自主式导航系统。按照惯性测量装置在载体上的安装方式，可将惯导系统分为平台式惯导系统和捷联式惯导系统。其中平台式惯导系统结构复杂、体积大、成本高，在战术导弹上无法应用。

捷联式惯导系统（SINS，Strapdown Inertial Navigation System）是随着惯性导航器件和微处理器技术发展而产生的一种惯性导航系统，也成为惯导发展的技术方向。该系统是将惯性测量器件直接安装在载体上，利用初始姿态信息和惯性测量器件的测量量经过计算，得到载体的状态、方位、位置和速度等信息的自主式导航系统。捷联惯导利用数学平台代替常规的物理平台，用计算机完成导航平台的功能，具有以下一些优点：

1）组成简单，体积小，成本低，可靠性高；

2）无机械平台，缩短了启动准备时间；

3）允许全方位（全姿态）工作；

4）与载体固连，可以直接提供载体的运动信息。

显然，因为上述优点的存在，捷联惯导十分适用于战术导弹的使用。

捷联惯导系统的工作原理如图 7 - 94 所示。惯导系统的加速度计和陀螺直接安装在载体上，分别测量载体相对惯性空间的三个角速度和线加速度沿载体（惯导）坐标系的分量，经过坐标变换和积分计算，得到载体的位置、速度、姿态等各种导航信息。

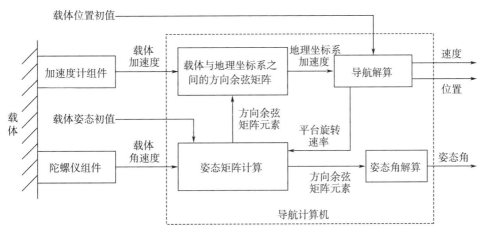

图 7 - 94　捷联惯导原理框图

除了上述传统的捷联惯导系统外，目前也出现了一些特殊的捷联惯导实现方案，例如无陀螺捷联惯导系统等，在后文会作相关介绍。

7.4.2.2　捷联惯导系统在旋转导弹上的应用

捷联惯导在传统的战术导弹上应用由来已久，经过数十年的发展技术已然成熟，但是在旋转导弹上的应用目前刚刚起步，主要是因为以下几个方面原因：

1) 旋转弹高速自旋（最大可达 20 r/s）的特性，会产生严重的耦合效应，同时给轴向角速度精确测量带来了极大的困难，要同时实现大量程、高精度指标的陀螺在技术上存在很大难度；

2) 旋转弹均为小弹径导弹，可供安装惯导的体积、重量都受到较为严格的限制，这又与高性能要求产生更大的矛盾；

3) 高速旋转弹体使测量得到的噪声相互耦合，使信息处理难度大大增加，同时旋转弹对惯导实时性要求相对更高，也产生了较大的矛盾。

经过各方面研究，目前认为技术可行的旋转弹捷联惯导方案有以下几种。

7.4.2.2.1　常规捷联惯导

旋转弹直接采用常规捷联惯导从原理上与非旋转弹并无差别，但实际上技术实现的难度非常大，关键在于旋转弹绕自身轴的转速最大可能达到 20 r/s [7 200(°)/s] 以上，比三通道控制导弹高一个数量级，而其测量精度要求基本不低于常规导弹，这给测量器件的选取带来了很大困难。

随着陀螺仪技术的进步，目前激光陀螺和光纤陀螺的性能已接近旋转导弹的应用要求，这就为旋转导弹安装常规捷联惯导系统的技术实现提供了可能。该捷联惯导系统的基本解决方案是在弹轴角速率测量上选用大量程、高精度的中高级别陀螺，例如激光陀螺和光纤陀螺，其他两个方向可以选用中低精度、小体积低成本的陀螺，例如 MEMS 陀螺，同时，通过对导弹最高转速的适当控制，为提高惯测系统输出精度提供更好的环境条件。

7.4.2.2.2　半捷联惯导

由于旋转弹捷联惯导测量最为困难的是弹轴向角速率，因此提出了一种解决方案就是采用部分捷联的设计方案，即在弹轴滚转方向不捷联，其他方向捷联的方案，这里称为半捷联惯导方案。

半捷联惯导方案中，惯性测量组合安装在一个可以绕弹轴方向进行滚转的平台上，平台由伺服电机驱动，根据惯测器件测量得到的消旋平台滚转速率驱动平台朝反方向以弹旋同频的速率旋转，从而使平台相对于惯性空间的转速保持在一个较小的量值，从而大幅度降低了对惯测器件量程范围的要求，使 IMU 采用低成本、低精度器件成为可能。

系统的框图如图 7-95 所示。

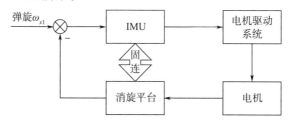

图 7-95　半捷联惯导系统工作原理

采用这一方案无疑会增加一套额外的消旋平台系统，需要综合考虑增加消旋平台带来的不利影响，如果弹上有其他平台可供安装（例如采用了三轴框架稳定的导引头），则惯测组合可以安装在该平台上，将大大增加该方案的优势。

7.4.2.2.3　无陀螺捷联惯导

在捷联惯导系统中，用加速度计代替（或者部分代替）陀螺仪测量运动载体的角速度，称为无陀螺捷联惯导系统（GFSINS，The Gyroscope Free Strapdown Inertial Navigation System）。

无陀螺捷联惯导系统用加速度计取代陀螺仪，由此带来的突出优点是低成本、高可靠、低功耗、长寿命、快速反应、抗高过载等，尤其适用于具有大角加速度、大角速度动态范围的载体的惯性导航，也适用于短程战术导弹应用。

无陀螺捷联惯导系统主要依靠加速度计的合理构型设计来获得尽可能高的测量精度，且避免系统过于复杂。目前常见的无捷联惯导系统构型布置方法有六加速度计方案、九加速度计方案，也有更高的如十加速度计、十二加速度计等，主要用于满足高精度测量要求设计。图 7-96 给出了常见的六加速度计构型方案。

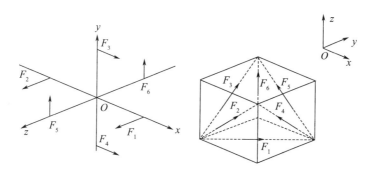

图 7-96　常见六加速度计构型方案

对于旋转弹的应用，由于高转速动态范围主要体现在弹轴方向，因此，又提出了在弹旋方向使用无陀螺设计、其他两个方向仍然采用陀螺仪测量角速率的组合设计方案（也称为准无陀螺捷联惯导系统），比较实用的方案有四加速度计两轴陀螺和五加速度计两轴陀螺方案，其构型布局如图 7-97 所示。

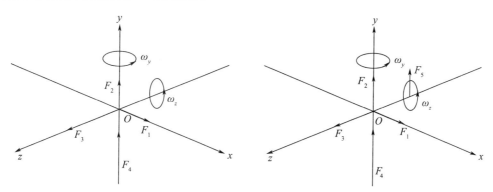

图 7-97　四加速度计和五加速度计双陀螺仪方案构型

无陀螺捷联惯导系统目前尚未完全实用化，主要原因在于要达到高解算精度，需要高精度加速度计或者有足够的安装空间，否则由于量测误差引起的解算偏差很快就会发散到不可接受的程度。而旋转弹特别是影响最大的弹轴方向，恰恰是空间尺寸最小的方向，因此实际应用条件尚未完全成熟。

7.4.2.2.4　组合导航

以上提出的几种旋转弹捷联惯导实现方案，或多或少存在着一些不足，实现高精度测量存在较大困难，为此，又发展出在惯导方案基础上增加其他传感器构成组合导航系统的方案。

组合惯导的实现方案有很多，最常见的是 GPS＋INS 组合惯导，但这种形式不适合需要反应速度快的旋转弹弹上使用，目前在旋转弹上有较好应用前景的是磁传感器和捷联惯导组合的形式。其中捷联惯导可以采用常规惯导或者无陀螺惯导方案。下面简单介绍磁传感器和组合惯导的工作机理。

磁传感器（又称为磁强计）是感应空间磁场强度和方向的传感器件，用于导航时主要感应的是地磁场。

地磁场是很多不同来源和性质的磁场的叠加，其中地球本身的稳定磁场占 94％左右，且具有长期稳定的特性。地磁场在全球各个区域的分布是不同的，但是作为战术导弹使用时，由于其射程短，可以认为在飞行区域内地磁场特性是恒定的。

磁传感器种类繁多，用于空间弱磁场测量的主要是磁通门磁强计，具有体积小、功耗低、测量范围宽、灵敏度高等特点。磁通门磁强计由软磁材料制作的磁芯、缠绕其上的激磁线圈、感应线圈及信号处理电路组成。当磁芯处于过饱和状态时，其磁导率随激磁磁场强度改变而变化，感应电动势中会出现随环境磁场而变的偶次谐波增量；当铁芯处于周期性过饱和工作状态时，该谐波增量将显著增大。这种物理现象对环境磁场而言就像一道"门"，通过这道门的相应磁通量即被调制，产生感应电动势，这种现象称为磁通门现象，由环境产生的感应电动势称为磁通门信号。利用三维正交的三轴磁通门传感器就可以测量磁场的三个方向分量。

由于磁强计的测量结果没有积分产生的累积误差效应，因此和惯导系统组合后，可以提高整个导航系统的测量精度。磁强计在实际使用中存在的主要技术问题是容易受到各种磁环境的干扰，需要针对干扰情况进行必要的补偿设计。

7.4.2.3　捷联惯导系统指标要求

捷联惯导系统主要由惯性测量器件组成，对捷联惯导系统的指标要求，通常又可以分为对惯测系统的要求和分解的对惯性测量器件的要求两个部分。

（1）测量范围

包括导弹弹体坐标系下三个轴方向的加速度和角速率测量范围，具体根据导弹实际飞行可能的极限值确定，但不要留有过多的余量，因为测量范围与精度存在一定的相关性。旋转弹一般 x 轴方向角速率量程要求远大于 y 和 z 向，但是测量值均为一个方向，其他两个方向是正负对称的；导弹 x 轴加速度方向也是正向角速度大于负向加速度，其他两个方向对称。

（2）测量精度

对于惯测系统而言，其测量精度包含两个部分指标。

位移测量精度　以某一时间内惯导测量计算得到的位移误差均方差来度量，单位 m。

姿态测量精度　以某一时间内惯导测量计算得到的导弹弹体姿态误差均方差来度量，单位（°）。

以上精度通常不包含初始对准的误差。

惯导系统的测量精度指标是根据总体精度指标分配而来的，例如对于惯导作为中制导的导弹而言，就要考虑惯导制导末端的精度应当能够满足给末制导交班的精度匹配要求。

可以通过以下两种方法将惯导系统精度要求分解到对惯性器件精度要求。

1）基于轨迹发生器进行精度分析。该方法采用一个轨迹发生器模拟导弹的典型运动弹道，其输出作为带误差源的捷联惯导系统的输入，通过对误差源的选取和系统输出的统计计算，得到各误差源对导航精度的影响，对计算结果进行分析可以完成指标分解。

2）采用系统参数综合寻优方法。该方法首先设定一组惯性器件指标，然后用数字仿真或者实物试验的方法得到惯导系统的指标，调整惯性器件的指标进行优化求解，直到惯导系统指标满足总体要求。

惯性器件的指标见本章前文相关内容。

（3）启动时间

指惯导系统加电到正常工作所需要的时间，通常机电式陀螺仪的启动时间较长，光学陀螺和微机械陀螺启动时间都较短。惯导系统的启动时间应不能超过导弹的准备时间。

（4）工作时间

在正常工作条件下，一次加电连续工作最长时间，取决于导弹的飞行时间。该时间通常和精度指标相关。

（5）动态特性要求

动态特性要求包括频带特性（单位 Hz）和阻尼特性，通常由惯性器件的性能决定。

（6）敏感轴的方向和极性定义

（7）安装精度要求

为避免安装误差的影响，对安装精度应提出合适的指标。

（8）其他通用性要求

参见 7.12 节。

7.5　引信

在导弹与目标交会时，引信能按预定的条件和方式引爆战斗部，最大限度地毁伤目标。旋转导弹使用的引信，其本质上与其他防空导弹并无不同，但由于旋转导弹自身的特点，引信的设计上也有一些特殊的要求和方法。

7.5.1　引信的种类、组成及功能

7.5.1.1　种类

防空导弹上使用的引信种类很多，可以有不同的分类方式。

按照对目标的作用原理，可以分为触发引信和近炸引信两大类；按照敏感元件的特性，可以分为电引信、光学引信等；按照对目标的探测方式，又可以分为主动引信、被动引信等。

防空导弹上最常用的近炸引信有雷达引信、红外引信、激光引信、电容引信等。

雷达引信的具体细分种类繁多，但通常把最常见的主动式雷达引信称为雷达引信（或无线电引信），其他品种十分少见。雷达引信按工作体制有连续波和脉冲两类，按波段又有毫米波和厘米波（不特别提出时，都为厘米波）。雷达引信探测信息量大，精度较高，环境适应能力强，在防空导弹上得到广泛应用，但由于其体积重量较大，以往在旋转导弹上并无应用，近来随着毫米波技术发展，毫米波引信已可以满足较大弹径旋转弹的安装要求，受到了各方重视。

红外引信属于被动体制的光学引信，依靠探测目标的红外辐射特性完成启动。其主要缺点是作用距离依赖于目标的红外辐射特性，难以解决对目标的全向探测问题，其抗干扰能力也有一定限度，因此使用受到了限制。

激光引信属于主动体制的光学引信，具有方向性强、探测精度高等优点，应用前景良好。

电容引信属于被动体制的电引信，主要特点是结构简单、体积小、重量轻，但其作用距离很短，在便携式防空导弹上曾有应用，因其抗干扰是一个很难解决的问题，因而已不再发展。

本文主要介绍可在旋转导弹上使用的几类引信，包括触发引信、毫米波近炸引信、激光近炸引信和电容近炸引信。

7.5.1.2　引信基本组成及功能

引信的基本组成可分为目标探测器、信号处理电路、启动指令产生器（三者共同构成了目标探测装置）和安全执行机构。

引信在导弹中的功能如图 7 - 98 所示。

引信系统在目标物理特性作用下，按预定方式产生引爆脉冲引爆战斗部，为了提高引战系统性能，通常弹上的制导、导航系统等设备要提供相关信息，例如弹目相对速度、夹角、距离、预计命中时间等。安全执行机构的解锁等动作需要弹体力学环境条件触发。

（1）目标探测器

目标探测器又称为目标敏感器，其功能是敏感目标的存在，探测目标的信号特征。目标探测器有两大类，一类为接触式传感器，用于触发引信；另一类是接近式传感器（探测器），雷达引信发射和接收无线电信号，红外引信接收红外信号，激光引信发射和接收激光信号，电容引信探测电场变化，都用于近炸引信。

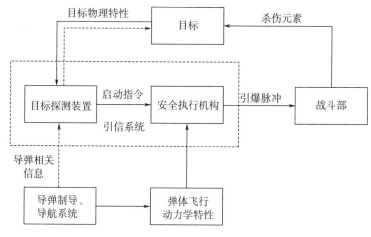

图 7 - 98　引信功能框图

（2）信号处理电路

信号处理电路将目标探测器探测（或敏感）到的目标特征信号（通常都已转化为电信号），经过适当的处理、鉴别和抑制干扰、背景噪声、杂波，从而获得必需的目标信息，在频域、时域、波形等方面进行处理。通过相关检测，可以改善引信的距离截止特性，提高引信的抗干扰能力。

（3）启动指令产生器

将信号处理电路输出的目标信息，与制导系统等给出的相关信息进行处理，按照给定的方法和模型，在适当的时刻输出启动指令，以获得良好的引战配合效率。此外，启动指令产生器还包括执行指令的点火电路。

（4）安全执行机构

安全执行机构（简称安执机构）用于防止战斗部在导弹维护、勤务处理、日常贮存运输、作战值班以及发射初始段发生意外爆炸，在保险状态，该机构能将点火电路和传爆序列火路隔离，解除保险后，将整个点火回路接通。

7.5.1.2　引信工作流程

典型的旋转导弹引信基本构成如图 7 - 99 所示。

引信的典型工作流程为：

（1）引信供电

其中触发引信和安执机构通常设计为只能由弹上电池供电。

（2）接到基准信号后，引信开始工作，时间装置计时

基准信号可以是地面设备发出的发射令，或者是脱落插头分离时给出的弹动信号，或者其他设定的信号。

（3）顺序解除安执机构各级保险

安执机构通常设计两级以上保险，常见的包括时间控制的保险和惯性力控制的保险，在导弹发射后，满足计时条件、惯性力条件等，各级保险解除，回转体旋转到位，传爆管

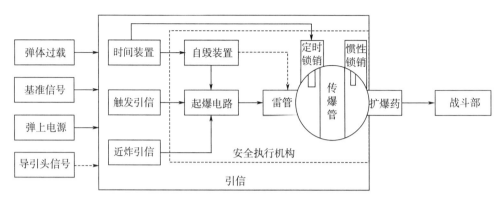

图 7-99　引信基本构成和工作关系框图

接通点火回路。

（4）弹目交会，引信起爆

弹目交会并满足引信启动条件后，引信输出起爆信号，通过起爆电路点燃雷管，经传爆管、扩爆药引爆战斗部主装药。

（5）脱靶时，引信控制自毁

导弹脱靶时，自毁装置根据时间装置定时给出的自毁信号，或者导引头输出的自毁指令，引爆战斗部。

7.5.2　触发引信

触发引信是依靠目标与导弹实体直接碰撞（或接触）而作用的引信，旋转导弹的触发引信通常和安全执行机构一体化设计，因此在这里将两者一并介绍。

7.5.2.1　安全执行机构

安全执行机构的主要部件有保险机构、隔离机构、延时装置、自毁装置、点火装置（传爆序列）等。

7.5.2.1.1　保险机构

保险机构按工作能源的性质分为两类，一类利用环境能源，如惯性力、离心力、空气动力、气压等；另一类利用非环境能源，如电力、化学、火药、机械、电磁等。本类导弹常见的保险机构有惯性、火药、电力等保险机构。

7.5.2.1.2　延时和自毁装置

延时装置又称为定时器，其主要功能是实现定时解除保险。延时装置主要有机械、火药和电子三种定时器，目前大多使用电子定时器。

自毁装置按工作原理可分为三类：定时自毁，利用定时器实现装订的时间输出自毁信号；制导系统输出自毁指令，由导引头判断满足一定条件时（例如过靶丢失目标）、或者地面指挥站的遥控自毁指令来启动自毁；利用弹道参数变化自毁。

7.5.2.2　触发引信

触发引信的主要部件包括：碰撞（或接触）敏感装置、延时电路、点火电路等。

7.5.2.2.1　碰撞敏感装置

碰撞敏感装置主要用来感受导弹与目标碰撞时产生的机械冲量，敏感装置种类有击针、火帽、机械变形开关、电开关、压电触发器、磁电触发器等。

不同的触发引信有不同的碰撞敏感装置，对于本类导弹中的便携式防空导弹，有的只安装了触发引信，但为了保证触发的可靠度，安装了两种不同类型的碰撞敏感装置。

下面简单介绍两种常用的敏感装置：压电触发器和磁电触发器。

（1）压电触发器

图 7-100 所示为一种压电触发器，正中被极化的压电片两极涂银粉，正极通过铅垫片与惯性柱接触，负极通过铅垫片与外壳内孔底部钢垫片接触。由于压电片具有压电性——压缩变形后在两个电极表面会产生极性相反、电量相等的电荷，且电荷量与施加的压力成正比，因此在撞击目标时，压电片受压后产生电位差，可以用于后续电路放大后作为引信输出。

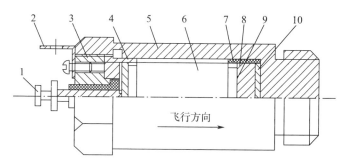

图 7-100　压电触发器结构图

1—接线柱；2—焊片；3—螺母；4—衬套；5—外壳；6—惯性柱；7—衬套；
8—压电片；9—铅垫片；10—钢垫片

（2）磁电触发器

磁电触发器内由永磁体磁环产生磁通，经过磁轭、铁芯和气隙组成磁路；线圈与磁路相耦合。弹目碰撞时，铁芯因惯性力移动造成气隙变化和磁通量变化，在线圈中产生感应电压，可以用于后续电路放大后作为引信输出。

图 7-101 为磁电触发器的结构图。

7.5.2.2.2　触发引信电路

触发引信电路通常包含时延电路和点火电路，本类导弹触发引信均要求瞬发，一般不设时延电路。

点火电路的基本功能是将触发器产生的微弱电信号经电路处理后，输出一个足以使电起爆管爆炸的能量。点火电路设计应当能够防止误爆，如在弹上设备刚接通电源，或者电源因设备大电流发生瞬间电压突变时，点火电路能够抵抗其在电路上引发的干扰脉冲而不发生误点火。

7.5.2.3　设计实例

下面以箭-2M 导弹的引信为例介绍本类导弹触发引信和安执机构的设计思路。

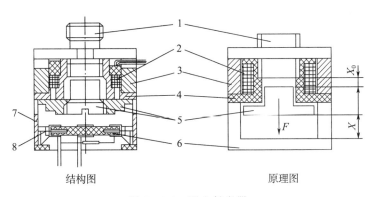

图 7 - 101　磁电触发器

1—上磁轭；2—线圈；3—磁环；4—骨架；5—铁芯；6—下磁轭；7—圆筒；8—接点；
F —永磁吸力；X_0—初始气隙；X —铁芯运动行程

　　该引信安装在战斗部后部，发动机之前。前方采用注胶套接方式与战斗部固连，电缆从战斗部中心管引入，后方用四个斜螺钉与发动机连接。其构造如图 7 - 102 所示。

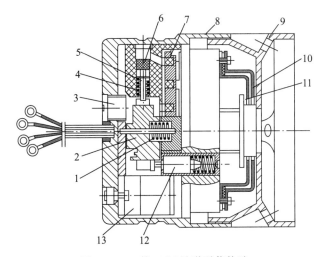

图 7 - 102　箭-2M 导弹引信构造

1—扭簧；2—回转体；3—传爆药；4—压簧；5—径向销；6—延迟药柱；7—自毁药盘；8—前壳体；
9—后壳体；10—外罩；11—内罩；12—惯性销；13—磁电触发器

　　该引信由触发引信和安执机构（隔离机构、保险机构、自毁装置、传爆序列等）组成。

　　触发引信的敏感装置设置了三个相互独立的部件，包括磁电触发器、惯性开关 S_2 和变形开关 S_1（由内外罩组成），以提高工作可靠性。

　　点火电路选用晶体管作为开关，磁电触发器输出触发信号导通晶体管时，电容放电回路使火电两用雷管引爆战斗部；其他两路开关直接闭合放电回路。

　　保险机构包括一个火药保险机构和一个惯性保险机构，由此构成两级保险。

　　自毁装置的主体是一个 S 型药盘及部分配套零件。

整个引信的机电原理图如图 7 - 103 所示。

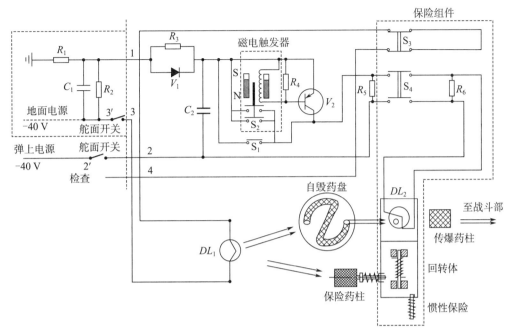

图 7 - 103　触发引信机电原理图

引信工作过程为：

导弹勤务状态时，引信不带电，此外引信的供电还受舵面开关控制，在发射筒内舵面折叠状态开关不接通。

作战时，地面电源（−40 V）激活后向电容 C_1 充电，发射后充电停止。

发射发动机点火后，导弹飞离发射筒，在加速度作用下解除惯性保险，惯性销脱离回转体，第一级保险解除。

出筒后舵面展开，舵面开关闭合，此时弹上电源（−40 V）向储能电容 C_2 充电，并接通 C_1 放电回路引爆电点火管 DL_1，从而引燃火药保险机构的药柱和自毁 S 型药盘。

保险机构药柱在点燃 1.25～1.8 s 燃烧完毕，使保险销脱离回转体，第二级保险解除。

回转体在扭簧作用下旋转 90°，去除隔离，回转体上的火电两用雷管 DL_2 与传爆药柱对齐，同时也切断了检查电路开关 S_3，并接通点火电路开关 S_4，引信处于待爆状态。

导弹与目标碰撞时，三个敏感装置部件（磁电触发器、惯性开关 S_2 和变形开关 S_1）只要有一个在冲击下起作用，电路闭合，使储能电容 C_2 放电，即引爆电雷管 DL_2，经传爆管起爆战斗部。

如导弹未命中目标，已点燃的 S 型自毁药盘在经过 13.5～18 s 后点燃 DL_2，导弹自毁。

7.5.2.4　触发引信和安执机构指标要求

触发引信和安执机构的指标要求相对简单，主要有：

1）瞬发度，指触发引信碰撞目标实体到传爆序列最后一级输出爆轰能量所经历的固有延迟时间，从实际使用要求出发应越短越好，一般在数百微秒至数毫秒之间。

2）灵敏度，指触发引信对目标和环境的敏感程度，通常用引信发火所需要的最小能量表示。例如可要求在一定时间内，承受逆航向过载大于等于某一值时，应能可靠启动。

3）起爆输出能量，应与引战传爆通道设计相匹配。

4）安执机构保险设计要求，包括设置数量、类型、解保条件（解保时间或者解保顺序、具体解保量化要求如过载要求）等。

5）自毁要求，包括自毁时间、自毁形式等。

6）安全性和可靠性要求，安全性指产品在任何意外情况下应保证不能引爆，可靠性根据总体指标进一步分解后确定。

7）其他通用性要求参见 7.12 节。

7.5.3　近炸引信

7.5.3.1　无线电引信（毫米波引信）

无线电引信（也称为雷达引信）是利用无线电波获取目标信息而作用的近炸引信。防空导弹使用的无线电引信按载体信号来源可以分为主动式、被动式和半主动式引信三类，其中主动式引信使用最为广泛；按照工作体制可以分为连续波、脉冲体制两大类；按照工作波段可以分为微波（厘米波段）和毫米波。

旋转导弹由于体积较小，安装常规的无线电引信存在困难，大多安装光学引信。随着毫米波技术的发展，小型化毫米波引信技术逐步成熟，在旋转弹上的应用已成为可能，并已受到重视。

7.5.3.1.1　毫米波引信主要特点

毫米波一般是指频率在 30～300 GHz 范围内的无线电波，而频率在 27～40 GHz 范围内的又称为 Ka 波段。

毫米波引信使用毫米波段进行工作，具有以下一些特性。

1）毫米波波导器件体积小，天线波束能够做得很窄。与微波相比，毫米波探测系统体积更小，例如毫米波天线的尺寸只有 X 波段天线的 1/4～1/3，该特点为引信小型化创造了条件，同时可使引信启动区较精确，工作隐蔽性好，也减小了受干扰的几率。

2）引信工作中心频率高，工作频率散布范围宽。在毫米波工作范围内，有四个大气窗口（35 GHz、94 GHz、140 GHz、220 GHz），且各个窗口的带宽都很宽，允许宽频带信号处理和采用扩谱工作方式，对抗干扰极为有利。

3）多普勒频移宽。由于目标运动产生的多普勒频移反比于探测波长，因此毫米波引信多普勒效应明显，具有良好的多普勒分辨力，提高了动目标检测能力。

4）毫米波有较低的地物散射率，多路径效应不明显，有利于引信抑制超低空地/海杂波，实现超低空工作。

5）毫米波的大气传输损失虽然较大，但对于以工作距离短为特点的引信是几乎没有影响的，相反却使远距离对引信进行干扰发生困难。

6）毫米波引信受气候影响较小，可穿透烟、云、雾等，几乎可全天候工作。

7.5.3.1.2　毫米波引信组成、方案和工作原理

毫米波引信的组成和常规无线电引信类似，可分为天线（天馈系统）、收发组件（T/R组件）、信号处理模块、引信启动指令产生器等部分。

毫米波引信具体实现的探测体制有多种方案可选，常见的有连续波调频引信、脉冲多普勒引信、伪随机码调制引信等。

以脉冲多普勒（PD）体制引信为例，主要由脉冲产生器、高频振荡器、延时器、混频器、信号处理电路等组成，其基本原理框图如图 7 - 104 所示。

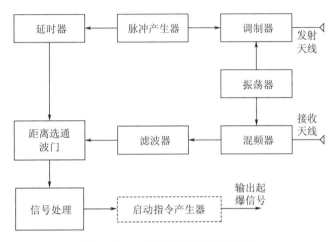

图 7 - 104　PD 引信基本原理框图

脉冲产生器产生高频脉冲信号，对振荡器产生的本地载波进行调制后，通过发射天线将信号辐射出去。

弹目接近时，辐射出的信号与目标相遇后反射回波被接收天线接收，该信号被目标速度引起的多普勒效应影响而产生频移。

回波信号与高频本振信号在混频器进行混频，然后经过低通滤波器，滤除高次谐波。信号处理电路对本地基准脉冲进行固定延时，产生的距离波门对低通滤波器输出信号进行距离波门选通，在回波进入预定距离门时，满足输出条件，引信输出。

脉冲多普勒引信的一个弱点是存在距离模糊，为避免这一问题，必须选择低的发射脉冲重频，而这又会导致发射峰值功率增大，设备体积重量增加。为了进一步提高 PD 体制引信的性能，克服其不足，在其基础上也发展了很多性能更好的复合调制体制，例如可以把伪随机码调制、噪声调制等与 PD 体制结合起来。以伪随机编码调制为例，通过对脉冲多普勒系统发射脉冲序列波形实现脉冲间的伪随机编码调相，接收系统对回波信号进行距离选择、相关解调、多普勒滤波，可以降低距离旁瓣，允许选择较高的重复频率，降低了发射峰值功率，同时伪随机调相后增加了发射波形的隐蔽性，也提高了抗干扰能力。

7.5.3.1.3　毫米波引信指标要求

毫米波引信的指标体系与无线电引信基本相同，主要包括：

（1）启动特性要求

引信的启动特性通常包括作用距离、距离截止特性等。

引信作用距离包含外距离门和内距离门两个指标，外距离门的基本定义为：在目标雷达散射面积大于某一规定值（或者规定的典型目标）条件下，引信与目标之间距离小于某一规定值（即引信外距离门），引信的启动概率应大于某一规定值。内距离门（也称为盲区）的定义为：引信和目标之间的距离大于某一规定值时，引信的启动概率应大于某一规定值。

引信外距离门指标确定应保证在最大制导误差条件下，引信仍然能够可靠起爆战斗部。如制导精度的系统误差为 R_0，随机均方根误差为 σ，则引信作用距离应大于 $R_0 + 3\sigma$，具体数值还应考虑引信的启动角、弹目在各种条件下的交会姿态等因素。

内距离门的作用是抑制引信发射信号通过很短的距离泄漏到引信接收机而产生干扰和虚警，为了保证引信的启动区域，盲区设置越小越好，并应争取实现无盲区设计。

引信的距离截止特性是指在规定的引信作用范围之外，在规定的目标雷达散射面积（或规定的典型目标）的条件下，引信的启动概率应小于某一规定值。引信截止特性的要求是为了满足引信抗干扰和抑制地（海）杂波的要求，从抗干扰要求出发，引信的距离截止特性越尖锐越好。

（2）天线波束特性要求

引信天线波束特性是影响引信启动区的主要环节，与引战配合设计密切相关。

引信天线波束特性的主要参数有天线波束倾角、波束宽度、波束前沿陡峭度、副瓣电平参数、周向分布特性等。

天线波束倾角及波束宽度、陡峭度特性的确定，主要考虑保证引信的启动区和战斗部的动态杀伤区在尽可能大的程度上实现重合。通常情况下，应保证引信先探测到目标，经过一定延时后战斗部起爆，其动态破片飞散区能够覆盖目标的要害部位。

天线波束倾角确定的主要步骤如下：首先选择典型弹道的交会参数和战斗部破片飞散参数（通常选择弹目交会相对速度较大条件下的弹道），计算战斗部的动态破片飞散区域；考虑引信的信号积累和启动固有延时，计算该延时引起的附加角度；考虑引信探测到的目标部位通常为目标头部或者前缘，而目标要害部位一般为目标中心部位，由此引起的附加角度；考虑天线的波束宽度等因素，最终可以给出天线波束的理论优选值。波束倾角最终确定还需要考虑天线本身技术实现上是否存在难度。

天线波束宽度的确定，从理论上而言，为减小引信启动散布和增大作用距离，应该是越小越好，但是从信息处理所需要的时间要求出发，仍然需要天线波束保证一定的宽度，特别是对于小尺寸高速目标，天线波束宽度必须保证目标穿越波束时间大于信息系统处理数据所需要的时间和信号累计时间，通常要求大于 5 倍以上。对于旋转弹这类小弹，由于天线安装的结构尺寸受限，波束宽度往往很难做小。波束宽度一旦确定，实际上天线的增益也就基本确定了。

天线波束前沿的陡峭度影响引信的启动角散布，一般由引信灵敏度变化率和允许的启动角偏差决定，同时也和天线波束角密切相关。

天线副瓣天平参数主要影响目标在副瓣区的启动概率，以及抗干扰概率，其中引信的前副瓣对两者都有影响，而后副瓣主要影响抗干扰性能。从提高引信启动特性和抗干扰性能的角度出发，引信主副瓣电平比应越大越好。

引信天线方向图沿导弹垂直弹轴的圆周方向分布特性，从理论上应当是 360° 范围内均匀分布，但实际上很难做到，特别是毫米波引信波长很短，在弹上安装需要 2 根以上天线才能覆盖 360° 范围，由于相位干涉，不可避免地会形成干扰缺口。对于周向方向图，通常要求干扰缺口不大于 3°～5°，周向范围内增益变化不超过 6 dB。

（3）延时特性要求

引信的延时包括固定延时和可变延时。

可变延时是根据引战系统的设计要求，随弹目交会条件、目标特征参数、导弹飞行参数等的变化自动计算和调整的，引信的可变延时设计方法可参见第 6 章引战配合设计的相关内容。

固定延时包括引信的惯性积累时间、信息处理时间和各个环节的执行延迟时间，其中起主要影响的是惯性积累时间，主要用于提高引信抗外来和自身的瞬时尖峰脉冲干扰能力，并确保引信启动的可靠性。引信固有延时一般在 1～2 ms 之内。

（4）工作时序要求

规定引信工作的时序流程，通常包括加电、解除保险、开机、解封等的顺序、条件和时间等要求。

（5）抗干扰要求

引信抗干扰要求通常分为抗人工干扰和抗背景干扰两类。

毫米波引信所面临的人工干扰包括压制式干扰、欺骗式干扰等有源干扰；箔条、无源诱饵假目标等无源干扰。其中对引信影响较大的是有源干扰。

压制式干扰是干扰方利用强大的干扰功率压制破坏引信接收机的工作，使引信早炸或者瞎火，按实施干扰的具体方式不同，又可分为扫频式干扰、阻塞式干扰和瞄准式干扰。

欺骗式干扰通过转发引信的射频信号使引信早炸来实现干扰，包括角度欺骗、距离欺骗、多普勒速度欺骗等。

由于对干扰体制和干扰机性能的保密，引信抗人工干扰的指标的确定是有一定困难的。通常对于压制式干扰，可以提出抗干扰功率的指标要求，即明确对引信产生干扰所需要的最小功率。对于欺骗式干扰，可以把干扰机的转发增益作为指标要求。

背景干扰主要包括自然环境干扰和地/海杂波干扰两类。

自然环境中的云、雨、雪、雾等是干扰引信的主要干扰源。经分析，对于毫米波而言，基本上不受云、雾、小雨的影响，但可能会受大雨、雪的影响。

防空导弹在攻击超低空飞行的目标时，地/海杂波可能对引信产生较为严重的干扰作用，此时，需要明确对地/海杂波抗干扰的具体要求，通常可规定目标最低飞行高度等相关指标。

（6）其他通用要求

参见 7.12 节。

7.5.3.2　激光引信

7.5.3.2.1　激光引信的特点

激光引信是一种主动引信，与雷达引信相比，具有以下一些特点：

（1）体积小、重量轻，适用于小型导弹

激光引信采用光学探测，激光器件、光学系统的小型化比较容易做到，因此可以实现小型化，适用于中小型导弹。

（2）良好的抗干扰能力

激光引信敏感的是光学波段信号，因此抗电磁干扰能力很强，避免了无线电引信抗电磁干扰问题；同时，激光引信光束方向性非常强，基本没有旁瓣，敌方主动施放的有源干扰极难对激光引信造成影响。

（3）引信启动位置控制精度高

激光引信光束方向性强，光束宽度窄，使引信的启动区散布远小于无线电引信，如采用距离选择技术，可以将最佳启爆位置控制得较为准确，提高了引战配合效率，降低了引战配合难度。

（4）具有良好的距离截止特性

激光引信利用其窄波束特性，采用光路交叉原理，可以很好地实现精确距离截止；激光引信电路中通过增加距离选通器，进行距离波门选通，也可以实现较高的截止精度。

（5）容易和定向战斗部匹配

防空导弹使用的周向激光引信一般采用 4～8 象限探测，可以较为准确地感知目标的周向方位，从而有利于和定向战斗部实现引战配合，取得良好的杀伤效果。

7.5.3.2.2　激光引信的分类、工作原理和组成

激光引信按照本身是否发射激光，可以分为主动式和半主动式两种，防空导弹上都使用主动式激光引信。从光源工作方式上，又可分为脉冲式和连续波式两种，连续波式测距精度较高，但发射功率有限、结构复杂，在引信上很少应用。在本书中主要介绍主动式脉冲体制激光引信，下文的激光引信均指这种体制的引信。

激光引信的基本工作原理可以表述为：用特定幅值、时域、空域特性的激光对目标进行照射，同时对激光在目标上反射的回波进行定向光学探测、对信号进行识别和鉴别，并适时输出起爆信号。激光引信构成如图 7－105 所示。

激光引信在具体的探测体制上，常见的有几何截断型和距离选通型两种，此外，在某些对定距精度要求很高或者需要远距离定距或者作用距离可装订的应用场合，还可使用脉冲鉴相定距、脉冲激光定距和伪随机码定距等体制，下面主要介绍防空导弹常用的几何截断型和距离选通型两种定距体制。

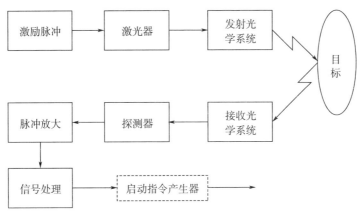

图 7 - 105　激光引信原理框图

（1）几何截断型

几何截断型探测体制利用了光路三角交叉定距原理，以防空导弹上常用的周向探测引信为例（如图 7 - 106 所示），发射视场和接收视场在周向 360° 均布，在弹轴方向空间交叉，存在一个几何重叠区域，仅当目标进入这一区域时，才能被探测到。而且在这一区域内随着距离的变化，会产生不同包络形状的回波信号，从而可以提供更加精确的定距能力和较强的抗干扰能力。该区域的范围由引信的设计要求给出，并通过设计不同的收、发光学视场参数来实现。常见的周视探测方式引信作用距离可达 3～9 m，距离截止精度可达 0.5 m。

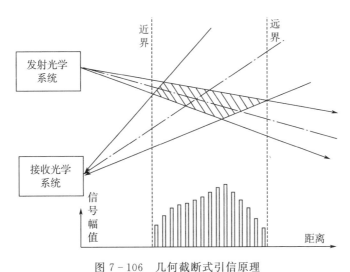

图 7 - 106　几何截断式引信原理

几何截断体制引信存在近距离探测盲区，在一定程度上有利于引信对抗外部的稀疏物质产生的干扰。同时，这种体制具有电路简单、截止精度高等特点。

几何截断体制的不足主要有：存在盲区，小脱靶量时会影响启动概率；截止距离由光路设计确定，很难实现自适应调整。

（2）距离选通型

距离选通体制也是一种常见的脉冲激光定距体制，其原理为通过发射脉冲为接收器设定一个距离选通门，通过判断接收器是否在距离选通门内接收到了有效信号来判定是否存在目标。通过选通门的调整，可以实现探测距离的调整。工作原理如图 7 - 107 所示。

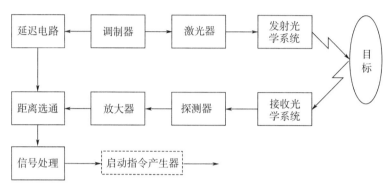

图 7 - 107　距离选通体制原理框图

距离选通体制的特点有：探测距离近，不会出现距离模糊；计算简单、处理速度快；延时电路参数可调，距离可调。其主要不足是对于近距离稀疏物质的干扰问题较难解决，需要通过其他方法来协助判别信号。

激光近炸引信从组成上通常可分为激光发射系统、激光接收系统、信号处理系统三大部分，其中前两者又统称为敏感装置。

7.5.3.2.3　激光发射系统

激光发射系统主要包括激励电路、激光器、发射光学系统等部分。其功能是根据总体指标要求，向空间发射一定频率、一定脉宽、一定峰值功率以及一定空间形状的激光脉冲束。

激励电路的主要功能是按要求产生激光器驱动脉冲并注入激光器，使激光器按驱动脉冲的规律发射激光脉冲束，通常包括信号发生器、波形整形电路、驱动、电源等部分。

激光器是激光引信的核心部件之一。激光器种类繁多，常见的有固体激光器（如红宝石激光器）、气体激光器（如 CO_2 激光器）、半导体激光器等。其中半导体激光器以半导体材料作为工作物质（常见的有砷化镓 GaAs、硫化镉 CdS、磷化铟 InP 等），价格便宜、效率高、结构简单、体积小、波长覆盖范围广（红外线到可见光波段），是小型防空导弹激光引信上应用最多的激光器。目前引信激光器使用的波长大多为近红外波段，常见的是 840～900 nm，以及 1 060 nm。

光学系统设计是激光引信设计中的一个很重要环节，除了要保证满足设计的视场范围要求外，还需要光学系统结构尺寸小、透过率高、耐环境（特别是弹上冲击振动环境）能力强。由于半导体激光器发出的激光束通常束散角较大，发射光学系统一般设计为准直镜和发散镜两部分，准直镜将激光器输出光源转换为一定形状的准直光束，发散镜把准直光束转换为"扇形"光束，满足最终激光照射区域的要求。

激光发射系统的主要技术指标有：轴向发射角、周向发射扇形角、发射倾角、光学效率、发射功率、激光波长、频率、脉宽等。

7.5.3.2.4　激光接收系统

激光接收系统主要包括接收光学系统、光电探测器、放大器等部分。其主要功能是探测和接收目标对激光的反射回波，并对其进行光电转换、放大后送信号处理系统进行处理。

接收光学系统和发射光学系统在设计上是协调匹配的，使接收系统获得一定的方向性和视场角，并以较大的通光面积收集目标反射回来的激光功率，使探测器获得足够的探测信噪比。通常由透镜（组）、滤光片等组成，透镜组用于实现视场范围内光学汇聚；窄带滤光片用于滤除激光工作波长以外的光线能量，提高系统抗阳光干扰等环境干扰的能力。

光电探测器也是激光引信的核心部件之一，用于把目标反射回来并接收到的激光能量转变为电信号。

光电探测器常用的是光电二极管，按结型材料不同，可以分为硅光电二极管、雪崩光电二极管、PIN 光电二极管和光电三极管，激光引信上 PIN 二极管和三极管两种探测器应用较多。其中 PIN 光电二极管是在普通硅光电二极管的 PN 结中渗入一层 N 型半导体（I 层），主要优点是响应时间很快，不足是探测灵敏度偏低；光电三极管是在 PIN 二极管基础上集成晶体管放大器，提高了探测灵敏度。

光电探测器主要性能指标有光谱响应范围、中心工作波长、响应度、响应时间、最小可探测功率、光敏面面积和形状等。

放大电路的功能是对探测器输出信号进行放大和幅度选择，通常包括前置放大器、主放大器、比较器等几个部分。前放有时和探测器集成设计在一起，主放大器等往往也归于信号处理系统部分。

激光接收系统的主要技术指标有：轴向接收视场角，周向接收视场角，接收倾角，光学系统效率，有效通光面积，滤光片带宽，探测器指标，放大电路增益、噪声、带宽等。

7.5.3.2.5　信号处理系统

信号处理系统的主要功能是对敏感装置输出的信号进行鉴别、整形、变换等处理，在满足特定要求时，根据规定的程序输出规定的信号到启动指令产生器。

激光引信采用不同的总体设计和探测系统设计方案，其信号处理系统设计上会存在很大差别。不同的敏感装置，可利用的目标特征信息是不同的。导弹飞行过程中和弹目交会时，敏感装置输出的信息可能是不同幅值、极性、频率、脉宽等在时域、频域上的变化特征量，信号处理系统设计上要能够区分目标、背景、干扰引起的不同信号特征，并进一步提高信噪比和抗干扰能力，实现技术指标的要求。

7.5.3.5.6　激光引信抗干扰技术

抗干扰技术是所有引信必须解决的最重要关键技术，对于激光引信而言，体制上的特点决定了该引信具有比无线电引信强很多的抗电磁干扰能力，但同时其抗环境干扰能力相应是一个弱项。此外，还有可能遇到的是针对激光的人工干扰，但由于激光引信光学视场小、作用距离近，要对引信进行人工干扰十分困难，目前尚未见到实用化的干扰手段，因此本书不作讨论。

对于激光引信工作产生的自然环境干扰主要有阳光干扰，云雾、雨雪、烟尘等稀疏物质干扰，地/海杂波干扰三大类。

（1）抗阳光干扰技术

太阳光是一种广谱辐射，覆盖了激光引信常用的波段，对激光引信的工作会产生影响。阳光干扰具有入射角单值性（可以认为在引信工作期间入射角度不变）并具有白噪声的特点，可以和激光脉冲叠加在一起而产生干扰。

激光引信抗阳光干扰的常见措施有三种。

窄带滤光片　由于激光引信的光电探测器是宽频带器件，在增加窄带滤光片后，可以滤除很多波段外的阳光能量，从而降低阳光噪声功率。

双视场探测　可以利用阳光干扰的单值性，在有一定间隔的两个视场（保证阳光不会同时落入两个视场）内进行探测，对两路信号进行"与"处理，可以消除激光干扰。

抗随机噪声时间门　考虑到阳光噪声具有白噪声特点，而引信激光脉冲在时间上是有规律分布的，因此可以在激光回波波门时间之外设置阳光干扰时间门，当这个门内有信号时认为当前受到了阳光干扰，可以采取相应的抗干扰措施。

（2）抗稀疏物质干扰技术

在地球大气中，除了标准的氮、氧等气体组分外，还存在大量的悬浮颗粒物，这类颗粒物有两大类，一类是水汽凝结物，如云、雾、雨雪等，另一类是称为气溶胶的悬浮微粒。这些颗粒物（统一称为稀疏物质）会引起激光的散射，在引信窗口附近的稀疏物质如果浓度较高，其散射甚至二次散射的功率会叠加后被探测器探测到，严重时会干扰引信正常工作。

抗稀疏物质干扰的技术方法常见的有以下几种。

窄脉宽技术　稀疏物质对激光的反射通常是经过多次散射叠加得到的，因此接收的脉冲会呈现明显的展宽，将发射脉冲收窄后，稀疏物质散射的叠加效应会削弱，干扰回波的幅度变低，从而更加容易鉴别，可以提高引信的抗干扰能力。

抗云雾干扰距离门技术　由于稀疏物质产生的回波的展宽效应，其回波很有可能出现在正常的回波波门以外，因此，可以在正常波门外设置合适的抗稀疏物质干扰距离门进行干扰鉴别。

多阈值判断技术　激光波束对于稀疏物质既有反射特性也有穿透性，与实际目标的全反射相比存在一定差异，在回波信号的阈值上也会产生差异，可以根据不同距离上目标回波和稀疏物质的后向散射之间阈值的差异来进行干扰鉴别。

脉冲测量技术　上文已经分析出，稀疏物质的后向散射所形成的回波的脉冲宽度，通常都要大于目标回波的脉冲宽度，因此，还可以通过对脉冲宽度的识别进行干扰鉴别。此外，稀疏物质产生回波的上升沿变化较慢，也可以作为鉴别的依据之一。

多视场探测技术　由于稀疏物质通常弥漫在大气中，而目标只出现在导弹的某一方位，因此，可以利用多个观测视场的信号相关性，并设置合理的阈值，来判断是否出现有效的目标信号。

（3）抗地/海杂波干扰技术

防空导弹拦截超低空目标时，地面/海面对引信产生的干扰不容忽视，特别是一些超低空目标（例如反舰导弹等），其巡航高度甚至可能小于引信的作用距离；另外防空导弹在攻击树梢高度悬停的武装直升机时，也可能掠过树木、树丛等，这种情况下必须解决地/海杂波引入的干扰问题。

这里可以区分两种情况，第一种情况，地/海面的距离在引信的作用距离以外，此时，可以依靠激光引信良好的距离截止特性，通过设置距离选通波门将地/海杂波干扰排除在波门以外。第二种情况，地/海面的距离在引信的作用距离以内，这种情况比较复杂，解决思路常见的有以下几种，一是多视场联合识别法，利用地/海杂波和目标覆盖视场范围的不同进行鉴别；另一种是动态波门法，即在引信探测距离以外先探测到地/海杂波，然后随高度降低进行距离门的动态压缩，直至真实目标进入探测视场后再启动。对于树木、树丛类干扰，还可以通过其散射特性与目标的差异进行鉴别。

（4）激光成像抗干扰技术

以上讨论的都是利用信号处理方法进行抗干扰的相关技术。随着技术的进步，激光引信未来抗干扰技术将朝着成像化方向发展。

激光成像引信技术可以通过激光回波获取目标图像特征，不仅有利于对各种干扰环境的识别，而且可以实现对目标的特征识别和炸点精确控制，是激光引信未来技术发展的方向。实现激光成像近炸引信有两个实施方案，一种是安装尽可能多的发射机和接收机，即利用多象限实现成像，缺点是结构复杂，体积重量要求高；另一种是采用扫描成像，需要研发小型大功率阵列扫描激光器，在技术上仍存在一定难度。

7.5.3.2.7　激光引信指标要求

激光引信技术指标体系与无线电引信是类似的，因此这里简单介绍一些与激光引信特点相关的指标要求，其他指标可参见前文毫米波引信的相关内容。

（1）作用距离

激光引信的作用距离指标确定方法与无线电引信类似。

由弹目交会情况，在采用扇形收发设计、忽略近距离大气衰减、目标为理想漫反射体的条件下，激光引信作用距离可由以下公式计算

$$P_r = \frac{P_t \tau_t \tau_r \rho L A_r}{\pi R^3 \phi} \cos\theta \cos\varphi_t \cos\varphi_r \qquad (7-75)$$

式中　P_r——探测器接收到的功率；

　　　P_t——激光器发射功率；

　　　τ_t——发射光学系统透过率；

　　　τ_r——接收光学系统透过率；

ρ ——目标激光漫反射率；

L ——目标一维（引信轴向发射角范围覆盖）长度；

A_r ——接收光学系统有效通光面积；

R ——作用距离；

θ ——目标表面法线与接收系统光轴夹角；

φ_t ——发射系统视线角；

φ_r ——接收系统视线角。

（2）视场要求

激光引信的启动区主要取决于其发射、接收光学系统视场角的指标，因此，需要明确对激光引信收发光学系统的视场角要求。

（3）抗干扰要求

激光引信的抗干扰要求，更多的是关注自然环境条件干扰的影响，可明确对抗雨、雪等自然条件的量级。有超低空拦截需求时，明确目标的最低飞行高度等相关指标。

7.5.3.3　电容引信

电容引信又称为电容感应引信，是利用引信接近目标时，引信各部分之间或者引信与弹体之间有效电容量发生变化而工作的非触发引信。电容引信于 20 世纪 50 年代问世，后应用于便携式防空导弹，如英国的吹管导弹。

电容引信可分为交流式电容引信和直流式电容引信两大类。其中直流式电容引信工作稳定性差，易受电源噪声、电压波动和弹内干扰影响，因而防空导弹基本都采用交流式电容引信。

电容引信构造简单、体积小、重量轻，对光电干扰不敏感，但其作用距离近，一般为 $1\sim2$ m 之间。

交流式电容引信的基本原理如图 7 - 108 所示。

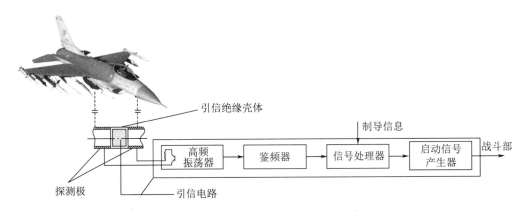

图 7 - 108　交流式电容引信工作原理方框图

电容引信基本组成为探测极、高频振荡器、鉴频器、信号处理电路和启动信号器等。探测极由被绝缘的两部分金属弹体组成，在自由空间两个探测极之间形成了起始电容，是高频振荡器振荡回路的组成部分。当目标接近弹体两个探测极时，两个探测极之间的有效电容增大，振荡频率发生变化，鉴频器检测出变化量后经信号处理电路形成引信启动信号。

根据电容引信工作原理可分析得到，鉴频器输出的电压和弹目距离的平方成反比，随着弹目距离接近信号增大，离远后信号减小，可以根据这一信号的变化规律和制导信息的利用来获得引战配合的良好效果。

7.5.4　引信的关键技术和发展趋势

随着技术的发展，防空导弹引信的技术也在不断进步，性能不断提升，今后旋转导弹引信在以下方面的关键技术应用会得到重视和发展。

7.5.4.1　对制导信息的综合利用

随着旋转导弹制导体制中新技术的应用，以往单一的制导–引战独立工作的壁垒已具备打破的条件，在采用成像制导、惯性制导等措施后，制导系统已经能够提供更多的信息，使引信对制导系统信息的综合利用成为可能，这些综合利用主要包括：

1）利用成像信息等实现对目标的识别，包括目标大小、类型、命中区域和要害部位等，根据这些信息，引信可以先验地计算装订合理的引战配合参数，实现对目标的高效命中；

2）同样，可以利用制导信息，对命中时的脱靶量、脱靶方位、命中姿态等参数进行估算，从而使引信能够准确给出引爆战斗部的最佳时刻信息，或者定向战斗部爆破控制所需要的信息，特别是能够大幅度提高以往低杀伤概率交会条件下（例如大交会角条件）的作战效果。

7.5.4.2　引信体制发展，进一步提高抗干扰能力

旋转弹上采用的小型化引信中，激光引信和毫米波引信发展应用已趋于成熟，并且在各自基础上都有进一步改进的后续先进技术，其中激光引信通过采用偏振激光、超窄脉冲、编码等技术，可进一步提高抗干扰能力，激光成像技术的发展也为将来更进一步改进提供了方向。雷达引信在旋转弹上的应用趋向于采用毫米波，在通过采用随机编码技术和频谱识别技术进一步提高其抗干扰能力的同时，毫米波成像技术也是未来引信发展的一个选项，例如采用毫米波脉冲线性调频技术后可以实现一维距离成像，大幅度提高距离分辨率。

7.5.4.3　信息处理智能化

现代引信信号处理中，广泛采用了时域相关、频域谱分析技术，目标空间成像分析技术的应用也已逐步深入，不仅可确定目标信号的频谱，而且可以确定目标的形状分布。

在新的引信设计中均实现了数字化，高性能 DSP 和 FPGA 芯片的使用，使引信信息处理能力大幅度增强，为后续神经网络等先进算法的应用，以及加快信息处理速度，提高引信快速反应能力创造了良好的条件。

7.5.4.4　多功能、复合化

多功能是引信今后发展的一个重要方向，利用引信的波束进行超低空条件下的测高是近炸引信常见的附加功能，今后的功能还将进一步扩展。

引信的另一个发展方向是多模复合，这里有两个方面的含义：一方面是信号发射、调制、处理的多种模式的复合，以增强引信的抗干扰能力和信号处理能力；另一种是多种体制引信的复合，例如无线电引信和静电引信、磁涡流引信等的复合，可以大幅度提高引信在各种复杂环境下的抗干扰能力，增强对复杂战场环境的自适应能力和兼容能力。

7.5.4.5　微小型化

旋转导弹都是小型导弹，对弹上设备体积重量限制严格，今后引信的发展趋势之一是微小型化，采用 MEMS、MMIC、SIMP 技术等，实现芯片集成；同时，各种功率器件的小型化技术也已逐步实用，这些都为引信的微小型化设计奠定了良好条件。随着引信和制导设计的一体化技术发展，将来有可能出现"软件引信"。

7.6　战　斗　部

战斗部是杀伤目标的最后一个环节，是整个导弹的有效载荷。战斗部在导弹与目标遭遇的适当时刻被引爆，释放出内部的能量，并形成大量高速杀伤元素，起到摧毁目标结构、设备、人员的目的。

旋转导弹的战斗部设计与其他防空导弹并无本质区别，但为了适应旋转弹的一些特性，在战斗部选型、参数确定及细节设计上也会有自身的特点，主要有：

由于战斗部重量限制，都采用了杀伤式战斗部；战斗部均独立成舱，其外壳同时是导弹的整体构型的一部分；导弹制导精度高，对引战配合的要求相对较低，但同时杀伤指标要求高；重量和体积限制大，特别是便携式防空导弹，战斗部重量一般在 1 kg 左右，威力有限，必要时需考虑弥补措施，例如引爆发动机剩余装药等。

7.6.1　战斗部的组成和功能

防空导弹的战斗部基本构成类似，通常由壳体、装药、起爆和传爆系统组成。

7.6.1.1　壳体

战斗部壳体（含杀伤元素）通常具有三种功能：

1）作为装药的容器；

2）在装药爆炸后，形成高速破片或其他形式的杀伤元素；也有战斗部的杀伤元素安装在壳体内部；

3）与导弹舱体连接或安装在舱体内部，可以成为导弹的承力构件。

旋转导弹的战斗部均独立成舱，壳体也是导弹外部壳体的一个组成部分，其外层壳体形状为圆柱形，杀伤元素构成的外形可以为圆柱形、鼓形、锥台形等。杀伤元素所用的材料可以采用低碳钢、特种合金钢、钨合金、钛合金等。

7.6.1.2　装药

战斗部的装药均为高能炸药，是战斗部破坏力的来源。炸药爆炸产生的破坏作用来源有三个：一是爆炸反应速度快，通常达到 $6 \sim 9$ km/s；二是爆炸时放出高热，其值可达 4 MJ/kg；三是爆炸产生大量气体，一般可达 1 000 L/kg。在上述三个来源的作用下，战斗部壳体内形成高温高压环境，壳体随之膨胀、破裂，杀伤元素被推动后高速飞行，同时高温高压爆炸气体迅速膨胀后，推动周围的空气形成攻击波，共同对目标进行杀伤。

对炸药的基本要求是：爆炸特性好、作用可靠；使用安全性高（冲击和摩擦感度低）；工艺性好、毒性低；长期贮存性能好，成本低等。

各种炸药中，TNT、黑索金（RDX）在战斗部中应用较为广泛。近年来爆炸性能更高的奥克托金（HMX）也开始得到应用，但由于高能单质炸药一般敏感度较高，因此在浇注时一般都和感度、熔点较低的 TNT 混合使用；压装时加入钝感剂。为了增大爆破作用，有的装药中还适当加入铝粉以增加爆热。

为了提高战斗部的安全性，近年来各种低感度（钝感）的高能炸药品种被开发出来（见表 7-3），在战斗部上逐步得到了应用，并提高了战斗部的威力性能。

表 7-3　常用战斗部炸药主要性能参数

炸药名称	成分	爆速/(m/s)	爆热(4 186.8J/kg)	$\sqrt{2E}$/(m/s)	备注
梯恩梯	TNT	6 860 ($\rho=1.6$ g/cm³)	1 070	2 370	
黑索金	RDX	8741 ($\rho=1.796$ g/cm³)	1 300	2 930	感度高,不单独使用
奥克托金	HMX	8 917 ($\rho=1.65$ g/cm³)	1 356	2 970	感度高,不单独使用
B 炸药	40%TNT　60%RDX　1%蜡	7840 ($\rho=1.68$ g/cm³)	1 200	2 682	
A3 炸药	91% RDX　9%蜡	8130			
C4 炸药	91% RDX　9%异聚丁烯粘合剂	8 040			
奥克托儿	75% HMX　25% TNT	8 350 ($\rho=1.78$ g/cm³)			
梯黑铝	60% TNT　24% RDX　16%铝粉	7 119 ($\rho=1.77$ g/cm³)	1 235		
梯黑铝钝-5	11% TNT　67% B 炸药　16%铝粉　5%卤蜡	7 023 ($\rho=1.76$ g/cm³)	1 167		
HBX-1	11% TNT　67% B 炸药　17%铝粉　0.5% CaCl₂　5% D-2 钝感剂	7 350 ($\rho=1.72$ g/cm³)			
HBX-6(H-6)	74% B 炸药　21%铝粉　5% D-2 钝感剂　0.5% CaCl₂	7 480		2 560	

7.6.1.3　起爆和传爆系统

战斗部的起爆和传爆系统通常包括电雷管、传爆药柱、扩爆药柱，其中电雷管和传爆药柱一般都安装在安全执行机构内。旋转导弹的安全执行机构通常与触发引信一体设计，因此战斗部内一般只有扩爆药柱。

电雷管是一种火工品，内部装有适量的对热较敏感的起爆药（如氮化铅），在其中埋设一根称为"桥丝"的电阻丝。当电爆管接收到足够大的电流时，电阻丝加热使起爆药爆炸，把电脉冲转换成为爆炸脉冲。

传爆药柱和扩爆药柱的感度比主装药高，可以把电雷管产生的爆炸脉冲逐级放大，最终可靠地引燃主装药。

7.6.2　战斗部的种类和特点

按照装填物的不同，防空导弹战斗部可以分为常规战斗部、核战斗部和特种战斗部三种，旋转弹的战斗部均为常规战斗部。

防空导弹的常规战斗部以其对目标的毁伤机理来划分，又可分为杀伤型战斗部和爆破型战斗部两类。事实上，任何战斗部对目标的杀伤作用都不是单一的，通常都是杀伤、爆破、聚能等多种杀伤效应综合作用的结果，只不过不同类型的战斗部，各种因素所起的作用大小有所不同。

7.6.2.1　杀伤型战斗部

本类战斗部主要是以爆炸时产生的高速飞散的杀伤元素（破片等）的动能击穿或切割破坏目标的结构和设备，引燃引爆易燃易爆物，从而毁伤目标。

根据战斗部结构和产生杀伤元素方式，以及杀伤元素的形状的不同，杀伤型战斗部又有以下几种形式。

7.6.2.1.1　整体结构式（自然破片）

整体结构式杀伤战斗部用破碎性能较好的材料制成整体式壳体，在爆炸时壳体碎裂形成自然破片毁伤目标。自然破片的形状、大小一致性差，破片散布范围也大，有效战斗破片占壳体重量的比例低，数量也难以控制，这是整体结构杀伤战斗部的缺点。其主要优点是制造简单、成本低。便携式防空导弹由于依靠直接碰撞后杀伤，因此多有采用这种战斗部的，例如毒刺、箭-2M等。

下面介绍两种典型的自然破片战斗部实例，均用于便携式导弹。

（1）箭-2M导弹战斗部

箭-2M导弹战斗部构造如图7-109所示，由壳体、装药、中心管、扩爆药等部分组成，重量0.87 kg。

战斗部壳体也是导弹弹体的组成部分，参加全弹受力和维形。前端通过斜螺钉与制导舱连接，后端与引信套装构成引信战斗部舱。壳体为圆柱形等厚2.5 mm，材料为破碎性好的25CrSiNiWVa合金钢，整体加工制成，爆炸后形成自然碎片径向飞散。

战斗部装药为黑索金和铝粉混合药，采用压装形式，药量335 g。装药中间为穿过引

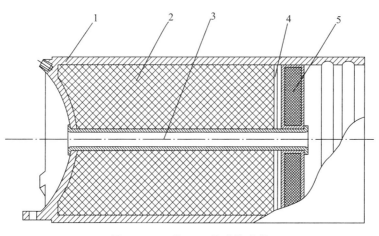

图 7 - 109 箭 - 2M 导弹战斗部

1—壳体；2—炸药；3—中心管；4—调整纸垫片；5—扩爆药盒

信电缆的铝制中心管。

装药后方为特屈儿扩爆药，外壳为铝板。通过调制中间的纸垫片控制引信传爆药和扩爆药的间隙。

战斗部前部的半球形封头具有聚能作用，但由于前方为制导舱，实际对目标的杀伤能力很有限。

（2）毒刺导弹战斗部

毒刺导弹战斗部的构造如图 7 - 110 所示，由壳体、装药、扩爆药、垫片等组成，制导舱通往引信的穿舱电缆及滤波器均埋设在战斗部装药中，战斗部重 0.85 kg。

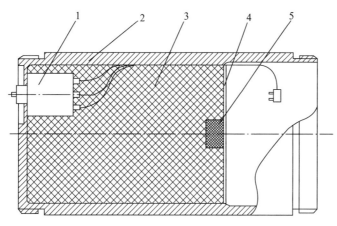

图 7 - 110 毒刺导弹战斗部

1—滤波器；2—壳体；3—装药；4—垫片；5—扩爆药

壳体为一端封闭的厚壁柱体，壳体壁厚 3.7 mm，采用钛合金材料制成，可以利用钛合金破片具有的较强纵火能力的优点，增强杀伤效果。

装药为以奥克托金（HMX）为主体、含有 TNT 和铝粉的高能炸药，采用浇注工艺，药量约 0.4 kg。

扩爆药为以黑索金为主的复合药，安装在装药后方的中心孔内。

7.6.2.1.2　半预制破片

为了克服整体结构战斗部弱点，出现了半预制破片战斗部，这种战斗部通过在壳体上刻槽或者在药柱表面制槽（利用炸药爆炸时局部聚能效应）或者采用叠环式（由很多钢环叠加而成，爆炸时钢环炸裂形成破片），使壳体在期望的部位破裂，从而形成一定数量的形状较为规则的破片。这种战斗部也是常见的防空导弹战斗部形式。俄罗斯的针导弹就采用了半预制破片式战斗部。

典型的三种半预制破片战斗部简单介绍如下。

（1）刻槽式破片战斗部

刻槽式战斗部是在战斗部壳体上按规定的方向和尺寸加工出相互交叉的沟槽，沟槽间就形成菱形、矩形或平行四边形的小块。典型的刻槽结构如图 7-111 所示。

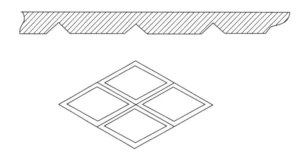

图 7-111　刻槽战斗部局部展开图

装药爆炸后，壳体在爆轰作用下膨胀，按刻槽造成的薄弱环节破裂。

刻槽形式有内表面、外表面、内外表面（对应刻槽或者不对应刻槽），实践证明内刻槽破片成型性能优于外刻槽，比较适宜的刻槽深度为壳体壁厚的 30%～40%，常用刻槽底部锐角为 45°和 60°。

刻槽战斗部的壳体应选用韧性钢材而不宜选用脆性材料制作，后者不易于破片正常剪切成型，容易形成较多碎片。

刻槽战斗部破片获得的破片速度是各种破片结构形式中最高的。

（2）药柱刻槽式战斗部

又称为聚能衬套式战斗部，药柱上的槽由特制的带聚能槽的衬套来保证，衬套由塑料或者硅橡胶制成，战斗部外壳为圆柱管材，衬套与外壳内壁紧密贴合，采用浇注法装药后，药面就形成了刻槽，如图 7-112 所示。装药爆炸时，刻槽部位形成的聚能效果把壳体切割成为破片。

这种战斗部的最大优点是加工简单，成本低廉，由于结构限制，比较适宜于小型战斗部。典型的战斗部是美国响尾蛇导弹。

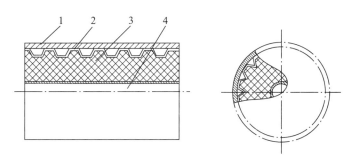

图 7 - 112 药柱刻槽战斗部示意图

1—外壳；2—塑料聚能衬套；3—装药；4—中心管

（3）叠环式战斗部

叠环战斗部壳体由钢环叠加而成，环环之间点焊连接形成整体，焊点形成等间隔的螺旋线，如图 7 - 113 所示。

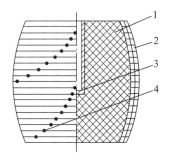

图 7 - 113 叠环战斗部结构示意图

1—装药；2—钢环；3—中心管；4—焊点

装药爆炸后，钢环径向膨胀并断裂成为长度不一致的破片，如果在钢环内壁刻槽或者放置聚能衬套，则钢环可以按设计要求断裂形成需要的破片尺寸。

叠环战斗部通过不同直径的钢环配合，可以方便地组成不同曲率的鼓型或者反鼓型结构，容易满足大飞散角或者小飞散角的要求。而其他半预制破片战斗部要达到这一效果，其加工要求要复杂得多。

叠环战斗部的典型型号为法国马特拉 R530 空空导弹。

7.6.2.1.3 预制破片

把用特定材料（常用的有钨、钢等）制成一定数量、大小、形状、重量的预制破片，用规定的方法装填在战斗部薄壁壳体内，爆炸时，预制破片按设计的方向飞散，形成破片流杀伤目标。

预制破片战斗部是防空导弹应用最为广泛的战斗部形式之一，产生的破片具有理想的外形、重量的均匀性好，破片飞散速度均匀且损失小，穿甲能力强，通过药型设计还可以控制破片飞散的方向和范围。主要缺点是炸药能量容易从破片间逸散，且无初始的结构破坏膨胀过程，因此与半预制破片战斗部相比，破片速度要低 10%～15%；加工较复杂，成本略高。

预制破片按需要的形状和尺寸用规定的材料预先制造好，用粘结剂粘结在装药外的内衬上，内衬可由铝板、玻璃钢等制成，破片层外面再缠绕一层玻璃钢形成外套。如果是球形破片，也可以先制成内衬和外套，然后将破片装入中间并用适当的材料（例如环氧树脂）填满。

预制破片战斗部具有以下优点：

1）具有优越的成型特性，可以把壳体制成需要的形状，满足各种飞散特性要求；

2）破片的速度衰减特性良好，杀伤能量容易保持；

3）预制破片可以选用特殊的材料，例如高密度的钨合金等，还可以采用不同材料复合，或者在破片内部装填发火剂等填料，以增大破片杀伤效能；

4）破片在设计上有广泛的调整余地，例如可以调整破片层数，或者采用不同破片混合等。

法国西北风导弹、瑞典 RBS - 70 导弹等采用了钨合金预制破片战斗部。

以上各种战斗部可统一称为破片式战斗部，由于结构特性不同，在性能、加工工艺等方面各有特点。表 7 - 4 列出了各种破片战斗部的比较。

表 7 - 4　不同结构破片战斗部的比较

结构类别	自然破片	半预制破片			预制破片
		刻槽式	聚能衬套式	叠环式	
破片速度	较低	高	稍低	稍低	较低
破片速度散布	很大	较大	较小	鼓型:较大 反鼓型:较小	鼓型:较大 反鼓型:较小
单枚破片质量损失	很大	大	稍大	较小	小
破片排列层数	1 层	1～2 层	1 层	1～2 层	1～多层
破片速度衰减特性	很差	差	较差	较好	好
破片形成一致性	很差	较差	较好	较好	好
焊缝对破片性能影响	无	卷制式:大 整体式:无	无	小	好
采用高比重破片可能性	小	小	小	小	大
采用多效应破片可能性	小	小	小	小	大
实现大飞散角难易程度	难	较易	难	易	易
壳体附加质量	无	无	较少	较少	较多
长期贮存性能	好	好	较好	稍差	稍差
结构强度	好	好	好	较好	较差
工艺性	好	较好	好	稍差	稍差
制造成本	低	较低	低	较高	较高

7.6.2.1.4　连续杆

连续杆式战斗部又称为链条式战斗部，其典型构造如图 7 - 114 所示，由排列整齐的两层杆条包围在炸药周围，两层杆条的头尾依次焊接成为 W 型封闭的链环。在钢条和炸药之间设置有鼓型衬筒，利用爆轰波在衬筒内部传播速度降低的现象，使中心起爆的炸药产生的球面爆轰波转变为圆柱面波，同时到达钢条的各个部位，推动排列紧密的钢条向周围扩展，首尾相接的钢条链扩张后形成一个直径不断变大的圆环，圆环与目标相遇时就会产生强烈的切割作用。研究结果表明，要使飞机结构产生致命破坏，切割面必须有足够强度，例如机翼失效必须有 50% 的截面被切断，要毁伤机身，必须有 50%～66% 截面被切断，因而连续杆战斗部造成的毁伤是一种结构性的毁伤。

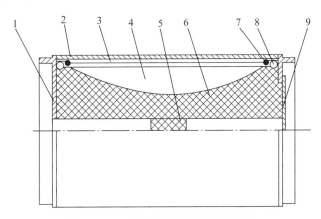

图 7 - 114　连续杆战斗部结构示意图

1—端盖；2—蒙皮；3—连续杆；4—波形控制器；5—传爆药；6—主装药；
7—杆的焊缝；8—切断环；9—装药端板

连续杆战斗部杆条的截面大多为正方形；选择韧性好的不易断裂的材料，常用的是钢 10、钢 15、钢 15Mn、钢 20Mn。

为了使连续杆环正常形成而不在早期断裂，必须设计正确药型和波形控制器，使炸药从中心起爆时，球形的爆轰波经过波形控制器的应力减速，最终达到杆条部位时转变成为柱面波，使杆条受力均匀。

连续杆战斗部的弱点是飞散的方向固定、狭窄，对引战配合的要求较高；杆条速度较低（一般在 1 500 m/s 左右）；圆环张开到极限后会断裂，此后呈不规则运动，且先断裂处会产生杀伤空白区，杀伤效果将急剧下降，因而杀伤半径较小。

美国的 RAM 导弹采用了这种战斗部。

7.6.2.1.5　离散杆

离散杆战斗部是一种介于预制破片式战斗部和连续杆战斗部之间的类型，是用独立的、大长径比的预制杆件作为主要杀伤元素的战斗部。离散杆战斗部出现很早，但早期的无控离散杆战斗部杀伤效果不佳，很快被连续杆战斗部取代。但近期再次得到各方重视的离散杆战斗部采用了可控离散杆技术，兼顾了破片战斗部速度高、威力半径大和连续杆战斗部杆条质量大、对目标切割能力强的优点。

可控离散杆战斗部是在战斗部杆条作用过程中，对杆条初始飞散姿态进行控制，使杆条在规定的飞散半径处形成头尾连续的"线性"分布，以实现对目标的最大毁伤。具体工程实现上，是将杆条在轴线上斜置，战斗部爆炸后由于杆条两端受力和初速矢量不同，杆条在向外高速平飞的同时绕其中心同步转动，当飞散到一定直径时，形成了杀伤圆环。其运动机理如图 7-115 所示。

俄罗斯的 R-73 空空导弹采用了这种战斗部。

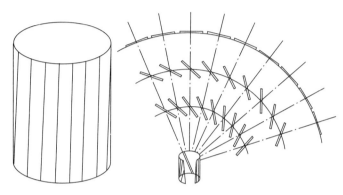

图 7-115　可控离散杆战斗部杆条运动机理

7.6.2.1.6　聚能式

聚能式战斗部是利用炸药爆炸时在药型罩前方产生的高温、高压、高速的金属聚能射流（通常称为聚能效应）达到穿透装甲等强结构的目的，进而毁伤目标。常见于反坦克导弹。防空导弹上使用的聚能式战斗部在周围设计了多个小聚能罩，爆炸后每个聚能罩均会形成一束射流（速度可达 7 000 m/s），对目标进行穿透杀伤。这种战斗部的威力随距离增大下降很快，同时由于聚能罩的数量有限，其射击散布范围集中，因此要求制导精度高，引战配合要求也高。目前该种战斗部在防空导弹上应用十分罕见，在旋转导弹上未见使用。

图 7-116 是罗兰特导弹的聚能战斗部。

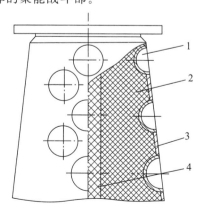

图 7-116　整体式多聚能战斗部示意图

1—半球形药型罩；2—主装药；3—壳体；4—传爆药

7.6.2.2　爆破型战斗部

爆破型战斗部主要依靠爆炸时装药产生的高温、高压爆轰产物推动周围的介质、形成强度很大的冲击波，冲击波以球面波的形式在空间传递，与目标遭遇后，使其结构破坏、变形，达到杀伤目标的目的。

爆破型战斗部的杀伤区是球形均布场，因此对引战配合设计的要求很低，但是这种战斗部存在的几个明显缺点极大限制了其使用，在旋转导弹上未见使用。

爆破型战斗部的主要缺点为：

1）爆炸冲击波随距离的增加急剧下降，破坏半径很小，远小于同等重量的杀伤型战斗部；

2）冲击波威力随高度上升下降，与破片式战斗部相反；

3）冲击波的速度随着冲击波超压的下降而下降，尾追作战条件下，可能会出现冲击波追不上目标的情况。

7.6.2.3　各类战斗部对比

不同类型的战斗部，对目标有不同的杀伤特性，适应不同的作战条件和作战对象，因此选择战斗部类型要根据型号的具体情况进行具体分析再确定。

表 7-5 列出了旋转弹可用的各类战斗部的比较。

表 7-5　各类战斗部对比表

战斗部类型	爆破式	连续杆式	离散杆式	多聚能	破片式
主要杀伤元素	冲击波	连续杆环	离散杆条	聚能射流	破片
杀伤能力随距离衰减	很快	高空:慢 低空:快	高空:慢 低空:快	高空:较慢 低空:很快	高空:慢 低空:较快
高空作战效率	很差	好	好	一般	好
对导引精度要求	很高	较高	较高	很高	一般
引战配合要求	很低	很高	较高	较高	一般
各种作战条件下的适应性	较差	较差	较好	较差	好
等质量情况下的杀伤半径	小	一般	较大	一般	较大
技术发展前景	不大	不大	可控离散杆	一般	定向战斗部
制造成本	低	较高	一般	较高	较低
典型型号	长剑	麻雀 RAM	R-73	罗兰特	箭-2M,毒刺, 西北风

7.6.3　战斗部方案选择及技术指标要求

战斗部种类很多，选择何种战斗部需要根据导弹的实际情况和作战需要确定。

旋转导弹中，便携式防空导弹对体积和重量限制较大，70 mm 弹径便携式导弹的战斗部一般不超过 1 kg，且装填比小。同时这类导弹大多只安装触发引信，只有直接命中目标时战斗部才会爆炸，因此，可以采用自然破片战斗部，既可以保证在作战条件下的杀伤效果，又降低了成本。

便携式防空导弹上安装近炸引信后，起爆点弹目距离增大，为了进一步增强杀伤效果，可以考虑采用半预制破片战斗部或者采用预制破片战斗部，但需要综合考虑其效能提高和成本增加之间的关系。90 mm 弹径的导弹若其战斗部威力增大，体积重量限制也有所放宽，应当采用半预制或者预制破片战斗部。

对于 127 mm 弹径的近程末端防空导弹，战斗部形式的选择主要考虑其作战需要和拦截目标的特性，如果拦截目标的种类较多，特性变化较大，应选择适应范围较广的预制破片战斗部方案；如拦截的目标比较单一，则可以针对该类目标特性选择更为适应的种类，例如近程末端防空导弹主要拦截迎攻的反舰导弹类细长体目标，就可以考虑选用杆式战斗部方案以确保高效毁伤。

这里以旋转弹常用的杀伤型战斗部为例分析战斗部的主要参数指标。

（1）破片（杀伤元素）初速

战斗部的杀伤元素在装药爆炸后膨胀、（破裂）、加速，能够达到的最大飞行速度就是破片的初速，此后由于空气阻力作用速度逐渐下降。破片初速在很大程度上决定了破片的能量、穿甲能力和毁伤能力，是一项重要指标。

破片初速主要与炸药的爆热、质量比（装药质量和破片总质量之比）、装药长径比相关。炸药爆热越高，速度越高；质量比越大，速度越高；长径比越大，初速越高。

质量比与破片初速的关系是非线性的，由格尼公式可给出相关曲线，如图 7-117 所示，质量比<1时，破片速度随质量比增加迅速上升，1～2.5 之间时，上升越来越慢，大于 2.5 后，上升已不明显。考虑到战斗部总重一定条件下，增加质量比将减少破片数量和重量，对战斗部总的杀伤效果不一定有利，因此需要综合权衡。

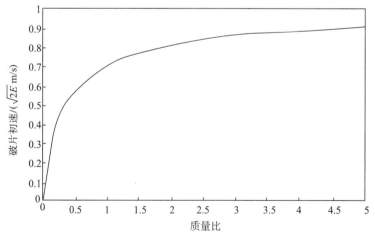

图 7-117　破片初速与质量比关系

装药的长径比在小于1.5时，随着数值降低破片初速将迅速下降，如图 7-118 所示。由于旋转弹普遍弹径较小，长径比大，因此战斗部装药的长径比也较大，都能达到 1.5 以上，这一因素的影响可以不予考虑。

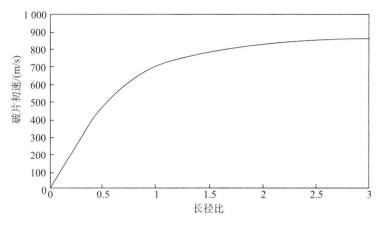

图 7 - 118　长径比对破片初速的影响

此外，起爆位置对破片初速的分布也有较大影响，中心起爆其分布较为平均，而两端起爆能量由两侧向中心聚集，中间部分的破片速度要明显高于两侧，如图 7 - 119 所示。

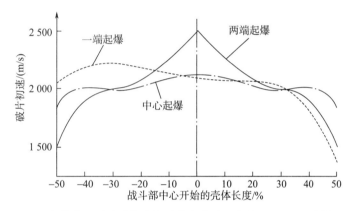

图 7 - 119　起爆位置对破片轴向初速分布影响（长径比 1.85，质量比 1.5）

确定破片的初速，主要从两个方面考虑：

①破片能量

破片能量与速度的平方成正比，因此从能量角度希望破片初速越高越好，但实际确定初速指标时，还要考虑其他因素影响，进行平衡和优化。

②引战配合要求

破片初速大小影响了动态杀伤区的分布范围，初速越大，动态杀伤区的不对称性越小，有利于引战配合设计。

（2）破片速度衰减系数

这是表征破片在空气阻力影响下速度下降程度的参数，与破片形状、迎风面积、表面粗糙度、飞行高度等相关。旋转导弹破片需要飞行的距离短，破片速度衰减影响很小，因此该参数可以不做考核要求。

（3）破片（杀伤元素）飞散角

破片分散角精确定义为战斗部两端破片飞散方向所形成的夹角，由于战斗部长度直径和破片飞行距离相比是个小量，因此工程上把战斗部装药中心作为原点，包含所有破片在内的张角定义为飞散角 φ。考虑到端部效应导致飞散角边缘破片密度很低，因此习惯上把90%有效破片飞散区域的张角定义为飞散角，符号 $\varphi_{0.9}$。另有一种定义方法是把符合破片密度分布要求的有效破片飞散范围张角定义为飞散角，符号 φ_d。几个定义之间的相互关系如图 7 - 120 所示。

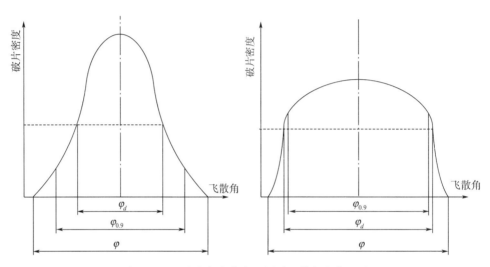

图 7 - 120　破片密度分布不同时飞散角取值差异

有的战斗部（例如多聚焦破片战斗部）有多个破片飞散区域，此时也相应地有多个飞散角指标，需要分别明确。

（4）破片（杀伤元素）飞散中心方向角和倾角

破片飞散中心方向角 φ_0 是飞散角内破片分布的平分线与指向导弹飞行方向的战斗部轴线之间的夹角。轴向对称结构战斗部通常情况下 $\varphi_0 = 90°$，如过中心方向角有前倾或者后倾的情况，可以用飞散倾角 $\Delta\varphi$ 表示，$\varphi_0 < 90°$，分布平分线与弹轴垂线夹角称为前倾角，$\varphi_0 > 90°$ 称为后倾角。

产生倾角的原因主要有两种：

第一种是战斗部结构轴向不对称，例如外形是锥型或者锥台型战斗部，或者是战斗部壳体进行了不对称的型面设计，引起飞散角偏离中心面。

第二种是起爆点不对称，前端起爆时，破片飞散区会后倾；后端起爆则前倾。

飞散倾角通常是根据引战配合的需要而提出的。

有多个破片飞散区域的，同样也要提出多个对应的指标。

（5）破片（杀伤元素）飞散角内分布均匀性

破片飞散角内分布均匀性主要取决于起爆点位置和壳体外形。单点起爆的均匀性要优于两端起爆，鼓型壳体的均匀性要优于柱型壳体。

为了兼顾高破片密度和引战配合大破片散布范围的要求，可以通过壳体型面设计将破片飞散区域变为两个乃至多个，图 7 - 121 是一种设计为双聚焦带的破片战斗部的例子。

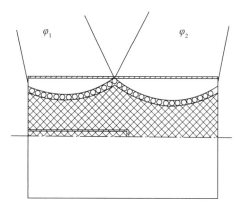

图 7 - 121　双聚焦战斗部

（6）破片（杀伤元素）总数

破片总数是战斗部在威力半径处对目标有杀伤效果的有效破片的总和。

在破片总重量确定的情况下，破片总数与单枚破片重量之间是一个反比关系，因此，需要根据攻击目标的易损特性和引战配合情况来分析确定合理的指标。如果目标结构强度高，需要大破片才能击穿，且引战配合效率较高，能够保证破片总数量少时也有足够破片命中目标，则可以选择较少破片数，否则需要考虑小破片总数多的指标体系要求。

（7）单枚破片（杀伤元素）重量

单枚破片重量是根据破片速度和目标的易损特性决定的。在战斗部重量及各部分分配系数确定的情况下，单枚破片重量和战斗部杀伤效果之间存在着一个最优匹配关系。如图 7 - 122 所示，当破片重量太小，则无法穿透目标，战斗部效率基本为零；重量增大到某一阈值后，随重量上升，穿透概率上升，战斗部效率迅速上升，在一定范围内有一最优值，此后由于破片数量下降，战斗部效率又开始逐步下降。而影响这一曲线的主要是目标的易损性。通常对于飞机类目标一般重量要求均小于 10 g，而要破坏战术导弹的弹头，就要求破片重量达到 30 g 以上。

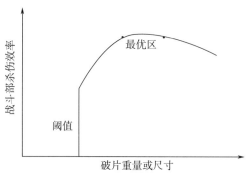

图 7 - 122　战斗部杀伤效率与破片重量关系

（8）破片（杀伤元素）密度

破片密度要求是和攻击目标的特性相关的，对于飞机类大外形尺寸的目标，密度要求可以较低，而如果要拦截巡航导弹类小目标，则需要破片密度提高。

（9）单枚破片（杀伤元素）穿甲率

破片穿甲率是在规定距离（通常指威力半径）上，破片对特定靶板（常见的是 6 mm 的 Q235A 钢板）的穿孔数占命中的有效破片数的百分比。穿甲率和破片重量、速度、材料等因素相关。

一般要求穿甲率达到 100%。

（10）战斗部威力半径

战斗部威力半径是指对特定目标平均有 50% 毁伤概率的目标中心与战斗部中心之间的静态距离 $R_{0.5}$。战斗部威力半径与战斗部破片飞散参数、破片杀伤特性、战斗部爆轰性能、目标易损性等相关。战斗部威力半径的设定应与导弹制导精度相匹配，一般要求威力半径大于脱靶量且有一定的余量。

战术部威力半径指标是一个很难准确考核的综合性指标，通常作为对战斗部其他指标进行考核的参考指标。

（11）杆条战斗部特殊要求

杆条战斗部包括连续杆和离散杆，杆条战斗部与破片战斗部在指标要求上会有所差异。

连续杆战斗部主要指标有：

①杆的初速及衰减特性

连续杆战斗部杆条初速一般只有破片式的 50%～60%，过高初速容易导致杆条环断裂。连续杆速度衰减系数远大于破片，且难以计算，一般通过试验测量得到。

②杆环连续性

连续杆对目标的杀伤能力是与杆环的连续性密切相关的，对于杆环的连续性考核方法是测定杆环连续性系数，以靶板上有打击印痕部位的水平投影总长与靶标长度的比值来表示，一般要求威力半径处连续性系数不小于 80%。

③杆环切割率

与破片穿透率类似，是衡量杆环对目标破坏能力的指标，即靶板上被击穿部位水平投影长度与打击印痕水平投影长度之比。一般要求达到 100%。

④威力半径

一般规定连续杆杆环全部展开的最大半径为战斗部威力半径。

离散杆战斗部的指标与破片战斗部相似。

⑤杆条长度

除了重量指标外，通常应规定单根杆条的长度。

⑥杆条密度

离散杆战斗部杆条在轴向均密布在一个很小的角度范围内，杆条密度一般统计线密度，即在威力半径处周长每米分布的有效杆条数，可以通过规定一个范围值来控制杆条飞散的均匀性。

⑦杆条穿透率

对于杆条是否穿透有一个判定标准，通常规定穿孔的长度与杆条长度的比例，一般认为不小于 80% 是有效穿透。

（12）安全性要求

战斗部对安全性有着非常严格的要求，并应经过严格的安全性试验验证。

战斗部应通过的安全性试验有：跌落试验、炮击试验、快速燃烧试验、慢速燃烧试验等，具体要求可参见 GJB 357—87《空空导弹最低安全要求》的相关规定。

（13）其他通用指标要求

参见 7.12 节。

（14）主要性能参数的确定方法

确定战斗部设计方案的主要参数有：破片飞散角、破片初速、单枚破片重量、破片总数。

首先，通过对全空域典型特征点进行杀伤概率初步计算，提出破片飞散角的要求。

其次，破片初速、单枚破片质量、破片总数三个参数紧密相关，可以结合同类型号的经验参数，通过最优化方法进行迭代计算，得到一个合理的参数（范围），再结合产品详细设计计算的结果，对参数进行微调，最终确定一套合理的参数指标。

7.6.4 战斗部的关键技术和发展趋势

7.6.4.1 杀伤元素的毁伤技术

随着材料科学的不断发展，采用新材料提高战斗部杀伤元素综合毁伤能力是战斗部技术的主要发展方向之一。战斗部的杀伤元素的综合毁伤能力表现在侵彻能力、引燃能力、引爆能力等方面，例如，在破片材料中加入锆合金、稀土合金，或者在外部包裹生热金属如铝、镁、钛等，可增加战斗部引燃概率。采用高强度、高韧性材料可以显著提高战斗部毁伤能力，例如 R-73 导弹的离散杆战斗部采用了贫铀材料制作杆条。目前国外加强了含能破片、活性材料破片的研究，这种材料在命中目标后可产生二次爆炸，极大提高杀伤能力。

7.6.4.2 定向杀伤战斗部技术

战斗部的杀伤元素在轴向可以通过各种方法调整，尽量集中在目标方位实现良好的引战配合，但是在周向的平均分布却有大部分方向是无效的，由此，提出了定向战斗部的概念，这是破片战斗部最为重要和关键的技术发展方向。

定向战斗部的实现有多种方式，包括爆炸控制式、机械控制式两大类，其中爆炸控制式又可以分为多点偏心起爆式、弱化结构式、胶囊变形式等。目前较为成熟的是多点偏心起爆式，通过在战斗部内部设置不同的炸点，按照一定的次序进行选择性起爆，可以起到控制炸药爆轰波方向，实现破片定向飞行的目的，其原理如图 7-123 所示。

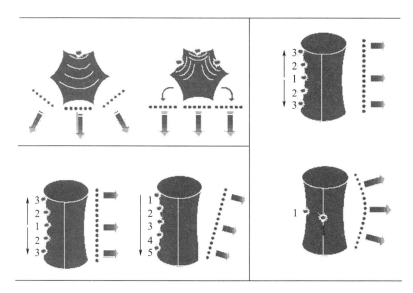

图 7 - 123　定向战斗部原理

7.6.4.3　多模战斗部技术

多模战斗部是针对多用途导弹提出的，由于导弹可能拦截的目标特性差异很大，可以将两种以上毁伤体制的战斗部合为一体，如将反飞机和反坦克功能合为一体的破片＋聚能射流战斗部，或者反飞机和反战术弹道导弹功能兼容的战斗部，以小的侧向破片杀伤飞机、以大的前向破片杀伤战术导弹等。

7.6.4.4　高能钝感装药技术

防空导弹战斗部装药技术今后的主要发展趋势有两个方面，一是继续发展 RDX、HMX 为主体的高能混合炸药，二是加强研制低易损性炸药。

进一步提高炸药的能量是提高战斗部性能的重要途径，目前要研制出性能优于奥克托金（HMX）并达到市场化的化合物在近期仍难有突破，因此各国研究的重点仍然在通过研究新的合成技术来提高 HMX 的得率，降低成本，扩大应用范围。此外，在高聚物粘结炸药（PBX，Polymer bonded explosive）的发展中，涌现出了很多性能良好的粘结剂和增塑剂，其中具有代表性的是叠氮类含能化合物的应用，如 GAP、BGAP 等。以 RDX、HMX 为主体炸药，以上述粘结剂和增塑剂发展起来的浇注型 PBX 炸药，已用于新型的战术导弹战斗部。

为了提高武器弹药在战场上的安全性，研制出了低易损性炸药（钝感炸药），目前各国在现有高能炸药体系基础上采用活性粘结剂加强研制高能钝感炸药，有的配方已应用于实际产品。

7.7　发动机

发动机是导弹的动力装置，主要功能为将导弹发射出筒并提供导弹飞行的动力，提供导弹克服惯性力、阻力和重力分量需要的能量，使导弹的速度特性和射程满足战技指标的要求。防空导弹采用的动力装置有固体火箭发动机、固体火箭-冲压发动机两类，其中绝大多数采用固体火箭发动机。

旋转导弹中，便携式防空导弹由射手肩扛或者架射，为避免发动机燃气伤害射手，都采用主发动机和发射发动机两级动力，发射发动机将导弹发射出筒，并提供导弹初始起旋的动力，在出筒前工作结束；主发动机在导弹出筒后一定距离延迟点火，提供导弹飞行的动力。

近程末端防空导弹体积重量较大，一般采用单级发动机的形式，弹体起旋的动力通过发射筒内的螺旋导轨提供。

旋转导弹都是小型战术导弹，其发动机均采用固体火箭发动机，具有结构简单、工作可靠、维护方便、成本低廉的特点。

7.7.1　发动机的种类、组成及功能

7.7.1.1　发动机的种类和特点

按用途，固体火箭发动机可以分为主发动机和助推发动机（便携式导弹上称为发射发动机）两类。主发动机工作时间长，是导弹的一个舱段，在飞行过程中不分离。发射发动机工作时间短、推力大，在发射筒内即燃烧完毕，工作结束后视总体要求可分离或者不分离。

按提供的推力形式，固体火箭发动机可分为（单室）单推力、单室双推力（或多推力）、双室双推力发动机。单推力发动机在飞行过程中只提供一种量级的推力。单室双推力（或多推力）发动机是在同一燃烧室内装有燃速不同或药型结构不同或两者均不同的药柱，在工作过程中提供两种（或多种）量级的推力。双室双推力发动机具有两个独立燃烧室，其中后级燃烧室的燃气贯穿前级燃烧室后通过喷口喷出，飞行过程中两个燃烧室不分离。

除了上述常见发动机类型外，还有一些特殊结构发动机，如无喷管发动机、多次点火脉冲发动机等。无喷管发动机结构中没有喷管，简化了结构、降低了成本；多级脉冲发动机可以提供间断的推力，第二级及以上的脉冲点火是根据飞行弹道的需要确定的，可在命中目标前点火以实现更有利的能量分配。

7.7.1.2　发动机的组成和功能

固体火箭发动机基本都由以下几个部分组成：

（1）推进剂药柱

推进剂药柱由推进剂按一定工艺方法固化成型，具有一定燃烧特性和几何形状，通常还包含必要的包覆层（绝热层、衬层）。发动机的主要工作性能大多是由推进剂药柱来保证的。推进剂药柱按装填方式有贴壁浇注和自由装填两类；按燃烧方式有内孔燃烧、端面燃烧、外侧面燃烧、组合燃烧等多种类型；按推进剂化学组分可分为双基推进剂和复合推进剂两大类。

（2）燃烧室

燃烧室是推进剂贮放和燃烧的场所，也是导弹的一个舱段，承受内压和外载荷。燃烧室一般由圆柱段壳体、前封头、后封头（后收缩段，即喷管收敛段）、绝热层等组成。

（3）喷管

喷管可以使燃烧室内燃烧产生的高温高压气流加速，形成超声速气流喷出。固体火箭发动机采用拉瓦尔喷管，可以使气流加速到超声速。

喷管通常由收敛段、喉部、扩张段构成，由于喷管内燃气流速和热流密度很大，一般都设置有防热的耐烧蚀层。

（4）点火装置

点火装置在接到点火信号后，使燃烧室内形成预期的温度和压强环境，迅速点燃发动机推进剂，使发动机正常工作。

点火装置通常由发火系统（如发火管）、能量释放系统（如点火药、点火发动机）以及其包装壳体组成。

（5）辅助部件

根据导弹总体设计需要及发动机本身需求增加的一些辅助部件，如安全保险机构、延迟点火机构等。

7.7.2　主发动机

旋转导弹由于体积、重量限制及作战空域较近的使用要求，再考虑经济性等方面的需要，选用发动机主要有单室单推力和单室双推力两种，其中大多数采用了单室双推力方案。

7.7.2.1　推进剂药柱
7.7.2.1.1　推进剂

固体推进剂一般可分为双基型和复合型两大类。通常由主要组分加上适量的增塑剂、调节剂、键合剂、安定剂等添加剂组成。

双基推进剂（DB）是最早的固体火箭推进剂，以硝化纤维、硝化甘油为主要组分，加入适量溶剂、增塑剂、安定剂、工艺助剂和弹道性能调节剂组成，是一种溶塑性均质推进剂。按其成型工艺可分为螺压双基（EDB）、浇注双基（CDB）、冲压双基（SDB）推进剂。该推进剂具有工艺成熟、燃烧稳定、燃气微烟且腐蚀性小、抗压强度高、对环境湿度不敏感、贮存寿命长、价格低廉的特点。双基推进剂的最大缺点是能量太低、密度小，大大降低了发动机的比冲和质量比；此外低温延伸率差，只能用于自由装填装药结构，因而大大限制了在现代防空导弹发动机上的使用。

改性双基推进剂是在双基和复合推进剂基础上发展起来的推进剂品种，有复合改性双基（CMDB）、交联改性双基（XLDB）和硝酸酯增塑聚醚（NEPE）三种。CMDB 是在浇注双基基础上增加铝粉、固体氧化剂和弹道性能改性剂制成，能量提高，但低温延伸率差，压强指数高，机械感度和爆轰感度大，很少有应用。XLDB 的组分与 CMDB 接近，增加了低玻璃化温度组分以增加其弹性力学特性，提高低温延伸率，但感度问题仍然存在，影响了其应用。NEPE 推进剂是 20 世纪 80 年代出现的新型高能推进剂，首先应用于战略导弹，由聚环氧乙炔、硝化甘油、丁三醇三硝酸酯、高氯酸铵、奥克托金或黑索金、铝粉，以及固化剂、燃速调节剂、防老剂、键合剂等组分经捏合、浇注、固化而成。该推进剂吸收了双基和复合推进剂的优点，具有优异的综合性能，是目前能量最高的固体推进剂。但由于其压强指数、燃温、危险等级仍然偏高，价格也昂贵，目前在防空导弹特别是小型防空导弹上的应用受到了限制。

复合推进剂是目前防空导弹上应用最广的推进剂，以高分子液态预聚物、高氯酸铵和铝粉为主组分，并加入适量固化剂、增塑剂、键合剂、燃速调节剂、工艺助剂和防老剂等，通过预混、捏合、浇注、固化而制成的一种具有橡胶弹性体特征的非均匀推进剂。

复合推进剂通常以所用的预聚剂化学名称命名，主要有聚硫（PS）、聚氯乙烯（PVC）、丁腈羧（PBAN）、聚醚聚氨酯（PE）、丁羧（CTPB）、丁羟（HTPB）等六种。其中前三种是早期研制品种，综合性能差，目前已极少使用。

聚醚推进剂的优点是可以获得较高的能量和密度，燃速在较宽范围内可调，压强指数低。缺点是制药时对环境湿度和原料水分特别敏感，力学性能难以控制；生产中由于黏度大，需增加稀释剂但容易挥发，导致性能变差。

丁羧推进剂的优点是对环境湿度和原料水分不敏感，力学性能易控制。但其主要性能均低于丁羟推进剂，低温力学性能不好，长期贮存性能不稳定。

丁羟推进剂是一种综合性能很好的复合推进剂，能量高、密度大，燃速可调节范围大，贮存性能良好，可达 10 年以上。不足之处是压强指数略高，生产时对环境湿度和原料水分仍然有一定的敏感性。

除了上述常见推进剂种类外，随着对防空导弹作战隐蔽性的不断重视，少烟少焰推进剂的发展也得到了高度重视，目前比较有应用前景的是叠氮聚醚推进剂（又称为 GAP 推进剂），这种推进剂用含能黏合剂——缩水甘油叠氮聚醚（GAP）取代复合推进剂中的 HTPB，具有能量高、密度高、燃烧快、燃气污染小、成气量大的特点，可减少配方中高氯酸铵（AP）、铝粉（Al）的含量，使燃气无黑烟并具有低特征，是一种很有发展前景的推进剂。

表 7-6 列出了常见推进剂的主要性能参数。

表 7-6　固体推进剂主要参数

种类	标准比冲 I/ （N·s/kg）	密度 ρ/（g/cm³）	燃速 v/（mm/s）	压强指数 η	温度敏感系数 a/（%K）	火焰温度 T/K
双基	1 960～2 340	1.53～1.69	5～32	0～0.52	0.1～0.26	＜2 500
改性双基	2 500～2 690	1.66～1.88	7～30	0.4～0.6		3 500～3 800
聚硫	2 320～2 450	1.72～1.75	4.9～15	0.17～0.4	～0.2	～3 000
聚氯乙烯	2 450～2 630	1.65～1.78	6～15	0.3～0.46	0.15～0.2	2 000～3 400

续表

种类	标准比冲 I / （N·s/kg）	密度 ρ /（g/cm³）	燃速 v /（mm/s）	压强指数 η	温度敏感系数 a /（%K）	火焰温度 T /K
丁腈羧	～2 520	～1.75	～14	0.25～0.3	0.22～0.25	
聚醚	2 540～2 650	1.74～1.81	4～25	0～0.22	0.2～0.28	32 00～3 600
丁羧	2 550～2 600	1.72～1.78	8～14	0.2～0.4	0.15～0.22	3 300～3 500
丁羟	2 550～2 610	1.7～1.86	4～70	0.2～0.4	0.1～0.22	3 360～3 480

7.7.2.1.2　药型设计

药型设计是发动机设计的重要内容，包括药型选择、参数确定、药面计算等工作，通过药型设计，可以满足对推力变化特性的要求。

发动机的药型可以分为内孔燃烧型、端面燃烧型、外侧燃烧型、内外侧燃烧型等四类，双推力发动机的两级推进剂一般通过不同的药型设计和燃速设计来实现。

按不同的推力特性和用途，药型的选择有以下一些规律。

（1）发射动力型药型

这种药型一般选择大燃烧面的药型，如单根或多根管形药型、梅花形药型、多根锁形药型等，特点是短时间内产生大推力。

（2）飞行动力型药型

飞行动力型药型通常追求高的装填密度，通常较多地选择内孔燃烧药型。

（3）长时间续航型药型

长时间续航型一般都选择实心端面燃烧药型，药型简单，装填密度可达到最大。双推力发动机的第二级推力大多为这种药型。

下面介绍常见的药型及其特点。常见的内孔燃烧药型结构如图 7-124 所示。

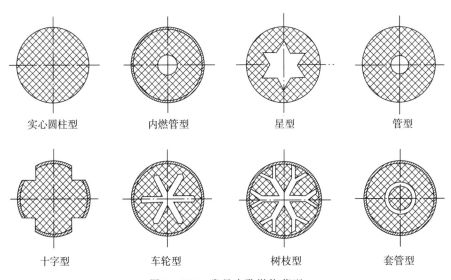

实心圆柱型　　　内燃管型　　　星型　　　管型

十字型　　　车轮型　　　树枝型　　　套管型

图 7-124　常见内孔燃烧药型

（1）星形药型

星形药型为通道截面是星孔形状的内孔侧面燃烧药型，在战术导弹中应用广泛，其特点是有很宽的适应范围，可以实现减面、等面、增面等多种燃烧规律，能够适应很多类型固体火箭发动机需要。其主要缺点是制造复杂度提高，内孔转角处容易出现应力集中，在燃烧到星边消失后，曲线上翘明显。

（2）管槽形药型

管槽形药柱是在管形药柱基础上开槽得到一种内孔侧面燃烧药型，特点是可以实现较高的装填系数、较大的肉厚，通过调整开槽长度和开槽数目，可以实现增面、减面和等面燃烧。

管槽形药柱的开槽可以贯穿到药柱外表面，也可以不贯穿。贯穿设计时，对侧面包覆要求较高，在开始燃烧时就需经受燃气高温作用。

这种药型多用于大长径比，工作时间较长的发动机。

（3）管形药型

管形药柱具有制造方便、无余药，可提供良好的等面性（内外侧同时燃烧时）等特点，缺点是多根药柱装填系数不高，燃烧室绝热要求高，有碎药损失等，适合于短时间大推力工作的发动机，常常采用多根药柱。

（4）端面燃烧药型

端面燃烧药型具有装填密度大、无余药、无侵蚀及工作时间长的优点，同时也有燃面小的不足，给这种药型带来一定限制，特别是旋转导弹这类小直径大长细比的发动机，影响更为明显。为了提高燃速，有两种方法（或者两种都采用），方法一是从推进剂配方上考虑增加燃速；方法二是在推进剂内垂直燃面方向埋设长金属丝或其他纤维，一方面沿金属丝方向传热加快，成倍提高了燃速，另一方面以金属丝为中心的燃烧锥面使燃面扩大，加快了端面推移的速度。常见的金属丝有银丝、铜丝、钢丝等，其中银丝的增燃效果最为明显。

（5）组合药型

单室双推力发动机要实现加速-巡航两种推力特性，必须在设计上采取一定的措施，推力主要和推进剂特性（主要是燃速）、燃烧面积、喷管喉部尺寸相关，喷管喉部尺寸一定的条件下，要实现双推力，则必须调整燃速或者调整燃烧面积（药型设计），通常是两种都调整来满足要求。

双推力发动机的Ⅰ级和Ⅱ级装药药型搭配关系常见有以下几种：

1）内孔燃烧与端面燃烧组合；

2）大小内孔燃烧组合；

3）端侧面燃烧与端面燃烧组合。

7.7.2.1.3　绝热设计

固体发动机的燃烧室内壁通常贴有一定厚度的绝热层，对燃烧室壳体起隔热作用，防止壳体在高温燃气作用下因温度过高失强或者烧穿。端面燃烧和内孔燃烧的自由装填药柱，其外侧包覆也需使用绝热层。

对绝热层有以下性能要求：

（1）隔热性能

绝热层应有优异的隔热性能，要求绝热层及其炭化层具有低导热系数、高比热、高热解温度和吸热效应。

（2）耐烧蚀性能

绝热层应在高温、高速燃气冲刷下具有良好的耐烧蚀性和抗冲刷性，一般要求在高温作用下能形成致密的炭化层。

（3）力学性能

壳体粘结式装药的绝热层为柔性结构，应具有低模量、高延伸率、低玻璃化温度和较高的强度/模量比。自由装填式装药结构壳体内绝热层如果是与壳体粘结的硬性绝热层，则要求有高模量和高抗压强度。

（4）粘结性能

绝热层与壳体、绝热层与衬层（药柱）之间必须具有良好的化学相容性和规定的粘结强度，且能够经受力学环境、使用环境和长期贮存的考验。

（5）密度和发烟量

绝热层密度应尽量低以减小消极重量，应尽量减少绝热层热解和燃烧产生的烟雾量。

绝热层可以分为三类：

第一类是柔性绝热层，通常以高分子弹性材料作为基体，用于壳体粘结式装药结构，又可分为软片粘贴和厚浆涂覆两种。软片粘贴式早期使用丁腈、丁苯等橡胶作为基体材料，填料为石棉、二氧化硅和硼酸，后期发展了三元乙丙橡胶与二氧化硅组成的绝热层，在密度、抗拉强度、延伸率、隔热性能、低温性能和抗老化性能等方面都有较大改进。目前旋转导弹发动机柔性绝热层都采用这种结构。另一种厚浆涂覆式采用与装药配方同种的液态聚合物作为基体材料，加入填料后混合成为浆料，直接在内壁涂覆后加热固化，因其抗冲刷性能差，目前已很少采用。

第二类是硬性绝热层，采用耐高温的热固性树脂为基体材料，常用的是酚醛和改性酚醛，填料采用耐高温纤维，如石棉、碳纤维、凯夫拉、高硅氧布等。其特点是在高温高速燃气冲刷下可形成牢固的炭化层，特别适用于受燃气冲刷严重的端面燃烧和自由装填固体发动机药柱的贴壁绝热层。

第三类是多层组合绝热层，是柔性和硬性绝热层按使用要求制成不同的结构，如在两层三元乙丙柔性绝热层间夹一层硬性的酚醛纤维布，这种绝热层的综合性能良好。

为优化结构，尽量多装药，绝热层的厚度一般都设计为变厚度的，经受燃气冲刷时间长的部位较厚，时间短的较薄，需要根据具体的工况进行设计。

除了绝热层外，壳体粘结式装药的固体发动机通常在绝热层和药柱之间设置弹性体衬层，其功能是改善药柱与绝热层的粘结性能，并对药柱应力起一定的缓冲作用。此外衬层对壳体和药柱还有一定的隔热、密封和限燃作用。

衬层通常由预聚物基体（最好与推进剂配方同种）、固化剂、填料、润湿剂、增塑剂、防老剂、固化催化剂等组成。

衬层的性能应满足以下要求：

1）粘结性能。衬层与药柱、绝热层的界面粘结必须牢固。

2）力学性能。在使用温度下应具有高延伸率和足够的剪切强度。

3）贮存性能。在发动机服役期间能防止药柱内部液体组分向衬层扩散迁移以防粘结面强度减弱，衬层还应具有良好的防老化性能。

4）具有良好的工艺性能，应尽量减少热解和燃烧产生的烟雾量。

7.7.2.2　燃烧室壳体

燃烧室壳体通常由带外部零件的圆柱型筒体、前后封头组件组成。

燃烧室壳体是固体发动机的主要承力部件，工作时应能承受内部的高温、高压作用，外部的载荷以及飞行中的气动加热作用，必须具有足够的强度和刚度。

圆柱型筒体是燃烧室壳体的主要部分，通常为等厚度薄壁结构，一般有两种结构：金属高强度钢筒体结构和复合材料筒体结构。复合材料壳体具有重量轻、价格便宜、生产周期短等优点，但是由于复合材料壳体壁厚较厚，如用于旋转弹，由于本身弹径小，会导致内部装药量减少较明显，对总体性能不利，因此旋转弹发动机基本都采用金属结构壳体。

钢筒体大多使用旋压方法成型，常用的材料为超高强度钢，牌号有 30Cr3SiMnMoVA，00Ni12Cr5Mo3TiAlV，37SiMnCrNiMoVA 等，其屈服强度大部分在 14 MPa 以上。

前封头是壳体的重要组成部分，常见的形状为椭球形或者碟形（三心形），如图 7-125 所示。

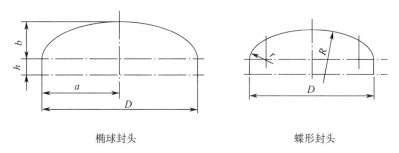

椭球封头　　　　　　　　　　　蝶形封头

图 7-125　常用封头形状

发动机前后封头与筒体之间的连接结构为可拆卸结构，同时应当保证发动机工作时的密封性，常见的连接结构形式有螺纹连接、螺栓连接、内外卡环连接、挡环连接等，如图 7-126 所示，本类导弹发动机多用螺纹和卡环连接方式。密封结构大多采用 O 型密封圈，材料为耐高温的硅橡胶和氟硅橡胶，具体密封方式有端面密封、侧面密封、端侧面密封等，也有个别部位采用平板密封圈。

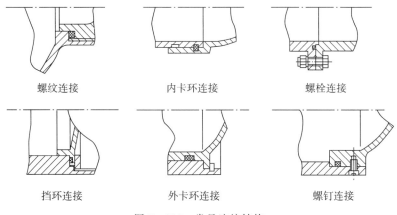

螺纹连接　　　　　　　内卡环连接　　　　　　　螺栓连接

挡环连接　　　　　　　外卡环连接　　　　　　　螺钉连接

图 7-126　常见连接结构

7.7.2.3　喷管

喷管是发动机的重要组成部分，起到了能量转换的作用，将高温燃气的热能转化为燃气的动能。喷管同时也是工作条件最恶劣的部分，其设计优劣很大程度上会影响发动机工作的可靠性。

喷管在结构上可分为收敛段、喉部、扩张段三个部分。

收敛段有潜入式和非潜入式两种，非潜入式收敛段在燃烧室后方，潜入式收敛段伸入燃烧室中。

非潜入式喷管收敛段普遍采用锥形造型，通常收敛半角为 $30°\sim60°$，半角太小会导致消极重量增加，太大又会发生缩颈现象，造成流量损失和加剧烧蚀。

潜入式喷管有利于充分利用空间，缩短发动机长度，但造成的流量损失较大，烧蚀较严重。

喉部在喉径处由前过渡圆弧、后过渡圆弧相切而成，大多数喷管在中间有一段圆柱段，改善加工工艺性，装配时利于对准，并可减少喷管后部烧蚀。

拉瓦尔喷管的扩张段有锥形和特形两种，大多数发动机都采用了加工较为简单的锥形，但特形喷管也有采用，常见的是双圆弧喷管，其最大优点是在同样膨胀比的条件下，长度明显小于锥形喷管。

固体发动机喷管无冷却措施，因此需要考虑喷管结构的热防护设计问题。喷管的不同位置工作条件不同，其热防护设计也不同。

喉部是受热最严重的部位，较多地选用多晶石墨和热解石墨作为喉衬，由于石墨导热性好，因此在石墨喉衬背部要加背衬。

收敛段和扩张段通常采用碳纤维或者碳布/酚醛，或者石棉、丁腈、酚醛模压件作为绝热衬层。

喷管设计还有一项重要内容是堵盖设计。堵盖在平时起密封防潮的作用，在点火时帮助内部建压，要求在一定压强下才能打开（一般为 0.3～3 MPa）。堵盖设计为在燃气作用下剪断，或者整体吹掉。其位置可以在收敛段、喉部或者扩张段。收敛段一般嵌在与喉部组件对接处，喉部用挤压方式固定，扩张段一般用胶接方式固定。

7.7.2.4　点火装置

点火装置在极短时间内可靠点燃发动机主装药，使其正常工作，是发动机的启动装置。

固体火箭发动机的点火过程是由一系列复杂而又快速的环节组成的，包括点火信号输入、点火管工作、点火药点燃生成的热燃气在发动机药柱表面产生热交换、燃烧表面火焰扩展、燃气填充燃烧室自由空间、燃烧室压强升高等。

固体火箭发动机点火装置目前均采用电点火，能量释放方式有点火发动机和烟火型点火装置两类，点火发动机多用于大型发动机，旋转弹上大都采用烟火型点火装置。

按点火部位的不同，有头部点火、中部点火和尾部点火三种，旋转弹均采用尾部或者中部点火方式。

烟火型点火装置一般由点火器、点火药、点火药盒等组成。

点火装置的点火器采用电发火管，其典型结构如图 7 - 127 所示，由电桥丝通电后点燃热敏火药，从而引燃点火药。为了保证发动机安全性，现在基本都选用钝感电发火管（1A1W，5 min 不发火）。

点火药是点火能量的释放核心，烟火型点火装置应用较多的是烟火剂、黑火药、聚四氟乙烯加镁粉，或者后两者混合的点火药。

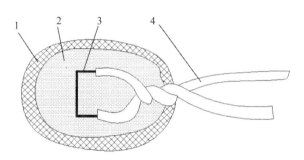

图 7 - 127　电发火管

1—防潮保护漆；2—热敏火药；3—电桥丝；4—导线

点火药盒是存放点火药的容器，并保护点火药不受损坏，起防潮密封作用。烟火型点火药盒的结构有网式药盒、多孔圆管篓式药盒、环形药盒等，分别适用于药柱通道直径小、直径稍大和端面燃烧药柱或多根管形燃烧药柱点火。其材料可以用铝板、赛璐珞片、塑料等。

为了确保点火装置的安全性，在点火回路上一般均要设计保险装置，有电保险和机械保险两类。机械保险利用机械机构把电发火管与点火药隔离，切断了点火通路，适用于中大型发动机；小型发动机通常采用电保险，实现方法有点火电路中安装低通滤波装置，增加静电释放回路，增加限流电阻等。

7.7.2.5　设计实例

这里以箭-2M 导弹发动机为例介绍旋转导弹用发动机的设计特点。

该发动机结构如图 7 - 128 所示，是一台主发动机和发射发动机设计成不分离的双燃烧室、三种推力的固体火箭发动机，也是一台十分典型的便携式防空导弹发动机。

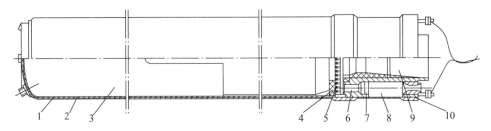

图 7 - 128　箭 - 2M 导弹动力装置

1—壳体；2—绝热层；3—主装药；4—挡药板；5—点火药盒；6—延迟点火器；
7—发射发动机点火药盒；8—发射药柱；9—主喷管；10—底座

发动机壳体采用高强度钢 28Cr3NiSiMoWVA 旋压而成的一头封顶的一体式薄壁圆柱筒，没有单独的前封头零件，壳体厚度约 0.6 mm，在封顶头部焊接了与前方舱段连接用的弹性环。

绝热层为高硅氧布和树脂采用缠绕工艺成型的变厚度的玻璃钢套筒，分前后两段，装入壳体，装配时严格控制套筒与壳体之间的间隙。

主发动机装药为独立装填式药柱，外形结构如图 7 - 129 所示，整根药柱加工组装好后整体装填入发动机壳体。推进剂采用丁腈羧复合药。药柱的前段和中段有包覆层包裹，前段药柱外有定位凸块，中段的包覆层两侧开槽，前段内为二级装药，中后段为一级装药。发动机内部沿轴向布置了 7 根银丝用于调节燃速。

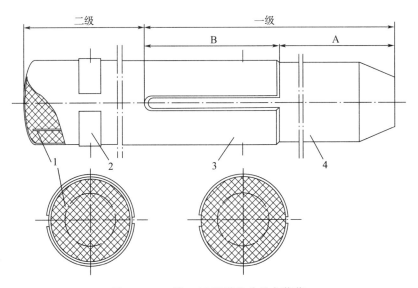

图 7 - 129　箭 - 2M 导弹发动机主装药

1—银丝；2—定位凸块；3—包覆层；4—推进剂

主发动机工作时，A 段药面暴露在外，为减面燃烧，B 段由开槽处向内部燃烧，为增

面燃烧，综合后一级装药接近恒面燃烧，使一级推力基本稳定。一级装药在 2 s 左右燃烧
完毕，发动机转入二级端面燃烧工作状态直至工作结束。

　　药柱的支承装置包括位于前端的弹性垫，位于中部的被夹持在前后绝热套筒之间的弹
性卡箍和后端的挡药板。

　　主发动机喷管较长，周围布置了发射发动机，喷管壳体兼作发射发动机燃烧室内壁。
在喷管体前方、后部接触燃气部位和喉衬外部，分别是含碳纤维酚醛模压成型的收敛段、
收敛环、扩散段和外衬套保护。喉部采用了定向石墨制成的喉衬。此外，在喷管两侧有两
个安装延迟点火器的孔。具体结构如图 7 - 130 所示。

　　主发动机的点火装置具有延迟点火功能，要求在发射出筒后一定时间才点燃。由延迟
点火器和点火药盒组成。

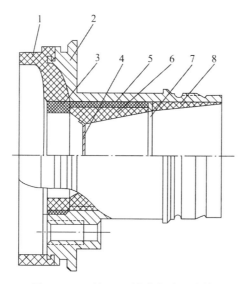

图 7 - 130　箭-2M 导弹发动机喷管

1—收敛段；2—喷管体；3—收敛环；4—堵盖；5—外衬套；6—喉衬；7—钼环；8—扩散段

　　延迟点火器如图 7 - 131 所示，有辐射引燃器和火药延迟器两部分组成，安装在喷管
两侧安装孔内。发射发动机点火后，形成的爆轰波作用在伸入发射发动机燃烧室的辐射引
燃器敏感端，击发隔了一层金属壁的起爆药，再点燃火药延迟器内的延迟药，经过预定时
间后，延迟药燃烧结束，引燃前方的引燃药，进而点燃点火药盒。

　　点火药盒为赛璐璐制成的壳体，内装黑火药，放置在延迟点火器和主发动机药柱之
间，被延迟点火器点燃后，黑火药产生大量高温气体，并在燃烧室内形成点燃装药所需的
温度和压力环境。

7.7.3　发射发动机

　　发射发动机是便携式防空导弹特有的一种动力装置，其主要作用是将导弹快速发射出
筒，并完成导弹初始起旋。

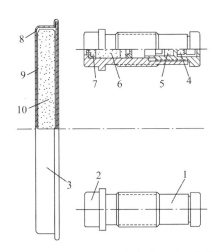

图 7 - 131　箭 - 2M 导弹主发动机延迟点火器

1—辐射引燃器；2—火药延迟器；3—点火药盒；4—敏感药；5—起爆药；6—延迟药；
7—引燃药；8—盒体；9—装药袋；10—黑火药

发射发动机有两种类型，一种是与主发动机一体设计，工作结束后随导弹一起飞行；另一种为独立式，工作结束后从导弹上脱离，出筒坠地或者留在筒内。

发射发动机有以下一些特点：

（1）推力大，工作时间短

发射发动机必须在发射筒内就工作完毕，同时要在短时间内将导弹发射出筒并达到一定速度，要求发动机必须有很高的推力，通常通过发动机装药大燃面设计来实现。由于发动机工作时间短，给发动机设计也带来一些便利，比如不用设计绝热层，喷管可以采用全金属制成等。

（2）多喷口斜置工作

发射发动机同时承担了使导弹快速起旋到某一转速的目的，因此都采用了在周向布置多个喷口（4～8 个），且喷口轴线与导弹轴线在切向有一个偏角的设计，工作时推力在产生轴向作用力的同时，其切向分量将使导弹起旋。

（3）结构简单、体积小、重量轻

发射发动机只在发射时工作，对导弹飞行不起作用，采用不分离的方式时，对导弹是一种"死重"，采用分离方式也会增加系统重量，因此要求其重量轻、体积小，在设计时尽量简化结构。

下面仍然以箭 - 2M 导弹的发射发动机为例介绍其设计特点。

该发动机与主发动机为一体式结构，位于主发动机后部喷管的外侧，壳体、主发动机喷管体和底座构成了一个环形燃烧室。底座由铸钢经机加工而成，上面有固定尾翼的支耳和 4 个沿周向均布的小喷管，喷管轴与弹轴在切向有 8.5°的斜置角，发动机工作时产生的推力同时推动导弹向前运动和转动。

燃烧室未设计绝热层，装药 20 根截面为锁型（也有称为"8"字型）的双基药柱，这种药型肉厚小，燃烧面积大，可以在短时间内产生大推力。为了让开延迟点火器，有 4 根药柱较短。

发射发动机的点火装置外形呈环形，如图 7-132 所示，安装在发射发动机前部，在铝制药盒内装有黑火药和两个并联的电发火管。

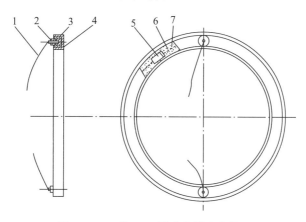

图 7-132　箭-2M 导弹发射点火装置

1—外导线；2—接线座；3—内壳；4—外壳；5—电爆管；6—内导线；7—黑火药

分离式的发射发动机的工作原理与一体式是相同的，其燃烧室壳体、点火装置和延迟点火器自成一个独立部件，延迟点火方案也大多采用火药延时，延时点火器一般通过主发动机的尾喷管伸入主发动机内，与主发动机点火药相连。

7.7.4　发动机的方案选择和指标要求

发动机的方案选择是根据总体作战需求和导弹方案的需要而确定的。

对于便携式防空导弹，发动机方案的选择主要是确定发射发动机的类型，确定主发动机的推力特性（单推力或者双推力）。

目前世界各国便携式防空导弹，分离式发射发动机和一体式发射发动机方案都有采用，但总的趋势是分离式发动机占优，发射发动机分离后对导弹的射程、速度的提升都有一定效果。

主发动机推力特性的选型也是一个导弹总体设计综合考虑的问题，为了改善导弹的速度特性和能量分配，大部分旋转导弹都采用了单室双推力发动机。但单推力发动机也并非全无优点，例如法国的西北风导弹就采用了单推力体制，主要原因是西北风导弹采用了锥型头部，阻力特性良好，因此主动段末的最大速度很高，在被动段导弹的速度下降也较为缓慢，因而仍然能够满足射程的要求；而且单推力发动机本身还有加速快、比冲较高、结构简单、成本较低的优点，且前发导弹发动机结束工作后对后发导弹的影响可以降低。

发动机推力特性是总体的重要特性之一，关于推力特性的相关参数论证计算内容可见 4.4.2 节。

发动机的主要性能指标有：

（1）发射发动机性能指标

发射发动机通常提出的指标包括总冲量、工作时间、总冲量矩、延迟点火时间，各参数的计算方法见 4.4.2 节。

分离式的发射发动机还应明确重量要求。

明确点火电流、点火回路阻抗、保险装置要求等点火装置设计要求。

（2）主发动机性能指标

对于单推力发动机，一般提出的指标为推力总冲量和工作时间（最小值）。

对于双推力发动机，提出的指标包括：

1）总冲量，包含一级和二级在内的总和（最小值）；

2）一级工作参数，通常明确一级总冲量（最小值）和一级工作时间（范围）；

3）二级工作参数，通常明确二级平均推力（范围）和二级工作时间（最小值），有时为了便于数据判读，也可不提工作时间要求。

上述指标可以对发动机推力特性的描述完成闭合。要注意，双推力发动机一、二级推力比一般不大于 4。

如有特殊要求，也可以提出其他的指标体系。

①重量要求

发动机是导弹上唯一变重量的分系统，重量要求是一项十分重要的指标，通常应明确发动机满载重量和重心的范围。必要时，也可以提出空载发动机的重量和重心要求，但一般仅作为参考值。

除了上述的基础指标外，根据需要还可以明确以下指标：

1）峰值推力，可以限制发动机点火瞬间初始推力峰及飞行过程中最大推力，即限制导弹的最大轴向过载。

2）推力波动要求，代表了发动机工作的稳定性，为了避免发动机工作过程出现大的波动，可以提出限制条件，常见的指标表示方法为

$$\overline{F}_{\max} = \frac{F_{\max} - F_a}{F_a} \leqslant K \qquad\qquad (7-76)$$

式中　$F_{\max}$ ——最大推力；

　　　F_a ——平均推力；

　　　K ——波动范围，一般取 20%。

双推力发动机可以分别对一、二级推力提出波动范围要求。

②点火要求

主发动机为唯一发动机时，应明确点火要求，包括点火电流、点火回路阻抗、保险装置要求等。

③特殊要求

如发射声响、火光、尾烟尾焰要求，堵盖喷出要求等。

（3）其他性能指标

参见 7.12 节。

7.7.5　发动机的关键技术和发展趋势

旋转导弹作为近程和末端导弹，发动机工作时间短，对动力装置的前沿技术需求并没有其他导弹那么迫切，尽管如此，旋转弹发动机仍然有一些先进技术可以应用，并将进一步提高导弹的总体性能。

7.7.5.1　高质量比、高比冲固体火箭发动机技术

进一步提高能量，使导弹增加速度和射程，这是动力系统发展的一个永恒主题。当前，固体推进剂中对各种高能氧化剂、新型粘合剂的研究十分活跃，有的已经逐步实用化，例如 GAP、NEPE 等；另一方面，新工艺、新材料的出现，也为减轻发动机结构重量提供了技术基础。未来，利用碳纤维和碳化硅纤维等材料制造喷管将是战术导弹的发展方向之一。此外，如何在小弹径导弹上有效利用复合材料壳体技术也是未来值得关注的发展方向。

7.7.5.2　低特征、低易损性固体火箭发动机技术

现代战争模式的转变，对战术导弹在战场上的生存能力提出了更高的要求，为此，固体火箭发动机在提高本身能量水平的同时，必须考虑解决发动机低特征信号、低易损性问题，一方面降低战场上被发现和受到攻击的概率，另一方面在受到攻击时避免产生大的附加伤害。这方面的工作主要围绕新型推进剂的研制展开，在今后的型号研制中，将受到高度的重视。

7.7.5.3　小型化脉冲发动机技术

为了解决发动机推力不可调节的固有不足，脉冲发动机技术被各方所关注，在近年来通过大力投入技术攻关，实用性水平得到长足进步，并已在型号中得到应用。但是目前的脉冲发动机脉冲点火装置结构重量较大，在小发动机上使用存在困难且对性能提高并无明显的优势。因此，后续将进一步开展关键技术攻关，争取在小直径发动机上满足工程化要求，从而为旋转导弹进一步扩展射程提供有力的技术手段。

7.8　弹上能源

弹上能源用于向完成了地面–弹上能源转换后的弹上设备提供正常工作所需要的各种能源。旋转弹弹上需要提供的能源有：

1）弹上各种电气设备（导引头、舵系统、引信等）的供电；

2）导引头探测器制冷、续冷所需要的供气（或供电）；

3）气动舵机偏打需要的供气等。

分析归纳国内外旋转导弹弹上能源，主要有电源、高压冷气源、燃气发生器三种，其

中燃气发生器在新型号上已不采用，本书不再进行介绍。

旋转弹的弹上能源组合形式很多，具体见表 7-7，现代旋转导弹大多采用 2、3 组合。具体选择何种组合形式，应根据型号总体需求和配套产品的实际情况确定。

表 7-7　弹上能源可用组合形式

序号	弹上能源组合形式	适用情况		典型型号
		导引头探测器	舵机	
1	电池	常温探测器、热电制冷、冷惯性续冷	电动舵机	
2	电池＋续冷气瓶	节流制冷探测器	电动舵机	毒刺
3	电池＋贮气瓶	节流制冷探测器	冷气舵机	针
4	燃气发生器＋涡轮发电机	常温探测器、热电制冷、冷惯性续冷	燃气舵机	箭-2M
5	燃气发生器＋涡轮发电机＋续冷气瓶	节流制冷探测器	燃气舵机	

7.8.1　弹上电源

7.8.1.1　概述

弹上电源最为常见的是弹上电池，部分早期型号上采用燃气发生器时，供电电源也有采用涡轮发电机和电源变换装置提供的方式。

战术导弹弹上电池的发展经历了铅酸电池、银锌电池、热电池三代，目前绝大多数战术导弹均采用热电池，此外锂电池在个别需要高电压的场合也开始应用。旋转导弹迄今为止弹上电池均使用热电池。

热电池又称为热激活贮备电池，是一种二次大战后发展起来的储备电池，具有很多适用于武器装备使用的特点：

1) 热电池采用无水熔融盐作为电解质，在常温下是不导电的固体，可以长期贮存，贮存时间可达 10～25 年；

2) 热电池用电或者机械撞针激发点火头，点燃电池内部的加热材料，温度升高到 500℃左右，使电解质熔融成为高电导率的离子导体，输出电能。因而热电池激活速度快、使用温度范围广，工作时电源参数受环境条件影响小；

3) 电解质是无水盐类，可以采用负极电位高的材料，使电池获得较高的工作电压，且可承受大电流发电；

4) 结构牢固、工作可靠、操作方便、无需维护。

热电池经过 60 多年发展，至今已发展出多种电池体系，技术较为成熟的有四种：钙/硫酸铅（$Ca/PbSO_4$）、镁/五氧化二钒（Mg/V_2O_5）、钙/铬酸钙（$Ca/CaCrO_4$）和锂及锂合金/二硫化铁（$LiSi/FeS_2$）体系。目前综合性能好的锂系电池已成为主流的热电池体系。

常见的电化学体系性能参数如表 7-8 所示。

表 7 - 8　电化学体系性能参数

电化学体系	电流密度/(mA·cm^{-2})	电压/V	激活时间/s	内阻/Ω	工作时间/s	力学性能
Ca/PbSO$_4$	<800	2.20	<0.5	较小	60	差
Mg/V$_2$O$_5$	<400	2.45	<0.5	大	60	较好
Ca/CaCrO$_4$	<400	2.50	<1.0	较小	30	较好
LiSi/FeS$_2$	<1 500	2.00	<1.0	小	600	好

7.8.1.2　组成和功能

热电池一般为圆柱型，通常由单体电池、集流片、加热片、隔热绝缘层、激活系统（电点火头或者撞针机构）、壳体、输出接线柱等部分组成。其典型结构如图 7 - 133 所示。

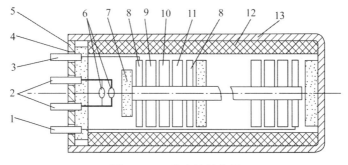

图 7 - 133　热电池结构图

1—输出正极；2—点火头接线柱；3—输出负极；4—玻璃绝缘子；5—电池盖；6—电点火头；7—引燃片；
8—集流片；9—负极片；10—电解质片；11—正极片；12—绝热层；13—壳体

单体电池一般采用三片式结构（正极片、隔离片——又称电解质片、负极片），均被压制成为圆形的薄片。

单体电池之间放置有加热片和集流片，也均制成了薄圆片，充分利用了结构空间。加热片燃烧后产生的热量形成高温，熔化固态的电解质片。加热片通常由粉末状的锆、铁及氧化剂压制而成，通过引燃条引燃。集流片为金属制，将单体电池产生的电能引出。多个单体电池和加热片、集流片叠加后形成电堆，电池的输出电压就是各个串联的单体电池电压之和。

隔热绝缘层用以防止热电池内部短接，避免加热片燃烧后产生的热量迅速流失引起内部温度降低而缩短工作时间。一般采用石棉制件和云母片。

激活系统用来点燃引燃条进而引燃加热片。采用机械激活时，是击针和火帽的激发机构组合；采用电激活时，是电点火头。

外壳用来安装单体、加热片等零组件，壳盖上的引出接线柱可以用玻璃绝缘子烧结上去。

热电池的主要工作流程为：热电池通过点火装置激活后，通过引燃条使加热片燃烧，产生的热量使电解质熔融，形成离子导体，此时电池内阻可下降到毫欧级，正负电极材料发生电化学反应，对外输出电能。

7.8.1.3　技术指标要求

弹上热电池常见指标要求包括：

（1）数量和供电品种

弹上舱段用电需求很多，电压、功率差别也很大，不可能给每种电源需求提供单独一个热电池，因此需要综合考虑全弹用电要求并进行合理分配。

对于安装电动舵机的旋转导弹，电机需要大功率供电，可单独安装一个电池满足其需要，其他弹上设备视供电总需求和安装空间的限制分配一到两个电池进行供电。

（2）输出电源特性

通常规定的指标有：

电池工作的标称电压和容差范围，一般容差范围在±（10％～20％）。

工作负载特性，如满载电流、轻载电流，以及标准工作条件下的电流变化特性等，这是电池电压特性的考核条件。

其他指标可以视情提出要求，例如纹波特性等。

（3）激活方式和时间

激活方式：规定是电激活还是机械激活。对于电激活，应规定激活电流（安全电流和发火电流）和激活回路电阻。对于机械激活，应规定激活时施加的机械能范围。

激活时间：是指电池从激活到上升到额定电压下限所需的时间，与系统反应时间密切相关，本类导弹一般要求在 0.5～0.7 s。

（4）工作时间

工作时间是指在规定的负载条件和电池工作电压范围内，热电池能够正常放电所持续的时间，一般根据弹上用电设备的工作极限时间、导弹自毁设定时间等的要求确定。

（5）其他要求

内阻：电池激活后电池的内阻，是表征热电池性能的一个指标，越小越好。

电池表面温度：在电池安装部位有温度要求时，可明确电池表面温度要求，在激活后一定时间内允许的最高温度。

防倒灌要求：如有地面电源和弹上电池同时供电的情况时，电池应具有防倒灌功能，即在电池输出端施加外部电压不影响电池的正常激活和工作。

其他常规性能指标参见 7.12 节。

7.8.2　弹上气源

7.8.2.1　组成和功能

弹上气源一般包括贮气瓶、气路、开瓶装置、减压阀等。贮气瓶均使用高压容器，可以减小设备的体积。

弹上气源的主要功能有两类，一类是为导引头红外探测器提供制冷或者续冷，另一类是为气动舵机提供动力能源。

用于导引头续冷时，弹上气源应使用与地面供气一致的气体介质，大多选用氩气，其次选用氮气，应满足相应的纯净度要求。贮气瓶容量应满足续冷时间的要求。

用于气动舵机供气时，介质一般选用氮气或洁净空气。贮气瓶容量应根据舵机耗气量与工作时间、气瓶充气压力等指标确定，对其纯净度要求可以放宽。

同时用于导引头续冷和舵机供气时，应综合考虑两者的供气量，并按续冷要求确定气体介质的品种和纯净度要求。

由于舵机工作压强一般远小于气瓶充气压强，需要设置减压阀。

贮气瓶为薄壁高压容器，可以为球形、圆柱形或者球柱形，弹上气瓶一般采用圆柱形，瓶体一般采用韧性较高的钢制作，按相关标准进行设计、加工和试验，应保证在长期贮存条件下不泄漏。

贮气瓶需配置开瓶装置，大多采用电爆阀门的工作原理，依靠电爆管点火产生的燃气推动撞针击穿原来封闭的气瓶出气管路或者气瓶的密封膜片，从而实现激活。开瓶装置设计应保证开启过程不会在气体介质中引入金属碎片和燃气颗粒等杂质。

7.8.2.2　技术指标要求

（1）气体介质及其洁净度要求

如前文所述，介质用于制冷时，一般选择氩气，但如果地面供气是氮气，则也可以选择氮气。由于导引头制冷器毛细管孔径很小，为了避免出现堵塞，对制冷介质的洁净度有很高要求，尤其不允许出现固体颗粒和凝固温度较高的水蒸气、二氧化碳等成分。一般要求水蒸气含量低于 1 ppm，二氧化碳含量低于 3 ppm，固体颗粒尺寸不大于 5 μm，也可按标准相当的国标要求选用气体。

（2）贮气瓶指标

主要包括气瓶容积、充气压强、充气品种及纯净度要求，工作时间要求可以在计算后体现在气瓶容积要求中。为了保证气瓶安全性，应规定气瓶破坏时只允许撕裂，不得产生破片，可规定气瓶跌落高度的要求。泄漏率，一般以贮存一段时间后气瓶重量变化不大于某一值来规定。

（3）激活要求

规定激活电流（安全电流和发火电流）和激活回路电阻。

（4）其他要求

其他常规性能指标参见 7.12 节。

7.9　发射筒

发射筒是贮存、运输、发射导弹的专用设备，目前旋转防空导弹都是以筒弹形式总装后出厂并交付用户，并随导弹度过全寿命周期，因而发射筒在导弹作战使用中起到了十分重要的作用。

7.9.1　发射筒的功能

发射筒在勤务、贮存、战备值班时，起到了导弹贮存容器的作用，可以为导弹提供良好的环境条件，避免导弹磕碰。

导弹发射时，发射筒起到了支撑和初始定向作用，导弹通过发射筒内加速后出筒，获得了初始速度和弹道飞行方向。近程末端防空导弹的发射筒内部敷设螺旋导轨，还起到了导弹初始起旋的作用。

此外，发射筒上可安装导弹发射工作的相关附件，其中以便携式防空导弹发射筒安装的附件最多，它起到了整个武器系统的结构协调中心的作用，几乎所有的地面作战装备均安装在发射筒上，例如地面能源、发射机构、瞄准具、敌我识别器天线等，筒上电缆网将这些设备和导弹连接起来，共同构成了电气回路。筒上气路将气瓶和弹上气路连接起来，构成了供气通路。

7.9.2　发射筒构造及工作原理

便携式防空导弹发射筒一般由筒体、前盖、后盖、脱落插头机构、固弹机构、背带、起转组件、瞄准具、电缆网、供气组件等组成。

近程末端防空导弹发射筒由筒体、前盖、后盖、脱落插头机构、固弹机构、电缆网、供气组件、锁筒机构等组成。

两种发射筒主要差别在于便携式防空导弹的起转组件安装在发射筒头部对应导引头位置，发射筒配射手瞄准用的机械瞄准具。而近程末端防空导弹导引头位标器为自起转设计，起转部件安装在导引头内部，发射筒上安装锁筒机构用于将发射筒与发射架可靠连接。

7.9.2.1　筒体

筒体（含附件）也称为筒体总成，是发射筒的基本构成部件，也是主要承力件，是发射筒各种机构、电缆网的安装平台和基础。筒体总成一般包括筒体、设备舱体、接口组件等。

便携式导弹采用发射发动机起旋，发射筒筒体为略大于导弹直径的圆柱形筒，内部光滑，头部周围通常安装导引头起转组件，中前部位置下方为安装地面能源、脱落插头机构的设备舱体，侧方为瞄准具及其他附件的安装接口，尾部为连接发动机点火线的接线盒。

近程末端防空导弹通常采用螺旋导轨式起旋，在发射筒内部安装有放置导弹及供导弹起旋的螺旋导轨，采用复合材料一体成型的加工工艺。发射筒内壁和导弹之间有一定的间隙容纳导轨。发射筒外部的设备舱内安装供气机构、脱落插头机构、电缆网，点火装置等。

本类导弹发射筒筒体的材料通常选用复合材料，其中应用最多的是玻璃纤维增强复合材料，具有轻质、高强、加工成型方便、使用寿命长、耐腐蚀、价格便宜等特点。主要采用手工铺层、缠绕、热压釜、树脂传递模塑成型（RTM，Resin Transfer Molding）等工艺一体化成型。

设备舱体等附件多采用金属材料（铝合金等）加工成型，重要承力部件可采用高强度钢。

7.9.2.2 前后盖

为保证发射筒平时贮存的密封性能，在作战时又能保证导弹顺利发射，发射筒均设置前后盖。

便携式防空导弹的发射筒，其前后盖通常起水密、防尘、防撞等功能，大多由泡沫塑料或者发泡橡胶制成，在发射前由射手人工取下，功能较为单一。为了避免前后盖取下后砂尘、雨水等的影响，一般在发射筒后部再采用铝膜进行封闭，导弹发射时会被发动机尾焰吹破；在前端可以在发射筒内设计密封环，也有的型号（如美国的毒刺导弹）采用了易碎的玻璃罩设计，其材料与导引头头罩相同，但厚度较薄，对导引头探测的性能影响有限，导弹发射时导引头可将玻璃罩顶破。便携式防空导弹作为车载、机载等使用时，往往需要另行配置可以自动开合的前盖。

近程末端防空导弹的前后盖必须在发射前或者发射时能够自动去除，根据开盖形式的不同，可以分为破裂式、爆破式、机电式三种，其中机电式前后盖一般安装在发射装置上，此时筒弹的前后盖只起库房贮存密封作用，装填前去除。

破裂式前后盖通过导弹头部顶破（前盖）或者发射筒内燃气胀破（前后盖）方式使盖体碎裂成数片，这些碎片会飞散到发射装置周围（一般用于前盖）或者不脱落而连接在盖框上（一般用于后盖）。具体采用何种设计根据导弹作战使用要求而定。

爆破式前后盖用爆轰冲击力或者压力将盖体切割或者整体抛出，其动力有两种，一种是筒内有燃气发生器产生压力，箱盖用爆炸螺栓等方式固定，发射前剪断；另一种是盖体内埋设爆炸索，发射时爆炸索直接将盖体切割后抛出。

开盖方式是决定发射筒前后盖设计的关键环节。在设计时应保证在可靠开盖的同时，对导弹及其发射过程以及周边设备不会产生安全性影响。

本类导弹为了保证长期贮存条件下和战斗值班条件下的产品可靠性，往往对发射筒有气密或者水密的要求，其中前后盖的密封性设计是关键环节之一。由于空间限制，前后盖密封大多采用侧面径向密封的方法，条件允许时，也可采用端面轴向密封。

7.9.2.3 筒弹机械锁定和电气连接

发射筒和导弹之间的机械锁定和电气连接实现方法有很多，本类导弹上可见的有以下三类。

第一类，被动式，导弹和发射筒之间依靠一个机械锁定机构（称为固弹机构）和一个电插头机构分别实现机械锁定和电气连接。固弹机构的固弹销插入导弹的闭锁孔中，发射前通过燃气等方式完成拔销，电插头机构随着导弹发射后的运动而分离。这种形式是本类导弹最常见的连接形式，如图 7－134 所示。

被动式的机械分离和电气分离有先后顺序，存在机械分离后电气分离不到位的可能隐患。

第二类，主动式，导弹依靠自身附带的机械卡位零件与发射筒内部的韧性结构卡位配合，导弹发射时卡位零件划破韧性结构保证导弹出筒，如图 7－135 所示。典型的设计方案如俄罗斯的通古斯卡武器系统配备的 9M311 导弹，在尾部有四片呈一个固定安装角安

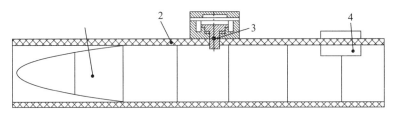

图 7-134　被动式筒弹连接方式

1—导弹；2—发射筒；3—固弹机构；4—电插头机构

装的三角形尖刀零件，装筒后尖刀零件嵌入发射筒内层的韧性包覆层，导弹发射时尖刀划破包覆层出筒，同时安装角的存在还提供导弹一定的出筒转速。筒弹的电气连接与被动式类似。

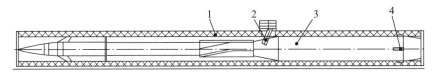

图 7-135　主动式筒弹连接方式

1—发射筒；2—电插头机构；3—导弹；4—尖刀零件

主动式结构对筒弹配合设计要求很高，技术实现上存在难度，应用较少。

第三类，机电一体式，即在第一种被动式基础上，将电连接器和固弹机构一体化设计，固弹销内部同时包含了电连接器，发射前固弹销拔销的同时也解除了电气连接，如图 7-136 所示。美国的毒刺导弹就采用了这种方式。其主要缺点是电气接口空间有限，限制了电气接线的芯数。此外对机电连接器结构配合精度要求较高。

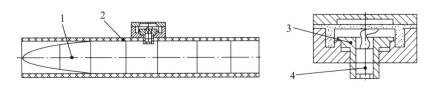

图 7-136　机电一体式筒弹连接方式

1—导弹；2—发射筒；3—固弹销；4—电连接器

7.9.2.4　电缆网

发射筒电缆网是整个筒弹电缆网中不可或缺的重要组成部分，用于连接发控设备（或发射机构）与导弹的电气部件，具有传输电功率、数字信号、模拟信号的功能，通常由电连接器（发控电连接器、脱落电连接器、点火电连接器等）、导线等组成。电缆网的设计重点在于电连接器的选型或者设计要求的确定、电缆导线选型、电路布局等。需要注意的是，如果筒弹有气密性要求，对电连接器也需要进行气密性设计或进行相应的选型。电缆网详细设计有各种相应规范和要求，本书不再赘述。

7.9.2.5　供气组件

本类导弹采用红外制导方式时，导引头在发射前需要供气制冷，此时发射筒上需配置供气组件。

供气组件包括气源和管路两个部分，气源与弹上气源原理相同，发射筒上的供气组件中管路部分提供了从气源到弹上的供气回路，通常又包括供气咀、气管以及必要的阀门等。

供气咀用于连接筒上气路和导弹，发射时通常采用剪切的方式分离，剪切面是结构的薄弱环节，为避免平时运输值班条件下供气咀结构损坏，在结构上应采取浮动式设计。

筒上气管是高压气体的传输通道，从提高制冷效率的目的出发，在设计上应尽量减小管路的长度，即将气源尽量靠近导引头部位进行布置。

筒上如安装超过一个气瓶，则需要设置三通阀或者多通阀，保证各个气瓶供气过程的独立性，避免相互影响。

7.9.2.6　起转组件

便携式防空导弹要实现导引头位标器陀螺起转，需要设置相应的电路组件，与发射机构内的起转控制电路一起完成陀螺起转功能，这一电路组件布置在发射筒前部导引头位标器周围的空间，称为起转组件。在发射筒上布置起转组件的目的是为了减少弹上设备，减小弹体尺寸和重量。

起转组件通常包括起转线圈、稳速线圈、角位置传感器、控制电路（在发射机构内）等。其工作原理见前文导引头部分。

7.9.2.7　其他部组件

除了上述常见组成部分外，还有以下一些部组件在本类导弹发射筒上可能会有应用，主要包括：

（1）充气阀、泄压阀、呼吸阀

为了保证筒弹在长期贮存条件下筒内仍然有良好的环境，本类导弹发射筒经常采用气密设计，为了满足气密设计的使用要求，需要配置相应的阀门，主要有三类：充气阀、泄压阀和呼吸阀。

充气阀主要用于向气密的发射筒内充或者置换干燥气体，使其内部压力高于外部大气压，从而保证外部潮湿气体无法进入发射筒，充气阀在必要时可以打开供内外气体流通。

泄压阀是一种单向阀，主要用于防止发射筒内气体相对压力过高（例如高温条件、高空条件、筒上气瓶供气而发射筒仍然密封的条件等）而损坏发射筒或者导弹的薄弱结构。当筒内外气体压差高于泄压阀设定值时，可将筒内气体释放出来。

呼吸阀是一种双向阀，在筒内外压差大于规定值时可以双向工作，呼吸阀理论上可以取代泄压阀，但是允许外部气体进入发射筒内往往会破坏筒内环境，因此应用较少。

（2）连接机构

连接机构是指发射筒与发射架之间机械连接、固定的机构，通常取决于发射装置的结构设计形式和要求，形制多样，应满足快速装填、连接强度和刚度、定位精度等方面的要求。

（3）辅助支撑机构

便携式防空导弹通常完全依靠固弹机构和筒体与导弹的机械尺寸配合来完成筒弹的机械定位连接，但是对于尺寸重量较大的近程末端防空导弹，由于插销式固弹机构的固定能力有限，往往需要设置辅助支撑来进一步保证导弹的安装刚度。

本类导弹的辅助支撑机构一般设置在尾部，支撑件设计上既要满足提供一定支撑刚度要求，又不能影响导弹发射出筒。支撑面通常采用尼龙、塑料构件，防止损坏弹体结构。

（4）适配器

适配器是发射筒和导弹之间用于横向支撑、定心、导向的与其间隙相匹配的环形装置，在发射时随导弹一起出筒，在气动力和自身弹簧机构作用力作用下自动与导弹分离并掉落到地面。

适配器与传统导轨导向发射方案相比，具有减震特性好、发射筒结构简单、重量轻、工艺性好等优点，但适配器本身如设计或者控制不当，也会产生一定的附加危害。

本类导弹采用适配器形式的较少，但随着导弹构型设计的多样化，采用适配器设计也已成为一种选择方案。

适配器一般由本体、分离器等构成，沿导弹周向分为 2～4 瓣，内侧与导弹外形贴体设计，外侧与发射筒内壁配合设计，前部设计为倒斜面，便于出筒后在气动力作用下与导弹分离。本体采用泡沫塑料等轻质材料为主体，分离器内有弹簧，以确保适配器在出筒能够分离。

（5）留筒机构

便携式防空导弹采用分离式发射发动机时，为了避免发射发动机出筒后掉落产生伤害，在设计上可以采取措施使发射发动机留在发射筒内，即在发射筒内和发射发动机上需设计相互配合的留筒机构。

留筒机构的具体实现方案可以有很多，一种比较常见的方案是在发射发动机周围安装一个弹性卡圈，同时在发射筒前部设计卡槽，卡圈运动到卡槽处弹出并卡住，可将发射发动机留在发射筒内。为了减轻发射发动机留筒过程给射手带来的冲击，在设计时还可以考虑采取缓冲措施。

7.9.2.8　设计范例

图 7-137 为箭-2M 导弹的发射筒。以之为例介绍便携式防空导弹发射筒各部分组成及工作原理。

发射筒筒体为内径稍大于弹径的玻璃钢制薄壁圆筒，头部周围设置起转组件，和发射结构内的起转电路一起，起转导引头内的位标器陀螺。

起转组件包括角位置传感器、测频绕组和起转线包。其布置和工作原理参见导引头章节相关内容。

筒体下方的壳体组件设有与地面能源对接的接口、发射机构对接的前支点。后面的插

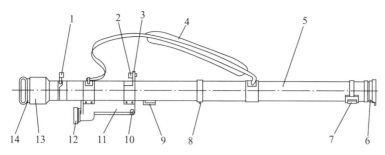

图 7-137　箭-2M 导弹发射筒

1—环形准星；2—光信号灯；3—观察孔；4—背带；5—筒体；6—后盖；7—接线盒；8—后支承；
9—联接插座；10—前支承；11—壳体组件；12—电池接口；13—起转线包；14—前盖

座和后支撑（带锁钩），是与发射机构对接的电气接口和后支点。

机械瞄准具位于发射筒左上方，可以折叠和展开，由前方的环形准星和后方的观察孔组成，观察孔下方有光信号指示灯。瞄准具的轴线和导引头电锁状态下的光轴平行，因此可以帮助导引头光轴对准并捕获目标。

发射筒上装有可调节长度的布制背带，便于射手携行筒弹。

发射筒设置前后盖，平时两端用前后盖盖严，可充氮气保护导弹，前盖内还安装了磁性环，用于不加电情况下锁定位标器陀螺，以避免在筒弹运动过程中打壁。在作战时将前后盖取下。

为了防止雨天作战雨水流入筒内，在发射筒前段设置了密封环，如图 7-138 所示。

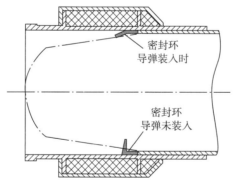

图 7-138　密封环

导弹装入发射筒后用固弹机构定位，通过脱落插头完成筒弹间的电气连接。固弹机构和脱落插头安装在壳体组件内，结构如图 7-139 所示。

发动机点火线通过筒体后部的接线盒接入筒上电缆网。

导弹发射时，射手扣动扳机，此时扳机拨杆推动推杆组件，使挡弹销的一部分退出发射筒内腔，此时导弹只能向前运动，不能后退。发射发动机点火工作后，导弹向前运动，通过斜面下压挡弹销，同时脱落插头与导弹上的插座分离，筒弹约束解除。上述过程如图 7-140 所示。

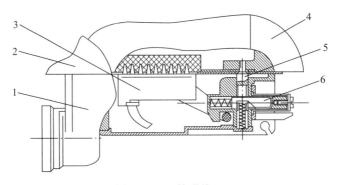

图 7-139 筒弹接口

1—壳体组件；2—筒体；3—脱落插头；4—导弹；5—挡弹销（固弹机构）；6—推杆组件

发射前情况　　　　　　　　　推杆退出挡弹销　　　　　　　　　导弹压下挡弹销

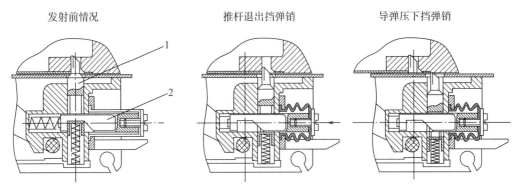

图 7-140 挡弹销退出过程

1—挡弹销（固弹机构）；2—推杆组件

7.9.3 发射筒的指标要求

发射筒的设计指标和导弹密切相关，同时发射筒又是连接导弹和武器系统的纽带，在设计时要通盘考虑各个方面的需求，指标要求也要充分考虑各个方面的综合需要。

发射筒的主要技术指标有：

（1）筒体尺寸

筒体尺寸主要包括发射筒筒体的内、外径、长度等，对于采用螺旋导轨发射的发射筒，还需要明确螺旋导轨的相应尺寸（螺距、长度、截面尺寸等）。

发射筒内径设计与导弹的最大直径相匹配，在考虑加工工艺、变形等影响后公差应尽量小些，以减小弹体在发射筒内的晃动。

发射筒前端面位置的设置应考虑红外导引头开锁后加前置量情况下对红外能量的遮挡情况，尽量减小对导引头工作的影响。

（2）与导弹的机械接口、电气接口、气路接口

明确与导弹的机械接口形式、位置、尺寸，分离方式和分离力、分离程序、紧固力的要求等，明确配合面尺寸和精度要求。

明确电气接口形式、位置、尺寸，分离方式和分离力、接插件选型（或设计要求）、

电路节点定义、电气特性等。

明确气路接口形式、位置、尺寸，分离方式和分离力，必要时可规定管路直径等具体要求。

（3）与地面设备的机械接口、电气接口、气路接口

便携式防空导弹发射筒主要规定发射筒上安装的设备相应机械、电气、气路等接口的要求，包括形式、位置、尺寸、配合精度、电路节点、装卸要求等。

（4）口盖要求

对前、后盖以及其他工艺口盖的要求。

应明确发射前是否需要去除前后盖、去除方式。

前盖是否需设置导引头的磁性锁；如采用透光前盖，应明确红外能量透过率、破碎强度等要求。

前、后盖采用易碎盖时，明确破碎强度；有集装发射需要时，明确外部承压要求。

对于使用中需要经常操作的口盖，明确人机工程要求。

（5）重复使用要求

总体设计有要求时，可以明确发射筒重复使用要求和重复使用的条件。

（6）出筒力要求

指导弹出筒的静摩擦力，为了保证意外条件下导弹在筒内的安全性，出筒力应略大于极限位置条件下的导弹重量沿发射筒轴线方向的分量。

（7）起转要求

筒上设置起转电路的，应明确相应的指标要求。

（8）密封要求

发射筒有气密/水密使用要求时，应明确具体指标。

气密性指标通常采用充压后保压的方式进行检验，具体指标应与筒弹保障维护设计要求相匹配。

水密性要求根据作战、值勤条件下降水条件给出。

（9）人机工程

便携式防空导弹发射筒设计需全面考虑使用的人机工程要求，对发射筒而言主要包括肩扛位置（略靠前于作战装备重心）、背带设置要求、瞄准具位置匹配性、行军转移携带方便性等。

（10）电磁屏蔽要求

为提高导弹抗外界电磁干扰能力，可以在发射筒上采取电磁屏蔽设计措施，需明确电磁屏蔽的频段、衰减系数等相关指标。

（11）其他要求

参见 7.12 节。

7.10　地面能源

地面能源是在导弹发射前进入战斗准备状态时工作的、为弹上设备提供能源的设备。主要包括供电电源、提供制冷的高压气源。

便携式防空导弹单兵携带作战，需要配备独立的一次性使用的地面能源，第一代便携式导弹不需供气制冷，地面能源仅提供电源，均使用热电池，其原理可参考 7.8.1 节，这里不再展开介绍。目前在役的便携式防空导弹需要电源和气源，地面能源为可以同时提供两种能源的组合式产品。部分便携式导弹移植为车载、机载或架射，此时电源也改由地面发控设备提供，气源改为可反复使用的高压气瓶。

近程末端防空导弹由发射架发射，电源由发控设备提供；如需供气时，在发射筒上配置一次性气瓶，考虑到作战过程可能的反复性，一般配置 2 个或以上的气瓶。

7.10.1　电、气组合式地面能源

便携式防空导弹的红外导引头采用节流制冷探测器，且有发射前截获要求时，地面能源必须具备既供气又供电的能力，同时从便于作战使用角度考虑两者应当组合在一个部件上，这就提出了研制组合式地面能源的要求。

组合式地面能源将气源和电源组合为一体，其中电源、气源的工作原理在 7.8 节已有介绍，这里不再展开。

本节以一种组合地面能源的实例介绍其构成和具体设计特点。

该地面能源构成如图 7-141 所示。

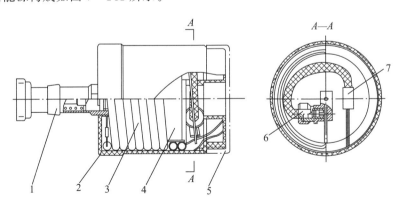

图 7-141　气电组合地面能源

1—弹簧撞击机构；2—壳体；3—贮气瓶；4—热电池；5—护盖；6—电爆阀；7—滤波器

地面能源的热电池周围被气源的螺旋管状贮气瓶环绕，制冷介质通过贮气瓶端的细管进入电爆阀。电源和气源安装在同一保护壳内，通过统一的接口输出。电源使用弹簧击针式激活系统，热电池激活后的电源通过滤波器滤除高频感应电压后激活气源的电爆阀，从而激活气源。

地面能源激活过程如图 7 - 142 所示。

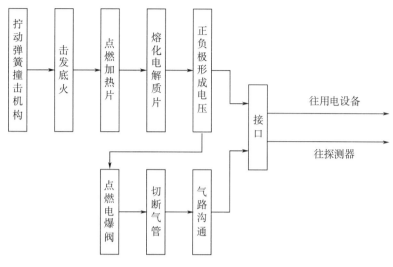

图 7 - 142　地面能源激活过程

7.10.2　地面气源

单独的地面气源有以下两种形式，独立供气和集中供气。独立供气是指一个地面气源只对一发导弹供气，集中供气是一个地面气源可以同时或者不同时对多发导弹进行供气。

7.10.2.1　独立供气地面气源

独立供气方式的优点是气路构成简单，尺寸重量小，可靠性高，免维护，可长期贮存，工作性能一致性好，有利于实现快速制冷。缺点是使用成本较高，重复使用受限，需要重复使用时须配置多个气瓶。

独立供气地面气源的设计与制冷用弹上气瓶基本相同，可参见 7.8.2 节。

7.10.2.2　集中供气地面气源

集中供气的优缺点与独立供气正好相反，主要优点是可以多次重复使用，成本低，缺点是制冷时间随压力降低而延长，系统构成复杂，需要配置充气设备。其应用范围受限，多应用于多联装的车载、舰载或者机载导弹。

集中供气地面气源通常由大气瓶、气路、阀门等组成，大气瓶采用金属或复合材料缠绕结构，气瓶上安装有供气用的电磁阀、安全阀和充气用的充气阀。如对供气压力一致性有要求时，可以在气路中增加减压阀。

金属制气瓶的材料可以选择高强度钢或者钛合金；复合材料缠绕气瓶多采用金属（铝合金、钛合金等）内衬，使用高强度玻璃纤维、碳纤维或者芳纶纤维等材料进行缠绕，其重量比钢制气瓶要轻 20% ~ 50%，且有"爆破前先泄漏"的失效模式，安全性进一步提高，因而应用日渐广泛。

7.10.3　地面能源的指标要求

7.10.3.1　电源指标要求

（1）输出电源特性

通常规定的指标有：

1）电池工作的标称电压和容差范围，地面电源供电电压通常和弹上电池供电电压一致。

2）工作负载特性，如满载电流、轻载电流，以及标准工作条件下的电流变化特性等，这是电池电压特性的考核条件。

3）其他指标，可以视情提出要求，例如纹波特性等。

（2）激活方式和时间

激活方式：有电激活、机械激活、电磁感应等多种方式，从激活信号来源区分有外部激活和内部激活两种。对于外部激活，应明确激活信号的形式和量值，并确定接口要求。

激活时间：是指电池从激活到上升到额定电压下限所需要的时间，与系统的发射准备时间相关，本类导弹一般要求在 $0.5\sim1$ s。

（3）工作时间

工作时间是指在规定的负载条件和电池工作电压范围内，热电池能够正常放电所持续的时间，地面电源的供电时间需综合考虑实际作战情况和电池重量等方面的限制确定，一般在 $30\sim60$ s 之间。该指标同时应当与地面气源的工作时间相匹配。

（4）其他要求

参见 7.12 节。

7.10.3.2　气源指标要求

（1）气体介质及其洁净度要求

如前文所述，介质用于制冷时，一般选择氩气，但如果是反复使用的气瓶，为了便于保障，也可以选用氮气。介质的洁净度要求：水蒸气含量低于 1 ppm，二氧化碳含量低于 3 ppm，固体颗粒尺寸不大于 5 μm，也可按标准相当的国标要求选用气体。

（2）充气压强

制冷气瓶的充气压强和制冷效率相关，氩气和氮气的制冷效率如图 7 - 22 所示，可见氩气和氮气都存在一个临界压强，超过这一压强后制冷效率反而会下降。因此氩气的充气压强一般规定在 $42\sim44$ MPa，氮气的压强一般规定在 $35\sim38$ MPa。如果被制冷的探测器冷容量较大（例如红外凝视成像探测器），也可以考虑进一步提高充气压强，因为气瓶一旦启动，初始气压下降很快，提高充气压强后可以保证在制冷几秒后压力仍然维持在临界压强附近。

（3）气瓶容积

气瓶容积取决于地面能源工作时间（即电池工作时间）、制冷器的耗气量、续冷最低压强、初始充气压强。

续冷最低压强的含义是在低于这一压力后，制冷温度不能保证预期，探测器灵敏度下降甚至无法工作，一般在 10～12 MPa；制冷器的耗气量与压强成正比关系，与制冷器的结构形式和参数有关。上述参数确定后，就可以计算得到气瓶所需要的容积。

（4）激活要求

规定激活电流（安全电流和发火电流）和激活回路电阻，必要时可规定激活时间。

（5）其他要求

泄漏率，一般以贮存一段时间后气瓶重量变化不大于某一值来规定。

安全性要求中，气瓶作为高压容器应规定破坏时只能撕裂，不得产生碎片。

其他通用性能指标参见 7.12 节。

7.11　发射机构

发射机构是便携式防空导弹特有的装备，是武器系统的重要组成部分，可重复使用，和筒弹成一定比例配置给部队（一般是 1∶2 或 1∶3 关系，由用户方根据需要采购）。发射机构平时单独存放、携带，战斗值勤时通过机械和电气接口与筒弹对接。

发射机构在作战时按照射手的操作，执行既定的发射程序，控制武器系统工作，把导弹适时、可靠地发射出去。

7.11.1　发射机构的组成与功能

发射机构有结构体和电子线路两个部分。发射机构的结构设计应轻巧牢固，与系统对接方便迅速，操作使用简单可靠并考虑人机工程的要求，应具有良好的工艺性和经济性，适合批量生产。

发射机构实际上是一个集成一体缩小化的发控设备，其主要功能有：

1）向武器系统相关需要用电的设备（如敌我识别器、发动机等）供电。

2）与发射筒上起转组件一起执行陀螺起转任务。

3）接收并判别导引头给出的目标信息信号，根据信号情况发出不同的声、光组合信号，提示射手系统可作战情况。

4）根据射手判读，给导弹装订相关信息，如目标类型、迎攻尾追情况等。

5）按照射手的意图和选定的作战流程，执行发射流程，包括开锁、导引头截获情况判断、允许发射信号送出等。

6）符合发射条件，射手下达发射指令时，执行发射流程，包括激活弹上能源，进行弹上、地面能源转换，解除导弹约束，发动机点火等。

随着技术发展，发射机构的功能也在不断扩展，今后发射机构的发展趋势是成为地面信息判断、决策和指令执行中心，除了上述基本功能外，通过增加计算机和集成观瞄显示设备，将具备以下功能：

1）增加无线通信模块，实现组网作战，收集空情网提供的目标信息和上级指挥机构的作战指示信息，引导射手发现目标，执行作战任务。

2）可实现对连接设备的控制和信息集成综合，例如可控制敌我识别装置工作进行敌我识别，并根据敌我识别器反馈信号自动调整发射程序；可连接光学、红外瞄准具，对于瞄准具的测量信号进行采集计算等。

3）综合各方信息，完成信息融合，实现对目标更多信息（如距离、方位、速度等）的判读、计算和向导弹装订，自动计算前置量并在显示设备上显示指向，使导弹实现自适应作战，提高作战效能。

下面结合箭-2M导弹发射机构，介绍其基本功能和设计思路。

箭-2M导弹发射机构如图7-143所示，具有枪托外形，由热固性塑料材料塑压成型，在受力较大部位和经常拆卸部位设置钢制嵌件。壳体后部为贴有橡胶片的肩托，前部为枪把式手柄，便于射手持握和肩扛发射。

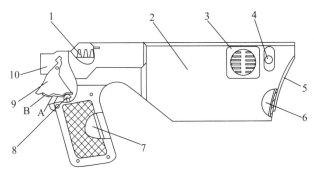

图7-143　箭-2M导弹发射机构

1—连接插头；2—壳体；3—喇叭；4—后支钩销；5—橡胶板；6—电子线路；
7—行程开关；8—顶杆；9—扳机；10—前支承轴

发射机构通过前支承轴和后支钩锁与发射筒实现机械连接，通过连接插头实现电气连接。

手柄内安装了行程开关，壳体空腔内安装电子线路，左侧靠近肩托处为产生声音信号的喇叭，手柄上方为带拨杆的两挡式扳机，扳机和手柄间是与行程开关连接的顶杆。

电子线路包括陀螺起转电路、信息分析电路、延迟执行电路和行程开关。

陀螺起转电路包括角位置传感器电路、矩形波发生器、频率继电器等。

信息分析电路由音响、信息分析、逻辑开关等电路构成。

延迟执行电路分两级，每级有各自的电路和继电器。

射手确定对目标射击时，激活地面能源向武器系统供电，角位置传感器电路根据发射筒上角位置传感器提供的信号，控制矩形波发生器产生并输出起转电流，使导引头陀螺起转。当转速达到规定值时，频率继电器发出信号，陀螺进入稳速运动，导引头开始搜索目标，捕获后向发射机构输出反映目标信息强度和视线角速度大小的信号。

作战时，有手动发射和自动发射两种方式可选。

手动发射时，导引头捕获到目标后，音响电路使喇叭发出特定声音。当目标信号强度符合导引头能够正常跟踪条件（信噪比大于 2），产生光信号使瞄准具上的指示灯亮，此时射手可扳动扳机到第一挡，扳机 A 面推动顶杆把行程开关压到中间位置，使导引头开锁并转入自动跟踪状态；经 0.5 s 后再将扳机扳动到第二挡，扳机 B 面将行程开关压缩到底，发出激活弹上能源信号，同时启动延迟执行电路。

自动发射时，只要目标进入可发射区，射手可将扳机直接扳到第二挡，当目标信号强度满足导引头正常跟踪要求，在产生声、光信号的同时，导引头自动开锁，信息分析电路对目标视线角速度范围进行计量，如符合自动发射要求 $[1.5 \sim 9.5 (°)/s]$，即通过逻辑开关电路发出激活弹上能源信号指令并启动延迟执行电路；如果不满足自动发射条件，程序自动终止，光信号闪烁，提醒射手改用手动模式或者终止战斗。

延迟执行电路启动后，第一级工作，经 0.6 s 弹上能源正常完成启动并转入工作状态后，通过继电器完成地面、弹上电源转换，然后第二级工作，经 0.16 s 电源转换完成并稳定后，通过继电器向发射发动机发出点火信号，导弹发射。

对于便携式防空导弹武器系统而言，整个系统的发射工作流程基本上都是由发射机构实现的，发射机构的工作程序是整个武器系统工作程序的主体。在发射机构设计时，需根据系统工作流程确定发射机构的工作程序，并以此作为发射机构的主要设计依据之一。

图 7 - 144 列出了一种典型的便携式防空导弹发射机构工作程序。

7.11.2　发射机构指标要求

发射机构的设计指标要求主要包括以下方面的内容。

（1）确定的工作模式和发射程序

便携式防空导弹武器系统在方案论证时需确定发射机构的工作模式，如选择单模式还是区分手动、自动模式。手动模式在导引头捕获后由射手操作进行导引头开锁、人工加前置量、射手操作导弹发射的程序。自动模式由射手操作发出发射指令后，导弹自动完成捕获、开锁、发射的程序。

通常手动发射是必需的程序，自动发射可以缩短反应时间，但有可能引起误截获发射。

在确定工作模式后，应进一步细化各种模式下的工作程序和时序，并给定相应的程序转换判据条件。

（2）供电要求

明确发射机构的供电品种和参数，包括电压、耗电量、电流等，以及需要发射机构进行转换的输出电源指标要求。

（3）输入信息

规定发射机构工作所需要的输入信息种类、信息具体要求和信号特征。

发射机构常用的信息主要来自导引头，包括截获信号、视线角速度信号、电锁和开锁信号等。

除此以外，输入发射机构的信号还包括：发射筒起转组件给出的反应位标器陀螺位置和转速的信息；其他需要发射机构进行监控的判断是否允许发射的信息，如弹上电源激活

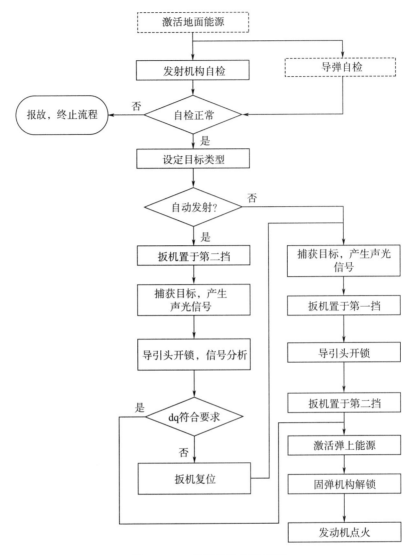

图 7 - 144　发射机构工作流程

信号等；安装敌我识别器后的目标为友机有应答信号时的信息等；进行联网作战时，上级指挥机构下发的作战指令、目标指示指令等。

（4）输出信息和指令

规定发射机构工作时输出的信息种类、信息具体要求和信号特征。主要有：

1）给导引头下达的指令，包括开锁、电锁指令；

2）导弹需要装订的目标特征信号，例如大小目标、高速低速目标、迎攻尾追目标等，如采用拨开关式装订，则分类应尽量简化；

3）各种条件下的对应声、光信号；

4）发射导弹的系列动作指令，例如激活弹上能源指令、地面弹上能源转换指令、解除导弹发射筒间约束指令，发射发动机点火指令等；

　　5）采用计算机可编程技术时，给导弹装订的相关发射参数；

　　6）进行联网作战时，反馈的本作战单元指令等。

　　（5）其他要求

　　重量、尺寸要求，应尽量满足便于随身携带的要求。

　　外形、接口设计，满足可以快速装卸、使用顺手、造型美观等要求，人体操作部位应考虑人机工程的需求，手柄可参考手枪握把进行设计，裸露的电气接口应设置防尘、防水的护盖。

　　其他常规性能指标参见 7.12 节。

7.12　分系统设计要求的分解确定和通用设计要求

7.12.1　分系统设计要求的分解确定

　　确定分系统产品的具体设计要求，特别是分解确定分系统的战术技术指标，是总体设计一个十分重要的技术内容。

　　导弹所属各分系统的技术要求和指标的确定，是一个复杂的系统分析和综合过程，其基本方法是根据总体战技指标要求（参见第 2 章）自顶而下逐级分解，并综合考虑各分系统研制的技术可能性和难度，进行系统权衡和协调。通过研制各阶段产品实物具体实现情况，对技术指标进行重新汇总并分析系统满足研制总要求的情况，从而完成一轮指标优化和迭代。

　　在整个型号研制过程中，指标的分解和优化的迭代过程往往要经过多次循环，最终达到统一。

　　确定分系统设计要求和指标时应考虑以下原则。

　　（1）指标的完整性

　　设计指标应当是完整的，满足对分系统产品性能考核的各个方面，不能有漏项。指标的完整性检查一是看是否对应和分解了研制总要求的规定以及上一级任务书所提出的相关指标要求；二是看是否和同类产品的指标体系相对应；三是看本型号的特殊要求是否在指标体系中得到反映；四是分析其下一级产品的指标传递分解要求是否已体现。

　　（2）指标的正确性

　　设计指标正确与否，在初期确定时应经过理论仿真或同类型号类比进行验证，随着研制过程深入和产品实物的研制，应通过实物样机的测试、外场试验、半实物仿真试验和飞行试验进一步验证。

　　（3）指标的合理性

　　技术指标的合理性是指技术指标应综合考虑先进性、可行性、经济性、可生产性等各个环节的需要而力求实现最优。一方面，指标应保留合理的设计裕度；另一方面，系统总体性能的实现不能完全依靠单一分系统的高水平和指标先进性，还应考虑系统方案的综合优化、力求各分系统性能能够充分发挥，以及各分系统指标分配的合理性和最优化。这方面可以使用的工具是总体多学科优化。

（4）指标的协调性

指标的协调性包括三个方面内容：

第一方面，分系统与总体之间的相关联指标应当是协调的；

第二方面，相关分系统产品之间的各项关联指标应当是协调的；

第三方面，单一分系统产品的各项指标之间应当是相互协调的。

（5）指标的可检性

指标的可检性是指所有提出的指标都应当是可检验的，可以通过测量测试、试验、仿真、理论计算等方法进行验证，而且应尽量能够通过对实物产品检验的方式进行验证。

作为导弹武器系统的组成分系统，有很多设计指标和设计要求具备通用性，各分系统在确定设计要求时根据自身的特点对照选用。

7.12.2 常规设计要求

7.12.2.1 重量重心要求

重量要求，单位通常为 kg 或 g，由上而下逐级分解确定。舱段级产品应明确重量的名义值和公差范围；重量很小的零部件级产品视情可只规定重量上限。

重心要求，单位为 m 或者 mm，弹上舱段通常只规定轴向重心位置，并应规定基准点（通常为舱段前端面，难以准确测量或定位时，可规定某基准面或者后端面作为基准点）；有特殊需要时可以规定横向重心位置（以弹轴原点为基准点）。重量很小的零部件级产品在对上一级产品指标无明显影响的情况下，可不规定重心。

7.12.2.2 外形尺寸要求

视需要以图示或文字方式规定产品的外形尺寸要求，包括最大外廓尺寸限制、典型特征尺寸等。对外形尺寸、形位公差等有细节要求时，应以图示方式详细规定。

7.12.2.3 接口要求

产品的对外接口要求，可能包括的种类有：机械接口、电气接口、射频接口、气路/油路接口、光路接口等，最常见的是前两者。

（1）机械接口

明确与其他舱段、连接部件的对接形式、对接尺寸、形位公差要求等。通常应配以图示规定。

（2）电气接口

明确产品对外的电气连接方式、接插件选型、节点定义、电气特性规定等。

（3）射频接口

明确工作频段、射频具体参数特性等。

（4）气路、油路接口

明确工作压力、机械接口、滤网设置等要求。

7.12.2.4　电气要求

主要包括供电、接地等要求。

（1）供电要求

1）明确电源种类，直流或者交流供电；

2）明确供电形式，一次电源或者二次电源；

3）明确电源指标，包括电压及公差范围、电流特性、功耗、纹波特性等。

（2）接地要求

明确接地的具体规定，浮地、接壳体地、独立地线等。

7.12.2.5　通信要求

主要包括通信总线类型、通信模式及通信速率、数据更新率等参数，并明确具体的通信协议。

7.12.2.6　工作模式和流程要求

确定分系统的工作模式，例如作战模式、维护模式等；明确相应工作模式下的工作时序和流程的具体要求。这些要求应与系统工作模式、程序和流程对应一致。

7.12.2.7　结构强度、刚度要求

对于弹上承载设备、舱段，提供其最大受载荷情况，明确在受载荷条件下的结构强度应满足要求，应规定安全系数要求。

有特殊需要时，可明确相应刚度要求。

7.12.2.8　热设计要求

对于弹上处于热工作环境的设备，应规定热设计要求。常见的热工作环境如气动加热（主要是头部舱段和设备）、发动机、燃气发生器的燃气流和传热、热电池工作的传热等。

7.12.2.9　其他要求

互换性要求：在不特别明确的情况下，默认产品之间应满足完全互换的要求，如允许选配则应单独明确。

人机工程要求：对于与人员操作直接相关的分系统、单机，应明确人机工程要求。

7.12.3　三化七性要求

7.12.3.1　三化要求

三化要求包括通用化、系列化、组合化。三化要求一般是定性规定，必要时可明确定量要求。

7.12.3.2　七性要求

（1）可靠性

可靠性包括基本可靠性和任务可靠性两类。分系统可靠性指标根据总体可靠性指标进行可靠性分配得到。电子舱段和电子设备通常规定基本可靠性 MTBF（平均故障间隔时

间）指标（目标值和最低可接受值），必要时规定任务可靠性 MTBCF（平均严重故障间隔时间）指标。弹上非电子设备规定飞行可靠度要求。

筒弹产品根据需要还应分配规定寿命期内贮存可靠度要求。

（2）安全性

根据系统安全性要求进行分解。

弹上火工品舱段根据自身特点规定相应的细化安全性指标要求，可参见各分系统相关章节内容。弹上其他常规舱段和设备通常只规定安全性的通用要求，有特殊安全性要求的，按相关标准执行。

（3）维修性

根据系统维修性要求进行分解。

目前大多数筒弹执行两级维修体制，对弹上舱段和设备一般只规定通用的维修性要求，不规定维修性量化指标。

（4）保障性

根据系统保障性要求进行分解。导弹要求免维护设计时，弹上舱段和设备一般只规定通用的保障性要求。有维护要求时，根据总体维护保障方案进行分解。

（5）测试性

根据系统测试性要求进行分解。

对弹上舱段和设备一般只规定通用的测试性要求，不规定测试性量化指标。

（6）环境适应性

根据系统环境适应性要求进行分解。

规定产品需进行的环境试验项目和条件。

根据系统环境应力筛选要求，分解规定电子产品需进行的环境应力筛选试验项目和条件。

（7）电磁兼容性

仅对电子设备和舱段、电点火器提出电磁兼容性设计要求。具体指标要求根据系统总体指标和试验要求进行分解，或者按照相应的标准执行。

7.12.4　寿命要求

主要包括贮存寿命和使用寿命两类。

弹上设备的贮存寿命根据全弹贮存寿命确定，在其基础上增加适当的产品周转时间。

电子设备需规定使用寿命，通常规定累计加电时间或者加电次数，必要时可规定单次加电最长时间和加电间隔时间，具体指标根据实际可能的使用情况并考虑产品的特性确定。

反复操作的机械设备（例如弹簧折叠机构）视情可规定使用寿命，通常规定反复使用的次数，具体指标根据实际可能的使用情况确定。

7.12.5　使用要求

常见的使用要求包括以下几项：

（1）涂漆、标志、铭牌要求

规定产品交付时的涂漆、标志、铭牌等要求，筒弹和弹上设备的喷漆要求和标志要求由导弹总体统一设计规定后分解执行。

（2）包装要求

规定产品交付时的包装要求，一般弹上设备、舱段应采用包装箱包装后转运，包装箱设计应具有隔振能力，并配置防潮砂或者采用密封袋密封包装。

（3）贮存要求

规定产品贮存的库房条件，叠放要求等。

（4）运输要求

规定运输方式、车辆要求、运输里程等。

7.12.6　管理类要求

管理类要求是根据承研单位的具体管理规定、国军标、行业标准规定等需要提出相关要求，一般包括：质量管理要求；标准化要求；验收要求；软件管理要求；元器件、原材料、标准件要求；经济性或价格要求；提供的文件资料要求等。

第 8 章　研制相关试验

防空导弹的研制是一个十分复杂的系统工程，涉及的因素和环节很多，在整个研制周期内，必须进行一系列试验，才能实现对武器系统设计成果的全面检验和验证，最终提供满足用户使用要求的装备。本章将结合旋转防空导弹的特点，对型号研制过程按程序开展的相关工作安排，以及大型试验的要求和内容进行介绍。

8.1　地面试验

地面试验是在实验室、试验站和外场地面所进行的各种试验，防空导弹在研制过程中离不开地面试验，防空导弹武器系统及各级分系统的大部分战技指标也需要通过地面试验的方法来加以验证。

旋转弹的地面试验项目与其他类型防空导弹基本相同，但也有自身的特点，本节将围绕旋转弹研制所需的主要地面试验进行论述，涉及制导控制、引战、电气、结构等的分系统试验项目，已在前文介绍，这里就不再展开。

8.1.1　环境试验

战术导弹武器在各种场合和条件下都可能面临复杂严酷的环境条件影响，因此需要进行相应的试验对产品的耐受能力进行检验。环境试验的具体项目和条件，应当在立项研制初期就根据用户方的要求和相应的国军标规定加以明确，并在研制过程中视情加以完善。

环境试验可以分为自然环境试验、力学环境试验和电磁环境试验三大类。

8.1.1.1　自然环境试验

自然环境试验主要检验导弹和弹上产品对自然环境的耐受能力，我国幅员辽阔，领土范围内各种气象条件差异巨大，因此也给装备的自然环境适应能力提出了很高要求。

本类防空导弹常见的自然环境试验项目包括：

①高低温试验

含高温贮存和高温工作试验，低温贮存和低温工作试验，考核产品对高温、低温环境的耐受能力。试验的具体温度要求由用户方根据实际使用环境提出，试验在高低温箱内进行，实施方法按 GJB 150A.3—2009《军用装备实验室环境试验方法 第 3 部分：高温试验》和 GJB 150A.4—2009《军用装备实验室环境试验方法 第 4 部分：低温试验》的规定进行。

②湿热试验

考核产品对高温高湿环境条件的耐受能力，海军装备均需进行该试验。试验通常进行 10 个循环，每个循环 24 小时，湿度达到 95%，温度为 30 ℃～60 ℃。试验在湿热试验箱内进行，实施方法按 GJB 150A. 9—2009《军用装备实验室环境试验方法 第 9 部分：湿热试验》。

③低气压试验

考核产品在低气压环境下的耐受能力，主要是综合考虑射击空域高界、高原使用、空运、飞机挂载使用等的使用条件，本类导弹有空运要求时进行本试验，通常进行 10 000 m 高度对应的低气压试验。试验在低气压试验箱内进行，实施方法按 GJB 150A. 2—2009《军用装备实验室环境试验方法 第 2 部分：低气压（高度）试验》。

④淋雨试验

考核产品在降雨条件下的耐受能力，具体淋雨量级根据实际使用的环境确定，本类导弹发射筒均为密封设计，因而采用筒弹方式进行试验；本类导弹弹上产品在飞行时暴露在雨中的时间很短，高速飞行的工况与实验室条件差异也很大，因此弹上产品不进行淋雨试验。试验在实验室内通过淋雨设备进行，实施方法按 GJB 150A. 8—2009《军用装备实验室环境试验方法 第 8 部分：淋雨试验》。

⑤太阳辐射试验

考核产品在长期太阳辐射条件下对其热效应和光化学效应（尤其是紫外线）的耐受能力，该试验只针对使用时长时间暴露在外的产品进行，例如发射筒等，可选择典型材料和典型表面涂覆进行。如同类产品已通过试验考核的，可以不再进行该试验。太阳辐射试验可在实际环境中进行，也可在实验室通过太阳辐射灯照射进行，实施方法按 GJB 150A. 7—2009《军用装备实验室环境试验方法 第 7 部分：太阳辐射试验》。

⑥砂尘试验

考核产品在沙漠、戈壁等干热使用环境下对风砂扬尘的耐受能力，海军装备不进行该项试验，本类导弹都采用密封发射筒设计，一般情况下也可不进行该项试验，或者使用发射筒进行该项试验。试验在砂尘试验箱进行，实施方法按 GJB 150A. 12—2009《军用装备实验室环境试验方法 第 12 部分：砂尘试验》。

⑦盐雾、霉菌试验

考核产品在贮存使用过程中是否会受盐雾、霉菌条件影响而产生腐蚀、霉变，海军装备均需进行盐雾、霉菌试验。通常金属材料容易受盐雾影响，非金属材料容易受霉菌影响。这两项试验都是选择产品中容易受影响的材料加工成为典型试件后在盐雾试验箱、霉菌试验箱内进行，如果该材料以往已通过同类试验考核，可不再进行。实施方法按 GJB 150A. 10—2009《军用装备实验室环境试验方法 第 10 部分：霉菌试验》和 GJB 150A. 11—2009《军用装备实验室环境试验方法 第 11 部分：盐雾试验》。

8. 1. 1. 2　力学环境试验

力学环境试验考核导弹及弹上产品在发射、飞行、运输、转运过程中经受各种力学环境影响的能力。

导弹常见的力学环境试验项目包括：

①振动试验

导弹需进行的振动试验为飞行振动试验，主要考核导弹和弹上设备在飞行条件下对弹上振动环境的适应性。振动试验通过振动试验台进行，一般都进行随机振动，本类导弹的振动试验量级（功率谱密度）一般取 $0.04\ g^2/\text{Hz}$，弹体一二阶谐振频率处可加大到 $0.06\ g^2/\text{Hz}$。实施方法按 GJB 150A.10—2009《军用装备实验室环境试验方法 第 16 部分：振动试验》

舰空导弹还需进行舰船振动试验，考核筒弹及弹上设备在舰面值班时对舰艇振动环境的耐受能力。该试验是一种频率低于 60 Hz 的长时间振动耐久试验，具体要求见 GJB 1060.1《舰船环境条件要求 机械环境》。

②冲击试验

导弹需进行的冲击试验为发射冲击试验，考核发动机点火瞬间推力冲击激励环境下，弹上设备的耐受能力。冲击的量级根据发动机点火瞬间最大峰值推力确定，便携式防空导弹的冲击量级根据发射发动机的最大峰值推力确定。发射冲击试验施加冲击方向为弹轴正 X 方向，在冲击试验台上进行。实施方法按 GJB 150A.18—2009《军用装备实验室环境试验方法 第 18 部分：冲击试验》。

舰空导弹还需进行舰船冲击试验，考核筒弹和弹上设备在舰上相关系统激励条件下（如舰炮射击），对冲击环境的适应能力。试验在冲击试验台上进行，具体要求见 GJB 4.9《舰船电子设备环境试验 冲击试验》和 GJB 150A.18—2009《军用装备实验室环境试验方法 第 18 部分：冲击试验》。

③加速度试验

考核弹上设备在飞行过程中承受加速度的能力，加速度量级根据导弹在飞行过程中可出现的最大过载确定。加速度试验在离心机上进行，实施方法按 GJB 150A.15—2009《军用装备实验室环境试验方法 第 15 部分：加速度试验》。

④颠振试验

舰空导弹需进行颠振试验，试验模拟由海浪引起的能量激励，考核筒弹和弹上设备对此的耐受能力。试验在振动试验台上进行，具体要求见 GJB 1060.1—91《舰船环境条件要求 机械环境》。

8.1.1.3　电磁环境试验

现代防空导弹武器系统的工作环境中，电磁环境越来越复杂，对导弹工作的影响也越来越大，因此导弹的电磁兼容性受到了更多的关注，对导弹进行电磁兼容考核的要求也在不断提高和深化，目前各种防空导弹都需进行电磁环境试验。

导弹需进行的电磁环境试验有两类，一类是在实验室进行的电磁兼容性试验，另一类是在系统实际电磁环境下进行的系统性电磁环境试验。

①电磁兼容性试验

实验室进行的电磁兼容性试验是按 GJB 151A—97《军用设备和分系统电磁发射和敏感度要求》规定的考核科目、按 GJB 152A—97《军用设备和分系统电磁发射和敏感度测量》规定的试验方法进行的对筒弹及弹上电气设备进行电磁兼容性考核的试验。参试产品为筒弹、导弹和弹上电气设备。目前最新标准已统一更新为 GJB 151B—2013《军用设备和分系统电磁发射和敏感度要求与测量》。

GJB 151B—2013 规定的电磁兼容试验考核科目有 21 项，防空导弹共同适用的项目如表 8 - 1 所示。其他项目是否选用要根据导弹武器系统的实际装载条件和作战环境确定，例如舰空导弹和地空导弹的项目就有很大不同。此外，便携式防空导弹由于自成系统、单兵作战，其电磁兼容试验项目还可以在此基础上进一步简化。

表 8 - 1 电磁兼容性试验项目及试验顺序

序号	项目	名 称
1	CE102	10 kHz～10 MHz 电源线传导发射
2	CS101	25 Hz～50 kHz 电源线传导敏感度
3	CS114	10 kHz～400 MHz 电缆束注入传导敏感度
4	CS116	10 kHz～100 MHz 电缆和电源线阻尼正弦瞬变传导敏感度
5	RE102	10 kHz～18 GHz 电场辐射发射
6	RS103	10 kHz～18 GHz 电场辐射敏感度

②系统电磁兼容试验

除实验室电磁兼容性试验外，舰空导弹通常需要参加全舰的系统电磁兼容试验。

现代舰艇是一个多类电子设备集中装载的载体，舰上电磁环境异常复杂，存在着十分复杂的全舰电磁兼容问题，通常会由舰总体组织舰上各分系统开展全舰系统电磁兼容试验。本类导弹采用的是全被动制导体制，原则上导弹工作不会对其他设备造成电磁干扰，但其他设备的电磁辐射有可能对导弹工作造成影响，因此，在试验前，应了解舰面相关设备特别是雷达等强电磁辐射设备的工作特性，有针对性地分析自身的设计状态。在试验过程中，配合系统进行全面的测试，发现自身在电磁兼容方面存在的薄弱环节，并采取必要的改进措施。

8.1.2 发射试验

旋转导弹与其他防空导弹存在的一个很大区别，就是在发射段旋转导弹有一个快速起旋的过程，导弹转速在 0.1～0.2 s 以内从 0 快速上升到 8～20 r/s，同时便携式导弹采用发射发动机，初始轴向过载可超过 70 g，也远高于传统的防空导弹，因此在发射过程中导弹会受到极其复杂的力学环境影响，这种复合受力环境是常规实验室试验难以模拟的，也会给筒弹配合设计带来困难。

为此，在研制之初，旋转弹往往需要开展专项发射试验，以检验弹上设备尤其是导引头在发射过程中的工作性能，以及发射过程的筒弹配合特性，包括固弹机构、脱落插头分离情况，制冷气路的剪切情况，导弹在筒内运动顺畅性，出筒后舵面和尾翼展开的顺畅性等。测量导弹出筒时的速度和转速，确定是否满足设计要求。

发射试验可分两个阶段进行，第一阶段导弹为配重，主要考核出筒段筒弹配合情况，被试产品为真实发射筒、配重筒弹（含真实尾翼和折叠舵面）、发射发动机，筒弹间机械连接与真实产品相同。对于没有发射发动机的采用导轨起旋的近程末端防空导弹，可以研制一个减装药的小发动机（工作时间约 1 s）代替主发动机产生初始推力。试验时导弹使用发射架发射。

试验过程中，可以通过高速摄影结合弹体涂色和搭建网格背景来进行导弹出筒速度、转速测量，并拍摄舵面、尾翼展开过程。

第二阶段为结合导引头发射冲击的综合试验，在第一阶段试验考核目的基础上，弹上安装真实导引头和遥测舱，并安装地面能源，导引头截获目标源后发射，通过遥测记录发射过程导引头的相关数据并分析其工作特性。

如条件具备，两个阶段试验可合并进行。

试验可以设置回收装置回收发射后的筒弹，回收装置可以是沙堆、尼龙网、草堆、纸板箱或者气囊等缓冲物，应事先估算好落点并在落点周围布置。

便携式防空导弹结合发射试验还可以测量发射噪声、压强等参数来评估对射手的影响，可通过布置相应设备进行测量并放置试验动物（如豚鼠）、观察动物在试验前后的生理反应来达到上述目的。

8.1.3　运输试验

运输试验是检验导弹通过公路、铁路、海上和空中运输后的稳定工作能力的试验，试验的具体项目和里程数由用户方根据实际需求在研制总要求中规定。公路运输试验中，对于产品需要随车作战的（例如车载防空导弹），还需要考虑勤务运输工况，即导弹在实装情况下的运输工况。四种运输试验项目中，公路运输的力学环境最为苛刻，可以通过等效的振动试验来模拟。但总的来说常规运输状态导弹承受的力学环境要远优于导弹飞行工况，因而弹上产品适应运输的力学环境在技术上并无困难。

常规运输试验实际上更多地是对导弹勤务保障能力的检验，因为铁路运输、空中运输都有一些特殊的要求需要满足，方可开展运输试验。为了能够开展这两项试验，往往需要根据铁路部门和空军运输部队的相关规定，研制配套的运输设备例如运输架等，对筒弹包装箱也要满足跌落等特殊要求，在按相关规定完成配套设备的研制后，还需会同军事交通运输相关责任单位开展可运输性的分析论证，通过后才能进行相关试验。

这里需要提出的是勤务运输试验工况，特别是野战防空武器，车辆会在较为严酷的路面条件下行驶，其力学环境对筒弹特别是固弹机构、供气机构等连接结构的影响不能忽视。

8.2　飞行试验

在导弹研制过程的各种试验中，飞行试验是最真实的能够全面考核武器系统性能和战术技术指标的试验，可以综合反映产品的质量和工作情况。飞行试验的结果可以用来校核武器系统、导弹和各分系统的数学模型。

但是，飞行试验需要动用的人力、设备量巨大，组织工作复杂，时间过程长，被试产品又是一次性使用，因而耗资巨大，因此在研制流程策划中应尽可能压缩飞行试验数量，统筹飞行试验安排，扩展飞行试验考核范围，贯彻能在地面试验中验证的就不通过飞行试验验证的原则，力求每次试验能够获得更多的数据、解决更多的问题。

随着研制经验和数据的积累、仿真置信度的不断增加、地面试验手段的不断完备，很多飞行试验已可被取代，为减少飞行试验的总次数创造了条件。尤其是贯彻了基本型、系列化研制思路的型号，其改进型号的飞行试验数量可大幅度减少。

旋转防空导弹在研制的不同阶段，飞行试验可分为模型弹飞行试验、独立回路飞行试验和闭合回路飞行试验三大类。

8.2.1　模型弹飞行试验

8.2.1.1　试验目的

模型弹飞行试验是一种初级飞行试验。通过模型弹飞行试验，主要考核动力装置的性能；部分检验导弹的气动外形（主要是阻力特性、转速特性）；视情获取气动加热数据；了解导弹在飞行过程中的稳定性；考核导弹的速度特性和射程范围；检验筒弹之间的结构协调性和发射过程各分系统工作协调性。对于便携式防空导弹，还可测量导弹发射时周围的压力、温度、噪声情况，分析其对射手的影响。

模型弹飞行试验可在模样阶段进行，也可结合独立回路飞行试验一起进行。

模型弹飞行试验要检验的部分项目在地面试验中即可实现，且全部试验目的都可以通过独立回路飞行试验得到考核，因此往往结合独立回路一起进行或者省略。但是考虑到旋转弹转速控制的特殊性，转速偏差太大可能影响控制系统正常工作，因此必要时须在独立回路前安排单独的模型弹飞行试验。

8.2.1.2　试验产品状态

旋转弹的模型弹飞行试验的一个重要目的是测量转速，以确定尾翼安装角设计的正确性。为达到这一目的，可以采取的方法有两种，一种是在弹上安装光电测量装置，利用旋转过程对太阳光的敏感来测量弹旋频率（参见独立回路飞行试验相关内容）；另一种是安装转速传感器进行测量。数据获得方法可通过遥测或者弹载黑匣子。

模型弹飞行试验的被试产品是模型弹及发射筒，其中模型弹具有与真实导弹相同的气动外形，相似的重量、重心特性（导弹本身静稳定裕度较小时，为保证试验安全性，可以通过配重提高模型弹的静稳定裕度）。导弹的舵面固定不动，有供电要求时安装弹上电池，发动机为正式产品，弹上可利用导引头空间安装光电传感器，利用引信、战斗部空间安装遥测舱（或者弹载黑匣子）、GPS 接收设备等测量记录设备，可根据需要安装过载、振动、角速度、温度等传感器测量弹上的力学环境、热环境和动力学特性。发射筒为结构到位的正式产品。

模型弹飞行试验的参试产品一般有地面发射架、点火装置，采用遥测数据录取时配备遥测地面站，以及相关数据测量的传感器、测量设备等。

8.2.1.3　试验数据

模型弹飞行试验必须测量的数据有：外弹道参数，转速变化参数。外弹道参数测量可以通过光测进行，也可以通过在弹上安装 GPS 测量设备测量；转速变化参数通过弹上设备和传感器测量。

可结合模型弹飞行试验测量的数据有：出筒段外弹道参数、弹上力学环境参数、弹上热环境参数（主要是驻点气动加热）、发射时环境影响参数等。出筒段外弹道参数可通过高速摄影测量（模型弹需配合进行标识喷涂）；其他参数通过弹上或者地面传感器、测量设备测量。

通过模型弹飞行试验获得的外弹道数据和弹上传感器数据，可以对导弹的阻力特性、转速特性、出筒低头角速度等相关参数和模型进行校核。

8.2.1.4　试验条件

模型弹采用地面定角定向发射，具体射向和角度根据试验场条件和测量要求决定，采用光电传感器测量转速时，还应考虑气象条件和发射时间段的太阳入射方位。

8.2.2　独立回路弹飞行试验

8.2.2.1　试验目的

独立回路飞行试验按控制回路接入程度的不同可分为独立开回路和独立闭回路两种状态。

独立开回路的稳定控制系统为开环状态，自动驾驶仪的稳定回路不接入进行控制。独立闭回路的控制系统为闭环状态，自动驾驶仪接入稳定回路进行控制。

独立开回路飞行试验主要检验导弹的空气动力特性、弹道特性、过载特性、结构强度、控制特性等是否满足设计要求，检验控制舱等工作性能。独立闭回路在独立开回路基础上检验导弹接入稳定回路后的控制特性。

导弹的设计稳定裕度较低或者有静不稳定工况时，独立开回路弹需要通过配重方式对弹体重心进行调整，满足一定的静稳定裕度要求。

独立回路弹飞行试验在导弹独立回路研制阶段开展。是否进行独立开回路或者独立闭回路试验需要根据导弹的具体情况而定，例如对于无稳定回路的开环控制系统，只进行独立开回路试验；弹体本身具有足够的稳定性，且独立开和闭导弹稳定性一致，对稳定回路设计有把握时，可以只进行独立闭回路飞行试验。

8.2.2.2　试验产品状态

独立回路飞行试验中，导弹发射后由程序指令装置给出控制指令，通过舵机偏打，使导弹按预定的控制规律（或者外弹道规律）飞行。弹上设备工作数据可通过遥测或者弹上黑匣子获取。

独立回路弹飞行试验的被试产品是独立回路弹及发射筒，其中独立回路弹具有与真实导弹相同的气动外形，相同或相近的重量、重心特性（独立开回路弹在导弹本身静稳定裕度较小时或者静不稳定时，可以通过配重提高静稳定裕度）。导弹的控制舱（自动驾驶仪）为正式产品，但不安装正式制冷用气瓶，接入或者不接入稳定回路；发动机为正式产品，弹上可利用引信、战斗部空间安装遥测舱（或者弹载黑匣子）、GPS 接收设备等测量记录设备，通常需要安装过载、振动、角速度等传感器测量弹上的力学环境和动力学特性，可视情安装温度传感器测量热环境。发射筒为结构到位的正式产品。

独立回路弹为了实现按预定控制规律飞行，在导引头部位安装程序指令装置，程序指令装置实现预定控制指令的方式有以下几种：

（1）光电式

光电式程序指令装置是在弹体上安装光敏器件敏感太阳光的照射，弹旋时随着光敏器件向阳、背阳的不断交替变换，光敏器件输出与弹旋同频的方波信号，且相位与太阳位置有固定关系，利用此信号可以解算出弹旋频率，并转换形成导弹控制指令。光电式程序指令舱结构简单、成本低，在旋转弹上应用广泛，主要不足是试验时对天气和时间段有一定的要求。

（2）陀螺式

陀螺式程序指令装置直接利用导引头位标器的陀螺作为空间惯性指向基准，依靠陀螺的定轴性，在发射前控制陀螺向设定方向进动以提供初始相位，利用陀螺测角信号可解算出弹旋，从而形成规定方位、幅度和频率的控制指令，控制导弹飞行。这种程序指令舱直接利用导引头零部件进行简化设计得到，使用时也没有气象条件的限制，但成本略高，长时间和复杂指令工作条件下精度下降。

（3）惯导式

对于新型的采用惯导的旋转导弹，可以直接利用惯导设备解算出需要的控制指令，控制指令形成方便，精度也较高。主要不足是成本较高。

程序指令装置的预定指令以往都是固定于产品内部的，随着数字技术的发展，目前趋向于采用可编程方式，通过装订参数来实现射前调整。

独立回路弹飞行试验的参试产品与模型遥测弹基本相同。

独立回路弹的程序指令设计应考虑以下因素：

（1）指令大小的考虑

独立回路弹的一个重要考核项目是导弹的最大机动能力，因此需要设计大指令考核导弹这一指标的满足情况，同时检验弹体的结构强度是否满足最大过载的要求。通常大指令飞行段出现在发动机工作段结束前，且程序加大指令的时间要足够长，以应保证导弹状态改变的动态过程结束。

为了全面获取导弹的飞行参数，校验弹体数学模型，只进行大指令飞行是不够的，因为导弹进行实际目标拦截时，大部分时间都工作在小指令段，而且小指令对应的小攻角往往是气动参数测量和计算误差都较大的环节，因此应在飞行的各个阶段设计不同的小指令弹道（可以变方向、变幅度甚至可以设计交变指令），为模型校核提供足够的数据。

此外，从获取数据的完整性考虑，还需加入一定的中指令控制段。

目前可编程技术的发展，独立回路弹道设计可以更加多样化，还可以考虑设计模拟闭合回路的飞行弹道进行试验，或者对于边界点进行极限条件的考核。

（2）指令出现时机的考虑

大指令段一般设置在主动段末期，为了考核大过载，在大指令前导弹应无控或者小指令飞行以保持足够的速度。

为考核近界弹道特性，可以在弹道初段进行中指令控制。

为考核远界弹道特性，可以在射程末端进行中、大指令控制。

（3）指令切换的考虑

在指令施加时，是否考虑过渡，应根据弹体本身特性和稳定回路设计参数而定，通常小、中指令可以采用阶跃形式以检验弹体的响应特性，大指令一般应设计过渡段，避免堵塞阻尼回路通道。

8.2.2.3 试验数据

独立回路弹飞行试验必须测量的数据有：外弹道参数、舵控指令、弹旋转速、弹上电源电压等。外弹道参数测量可以通过光测进行，也可以通过在弹上安装 GPS 测量设备测量；转速变化参数通过弹上设备和传感器测量；舵控指令通过程序指令设备输出。

可结合独立回路弹飞行试验测量的数据有：出筒段外弹道参数、弹上力学环境参数、弹上热环境参数（主要是驻点气动加热）、发射时环境影响参数等。出筒段外弹道参数可通过高速摄影测量（独立回路弹需配合进行标识喷涂）；其他参数通过弹上或者地面传感器、测量设备测量。

通过独立回路弹飞行试验获得的外弹道数据和弹上传感器数据，可以对导弹的弹体模型、气动参数、转速特性、出筒低头角速度、模态特性等相关参数和模型进行校核。

8.2.2.4 试验条件

独立回路弹通常采用地面定角定向发射，具体射向和角度根据试验场条件和测量要求决定。采用光电式程序指令装置时，应考虑气象条件和发射时间段的太阳入射方位。

8.2.3 闭合回路弹飞行试验

8.2.3.1 试验目的

闭合回路弹飞行试验是全面考核导弹武器系统作战性能的飞行试验，在导弹的闭合回路研制阶段和武器系统定型研制阶段都需要进行，设计定型试验本质上也是闭合回路弹飞行试验。

闭合回路弹飞行试验通常是全系统性试验，包括导弹在内的整个武器系统都要参加试验并经受考核；特殊情况下武器系统也可不参与试验。

闭合回路弹飞行试验考核的主要项目有：导弹的制导精度、对典型目标的杀伤概率；武器系统作战空域、可靠性、抗干扰能力等。

闭合回路弹有多个品种，能够达到的考核目的也有所差别。

8.2.3.2 试验产品状态

闭合回路飞行试验的被试筒弹产品有以下几种：

（1）闭合回路遥测弹

进行陆上试验时，遥测舱也可以换为弹载黑匣子。闭合回路遥测弹的外形、重量重心等均与战斗弹相同，用遥测舱或者弹载黑匣子替换战斗部（或引战舱）。

遥测参数的选取应综合考虑试验需求和遥测本身的能力合理确定。

闭合回路遥测弹可以考核杀伤效果以外的所有导弹性能，重点是考核制导精度。

（2）战斗遥测弹

战斗遥测弹是在弹上设置小型遥测设备（占用战斗部的部分空间），同时也安装引信和小型战斗部，遥测系统测量制导、引战的最主要参数，可以在获得弹上设备数据的同时，在一定程度上考核引战配合和杀伤效果。

由于便携式防空导弹弹上体积受限，无法同时布置遥测舱和战斗部，因此目前无这一弹种。

（3）战斗弹

战斗弹是导弹产品的最终状态，可以考核导弹的所有战技指标，主要考核的是制导精度、引战配合、杀伤效果。

8.2.3.3　试验数据

闭合回路遥测弹/战斗遥测弹飞行试验所需要获得的数据有：导弹和靶标的外弹道参数、弹目交会参数、弹上设备工作参数（重点是导引头、舵系统、引信的测量参数）。主要通过光测和遥测获取。

战斗弹飞行试验所需要获得的数据有：导弹和靶标外弹道参数、弹目交会参数、目标被毁伤的情况等。主要通过光测和残骸检视获取。

8.2.3.4　试验条件

便携式防空导弹的武器系统参加闭合回路飞行试验一般设置两种工况，一种是全系统实战工况，由射手操作全套武器装备完全按照实战的步骤方法完成对目标的射击；另一种采用专用的试验发射架和发控设备进行试验，可以尽量排除人为操作因素对试验的影响，提高试验评价的准确度，并确保试验实施的安全性。

其他类旋转导弹（如近程末端防空导弹）采用武器系统进行全系统闭合条件下的飞行试验。

闭合回路飞行试验的弹道选择和确定是根据系统战技指标要求和试验考核目的来决定的。

在空域选择上，应考虑在杀伤区全空域内边界点的考核要求，通常设置高远、近界、低界大航路等典型弹道，针对不同的典型目标需求，结合迎攻、尾追、抗干扰的需要，设置合理的参数组合搭配方式。

靶标选择上，应尽量涵盖战技指标规定的典型目标的类型。

试验数量上，研制阶段的飞行试验数量以满足考核基本性能的目标为主确定，适当考核边界点性能，数量不宜过多；设计定型试验的导弹数量选取应能满足对单发杀伤概率进行考核的检验子样数的要求，同时应保证有较低的承制方和使用方风险。

对于便携式防空导弹的考核弹道设计还有一定的特殊性，即该类导弹实际作战对象（飞机）的体积往往远大于常用考核靶标，且出于成本要求不能完全用飞机类靶标来进行实弹射击考核，因此精度的考核和杀伤概率的考核往往是分开的，用对靶弹、小型靶机射击的脱靶量来考核精度，用少量的大型靶机来考核杀伤概率。

8.2.4　靶标

靶标是各种武器系统所要攻击目标的一种动态实物模拟器，用于检验武器系统的战术技术性能。

靶标的选择既要考虑与战技指标规定的典型目标的拟真度，又要综合考虑试验实施的便利性和成本。

随着对导弹武器系统实战化考核要求的不断深化，对靶标的要求也在不断提高，针对新的目标要求研制的新型靶标正不断出现，也进一步提高了对导弹武器系统考核的真实性、全面性。

靶标按运动特性可以分为固定靶和活动靶两大类，固定靶是指位置固定或者移动十分缓慢的靶标，常见的有立靶、气球吊靶、伞靶等，特点是使用方便，成本低。活动靶是以一定速度运动的靶标，可以分为可回收重复使用的靶机、一次性使用的靶弹，以及拖靶、信号弹等。

8.2.4.1　固定靶

（1）立靶

在一定高度上迎着导弹射向架射靶标，靶标一般安装或吊装在两个塔架之间，为了提高放置高度，塔架也可以安放在山头或其他高处。

立靶可以采用平面靶板，中心放置红外源，靶板也可以根据需要模拟的目标情况进行结构设计，必要时可以安装真实结构的目标以考核杀伤效果。

（2）气球吊靶

使用气球下悬挂红外辐射源的气球吊靶也是红外制导导弹常用的一种靶标，气球一般用绳索系留在地面，通过调节绳索长度可以调整目标源高度，最大可达 200 m 以上。为了测量脱靶量，可以在红外源周围安装带网眼的靶球，其半径与导弹制导精度相匹配。网眼尺寸应小于导弹弹径，同时不能遮挡红外源能量。

（3）伞靶

利用火箭或者迫击炮作为动力，把带有红外辐射源和降落伞的靶标发射到预定空域后，降落伞展开携带红外源缓慢降落。

8.2.4.2　靶机

靶机是可以回收后重复使用的一类遥控活动靶标，常用的靶机按机型大小可分为中小型和大型靶机，按飞行速度可分为低速靶机、亚声速靶机和超声速靶机等。靶机是防空导弹最常见的靶标之一。

（1）中小型靶机

中小型靶机重量不超过 500 kg，采用活塞式或者小型喷气式发动机，速度为低速或者亚声速，多采用火箭弹射起飞和降落伞回收，靶机上安装红外源后可以用作本类导弹的靶标，还可以根据需求安装红外干扰设备和脱靶量指示器，是本类导弹最常用的靶标。该类靶机具有适应性强、对发射和回收场地要求低，使用方便等优点。

（2）大型靶机

大型靶机重量大于 500 kg，动力系统一般采用飞机发动机，速度为亚声速或超声速，多采用地面滑车起飞或者直接滑跑起飞，有的大型靶机是退役的作战飞机改装而成。大型靶机上可以挂载多种设备，包括大型干扰机、脱靶量指示器等。

大型靶机在红外特性、飞行参数、几何尺寸、结构形式上都能较好地模拟真实作战目标，对防空导弹的性能考核也较全面，但是对使用场地要求较高，且成本昂贵，在靶试中使用的数量有限。

8.2.4.3　靶弹

靶弹是一次性使用的施放后不回收的一类靶标，通常由火箭弹或者退役的导弹改装而成。靶弹按是否有控制设备可分为无控靶弹和有控靶弹两类，按飞行速度可以分为亚声速靶弹和超声速靶弹两类。

（1）无控靶弹

无控靶弹由火箭弹改装而成，将火箭弹的弹头部位更换为红外源或者其他设备，成本低，使用方便。其飞行轨迹就是一条抛物线的无控弹道，可以通过调整发动机装药和配重在一定范围内调整飞行速度；通过改变射角调整飞行高度和落点。一般选择被动段作为试验拦截段。

（2）有控靶弹

有控靶弹通常由退役的有控火箭弹或者导弹改装而成，保留控制设备，拆除导引头、引信、战斗部等弹上设备，增加遥控设备、GPS 及惯导设备、遥测设备、安全控制设备，以及需要靶标携带的相关设备如干扰设备等。有控靶弹的飞行弹道在发射前可以设定或者地面遥控，并设定飞行安全区域，在飞出安全区域时或者失控时，安全控制设备控制靶弹自毁。

由反舰导弹改装的靶弹可以完全模拟真实目标的所有性能，是近程末端防空导弹最常用的靶标之一。

8.2.4.4　其他活动靶

（1）拖靶

拖靶是一种无动力飞行器，可安装红外源等设备，使用时由飞机通过放靶设备收放，最大放靶距离可达 10 km 以上。

（2）信号弹

便携式防空导弹是一类装备数量很大的武器，为降低部队训练成本，在很多场合直接使用信号弹作为射击靶标，通过目视判读试验效果。

第9章　旋转弹发展方向及技术发展展望

9.1　未来发展方向

随着空袭武器装备技术的不断发展，旋转弹也需要不断改进，应用和集成最新技术，同时注重装备的效费比，走通用化、系列化发展的道路。

（1）导弹总体性能的进一步优化

旋转弹的主要适用空域是近程末端，目前传统的飞机类目标已很少直接投入前沿作战，更多的高速、大机动目标如超声速反舰导弹、无人作战飞机等，其最大速度已经达到 $2.5\,Ma$ 以上，新一代正朝着 $4\,Ma$ 方向迈进，过载能力也超过了 $10\,g$，因此旋转弹的速度也需随之提高。同样，作战空域也要扩展，以增加对目标多次拦截的能力。主要的技术发展措施包括：

发动机：通过提高推进剂性能，可以进一步提高固体火箭发动机的性能，但要大幅度提高就需要考虑采用新体制发动机，如固体冲压发动机、脉冲固体火箭发动机等。

气动外形：进一步减阻，通过优化提高升阻比。

稳定性设计：进一步放宽静稳定裕度，应用先进的气动和控制技术，实现可用攻角的增加和过载能力的大幅度提升。

（2）导引头技术的发展

由于目标红外和射频辐射特性进一步降低，性能不断提高，旋转弹导引头改进的重点是进一步提高对各种特性目标的截获能力，以及在复杂背景下的抗干扰能力。

新一代防空导弹的红外导引头已经向成像方向发展，RAM Block 1 型就采用了线扫成像体制，最大的改进是扩大了视场，使红外系统具备发射后空中截获的能力，扩展了对无微波辐射目标的作战空域。成像技术的进一步发展是面阵凝视成像技术，配合弹上计算机性能的提升，采用凝视成像技术的旋转弹红外导引头，将具备更高的灵敏度，更强的在复杂背景下对弱小目标的检测能力，以及抗干扰能力，能够提供更多的相关信息用于制导系统设计。同时，导引头的探测波段也将扩展到双波段乃至多波段，并可采用偏振等技术，从而为抗干扰设计提供更多的信息和更好的手段。

除此以外，单一的红外制导体制作为被动体制，受到目标特性和环境的影响十分明显，为了克服红外体制本身的先天不足，引入多模复合制导也是未来旋转弹导引头技术发展的方向，例如在微型惯测组合技术成熟后，可在弹上增加惯导，激光半主动、激光成像技术等也可以很好地和红外导引头实现共孔径复合，这些都是未来旋转弹导引头技术发展的前沿和方向。

（3）控制技术的发展

旋转弹由于体积成本所限，目前采用的均为常规的控制技术，今后视技术发展情况和作战需要，将进一步借鉴中远程防空导弹采用的一些技术措施，例如静不稳定导弹控制技术、自适应的变参控制技术、直接侧向力控制等新型控制技术均可考虑进行应用，制导与控制的设计将逐步实现一体化。此外，随着导弹获取信息的来源增加、能力增强，弹道优化将更易于实现。

（4）引战系统的发展

旋转弹用于末端防御，对杀伤概率有很高要求，决定了引战系统也是一个设计重点。随着制导系统改进后精度的提高，制导引战一体化设计技术将得到应用，引战系统将综合引入更多的制导信息，并通过信息融合处理实现目标方位、距离等信息的鉴别，从而实现更加精确的引战配合，提升引战系统的抗干扰能力和作战效能。

（5）高性价比设计

效费比是评价一型导弹武器系统价值的重要指标，旋转导弹之所以有很强的生命力，高性价比是一个重要因素。虽然随着技术进步，旋转弹采用的高新技术越来越多，构成越来越复杂，但成本控制仍然是未来一项要考虑的重点，而成本控制在很大程度上也取决于设计。未来旋转弹进行成本控制的主要方向包括：

1）全弹电气、信息处理能力的融合集成设计，通过采用 SOC 等技术，大幅度减少高成本器件的数量。

2）大量采用低成本、高可靠性的 MEMS 技术，集微小尺寸的传感器、执行器、信号处理和控制电路、接口、通信系统甚至电源等微型分系统为一体，可批量制造。

3）在设计中大量应用集成技术和优化技术，提高数字仿真的置信度和仿真度，尽可能实现虚拟设计，降低研制过程的硬件成本，并减少设计过程的反复和时间成本。

9.2　前沿技术发展展望

旋转弹作为防空导弹的一种，其发展既有特殊性，又有共通性，下列几种技术，目前仍然处于不断发展的攻关过程中，还有很大的发展空间，而这些技术，将是旋转弹核心前沿技术，其进步的程度，不仅对本类导弹的发展至关重要，也同样是今后大多数防空导弹发展的核心。

（1）成像制导技术

红外（光学）制导技术的发展较早，随着技术的不断进步，成像制导被提上前台，目前国外的成像制导技术已经发展了三代，第一代为光机扫描成像，第二代为凝视成像，均已实用化（国内第二代仍处于研制阶段），目前正在研究中的第三代成像，采用 MEMS（微机电系统）和 ASIM（专用集成微型仪器）技术，把大规模探测单元和多波段复合探测器集成到一个基片上，可大幅度提高制导精度，目标分辨率高、抗干扰性强。作为成像制导技术，其未来的发展趋势为：与其他制导体制组合形成多模复合制导；采用人工智能、自动目标识别（ATR）、瞄准点选择技术。

（2）制导引战一体化（GIF，Guidance Integrated Fuzing）设计技术

制导引战一体化设计技术，是引战技术和制导技术相结合的产物，是引战技术发展的一个重要方向，首先在美国 AIM - 120 空空导弹中得到使用，其优势在于可以充分利用导引头提供的弹-目交会信息，包括速度、方位等，结合引信获得的目标信息，预测战斗部最佳炸点，从而大幅度提高引战配合效率。这一技术结合到旋转弹中，利用成像制导获得的目标数据，可以解算出目标姿态等更多信息，从而计算出最佳启动方位、启动角、延迟时间，特别是对大交会角这一类传统意义上很难实现引战配合的区域，都可以大幅度提高杀伤概率。与这一技术相配套的，还有定向杀伤战斗部技术等。

（3）多模复合寻的制导技术

在新研制的国内外防空导弹型号中，双模制导已得到较为广泛的应用，双模以及在此基础上进一步发展的多模制导技术，可以融合各种制导模式的长处，弥补各自的不足，提高目标截获能力、命中精度、抗干扰能力，将是很长一段时间内制导体制发展的方向。今后，多模复合寻的制导的主要发展重点是：复合制导总体技术——交班技术、总体设计集成等；探测器集成技术——即小型化结构设计、一体化器件设计技术等；多模头罩技术——适应多种模式制导的头罩材料选择、结构设计等；多模数据融合技术——解决数据的时空校准、自动策略生成、信息数据融合、自动化信息处理等。理论上，随着器件小型化技术和信息处理技术的发展，多模复合能实现对各种目标的探测和抗干扰，是制导技术发展的终极目标。多模复合制导在旋转弹上的使用，主要受限于体积重量要求和成本限制，这方面还有很多工作要做。

（4）先进制导律技术

随着制导探测技术、传感器技术、信息智能技术的发展，以及目标性能的提高，各种先进的制导律在防空导弹上的应用已经成为可能和必然的需求。作为旋转弹，在传统比例导引规律的基础上，采用更优化的制导律设计以解决对大机动、高超声速目标的拦截，也已经成为必然的趋势。先进制导律研究是近 20 年来逐步发展起来的，从最早的最优控制方法、鲁棒控制方法，近年来，逐步推广发展到模糊控制、滑模（变结构）控制等非线性控制方法，以往这些先进制导律在旋转弹上受导弹弹上设备限制无法应用，而随着弹载传感器技术的迅速发展，这些先进制导律将在未来旋转弹领域发挥巨大的作用。

参 考 文 献

［1］ 叶尧卿，等．便携式红外寻的防空导弹设计［M］．北京：宇航出版社，1996.

［2］ 张宏俊，等．舰载末端防御导弹及其技术发展［J］．上海航天，2013（5）.

［3］ 金其明．防空导弹工程［M］．北京：中国宇航出版社，2004.

［4］ 韩品尧．战术导弹总体设计原理［M］．哈尔滨：哈尔滨工业大学出版社，2000.

［5］ 李登峰，许腾．海军作战运筹分析及应用［M］．北京：国防工业出版社，2007.

［6］ B．T．维斯特洛夫，等．防空导弹设计［M］．北京：中国宇航出版社，2004.

［7］ 陈怀瑾，等．防空导弹武器系统总体设计与试验［M］．北京：宇航出版社，1995.

［8］ 于本水，等．防空导弹总体设计［M］．北京：宇航出版社，1995.

［9］ 张考，马东立．军用飞机生存力与隐身设计［M］．北京：国防工业出版社，2002.

［10］ George M. Siouris．导弹制导与控制系统［M］．张天光，等，译．北京：国防工业出版社，2010.

［11］ 张荣实．红外窗口/整流罩技术新进展［J］．红外与激光工程，2007（9）.

［12］ 姜维．高超声速飞行器减阻杆气动特性研究［D］．北京：国防科技大学硕士学位论文，2012.

［13］ 许春荫，等．防空导弹结构与强度［M］．北京：宇航出版社，1993.

［14］ 文仲辉．战术导弹系统分析［M］．北京：国防工业出版社，2000.

［15］ 刘建新．导弹总体分析与设计［M］．北京：国防科技大学出版社，2006.

［16］ 钱杏芳，林瑞雄，赵亚男．导弹飞行力学［M］．北京：北京理工大学出版社，2000.

［17］ 许椿荫，等．防空导弹结构与强度［M］．北京：宇航出版社，1993.

［18］ 张志鸿，周申生．防空导弹引信与战斗部配合效率和战斗部设计［M］．北京：宇航出版社，1994.

［19］ 吴宗凡，等．红外与微光技术［M］．北京：国防工业出版社，1998.

［20］ 徐根兴．目标和环境的光学特性［M］．北京：宇航出版社，1995.

［21］ 付伟．红外干扰弹技术的发展现状［J］．红外技术，2000（11）.

［22］ 张娜，等．红外干扰技术的发展趋势［J］．红外与激光工程，2006（10）.

［23］ 汪朝群．红外诱饵对红外制导导弹的干扰特性及仿真［J］．红外与激光工程，2001（8）.

［24］ 郭占兵．便携式红外寻的防空导弹——红外导引头［J］．上海航天，1998（4）.

［25］ 张红梅．红外制导系统原理［M］．北京：国防工业出版社，2015.

［26］ 彭冠一，等．防空导弹武器制导控制系统设计（上）［M］．北京：宇航出版社，1996.

［27］ 袁起，等．防空导弹武器制导控制系统设计（下）［M］．北京：宇航出版社，1996.

［28］ 赵善友，等．防空导弹武器寻的制导控制系统设计［M］．北京：宇航出版社，1992.

［29］ 谢浩怡，等．旋转弹解耦控制方法综述［J］．战术导弹技术，2015（1）.

［30］ 高庆丰，等．便携式防空导弹舵面偏转运动对比研究［J］．现代防御技术，2007（6）.

［31］ 李克勇，等．高机动旋转导弹鸭式双通道控制研究［J］．上海航天，2016（2）.

［32］ 张宏俊．红外寻的制导控制系统半实物仿真技术研究［J］．上海航天，1998（4）.

［33］ 跃青．便携式红外寻的防空导弹初制导探索［J］．上海航天，2011（4）.

[34] 贺敏，等．红外景象投射技术研究［J］．红外与激光工程，2008（6）．

[35] 赵西帅，等．红外成像制导半实物仿真目标图像生成技术［J］．测控技术，2013（7）．

[36] 张励，等．动态红外场景投影器的研究现状与展望，［J］．红外与激光工程，2012（6）．

[37] 毕艳超，等．双通道控制旋转导弹的舵机控制研究［J］．弹箭与制导学报，2014（4）．

[38] 苑林桢．导弹引战配合设计与验证［J］．现代防御技术，2002（1）．

[39] 杨志群，等．利用炮射试验实现引信加速仿真试验的验证［J］．战术导弹技术，2008（4）．

[40] 裴扬．飞机易损性建模方法研究及 DMECA 软件开发［D］．西安：西北工业大学硕士学位论文，2003．

[41] 裴扬．飞机非核武器威胁下易损性定量计算方法研究［D］．西安：西北工业大学博士学位论文，2006．

[42] 邓仁亮．光学制导技术（续五）——光学寻的制导［J］．光学技术，1994（2）．

[43] 李保平．红外成像导引头总体设计技术研究［J］．红外技术，1995（5、6）．

[44] 刘永昌．精确制导红外成像导引头技术［J］．红外与激光工程，1996（3）．

[45] 姜湖海．滚摆式导引头过顶跟踪控制策略研究［D］．长春：中科院长春光机所博士学位论文，2012．

[46] 王志伟，等．滚-仰式导引头跟踪原理［J］．红外与激光工程，2008（4）．

[47] 崔大朋，等．精确制导武器稳定平台技术［J］．四川兵工学报，2015（5）．

[48] 王伟建，等．紫外/红外准成像双色导引头技术研究［J］．上海航天，2003（1）．

[49] 张华斌，等．红外焦平面阵列技术现状和发展趋势［J］．传感器世界，2005（5）．

[50] 刘武，等．国外红外光电探测器发展动态［J］．激光与红外，2011（4）．

[51] 罗海波，等．红外成像制导技术发展现状与展望［J］．红外与激光工程，2009（4）．

[52] 杨卫平，等．红外成像导引头及其发展趋势［J］．激光与红外，2007（11）．

[53] 刘芸．红外图像目标检测方法研究［D］．西安：西安电子科技大学硕士学位论文，2009．

[54] 杨磊．复杂背景条件下的红外小目标检测与跟踪算法研究［D］．上海：上海交通大学博士学位论文，2006．

[55] 李成，等．红外成像制导末端局部图像识别跟踪研究［J］．兵工学报，2015（7）．

[56] 杨丽萍，空中红外弱小目标检测方法研究［D］．西安：西北工业大学硕士学位论文，2007．

[57] 徐军．红外图像中弱小目标检测技术研究［D］．西安：西安电子科技大学博士学位论文，2001．

[58] 李丽娟，等．双色红外成像抗干扰技术［J］．激光与红外，2006（2）．

[59] R. F. Walter. Free Gyro Imaging IR Sensor in Rolling Airframe Missile Application，Raytheon Missile Systems Tucson，AZ85734，1999．

[60] 郭斌兴，等．一种相位干涉仪测角解模糊算法［J］．弹箭与制导学报，2015（2）．

[61] 高烽，等．弹载无线电寻的装置的基本体制（第三部分被动寻的体制）［J］．制导与引信，2006（9）．

[62] 沈康．一种旋转式相位干涉仪测角系统研究［J］．现代电子技术，2011（15）．

[63] 司锡才，等．宽频带反辐射导弹导引头技术基础［M］．哈尔滨：哈尔滨工程大学出版社，2003．

[64] 邵姚定．宽带被动导引头技术的分析［J］．制导与引信，1995（3）．

[65] 杨万海．多传感器数据融合及其应用［M］．西安：西安电子科技大学出版社，2006．

[66] 刘隆和、姜永华．双模复合寻的制导技术［M］．北京：解放军出版社，2003．

[67] 杨俊鹏，等．被动雷达/红外成像双模制导数据融合方法［J］．火力与指挥控制，2010（2）．

[68] 陈玉坤 . 多模复合制导信息融合理论与技术研究 [D] . 哈尔滨：哈尔滨工程大学博士学位论文，2007.

[69] 李健 . 红外成像 GIF 引信起爆控制算法研究 [D] . 南京：南京理工大学硕士学位论文，2010.

[70] 李丽娟，等 . 一种飞机目标的瞄准点选择方法 [J] . 红外与激光工程，2007 (2).

[71] 王晓剑，等 . 基于 NETD 和 ΔT 红外点源目标作用距离方程的讨论 [J] . 红外与激光工程，2008 (2).

[72] 丁雪 . 弹道终端目标姿态识别技术研究 [D] . 南京：南京理工大学硕士学位论文，2009 (9).

[73] 张聪，等 . 旋转弹锥扫成像的红外目标检测识别技术研究 [J] . 红外与激光工程，2007 (9).

[74] 孟庆超，等 . 红外空空导弹整流罩技术的新进展 [J] . 航空兵器，2008 (2).

[75] 邓潘 . 浅析激光半主动寻的制导系统 [J] . 制导与引信，2008 (4).

[76] 施德恒，等 . 激光半主动寻的制导导弹发展综述 [J] . 红外技术，2000 (5).

[77] 胡俊雄，等 . 激光引信抗干扰技术综述 [J] . 制导与引信，2009 (12).

[78] 杨业飞，等 . 惯性稳定平台中陀螺技术的发展现状和应用研究 [J] . 飞航导弹，2011 (2).

[79] 谷庆红 . 微机械陀螺仪的研制现状 [J] . 中国惯性技术学报，2003 (5).

[80] 顾英 . 惯导加速度计技术综述 [J] . 飞航导弹，2001 (6).

[81] 赵君辙，等 . 线加速度计的现状与发展趋势综述 [J] . 计测技术，2007 (5).

[82] 李园晴，等 . 微机械加速度计发展及其在制导武器中的应用 [J] . 科技经济市场，2013 (4).

[83] 曹咏弘，等 . 无陀螺捷联惯导系统综述 [J] . 测试技术学报，2004 (3).

[84] 武庆雅 . 旋转弹药的惯性导航与解耦控制方法研究 [D] . 北京：北京理工大学博士学位论文，2015.

[85] 牟淑志，等 . 高转速载体惯性测量组合研究 [J] . 弹道学报，2006 (4).

[86] 关晓蕾，等 . 导弹电气系统总体设计 [R] . 上海航天八院八部内部资料.

[87] 饶运涛，等 . 现场总线 CAN 原理与应用技术 [M] . 北京：北京航空航天大学出版社，2003.

[88] 廉保旺，等 . CAN 总线与 1553B 总线性能分析比较 [J] . 测控技术，2006 (6).

[89] 李刚，等 . CAN 总线技术在地空导弹中的应用 [J] . 飞航导弹，2010 (1).

[90] 郭继伟，等 . 光纤通讯在空空导弹飞控系统中的应用研究 [J] . 现代电子技术，2012 (13).

[91] 胡勇 . 三位置继电式舵机的工作原理研究 [J] . 航空兵器，2002 (4).

[92] 赵孟文，等 . 导弹电动舵机伺服控制器的设计 [J] . 西安航空技术高等专科学校学报，2009 (5).

[93] 毛文晋 . 电动舵机系统的设计与试验研究 [D] . 哈尔滨：哈尔滨工程大学硕士学位论文，2011.

[94] 杨海容，基于变结构控制的电动舵机设计 [D] . 上海：上海交通大学硕士学位论文，2012.

[95] 李跃忠，电动舵机的集成设计与控制 [D] . 北京：北京交通大学硕士学位论文，2006.

[96] 梁棠文，等 . 防空导弹引信设计及仿真技术 [M] . 北京：宇航出版社，1995.

[97] 崔占忠，等 . 近炸引信原理 [M] . 北京：北京理工大学出版社，2005.

[98] 冯忠国，等 . 舰空导弹引信发展趋势研究 [J] . 指挥控制与仿真，2006 (5).

[99] 崔占忠 . 引信发展若干问题 [J] . 探测与控制学报，2008 (2).

[100] 索文斌，等 . 伪随机码脉冲多普勒引信分析 [J] . 电子科技，2014 (6).

[101] 李东根 . 空空导弹激光引信面临的干扰及抗干扰浅析 [J] . 航空兵器，2008 (5).

[102] 冉黎林，等 . 一种空空导弹主动激光近炸引信方案探讨 [J] . 航空兵器，2002 (1).

[103] 胡俊雄，等 . 激光引信抗干扰技术综述 [J] . 制导与引信，2009 (4).

[104] 汪垫，等 . 激光引信技术发展趋势 [J] . 红外与激光技术，2010 (5).

［105］袁正．激光引信综述［J］．航空兵器，1998（3）．

［106］沈珠兰．电容引信在便携式导弹上的应用［J］．制导与引信，1995（3）．

［107］张志鸿．防空导弹近炸引信技术发展趋势［J］．制导与引信，1999（4）．

［108］阮喜军，等．离散杆战斗部相关技术研究进展［J］．四川兵工学报，2014（10）．

［109］张新伟．空空导弹战斗部技术现状及发展趋势［J］．航空科学技术，2011（3）．

［110］孙业斌．从炸药装药装备现状看 21 世纪发展趋势［J］．火炸药学报，2001（1）．

［111］蔚红建，等．GAP 及 GAP 推进剂研究新进展［J］．飞航导弹，2010（11）．

［112］闵斌，等．防空导弹固体火箭发动机设计［M］．北京：宇航出版社，1995．

［113］覃光明，等．固体推进剂装药设计［M］．北京：国防工业出版社，2013．

［114］王强，等．几种筒装导弹机电锁定保险装置的分析与研究［J］．飞航导弹，2012（1）．

［115］林楠，等．贮运发射箱（筒）设计［R］．上海航天八院八部内部资料．

［116］谢翔，等．热电池的基本原理与应用方法［J］．电源技术应用，1999（5）．

［117］蔡绍伟．防空导弹弹上电池技术的发展及应用［J］．电源技术，2012（6）．

［118］张望根，等．寻的防空导弹总体设计［M］．北京：宇航出版社，1991．

［119］梁均一，等．防空导弹弹道设计手册［R］．上海航天八院八部内部资料．

［120］韩子鹏，等．弹箭外弹道学［M］．北京：北京理工大学出版社，2014．

［121］马拴柱，等．地空导弹射击学［M］．西安：西北工业大学出版社，2012．